教授级高级工程师　苏世怀

苏世怀技术文集

苏世怀　等著

北　京
冶金工业出版社
2019

内 容 提 要

本书收录了苏世怀教授级高级工程师在攀钢和马钢从事技术研发和管理工作40年间发表的90篇论文。论文内容包括重轨、车轮等高品质轨道交通用钢，热轧H型钢、热轧钢筋等高效节约型建筑用钢，CSP薄板技术，冶金渣资源综合利用技术和技术管理等，较为系统地反映了作者及其团队在先进钢铁材料研究和产品开发方面的技术进展和研发脉络。我国目前在相关技术领域已达到国际先进水平，本书在一定程度上反映了我国冶金科技工作者奋发图强、锐意进取的工匠精神。

本书可供钢铁冶金、轨道交通、建筑等领域相关工程技术人员、管理人员阅读参考。

图书在版编目（CIP）数据

苏世怀技术文集／苏世怀等著. —北京：冶金工业
出版社，2019. 1
ISBN 978-7-5024-7998-5

Ⅰ. ①苏…　Ⅱ. ①苏…　Ⅲ. ①冶金—技术—文集
Ⅳ. ①TF1-53

中国版本图书馆 CIP 数据核字（2018）第 302431 号

出 版 人　谭学余
地　　址　北京市东城区嵩祝院北巷 39 号　邮编　100009　电话　（010）64027926
网　　址　www.cnmip.com.cn　电子信箱　yjcbs@cnmip.com.cn
责任编辑　刘小峰　曾　媛　美术编辑　彭子赫　版式设计　孙跃红
责任校对　李　娜　责任印制　李玉山
ISBN 978-7-5024-7998-5
冶金工业出版社出版发行；各地新华书店经销；三河市双峰印刷装订有限公司印刷
2019 年 1 月第 1 版，2019 年 1 月第 1 次印刷
787mm×1092mm　1/16；41.5 印张；1 彩页；1004 千字；649 页
200.00 元

冶金工业出版社　投稿电话　（010）64027932　投稿信箱　tougao@cnmip.com.cn
冶金工业出版社营销中心　电话　（010）64044283　传真　（010）64027893
冶金工业出版社天猫旗舰店　yjgycbs.tmall.com
（本书如有印装质量问题，本社营销中心负责退换）

序

历经几代人的奋斗，中国轨道交通实现了史无前例的跨越式发展，高铁成为中国制造的一张亮丽的国家名片，这其中凝聚着我国方方面面、千千万万同志们的共同努力，也包括我国钢轨、轮轴等冶金科技工作者的努力。苏世怀同志亦是其中的一员，他40年长期在企业从事轨道交通关键部件产品的研发历程，诠释了一个基层科技工作者对中国产品品牌、自主核心技术的执着探索和追求。

苏世怀同志1982年大学毕业即分配去攀钢工作。在攀钢工作期间，他和他的团队在"七五""八五"前后两个国家技术开发项目的支持下，研发出系列高强度离线和在线热处理钢轨，很好地满足了我国轨道交通发展的需求，使我国热处理钢轨生产技术达到国际先进水平，提升了国产高强度钢轨国际竞争力。在马钢工作期间，他和他的团队先后承担了五个国家"863"项目和一个国家科技支撑计划项目，研发的系列高品质重载车轮、机车车轮、高速动车组车轮不仅满足我国轨道交通发展需求，而且出口世界50多个国家和地区，使我国车轮生产技术达到国际先进水平。此外，他和他的团队研发的系列高品质H型钢、钢筋、线材产品广泛应用于国内外市场，为我国高效节约型建筑用钢生产技术达到世界先进水平做出了突出贡献。

这本文集不仅是苏世怀同志多年来在钢轨、车轮、H型钢等领域的科研思路、工程实践、技术管理的集中体现，也是以他为代表的研发团队攻坚克难、砥砺前行的缩影，更是我国马钢、攀钢等相关企业攻克核心技术的经验积累与传承，具有宝贵的科研学术价值。读者可从文集中看到苏世怀所有成果的取得，都来自于深厚的技术底蕴、坚实的实践基础、精益求精的科研精神。相信文集对我国钢铁冶金、轨道交通、工程建筑等领域的技术研发、技术管理人员大有裨益和启发。

中国正走在高质量发展征程中，中国制造需要攻克更多的核心技术，中国企业需要更多的具有世界竞争力的产品。中国需要更多的具有工匠品格、朴实严谨、持之以恒的科技人员艰苦奋斗，谱写出更多的浓墨重彩的篇章。

向所有为了理想默默奋斗在基层一线的广大科技人员致敬！

祝贺《苏世怀技术文集》出版！

2018 年 12 月 15 日

前　言

翻开这本技术文集，往日工作历程犹如一幅幅电影画面，在脑中闪现……

我出生在"三年自然灾害"时期，生长在"文革"十年，学习工作在改革开放四十年。先后在攀钢（1982年7月~1998年9月）、马钢（1998年10月至今）工作，从攀钢轨梁厂、钢研所、攀研院到马钢钢研所、技术中心……一直在企业从事技术开发和技术管理工作，而轨道交通相关工艺技术、产品开发及应用研究更是贯穿我工作的全过程。

在攀钢工作期间，作为国家"七五"科技攻关项目"高性能钢轨生产技术开发"（1986~1990年）技术负责人之一和国家"八五"技术开发项目"高强度在线热处理钢轨生产技术开发"（1991~1995年）技术负责人，所研发的 PD_2、PD_3，50kg/m、60kg/m、75kg/m系列高强度离线和在线热处理钢轨生产技术及产品填补国内空白，广泛应用于国内市场，出口多个国家。

在马钢工作期间，作为课题技术负责人和组织者之一，先后承担了国家"863"课题"重载铁路用车轮材料及关键技术研究"（2005~2008年）、"高速动车组车轮的研究与开发"（2008~2010年）、"30吨重载铁路用车轮"（2015~2017年）和铁道部、安徽省重大科技计划"大功率机车轮对自主创新"、"动车组轮对自主创新"（2009~2016年），研发的27~30t第二代系列重载车轮满足了我国铁路货运发展的要求，使用寿命延长30%以上，30~45t系列重载车轮大量出口到澳大利亚、北美、巴西等国家和地区；研发的高性能机车车轮系列产品广泛出口到北美、欧洲等国家和地区，实现了大功率机车车轮产业化；研发的高速车轮实物质量和运用效果优于进口同类车轮，实现了商业化运用并出口韩国、印度和德国。

此外，在高性能建筑用钢领域进行了一系列研发工作。先后承担了国家"863"计划项目"高性能低成本冷镦钢的研究"（2003~2005 年）、"低温控轧控冷型紧固件用非调质钢线材的研究开发"（2005~2007 年）和国家科技支撑计划项目"高效节约型建筑用钢产品开发及应用技术研究"（2007~2009 年），形成了我国高效节约型建筑用 H 型钢、钢筋、线材 3 条示范生产线，研发的海洋石油平台用 H 型钢、铁路高强耐候 H 型钢、高强耐火抗震 H 型钢、高强抗震耐低温钢筋、热机轧制节能型冷镦钢线材等高品质产品，在国内市场大量使用和广泛出口国际市场。

在转炉—CSP 薄板坯连铸连轧（大规模生产冷轧原料）—冷轧—热镀锌—彩涂板制造系统技术集成与创新方面进行了系列技术研发，使国际上 CSP 热轧板卷供冷轧板原料不到 30% 的比例，在马钢 CSP 生产线上提高到 75% 以上。

长期的技术研发与技术管理实践使我深深体会到，一个人要有所收获，对企业和国家有所贡献，主要是要有一个适合自己的理想并选择一个适合自己的工作领域，深入系统、脚踏实地、持之以恒的工作；此外，企业和单位的领导为其提供必要的工作环境、机会和条件。这本技术文集，不仅是个人 40 年技术工作的记录，也是面对困难和压力迎难而上的心路历程的反映。本文集的出版就是想为更多的有志青年技术人员实现愿望、为更多有为的企业和单位领导成就事业提供借鉴。

由于时间跨度长、编辑时间紧，有些文章一时难以找到，实感遗憾，对未能收录到文集里的文章合作者表示歉意。

40 年的光阴如白驹过隙。个人在此期间所做的一些技术工作，取得的一些收获，首先要感谢这个伟大的时代，给予我们追求理想的环境；其次要感谢科技部、原冶金部、国家铁路集团、四川省、安徽省等部门的信任；感谢攀钢、马钢提供的工作机会和创新平台；还要感谢老师的教育、团队的合作和领导的支持；最后要感谢亲人的理解和关心。

　　感谢干勇院士在百忙之中为本书作序！马钢丁毅等同志为文集的出版提供了支持，马钢技术中心的朱鸿等同志协助论文的收集整理，冶金工业出版社的刘小峰等工作人员对文集精心编排，在此一并深表感谢！

苏世怀

2018 年 12 月 15 日

目　录

H 型钢及建筑用钢

CSP 薄板技术

综合技术

技术管理

专利文献

苏世怀简介

简　　历

1959 年 1 月	出生于安徽省庐江县。
1978 年 9 月~1982 年 7 月	安徽工业大学金属材料专业学习。
1982 年 8 月~1984 年 4 月	四川攀枝花钢铁公司轨梁厂助理工程师。
1984 年 5 月~1987 年 4 月	攀钢钢研所助工，从事新产品、新技术开发。
1987 年 5 月~1998 年 9 月	攀枝花钢铁研究院工程师（1988 年）。
	高级工程师（1992 年）。
	所长助理（1995 年 5 月~1998 年 2 月）。
	教授级高级工程师（1996 年）。
	院总工程师（1998 年 3 月~1998 年 9 月）。
1990 年 9 月~1993 年 6 月	北京科技大学材料科学与工程专业硕士研究生。
1998 年 10 月~2000 年 12 月	马钢股份公司钢研所副所长，所长。
2001 年 1 月~2007 年 2 月	马钢股份公司技术中心常务副主任。
2002 年 1 月~2009 年 12 月	马钢股份公司副总工程师。
2002 年 9 月~2007 年 7 月	北京钢铁研究总院材料科学专业博士研究生。
2007 年 3 月~目前	马钢股份公司技术中心第一副主任。
2010 年 1 月~2011 年 6 月	马钢股份公司副总经理、总工程师。
2011 年 7 月~目前	马钢（集团）控股有限公司副总经理、总工程师。
2013 年 2 月~2017 年 11 月	马钢股份公司董事。

主要技术、管理成果

1. "铁路用高强度钢轨的热处理技术"，1990 年度国家发明三等奖（第三获奖人，证书编号：A03287）。

2. "SQ 工艺全长热处理钢轨研究"，1990 年度冶金部科技进步一等奖（第二获奖人，证书编号：90-001-02）。

3. "攀钢 PD$_2$ kg/m 全长热处理（SQ）钢轨研究"，1994 年度四川省科技进步二等奖（第一获奖人，证书编号：9320126）。

4. "热轧 H 型钢生产技术与产业化开拓、创新"，2002 年度马钢"九五"技术进步成果一等奖。

5. "热轧 H 型钢产品开发与应用技术研究"，2006 年度国家科技进步二等奖（第四获奖人，证书编号：2006-J-215-2-05-R04）；2006 年度冶金工业协会、中国金属学会冶金科学技术特等奖（第四获奖人，证书编号：2006-135-04）。

6. "机车车辆车轮剥离原因分析及改进对策研究"，铁道科学研究院 2005 年度科技进步二等奖（第二获奖人，证书编号：2005-TY-2-03-02）；铁道学会 2006 年度科技进步三等奖（第二获奖人，证书编号：2006101）。

7. "以世界一流企业为目标的自主创新管理"，安徽省经委、安徽省企业联合会 2006 年度一等奖。

8. "转炉—CSP 流程批量生产冷轧板技术集成与创新"，2007 年度国家科技进步二等奖（第三获奖人，证书编号：2007-J-215-2-07-R03）。

9. "高性能低成本冷镦钢在线软化技术的研究"，安徽省 2007 年度科技进步一等奖（第四获奖人，证书编号：2007-1-R4）。

10. "基于自主知识产权的 H 型钢品牌建设"，安徽省经委、安徽省企业联合会 2008 年度一等奖。

11. "节能型高强度冷镦钢产品开发及关键技术研究"，2008 年度马鞍山市科技进步一等奖（第二获奖人，证书编号：0607-1-02-R2）。

12. 2008 年度马鞍山市科技创新特别奖（第二获奖人，证书编号：0607-CX-04-R2）。

13. "以结构优化提升竞争力的战略决策与实施"，2008 年度中国钢铁工业协会冶金企业管理现代化创新成果一等奖（证书编号：2008111-1-8）。

14. 2010 年度马鞍山市科技创新特别奖（第一获奖人，证书编号：0809-CX-04-R1）。

15. "重载铁路列车用车轮钢及关键技术研究"，安徽省 2011 年度科技进步一等奖（第一获奖人，证书编号：2011-1-R1）。

16. "钒氮微合金化技术及高效节约型建筑用钢开发"，中国钢铁工业协会、中国金属学会 2011 年度冶金科学技术一等奖（第二获奖人，证书编号：2011-028-1-2）。

17. "重载铁路列车用车轮钢及关键技术研究"，中国钢铁工业协会、中国金属学会 2011 年度冶金科学技术二等奖（第一获奖人，证书编号：2011-169-2-1）。

18. "热轧 H 型钢在线超快速冷却技术研究"，中国钢铁工业协会、中国金属学会 2011 年度冶金科学技术三等奖（第一获奖人，证书编号：2011-172-3-1）。

19. 2010~2011 年度马鞍山市重大科技成就奖。

20. "大型钢铁企业以客户需求为导向的服务型制造管理"，第十八届国家级一等企业管理现代化创新成果。

21. "免后续热处理节能型冷镦钢产品开发及应用技术"，中国钢铁工业协会、中国金属学会 2014 年度冶金科学技术二等奖（第一获奖人，证书编号：2014-080-2-1）。

22. "大功率和谐电力机车用辗钢车轮国产化创新团队"，2014 年度马鞍山市科技创新特别奖（第一获奖人，证书编号：1213-CX-09-R1）。

23. "以打造全球一体化轮轴产业体系为目标的技术和市场型横向跨国收购"，中国钢铁工业协会 2015 年度管理现代化创新成果一等奖（第四获奖人，证书编号：2015081-1-4）。

24. "高品质铁路用整体车轮关键制造技术研究与产品开发"，安徽省 2015 年度科学技术一等奖（第一获奖人，证书编号：2015-1-R1）；中国钢铁工业协会、中国金属学会 2015 年度冶金科学技术一等奖（第一获奖人，证书编号：2015-037-1-1）。

25. "马钢高速车轮技术研究与产品开发"，安徽省 2017 年度科学技术一等奖（第一获奖人，证书编号：2017-1-R1）；中国钢铁工业协会、中国金属学会 2018 年度冶金科学技术一等奖（第一获奖人，证书编号：2018205-1-1）。

主 要 荣 誉

1. 1985 年，攀钢钢研所先进工作者。
2. 1986 年，攀钢钢研所先进工作者。
3. 1986 年，攀钢青年新长征突击手。
4. 1987 年，攀钢钢研院先进工作者。
5. 1988 年，攀钢钢研院标兵。
6. 1989 年，攀钢钢研院标兵。
7. 1991 年，攀钢"七五"优秀科技工作者。
8. 1991 年，冶金部直属科研院所优秀青年。
9. 1992 年，攀枝花市有突出贡献科技工作者。
10. 1992 年，享受国务院政府特殊津贴。
11. 1992 年，破格晋升攀钢高级工程师。
12. 1993 年，四川省第三届十大杰出青年。
13. 1995 年，四川省第二届青年科技奖。
14. 1995 年，冶金部杰出青年。
15. 1995 年，全国劳动模范。
16. 1996 年，破格晋升教授级工程师。
17. 1996 年，国家级有突出贡献中、青年科技管理专家。
18. 1997 年，攀钢模范共产党员。
19. 1997 年，攀钢英杰。
20. 1997 年，中共四川省第七届党代会代表。
21. 2000 年，马钢优秀共产党员。
22. 2001 年，中共马鞍山市第五届党代会代表。
23. 2009~2010 年，中国科协、国家发改委、科技部、国务院国资委全国"讲理想、比贡献"活动优秀组织者。
24. 2011 年，中共马鞍山市第八届党代会代表。
25. 2013 年，马鞍山市第十五届人代会代表、人代会常委。
26. 2013 年，安徽省第十二届人代会代表。

主要社会兼职

1. 1993~1998 年，四川省青年联合会第九届委员会委员。

2. 1993~1996 年，攀枝花市青年联合会第四届委员会副主席。

3. 2002~2006 年，马鞍山市经济学会第六届理事会副会长、专家委员会副主任。

4. 2000 年，中信铌微合金化技术中心专家。

5. 2002 年，马鞍山市雨山区经济发展专家咨询委员会委员。

6. 2003 年，钢铁研究总院"钒氮钢发展中心"专家委员会专家。

7. 2000~2006 年，安徽工业大学（原华东冶金学院）兼职教授。

8. 2003 年~目前，《安徽冶金》杂志编委会主任。

9. 2005 年，安徽金属学会第六届理事会常务理事。

10. 2006 年，《轧钢》杂志编委会副主任。

11. 2006~2010 年，轧钢分会第六届委员会委员。

12. 2006~2010 年，国家教育部"高等学校材料科学与工程教学指导委员会"委员。

13. 2007~2009 年，国家科技部"国家高新技术研究发展'863'计划新材料技术领域专家组"专家。

14. 2007~2012 年，全国钢标准化技术委员会委员。

15. 2008~2012 年，全国钢标准化技术委员会型钢分技术委员会主任委员。

16. 2008 年，安徽省科学家企业家协会副会长。

17. 2008 年，中国铁道学会第六届理事会理事。

18. 2008 年，《钢铁》杂志第五届编委会委员。

19. 2010 年，中国金属学会低合金钢分会第一届常务理事。

20. 2010 年，高速轮轨关系实验室技术委员会副主任。

21. 2011 年，安徽省质量技术协会副会长。

22. 2011 年，中国金属学会第九届理事会常务理事。

23. 2011~2015 年，中国钢结构协会第六届理事会副会长。

24. 2013~2018 年，安徽省第九届科协副主席、马鞍山市第十届科协副主席、马钢集团第五届科协主席。

25. 2015 年，中国铁道学会材料工艺委员会委员。

26. 2016~2019 年，《钢铁》杂志第六届编委会委员。

27. 2018 年，安徽省金属学会第八届理事会理事长。

技术论文选登

高品质钢轨技术

我国高质量钢轨的生产技术开发❶

苏世怀

（攀枝花钢铁研究院）

摘　要：概述了国外钢轨生产技术现状及发展趋势，分析了我国钢轨生产现状及存在问题，提出了我国开发高质量钢轨的对策。

关键词：钢轨；质量；开发；改造

1　引言

高质量钢轨是指能不断适应铁路运输要求的钢轨。它要求钢质纯净，外观质量优良，具有良好的强韧性和可焊性。

我国目前已是钢轨生产的大国，仅 50kg/m 及其以上轨型的钢轨年生产能力已达到150 万吨以上，超出了国内市场的需求，钢轨的性能质量基本上能适应我国当前铁路运输的需求，但与国际上先进厂家生产的高质量钢轨相比仍有很大差距，也不能满足我国铁路运输进一步向重载、提速方向发展的要求。因此，加快我国高质量钢轨的生产技术开发，不仅是为了适应铁路运输进一步发展的需要，而且也是钢轨生产企业自身参与国际市场竞争的要求。

2　国外高质量钢轨的生产技术发展

为了适应铁路运输高速重载对钢轨性能的要求[1~5]，近年来国际上发达国家的钢轨生产厂家在以下几方面进行了一系列的技术开发和改造[6,7]：

（1）取消铝复合脱氧。铝脱氧形成的 Al_2O_3 夹杂是钢轨的主要疲劳源[6]。采用 Si-Ca等不含 Al 的新型复合脱氧剂辅以其他炉外精炼脱氧，可有效地提高钢轨的疲劳性能。目前，亚欧等发达工业国家的钢轨生产厂家在钢轨生产中已不采用含铝脱氧剂。

（2）高强度钢轨的在线热处理。高强度钢轨生产技术有合金化和热处理两种。这两种技术各有优缺点。一般钢轨生产量比较大的国家如俄罗斯、美国、日本和中国等，主要采用热处理的方法生产高强度钢轨；而钢轨生产量相对较少的国家一般用合金化方法生产高强度钢轨。冶金科学技术的进步使利用轧后余热对钢轨进行强化热处理成为可能，并且在

❶　原文发表于《钢铁》1997 年第 12 期。

线热处理技术在成本、生产效率和技术水平等方面较合金化技术和离线热处理技术具有显著的优势。因此，这项技术于80年代后期首先在卢森堡应用于生产高强度钢轨后，英国、法国、奥地利、日本等国也相继开发了各具特色的钢轨在线热处理技术[8]。中国的钢轨在线热处理技术也正在开发之中。

（3）钢轨残余应力控制。钢轨表面的残余应力状态及其大小对钢轨的使用性能有着重要的影响，轨头表面和轨底表面为残余压应力，有利于提高钢轨的接触疲劳和整体疲劳性能，残余拉应力则降低这些性能。欧洲铁路联盟最新起草的钢轨交货技术条件已对钢轨表面残余应力状态及其数值进行限制，规定轨底表面残余拉应力数值应小于250MPa[6]。影响钢轨残余应力的因素有相变组织应力、冷却不均造成的热应力和矫直加工过程中造成的残余应力等。为了避免在钢轨上形成有害的残余应力，应严格控制组织转变（尤其是不能形成马氏体组织）、控制均匀冷却和合理的矫直工艺等。

（4）长钢轨生产。随着提速铁路和高速铁路的兴起，要求线路无缝和平顺。钢轨愈长，焊缝愈少、线路愈平顺。据奥钢联测算[7]，120m长钢轨较25m长的钢轨减少焊缝80%，降低焊接成本四分之三。目前，奥钢联可以生产120m长的钢轨，新日铁公司可以生产100m长的钢轨。可见，长轨化是钢轨生产技术的又一发展趋势。

（5）钢轨在线检测和控制。随着检测和自动控制技术的发展及在冶金工艺上的应用，现代钢轨先进生产技术从原料开始到成品发货，几乎每个工序各项工艺参数都得到检测和控制，并记录在案。从而使生产的钢轨质量稳定，基本上消除了废品。

经过上述的技术开发，并及时将其成果应用于技术改造上。目前国际上先进的钢轨生产基本上形成了如下的工艺流程：

铁水预处理—转炉顶底复吹—炉后真空处理—方坯连铸—步进式加热—高压水除鳞—高精度轧制—在线余热强化处理—步进式冷床—高精度复合矫直—在线激光平直度检测—多头超声波探伤—表面涡流探伤—离线性能检测—入库、发货。

采用上述工艺生产的钢轨完全满足了现代高速重载铁路运输对钢轨高质量的要求。目前发达国家的高质量钢轨主要技术指标如表1所示。

表 1　世界上高质量钢轨的实物质量[8]

Table 1　Actual quality of high quality rail in world

内部质量	外部质量	性能
1. 有害气体 　结晶器［H］≤2ppm，钢轨中［O］≤10ppm 2. 夹杂 　硫化物长≤300mm，链状氧化物≤200mm，氧化物直径≤13mm 3. 组织、成分均匀性 　碳含量波动≤0.06%，硫、磷≤0.02%，低倍组织均匀，无偏析	1. 表面光洁 2. 断面精度 　头宽±0.5mm 　底宽±0.8mm 　轨高±0.5mm 　25m轨长±6mm 3. 平直度 　通长：下弯0.3mm/3m，侧弯0.45mm/1.5m 　端头：上弯≤0.4mm/2m，下弯≤0.2mm/2m，侧弯≤0.5mm/2m	热轧轨按供货要求热处理轨： 　$\sigma_{0.2} \geq 800$MPa 　$\sigma_b \geq 1200$MPa 　$\delta_5 \geq 10\%$ 轨底残余应力≤250MPa 组织为珠光体+少量铁素体

3 我国钢轨生产技术现状及存在问题

3.1 生产技术现状

我国现有四个钢轨生产厂家，即鞍钢、包钢、武钢和攀钢。

鞍钢是我国最早的钢轨生产基地。工艺和装备具备年产 50 万吨 43~50kg/m 钢轨的生产能力。近一两年也在着手试生产 60kg/m 钢轨。曾开发过 Si-Mn-V 合金钢轨，目前正在开发 Nb-RE 钢轨。主要工艺流程是：平炉炼钢—模铸—钢锭均热—初轧—钢坯连续式加热—横列式轧机轧制—缓冷坑缓冷—辊矫—超声波探伤—锯钻联合机床加工—入库。

包钢是我国重型钢轨生产基地之一，具备年产 50 万吨 50~60kg/m 钢轨的生产能力。主要钢轨品种有 U74、U71Mn，现正在开发 Nb-RE 钢轨。目前的生产工艺流程基本上同鞍钢。包钢"八五"后期以来，进行了铁水预处理、转炉冶炼和方坯连铸技术改造，并逐渐应用于钢轨生产上。"九五"期间还拟对炉后处理、步进式加热炉、横列式轧机等进行技术改造，开发钢轨在线余热处理技术等。

武钢只能生产 43kg/m 以下的钢轨，生产工艺类似于鞍钢。

攀钢也是我国重型钢轨生产基地之一。具备年产 60 万吨 37~75kg/m 钢轨的生产能力，其中 75kg/m 钢轨生产 3 万多吨，37~52kg/m 出口钢轨生产 10 多万吨。主要品种有 U71Mn、PD_2、PD_3。"七五"期间开发了钢轨离线热处理工艺，到目前为止生产了 50~75kg/m 离线热处理钢轨近 16 万吨。现正从事在线余热处理技术的开发，1997 年可望形成 15 万吨新型高强韧性钢轨的生产能力。目前的钢轨生产工艺流程是：铁水预处理—转炉顶底复吹—炉后简易精炼—模铸—钢锭均热—初轧—钢坯连续式加热—横列式轧制—缓冷坑冷却—辊式矫直—超声波探伤—锯钻床加工—离线热处理—检查入库。

3.2 存在的问题

由上述可知，我国目前钢轨生产能力已超过国内市场的需求，钢轨生产工艺与国际上发达国家相比存在很大差距。主要问题有：

（1）我国钢轨生产工艺、装备水平落后，整体上只相当于国际上 60~70 年代的水平，不可能生产出能参与国际市场竞争的钢轨。

（2）技术开发与技术改造相脱离，技改资金不足、动力不大。"七五"以来，国家组织我国主要钢轨生产厂家围绕提高钢轨生产技术进行了大量技术开发，取得了不少的技术成果，这些成果只有一部分应用于生产，其原因之一是企业缺乏技改资金，同时也缺乏技改动力。

4 我国高质量钢轨生产技术开发对策

4.1 应达到的主要质量指标

根据我国钢轨生产厂家现状，建议高质量钢轨的开发目标分两步实现。第一步应能生产出我国铁路提速重载所需要的钢轨，其主要质量指标如表 2 所示；第二步是生产出能参与国际市场竞争的适合于高速铁路使用的高质量钢轨。

表2　我国高质量钢轨第一步应达到的主要质量指标

Table 2　First-step standard of high quality rail in China

内部质量	外部质量	性能
1. 有害气体 　钢包中氢［H］≤2.5ppm，钢中 ［O］≤20ppm 2. 夹杂 　硫化物长≤400mm，链状氧化物 ≤300mm，氧化物直径≤20mm 3. 组织、成分均匀性 　碳含量波动≤0.06%，S、P≤0.03%， 无明显的成分偏析	1. 表面质量 　表面光洁，无明显结疤轧痕，划痕深度 ≤0.3mm 2. 断面精度 　头宽±0.5mm 　底宽±1.0mm 　轨高±0.5mm 3. 端部平直度 　上弯 0.5mm/1.5m，下弯≤0.2mm/1.5m， 水平弯≤0.5mm/1.5m	热轧轨 　$\sigma_b \geq 1000$MPa 　$\delta_5 \geq 8\%$ 热处理轨 　$\sigma_{0.2} \geq 800$MPa 　$\sigma_b \geq 1175$MPa 　$\delta_5 \geq 10\%$ 组织：珠光体、少量铁素体 轨底残余应力≤250MPa 可焊性良好

4.2　加快技术开发研究

4.2.1　冶炼方面

（1）综合研究新型无铝脱氧工艺。综合分析国内外现有重轨脱氧工艺的技术经济性，结合我国现有冶炼工艺及装备，从中优选或在此基础上开发出一种既能脱氧又能降低夹杂的脱氧工艺及脱氧剂。

（2）研究新型炉后处理工艺。我国现有钢轨钢炉后精炼工艺比较简单，主要是钢包吹氢、钢包喂复合线等。钢轨钢炉后处理工艺应全面考虑钢轨钢脱氧、脱氢、去夹杂及成分、温度微调等功能，研究新型钢包真空处理技术。

（3）方坯连铸是提高钢轨工艺技术水平的重要标志之一。但是从模铸到连铸的生产工艺会给钢轨工艺性能如压缩比、中心成分偏析等带来新的影响，需要研究。

4.2.2　轧制加工方面

（1）提高断面尺寸精度的轧制技术。影响断面尺寸精度的主要因素有孔型设计、调整技术、检测技术和轧制设备等。因此，技术开发内容应当包括孔型设计（含计算机辅助孔型设计）技术、自动调整技术、检测技术及不同轧制方法研究等。

（2）提高钢轨平直度的高精度矫直技术。钢轨的平直度对焊接质量、线路平顺性有直接影响，尤其是提速、准高速和高速铁路线对钢轨的平直度要求愈来愈严格。影响钢轨平直度的因素主要有轧制、传送过程、矫直工艺和设备等。因此，研究开发内容包括轧制对平直度的影响、辊道防撞、冷床预弯、复合矫直和端部平直度在线检测技术等。

（3）高压水除鳞技术。

4.2.3　材料品种方面

结合我国的资源特色和工艺设备条件及我国铁路发展的新要求，应研究开发强度、韧性兼备，工艺性能和焊接性能良好的多元微合金化钢轨钢。在合金化原理方面，应着重研究合金元素的相互作用及对工艺性能（凝固性能、热加工性能、热处理性能及焊接性能）和力学性能特别是韧性的影响。

4.2.4　冶金工艺过程自动控制技术开发

重点开发冶炼过程、凝固过程、加热和轧制过程的在线检测和自动控制技术，使从原料到产品的关键工序的关键工艺参数处在受控状态，以确保最终产品的高合格率和高质量。

4.3　加快技术改造

技术改造是使技术开发成果转化为生产力，提高钢轨生产工艺装备水平，从而确保生产出高质量钢轨必不可少的手段。技术改造的原则是对国内外现有成熟技术或自己开发成功的技术成果的应用，同时应注意结合本企业的实际情况，以达到生产高质量钢轨的要求。结合我国当前钢轨生产工艺和设备状况，建议重点改造内容如下：

（1）冶炼方面。转炉的顶底复合吹炼及转炉自动化系统；炉后真空处理系统；方坯连铸系统。

（2）轧制方面。改造连续式加热炉为步进式加热炉；高压水表面除鳞装置；高精度轧制系统；高精度矫直系统；激光在线平直度、断面尺寸精度检测装置；长钢轨生产线改造。

（3）冶金过程自动化控制与自动化管理系统的改造。

4.4　提高我国钢轨生产技术水平的实施步骤

为了使我国钢轨生产工艺装备水平在5~6年内达到当前国际先进水平，建议分两步进行：

第一步，在现状调查、技术方案研究的基础上，用2~3年的时间对一些将来不需要全部更换的现有生产设备进行完善性技术改造；

第二步，用3年左右的时间增建一些生产高质量钢轨所必需的关键装备并理顺整个钢轨生产工艺流程。

5　结语

（1）国际上先进的钢轨生产企业已经能够生产出满足高速铁路所需要的高质量的钢轨。我国目前的钢轨生产能力已大于国内市场需求，但与国际上高质量钢轨生产技术水平相比，我国钢轨生产工艺装备还十分落后，钢轨的质量还不能满足我国铁路运输进一步发展和参与国际市场竞争的需要。

（2）要提高我国钢轨生产技术水平，生产出满足市场需求的高质量钢轨，我国钢轨生产企业应在国家的支持下，加快技术开发和技术改造的步伐。

参 考 文 献

[1] 钱仲侯. 世界高速铁路发展概况 [M]. 北京：中国铁道出版社，1994：20~50.

[2] 杜文胜. 高速、重载、电气化铁路发展趋势 [J]. 科技日报高技术产业周刊，1995（28）.

[3] Fomin N A. Production of clean rail. steel in the USSR [J]. 1991（3）：104~106.

[4] 夏杰勋. 连铸重轨钢综述 [J]. 连铸，1993（2）：15~18.

[5] 乌统伟. 国外大型型钢生产技术的发展及给我们的启示 [J]. 轧钢，1993（4）：2~6.

[6] Eborhard Kast. Production of high clean rail [J] . Thyssen Technische Berichte, 1993 (1): 1~17.

[7] Bramfitt B L. The advance heat treatment process of rail on line [J] . Iron and Steel Maker, 1995, 22 (1): 17~21.

[8] United State Patent 4, 486, 248, Dec. 4, 1984.

Status of Rail Production Abroad and Countermeasures for Production of High Quality Rail in China

Su Shihuai

(Panzhihua Iron and Steel Research Institute)

Abstract: The status and development tendency of rail production abroad is overview in this paper. The present status and problems of rail production in China is analyzed and the countermeasures for production of high quality rails are proposed.

Key words: rail; quality; development; reforming

我国开发高强度在线热处理钢轨探讨❶

苏世怀¹　籍可镔²　俞梦文²

（1. 攀枝花钢铁研究院；2. 攀枝花钢铁公司）

摘　要：概述了高强度钢轨的发展，通过对各类高强度钢轨的比较分析，说明了在线热处理钢轨是高强度钢轨发展的必然趋势。结合我国的实际，探讨了我国开发在线热处理钢轨的必要性和可能性，并就如何开发我国的在线热处理钢轨提出了几点建议。

1　引言

研究表明[1~10]，在改善钢轨内部和外观质量、搞好线路维修养护工作的同时，提高钢轨的强度是减少钢轨的使用缺陷、延长钢轨服役寿命的有效途径。

我国高强度钢轨的研制工作开始于70年代中期，80年代中期以来发展较快，但现有的高强度钢轨仍远不能满足铁路运输发展的要求。因此，根据国外高强度钢轨的发展趋势，探讨我国高强度钢轨的发展途径，及时开发出大量新型高强度在线热处理钢轨，是个十分紧迫的问题。

2　高强度钢轨的发展

2.1　合金钢轨

合金钢轨的发展及典型钢种见表1。

在诸多合金钢轨钢中，铬钢、铬钒轨、铬钼轨和铬钼钒轨是较为成熟的钢种，不仅具有高强度，而且还具有一定的塑性，在不少国家得到使用。其他合金钢轨都不同程度地存在生产工艺或性能上的问题。

合金钢轨的发展趋势是：开发具有良好焊接性能，又适合于热处理的微合金钢轨钢，此种钢轨在合金元素强化的基础上，经热处理成为超高强度钢轨（$\sigma_b > 1300\text{MPa}$），而塑、韧性不降低甚至还有改善。

2.2　热处理钢轨

热处理钢轨的发展可分为三个阶段：

一是50~70年代的淬火回火（Quenching Tempering，简称QT）工艺。这种工艺生产的热处理钢轨硬化层是回火索氏体与其他组织的混合组织，接触疲劳性能较差，此工艺在世界上未及推广即被淘汰。

---

❶　原文发表于《钢铁》1993年第4期。

表 1　合金钢轨的发展和典型钢种[11,12,24]

钢　种	牌　号	生产国	化学成分/%									σ_s /MPa	δ_5 /%
			C	Mn	Si	P	S	Cr	V	Nb	Mo		
共析轨钢	JRS60	日	0.60~0.70	0.70~1.10	0.10~0.30	≤0.035	≤0.04					>800	≥10
	AREA	美	0.69~0.82	0.70~1.00	0.10~0.25	≤0.040	≤0.025					>800	
	M65、M75	俄	0.71~0.82	0.75~1.05	0.13~0.28	≤0.035	≤0.045					≥880	≥4（δ_{10}）
	UIC60-V	西欧	0.60~0.80	0.80~1.30	0.10~0.50	≤0.050	≤0.050					>880	≥10
耐磨轨钢	高硅（U70MnSi）	美	0.69~0.82	0.72~1.00	0.50~1.00	≤0.04	≤0.04					>880	
	中锰（U71Mn）	美、中	0.59~0.77	1.10~1.60	0.10~0.35	≤0.04	≤0.04					>800	≥8
特级耐磨轨钢	Cr	德	0.65~0.80	0.80~1.30	0.30~0.90			0.70~1.20				1080	9
	Cr-V	德	0.55~0.75	0.80~1.30	≤0.70			0.80~1.30	<0.30			1080	9
	Cr-Mn	英	0.68~0.78	1.10~1.40	≤0.35			1.10~1.30				1080	11
	Cr-Mo	美	0.70~0.80	0.80~1.10	0.25~0.35			1.10~1.30				1080	13
	Si-Mn-V	中										1080	8
	Cr-Mo-V	澳、日	0.70~0.80	0.80~1.10	≤0.25			0.70~0.90	0.05~0.09		0.16~0.20	1275	17.5
合金热处理轨钢	NSII	日	0.70~0.82	0.60~1.00	0.70~1.00	≤0.030	≤0.025			≤0.020		980	12~17
	PD₃	中	0.70~0.80	0.70~1.00	≤0.80	≤0.040	≤0.040		≤0.015			980	8

　　二是 70 年代中期开始的欠速淬火（Slack Quenching，简称 SQ）工艺。经此工艺热处理后的钢轨硬化层为单一细珠光体，与 QT 钢轨相比，SQ 钢轨（也叫新型轨头硬化钢轨 NHH）不仅耐磨耗，而且具有良好的抗接触疲劳性能。图 1、图 2 是这两种工艺的冷却曲线及其钢轨的磨损曲线比较。

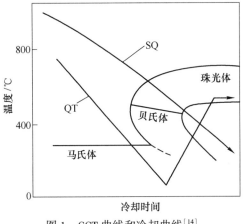

图 1　CCT 曲线和冷却曲线[14]

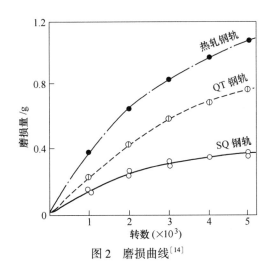

图 2　磨损曲线[14]

　　三是 80 年代后期才兴起的钢轨轧后在线热处理工艺。它与 SQ 工艺的主要差别是不重新加热钢轨，而是利用轧制余热直接欠速淬火，因此也叫余热淬火（由于这种钢轨的轨头硬化层较深也叫深层轨头硬化钢轨 DHH）。为了区别，SQ 工艺也叫离线热处理或再加热欠速淬火工艺。

　　表 2 是当前世界热处理钢轨生产工艺及性能概况。图 3~图 5 是在线热处理钢轨和离线热处理钢轨在工艺流程、横截面硬度和磨耗性能方面的比较。结果表明，在线热处理钢轨较离线热处理钢轨具有生产效率高、节约能源、简化工艺和轨头硬化层深等显著优点。因此，在线热处理钢轨是热处理钢轨发展的必然趋势。

　　此外，在线热处理工艺还可用于强化其他型钢。随着轧制工艺的发展，在线热处理还可与轧制形变强化结合形成控轧控冷工艺。

表 2 各国热处理钢轨生产工艺与性能概况[15~18]

国 别	厂家	钢种	工 艺 特 征		组织	$\sigma_{0.2}$ /MPa	σ_b /MPa	δ_5 /%	ψ /%
日 本	新日铁			轧后余热淬火（压缩空气）		≥825	≥1200	11	
英 国	沃金顿		在	轧后余热（水雾）淬火		≥800	≥1200	≥10	
法 国	沙西诺		线	轧后余热（水雾）淬火		≥800	≥1200	≥10	
卢森堡	罗 丹	碳		轧后余热（间断水）淬火	细	≥680	≥1200	≥10	
原苏联	亚速钢厂	素		电感应加热、水雾冷却	珠	≥780	1170	≥10	≥25
	下塔吉尔			煤气加热、油冷却		≥825	1170	≥9	≥36
	捷尔任斯基	钢		煤气加热、盐浴冷却	光	≥825	1200		37
美 国	格 里		离	电感应加热、压缩空气冷却		≥800	≥1200	10	40
	伯里恒	轨	线	煤气加热、油冷却	体	≥800	≥1200		45
澳大利亚	BHP			电感应加热、压缩空气冷却		≥800	≥1200	10	
日 本	日钢管			煤气加热、压缩空气冷却		≥825	≥1200	12	33
	新日铁			电感应加热、压缩空气冷却		≥825	≥1200	12	33
中 国	攀 钢			双频电感应加热、压缩空气冷却		≥825	≥1200	≥12	
	呼和局等			电感应加热、水雾淬火					

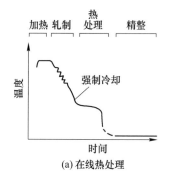

(a) 在线热处理

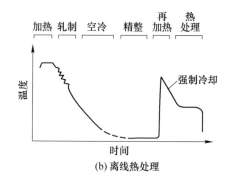

(b) 离线热处理

图 3 工艺流程比较[19]

2.3 合金钢轨与热处理钢轨的比较

表 3 是合金钢轨与热处理钢轨在技术经济方面的比较。由表 3 知，在离线热处理钢轨时代，对钢轨是采用合金强化还是热处理强化需要综合考虑一个国家的合金资源、铁路运输强度和钢轨用量等因素。总的来说，一个国家钢轨用量较少、铁路运输强度不大而又富含强化钢轨的合金元素，则宜对钢轨进行合金强化。反之，则宜对钢轨进行热处理强化。例如，俄国、美国、澳大利亚和日本等一直以发展热处理钢轨为主，西欧一些国家则倾向于发展合金钢轨。

进入 80 年代，世界上生产钢轨的主要国家包括西欧一些国家都致力于开发热处理钢轨并对钢轨的在线热处理工艺进行了大量的研究[15~18]。1986 年以来，法国、卢森堡、英国、日本、比利时和加拿大等国家相继建起了或正在着手建设在线热处理钢轨生产线，另一些国家也正准备用钢轨的在线热处理工艺代替离线热处理工艺。这些工作证明，在线热

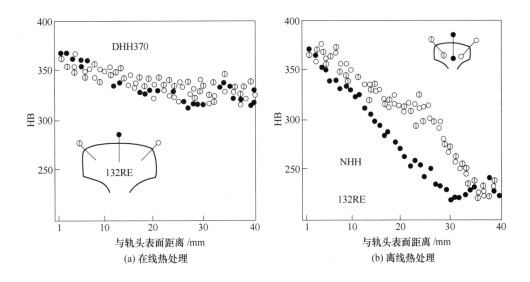

(a) 在线热处理 (b) 离线热处理

图 4 横断面硬度比较[19]

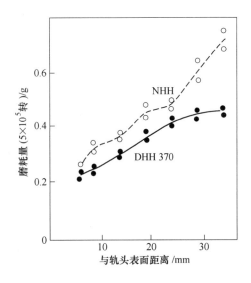

图 5 磨损比较[19]

处理钢轨具有合金钢轨和离线热处理钢轨无可比拟的优势，它是高强度钢轨发展的世界性趋势。

表 3 合金钢轨与热处理钢轨的比较[12,13,20]

项　　目	合金钢轨	热　处　理　钢　轨	
		离线	在线
工　艺	简　单	复　杂	较简单
设备增加	无	多	增加冷却线

项　目	合金钢轨	热　处　理　钢　轨	
		离线	在线
合　金	特殊合金元素	无	无
焊　接	差	可	可
成　本	较　高	较　高	低
性　能	全断面强化	轨头帽形强化	全断面强化
σ_b/MPa	>1100	>1200	>1200
δ_5/%	>8	>12	>10
较普轨延长寿命	1 倍	2 倍	2 倍

3　我国开发在线热处理钢轨的必要性

3.1　铁路需要大量高强度热处理钢轨

　　我国是以铁路运输为主的国家。铁路运输密度在世界上仅次于原苏联居第二位，而铁路运营条件之恶劣在世界上是绝无仅有的。我国 5.4 万公里的铁路线中，弯道占三分之一以上。目前铁路普遍使用的热轧普通钢轨已远不能满足运输要求，维修养护工作日益繁重，钢轨的使用寿命愈来愈短。例如，在石太线、丰沙线等一些重载繁忙运输干线上，普通热轧钢轨的使用寿命不足一年[20,22]。为了延长钢轨的使用寿命，冶金、铁路部门进行了大量的探索工作[21~28]：80 年代中期以来，从国外进口各种类型的钢轨试铺；推广涂油技术；使用重型钢轨和全长热处理钢轨。实践证明，热处理强化是延长钢轨使用寿命、适合我国国情的可行途径。铁道部已将大量使用热处理钢轨作为我国铁路的技术政策，在规划中要求，50kg/m 及其以上轨型的钢轨均应以热处理状态交货。按此推算，我国年需求热处理钢轨 50 万吨以上。

3.2　现有高强度钢轨还不能满足要求

　　我国生产钢轨的主要厂家是鞍钢、包钢和攀钢。在生产高强度钢轨方面的主要情况如下：

　　攀钢在 1980 年前后用水作为冷却介质生产过近 11 万吨的 QT 钢轨，由于接触疲劳性能不佳而停产。1985 年以后开始研制用压缩空气作为冷却介质的 SQ 钢轨，到目前为止，已生产这种新型 SQ 钢轨 4 万多吨供铁路使用，其使用寿命较普通热轧钢轨延长 2 倍以上。攀钢现已达到年产 5 万吨 50kg/m、60kg/m 和 75kg/m 离线热处理（SQ）钢轨的规模。

　　包钢曾于 1980 年前后用煤气加热、温水和水雾作为冷却介质生产过少量 50kg/m 热处理钢轨，后因工艺原因停产[23]。现正准备从卢森堡引进在线热处理钢轨生产线。

　　鞍钢先后开发了 U70MnSi、U74MnSiV 低合金钢轨，目前仍未形成规模生产能力。

　　由于使用热处理钢轨效益明显和铁路需求量大等原因，近年来铁道部呼和浩特、上海、北京、郑州等铁路局和鞍山工务器材厂等单位相继建设离线热处理生产线。这些生产线各自采用的热处理钢轨钢种不同，以水和水雾作为冷却介质，到目前尚未见到其热处理钢轨的性能和使用效果的报道。

总之，目前国内热处理钢轨的年生产能力在5万吨左右，即使铁路部门的热处理生产线全部建成投产，其年总产量可达10万吨左右，仅热处理钢轨的数量也远不能满足铁路的需求。从规模效益及生产量来讲，只能开发在线热处理钢轨。

4 我国开发在线热处理钢轨的可能性

4.1 开发在线热处理钢轨的前提条件已经具备

实现钢轨在线热处理的前提条件是取消钢轨缓冷坑工艺。取消钢轨缓冷坑工艺的基本途径有两条：一是对钢轨产生"白点"临界氢含量以上炉次的钢液进行真空脱气；二是对临界氢含量以上炉次的钢坯进行缓冷。

目前，世界上一些工业化国家的钢轨生产厂主要采用低氢冶炼、真空脱气的方法来取消钢轨缓冷工艺。需要指出的是，真空脱气并非每炉逐一进行，只是对一些氢、其他气体、夹杂含量偏高尤其是对"白点"比较敏感的低合金钢轨钢等需要真空脱气的炉次才进行这种处理。很多生产厂在上真空处理设备前也曾采用过钢坯缓冷工艺来取代钢轨缓冷工艺。澳大利亚BHP公司的怀阿那工厂就一直采用这种方法。

为了搞清钢轨在生产过程中氢含量变化规律以及钢轨中的氢行为，攀钢自1979年起就进行了这方面研究。生产了1200t PD$_1$不缓冷钢轨在广州、上海铁路局试铺，使用情况良好。1984年以来又与中国科学院沈阳金属研究所、铁道部科学研究院、冶金部北京钢铁研究总院等合作进行了大量的研究，现已完成了预定的研究内容。其中U71Mn钢轨在生产过程中氢含量的变化规律见表4。由表4知，攀钢U71Mn钢轨在热锯处的轨头心部氢含量远低于产生"白点"的临界氢含量。研究表明，攀钢钢轨氢含量比较低的主要原因在于攀钢采用纯氧顶吹转炉等低氢冶炼工艺以及钢锭、钢坯两次加热中钢坯堆冷。

表4 攀钢 U71Mn 钢轨生产过程中的氢含量

取 样 点	取 样 炉 数	变化范围/ppm	平均/ppm	注
冶炼终点钢液	87	1.34~3.50	2.19	高于3ppm的9炉
锭模内钢液	87	1.35~3.46	2.32	高于3ppm的4炉
热锯轨头心部	68	0.63~2.36	1.34	高于1.84ppm的6炉
缓冷后钢轨	8	0.76~1.84	1.10	

注：钢轨产生"白点"的临界氢含量：2.7ppm。

结合我国实际情况，在条件具备的前提下，取消钢轨缓冷坑工艺最好是上真空脱气设备。但目前在对钢液进行在线氢监测的情况下，对极少部分炉次钢坯进行缓冷以使热锯处所有炉次氢含量低于现行钢轨缓冷后的上限氢含量，也是符合我国实际的取消钢轨缓冷工艺的可行途径。

4.2 开发在线热处理钢轨的难点与有利条件

4.2.1 开发在线热处理钢轨的难点

（1）在线热处理能力与钢轨轧制能力的匹配问题。国内一般轨梁轧机每小时可轧轨条

200~120t，一根轨条同时锯成三支钢轨，要使每根钢轨的温度都符合热处理要求，存在一些技术问题需要解决。

（2）热处理工艺问题。由于轧后钢轨的奥氏体组织相对较粗，无温度梯度，要将这样状态的钢轨冷却使之得到所要求的组织和性能，并在冷却中很好地控制钢轨的变形，就要合理地选择冷却介质、冷却方式、冷却装置和严格控制冷却速度。

（3）要有一个能根据钢轨温度情况来调节辊道、冷却介质流量及相应装置的自动控制系统。

4.2.2　开发在线热处理钢轨的有利条件

（1）铁路需要大量高强度钢轨及在线热处理钢轨较离线热处理钢轨有较大优势，是开发在线热处理钢轨的动力。

（2）我国已开发成功的钢轨离线热处理技术，可作为研究在线热处理工艺参考。目前有关单位正在进行的钢轨在线热处理工艺相关基础研究将会进一步推动钢轨在线热处理工艺的实现[27]。

（3）我国有一支多年从事钢轨技术开发的科技力量，其中包括研究、管理和现场人员。

（4）钢轨在线热处理工艺在国外已应用于生产，为加快其开发进程，可开展国际合作。

5　开发我国在线热处理钢轨的建议

当前，我国在高强度钢轨发展中存在的主要问题是：离线热处理钢轨有呈盲目发展的趋势；一些管理和相关基础工作落后于研究开发工作。这些问题的存在，不仅阻碍了在线热处理钢轨的开发，而且影响我国现有优质离线热处理钢轨的生产和使用。因此建议：

（1）冶金、铁道两部宜根据国内外高强度钢轨的发展趋势，结合我国的实际，从国家的整体利益出发，统筹规划，从管理和经济技术政策上鼓励质量高、规模效益好的钢轨热处理工艺和产品的开发。

（2）钢轨在线热处理工艺的开发，不仅能生产出我国铁路所需要的大量优质高强度钢轨，而且会促进整个钢轨生产工艺和装备的现代化以及钢质的改善，是一个影响全局带方向性的重大课题，希望冶金和铁路部门协同攻关。

（3）在发展高强度钢轨的相关方面。宜尽快制定一个既能和国际标准相匹配，又能结合我国实际的高强度钢轨标准，以便按质定价，促进先进的高强度在线热处理钢轨工艺与产品的开发。

攀枝花钢铁研究院陈仁义同志对本文提供了有价值的资料，表示感谢。

参 考 文 献

[1] Rogev K. ASLE. Transactions, 1988, 75 (3)：400~409.

[2] Danks D. *et al*. Wear, 1987, 120：233~250.

[3] Scutte J J. Fatigue Engin. Mater. Struct. , 1984, 7 (2)：121~135.

[4] Chonem H. Engineering Fracture Mechanics, 1989, 30 (5)：667~683.

[5] Wujuik M. Progressive Railroad, 1987, July：39.

[6] Piotrowickj J. Vehikle System Dynamics, 1988 (17): 57~59.

[7] Zarembski A M. Railway Track and Structures, 1987 (11): 23.

[8] Alias J. Rail International, 1986 (11): 17.

[9] Zarembski A M. Tracking R&D, 1988 (4): 12.

[10] Dollor M. Acta Metall. , 1988 (2): 311~320.

[11] Sage A M, et al. Vanadium in Rail Steels. Vanitie, Chicago, 1979: 12.

[12] 苏世怀. 钒钛, 1986 (5): 60.

[13] 赵坚. 钢铁, 1986 (11): 39.

[14] 田村庸一. 日本钢管技板, 1979 (8): 22.

[15] United States Patent 4, 668, 308, May26, 1987.

[16] European Patent 831062351, 27. 06. 1983.

[17] United States Patent 4, 486, 248, Dec. 4, 1984.

[18] United States Patent 4, 611, 789, Sep 16, 1986.

[19] 牧野由明. 新 LV 轨道构造收集, 1988 (7): 10.

[20] 苏世怀, 等. 钢铁钒钛, 1990 (2): 69.

[21] 高嘉年. 中国铁道科学, 1989 (12): 127.

[22] 梁健博. 钢铁钒钛, 1990 (2): 7.

[23] 张国柱. 钢铁, 1983 (9): 7.

[24] 刘宝升. 钢铁, 1987 (6): 26.

[25] 苏世怀, 等. 钢铁钒钛, 1987 (1): 61.

[26] 苏世怀, 等. 钢铁, 1988 (1): 30.

[27] 孙本荣, 等. 钢铁, 1989 (9): 33.

[28] 周晨光, 等. 金属热处理, 1991 (1): 4.

A Discussion on Development of High Strength On-line Heat Treatment Rails in China

Su Shihuai[1]　Ji Kebin[2]　Yu Mengwen[2]

(1. Panzhihua Iron and Steel Research Institute; 2. Panzhihua Iron and Steel Co., Ltd.)

Abstract: The progress in high strength rails is described in this paper. By comparison with the varieties of high strength rails, a commentary has been made that the on-line heat treatment of rails will inevitable be the tendeny to develop high strength rails. In the light of current conditions in China, the necessity and possibility to develop high strength rails with on-line heat treatment is discussed and suggestions on the development are offered as well.

攀钢重轨创名牌的差距与对策[❶]

苏世怀[1]　籍可镔[2]　俞梦文[2]

（1. 攀钢钢研院；2. 攀钢科技处）

摘　要：阐述了攀钢创重轨名牌的重要性，根据当前国际重轨的先进水平，推荐了名牌重轨的标准，并指出了攀钢重轨目前存在的差距，从技术开发、技术改造和强化管理等方面提出了重轨创名牌的对策。

关键词：重轨；标准；技术开发；技术改造

1　引言

名牌产品，就是可为企业获得较大经济效益，在市场上畅销不衰，有较高知名度的产品。可见，名牌产品的定义中有三个方面的内涵：一是产品质量领先；二是良好的售后服务；三是有较高的知名度。由此可知，在市场经济条件下，名牌产品是企业的形象，是企业开拓市场、占领市场、长盛不衰的希望所在。

攀钢之所以要把重轨作为创名牌的第一个产品，是因为首先它已有一定的技术、管理和市场基础，其品种、轨型在国内已处领先地位；其次，重轨在攀钢产品数量上占有较大比重。重轨的生产工艺流程长，质量要求苛刻，抓好了重轨创名牌工作，对推动攀钢产品质量的改善，促进攀钢的科技进步、管理水平的提高和经济效益的增长都将有重要意义。

2　名牌重轨的标准及攀钢重轨存在的差距

攀钢重轨要成为名牌产品，其核心是质量。因此，必须有一个与名牌重轨相适应的质量标准。名牌重轨的标准应当以目前国际上先进的钢轨质量作参考，以市场需求为依据来制订。表1列出了当前国际上先进重轨的主要指标，并结合市场需求推荐了攀钢创名牌重轨的标准。为了从对比中找出差距，表中还列出了攀钢重轨的质量现状。

表 1　推荐名牌重轨的质量标准及攀钢重轨质量现状[1,2]

类别	项目	目前国际先进水平	名牌重轨质量标准	攀钢重轨的质量现状
内部质量	有害气体	结晶器 [H] ≤2.5ppm；重轨 [O] ≤20ppm	结晶器 [H] ≤2.5ppm；重轨 [O] ≤20ppm	锭模 [H] 3ppm 左右；重轨中 [O] 20~30ppm
	非金属夹杂	硫化物长 ≤400μm；链状氧化物长 ≤300μm；氧化物直径 ≤20μm	硫化物长 ≤400μm；链状氧化物长 ≤300μm；氧化物直径 ≤20μm	硫化物长 ≤820μm；链状氧化物长 ≤540μm；氧化物直径 ≤30μm

---

❶　原文发表于《攀钢技术》1995 年第 3 期。

续表1

类别	项目	目前国际先进水平	名牌重轨质量标准	攀钢重轨的质量现状
内部质量	成分、组织的均匀性	碳含量波动≤0.06%；P、S含量≤0.02%；低倍组织均匀	碳含量波动≤0.06%；P、S含量≤0.02%；低倍组织均匀	碳含量波动≤0.10%；P、S含量≤0.04%；低倍组织存在一定程度的偏析
外观质量	表面质量	光洁	光洁	存在结疤、线纹
	断面尺寸精度	头宽：±0.5mm；底宽：±0.8mm；轨宽：±0.5mm；25m长轨：±6mm	头宽：±0.5mm；底宽：±0.8mm；轨宽：±0.5mm；25m长轨：±6mm	头宽：±0.5mm；底宽：+1.0mm，−2.0mm；轨宽：+0.8mm、−0.5mm；25m长轨：±10mm
	端部平直度	普通轨，1.5m平尺，向下≤0.3mm，其他≤0.5mm，高速铁路轨；3.0m平尺，≤0.5mm	普通轨，1.5m平尺，向下≤0.3mm，其他≤0.5mm，高速铁路轨；3.0m平尺，≤0.5mm	端部平直度：1.0m平尺，上下左右≤0.5mm（标准）
品种性能	热轧钢轨	性能可按用户要求供货	$\sigma_b \geqslant 1000$MPa；$\delta_5 \geqslant 9\%$；焊接性良好，具有一定的耐蚀性；残余应力：-200MPa$\leqslant \sigma \leqslant +100$MPa	$\sigma_b \geqslant 880$MPa；$\delta_5 \geqslant 8\%$；焊接性受成分、夹杂影响较大，不够耐蚀，残余应力$> +100$MPa
	热处理轨	$\sigma_{0.2} \geqslant 800$MPa；$\sigma_b \geqslant 1200$MPa；$\delta_5 \geqslant 12\%$；其他性能按要求供货	$\sigma_{0.2} \geqslant 800$MPa；$\sigma_b \geqslant 1200$MPa；$\delta_5 \geqslant 12\%$；其他性能按要求供货	$\sigma_{0.2} \geqslant 770$MPa；$\sigma_b \geqslant 1200$MPa；$\delta_5 \geqslant 11\%$

由表1可知，推荐的名牌重轨质量指标与当前国际上先进的重轨质量指标相近。与名牌重轨的标准相比，攀钢重轨目前在品种、强度上已有基础，在其他方面差距较大。主要体现在：

（1）内部质量。硫、氧含量较高，硫化物和氧化物的尺寸较大，化学成分变化范围大，低倍组织存在偏析。

（2）外观质量。存在表面结疤、线纹、端部硬弯、横截面尺寸精度不高。

（3）品种性能。钢轨的耐蚀性还不能适应一些隧道和腐蚀性环境线路的要求，塑性、焊接性和残余应力等有待进一步深入研究。

此外，宣传及售后服务工作差距也较大，至今攀钢的重轨尚无专用产品说明书，异议处理不够及时，异议处理水平还有待提高。

3 攀钢创名牌重轨的对策

3.1 加强技术开发

技术开发应能根据技术发展趋势、市场需求的变化，具有超前性，同时能为管理决策和技术改造提供依据。

攀钢过去围绕提高重轨质量、发展品种已进行了一系列的技术开发工作，但在深度、广度及系统上仍不能满足创名牌重轨的要求。围绕创名牌重轨，在现有工作的基础上，应补充开展下列工作：

（1）重轨钢复合脱氧工艺的综合研究。攀钢曾研究过加铝块、喂铝线、Si-Ca-V、Si-Al-Ba等多种脱氧工艺，目前主要采用喂铝线脱氧工艺。国际上将取消铝脱氧，采用复合脱氧工艺作为80年代重轨生产技术的"三大突破"之一[3]。因此，综合研究新型复合脱氧工艺十分必要。

综合研究新型复合脱氧工艺的关键是从"综合"与"复合"两个方面着手。"综合"就是综合分析国内外现有重轨脱氧工艺的技术经济性，从中优选或在此基础上开发出一种既能脱氧、减少夹杂（尤其是 Al_2O_3），又适合攀钢条件的脱氧工艺；"复合"就是要从工艺、材料、装备等三个方面同时考虑。

（2）提高重轨断面尺寸精度和端部平直度的综合研究。重轨断面尺寸精度及端部平直度是钢轨外观质量的两个重要指标，它主要影响焊接质量及线路平顺性，是重轨质量上台阶的两个重要考核指标。

影响重轨断面尺寸精度的主要因素有孔型设计、调整技术、检测技术、轧制设备等。因此，研究内容应当包括孔型设计（含计算机辅助设计）、自动调整、检测技术、万能轧制的方案研究等。

（3）开发攀钢第四代重轨新品种的设想。攀钢已开发出 PD_1、PD_2、PD_3 等三种重轨钢，目前正在推广 PD_3 重轨。本着开发一代、生产一代、贮备一代的原则，以更好地适应市场需求，开发攀钢第四代重轨钢是十分必要的。

第四代重轨钢的开发目标，应达到热轧轨的强度及生产成本与目前的 PD_3 轨相当，但在塑性、焊接性及耐蚀性等诸方面应有所改善，同时适合热处理的要求。根据合金元素在钢中的作用原理，参考国内外已有的重轨品种，建议新一代重轨钢的成分设计思路应在 PD_3 轨的成分基础上，重点以 Cr 代 Si（以保持降 Si 后钢轨的原有强度），适当调整其他元素含量范围；重点研究微 Cr 与钢中其他元素的相互作用及对性能的影响；Cr 对冶炼、铸造、加热、轧制及热处理工艺的影响（微钒在重轨钢中作用机理正在研究中）。

（4）重轨钢残余应力的综合研究。重轨残余应力的大小及分布对重轨的性能（落锤、机械性能、疲劳）尤其是使用性能有重要的影响。残余应力对重轨性能的影响及降低残余应力的措施研究，被称为 80 年代国际重轨生产技术的"三大突破"之一（另一突破是重轨余热淬火技术）。影响残余应力的因素有重轨矫前平直度、矫直工艺、热处理工艺等。攀钢过去对重轨残余应力曾进行过局部研究，未形成系统性[4]，以后应对以下几方面进行综合研究：

1）矫前弯曲度对残余应力的影响及降低矫前弯曲度的措施（冷床及缓冷工艺方面）；

2）矫直工艺及矫直方式对残余应力的影响；

3）热处理工艺（在线、离线）对残余应力的影响；

4）各种检测残余应力的方法评价；

5）残余应力对重轨性能（落锤、拉伸、疲劳）的影响研究。

3.2　加快技术改造

目前，世界上先进的重轨生产工艺的主要标志是：铁水"三脱"（P、S、Si）、转炉复吹、真空处理、方坯连铸、步进炉加热、高压水除鳞、万能轧制、余热淬火等。攀钢除现已具备铁水脱硫、转炉复吹，正在进行高压水除鳞、余热淬火技术研究外，重轨生产线还没有先进的炉外处理设备，目前仍采用模铸工艺、连续推钢式加热炉、横列式孔型轧机。可见攀钢重轨的生产工艺和装备相当落后。为了确保重轨质量达到名牌的标准，必须加快对现有重轨生产工艺和装备的技术改造。当前技改的重点应包括以下几方面：

（1）炉外处理工艺及装备。总的应达到真空脱氧、去除夹杂和成分微调等功能。从目前情况看，选取 VD 系统较宜，力争在 1997 年建成。当前应加快方案研究。

（2）方坯连铸工程。改模铸为方坯连铸，对提高内部质量、改善表面质量，成分均匀化及提高金属收得率等都有积极的作用，力争在 1999 年前建成。当前应加快全连铸方案的前期预可行性研究工作。

（3）万能轧制的技改方案。万能轧制是提高金属断面精度、改善重轨金属压缩比的有效手段。目前主要应加快万能轧制方案的预可行性研究工作。

需要指出的是，根据二期工程建设的经验教训，攀钢在进行技改工程之前，应结合攀钢的实际，加强市场调研，对技术发展趋势的预测及技改方案的预可行性研究十分必要。在技改中，形成工程、科研和现场三结合的技改班子，将有助于更好地保证技改工程的顺利投产及满足生产工艺的要求。

3.3 强化对创名牌工作的管理

创名牌产品，离不开高质量的管理。攀钢经过 20 多年的建设发展，已建立了一整套从原燃料采购、供应、冶炼、轧钢、产品出厂和销售等各个环节的管理方法。但在实际操作过程中，这些方法仍得不到严格的执行，违章操作屡禁不止，重复的质量事故时有发生。因此，强化管理，建立一整套与创名牌相适应的管理方法十分必要。当前强化管理方面应做好如下工作：

（1）强化全体职工创名牌的质量意识，增强职工对创名牌产品的重要性的认识；建立一整套严格的考核办法，制定严格的规章制度并认真执行。

（2）尽快建立 ISO 9000 国际质量认证标准方面的基础工作和管理规程。

（3）加强对重轨创名牌工作的宣传和产品售后服务工作。加强宣传是提高产品知名度的一个重要途径，当前应加快编写重轨产品说明书和编辑重轨宣传专用录像资料。在产品售后服务方面，当前主要应经常性地调查用户、研究市场，提高异议处理水平。

（4）加强对重轨创名牌工作的领导。建议成立以公司领导牵头，包括科研、质量、生产、工程、销售、原料及科技管理等多部门有关人员在内的重轨创名牌工作领导小组。创名牌领导小组应制定工作规划，定期协调解决创名牌工作中的问题。

4 结语

攀钢重轨目前正面临着自身工艺装备水平低，在市场经济条件下，用户选择余地增加和国内外同类产品竞争激烈等多方面的挑战。因此，以创名牌重轨为目标来加快技术开发、技术改造和管理工作的规划步伐，对攀钢的发展具有重要的意义。

为了使创名牌重轨工作更有效地开展并落实，当前应与高强度在线热处理钢轨和高速铁路用钢轨的开发联系起来。高强度在线热处理钢轨具有强度高、要求良好的钢质纯净度，适合于我国重载大运量及弯曲线路的使用；高速铁路用钢轨要求良好的钢质纯净度、焊接性及高的断面精度、平直度。这两种钢轨的生产工艺和质量代表着当前国际上钢轨的先进水平。它的开发必将推动攀钢生产工艺和装备水平的巨大变化，这两种钢轨的开发成功将标志着攀钢重轨创名牌工作的基本完成。

参 考 文 献

［1］苏世怀. 2000 年的攀钢钢轨［J］. 钢铁钒钛，1990，11（2）：69~74.

［2］赵坚，等. 我国钢轨质量现状——国内外钢轨解剖分析［R］. 北京钢铁研究总院等，1990.

［3］Eberhard Kast. Production of Rail with High Cleanness［R］. Thyssen Technishe Berichte. Heft，1993.

［4］张祖光. 钢铁残余应力研究［J］. 钢铁，1982（6）：49~54.

2000 年的攀钢钢轨[1]

苏世怀

（攀枝花钢铁研究院）

摘 要：在总结了我国铁路运输对钢轨要求的基础上，通过对国际先进钢轨与攀钢钢轨现状的比较，参考国际发展趋势，提出了 2000 年攀钢重轨生产的设想与对策。

1 引言

钢轨是攀钢的大宗产品和风险产品。早在 1965 年规划攀枝花基地一期建设时，就设计钢轨产量占钢材年产量的 1/3。即使二期板厂投产后，由于铁路在国民经济中的特殊地位及钢轨的专用性和风险性，钢轨在攀钢的钢材生产中仍将占有重要地位。另一方面，由于钢轨生产工艺复杂以及对钢轨的性能质量要求严格，钢轨的生产和质量在很大程度上反映了攀钢的生产技术和管理水平。因此，探讨 2000 年攀钢钢轨的生产工艺和性能质量前景，对不断促进钢轨生产工艺现代化，改善钢轨的性能质量，带动攀钢生产技术水平、管理水平的提高都具有深远的意义。

2 铁路的现状与发展对钢轨的要求

我国是以铁路运输为主的国家。铁路年客、货周转量占交通运输客、货周转总量的 60%~70%[1]，但仍不能满足国民经济发展的要求，每年约有 30% 的货物积压待运，旅客列车平均超员 50% 以上[2]。铁路已成为制约国民经济发展的主要因素之一。

我国现有铁路 5.4 万公里，位于美国（27 万公里）、苏联（14 万公里），加拿大（7.0 万公里）和印度（6.0 万公里）之后，但运输密度却分别是美国、法国、西德和印度的 3 倍，仅次于苏联而居世界第二位，平均已超过 2000 万吨·公里/（年·公里）[3]。我国铁路的另一个显著特点是山区弯道多，曲线铁路占线路总长的 40%~50%，而小半径（曲线 $R<600m$）又占曲线铁路的 1/3。

我国铁路目前铺设的基本上是 80~90 公斤强度级普通钢轨，且轨型大都是 43kg/m 和 50kg/m 钢轨。随着近年来列车速度、轴重及运量密度的不断提高，钢轨的磨耗、疲劳伤损和波浪磨耗不断加剧，使用寿命愈来愈短，养护维修工作日益加大。现有钢轨性能、质量已远不能满足铁路运输的要求。

为了适应国民经济的进一步发展需要，2000 年我国铁路通过的货物总重将由目前的 14 亿~15 亿吨增加到 25 亿吨。实现这个目标的途径有两个：一是修筑新的铁路。根据规

---

❶ 原文发表于《钢铁钒钛》1990 年第 2 期。

划，2000 年我国铁路里程应为 9 万公里（实际比较可能是 7.1 万～7.5 万公里[4]）。二是通过进一步提高行车速度（从 60km/h 提高到 80km/h），增加机车轴重（从 23t 增加到 25t）以及缩短行车间隔来提高运量密度，使运量密度由目前的大于 2000 万吨·公里/（年·公里）增加到 4000 万吨·公里/（年·公里）[5]。可见，铁路运输的发展对钢轨质量和数量提出了越来越高的要求[6,7]（见表 1）。

表 1　铁路运输的发展对钢轨数量及质量的要求

质量方面	钢质纯净化	尽可能地降低钢中有害气体和非金属夹杂物的含量，良好的组织，成分均匀，焊接性能好			
	强韧化	大幅度地提高钢轨的强度，尤其是屈服强度，同时具有良好的塑韧性，$\sigma_{0.2} \geqslant 823MPa$，$\sigma_b \geqslant 1176MPa$，$\delta_5 \geqslant 12\%$。铁道部希望 60kg/m 以上钢轨全部经热处理后交货			
	重型化	铁道部已确定 60kg/m 钢轨作为铁路主型钢轨，部分重载大运量线路铺设 75kg/m 钢轨，在未来 10 年中逐步减少 50kg/m 钢轨的使用，淘汰 43kg/m 以下的钢轨			
	外观质量	尺寸精确、表面光洁、平直			
数量方面	1990 年	50kg/m 60kg/m 76kg/m	36.1 万吨 49.6 万吨 3.3 万吨	合　计	89.0 万吨
	2000 年	50kg/m 60kg/m 75kg/m	30 万吨 100 万～110 万吨 10 万～20 万吨	合　计	140 万～160 万吨

3　国际先进钢轨的现状、发展趋势及攀钢钢轨存在的问题

国际先进钢轨与攀钢钢轨的实物质量或标准的对比及发展趋势[8~14]见表 2。

表 2　国际先进钢轨与攀钢钢轨的对比及发展趋势

类别	项目	国际先进水平		攀钢水平	
		现状	趋势	现状	趋势
内部质量	有害气体	锭模 [H] ≤2.5ppm 钢中 [O] <20ppm	硫化物长 <200μm，链状氧化物长<150μm，脆性氧化物直径<13μm	锭模 [H]：3ppm 左右 钢中 [O] <35ppm	使转炉冶炼技术综合配套，增加真空脱气等炉后精炼手段，使内部质量达到目前世界先进水平
	非金属夹杂	硫化物长<300μm 链状氧化物长<200μm 氧化物直径<20μm		硫化物长<820μm 链状氧化物长<540μm 氧化物直径<30μm	
	P、S 含量化学成分低倍组织	<0.020% 碳含量波动在 0.06% 以内均匀无明显偏析		P<0.020%，S≤0.040% 碳含量波动为 0.10% 存在偏析	
强韧化	热处理	组织为细珠光体 硬度 HRC36～41 $\sigma_{0.2} \geqslant 823MPa$ $\sigma_b \geqslant 1176MPa$ $\delta_5 \geqslant 12\%$	微合金强化，控制轧制形变强化，轧后在线热处理强化相结合。$\sigma_b \geqslant 1274$ ～1372MPa	组织为细珠光体 硬度 HRC36～43 $\sigma_{0.2} \geqslant 823MPa$ $\sigma_b \geqslant 1176MPa$ $\delta_5 \geqslant 11\%$	微合金强化，轧后在线热处理强化相结合。$\sigma_b \geqslant 1274MPa$
	合金化	微合金 $\sigma_b \geqslant 980MPa$ 合金轨 $\sigma_b \geqslant 1078MPa$ 系列化		微合金含钒轨 $\sigma_b \geqslant 980MPa$	

续表2

类别	项目	国际先进水平		攀钢水平	
		现状	趋势	现状	趋势
重型化	重型化	60.65kg/m 已普遍化，最重为 75.77kg/m		最大 75kg/m，主要是 60kg/m	
外观质量	表面缺陷	光洁		部分存在结疤、线纹	
	端部平直度	1.5m 平尺，上 0.5mm，下 0.3mm，左右 0.5mm		1.0m 平尺，上下左右 0.5mm	
	尺寸精度	头宽+0.8mm，-0.5mm 底宽±0.8mm 轨高+0.8mm，-0.5mm		头宽±0.5mm 底宽+1.0mm，-2.0mm 轨高+0.8mm，-0.5mm	
工艺现代化		1. 铁水预处理 2. 转炉复合吹炼 3. 真空脱气 4. 连铸 5. 步进式加热炉 6. 万能轧制 7. 随温定尺 8. 缓冲挡板 9. 钢轨预弯 10. 不缓冷 11. 复合矫直 12. 超声涡流探伤 13. 锯钻联合加工 14. 热处理	生产和质量检测全过程自动控制，轧后在线热处理	1. 罐内铁水部分脱硫 2. 纯氧顶吹转炉 3. 吹氩 4. 三位一体铸锭 5. 均热 6. 初轧 7. 钢坯清理 8. 再加热 9. 普通轧制 10. 缓冷 11. 辊矫 12. 超声波探伤 13. 锯钻加工 14. 热处理	建议研究： 1. 铁水预处理 2. 推广复合吹炼 3. 真空脱气 4. 轧后在线热处理

由表2知，攀钢的钢轨除了在热处理强韧化工艺、性能以及生产重型钢轨方面基本上达到了国际先进水平外，其他方面均存在一定差距。攀钢现在的普轨性能质量也不能完全满足我国铁路运输现状和发展的要求。目前用户反映强烈的是不够耐磨，表面缺陷漏检和钢轨的平直度超限。存在这种状况的主要原因可归结为：

（1）钢轨的生产工艺和设备水平落后。攀钢钢轨生产的主要工艺、关键设备仅相当于国外50年代的水平，而国外重轨生产厂家十分注意将当代最先进的工艺和设备应用于重轨生产。近年来国内铁路运输发展迅猛，而钢轨质量，尤其是内部质量改进不大，而且现行的钢轨价格影响了厂家改进钢轨工艺设备的积极性。

（2）管理水平不高、管理手段缺乏。国外重轨生产工艺操作、过程控制基本上实现了自动化，质量管理标准化。而我们基本凭经验，靠人工控制操作，质量管理在很大程度上靠行政命令。

（3）职工的技术业务水平不能满足现代生产及发展的要求。

4　对2000年攀钢重轨的设想与对策

根据铁路运输业发展对钢轨性能质量的要求以及国际钢轨先进水平和发展趋势，结合攀钢的实际与可能，提出2000年攀钢重轨的奋斗目标（见表3）。

表 3 2000 年攀钢重轨的奋斗目标

数量	45 万~50 万吨，力争 10% 左右的产量出口	
质量	内部质量	全面达到现在的国际先进水平
	强韧化	实现微合金强化和轧后在线热处理强化的结合，性能达到和超过现在的 PD_2 热处理钢轨水平，力争总产量 50% 以上的重轨进行在线热处理强化处理
	重型化	可按用户要求生产 50~75kg/m 任何轨型的重轨
	外观质量	全面达到当时的先进国际标准

为实现表 3 中的奋斗目标，针对攀钢重轨生产工艺、设备及性能质量的现状，建议今后十年应采取相应的对策。

4.1 钢轨的内部质量

钢轨内部质量包括有害气体、非金属夹杂、硫磷含量以及成分和组织的均匀性。有害气体和非金属夹杂直接降低钢的塑韧性，损害焊接性、疲劳性能，甚至危害行车安全，同时也影响热处理钢轨潜力的发挥和表面质量；成分和组织的不均匀影响机械性能的稳定。可见，内部质量是钢轨实物质量的基础和前提，基础不好，其他事倍功半。改善钢的内部质量应抓好以下三个方面：

（1）铁水预处理。关键是脱硫，降低冶炼前铁水（或半钢）的硫含量，不仅解决了因硫偏高给冶炼带来的困难，而且可减少甚至取消炉后合成渣的加入量，对减少钢液温降和提高钢质均有好处。目前，攀钢仅对部分铁水（30%）在铁水罐内脱硫，设备简陋，不能满足要求。因此，解决好铁水脱硫设备是关键。

（2）转炉冶炼技术综合配套。主要是大力推广转炉顶底复合吹炼技术，增设气体（氧、氢、氮）的在线监测装置和增添副枪等。

（3）炉后精炼装置。主要是真空脱气装置。真空脱气处理不仅可以显著降低钢水中的有害气体，而且有降低钢中夹杂、均匀成分的作用，从而大幅度地改善钢的内部质量，并为取消缓冷、实现重轨在线热处理创造了条件。应力争在"八五"期间最晚在"九五"初的一两年内完成。

4.2 钢轨的强韧化

（1）微合金含钒钢轨。目前已经完成几轮工业性试验，但仍应深入全面地进行一些基础研究工作，主要是为了充分利用资源优势，在最佳成分配比、最佳强化以及在有利于热处理性能和焊接方面多做研究，以便使攀钢能统一重轨钢种，又能进行轧后在线热处理强化。

（2）热处理强韧化钢轨。攀钢已在国内首先开发成功 PD_2 系列轨型的双频感应加热、压缩空气全长热处理轨，这对提高攀钢重轨性能、质量，提高自身效益以及为铁路运输事业的发展都做出了重大贡献。但从发展的眼光看，这一工艺也有其不利的地方：首先是工艺相对复杂，生产程序多，增加了管理上的困难；其次是重新加热处理，影响了成材率，增加了成本；第三是攀钢的厂房狭窄，地皮紧张，限制了它的扩大和发展。而利用轧后在线直接热处理正好可以弥补重新加热处理的不足，如果和微合金化强化结合起来则更佳，但此项工作的难度是非常大的。从现在起就应统筹规划，综合考虑，一些基础工作宜尽早进行。钢轨轧后在线热处理强化应解决好以下几个方面的问题：

一是氢含量与取消缓冷工艺的研究。客观地说，攀钢已基本上实现了低氢冶炼，多年热锯取样从未发现白点。通过在线氢监测，对低于临界氢含量的钢轧成的钢轨即可取消缓冷工艺，进行在线直接热处理。实际上，取消缓冷工艺、实现在线热处理工艺最好是上真空脱气装置。当然，上真空脱气装置并非对所有炉次的钢水都要进行处理，通过对冶炼氢含量的在线监测，只有当氢含量或夹杂含量较高的炉次才有必要进行真空脱气处理。

二是轧后在线热处理工艺研究。研究内容包括：钢种、冷却介质、热处理装置和变形控制等。这较重新加热热处理研究要困难得多，主要是钢轨处于全断面的红热状态，而且要和轧机的轧制能力相配套。

三是矫直、加工工艺和设备的研究。由于全断面强化，加之变形不一定规则，将会给矫直加工工艺和设备带来新问题。因此，矫直加工工艺和设备的研究也宜尽早考虑。

四是性能的研究。由于轧后直接进行冷却、控制变形和矫直，会给组织性能、残余应力等带来一系列变化。因此，研究工艺与性能的关系，对调整工艺得到最有利的组织、性能是必要的。

4.3 外观质量

由于攀钢轧制技术水平、尺寸精度较好，用户反映也不错，因此，外观质量主要是抓表面质量（线纹、结疤）和平直度方面。这一点用户反映意见较多。

表面质量从铸锭工艺抓起，加强初轧剪切、清理，严格轨梁轧制和检查。在检查方面，应添置先进检查设备，如涡流探伤仪等。

平直度主要在轨梁厂内下功夫。除了对辊道、挡板采取措施外，采用新型矫直机矫直也是必要的。

以上所述主要是围绕钢轨实物质量的三方面从科研（新品种、新工艺、新设备）开发角度应采取的对策，但是生产出一种实物质量高的钢轨还必须具有其他配套措施才能保证。

4.4 管理方面

严格按技术操作规程操作，认真对待每一个参数，负责地处理每一个问题。

重轨生产工艺复杂、流程长，从铁水、炼钢、轧制、热处理、加工检验到使用，每一个生产工序、每一项工艺对质量都有影响。因此，从事重轨生产、科研和质量管理的人员要具备较宽广、全面的知识基础，认真细致的工作作风。

尽管目前攀钢重轨与国际上先进钢轨还存在一定差距，普通热轧轨也不能完全满足铁路使用要求，但也有自己的优势和潜力。只要大力进行科技开发，进一步推动工艺设备现代化，就能不断地改善提高钢轨的性能质量，使其达到甚至超过国际先进水平。

参 考 文 献

[1] 路拓. 中国铁路运输政策探讨 [J]. 铁道科技动态，1988 (1)：1.
[2] 李日旵. 中国 50kg/m 钢轨繁忙重载线路大修周期 [J]. 铁道科技动态，1989 (4)：1.

［3］梁健博. 重载繁忙线路对钢轨的要求［C］. 中国金属学会. 铁道学会第三届学术会议论文. 长沙，1985.

［4］黄乃勇. 铁路的主要技术政策［J］. 铁道科技动态，1988（5）：1.

［5］刘怿. 繁忙的铁路运输需要高强度优质重轨［C］. 中国金属学会. 铁道学会第三届学术会议论文. 长沙，1985.

［6］包头钢铁公司. 轨梁改造设计，1989.

［7］万中俊. 中国钢轨的材质和使用［C］. 中国金属学会. 铁道学会第三届学术会议论文，长沙，1985.

［8］铁道部金化所. 日本欠速淬火轨性能检验（内部资料），1986.

［9］郭新春. 国外、鞍钢、包钢、武钢钢轨生产现状及对攀钢重轨生产的建议（攀钢钢研院内部资料），1987.

［10］日本标准 JISE1101-80.

［11］《中国 80kg/m 钢轨国家标准》（草案）. 1989.11.

［12］李培基，等. 对重轨钢除氢工艺的探讨和展望（沈阳金属所内部资料）. 1985.

［13］攀钢钢研院重轨室. 国内外钢轨化检验小结（内部资料），1989.

［14］攀钢全长淬火试验组. PD_2 热处理钢轨化检验资料. 1989.

锰及其偏析对 U71Mn 钢轨雾化
全长淬火工艺的影响❶

苏世怀　陈跃忠　邓建辉　陈兴元

（攀钢钢研所）

摘　要：讨论了 Mn 及其偏析对 U71Mn 钢轨淬火工艺的影响，用光学显微镜和电子显微镜研究了 U71Mn 钢轨全长淬火中的白块组织。并讨论了其形成的原因。在试验的基础上肯定了 U71Mn 钢轨不适合作全长淬火用钢。

1　引言

钢轨全长淬火是将钢轨轨头或钢轨整体加热到奥氏体化温度以上，然后用特定的冷却介质冷却，以期获得预定的组织。在钢轨的淬火和冷却过程中还应控制钢轨的变形。过大的弯曲度将会导致矫直困难且钢轨存在较大的残余应力，从而影响矫直作业率及钢轨的使用寿命。

目前，用户对全长淬火钢轨的组织和硬度的要求是：淬火层为帽形；淬硬层深度：踏面 ≥12mm，上圆角 ≥15mm，下圆角 ≥6mm；淬硬层硬度范围为 HRC = 32.5~42.5；淬火层组织为细珠光体。

钢轨全长淬火自 1922 年在英国首次试验以来[1]，世界上很多国家对全长淬火工艺进行了大量的研究，使之得以不断完善和发展。但是很少见到有关化学成分对钢轨淬火工艺影响的报道。攀钢钢研所于 1983~1984 年，在攀钢轨梁厂淬火机组上对 50kg/m 25m U71Mn 钢轨进行了雾化欠速淬火工艺试验。

2　锰对 U71Mn 钢轨淬火组织转变的影响

为控制 U71Mn 钢轨淬火组织转变的冷却工艺，应首先确定此钢种由奥氏体转变为细珠光体的冷速范围。因此，我们先在实验室测定了 U71Mn 钢轨的奥氏体连续冷却转变曲线（CCT 曲线），结果见图 1。

由图 1 可知：此钢种得到细珠光体组织的冷速范围为 0.33~5.5℃/s（硬度范围为 HRC = 32.5~40.0）。而 PD₁ 钢轨（成分见表 1）得细珠光体组织的冷速范围是 3~20℃/s[2]，可见 U71Mn 钢轨得到细珠光体组织的淬火冷却工艺要较原 PD₁ 钢轨淬火冷却工艺难控制得多。

❶ 原文发表于《钢铁钒钛》1987 年第 1 期。
参加工作的还有：孙卫党、刘昌恒、高松、王志、徐元权等同志。

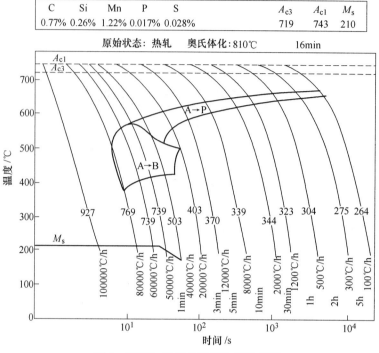

C	Si	Mn	P	S		A_{c3}	A_{c1}	M_s
0.77%	0.26%	1.22%	0.017%	0.028%		719	743	210

原始状态：热轧　　奥氏体化：810℃　　16min

图 1　U71Mn 奥氏体连续冷却转变图

表 1　PD₁ 和 U71Mn 钢轨的化学成分　　　　　　　　　　　　（%）

元素 钢种	C	Mn	Si	S	P
PD₁	0.62～0.77	0.7～1.10	0.15～0.37	≤0.040	≤0.050
U71Mn	0.65～0.77	1.10～1.50	0.15～0.35	≤0.040	≤0.040

根据 CCT 曲线的结果及大量的现场试验，摸索出得到细珠光体组织的工艺参数见表 2。

表 2　U71Mn 钢轨得到细珠光体组织的工艺参数

钢轨运行 速度 /m·min⁻¹	加热工艺		淬火工艺						
	工频预热 /℃	中频加热 /℃	淬火温度 /℃	淬火时间 /s	淬火 介质	水流量 /L·h⁻¹	风流量 /m³·h⁻¹	风压 /MPa	淬后温度 /℃
1.2	580	920～1020	850～900	75	水雾	840～950	180～195	9.8	480～540

据表 2 的工艺参数试验出的钢轨淬火层为帽形，淬火层组织均为细珠光体（HRC = 32.5～40.0），金相组织见图 2（金相取样部位见图 3）。

但是，需要指出的是：由于 U71Mn 较高锰含量导致获得细珠光体的冷却范围窄，加上雾的冷却能力不稳定[3]，风压水压稍有变化就会引起淬火冷却速度的变化，从而使淬火层深度不够或钢轨表层出现贝氏体组织（图 4 和图 5）。因此，U71Mn 钢轨用雾化淬火法生产全长淬火轨，在工业条件下很难实现，若采用专门的风、水压装置，工艺较复杂。

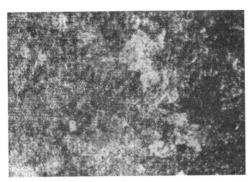

图 2　9#上圆角下 15mm 处金相组织——细珠光体（500×）

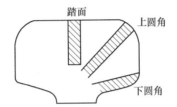

图 3　淬火轨金相取样部位示意图

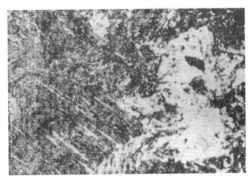

图 4　24#踏面下 4.5mm 处金相组织——贝氏体+少量屈氏体（1000×）

图 5　36#踏面下 3mm 处金相组织——贝氏体+屈氏体（500×）

3 锰的偏析对控制钢轨变形工艺的影响

钢轨出淬火区后，轨头的温度高于轨底的温度，从而导致终冷后上翘变形（通常弯曲度>700mm），因此必须采取措施控制钢轨的变形。目前，控制淬火钢轨变形的方法一般有两种：一是采用二次冷却的方法，二是机械预弯和二次冷却相结合的方法。根据攀钢目前的机组现状，只能采用二次冷却控制淬火钢轨变形。

根据以前用 50kg/m PD$_1$ 钢轨生产 12.5m 全长淬火轨时控制变形的经验和去年试淬 U71Mn 25m 轨控制变形的初步尝试，认为，紧接着淬火后立即对钢轨进行二次冷却，则有利于控制淬火钢轨的变形。由此，对淬火后的钢轨间隔 1.5m 后进行二次水冷却。

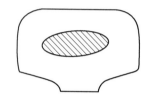

图 6 二次冷却过程中白亮块组织出现的主要部位

变形试验的初步结果是：25m 长钢轨冷却后最终弯曲度小于300mm，但是金相检验发现在轨头心部存在数量不等的白亮块组织，其出现的部位及主要分布形态见图 6 和图 7。

图 7 76# 上圆角下 15mm 处珠光体基体上的白亮块组织（800×）

后来在类似工艺的其他试样上也发现白亮块组织。通过金相显微镜（图 8）、显微硬度测定（表 3）和电镜（图 9~图 12）等综合分析认为白亮块组织主要为马氏体和少量残余奥氏体，白亮块相邻或相间部分为贝氏体组织。

图 8 28# 上圆角下 16.5mm 处马氏体+屈氏体+少量贝氏体（500×）

表3 20g负荷下的马氏体区域和基体的显微硬度值

试样号	显微硬度（HV/HRC）				
	马氏体区域				
76#	965/66	626/55	965/66	736/59	965/66
	基体				
	285/30	318/33	356/37	318/33	

图9 76#上圆角下15mm处马氏体的显微硬度压痕电镜照片 （5000×）

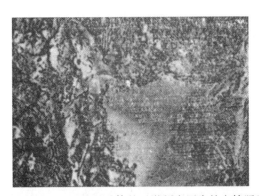

图10 76#上圆角下15mm处贝氏体的显微硬度压痕的电镜照片 （5000×）

图11 76#上圆角下15mm处马氏体+上贝氏体 （10000×）

由表3可知：马氏体处显微硬度明显高于基体硬度。由图8~图10可见，马氏体压痕明显小于屈氏体和贝氏体的压痕。图11、图12（及图9、图10）均为醋酸纤维-碳二次复

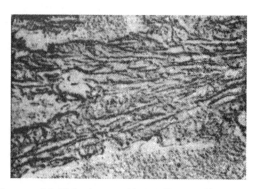

图 12　76#上圆角下 15mm 处马氏体+贝氏体（7300×）

型的透射电镜照片，照片中的平坦部分为马氏体，马氏体周围为上贝氏体，照片中可见到上贝氏体中，碳化物沿铁素体针方向排列的特征。

鉴于淬火钢轨中绝对不允许出现马氏体组织，以及 U71Mn 钢轨淬火时未进行二次冷却不出现马氏体组织和过去 PD₁ 钢轨淬火时进行二次冷却也不出现马氏体组织的情况，试验做了如下三方面的工作来分析 U71Mn 淬火钢轨轨头心部产生马氏体组织的原因：

（1）用电子探针测定马氏体组织及其周围的锰含量。

用电子探针对 55#钢轨，不同组织处的锰含量进行了测定，其结果见表 4。图 13 为测定锰含量部位时，在电子扫描显微镜下摄制的。

表 4　锰含量　　　　　　　　　　　　　　　　　　　（%）

马氏体区域	贝氏体区域	基体
1.77	1.53	1.31

图 13　55#上圆角 13mm 处马氏体电子扫描照片

由表 4 可知：马氏体组织处锰含量远高于基体（细珠光体）处的锰含量，说明在产生马氏体组织处存在严重的锰偏析。

（2）热加工工艺对 U71Mn 轨头心部产生马氏体组织的影响。

攀钢全长淬火轨一直是采用双频感应电流加热，并且工频预热电参数不可调。根据过去测定的钢轨轨头双频加热温度曲线的结果[4]，工频预热后，钢轨的心部温度接近600℃，经中频感应器加热后并紧跟着约 25s 时间的空冷，心部温度进一步增高到约

800℃，使轨头心部全部发生了相变，钢轨经淬火区雾冷后轨头心部仍有较高温度。尤其是在锰偏析较严重的地方，奥氏体仍未发生转变，从而在水二次快速冷却的情况下轨头心部产生马氏体组织。

可见轨头心部在二次冷却过程中出现马氏体组织与轨头心部加热温度过高有关。

（3）二次冷却水量及冷却位置对心部产生马氏体组织的影响。

首先保持二次冷却区的水量不变而将二次冷却区由原 1.5m 加长到 2.5m，钢轨冷却后取样做金相分析，结果发现：马氏体含量较原来的少，但钢轨的变形弯曲度却大于 500mm。

另一方面，将二次冷却区逐渐推后，轨头心部马氏体数量逐渐减少，待将二次冷却区推迟到淬火结束 10min 以后（摆动台上）基本上不产生马氏体组织，但钢轨冷后弯曲度大于 500mm。

根据以上分析我们认为，U71Mn 钢轨轨头心部在二次冷却过程中产生马氏体组织的根本原因在于锰的偏析，而轨头心部的加热温度过高和二次水冷却是导致心部产生马氏体组织的外部条件。另外，日本新日铁在对含锰量较高的钢轨进行全长淬火时发现[5]：含锰量高于 1.10%时，钢轨头部发现有微区马氏体组织，含锰量高于 1.30%时，便发现有大块状马氏体组织。

欲避免心部产生马氏体组织，清除上述三因素中的任一个均能达到目的。但从目前现状看，锭型和铸锭工艺一时难以改变，改双频加热为单中频加热以降低心部温度，则要将目前的机组标高从 1.5m 加到 2.5m 左右。为尽快生产出高质量的全长淬火轨，宜用高碳低锰轨代替 U71Mn 轨，用压缩空气代替雾作淬火介质。

4 小结

（1）U71Mn 钢轨较高的含锰量，使此钢种由奥氏体向细珠光体转变的冷却范围较窄，导致雾化淬火工艺的不稳定。此钢种的成分不宜做全长淬火钢轨。

（2）U71Mn 钢轨轨头心部，在二次水冷控制变形过程中产生的马氏体组织的根本原因在于锰的偏析，轨头心部加热温度过高是产生马氏体组织的外部条件。清除锰的偏析和降低轨头心部加热温度至相变点以下，均可避免轨头心部产生马氏体组织。

参考文献

[1] 鉄と鋼，1978，64（12）：149.
[2] 王封．钢铁钒钛．1982（1）：45~47.
[3] 鉄と鋼，1979（6）：674.
[4] 洪及鄙，等．全长淬火新工艺研究（内部资料），1982：36~45.
[5] 攀钢与新日铁钢轨热处理技术交流会议纪要．1985.

75kg/m 全长淬火钢轨矫直脆断的原因分析●

苏世怀　　邓建辉

（攀枝花钢铁研究院）

摘　要：通过金相显微镜和扫描电子显微镜对矫断的全长淬火钢轨断裂源处的金相组织和断口形貌的分析，说明轨底角电弧坑表层的马氏体组织是造成点矫脆断的原因，指出了从生产上避免类似事故的措施。

1　引言

75kg/m 全长淬火钢轨是目前正在试制准备在大秦铁路铺设的高强度重型钢轨。

1981 年攀钢生产的 50kg/m 全长水淬火钢轨，由于表面机械擦伤形成马氏体组织，在辊矫过程中曾发生过多起断裂事故[1]，还发生过带微裂纹的全长淬火钢轨在线路使用三天就破裂的严重事故[2]。近年来攀钢改用压缩空气作为淬火介质生产全长淬火轨，由于淬火变形较小，一般不用辊矫而用点矫即可满足要求，所以从未发生过类似破裂事故。而对小变形量的淬火轨进行点式矫直发生脆断尚属首次，因此，分析断裂的原因，找出避免类似事故发生的方法，对提高产品质量，保障铁路运输安全是极为必要的。

2　断口特征分析

2.1　宏观特征

全长淬火钢轨点式矫直方法及淬火轨在矫直过程中断裂位置如图 1 所示。

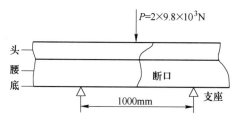

图 1　淬火轨的矫直方法和断裂位置示意图

观察断口可见，断口是从轨底开始向轨腰发展，最终在轨头受阻断裂（轨头为欠速淬火细珠光体组织，轨腰、轨底为轧态粗珠光体组织），见图 2。

● 原文发表于《钢铁》1988 年第 1 期。

图2　断口的宏观形貌

断口撕裂的"人"字形是从左轨底向另一侧轨底和轨腰上扩展，表明断裂源在左轨下角，而轨下角存在一个小缺口，缺口表层明显可见金属熔化的痕迹。这很可能是轨底角和大功率裸体电缘线相碰打火形成的，见图3。

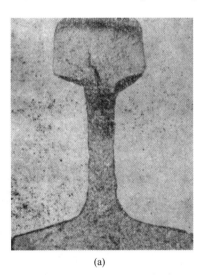

(a)

(b)

图3　断口金属的撕裂痕（a）和轨底角的电弧坑（b）

2.2　金相组织

通过对断口附近金相组织的观察，发现在断裂源表层存在0.9mm厚白亮马氏体组织，且越接近边缘，马氏体组织越粗大，外表层则是过烧组织，里层为原始珠光体组织，过渡层为2~3mm的淬火索氏体组织，见图4。

图 4　缺口附近的金相组织（100×）

（过烧+马氏体+细珠光体）

2.3　断口形貌

在低倍下观察到断口存在两个明显不同的区域，即靠近断裂源表层的带状区域和里层的基体区域，见图 5。经扫描电子显微镜观察，发现带状区域断口形貌为典型的沿晶断裂特征（见图 6）。基体区域断口为普通解理和准解理断口（见图 7）。基体断裂区和带状断裂区之间存在明显的分界（见图 8）。

图 5　断裂源的低倍照片（10×）

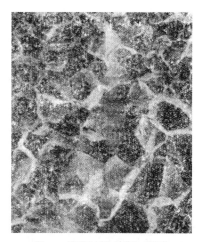

图 6　带状区沿晶断口形貌

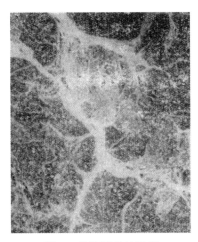

　　　　　图7　基体区断口形貌　　　　　　　　　图8　交界区的断口形貌

　　由上面的分析可知：轨底角电弧坑表层0.9mm的马氏体组织是造成钢轨矫直断裂的原因。文献［2］介绍了在钢轨达到屈服极限的条件下，发生断裂的临界裂纹尺寸为0.29mm，由于高碳马氏体（PD_2钢轨碳含量为0.76%～0.81%）呈脆性，易形成裂纹，0.9mm的马氏体相当于裂纹。由图1可知，轨底角受矫直拉应力作用，在矫直中的钢轨进入全面屈服情况下，轨底角电弧坑上的这片马氏体首先开裂。而且由于马氏体在相变中的自身体积膨胀导致转变终了在相邻基体中存在残余拉应力，这种残余拉应力具有加速裂纹扩展的作用。

3　关于电弧坑的形成原因探讨

　　从生产上分析，可产生电弧坑的机会很多，可以在淬火前，淬火过程中，也可以在淬火后产生。吊车给磁砣激磁的电源线在接头处未包扎和钢轨相碰打火，钢轨和电流感应加热线圈相碰打火以及工作中电焊机裸线部分和钢轨相碰也会造成打火。

　　由于钢轨在加热淬火过程中，必须经过整体预热，预热温度达580～600℃。如果电弧坑是淬火前形成，则电弧坑表层的组织应为马氏体的回火组织；如果电弧坑是在淬火加热过程中形成，由于基体全处于580℃以上温度，从而不会导致电弧坑表层出现马氏体。因此，轨底角产生马氏体的电弧坑只能在淬火后矫直前形成。

　　为了探讨表层含有马氏体的电弧坑形成原因，我们人为地将工作中电焊机裸线和轨底角相碰，形成一个2mm深的电弧坑约需3～5s，由于基体金属快速的热传导起着冷却介质的作用，使1500～1300℃高温的电弧坑表层在不到7s就降到室温，从而为马氏体组织的产生提供了充分的冷却条件。图9为模拟电弧坑表层金相组织。

图9　模拟电弧坑的表层金相组织（400×）
（马氏体+细珠光体）

4　结论

（1）75kg/m 全长淬火重轨的矫直脆断是由于轨底角电弧坑表层的马氏体组织在矫直力作用下形成裂纹并扩展所致。

（2）轨底角的电弧坑是在淬火后矫直前钢轨底角和带电的裸体电缘线相碰打火形成的。

参 考 文 献

[1] 王清泰. 攀枝花钢铁，1982（1）：96~100.

[2] 郁珊华，等. 攀枝花钢铁，1983（1）：16~20.

Analysis of Fatigue of Whole−length Quenched 75kg/m Rails during Straightening

Su Shihuai　　Deng Jianhui

（Iron and Steel Research Institute of Panzhihua）

Abstract：The surface pattern and the microscopic structure of the fracture of the whole − length quenched rail broken during straightening have been with metallurgical microscope and scanning electron microscope. It is proved that the break is caved by the martensite in the electric arc pit at the base angle of the rail. The measures for avoiding this kind of deffect in production are proposed.

现代的钢轨生产❶

Herbert Schmedders Klaus Wick[1]　苏世怀（译）[2]

（1. 联邦德国杜依斯堡蒂森钢铁公司；2. 攀枝花钢铁研究院）

摘　要：蒂森钢铁公司生产的优质钢轨的性能均匀、氢含量低、钢质纯净、偏析较少。采用的冶金工艺有：蒂森复合吹炼工艺（TBM）、真空脱气和连铸方坯，通过对型钢厂的现代化改造，变一次加热工艺为两次加热工艺，可以用连铸方坯轧制成 60m 长的钢轨，断面尺寸精确，表面光洁。利用新安装的钢轨连续检测线和质量保证体系，可以保证向世界各地提供高质量的钢轨。

1　引言

蒂森公司自 20 世纪初就开始生产钢轨，在最初的几十年中，用碱性转炉钢生产，60 年代用平炉钢生产，1970 年以来用碱性氧气转炉钢生产，1971 年采用真空脱气工艺。在 60 年代，钢厂采用下注法用带保温帽的钢锭模铸锭，1978 年采用现代的方坯连铸工艺。通过对 Bruckhausen 工厂原有的型钢轧机的更新改造，对钢锭采用两次加热工艺以取代一次加热工艺，因此，可以用钢锭轧制。现在一律用连铸坯按国家和国际标准生产钢轨，向欧洲和国际其他地方的铁路部门供货。轧态钢轨的最低极限抗拉强度为 680~1200MPa，长度可达 60m。这些钢轨用于高速重载线路。

2　钢轨钢的冶炼

钢轨钢是在蒂森钢铁公司的 Ruhrort 炼钢厂第三氧气转炉车间的 140t 转炉上冶炼的，为了在出钢和合金化前获得所要求的化学成分和钢液温度，整个冶炼过程完全由计算机控制。1982 年，该公司所有钢厂的转炉都采用顶底复合吹炼工艺，即顶部通过氧枪吹入氧气，底部用惰性气体对钢液进行搅拌，简称 Thyssen 吹炼工艺（TBM）。由转炉底部喷吹气体可以加强反应相的混合程度。因此，能使渣-钢液间更好地接近热力学平衡，与普通的顶吹精炼相比，毫无疑问提高了冶金效果和经济效益。

冶炼时应该注意下列因素：入炉铁水的硅、锰含量低，石灰的消耗就少，产生的钢渣也少，有利于加快脱碳过程，从而可以获得终点碳较低的钢液。所以铁、锰的损失少，并且还改善了脱磷效果。因此脱氧剂和合金材料的消耗少，精炼周期短，炉龄长。采用复吹工艺（TBM），可以使熔体均匀，终点化学成分命中率高，这是确保钢包冶金的重要基础[1,2]。同时，由于采用锥形游动芯棒挡渣出钢，阻止了已经合金化和脱氧的钢液与渣之间进行反应，增加了合金收得率。

---

❶　译自 "Metallurgical Plant and Technology" 1987 年第 6 期，原文发表于《钢铁钒钛》1988 年第 4 期。

3　真空处理和连铸

主要是用 RH 循环真空脱气装置进行钢包冶金，以达到下列目的[3,4]。由于合金化准确，一炉钢水以及炉与炉之间钢水的化学成分均匀，由于通过一个中间包进行多炉连浇，因此在浇铸的全过程，各炉钢水的成分要十分接近，以致可以把这一过程的化学成分看成是一样的，以保证机械性能的均匀分布。

钢轨中氢含量低可以防止白点，轧态轨对白点的敏感性主要取决于氢含量、化学成分（尤其是锰含量）、抗拉强度、氧化物和硫化物夹杂含量以及钢轨的冷却速度。

对钢轨钢水进行真空处理可以取消从前的钢轨钢缓冷操作。因为在真空脱气装置里，钢轨钢的碳含量从大约 0.30% 增加到所要求的碳含量，氢含量首先上升，然后随着真空脱气装置的压力下降，氢含量连续下降到大约 1ppm，如图 1 所示。在处理过程中，通过控制真空设备内的压力和气体特性曲线，经过一定时间的处理，在连铸前，就能有把握将氢含量限制在 2ppm 以下。图 2 分别表示从结晶器内取出的 90 和 110 强度级钢轨钢试样的氢

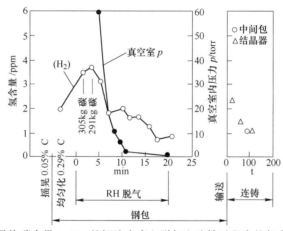

图 1　最终碳含量 0.69% 的钢液在真空脱气和连铸过程中的氢含量变化

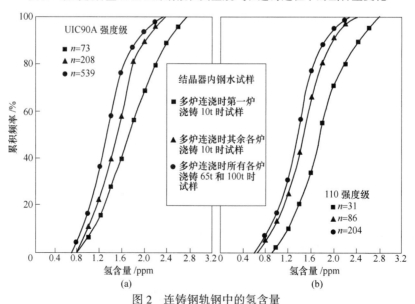

图 2　连铸钢轨钢中的氢含量

含量。在开始铸坯时，由于新砌的中间包和连铸保护渣的影响，氢含量稍有升高，但一段时间后，氢含量就不再增加了。对于90A强度级钢轨钢，绝不会达到出现白点的临界氢含量3.5ppm；对于铬合金化的110强度级的钢轨钢，出现白点的临界氢含量为2.5ppm，对于此强度级钢轨，除了对钢液进行真空处理外，还要对铸坯进行坑冷。对成品轨头试样的分析表明[5]，这样可使氢含量再降低1ppm[5]（图3）。轧后钢轨的氢含量与结晶器内钢液的氢含量差不多（图3(a)）。经过6个星期，钢轨内氢含量通过缓慢扩散降到0.6ppm左右（图4）。

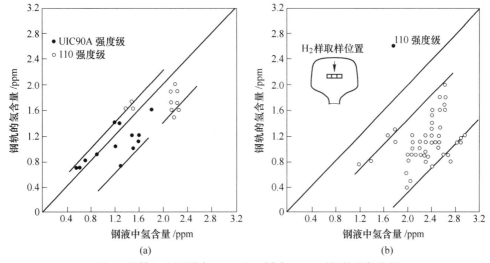

图3　连铸坯未经缓冷（a）和经缓冷（b）时钢轨的氢含量

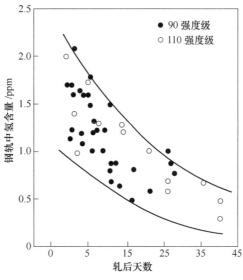

图4　钢轨中氢含量的下降趋势

4　微观和宏观纯净度

氧化物夹杂影响着钢轨的疲劳性能，尤其是轨头踏面下金属耐疲劳性能，采用控制真空脱气过程中的脱氧这种现代工艺技术，可以把氧化物夹杂控制在很低的水平，在连铸过程中几乎完全可以阻止大气进入钢液。为防止钢液二次氧化，已经采取的措施有：用特殊的粉剂和保护渣保护钢包、中间包和结晶器内的钢水，用耐火材料保护钢水包与中间包之间的钢水流和采用浸入式水口浇铸。

轨头微观纯净度的检查是依据 Stahl-Eisen-Prufblatt SEP1570-71 进行的。与模铸比，连铸可显著地改善钢的纯净度（图 5）。就使用性能而言，不仅要求夹杂物的数量要少，而且要求夹杂物有适当的形状和大小。人们发现：硬的不产生塑性变形的刚玉型夹杂物对钢轨的疲劳性能是不利的。采用我们的脱氧操作，可完全排除形成含有 Al_2O_3 的夹杂物。

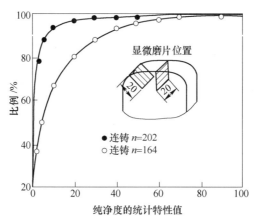

图 5　用连铸坯和模铸坯生产的钢轨的纯净度

大型低倍夹杂物是通过对钢轨轨头、轨腰进行全长超声波探伤的方法来检测的。由于浇铸方式和钢锭尺寸的关系，在模铸中出现的沉积锥体问题在铸坯中就不存在了。因此，也就不存在氧化物夹杂的富集现象。尽管如此，为避免大型夹杂物的形成，在连铸过程中仍要采取预防措施，尤其是温度控制、倒罐输送和工序终了的机械盖罐操作。只要仔细操作，用超声波探伤检测到的连铸坯钢轨内部缺陷的数量仅为模铸坯钢轨的1/3(见图6)。

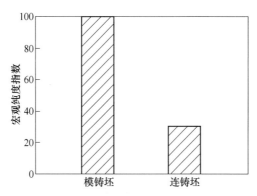

图 6　用超声波检验 UIC90A 和 110 强度级钢轨的结果对比

5　低倍偏析

钢轨钢的低倍组织通常是用低倍浸蚀或硫印的方法显示。在连铸过程中，低倍组织主要取决于铸温、铸速、化学成分（尤其是硫含量）、二次冷却和铸坯尺寸（尤其是断面的宽厚比)[6]。低倍组织应当均匀，无气孔、无内裂、无有害偏析或中心疏松。因此，要精确控制从转炉到真空处理以及到方坯连铸机的钢液温度，把所要求的低过热度控制在一个比较窄的范围内。在真空处理过程中要正确地进行温度调整，为此，采用了一个可添加冷却用废钢的系统。在连铸过程中必须减小钢液的温度损失，并使铸速和铸温相配合。1975年建造的六流连铸机的月产量为10万吨，可生产各种高质量的连铸坯，根据铸坯断面尺寸：由250mm×320mm到260mm×330mm甚至265mm×380mm来调节铸机。全部连铸过程由计算机控制，且有结晶器钢液面的控制系统，铸机半径为12m，芯部完全凝固时矫直铸坯，冶金长度18.6m，中间包容量为24t。1987年1月将中间包的容量增加到35t（很多文献已做过报道[8~10]）。1984年1月，另一台可铸坯260mm×330mm的三流连铸机开始投入生产[11]，并且可提供质量与六流铸坯不相上下的用于生产钢轨的连铸坯。

用连铸坯轧成的钢轨的典型硫印如图7（略）所示。检验表明：92%的硫印结果表明没有或有微量的低倍偏析，仅8%的试样表明有比较多的正或负偏析，其偏析程度都能满足用户的技术要求。未发现用钢锭生产钢轨时存在的范围比较大的正、负偏析。根据图7中的硫印看到：由于铸坯尺寸合适，仅在轨腰部分出现轻微的偏析，轨头和轨底部分没有偏析。就材料的性能而言，铸坯的宽厚比应小于1.5：1。

还可以用落锤和缺口断裂试验来检查低倍组织中的偏析和气孔，采用钢锭时，当然还要用这些方法检查。但对于采用像真空脱气、连铸等现代化工艺生产钢轨时，它们就不再是重要的手段了。因此，用连铸坯生产的钢轨在AREA钢轨技术标准中不再包括上述检验方法，向联邦德国联邦铁路管理局提供按照UIC-860标准生产的钢轨，该局已取消了落锤检验。

两年前，在六流连铸机的二冷区安装了电磁搅拌设备，由于降低了中心偏析，进一步改善了凝固组织。未检测出白点。采用电磁搅拌（EMS），允许更高的铸速和铸温[12]。

6 钢轨的轧制和精加工

1977年，Bruckhaisei工厂在型钢生产中为了把一次加热工艺改为两次加热工艺，对型钢轧机进行了现代化改造。全部更新系统包括：用计算机监控的两座生产能力为85t/h和110t/h的步进式加热炉；位于万能钢梁和越野式轧机前的一座新的由计算机控制的开坯机；可以冷却61.5m长钢轨的步进式冷床；一台新的能水平和垂直矫直钢轨的双向辊式矫直机；一个钢轨无损检测中心和可供60m长的钢轨精加工和发货的宽敞车间如图8（略）所示。[13]。1978年，现代化的型钢厂开始用连铸坯轧制钢轨，1983年以来全部钢轨都用连铸坯轧制。为了用连铸坯轧成60m长的符合UIC60要求的钢轨，铸坯尺寸必须增加到265mm×380mm，从而使蒂森公司成为联邦德国第一个能向铁路部门提供用自己的连铸坯生产的钢轨的厂家。关于用连铸坯轧成60m长钢轨的生产、检验和性能的首批结果的报告发表于1980年[14]，到1983年就有了大量的具有代表性的各铁路用户的试铺线路的结果。这些结果证明，用连铸坯轧制的钢轨质量优于用钢锭轧制的钢轨质量[15]。连铸坯的加热过程由计算机控制，还有防止脱碳的废气连续控制系统，铸坯出炉后，先经高压水除鳞，然后在初轧机上轧制，轧制的钢坯断面尺寸适合于型钢轧机第一道次的轧制，钢坯在两架1000mm两辊可逆式轧机上经11道次轧制成为125m长的轧件。轧制钢轨的孔型是蒂森公司30年代末设计的，与后来设计的万能轧机使用的孔型基本类同（图9）。轨型范围为

30~70kg/m（表1），断面的压缩比大于10。准确地控制由加热炉至粗轧机和型钢轧机的温度，是使125m长的轨条具有均匀的性能、良好的表面质量和严格的公差的前提。在轧制的最后几个道次中，对轧辊、导板和推床的适当维护，在最后的几道次对轧件的去鳞，轧制中小心地传送，可保证表面光洁度好。与过去的钢锭坯一次加热工艺相比，连铸坯的加热工艺使钢轨的表面质量要好得多。与钢锭相比，由于连铸坯的表面质量非常好，从而在很大程度上降低了钢轨的表面缺陷（图10）。这是十分重要的，因为只要钢轨上存在一个表面缺陷，成品轨就将被锯短甚至成为废品。

表1 用连铸坯轧制的钢轨

欧 洲				世界其他地方			
断面	单重/kg·m^{-1}	V'	V''	断面	单重/kg·m^{-1}	V'	V''
S 30	30	22.5		CB 122	60	11.1	13.0
S 49	49	13.6		AREA 115	57	11.9	
S 54	54	13.6		AREA 132	66	11.3	13.2
UIC 54	54	12.4		AREA 133	66	10.2	11.9
UIC 60	60	11.2	13.1	AREA 136	67	10.0	11.7
NP 46	46	14.5		IRS 52	52	12.9	
SBB 1	46	14.6		VRC 43	43	15.7	
BS 113A	56	11.9					

注：V：连铸坯到材的横切面轧制压缩比；V'：1983年260mm×330mm坯到材的压缩比，V''：1983年265mm×380mm坯到材的压缩比。

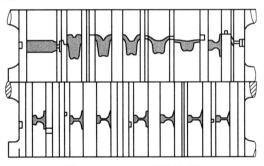

图9 Bartscherer 钢轨孔型

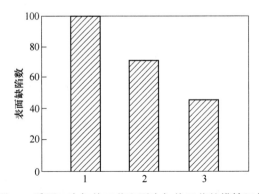

图10 采用一次加热工艺和再次加热工艺的模铸坯与
连铸坯轧制的 UIC90A 和 UIC110 强度级钢轨表面缺陷数比较

1——一次加热的模铸坯；2——两次加热的模铸坯；3—连铸坯

钢轨在冷床上冷却过程中，步进式送钢可以防止钢轨表面的机械损伤。为减小钢轨矫直前的弯曲度，将热钢轨预弯，从而降低了矫直负荷和成品轨的残余应力。矫后的钢轨经检测、精整、验收，然后发货。

7　钢轨的检查和质量控制

由于近 20 年里测量学、电子学和计算机技术所取得的进步，可以研究连续检测技术[16]，1977 年我们在对型钢厂的现代化改造中充分考虑了这一点。检测中心包括了下列设备：

有六个 TR 探头的全自动超声波探伤仪，可以探测轨头、轨腰和轨底内部的疏松、发裂及尺寸大于 2mm 的任何大型夹杂物（FBH），见图 11。由计算机计算探伤的结果并打印出结果，对于有缺陷的部分，计算机可在线喷涂标记，速度为 1.5m/s，再由人工对该部分钢轨进行横向检查。由于连铸坯钢质纯净度高，缺陷的数量极低。按照各种不同的技术标准，进行超声波探伤是厂家自身的责任，到目前为止，还没有用户就钢轨内部缺陷问题进行投诉。

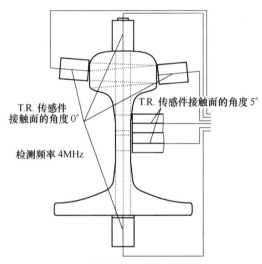

图 11　钢轨在线探伤的探头布置

用非接触式激光测量仪可以测量整条钢轨的高度，并用图表示测量结果。

为满足各用户对高速线路钢轨的严格要求，蒂森公司的研究部门研制了借助感应位移传感器来测试钢轨踏面不平顺度的装置，如图 12（略）所示。钢轨踏面不平顺度主要是通过具有一定参考长度的四个位移传感器来测量的。全长不平顺度的测试数据由计算机运算并将计算结果以图的形式打印出来。已经证明这种设备非常可靠，检测精确度高（图 13）[13]。

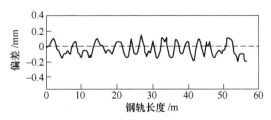

图 13　钢轨踏面的不平顺度变化

蒂森钢铁公司的研究部门在政府和欧洲共同体（E.C）的赞助下还研制出一种可检测钢轨表面缺陷的涡流探伤仪，如图 14（略）所示。这是一个中间试验设备，开始时它辅之以至今仍被沿用的检查钢轨表面缺陷的繁重的目测和噪声控制法，这种方法要在检查台上翻转所有的钢轨，后来就取代了这种方法。图 15（略）表示涡流探伤设备反映的有表面缺陷钢轨的典型记录以及缺陷的形貌。

现在蒂森公司可以生产各种标准的极限抗拉强度为 UTS680～1200MPa 轧态系列钢轨（表2）。具有高耐磨性能的铬－钒钢轨非常适合重载运输线路的使用，例如在挪威、美国、利比里亚、瑞士，这种钢轨具有优良的使用性能，并且不存在焊接问题。图 16 表示运输铁矿石线路上钢轨的磨损结果，这种抗拉强度为 110 公斤级的钢轨使用寿命大约是抗拉强度为 90 公斤级钢轨的 3 倍[18]。

表 2 各种钢轨一览表

钢轨类型		化学成分/%							抗拉强度/MPa	延伸率/%	布氏硬度
		C	Si	Mn	P	S	Cr	V			
普通轨	UIC 860-V①	0.40～0.60	0.05～0.35	0.80～1.20	≤0.055	≤0.050			680～830	≥14	
	BS 11②	0.45～0.60	0.05～0.35	0.95～1.25	≤0.050	≤0.050			≥710	≥9	
普通轨	UIC 860-V①										
	90A	0.60～0.80	0.10～0.50	0.80～1.30	≤0.050	≤0.050			≥880	≥10	
	90B	0.50～0.75	0.10～0.50	1.30～1.70	≤0.050	≤0.050			≥880	≥10	
	BS 11②										
	90A	0.65～0.78	0.05～0.50	0.80～1.30	≤0.050	≤0.050			≥880	≥8	
	90B	0.50～0.70	0.05～0.50	1.30～1.70	≤0.050	≤0.050			≥880	≥8	
	AREA 1984③										
	90～114(lb/yd)	0.67～0.80	0.10～0.50	0.70～1.00	≤0.035	≤0.037					≥248
	≥115(lb/yd)	0.72～0.82	0.10～0.50	0.80～1.10⑤	≤0.035	≤0.037					269 或 286④
	改进型	0.74～0.82	0.25～0.50	0.90～1.25	≤0.030	≤0.030	<0.25 ≤0.20				≥300
特殊耐磨轨	THS11 Cr-V	0.60～0.80	≤0.90	0.80～1.30	≤0.030	≤0.030	0.70～1.20	≤0.20	≥1140	≥9	321～388 ≥340
	THS12 Cr-V	0.70～0.80	0.80～1.20	0.80～1.30	≤0.300	≤0.030	0.80～1.20	≤0.20	≥1200	≥8	≥360

①国际铁路联盟技术标准；②英国技术标准；③美国铁路工程协会技术标准；④根据用户要求；⑤Mn 含量可提高至 1.25%。

例如，挪威 Narvik 附近的 Ofot 的重载线路，蒂森钢公司还研制了一种自然硬度的贝氏体组织的钢轨，其基本化学成分为碳、硅、铬、锰、钼。它的屈服强度大于 1100MPa，抗拉强度大于 1400MPa，并且韧性与 110 强度级的铬－钒珠光体钢轨一样，使用寿命为铬－钒

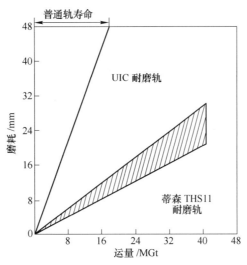

图 16 运输铁矿石线路的钢轨磨耗情况

轨的两倍。这种贝氏体钢轨在重载线路使用六年后，轨头踏面不仅没有疲劳裂纹，也没有掉块等损伤缺陷。

对于那些仍未使用焊接轨而采用连接轨的用户，蒂森钢公司已研制出两种可使轨端淬火后表面硬度达 HB 400 的淬火装置[19]。

由于安装了新的生产设备，蒂森钢公司可用经真空处理、连铸的钢生产长 60m 的钢轨，并可连续检测钢轨。因此，蒂森公司跻身于世界最优秀的钢轨生产厂家之列。表 3 是使用蒂森钢轨的某些欧洲和海外用户。鉴于钢轨是一种对安全性要求极高的产品，蒂森钢公司建立了一套独立的质量保证系统，包括：

（1）在生产的各个阶段，监测和检查那些决定产品性能的指标和根据使用规定检查产品的内部外部质量。

（2）按照技术条件和内控标准对产品进行最后的检查、验收。

（3）进行统计分析，以求保持和提高质量标准。

把得到的质量检测的数据反馈到生产，生产的透明度就更大，从而统筹考虑技术、质量与经济问题。

表 3　主要的欧洲和海外用户

国家或地区	轨长度/m	国家或地区	轨长度/m
联邦德国	30~60	英国	18
荷兰	30~36	欧洲城市地铁公司	18~30
丹麦	30	美国	13~24
南斯拉夫	30	巴西	13
爱尔兰	36~54	墨西哥	13
葡萄牙	18	尼泊尔	30
瑞士	36	印度	13
挪威	30	中国	25

50kg/m PD₂ SQ 全长淬火钢轨工艺和性能❶

俞梦文　　苏世怀　　陈耀忠　　籍可镔

（攀枝花钢铁公司）

摘　要：概述了采用双频加热、压缩空气淬火、喷雾二次冷却淬火工艺及其特点。利用该工艺生产的 9000t PD₂ SQ 全长淬火钢轨性能优良：$\sigma_{0.2} \geqslant 798MPa$，$\sigma_b \geqslant 1155MPa$，$\delta_5 \geqslant 10\%$；淬火层低倍组织为均匀对称帽形，金相组织为细珠光体；硬度 HRC 36~42，由表及里均匀下降。线路铺设试验证明，SQ 钢轨在抗剥离掉块、抗波浪磨耗和耐磨性方面均优于国内外热轧普轨，可提高寿命两倍，与日本同类产品相当。

1　引言

铁路运输向高速、重载、大运输密度方向发展，钢轨的重型化和材质强韧化是适应道轨使用条件的必由之路[1,2]。目前，我国使用的 90 公斤级强度的热轧轨在线路上表现出明显不耐磨，严重地段如石太、太焦等段小半径曲线使用 12~14 个月就必须下道更换新轨。提高钢轨抗剥离掉块和耐磨性能的关键在于获得单一细珠光体金相组织[3~6]。

为了寻求获得单一细珠光体组织淬火层和 25m 长轨小变形的淬火工艺，进行了两年多的探索试验。1985 年接受了国家"七五"重点科技攻关任务，研制 SQ（欠速淬火）工艺全长淬火钢轨[7]。此次攻关确定采用高碳低锰钢轨为淬火原料轨，用压缩空气为介质，使其获单一细珠光体淬火层组织。为保证较高的生产效率，采用了原有作业线 1.2m/min 的送钢速度。为了适应 25m 长钢轨的需要，改造了作业线和加热装置，设计制造了压缩空气冷却装置、控制变形装置和冷却系统的随动装置。还试验研究出一整套加热、冷却、变形工艺。经两次试制和批量生产，共生产 9000.74t 50kg/m PD₂ SQ 全长淬火钢轨，全部达到铁道部的技术要求[8]，并在六个路局使用。目前攀钢正在进行生产线改造，预计可达 5 万吨生产能力。

2　SQ 淬火工艺流程及特点

2.1　淬火工艺流程

经工频感应器把 PD₂ 热轧钢轨整体预热到规定温度，再进入中频感应器把轨头加热到规定温度。然后，进入冷却装置，经压缩空气冷却后，再喷雾二次冷却，使轨头冷却至400℃以下。尔后，在冷床上冷至室温，获得拱变形小于 150mm/25m 的淬火钢轨。再经立

❶　原文发表于《钢铁钒钛》1990 年第 2 期。

压点式矫直，检查入库、发货。其工艺流程见图1。

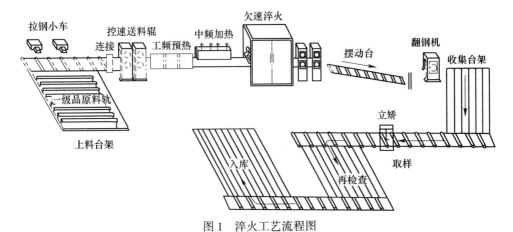

图1　淬火工艺流程图

2.2　淬火工艺特点

　　保证全长淬火钢轨质量的关键在于获得单一细珠光体组织的淬火层。从图2 PD$_2$钢的连续冷却转变曲线可以看出，PD$_2$钢获细珠光体的冷速范围较宽，为$3.3 \sim 25℃/s$。这较U71Mn 钢宽得多[9]，因而，给获得质量稳定的全长淬火钢轨提供了可靠的保证。通过试验，确定了加热、冷却、控制变形各工序参数，结果见表1。

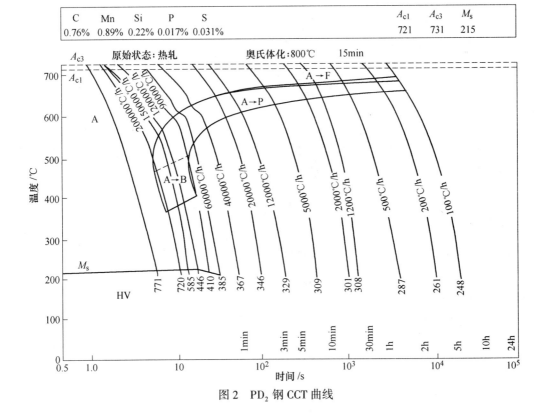

C	Mn	Si	P	S				A_{c1}	A_{c3}	M_s
0.76%	0.89%	0.22%	0.017%	0.031%				721	731	215

图2　PD$_2$钢 CCT 曲线

表1　淬火工艺参数

送钢速度/m·min^{-1}		1.2	送钢速度/m·min^{-1}		1.2
工频预热	空载电压/V	370~420	压缩空气淬火	淬火温度/℃	720~800
	电流/kA	1.8~2.4		空气压力/Pa	(1.5~1.2)×9.8×10^4
	预热温度/℃	500~550		流量/m³·min^{-1}	30~50
中频加热	频率/Hz	1500	二次水冷	水量/L·h^{-1}	(100~250)×2
	电压/V	380~420		冷后温度/℃	<400
	电流/A	400~440			
	功率/kW	160~200			
	加热温度/℃	800~1050			

（1）加热工序。先预热，后加热，使钢轨头部加热快，从而使钢轨运行速度较高，达1.2m/min。这样既消除了轧后钢轨辊矫的残余应力，又保证了轨头加热深度，使其踏面≥30mm，上圆角≥35mm，下圆角≥20mm。因此，生产效率比新日铁提高一倍。

（2）淬火和控制变形工序。加热获得的高生产效率，必须使冷却也同步高效，而用压缩空气作淬火介质，就必须采用高效喷风器。所设计的喷风器能保证钢轨表面达到最佳冷速，使其表面获细珠光体组织，HRC为42~36。随之，辅以喷雾，使钢轨头部由表及里冷却。同时，以此来控制轨头及轨底温差，控制轨头温度在400℃以下，保证钢轨热态拱变形小于250mm/25m，冷却后，室温冷拱变形小于150mm/25m。经立压矫直后残余应力小且分布合理。

（3）由于使用压缩空气作淬火介质，其压力、流量易控制，使冷却速度和冷却强度波动很小，保证钢轨通长淬火均匀，性能稳定。

（4）淬火机组配置了随动装置，保证了淬火钢轨的对称性，在淬火过程中不出现旁弯，使淬火层低倍呈均匀、对称的帽形。

3　淬火钢轨的性能和试生产

为了全面掌握试制50kg/m PD$_2$ SQ全长淬火钢轨的性能以及探索冶金质量与使用性能的关系，除了严格交货技术条件的检验外，还针对钢轨使用状态的一些特殊性能进行了研究。

3.1　钢轨化学成分

试生产86炉PD$_2$钢轨钢的化学成分见表2。

表2　PD$_2$钢轨钢化学成分　　　　　　　　　　　（%）

成分	C	Si	Mn	P	S
技术条件	0.74~0.82	0.15~0.35	0.70~1.00	≤0.04	≤0.04
内控要求	0.76~0.81	0.15~0.35	0.70~1.00	≤0.04	≤0.035

成分		C	Si	Mn	P	S
86炉生产统计	最大值	0.83①	0.30	0.98	0.026	0.038
	最小值	0.74	0.17	0.75	0.010	0.024
	平均值	0.775	0.243	0.865	0.016	0.032

①C=0.83%为两炉。

3.2 淬火层低倍和金相组织

经前述淬火工艺处理后，使 PD_2 钢轨的淬火层低倍呈帽形，其形状端正、均匀、对称，无白线层，见图3。从图3可以看出，踏面淬火层深度大于15mm，下圆角大于10mm。各炉钢轨淬火层金相组织均为单一细珠光体，从未出现马氏体、贝氏体组织。这是由于用压缩空气作淬火介质不仅可以把珠光体转变控制在较小的温度范围内，以获得片层间距小的珠光体组织，而且其冷速又不足以使奥氏体转变为贝氏体或马氏体。图4、图5是淬火层不同深度的金相组织。用扫描电镜测定了轨头不同部位的珠光体片层间距。从上圆角表面至5mm区域为70nm，10~15mm区域为120nm，未淬火区为2800mm。图6是5mm处典型扫描电镜照片。

图3 淬火层低倍照片

图4 踏面下3mm处金相组织（500×）

图 5　踏面下 9mm 处金相组织（500×）

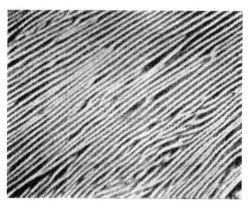

图 6　扫描电镜照片

3.3　淬火层硬度

3.3.1　横断面硬度

按 50kg/m SQ 全长淬火钢轨技术条件要求检验横断面硬度，检验部位如图 7 所示。要求 A、B、C、D、E 各点 HRC 在 36~42，A′、B′、C′、D′、E′各点的硬度 HRC≥32.5，78 炉交货检验统计结果列于表 3。从表 3 可以看出，淬火层横断面硬度自表及里均匀下降，两上圆角和两下圆角互相对称。从工艺分析，上圆角加热温度高于踏面，冷却速度也大于踏面，硬度分布与工艺有较好的对应关系。

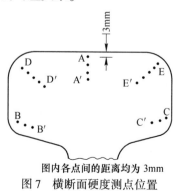

图内各点间的距离均为 3mm

图 7　横断面硬度测点位置

表3 淬火层横断面硬度（HRC）

位置	特征值	3mm	6mm	9mm	12mm	15mm
A 踏面	最大值	41.5	42.0	42.0	42.0	
	最小值	36.0	35.0	34.5	32.0	
	平均值	38.7	38.5	37.8	36.3	
B 下圆角	最大值	41.5	42.0	41.0		
	最小值	36.0	36.0	35.5		
	平均值	39.3	39.3	38.5		
C 下圆角	最大值	42.0	42.0	42.0		
	最小值	36.0	36.0	35.5		
	平均值	39.4	39.0	38.6		
D 上圆角	最大值	43.0	42.5	41.5	41.0	40.0
	最小值	36.0	36.0	35.0	35.0	33.5
	平均值	39.1	39.4	38.9	38.2	37.1
E 上圆角	最大值	43.5	42.5	42.0	41.5	42.0
	最小值	36.5	37.0	36.0	36.0	35.5
	平均值	39.2	39.3	39.1	38.1	37.4

3.3.2 纵断面硬度分布

为了检验钢轨淬火层通长纵断面硬度均匀性，在12个炉号中任意取样，检测了沿长度方向的纵断面硬度。取样部位和测点位置见图8。12炉钢轨纵向硬度统计结果列于表4。从表可见，纵向硬度分布均匀，由表及里均匀下降，到18mm处HRC≥34.64。同时，还在任一炉钢轨中选两支，在任意长度处取样抽验纵向硬度，其结果列于表5。从表5可见，钢轨淬火层通长硬度分布均匀，说明淬火工艺稳定。

表4 12炉淬火层纵向平均硬度（HRC）

距表面距离/mm	1	2	3	4	5
3	39.25	39.92	39.92	40.21	40.25
8	39.67	40.04	40.00	39.96	40.00
13	38.38	38.71	38.00	38.58	38.75
18	35.30	35.18	35.21	35.21	34.64

表5 P8630942炉不同轨号淬火层通长纵向硬度（HRC）分布

距表面距离/mm	2-1# 轨					2-1# 轨					2-2# 轨				
	1	2	3	4	5	1	2	3	4	5	1	2	3	4	5
3	39.5	40.5	40.5	40.5	41.0	40.0	40.0	40.0	40.0	40.5	39.5	40.5	39.0	40.5	40.0
8	39.0	40.0	39.5	39.5	39.0	39.0	39.0	40.0	40.0	40.0	40.0	41.0	40.5	40.0	40.5
13	40.5	41.0	41.0	41.0	41.0	41.0	41.0	41.5	41.5	41.0	40.5	41.0	41.5	41.0	40.0
18	39.5	38.5	38.5	38.5	39.0	38.5	38.5	38.5	38.5	38.5	39.5	38.0	38.0	39.5	38.5
23	36.0	35.5	36.5	34.5	34.5	36.0	36.0	36.0	36.0	35.5	34.0	34.0	35.0	34.0	35.0

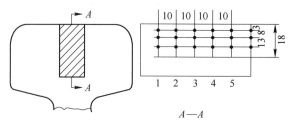

图 8　淬火层纵向硬度取样部位及测点位置

3.4　力学性能

　　交货条件要求每炉钢检验 σ_b、$\sigma_{0.2}$、δ_5[8]，并每 10 炉随机取样进行落锤试验。为了全面反映 SQ 淬火钢轨的性能，还抽验了部分试样的断面收缩率 ψ 和室温冲击 a_K 值。表 6 列出了试生产 PD₂ 钢轨淬火前后及 U71Mn 热轧普轨的力学性能。从表 6 可见，50kg/m PD₂ SQ 淬火钢轨比 PD₂ 未淬火钢轨的强度有大幅度提高。统计平均数据对比，抗拉强度 σ_b 提高 30.29%，屈服点 $\sigma_{0.2}$ 达 61.50%。同时也改善了塑韧性，δ_5 提高 35.31%，常温冲击 a_K 值提高 121.80%。落锤试验结果与热轧轨相同。与 U71Mn 50kg/m 轨对比数据表明，PD₂ 淬火轨的 $\sigma_{0.2}$、σ_b、δ_5 分别比 U71Mn 提高 74.87%、30.62%、31.89%。

表 6　50kg/m PD₂ 钢轨淬火前后与 U71Mn 普轨力学性能的比较

钢种	状态及特征值		$\sigma_{0.2}$ /MPa	σ_b /MPa	δ_5 /%	ψ /%	a_K /J·cm⁻²	落锤试验	
								挠度 /mm	结果
PD₂	淬火前	最大值	604	1050	14	25.1	12.8	45	合格
		最小值	505	909	8	19.0	6.1	35	
		平均值	561.18	969.83	9.26	20.76	9.17	41.43	
	淬火标准技术条件		755	1080	10				合格
	淬火后	最大值	1024	1350	16	46.6	38.6	43	合格
		最小值	798	1156	10	26.4	11.1	35	
		平均值	906.29	1263.6	12.53	36.2	20.34	41.42	
	淬后平均提高/%		61.50	30.29	35.31	74.37	121.80		
U71Mn	热轧轨	最大值	547.5	1060	12	24		50	合格
		最小值	492.5	915	8	17		36	
		平均值	518.25	967.4	9.5	21.1		43.3	
	PD₂ 淬后比 U71Mn 提高/%		74.87	30.62	31.89	71.56			

3.5　其他检验结果

3.5.1　残余应力

　　为了解淬火工艺对钢轨残余应力的影响，用切割释放法测定 PD₂ 钢轨淬火前后和矫直后的残余应力。测点位置见图 9，主要结果列于表 7。从表 7 可以看出，淬火矫直后轨头踏面为压应力；下颚处（第 7 点）呈拉应力，但数值较小；轨底中心呈拉应力。与日本同类淬火钢轨（即 NHH）比较，应力分布相同，但 PD_2 SQ 轨轨底拉应力要小得多。

表 7　50kg/m SQ 全长淬火钢轨残余应力

工艺		炉号	试样号		残余应力/MPa					
					1	7	9	11	12	14
淬火后矫直	辊式卧矫	P8630929	C_1		−203.84	61.74	−120.5	−29.4	−35.28	97.02
			C_2		−270.48	78.9	−132.3	−17.64	−24.50	83.20
	立压点矫	P8723444	C_3		−153.8	38.6	−82.6	0.8	−50.20	59.0
		P8723504	C_4	左	−225.00	48.0	−95.0	−6.2	−40.0	72.0
				右		70.6	−95.4	−9.6	−21.0	
水淬 QT 工艺					−283.8	42.14				152.88
日本 NHH					−392.0	127.4				29.0
日本 NKK					−290.0	224.02				192.08

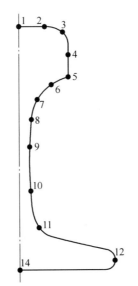

图 9　残余应力测点位置示意图

3.5.2　裂纹敏感性试验

按 GB 4161—84 标准，在淬火层取不同试样尺寸测定其 K_{IC} 值，主要结果见表 8。从表 8 可见，PD_2 钢轨淬火后 K_{IC} 值比 U71Mn 明显增大。

表 8　K_{IC} 值

钢种及工艺	炉号	试样尺寸/mm	K_{IC}/MPa·m$^{1/2}$			有效试样数
			最大值	最小值	平均值	
PD_2 淬火轨	P8713650	20×40×16	56.3	43.7		4
U71Mn	P8713906	29×58×260	38.1	36.7	37.3	4

3.5.3　三点弯曲疲劳试验

用 2DM-200 型实物疲劳试验机，加双向等应力载荷进行了三点弯曲实物疲劳试验，其支点间距为 1.0m，结果列于表 9。从表 9 可见，在同样条件下 PD_2 SQ 全淬轨比 U71Mn 热轧轨的疲劳载荷提高 50%。

表 9　50kg/m PD_2 SQ 全淬轨实物疲劳结果

钢种	炉号	循环特征	循环次数	σ_{-1}/t
PD_2 全淬轨	P8532115	−1	2×10^6	24.0
U71Mn 热轧轨	P8234249	−1	2×10^6	16.0

3.6　试生产技术经济指标

截至 1989 年一季度，攀钢共试生产 9000t 50kg/m PD_2 SQ 全长淬火钢轨，全长淬火工序成材率为 93.716%[10]。在试生产中因电器老化，加热时断电次数多，影响了全淬工序的成材率。

在试生产中，由于淬火钢轨变形小（<100mm/25m），使立压矫直占用时间较少，一般每支 3~5min。这样，改造时引进一台矫直机便可满足两条淬火作业线的工作量。

4　铺路试验结果

攀钢 50kg/m PD_2 SQ 全长淬火钢轨已在北京、郑州、上海、广州、济南、成都等六个路局 20 多个地段铺设。铁道部选了北京局石太线和郑州局太焦线条件最为苛刻的主干线 300~450m 小半径曲线进行试铺，责成铁科院铁建所和攀钢及路局工务段一起观察测试；并在石太线 85 公里处铺设了苏联、奥地利、国产热轧普轨及日本全长淬火轨与 PD_2 淬火轨进行对比。攀钢和铁道部有关单位对试验轨进行了三次考察，1989 年一季度进行了结论性考察。

首先，考察中发现，在使用中攀钢 50kg/m PD_2 SQ 全淬轨和日本两种 SQ 全淬轨均发生过轻微龟裂、剥离，但不发展[11]，继续使用随即消失。在各地段分别使用 23~27 个月后，发现试铺地段全淬轨基本无剥离现象（见图 10）。而苏联、奥地利和国产热轧普轨在 13~14 个月下道时均产生严重的剥离掉块。

图 10　石太线使用 27 个月的 PD_2 全淬轨

（R=310m，侧磨 7.3mm）

其次，除石太线极个别与普轨相邻端的几种 SQ 全淬轨有轻微波浪磨耗外，其他地段全淬轨均未发现波浪磨耗。而几种普轨均发生严重波浪磨耗，见图11。考察结果表明[11]，50kg/m PD$_2$ SQ 全长淬火钢轨与 U71Mn 普轨比，具有优良的抗剥离掉块性能，并可以推迟波浪磨耗的产生。

图 11　石太线使用 12 个月的苏联普轨波浪磨耗

在克服了钢轨提前下道的剥离掉块和波浪磨耗等严重损伤后，侧面磨耗数据（即耐磨性）将是控制小半径曲线上股钢轨使用寿命的关键。表10列出了试铺钢轨的侧面磨耗数据，其侧磨数据是用九针测磨仪测定的。从表10可以看出，铺设在石太线坡度为13.5‰曲线上的攀钢全长淬火钢轨最大侧面磨耗为 4.67mm/a。铺设坡度为8.7‰曲线上的日本两种全长淬火钢轨最大侧面磨耗为 3.33mm/a 和 3.64mm/a。而各种 SQ 全淬轨平均侧面磨耗数据已趋一致，分别为 3.24mm/a、3.24mm/a 和 3.47mm/a。对于热轧普轨，不管哪国产品，侧面磨耗均达约13mm/a。国产 U71Mn 热轧轨最大侧面磨耗已达 14.57mm/a，是攀钢全淬轨的 3.11 倍，若按平均值计则更大，达 4.12 倍。这说明在最苛刻的石太线，50kg/m PD$_2$ SQ 全长淬火轨在小半径曲线上股的寿命至少可以提高两倍。太焦线比石太线提高得更多，达 5 倍以上。这也表明线路苛刻程度和养护不同都影响钢轨的使用寿命。

表 10　试铺线路钢轨侧面磨耗　　　　　　　　　　（mm）

线路名称及条件	特征值	PD$_2$ SQ 全淬轨	国产 U71Mn	日本钢管 全淬轨	新日铁 全淬轨	苏联 U71Mn	备注
石太线 K85，R = 310m，坡度 8.7‰ ~ 13.5‰，年通过总重大于 7000 万吨	使用时间/月	27	14	27	27	13	PD$_2$，苏联轨坡度为 13.5‰，其余为 8.7‰
	最大侧面磨耗	10.5	17	8.2	8.2	14	
	最大年侧面磨耗	4.67	14.57	3.33	3.64	12.92	
	平均侧面磨耗	7.3	15.6	7.3	7.8		
	平均年侧面磨耗	3.24	13.37	3.24	3.47		
太焦线 K368，K731，R = 295 ~ 305m，坡度 3.5‰ ~ 18.1‰，年通过总重大于 6300 万吨	使用时间/月	23	20				
	最大侧面磨耗	3.8	20				
	最大年侧面磨耗	1.98	12.0				
	平均侧面磨耗	2.23					
	平均年侧面磨耗	1.16					

综上所述，攀钢 50kg/m PD$_2$ SQ 全长淬火钢轨比 U71Mn 热轧轨有优良的抗剥离掉块

性能，可以推迟波浪磨耗的发生。大幅度提高钢轨的耐磨性，可提高使用寿命 2 倍以上。与日本钢管和新日铁同类全长淬火钢轨使用结果相近。

5　结论

（1）试生产的 9000 吨 50kg/m PD$_2$ SQ 全长淬火钢轨全部符合技术条件。淬火层金相组织为细珠光体；低倍呈均匀对称的帽形；踏面淬火层深度大于 15mm，硬度为 HRC 42～36，钢轨纵横向硬度分布均匀；机械性能为 $\sigma_{0.2} \geqslant 798MPa$，$\sigma_b \geqslant 1155MPa$，$\delta_5 \geqslant 10\%$，分别比 U71Mn 热轧轨提高 74.87%，30.62% 和 31.89%。

（2）PD$_2$ SQ 全长淬火钢轨用于重载、大运量、小半径曲线上股，消除了因严重剥离掉块和波浪磨耗而提前下道的损害。它具有高的耐磨性，可提高使用寿命两倍以上，和日本同类淬火轨使用结果相近。

（3）试验研究的 PD$_2$ 钢种成分、淬火工艺装置及淬火工艺参数设计合理，操作简便，工艺参数易控，产品质量稳定。与国外比，生产效率高。

（4）攀钢 50kg/m PD$_2$ SQ 全淬轨试制成功，为我国发展热处理钢轨找到了可行的途径，填补了我国采用单介质生产高质量热处理钢轨的空白，达到了国际先进水平，使我国钢轨生产技术向重型化和强韧化并列发展方面迈出突破性一步。

致谢

本试制工作由攀钢全淬轨攻关组完成。对于重庆钢铁设计院，铁道科学院铁建所，铁道部，上海、北京、郑州铁路局及所属各工段所做的工作一并表示感谢。

参 考 文 献

［1］张国柱．对引进钢轨油中整体淬火线的探讨（轮轨材料专题学术会议资料），1985.

［2］梁健博，重载繁忙线路对钢轨的要求（轮轨材料专题学术会议资料），1985.

［3］铁路钢轨强度对使用过程中形成接触疲劳的影响．Пробл. прочн，1975（9）：13～17.

［4］刘怿．繁忙铁路运输需要高强度优质钢轨（轮轨材料专题学术会议资料），1985.

［5］郑体成．钢轨全长淬火工艺发展［J］．轧钢，1984（1）．

［6］80 年代钢轨生产．Steel Time，1982，201（31）．

［7］国家攻关合同 75-28-01-01. 高性能轮轨新材质新工艺研究，1986.

［8］攀钢 PD$_2$ 全长淬火（SQ）钢轨技术条件，1988.

［9］苏世怀，陈耀忠，等．锰及其偏析对雾化全长淬火钢轨组织及性能的影响［J］．钢铁钒钛，1987（1）．

［10］攀钢轨梁厂．50kg/m 全淬轨试生产总结（内部资料），1989.

［11］攀钢 PD$_2$ 50kg/m SQ 全长淬火轨使用情况联合考察纪实（内部资料），1989.

小半径繁忙运输线普通钢轨的使用缺陷研究[1]

苏世怀　俞梦文

（攀枝花钢铁研究院）

摘　要：介绍了中国铁路运输的概况。描述了小半径繁忙运输干线普通钢轨的使用缺陷特征。结合中国的铁路运输实际，指出减少钢轨使用缺陷的途径。

1　引言

中国共有铁路5.3万公里，其中山区弯道约占线路总长的40%~50%[1]。这些线路半径小（<600m）、坡度大（>10‰）、运输繁忙。如京广、津浦和京哈等主干线以及大秦、石太和太焦等运输干线，年运量在6000万吨以上，个别区段已超过1亿吨，一般行车间隔为15~20分钟，某些区段仅10分钟或更短。因此，小半径、大运量、高密度是中国铁路运输的基本特征。

目前，铁路使用的基本上是抗拉强度为785~880MPa的热轧轨。除了一些主干线使用60kg/m钢轨外，小半径繁忙运输线铺设的基本上是50kg/m或更轻的热轧钢轨。这些线路上的钢轨在使用中伤损不断增多，线路维修和养护工作量日益加大，换轨周期愈来愈短，已严重影响了铁路运输的正常进行和进一步发展。因此，研究减少钢轨使用中的缺陷，延长钢轨的使用寿命是非常必要的。

2　钢轨使用中的缺陷及影响因素

小半径繁忙运输线上钢轨使用中的缺陷主要集中在磨损、波浪磨耗和疲劳损伤。

2.1　磨损

显著的磨损发生在曲线外股的钢轨上。图1、图2是曲线半径和坡度对钢轨磨损的影响。

磨损量一般用距踏面14mm处的侧面磨耗值来表示。中国铁路技术规程规定，在不存在其他伤损的情况下，侧磨18mm就应更换。在目前的线路条件下，抗拉强度为880MPa的热轧轨，在300m的半径曲线上股可通过运量80~100Mt，实际上，由于伴随其他缺陷的产生，钢轨的使用寿命会低于这个运量。

❶ 原文发表于《钢铁钒钛》1990年第2期。

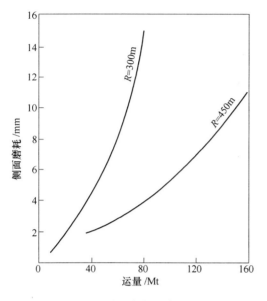

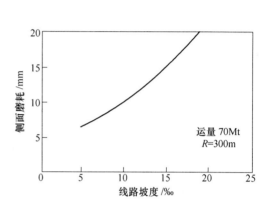

图 1　运量、半径与侧面磨耗的关系　　　　　图 2　曲线坡度对钢轨磨损的影响

2.2　波浪磨耗

表 1、表 2 是曲线半径和坡度对波浪磨耗的影响。图 3 是曲线半径、运量和波深的关系[2]。

表 1　曲线半径与波浪磨耗的关系

曲线半径/m	300	400	500	600	>600	总计
波浪磨耗曲线数	19	10	8	5	1	43
百分比/%	44.2	23.3	18.6	11.6	2.3	100

表 2　曲线坡度与波浪磨耗的关系

坡度/‰	>10	5~10	<5	总计
波浪磨耗曲线数	24	11	8	43
百分比/%	55.8	25.6	18.6	100

已进行的调查表明[2]：

（1）波浪磨耗主要出现在小半径、大下坡地段。起源于曲线上股钢轨的接头处，并向两侧扩展。

（2）波长一般为 300~600mm。当波深在 0.5mm 以下时发展较慢，波深大于 0.5mm 时发展较快。当波深达到 1.5mm 时，线路质量和行车安全将无法保证，必须换轨。道床板结和轨道的不平顺将加快波浪磨耗的发生和发展。

2.3 疲劳伤损

小半径繁忙运输线钢轨的疲劳伤损有两种形式：一种是轨头接触处钢轨表层的纵向不连续剥离；另一种是轨头核伤（图4）。

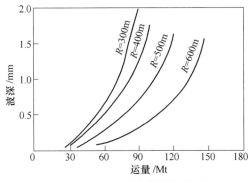

图3 运量、半径与波深的关系

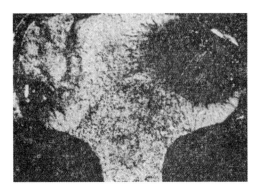

图4 钢轨核伤

钢轨的疲劳伤损是在轮轨接触应力和材料本身的因素共同作用下形成的。表层剥离一般是由于在润滑状态下，润滑使接触应力趋向钢轨表层，同时降低了磨损，致使接触应力反复作用于同一区域，形成塑性变形—加工硬化—塑性耗竭—剥离。钢轨的剥离反过来增加了磨损，甚至成为控制钢轨使用寿命的因素。例如，1985~1986年，石太线大量的钢轨上道使用仅3~6个月，通过运量仅20Mt后就出现了严重的剥离。钢轨在不到一年的时间内（运量<70Mt）陆续下道。轨头核伤是由于钢轨头部存在夹杂，夹杂作为核伤源，在接触应力作用下裂纹扩展，最终导致钢轨横向折断。

需要指出的是：小半径繁忙曲线地段的上述钢轨缺陷并非单独发生，而是共同控制着钢轨的使用寿命。表3可作为衡量繁忙曲线地段钢轨（50kg/m σ_b = 880MPa）使用寿命的参考[1]。

表3 繁忙曲线地段 50kg/m 钢轨使用寿命　　　　　　（运量，Mt）

半径/m	<350	350~499	500~649	650~799	800~1000
线路状况良好	特殊处理	125~170	160~270	200~270	240~320
线路状况好	特殊处理		125~170	160~220	200~272

3 减少钢轨使用缺陷的途径

降低小半径繁忙运输线路钢轨使用缺陷的措施很多，根据我们近几年的调查研究，结合中国铁路运输实际，提出如下一些减少钢轨使用缺陷的途径：

（1）提高线路质量。良好的线路质量包括增加线路弹性、保持轨道结构的平顺性以及消除轨道板结和降低行车对钢轨的冲击力，可以有效地减少钢轨的使用缺陷，尤其是疲劳和波浪磨耗缺陷。表4是两条不同状况的小半径繁忙运煤线路的综合质量对钢轨使用状况的影响。

表 4　综合线路质量对钢轨使用缺陷的影响

线路状况	年运量/Mt	轴重/t	半径/m	坡度/‰	曲线个数	钢轨支数	润滑/次·天⁻¹	磨损/mm	波浪磨耗	剥离	螺栓孔裂个数	核伤个数	换轨周期/Mt
良好	63	23	300	3.5/18.40	6	110	1	2.2	无	轻微	无	无	90
不良	70	23	300~400	5.6/14.2	7	110	3	2.0	有	严重	13	5	70

（2）降低钢轨接触应力。钢轨的使用缺陷与钢轨承受的接触应力大小直接相关，而接触应力大小与轮轨接触面积有关。以 60kg/m 轨头外形为例（图 5），研究表明[3]，如果车轮不与 $R=300mm$ 的圆弧接触，而与 $R=80mm$ 甚至 $R=13mm$ 的小圆弧接触，则接触应力分别增加 66% 和 269%。因此，增加轮轨接触面积将会有效地降低轮轨接触应力，这可通过下面两个途径来实现：

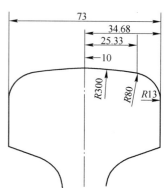

图 5　60kg/m 钢轨轨头尺寸

1）改进轨道结构，防止钢轨偏载。北京铁路局 60kg/m 钢轨普遍偏载 10~15mm，说明目前的 1∶40 的轨底坡偏小[3]。北京局将石太线的三个曲线轨底坡从 1∶40 改为 1∶20，降低磨耗 48%，57% 和 85%[2]。此外，合理地设置曲线超高和加宽对减少钢轨偏载也是十分必要的。

2）采用合理的轮轨外形，包括进行合理的轮轨外形设计和对运行中的轮轨进行打磨。由于中国是高运输密度的国家，对运行中的轮轨进行打磨是不经济的，而设计耐磨型轮轨外形则是可行的。

（3）改进钢轨润滑。合理的轮轨润滑能有效地降低钢轨的磨耗。目前，在钢轨润滑方面仍存在很多问题[4]，虽降低了钢轨的磨损，但都在一定程度上加剧了钢轨的剥离和波浪磨耗，没有充分发挥润滑应有的综合效益。合理的润滑应该解决目前在润滑中存在的油脂质量、涂油设备和涂油量的问题。涂油的效果应该起到既降低磨耗又不加速钢轨波浪磨耗和疲劳的作用。

（4）使用高强度重型钢轨。在不断提高线路质量、改善轨道结构的基础上，铺设高强度热处理轨能更有效地减少钢轨的使用缺陷。目前，攀钢公司独特的经双频感应加热、压缩空气冷却的各型热处理钢轨已经在国内推广使用，起到明显的效果。表 5 是石太线用攀钢热处理钢轨与国内外各类钢轨使用的对比结果。由表 5 知，攀钢、日本钢管及新日铁三种热处理钢轨不仅显著地降低了磨耗，而且有效地改善了抗波浪磨耗和疲劳性能。

表 5　石太线各类钢轨对比使用结果

厂家	$\sigma_{0.2}$/MPa	σ_b/MPa	δ_5/%	ψ/%	a_K/J·cm⁻²	通过运量/Mt	侧面磨损/mm	波浪磨耗	剥离	备注
攀钢	962.30	1295.00	12.57	38.86	16.4	157.5	7.3	无	轻微	继续使用
苏联	477.45	921.47	13.00	17.78	7.76	75.8	14.0	有	严重	已下道
奥地利	537.80	1009.85	11.93	16.65	9.74	75.8	7.6	有	严重	已下道
日本钢管	901.40	1275.18	16.00	33.00		157.5	7.2	无	轻微	继续使用

续表5

厂家	$\sigma_{0.2}$ /MPa	σ_b /MPa	δ_5 /%	ψ /%	a_K /J·cm^{-2}	通过运量 /Mt	侧面磨耗 /mm	波浪磨耗	剥离	备注
新日铁	901.60	1293.60	13.00	37.00		157.5	7.8	无	轻微	继续使用
鞍钢	542.00	942.50	12.85	21.80	8.60	81.7	15.6	有	严重	已下道

注：1. 曲线里程 K85+148~878；

2. $R=310$m，坡度 13.5‰，8.7‰，攀钢、苏联轨铺在 13.5‰地段。

需要指出的是：为满足小半径繁忙铁路运输的要求，重型钢轨将会逐渐采用。根据中国铁路技术规程，我国目前应铺设 60kg/m 以上的重型钢轨 25000 公里，而现在仅铺设 60kg/m 热轧轨 7000 余公里，75kg/m 钢轨仍在试铺阶段。因此，今后将会逐渐增加 60kg/m、75kg/m 钢轨的使用。根据苏联铁路部门的使用结果[5]，用 P65、P75 轨，较 P50 轨轨头缺陷分别增加 5%和 19%。因此，应用重型高强度热处理钢轨是满足小半径繁忙铁路运输需要，减少钢轨缺陷的经济而有效的途径。

4 结语

小半径、大坡度、高密度、大运量是中国铁路运输的重要特征，小半径繁忙运输线上普通钢轨的使用缺陷主要是磨损、波浪磨耗和疲劳。减少钢轨使用缺陷的途径是：

（1）提高线路质量；

（2）降低轮轨接触应力；

（3）改进钢轨润滑；

（4）铺设高强度重型钢轨。

参 考 文 献

[1] 李日曰. 中国 50kg/m 钢轨繁忙重载线路大修周期 [J]. 铁道科技动态，1989 (4)：1.

[2] 石家庄工务段. 石太线钢轨缺陷当整治（内部资料），1984.

[3] 范俊杰，等，钢轨接触应力与局部应力研究（中国金属学会、铁道学会第三届学术会议论文），1985.

[4] 刘怿. 采用新材料新工艺，提高铁路工务质量 [J]. 铁道科技动态，1988 (7)：7.

[5] 万中俊. 中国钢轨的材质和使用（中国金属学会、铁道学会第三届学术会议论文），1985.

PD$_2$ 全长热处理钢轨的工艺、性能及其使用效果[❶]

邓建辉　　苏世怀

（攀钢钢研院 PD$_2$ 钢轨全长淬火试验组）

摘　要：主要介绍了 PD$_2$ 全长热处理钢轨的生产工艺、性能和使用效果。其生产工艺是将高碳低锰的 PD$_2$ 热轧钢轨以 1.2m/min 的运行速度经工频整体预热，中频轨头加热后，以压缩空气喷向轨头进行欠速淬火。使轨头一定深度的淬火层内组织为细珠光体、硬度为 HRC 32.5～42、$\sigma_b \geqslant 1200$MPa、$\delta_5 \geqslant 10\%$、$a_K \geqslant 15$J/cm^2。经热处理后表明，在相同使用条件下，比国内外普轨使用寿命提高 1.5 倍以上；与日本的全长淬火钢轨使用性能相近。

关键词：PD$_2$ 钢轨；热处理；全长欠速淬火；双频电感应加热；性能

1　引言

钢轨是铁路的重要部件。随着铁路运输向高速、重载和大运量方向发展，在线使用的普通 900MPa 级钢轨的磨耗和疲劳损伤日益加剧。特别是在小半径、大坡度线段上更为突出。因此，提高钢轨的综合性能，特别是强度和韧性，延长钢轨的使用寿命是当前发展铁路运输事业急待解决的问题。

对钢轨进行轨头全长热处理来提高钢轨的强韧性是一种符合我国国情、有效而经济的方法。此方法中，又以欠速淬火（S-Q）工艺所得到的细珠光体组织具有最优秀的抗磨耗和抗疲劳损伤性能[1,2]。我们从 1985 年开始研究以压缩空气为主要淬火介质的 PD$_2$ 钢轨全长欠速淬火热处理工艺。通过研究试验，解决了钢轨在全长热处理过程中的有关加热、冷却设备和工艺技术问题，研究成功了 PD$_2$ 钢轨全长热处理工艺。并且这一技术已在美国被批准获得了专利权。用这种工艺生产的钢轨，其淬火层深度 $\geqslant 12$mm、淬火层组织为单一微细珠光体，$\sigma_b \geqslant 1200$MPa、$\delta_5 \geqslant 10\%$、$a_K \geqslant 15$J/cm^2、HRC 32.5～42.0。线路铺设使用表现出优良的抗磨耗和抗疲劳损伤性能。

2　热处理原料轨材质

供热处理用的原料钢轨是专门的高碳低锰钢轨，即 PD$_2$ 钢轨。化学成分为：C 0.74%～0.82%、Si 0.15%～0.35%、Mn 0.70%～1.0%、P、S ≤0.4%。该钢轨得到硬度在 HRC 32.5～42.0 范围，组织为单一微细珠光体的冷速为 1.4～19℃/s，见图 1。

钢轨热轧态性能为 $\sigma_b = 882$MPa，$\delta_5 = 8\%$。在送全长热处理前，经严格的质量检查（超声波探伤、性能和表面缺陷检查），确认符合热轧一级品轨标准，方用作全长热处理原料轨。

───────────────

❶ 原文发表于《四川冶金》1991 年第 3 期，《重庆特钢》1992 年第 2 期。

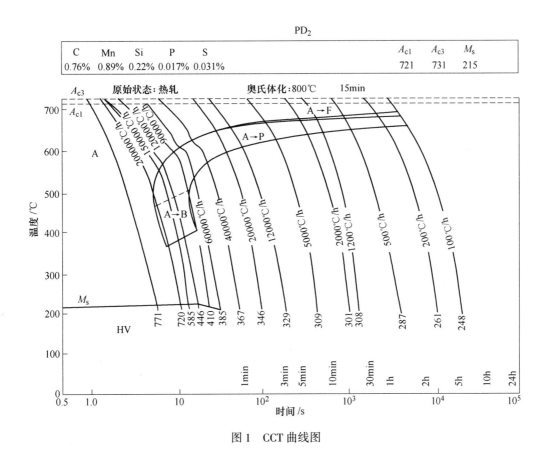

图 1　CCT 曲线图

3　热处理工艺

3.1　热处理特点

　　钢轨的热处理原理如图 2 所示。热处理时钢轨被加热到 920℃ 左右，然后自然冷却到约 750℃，随后进行欠速淬火冷却。控制其冷速在奥氏体直接转变为细珠光体范围。

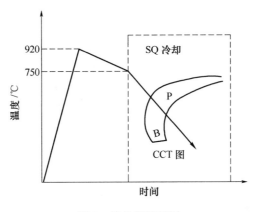

图 2　热处理原理图

3.2　热处理工艺

钢轨的全长热处理是在钢轨全长淬火机组上进行。热处理时钢轨的运行速度为1.2m/min。其工艺流程为：原料轨→送料装置→工频感应预热→中频感应加热→淬火冷却→收集台架→矫直→检查入库。

钢轨经工频整体预热后，轨头温度为580~620℃，轨底温度为520~560℃，经中频轨头加热后，轨踏面温度为900~930℃。达到的加热层形状如图3所示。钢轨淬火温度为720~780℃。淬火冷却介质为压缩空气和雾，淬火结束轨头回升温度为340~390℃。淬火时钢轨先经压缩空气淬火冷却40s，紧接着由雾辅助冷却30s，如图4所示。淬火冷速控制在淬火层硬度、组织所要求的冷速范围。

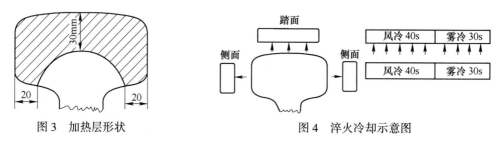

图3　加热层形状　　　　　　　　图4　淬火冷却示意图

采用工频预热、中频加热的双频感应加热方法，具有加热速度快、热效率高，以及加热层形状、深度、钢轨变形易于控制等优点。

采用以压缩空气为主要淬火介质的欠速淬火工艺，具有工艺稳定、淬火层硬度、组织易于满足要求的优点。

4　性能

4.1　淬火层形状和组织

经上述热处理工艺处理的钢轨，其轨头横断面淬火层形状及深度见图5，纵向淬火层形状见图6。

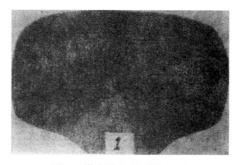

图5　横向淬火层形状显示

从图5中可见，轨头横向淬火层为对称的帽形。轨踏面处淬火层深度大于25mm，下圆角处淬火层深度大于15mm。从图6中看出，沿轨头纵向淬火层深度均匀一致，说明了

图6 纵向淬火层形状显示

工艺的稳定。

淬火层组织检验取样位置如图7所示。检验结果见图8~图10。结果表明为全细珠光体组织，没有马氏体、贝氏体等组织。

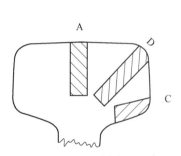

图7 金相组织取样位置示意图

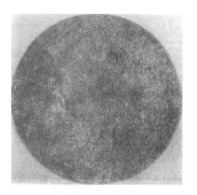

图8 D 3mm 处组织（炉号 P8713792，500×）

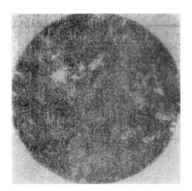

图9 A 3mm 处组织
（炉号 P8713792，500×）

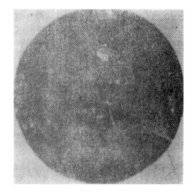

图10 A 15mm 处组织
（炉号 P8713792，500×）

4.2 硬度

轨头横向硬度分布如图11和图12所示。图11中每隔3mm测一点洛氏硬度。

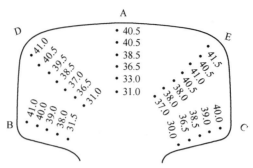

图 11　轨头横断面硬度分布（P8713792）

从图 11 中可见，整个淬火层最高硬度值为 HRC 41.5，小于 HRC 42 的要求，属理想硬度值。轨踏面（A 处）淬硬层（HRC 32.5～42）深度为 15mm；下圆角淬硬层深度为 12mm，且淬硬层形状对称。

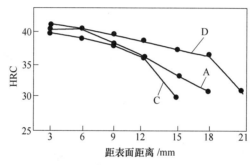

图 12　各部位硬度分布曲线

从图 12 中看出，淬火层硬度由表及里呈均匀下降，没有明显的硬度下陷和回升现象。由此可见在淬火冷却时冷速控制合理，由表及里冷速呈均匀递减。

纵向硬度分布检验结果见图 13。图 13 结果表明，轨头纵向硬度分布均匀，几乎没有波动。

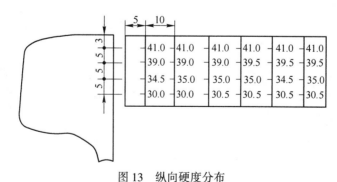

图 13　纵向硬度分布

4.3　机械性能

拉伸试验样为 $d=\phi6$ 短试样，取样位置如图 14 所示。冲击试验样为梅氏试样，取样位置如图 15 所示。试验结果见表 1。

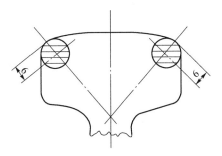 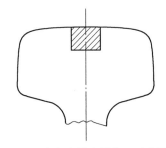

图 14　拉伸试样取样位置示意图　　　　　图 15　冲击试样取样位置示意图

表 1　机械性能

炉号	性能					备注
	$\sigma_{0.2}$/MPa	σ_b/MPa	δ_5/%	ψ/%	常温 a_K/J·cm^{-2}	
P8713792	960~980	1350~1380	12、13	40、39	17.2、28.8、23.2	热处理态
P8713623	855~955	1260~1290	12、12	32、29	20.0、29.0、22.9	热处理态
P8713792	550~530	955~966	8.5、9.0	22、22.5	7.9、9.8、9.8	热轧态
P8713623	450~500	878~942	9.0、9.0	21、22	12、9.1、8.5	热轧态

注：试样成分：P8713792 C 0.79%、Mn 0.89%、Si 0.24%；P8713623 C 0.15%、Mn 0.85%、Si 0.24%。

从表 1 中看出，热处理钢轨的强韧性比未热处理的轧态轨强韧性要高得多，$\sigma_{0.2}$ 提高 44%，σ_b 提高 30%，常温冲击韧性提高 50% 以上。这是由于热处理钢轨组织细化的作用。

4.4　磨损试验

在 MM200 型磨耗试验机上做的热处理态和热轧态磨损试验结果见表 2。

表 2　磨损试验结果

试样配对号	试样尺寸	试验条件					磨损量/g
		负荷/N	转速/r·min^{-1}	摩擦状态	试验周期/转	试验介质	
1#/3#	ϕ50	980	200	10%滑差	15×10^4	干磨	0.8594/1.5908
1#/3#	ϕ50	980	200	10%滑差	20×10^4	干磨	1.1450/1.7830
1#/3#	ϕ50	980	200	10%滑差	10×10^4	20 号机油 1 滴/2min	0.0016/0.0019
1#/3#	ϕ50	980	200	10%滑差	20×10^4	20 号机油 1 滴/2min	0.0035/0.0206

注：1# 为热处理轨试样；3# 为热轧轨试样。

从表 2 结果可知，在试验条件相同时，热处理态试样的磨损量比轧态试样减少一倍以上。

4.5　残余应力

采用电阻应变片测量法分别对未热处理轨和热处理轨进行了残余应力测定试验。结果见图 16。

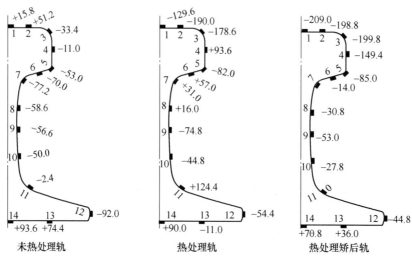

图 16 未热处理轨、热处理轨残余应力分布（炉号：P8713792）

从所测得的结果看，未热处理轨踏面为拉应力，而热处理轨则为压应力。从使用考虑，残余压应力有利于钢轨抗疲劳性能的改善。

4.6 钢轨变形

钢轨经热处理后呈微拱弯（向轨底弯曲），通常变形量为 $10 \sim 150 \mathrm{mm}/25\mathrm{m}$。拱弯变形有利于矫直过程的稳定，减少矫扭的可能性。同时也有利于钢轨矫直后轨头踏面残余应力呈压应力状态。

5 使用结果

至今，用上述工艺已生产了 1 万余吨全长热处理钢轨。分别在北京局、上海局、郑州局、广州局所属的小半径弯道上进行了铺设使用。用户普遍认为全长热处理轨具有优良的使用性能[3]。其中在石太线的石家庄工务段所辖线段上，与日本、苏联、奥地利、鞍钢等厂家的钢轨进行了铺设使用对比试验。从 1986 年底铺设使用，至 1989 年 3 月止已使用两年多，结果见表 3。

表 3 国内外各厂家钢轨铺设使用对比试验结果

生产厂家	曲线里程	曲线要素	铺轨日期	检测日期	上股侧磨/mm		剥离掉块	波浪磨耗	年磨耗量/mm	
					最大值	平均值			最大侧磨	平均值
攀钢	K85+148~ K85+878	$R=300$, $I=13.5$, $h=110$	1986 年 12 月	1989 年 3 月	10.5	7.3	无	与普轨接头处存在，轻微	4.67	3.24
苏联				1987 年 12 月	14.0		普遍存在	普遍存在	14.0	14.0
奥地利		$R=300$, $I=8.7$, $h=110$		1987 年 12 月	7.6		普遍存在	普遍存在	7.6	7.6
鞍钢			1988 年 1 月	1989 年 3 月	17	15.6	普遍存在	普遍存在	14.57	13.37
日本钢管			1986 年 12 月	1989 年 3 月	7.5	7.2	无	无	3.33	3.2
新日铁				1989 年 3 月	8.2	7.8	无	无	3.64	3.47

续表3

生产厂家	曲线里程	曲线要素	铺轨日期	检测日期	上股侧磨/mm		剥离掉块	波浪磨耗	年磨耗量/mm	
					最大值	平均值			最大侧磨	平均值
攀钢	K82+759~K83+0.2	$R=400$,$I=12$,$h=70$	1987年2月	1989年3月	3.5	2.6	无	无	1.63	1.25
攀钢	K87+276~373	$R=300$,$I=5.6$,$h=100$	1987年2月	1989年3月	6.3	4.0	无	无	3.02	1.92
攀钢	K88+90~509	$R=300$,$I=14.2$,$h=100$	1987年2月	1989年3月	7.4	4.4	无	无	3.55	2.11

注：苏联、奥地利、鞍钢为普轨；攀钢、日本钢管、新日铁为热处理轨。

从表3结果可见，攀钢的全长热处理钢轨在相同使用条件下，其耐磨耗、抗剥离掉块性能优于国内外普轨，使用寿命延长1.5倍以上，与日本的全长热处理钢轨使用性能相近[4]。

6 结论

（1）选用高碳低锰的PD₂钢种作钢轨全长热处理用钢种，得到硬度、组织均符合要求时的冷速范围较宽，易于控制。采用以压缩空气为主要淬火介质的钢轨全长热处理工艺稳定，满足热处理轨性能要求。

（2）热处理钢轨淬火层形状对称，淬硬层深度≥12mm、硬度HRC 32.5~42、$\sigma_b \geqslant$ 1200MPa、$\delta_5 \geqslant 10\%$、$a_K \geqslant 17J/cm^2$、组织为单一微细珠光体。纵向硬度分布均匀。实验室磨损试验表明，比未热处理轨减少磨损一倍以上。

（3）线路铺设使用结果表明，比国内外普轨使用寿命提高1.5倍以上，与日本的全长热处理钢轨使用性能相近。

参 考 文 献

[1] 田村庸一，野口孝男，等．钢轨热处理方法的研究［C］．译文集，第七集，攀钢钢研所，1979：90~109.
[2] 列姆比兹克伊 B B，扎尔诺夫斯基 Д C．关于提高铁路钢轨寿命和安全问题［C］．译文集，第七集，攀钢钢研所，1979：43~52.
[3] 攀钢公司．攀钢PD₂ 50公斤/米全长淬火钢轨线路使用情况调查（内部资料），1989.
[4] 攀钢公司．石太线攀钢全长淬火钢轨使用情况考察纪实（内部资料），1989.

新型 60kg/m 全长欠速淬火钢轨的研究[❶]

苏世怀　俞梦文　邓建辉　籍可镔　林建椿

（攀枝花钢铁公司）

摘　要：介绍了新型 60kg/m 全长欠速淬火钢轨的化学成分、生产工艺和性能。其成分特征是碳含量在共析点左右的高碳低锰钢轨钢。主要工艺：钢轨经工频电感应整体预热，中频电感应轨头加热，压缩空气欠速淬火，喷雾控制变形。性能：$\sigma_{0.2} = 926.3\text{MPa}$、$\sigma_b = 1278.8\text{MPa}$、$\delta_5 = 12.5\%$，使用寿命较普通热轧钢轨延长 3 倍。

1　引言

随着铁路运输的重载和大运量化，普通热轧钢轨的性能、质量已不能满足要求。大量的研究表明，经全长欠速淬火得到轨头硬化层组织为单一细珠光体的高强度钢轨，可以有效地延长钢轨的使用寿命，满足我国铁路运输的要求。

我国包钢和攀钢曾于 1980 年前后用水或雾作为冷却介质生产过近 10 万多吨的 50kg/m 全长淬火钢轨供铁路部门使用，后来由于工艺不稳定和使用性能不佳而停止生产[1,2]。1985 年，攀钢利用已有的双频电感应加热设备，开始研究具有自己特色的以压缩空气作为冷却介质的新型钢轨全长欠速淬火工艺。1986 年以来，用这种新工艺生产了 3 万多吨 50kg/m、60kg/m 高强度钢轨铺设在铁道部的七个铁路局小半径繁忙重载运输干线上。其中 50kg/m 全长欠速淬火钢轨在石太线与日本、澳大利亚、法国、奥地利及原苏联等国生产的各种类型的 50kg/m 钢轨进行了对比铺设[3]。结果表明，攀钢生产的新型全长欠速淬火钢轨与日本生产的同类钢轨的使用效果相当，与普通热轧钢轨相比，其使用寿命延长近 3 倍。

本文介绍了这种新型高强度 60kg/m 全长欠速淬火钢轨的化学成分、生产工艺、性能和使用效果。

2　化学成分

钢轨属大断面产品，加热后的钢轨轨头在冷却过程中，轨头表面与冷却介质直接接触，冷却速度大，往里冷却速度则逐渐减小。因此，要使轨头处于奥氏体状态的加热层全部转变为单一的细珠光体，除了对冷却介质和冷速控制有严格的要求外，还要求钢种的奥氏体向珠光体转变速度和转变温度范围尽可能宽。在大量的实验室研究和现场试验的基础上，开发了适合于欠速淬火的攀钢第二代重轨钢（PD₂）。化学成分见表 1。

❶　原文发表于《钢铁》1993 年第 8 期。

表1　PD₂钢轨化学成分　　　　　　　　　　（%）

钢种	C	Si	Mn	S	P
PD₂	0.74~0.82	0.15~0.35	0.70~1.00	≤0.040	≤0.040
PD₂内控	0.76~0.81	0.15~0.35	0.70~1.00	≤0.035	≤0.035

3　欠速淬火工艺及主要设备

图1为钢轨欠速淬火工艺流程及主要设备。由图1知,上料台架上的一级品原料轨由电磁拉钢小车拉至送料辊道,经与前一支钢轨连接后由送料辊按一定速度将钢轨依次送至工频电感应器整体预热、中频电感应器轨头加热、压缩空气欠速淬火、喷雾二次冷却,欠速淬火后的钢轨在摆动台上经翻钢机翻转后再送入冷却台架上空冷至室温,得到25m长拱弯小于150mm的欠速淬火钢轨,再经三辊式矫直机通长矫直、双向液压矫直机局部矫直,最终检查入库。

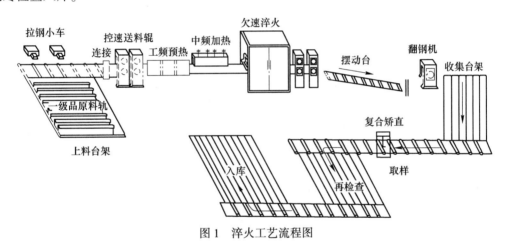

图1　淬火工艺流程图

欠速淬火的主要工艺参数见表2。

表2　60kg/m钢轨全长欠速淬火工艺参数

送钢速度 /m·min⁻¹	预热温度 /℃	加热温度 /℃	空冷时间 /s	淬火温度 /℃	风冷后温度 /℃	雾冷后温度 /℃
1.2	560~600	880~930	50~60	720~760	500	350~390

4　欠速淬火钢轨的组织和性能

4.1　硬化层组织

欠速淬火钢轨需要检查的硬化层组织包括轨头横截面酸浸低倍组织和金相组织。检验结果表明,低倍帽形均匀对称(图2),金相组织为单一细珠光体(图3),珠光体团平均尺寸为9.5μm,珠光体片层间距自表层至表面下15mm处波动在70~150nm(图4)。

图 2 横截面酸浸低倍组织

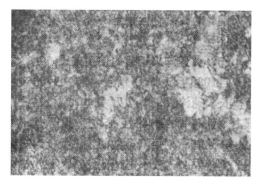

图 3 表面下 5mm 处金相组织 （400×）

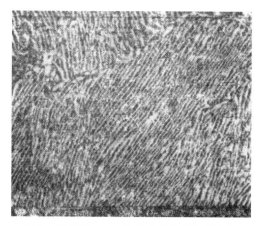

图 4 表面下 10mm 处珠光体电子扫描组织

4.2 硬化层组织

图 5 表示全长欠速淬火钢轨轨头横截面硬化层硬度的测定部位。统计分析 123 炉欠速淬火钢轨轨头横截面硬度表明，由表至里硬度（HRC）值波动在 42.0~36.0，各测点的平均值分布曲线见图 6。由图 6 知，硬度值由表至里均匀下降，两上圆角 D-D'、E-E' 和两下圆角 B-B'、C-C' 的硬度平均值基本重合，显示出良好的对称性。

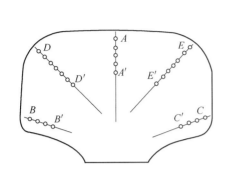

图 5　轨头横截面硬度测定部位

（A、B、C、D、E 距表面 3mm，各点间距均为 3mm）

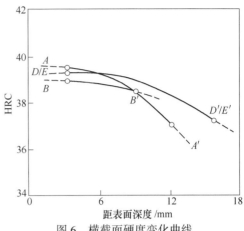

图 6　横截面硬度变化曲线

4.3 拉伸性能

图 7 为拉伸试样的取样部位。表 3 是 198 炉拉伸性能的统计分析结果，为了对比，表中还列出了我国目前仍普遍使用的 U71Mn 60kg/m 热轧钢轨的拉伸性能。由表 3 知，全长欠速淬火钢轨的 $\sigma_{0.2}$、σ_b、δ_5 和 ψ 的平均值较 U71Mn 热轧钢轨分别提高 66.6%、32.5%、54.3% 和 103.6%。

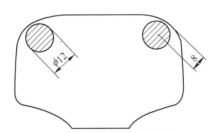

图 7　拉伸试样的取样部位

表 3　欠速淬火钢轨的拉伸性能

钢种	状态	特征值	$\sigma_{0.2}$/MPa	σ_b/MPa	δ_5/%	ψ/%	备注
U71Mn	热轧	最大	608.0	1029.0	11.0	20.5	450 炉数据，$\sigma_{0.2}$、ψ 为典型炉次数据
		最小	529.0	882.0	7.0	13.0	
		平均	556.0	965.0	8.1	16.7	
PD₂	热轧	最大		985.0	10.0		198 炉数据，其中 ψ 为典型炉次的数据
		最小		925.0	8.0		
		平均		954.0	8.0		
	热处理	最大	1055.0	1350.0	16.0	39.0	
		最小	760.0	1130.0	10.0	29.0	
		平均	926.3	1278.8	12.5	34.0	
PD₂ 热处理比 U71Mn 提高/%			66.6	32.5	54.3	103.6	

4.4　残余应力

残余应力试样为 1.3m 长的实物钢轨。采用切割释放法分别测定了欠速淬火前、后和欠速淬火并矫直后三种状态下的钢轨残余应力（见表 4）。由表 4 知，钢轨经欠速淬火后的残余应力状态有明显改善，轨头与车轮接触处为残余压应力，这种应力状态有利于提高钢轨的接触疲劳性能[4]。

表 4　PD$_2$ 60kg/m 钢轨不同工艺状态下的残余应力　　　　（MPa）

测点位置示意	测点号	热轧态	热处理后	热处理矫直后
	1	15.8	−129.6	−209.0
	2	51.2	−190.0	−198.0
	3	−33.4	−178.6	−199.8
	4	−11.0	−93.6	−149.0
	5	−53.0	−82.6	−85.0
	6	−76.0	57.0	14.0
	7	−77.0	31.0	
	8	−58.0	160.0	−30.8
	9	−56.0	−74.8	−53.0
	10	−30.0	−44.8	−37.0
	11	−2.4	124.4	8
	12	−92.0	−54.4	−44.8
	13	74.4	−11.0	35.0
	14	93.6	90.0	70.0

4.5　断裂韧性

参照 GB 4164—84 标准，从轨头硬化层切取不同尺寸的断裂韧性试样进行测定，并与热轧钢轨的 K_{IC} 值进行了对比。结果表明，欠速淬火后较欠速淬火前的 K_{IC} 值提高了 20% 以上，试样尺寸和开口方向对 K_{IC} 值影响不明显。同热轧钢轨类似，在测定欠速淬火钢轨的断裂韧性过程中，发现也存在 POPIN 现象。

5　欠速淬火钢轨的使用效果

自 1988 年以来，攀钢已生产 PD$_2$ 60kg/m 全长欠速淬火钢轨 2 万多吨，铺设在铁道部七个铁路局的小半径繁忙重载运输干线上。在这些苛刻运营条件的铁路线上，主要用钢轨的侧面磨耗、波浪磨耗和接触疲劳来衡量钢轨使用效果。表 5 是 PD$_2$ 60kg/m 全长欠速淬火钢轨的典型使用情况。由于这种新型欠速淬火钢轨具有良好的抗接触疲劳和抗波浪磨耗性能，因此主要用侧面磨耗来衡量其使用效果。由表 5 知，三个试验段热轧钢轨与欠速淬火钢轨的最大侧面磨耗率的比值分别为 3.8、3.9 和 5.6。

表5 60kg/m PD₂ 热处理轨线路铺设结果

局别	路段	钢种	线路条件			铺轨时间	观测时间	通过总量/万吨	侧面磨耗			U71Mn 与 PD₂ 之比
			曲线半径/m	坡度/‰	年运量/万吨				平均/mm	最大/mm	最大/mm·MGt⁻¹	
广州局	京广上行	PD₂	528	0.3	6089	1988年10月	1990年10月	12414	1.06	2.6	0.021	3.8
			381	1.8	6089	1988年10月	1991年4月	15517	2.10	7.1	0.045	
		U71Mn	381~402	—	6089						0.170①	
济南局	津浦下行	PD₂	600	7.0	8778	1989年6月	1991年3月	15362	0.49	2.52	0.016	3.9
		U71Mn	600	7.0	7038	1986年4月	1989年6月	22447		14.2	0.063	
	津浦下行	PD₂	627	5.1	10581	1989年3月	1990年11月	16754	0.60	1.5	0.009	5.6
		U71Mn	627	5.1	9331	1985年10月	1989年3月	31881.7		16.0	0.050	

①50kg/m 在该段前一周期使用结果。

6 欠速淬火钢轨的效益

与普通热轧钢轨相比，新型欠速淬火钢轨减少了维修养护工作量，延长了钢轨的使用寿命，从而减少了大修换轨次数。根据文献［5］的测算及铁道部专家对这种钢轨的鉴定认可，按延长使用寿命 1 倍计，铁道部门使用 1t 这种钢轨每年可获经济效益 1100 元，攀钢已生产这种钢轨 2 万多吨，则铁道部门每年可获经济效益 2000 多万元。

此外，使用这种新型高强度钢轨还可提高铁路运输能力，增加行车安全性，由此会产生巨大的社会效益。

7 结论

（1）新型 60kg/m 全长欠速淬火钢轨，所采用的钢种合理，双频电感应加热、先风后雾的二次冷却工艺先进，生产效率高，产品质量稳定可靠。

（2）这种新型欠速淬火钢轨踏面硬化层深度≥15mm，低倍帽形均匀对称；金相组织为单一细珠光体；硬度 HRC 36.0～42.0；拉伸性能 $\sigma_{0.2}$、σ_b、δ_5 的平均值较 U71Mn 热轧钢轨分别提高 32.5%、54.3%、103.6%。

（3）铁路使用表明，这种新型欠速淬火钢轨适用于重载大运量的各种线路条件使用。在苛刻的小半径线路条件下使用，显示出优良的耐磨耗、抗接触疲劳性能，可比 U71Mn 热轧钢轨延长使用寿命近 3 倍。

（4）生产和使用这种钢轨具有显著的经济、社会效益。按延长使用寿命 1 倍计，铁路部门使用 1t 这样钢轨，每年可获经济效益 1100 元。

参加此项研究工作的还有冶金部重庆钢铁设计研究院、铁道部科学研究院、铁道部有关路局及攀钢另外一些同志，在此一并致谢。

参 考 文 献

［1］张国柱. 钢铁，1983（9）：17.

［2］苏世怀，等．钢铁钒钛，1987（1）：63.
［3］梁健博．钢铁钒钛，1990（2）：10.
［4］张祖光．钢铁，1982（6）：49.
［5］周晨光，等．金属热处理，1991（1）：1.

Research on New Whole-length
Slack Quenching Rails of 60kg/m

Su Shihuai　Yu Mengwen　Deng Jianhui　Ji Kebin　Lin Jianchun

(Panzhihua Iron & Steel Co., Ltd.)

Abstract: The chemical composition, production process and properties of new whole-length slack quenching rail of 60kg/m are described in this paper. The main characteristics of the rail steel are low manganese and high carbon which content is being closed to eutectoid. Its production process consists of whole body preheating by induction current of industry frequency (50Hz), rail head heating by induction current of medium frequency (1500Hz), slack quenching with compressed air and camber controlling with fogging. This rail has 926.3MPa yield point, 1278.8MPa tensile strength and 12.5 percent elongation. Its service life is about four times as long as that of common hot rolling rail.

PD$_3$ 重轨钢氢压裂纹的形核机制[❶]

黄一中[1]　黄长河[1]　王燕斌[1]　褚武扬[1]　梅东生[2]　程兴德[2]　苏世怀[2]　俞梦文[2]

（1. 北京科技大学；2. 攀枝花钢铁公司）

摘　要：在透射电镜中原位观察了 PD$_3$ 重轨钢氢气泡及氢压裂纹的形核过程。结果表明，充氢时先形成氢气泡，随氢压增大，周围局部屈服，但在气泡壁附近存在无位错区，其中的应力可能很高。当气泡中的氢压升高到等于被富集氢降低了的原子键合力时，氢压裂纹就在气泡壁上形核。

关键词：PD$_3$ 重轨钢；氢气泡；氢压裂纹

1　引言

钢中白点以及在 H$_2$S 溶液中浸泡或无载荷下电解充氢所产生的氢致裂纹通称为氢压裂纹。它们均是氢压引起的，即原子氢复合成分子氢产生内压，当它足够高时就会产生氢鼓泡或氢致裂纹。对这类裂纹国内外已进行了大量研究，但对其形核过程及机制尚缺乏深入研究[1~6]。本文将用透射电镜（TEM）研究氢压裂纹在氢气泡上的形核和长大过程，并通过定量计算提出氢压裂纹形核机制。

2　实验方法

试验用 PD$_3$ 重轨钢的成分（质量分数）如下：C 0.74%，Si 0.77%，Mn 0.87%，P 0.22%，S 0.033%，V 0.091%。从重轨切头线切割出约 1mm 的薄片。试样经机械抛光后在 0.5mol/L 的 H$_2$SO$_4$+250mg/L 的 As$_2$O$_3$ 溶液中充氢。实验表明，当电流密度 $J \geqslant 1.5$mA/cm^2 时（用氢渗透实验测出可扩散氢含量为 2.9ppm，用熔融法测出总的氢含量为 3.9ppm（均为质量分数））试样表面出现氢鼓泡，乃至氢致裂纹。用已产生氢致裂纹的试样机械减薄至约 70μm，用电解双喷法制成 TEM 薄膜试样。电解液成分为含 3% 高氯酸的甲醇溶液，温度为 -10℃，电压为 60~100V。对未充氢的薄片也制成 TEM 试样，在 H-800 电镜中观察照相后放入 0.5mol/L NaOH + 0.25g/L As$_2$O$_3$ 溶液中电解充氢（$V=4.5$V），然后放入 TEM 中做原位观察。照相后，再充氢，再观察……

3　实验结果

3.1　氢压裂纹形核过程

在文献中，一般均把氢气泡（或鼓泡）和氢压裂纹混为一谈。本文的实验表明，不论

❶　原文发表于《金属学报》1996 年第 8 期。

是低强度钢还是高强度钢，表面出现氢鼓泡时内部有可能不存在微裂纹。PD_3 重轨钢（$\sigma_s = 1GPa$）电解充氢时可能产生氢鼓泡，当电流密度较低、充氢时间较短时，鼓泡下方往往找不到微裂纹，如图 1(a) 所示，当充氢电流密度较大或充氢时间较长时，所有氢鼓泡下方均存在微裂纹（图 1(b)）。这表明，氢压裂纹是在氢气泡的基础上产生的。

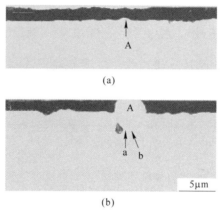

(a)

(b)

图 1　PD_3 钢中的氢鼓泡

（a）鼓泡下方无裂纹；（b）鼓泡下方有裂纹

Fig. 1　Hydrogen bubbles in steel PD_3

（a）non-crack under bubble A；（b）cracks under bubble A

图 2 是薄膜试样在充氢约 1min 后的照片，可看到一气泡 G，在气泡壁 a 处已产生一个贯穿的微裂纹。充氢前对该试样的观察表明，在 G 处并不存在气泡，故该气泡及微裂纹 a 是在充氢过程中产生的。在酸性溶液中用电解双喷法制备 TEM 试样时，氢也能引入试样。因而双喷的试样在电镜中检查时，在某些部位偶尔也能发现氢气泡，如图 3(a) 中 ABCDEF 所示。在气泡周围 AB 及 DE 附近存在大量位错，在 EF 处气泡壁已减薄而接近贯穿。将该试样取出，充氢约 3min 后进行原位观察（图 3(b)），发现气泡壁已产生很多贯穿裂纹，且已大部分连接。与此同时，AB 及 DE 附近的位错已大为减少，表明在充氢过程中它们已运动离开。对先充氢再减薄的试样，当充氢电流较小时气泡和微裂纹共存，如图 4 中存在 3 个气泡，在 G 气泡边缘处已形成 a、b、c 3 个纳米级裂纹。图 5 表示 E、F、

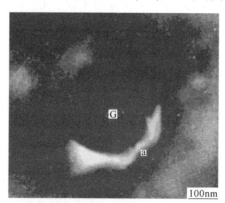

图 2　薄膜充氢后产生的气泡（G）及贯穿裂纹（a）

Fig. 2　Bubble（G）and penetrating microcrack（a）caused by charging hydrogen

G 3 个气泡，其中 G 气泡中的裂纹已长大，几乎贯穿整个气泡，从而成为一个空洞。在 E 气泡中有一微裂纹 a，在 F 气泡中有裂纹 b 和 c，其中 c 已长大。气泡中的氢压使其发生大量位错，如 o、p、s 和 q。

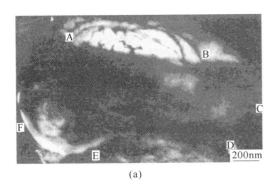
(a)

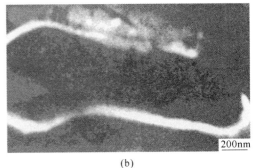
(b)

图 3　薄膜试样充氢的原位跟踪观察
（a）未充氢；（b）充氢 3min 后
Fig. 3　In situ observation of hydrogen charging
（a）no hydrogen charging；（b）hydrogen charging for 3min

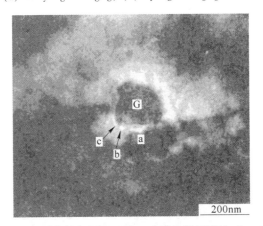

图 4　充氢试样中的氢气泡以及 G 边缘的氢压裂纹（a、b、c）
Fig. 4　Hydrogen bubbles and the brim hydrogen pressure cracks（a、b and c）

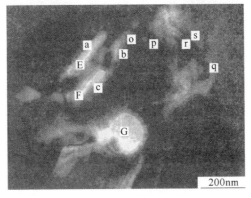

图 5　氢压裂纹（a、b、c）在氢气泡（E、F）中形核长大
Fig. 5　Initiating and growing of hydrogen pressure cracks（a、b and c）
at the bottoms of hydrogen bubbles（E and F）

3.2　氢压裂纹的形核位置

（1）沿 $Fe_3C/\alpha-Fe$ 边界形核。图6表明，a 及 b 两个微裂纹沿两个相邻的铁素体边界形核并扩展到整个铁素体片层。这两个裂纹中间是 Fe_3C，且尚未开裂，故这两个裂纹未连接。而 c 及 d 两个裂纹也类似。在图6上还可看到很多沿边界形核、优先向铁素体一侧扩展的氢压裂纹。

图6　氢压裂纹（a、b、c）沿 $Fe_3C/\alpha-Fe$ 边界形核

Fig. 6　Hydrogen pressure cracks（a、b and c）initiating along $Fe_3C/\alpha-Fe$ boundaries

（2）沿晶界择优形核。图7中裂纹 a、b 及 c 均沿晶界择优形核，而裂纹 d 则沿细珠光体的片层边界形核。

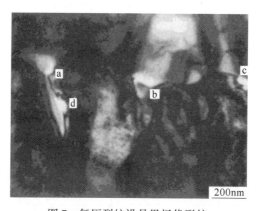

图7　氢压裂纹沿晶界择优形核

Fig. 7　Hydrogen pressure cracks initiating perfectly along grain boundaries

（3）位错缠结处形核。有时发现氢压裂纹在位错缠结处形核，如图8中裂纹 a 和孔洞 e。

（4）铁素体中形核。当充氢电流密度远远大于产生氢压裂纹的临界值时，即使在铁素体基体上也容易产生氢鼓泡乃至氢压裂纹。图2、图3上的气泡及裂纹均在铁素体基体上形核。

图8　氢压裂纹在位错缠结处形核

Fig. 8　Hydrogen pressure cracks initiating at the location of dislocation winding tangle

3.3　氢气泡周围的局部变形

氢气泡内的压力很高，可以使周围基体产生局部塑性变形。如图3(a) 所示，在 AB 处有大量位错。当气泡内的氢压增大（继续充氢）时，这些位错离开，气泡周围是无位错区。图9中孔洞 P 的两端 R 和 S、T 处存在很多位错，它们也是孔洞内氢压产生的，但洞内壁附近都是无位错区。

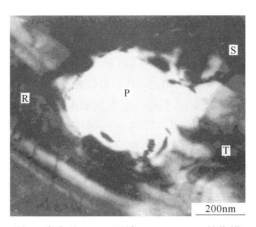

图9　氢气泡（P）两端（R、S、T）的位错

Fig. 9　Dislocations at two ends（R、S and T）of a hydrogen bubble（P）

4　氢压裂纹的形核机制

Lim[7]导出了蠕变孔洞在晶界择优形核后系统自由能的变化，即：

$$\Delta G = - r^3 V_1 \sigma_\infty + r^2 S_1 \Gamma - r^2 S_2 \Gamma_B - r^3 V_2 \sigma_n^2 / 2E \tag{1}$$

式中，$V_1 = 2\pi(2 - 3\cos\alpha + \cos^3\alpha)/3$，$S_1 = 4\pi(1 - \cos\alpha)$，$S_2 = \pi\sin^2\alpha$，$V_2 = kV_1(k = 1 \sim 2$，对气泡取 $k=2$），$\cos\alpha = \Gamma_B/2\Gamma$[8]。式（1）右边第一项是空洞（气泡或裂纹）形成过程中外应力 σ_∞ 所做的功，第二、三项是表面能，Γ 是基体表面能，当孔洞（气泡或

裂纹）在晶界（或相界）形核时，应当从 2Γ 中扣除界面能 Γ_B[9]。如在晶界形核，$\Gamma_B =$ 0.55[9]，孔洞（或气泡）和界面成一夹角 α，故应对面积进行修正。式（1）的第四项是空洞（气泡或裂纹）形核时所松弛的应变能。σ_n 是空洞所在位置的正应力。由此可知，式（1）既适用于空洞也适用于气泡或裂纹。在电解充氢时不加外应力，故 $\sigma_\infty = 0$。σ_n 是内部正应力，等于氢压 p，r 是孔洞或气泡的半径。由 $d(\Delta G)/dr = 0$ 可求出产生稳定气泡的临界尺寸 r_c 和气泡内氢压的关系，即：

$$r_c p_c^2 = [4(1 - \cos\alpha)\Gamma - \sin^2\alpha \Gamma_B]E/(2 - 3\cos\alpha + \cos^2\alpha) \tag{2}$$

图 4 所示的气泡半径 $r_c = 100$nm，α-Fe 的 $\Gamma = 2$J/m^2，$E = 2.1 \times 10^5$MPa。对晶界，$\Gamma_B = 0.55$[9]；对 Fe$_3$C/α-Fe 相界面，可以认为 $\Gamma_B = \Gamma$，从而 $\cos\alpha = 1/2$。代入式（2），可得 $p_c = 2.9 \times 10^3$MPa。因为 H$_2$ 不是理想气体，当压力超过 20MPa，氢固溶度方程中的压力 p 应当用逸度 f 来代替。α-Fe 中氢的固溶度为[10]：

$$w_H = 41.8 f^{1/2}\exp(-3280/T) \tag{3}$$

式中，w_H 为质量分数，ppm（下同）；f 的单位为 MPa，因 $p_c = 2.9 \times 10^3$MPa，相应的 f 值可由文献［10］中表 1、3、5 的数据外延获得，为 1.2×10^9MPa；室温 $T = 290$K。代入式（3）可得 $w_H = 56$ppm。内外半径为 R_1，R_2 的圆筒受内压 p，则 r 处的应力为[11]：

$$\sigma_{rr} = R_1^2 p(1 - R_2^2/r^2)/(R_2^2 - R_1^2), \quad \sigma_{\theta\theta} = R_1^2 p(1 + R_2^2/r^2)/(R_2^2 - R_1^2) \tag{4}$$

对于薄膜试样中的贯穿空洞，式（4）是适用的（平面应力状态）；对于薄膜中的小气泡，式（4）可作为气泡周围应力场的近似表达式。因薄膜试样半径 $R_2 = 1.5 \times 10^6$nm，氢气泡半径 $R_1 = 100$nm，故 $R_1^2/R_2^2 \approx 0$。氢气泡周围的应力为：

$$\sigma_{rr} = -R_1^2 p/r^2, \quad \sigma_{\theta\theta} = R_1^2 p/r^2 \tag{5}$$

在气泡壁上 $r = R_1$，故应力有极大值，其值 $\sigma_1 = \sigma_{rr} = p$，$\sigma_2 = \sigma_{\theta\theta} = -p$，$\sigma_3 = 0$（平面应力状态），因而静水应力 $\sigma_h = (\sigma_1 + \sigma_2 + \sigma_3)/3 = 0$。如认为氢的应变场是球对称的，则气泡周围氢含量 $w_\sigma = w_0\exp(\sigma_h V_H/RT) = w_0$（其中 V_H 为氢的偏摩尔体积），即不存在氢富集。但作者的实验[12]表明，氢和碳、氮一样，间隙在 Fe 中产生非球对称应变，即：$\varepsilon_1 > 0$，$\varepsilon_2 = \varepsilon_3 < 0$。式（5）表明，离开孔边应力急剧下降，故通过应力诱导，扩散氢将向最大应力处（即气泡壁）富集，平衡时气泡壁处的氢含量为[13]：

$$w_\sigma = w_0\exp[a^3(\sigma_1\varepsilon_1 + \sigma_2\varepsilon_2 + \sigma_3\varepsilon_3)/kT] \tag{6}$$

式中，a 是点阵常数，对 α-Fe，$a = 0.286$nm。实验测出的应变场和初始氢含量有关，当 $w_0 = 0.23$ppm 时，$\varepsilon_1 = 0.32$，$\varepsilon_2 = -0.08$[12]。对图 4 所示的 H$_2$ 气泡，初始内压 $p = \sigma_1 = \sigma_2 = 2.9 \times 10^3$MPa，$k = 1.38 \times 10^{-23}$J/K，$T = 290$K。本文氢渗透实验表明，当 $J = 1.5$mA/cm^2 时，会形成很少的孤立的氢气泡，对应的可扩散的氢含量 $w_0 = 2.9$ppm。把以上数据代入式（6），可得 $w_\sigma = 2.9\exp[(0.286^3 \times 0.40 \times 2.9 \times 10^2)/(1.38 \times 3)] = 2554$ppm。

原子氢能使原子键合力由 σ_{th} 下降为 $\sigma_{th}(H)$，一般认为下降量和氢含量 w_H 成正比[10]，即：

$$\sigma_{th}(H) = (1 - \beta w_\sigma)\sigma_{th} \tag{7}$$

式中，β 是单位氢含量使键合力下降的系数。实验表明，原子分数为 1% 的氢使奥氏体不锈钢的键合力下降 5%，即 $\beta = 0.05$[10]。通过应力诱导扩散富集在孔边的氢含量 $w_\sigma = 2254$ppm（其原子分数约为 14.4%），代入式（7）可得该处的原子键合力为：

$$\sigma_{th}(H) = 0.28\sigma_{th} \tag{8}$$

即富集氢使 σ_{th} 下降72%，原子键合力 σ_{th} 的精确值和原子势有关，如用最简单的正弦函数，则 $\sigma_{th}=(E\Gamma/a)^{1/2}$，其中 E 为解理面弹性模量，a 为解理面间距。对 α-Fe，解理面为（100）面，$E=1.4\times10^5$MPa，$a=0.248$nm[14]。代入式（8），可得 $\sigma_{th}=3.36\times10^4$MPa。Thompson[14] 给出 $\sigma_{th}=E_{100}/3=4.67\times10^4$MPa，但算出的 $\Gamma=0.05E_{100}\times a=1.74$J/m^2，比一般公认值（2J/m^2）要低。故本文用正弦模型算出的值（即 $\sigma_{th}=3.36\times10^4$MPa）来计算，代入式（8）可得气泡附近材料中的 $\sigma_{th}(H)=9.41\times10^3$MPa。此值高于氢气泡刚形成时的平衡压力 p（2.9×10^3MPa）。

因为气泡一旦形核即为原子氢的不可逆陷阱，气泡壁上的氢将不断进入气泡而形成 H_2，使气泡内压不断升高。虽然当内压约等于 $\sigma_s/2$ 时周围材料要屈服[11]，但微裂纹即将形核的气泡壁附近并不存在位错，如图9中P气泡壁附近并没有位错，在图5中所有气泡壁附近均无位错。这同本文作者在TEM中原位拉伸的结果[15]一致，即在缺口或裂纹前端存在一个小的无位错区，它是弹性区，其中的应力可以很高。因而氢通过应力诱导扩散而富集在气泡壁（式（6））之后，将立即进入气泡这个不可逆陷阱，并复合成氢气，从而使气泡内压不断升高。由式（3）可知，当进入气泡的总氢量 w 达3790ppm时，其中逸度 $f=5.49\times10^{12}$MPa，从而对应氢压 $p=9.41\times10^3$MPa，等于气泡壁上被氢降低了的原子键合力 $\sigma_{th}(H)$，从而导致纳米级微裂纹在气泡壁上形核，如图2中的a，图4中的a，b，c及图3(b) 中微裂纹围绕整个气泡壁。这就是说，当稳定的氢气泡形核后，其中的内压一般不能立即使气泡壁上的原子键断裂而产生微裂纹，只有原子氢不断进入气泡，从而使分子氢内压不断升高至 $\sigma_{th}(H)$ 时，才会导致氢压裂纹的形核。气泡壁附近（如 Fe_3C/α-Fe界面）的总氢含量为 $w=w_\sigma+w_T$。其中 w_T 是陷阱氢含量，饱和后不会随时间改变，其数值远小于 $w_\sigma=2554$ppm，故可忽略。但 w_T 值对控制锭中氢含量来说是很重要的。本文的实验表明，产生氢压裂纹时最低可扩散的 $w_0=2.9$ppm。全氢分析表明，相应的总氢量 $w=3.9$ppm，即 $w_T=1.0$ppm。如提高充氢电流，即 $w_0>2.9$ppm，这时不用达到稳态（式（6）是长时间扩散达到稳态的氢含量），气泡壁的氢含量就可等于临界值 w_H（3790ppm），其内压等于 $\sigma_{th}(H)$，从而导致氢压裂纹的形核。当 J 增大时氢压裂纹形核的位置也增多。钢的成分、组织结构主要影响式（7）的 β 值。β 值越小，$\sigma_{th}(H)$ 越高，需要更多的氢进入气泡才能使内压等于或大于 $\sigma_{th}(H)$，故越不容易产生氢压裂纹。成分和组织结构也通过影响 Γ 和 Γ_B，从而影响稳定气泡形核（见式（2））。

5 结论

氢压裂纹的形核过程如下：

当可扩散的氢含量大于临界值时将形成氢气泡（它往往在渗碳体边界，晶界或位错缠结处形核）。它是氢的不可逆陷阱，随着氢的进入，氢气泡中内压不断升高。由于氢气泡周围存在无位错区，故内压可远高于屈服强度。应变场为非球对称的氢原子可通过应力诱导扩散富集在气泡壁，从而使该处的原子键合力下降。当氢气泡的内压升高到等于被氢降低了的原子键合力时，氢压微裂纹就会在气泡壁形核。

参 考 文 献

［1］陈廉，徐永波，尹万全. 金属学报，1978，14：253.

［2］陈廉，刘民治，尹万全. 金属学报，1979，15：446.

［3］褚武扬，肖纪美，李世琼. 金属学报，1981，17：10.

［4］Akhurst K N, Pumghereg P H. Hvdrogen in Metals. Pergamon, 1977：3131.

［5］Ravi K, Ramaswamy V, Namboodhiri T K G. Mater Sci Eng, 1993, A169：111.

［6］Revie R W, Sastri V S, Shehata M T. Corrosion. 1993；49：17.

［7］Lim L C. Acta Metall. 1987；35：1663.

［8］蒋兴纲，褚武扬，肖纪美. 中国科学，1994；B24：668.

［9］Tromans D. Acta Metall Mater, 1994；42：2043.

［10］褚武扬. 氢损伤与滞后断裂［M］. 北京：冶金工业出版社，1988；268.

［11］Timosherk S, 著. 徐芝纶，吴永祺，合译. 弹性理论［M］. 北京：高等教育出版社，1964：63.

［12］Bai Q X, Chu W Y, Hsiao J M. Scr Metall, 1987；21：613.

［13］Zhang T Y, Chu W Y. Hsiao J M. Metall Trans, 1985：16A：1649.

［14］Thompson A W, Knott J N. Metall Trans, 1993；24A：523.

［15］陈奇志，褚武扬，肖纪美. 中国科学，1994；A24：291.

Initiation of Hydrogen Pressure Bubbles in Steel PD₃

Huang Yizhong[1]　Huang Changhe[1]　Wang Yanbin[1]　Chu Wuyang[1]
Mei Dongsheng[2]　Cheng Xingde[2]　Su Shihuai[2]　Yu Mengwen[2]

（1. University of Science and Technology Beijing；2. Company of Iron and Steel of Panzhihua）

Abstract：The initiating process of the hydrogen bubbles and microcracks caused by the hydrogen pressure was observed by TEM. The results showed that hydrogen charging can generate bubbles and then cause a great reduce of the cohesive strength. As soon as the hydrogen pressure within the bubble reaches to the cohesive strength decreased by hydrogen microcrack will initiate at the wall of the bubbles.

Key words：steel PD₃；hydrogen bubble；hydrogen pressure microcrack

奥氏体化状态和钒对珠光体型钢轨钢韧性的影响❶

朱晓东[1]　李承基[1]　章守华[1]　邹　明[2]　苏世怀[2]

（1. 北京科技大学材料科学与工程系；2. 攀枝花钢铁（集团）公司）

摘　要：以重轨钢 PD_2 和 PD_3 为对象，重点研究了热轧态和重新热处理状态珠光体的韧性。研究结果表明，奥氏体状态（晶粒大小、成分均匀化及碳化物溶入或析出程度等）及珠光体的形态和片层间距是影响珠光体冲击韧性的主要组织因素。奥氏体晶粒的细化、珠光体片层的细化、奥氏体成分的均匀化及强碳化物形成元素在奥氏体状态的固溶化是珠光体钢韧化的基本途径。

关键词：钢轨钢；珠光体；冲击韧性

1　引言

通过对现代铁路用轨 60kg/m 级重轨的研究及使用，认为细片状珠光体是重轨钢的最佳显微组织[1]。片状珠光体的力学性能与珠光体的组织结构有密切的关系[1~3]。影响片状珠光体屈服强度和断裂强度的主要因素是珠光体的片间距，它们之间的关系可用 Hall-Petch 公式来表达。影响片状珠光体塑性的主要因素是原始奥氏体晶粒大小和珠光体的片层间距。珠光体韧化的传统理论认为[4,5]，在珠光体片层间距相近的条件下，奥氏体晶粒大小是决定片状珠光体冲击韧性的主要因素。提高重轨的强度和韧性，是提高钢轨使用寿命的基础。轧后余热控冷处理钢轨的能耗小，成本低，可获得细的珠光体片层，保证了高的强度水平，但保留了热轧后较粗奥氏体晶粒状态。按传统的理论，奥氏体晶粒的粗化将导致韧性的降低。但是，实际上奥氏体晶粒大小对钢轨的塑性及冲击韧性的影响，并没有很明显的规律。因此，奥氏体晶粒大小是否是影响珠光体韧性的决定性因素，影响的权重有多大，是值得研究的问题。

2　实验方案

试样取自转炉冶炼的 PD_2、PD_3 热轧态成品钢轨，化学成分如表 1 所示。用轨头部加工成 10mm×10mm×55mm 冲击试样及金相试样后，分别在 800℃、850℃、900℃ 和 950℃ 奥氏体化，然后空冷到约 600℃ 后，放入 500℃ 的箱式电炉内保温 15min，完成珠光体的转变，以此模拟热轧态的冷却工艺并获得尽可能同样的珠光体片层间距。然后精磨并开成 U 形缺口，在电动冲击试验机上冲断，室温为 25℃。在 S-250MKS 型扫描电镜上观察冲击试

❶　原文发表于《北京科技大学学报》1996 年第 6 期。
国家经贸委重点科技开发项目。

样断口，并制成金相样品，经 3% 硝酸酒精溶液浸蚀后，用 8000 倍的足够数量视场的扫描电镜照片测定珠光体平均片层间距。奥氏体晶粒直径的平均值，采用淬水的金相试样，在光学显微镜下用截线法测定，原奥氏体晶界的显示采用过饱和苦味酸水溶液加上微量洗涤剂。用冲击试样制成的金属薄膜在 H-800 透射电镜观察珠光体的显微结构。

表 1　试件用钢的化学成分　　　　　　　　（质量分数,%）

钢号	炉号	C	Si	Mn	V	S	P
PD_2	9432414	0.78	0.24	0.77	—	0.025	0.014
PD_3	9422965	0.72	0.75	0.83	0.07	0.014	0.021

3　试验结果及分析

3.1　PD_2 钢热轧态及在不同奥氏体化温度重新加热处理后的组织及性能

图 1 所示为 PD_2 钢热轧态和不同奥氏体化条件下处理的组织参数和硬度、冲击韧性。由图中可见，不同再加热温度下的奥氏体晶粒直径相差不大。与热轧态相比，重新加热奥氏体化后的奥氏体晶粒均获得明显的细化。重新热处理状态和热轧态的珠光体硬度基本相同，但冲击韧性却相应的提高。热轧态的冲击韧性最低，比在 800℃ 奥氏体化处理后的低约 2J/cm² 、比 900℃ 的低约 12J/cm²。重新奥氏体化条件下，随着奥氏体化温度的提高，在 900℃ 时冲击韧性出现峰值，比 800℃ 时提高了 10J/cm²，然后略有降低。珠光体的片间距随奥氏体化温度的上升而下降，冲击韧性与珠光体片层间距的变化有较好的对应关系。

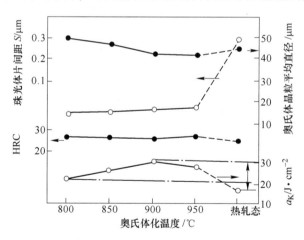

图 1　PD_2 钢热轧态及不同奥氏体化温度处理后的组织参数、硬度和冲击韧性

图 2 是 PD_2 钢具有代表性的珠光体显微组织形态和冲击断面形貌。图 2(a) 为热轧态粗晶奥氏体形成的珠光体，在视场内可以看到 N1 和 N2 两个珠光体团（nodule）。在 N2 团内有许多个取向很相近的领域（colony），相应的解理单元尺寸较大（图 2(c)），冲击韧性值较低。图 2(b) 为 950℃ 重新加热细晶奥氏体形成的珠光体，由许多个取向差较大的领域组成，相应的解理单元的尺寸较小，冲击值较高，表明奥氏体晶粒大小是通过影响珠光体的形貌而影响其韧性的。

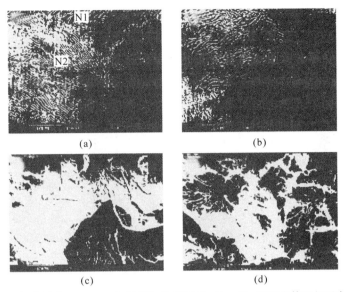

(a) (b)

(c) (d)

图2 PD$_2$ 钢热轧态（a，c）和重新加热处理态（b，d）的珠光体组织及断口形貌

3.2 PD$_3$ 钢热轧态及在不同奥氏体化温度重新处理后的组织及性能

图3 为 PD$_3$ 钢的热轧态和不同奥氏体化条件下处理后的组织参数和硬度、冲击韧性。与热轧态相比，奥氏体晶粒均获得明显的细化。在 800~950℃ 区间重新加热处理，随奥氏体化温度的提高，奥氏体晶粒直径和珠光体的硬度略有增加，珠光体的片间距基本不变，而冲击韧性则有明显提高。950℃ 奥氏体化处理后的冲击韧性比 800℃ 提高了 11J/cm^2。据文献 [6] 的数据，在图3 中绘出了经不同奥氏体化温度处理后的 VC 未溶解量。可以看到，VC 未溶解量与冲击韧性的提高有较好的对应关系。

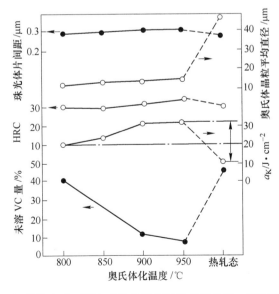

图3 PD$_3$ 钢热轧态及不同奥氏体化温度下的组织参数、硬度和冲击韧性

图 4 所示为 950℃ 奥氏体化处理后的珠光体组织（TEM），可以看到在共析铁素体内有较多的 VC 细小颗粒呈弥散性析出。这是由于在较高的奥氏体化温度下，VC 的溶解量增加，因而在随后冷却的珠光体转变时，VC 可以弥散析出在共析铁素体内。在珠光体领域（colony）的边缘，还发现粒状渗碳体分布在铁素体基体的区域。在热轧态 PD_3 钢的原奥氏体晶界处的铁素体中也有 VC 颗粒析出，如图 5 所示。

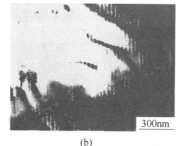
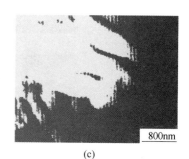

100nm (a)　　300nm (b)　　800nm (c)

图 4　PD_3 钢经 950℃ 重新奥氏体化处理后的组织

（a）共析铁素体内的 VC 弥散析出；（b）分布在铁素体上的 Fe_3C 区域；（c）粒状 Fe_3C 区域

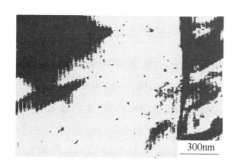

300nm　　300nm

图 5　在热轧态 PD_3 钢原奥氏体晶界区 VC 的析出

4　讨论

片状珠光体韧化的传统理论认为[2,3]，冲击韧性主要取决于奥氏体晶粒大小。但是，实验结果表明，珠光体的冲击韧性不仅与奥氏体晶粒大小有关，而且与珠光体片层间距、奥氏体成分的均匀化程度有关。因此，提高片状珠光体韧化有下列基本途径。

4.1　细化奥氏体晶粒

奥氏体晶粒大小对片状珠光体冲击韧性的影响，主要是通过对片状珠光体的组织形态的影响而实现的[4,5]。对于粗晶奥氏体（如 PD_2 和 PD_3 热轧态），可形成数个由珠光体领域组成的珠光体团，团内相邻领域之间的取向差较小，领域间界属小角度晶界。因而对裂纹扩展的阻力较小，韧性较低。当奥氏体晶粒细化时（如重新热处理状态），珠光体的组织形态，由"团"和"领域"二级组合形态逐步地转变为直接由许多个"领域"组成的一级组合形态，相邻领域之间的取向差较大。因而增加了裂纹扩展的阻力，提高了韧性、显微组织及断口观察符合上述分析，见图 2。

4.2 细化珠光体片层

传统的片状珠光体韧化理论虽然没有排除片层粗细对韧性的影响，但这方面的研究表明，珠光体的韧性与片间距的关系不明显，数据的离散性较大，难以像对强度的影响那样，用 Hall-Petch 关系定量的描述。对于 PD_2 钢，在 $800\sim900$℃之间，奥氏体晶粒有微弱的粗化，但韧性反而上升，这种情况只能归因于珠光体片间距的影响了。事实上，珠光体片层间距及冲击韧性具有较好的对应关系（图 1）。结合文献［7，8］的有关数据可回归成冲击韧性值与珠光体片层平均间距倒数的对数的线性关系（图 6），即：

$$a_K = 0.55 + 38.2\log S^{-1} \pm 9.0 \tag{1}$$

式中，a_K 为冲击韧性，J/cm^2；S 为珠光体片层平均间距，μm。可见，尽管数据的离散程度较大，但从总的趋势看，细化片间距有利于韧性的提高。

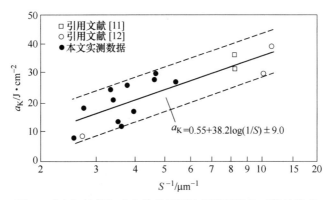

图 6 冲击韧性值与珠光体片层平均间距倒数的对数的关系

4.3 奥氏体成分的均匀化（包括强碳化物形成元素在奥氏体中的固溶化）

PD_3 钢的冲击韧性随着奥氏体化温度的升高而提高（见图 3），与奥氏体晶粒大小及珠光体片层间距的变化规律没有明显的对应关系，而与 VC 的固溶程度有较好的对应关系。这表明对于含钒的 PD_3 钢，冲击韧性的提高，不是由于奥氏体晶粒及珠光体片层间距的变化，可能与 VC 的溶解及奥氏体成分的均匀化有关。根据热力学估算，V 在奥氏体中的固溶度，取决于溶度积公式[9]：$\log(c_V c_C) = 6.72 - 9500/T$，故对于含有 0.07% V 的 PD_3 钢来说，在 950℃奥氏体化，VC 基本上溶入了奥氏体。在热轧温度下，V 处于固溶状态，但在轧后空冷时，将会有一定量的 VC 析出。方淑芳等的研究表明[6]，经热变形后以 0.5℃/s 的冷速冷却时，在 700℃、650℃、600℃和室温时，VC 的析出量相应为 4.7%、16.0%、34.6%和 34.9%。在此冷速下的珠光体开始转变温度约为 675℃，因此估计在奥氏体状态会有 10%左右的 VC 析出，约占析出总量的 1/3。在较低的奥氏体化温度下，未溶的 VC 较多；而在 950℃下奥氏体化时，VC 主要析出在共析铁素体内（如图4(a)所示）。从沉淀强化原理分析，VC 在共析铁素体内析出只能起强化作用，而不能改善韧性。因此，PD_3 钢的冲击韧性随奥氏体化温度的升高而提高的原因，只能归因于 VC 的固溶和析出及其造成的影响。

最近，Anya 和 Baker 发现[10]，Si 具有促进珠光体渗碳体粒状化的作用，并且奥氏体化温度越高就越显著。Edmond 等发现[11,12]，在过共析钢中，V 具有阻止在奥氏体晶界处形成连续的网状 Fe_3C 的作用；在共析及过共析钢中，Si 和 V 共同存在时，明显抑制连续的网状 Fe_3C 沿奥氏体晶界析出，同时还促进在奥氏体晶界处形成一层铁素体薄膜。这种现象在 Si-Mn 过共析钢中也有发现。Si、V 的这种作用对于珠光体钢的韧化，可能有重要意义。

在 PD_3 中，含有 0.75% Si 和 0.07% V，在 950℃奥氏体化的珠光体领域边缘有断续的块状铁素体区域和粒状 Fe_3C 区域，如图 4（b）、（c）所示。由此可以判断，由于 PD_3 中的 V 随奥氏体化温度的上升而溶入量增加，在随后的珠光体转变过程中，一方面在共析铁素体中弥散析出 VC，起到强化的作用；另一方面，V 将促使原奥氏体晶界处的铁素体薄区的形成，并使 Fe_3C 呈粒状析出，延缓珠光体中的片状 Fe_3C 形成，从而提高了韧性。但是，PD_3 钢与无 V 低 Si 的 PD_2 钢相比（对比图 1 和图 3），无论是在热轧态还是最佳热处理态，冲击韧性均未见有明显的改善；热轧态的冲击韧性甚至还低于 PD_2 钢。因此，Si、V 的作用，并非是简单的叠加，同时存在时的作用机理是比较复杂的。

5 结论

（1）细化奥氏体晶粒、细化珠光体片层间距、奥氏体成分的均匀化和强碳化元素的固溶化，是片状珠光体韧化的基本途径；重新加热及控冷处理钢轨（离线欠速淬火）比热轧轨的强度和冲击韧性均有显著提高，其主要原因是由于在奥氏体晶粒和珠光体片层方面均获得显著细化。

（2）在采用轧后余热控冷处理时，由于保留了终轧时的粗大奥氏体晶粒而损害了韧性。但是，如果正确控制冷却工艺（包括始冷温度、冷却速度、终冷及准恒温保持时间等），保证奥氏体成分足够均匀，使强碳化物形成元素尽可能处于固溶状态，则可以将奥氏体晶粒粗化对韧性带来的不良影响降低到最小程度。

参 考 文 献

[1] 李怀明. 钢轨钢的滚动接触疲劳及磨损行为的研究 [D]. 北京：北京科技大学，1991.

[2] 俞德刚，谈育煦. 钢的组织强度学 [M]. 上海：上海科技出版社，1983：76~139.

[3] Marder A R. Phase transformations in ferrous alloys [J]. Warrendale：Metall. Soc. AIME，1985：11.

[4] Pickering F B，Garbarz B. The effect of transformation temperature and prior austenite grain size on the pearlite colony size in vanadium treated pearlite steels [J]. Scri. Metall.，1987，21：249~253.

[5] Garbarz B，Pickering F B. Effect of pearlite morphology on impact toughness of eutectoid steel containing vanadium [J]. Mater. Sci. Tech.，1988，4：328~334.

[6] 方淑芳，柯晓涛，张键，李兴蓉，张志新. PD_3 钢热轧工艺模拟研究 [J]. 钢铁钒钛，1991，12（1）：52~61.

[7] 苏世怀. 在线热处理工艺模拟试验研究 [D]. 北京：北京科技大学，1993.

[8] 王树青，周清跃，周镇国. 钢轨全长淬火后的力学性能与使用效果的关系研究 [J]. 机械工程材料，1994，18（6）：24~30.

[9] 石霖. 合金力学 [M]. 北京：机械工业出版社，1992：400~401.

[10] Anya C C，Baker T N. Effect of Si on microstructure and some mechanical properties of law carbon steels [J]. Mater. Sci. Tech.，1990，6：554~561.

[11] Khalid F A, Edmonds D V. Effect of vanadium on the grain boundary carbide nucleation of pearlite in high-carbon steels [J]. Scri. Metall. Mater. , 1994, 30: 1251~1255.

[12] Han K, Smith G D W, Edmonds D V. Pearlite phase transformation in Si and V steels [J]. Metall. Mater. Trans. A. , 1995, 26A: 1617~1631.

Influence of Austenizing Condition and Vanadium on the Impact Toughness of Pearlitic Rail Steels

Zhu Xiaodong[1]　Li Chengji[1]　Zhang Shouhua[1]　Zou Ming[2]　Su Shihuai[2]

(1. University of Science and Technology Beijing; 2. Panzhihua Iron and Steel (Group) Company)

Abstract: Heavy rail steels, PD_2 and PD_3, are chosen for the investigation of the impact tougness in as-rolled and reheated state. The results show that the condition of austenite (austenite grain size, homogeneity of chemical contents as well as dissolution and precipitation of carbides), the morphorlogy of pearlite and the interlamellar spacing are the three main structure factors influencing the toughness of pearlite. A basic plan for the toughening of pearlite rail steels is presented, which includes refinement of austenite grain and pearlite interlamellar spacing, homogenization of austenite content and complete dissolution of strong carbide forming elements in the austenite.

Key words: rail steels; pearlite; impact toughness

论我国高质量钢轨的生产技术开发❶

苏世怀

（攀枝花钢铁研究院）

1　引言

　　高质量钢轨是指能不断适应铁路运输发展要求的钢轨。它要求钢质纯净，外观质量优良，良好的强韧性和可焊性。

　　我国目前已是钢轨生产的大国，仅 50kg/m 及其以上轨型的钢轨年生产能力已达到 150 万吨以上，已超出了国内市场的需求，其轨型、性能质量基本上能够适应我国当前铁路运输的需要。然而，与国际上先进厂家生产的高质量钢轨相比仍有很大差距，还不能满足我国铁路运输进一步向重载和高速发展的要求。因此，加快我国高质量钢轨的生产技术开发，不仅是为了适应我国铁路运输进一步发展的需要，也是钢轨生产企业自身参与国际市场竞争的要求。

2　国内外铁路运输的发展及对钢轨质量的要求

2.1　国外铁路运输的发展及对钢轨质量的要求

　　铁路运输的发展，可以划分为两个阶段：

　　第一个阶段，从 19 世纪初铁路投入商业运行到 20 世纪 50 年代，是铁路运输的发展、繁荣阶段，铁路运输在多种交通运输方式中占主导地位。这个阶段的铁路运输的特点是客货混运，运输繁忙但运速不高，属于铁路运输的初级时期，对钢轨的性能质量要求不高。

　　第二个阶段，从 20 世纪 50 年代到 20 世纪末。20 世纪 50 年代开始，铁路运输受到航空及高速公路运输的有力挑战，传统低速、低效率的铁路客运大部分逐渐被高速公路和航空运输所取代。在这种情况下，铁路运输开始向两个方向发展。一是继续发挥铁路运输在远距离、大宗货物运输方面的优势，铁路货运向重载化方向发展。轴重 30t、车重 1 万吨的重载列车在美国、前苏联、澳大利亚和巴西等国家的铁路上运行。二是铁路客运向高速化的方向发展。国际铁联规定，时速在 100~120km/h 为常速，120~160km/h 为中速，160（包括 160）~200km/h 为准高速，200（包括 200）~400km/h 为高速，大于 400km/h 为特高速。为克服铁路客运的低效率，西欧从 60 年代开始对已有铁路进行了改造，使旅客列车的运营时速大部分达到 160~200km/h 的准高速。1964 年 10 月 1 日，世界上第一条运营时速为 210km/h 的日本东海道新干线高速铁路建成通车。1981 年，最高时速为 270km/h 的法国 TGV 巴黎东南线建成通车。随后，英国、西班牙、意大利、瑞典等国均建起自己的高速铁路运输系统。目前，世界上时速在 200km/h 及其以上的高速铁路运营里程已达 1 万公里以上。

第二个阶段，铁路运输的特点是重载与高速并重，主要的技术发展在高速铁路方面。

这一时期，世界上发展中国家由于经济技术发展水平不高，铁路运输作为主要的交通运输工具，仍处低速、客货混运的初级阶段，对钢轨质量的要求，低于 UIC 标准。

高速铁路经过 30 余年的运行实践表明，与航空、高速公路运输相比具有其显著的优势。首先是安全可靠，日本高速铁路运行 30 年来，未出现一次人身和设备重大安全事故；其次是效益显著，高速铁路单方向运送能力是空运的 10 倍，高速公路的 5 倍，运输成本是空运的 1/5，高速公路的 2/5，人均能耗为高速公路的 15%，飞机的 10%。再次，高速铁路在 1000 公里左右的中程旅客运输较高速公路和航空运输更为方便、迅速。因此，发展高速铁路运输是世界各国促进经济、社会发展的一项重要战略。西欧计划在 2010 年将在工业城市间建成总长为 2.4 万公里高速铁路网，美国、加拿大、巴西、韩国、印度和我国台湾等计划在 2000 年前后都将拥有自己的高速铁路。可见，21 世纪铁路运输将会进入高速铁路时代。高速铁路对钢轨的质量要求将比现有标准更为严格。西欧目前正在制定适应于高速铁路用钢轨新标准。

2.2 我国铁路运输的发展及对钢轨质量的要求

我国铁路运输的特点是：一般铁路时速在 40~60km/h，主干线时速在 80~100km/h，第一条广深准高速铁路开通不久；铁路目前仍是主要的运输工具，运量大、运速低、弯道多，其中山区铁路占线路总长的 40%~50%。

在小半径、大运量的运煤干线，像大同、石太、丰沙、大焦等铁路线以及京广、津沪、京哈等主干线需要铺设 60kg/m 重型高强度钢轨，年需求高强度钢轨 40 万吨，实际每年铺设高强度钢轨 20 万吨左右。

为了满足国民经济不断发展的需要，我国铁路运输在进一步强化重载、大运量运输的同时，在运速方面，我国计划对现有铁路先进行提速试验，逐渐将主干线的运营速度提到中速和准高速的水平。并拟于 21 世纪初建成全长 1400 公里的京沪高速铁路。

3 国外高质量钢轨的生产技术发展

为了适应铁路运输高速重载对钢轨性能的要求，近年来，国外发达国家的钢轨生产厂家为提高钢轨的质量进行一系列的技术开发和技术改造，主要集中在如下几个方面：

（1）取消铝复合脱氧技术。多年研究表明，铝脱氧所形成的 Al_2O_3 夹杂是钢轨疲劳损伤源，采用 Si-Ca 等新型复合脱氧剂辅之以炉外精炼脱氧可以有效地提高钢轨疲劳性能。目前，西欧等钢轨生产国在钢轨生产中已不采用铝脱氧剂。

（2）高强度钢轨的在线热处理技术。高强度钢轨生产技术有合金化和热处理两种。这两种技术各有优缺点。钢轨生产量大的国家前苏联、美国、日本、中国等一直主要采用热处理技术生产高强度钢轨，而钢轨生产量较少的西欧则以合金化技术生产高强度钢轨。冶金科学技术的进步使利用轧后余热对钢轨进行强化热处理成为可能，而且在线热处理钢轨在成本、生产效率和技术水平等较合金化钢轨和离线热处理钢轨具有显著的优势。因此，这项技术于 80 年代后期首先在卢森堡应用于高强度钢轨的生产。随后英国、法国、奥地利、日本等国也相继开发了各具特色的钢轨在线热处理技术。美国、澳大利亚、中国等也正在进行钢轨在线热处理技术开发。

（3）控制钢轨残余应力技术。钢轨表面的残余应力状态及其大小对钢轨的使用性能有着重要的影响，轨头表面及轨底表面为残余压应力，有利于提高钢轨的接触疲劳及整体疲劳性能，残余拉应力则有害。欧洲铁路联盟最新起草的钢轨技术条件已对表面应力状态及其数值进行限制，规定轨底表面残余拉应力不应超过 250MPa。影响残余应力的因素有相变组织应力、冷却不均造成的热应力和矫直加工过程中造成残余应力等。为了避免有害的残余应力，应严格控制组织转变，尤其是不能让钢轨产生马氏体组织，控制均匀冷却和合理的矫直工艺等。

（4）长钢轨生产技术。随着高速铁路的兴起，要求线路无缝且平顺化。钢轨愈长，焊缝愈少，在减少了钢轨的焊缝的同时，增加了线路平顺性。据奥钢联测算，生产 120m 长钢轨较 25m 长的钢轨减少焊缝 80%，降低焊接成本 3/4。目前奥钢联可以生产 120m 长的钢轨，新日铁可以生产 100m 长的钢轨。可见，长轨化将是钢轨生产技术的又一发展趋势。

（5）钢轨在线检测和控制技术。随着检测技术和自动控制技术的发展及在冶金技术上的应用，现代钢轨生产技术从原料开始到成品发货，几乎每个工序各项工艺参数都得到精确检测和控制，并被记录在案，从而使钢轨生产从原料开始就处在受控状态，这样就使钢轨质量稳定，基本上消除废品的存在。

经过上述技术开发，并及时将技术开发成果应用于技术改造上，目前国外先进的钢轨生产基本上形成了如下的工艺流程：

铁水预处理—转炉顶底复吹—炉后真空处理—方坯连铸—步进式加热炉加热—在线高压水除鳞—高精度轧制—在线余热强化热处理—步进式冷床—高精度复合矫直—在线激光平直度测量—多头超声波探伤—表面涡流探伤—离线特殊性能检验—入库、发货。

经过上述工艺生产出的钢轨完全满足了现代铁路运输高速重载对钢轨质量的要求。目前，先进国家的高质量钢轨的主要指标如表 1 所示。

表 1　世界上高质量钢轨的实物质量

内部质量	外部质量	性　能
1. 有害气体 　结晶器 [H] ≤2ppm 　钢轨中 [O] ≤10ppm 2. 夹杂 　硫化物长 ≤300mm 　链状氧化物 ≤200mm 　氧化物直径 ≤13mm 3. 组织、成分均匀性 　碳含量波动 ≤0.06% 　硫、磷 ≤0.02% 　低倍组织均匀，无偏析	1. 表面光洁 2. 断面精度 　头宽 ±0.5mm 　底宽 ±0.8mm 　轨高 ±0.5mm 　25m 轨长 ±6mm 3. 平直度 　通长向下 0.3mm/3m 　侧弯 0.45mm/1.5m 　端头：上弯 ≤0.4mm/2m 　　　　下弯 ≤0.2mm/2m 　　　　侧弯 ≤0.5mm/2m	热轧轨按供货要求 热处理轨： 　$\sigma_{0.2}$ ≥800MPa 　σ_b ≥1200MPa 　δ_5 ≥10% 　轨底残余应力 ≤250MPa 　组织珠光体+少量铁素体

4 我国钢轨生产技术现状及存在问题

4.1 我国钢轨生产技术的现状

我国现有四个钢轨生产厂家，它们分别是鞍钢、包钢、武钢和攀钢。

鞍钢是我国最老的钢轨生产基地，工艺和装备具备年产 50 万吨 43～50kg/m 钢轨的生产能力，最近也在试制 60kg/m 钢轨。曾开发过 Si-Mn-V 合金钢轨，目前正在开发 Nb-Re 钢轨。其主要工艺流程是：

平炉炼钢—模铸—钢锭均热—初轧—钢坯连续式加热—孔型轧制—缓冷坑缓冷—辊矫—超声波探伤—锯钻联合机床加工—入库。

包钢是我国重型钢轨生产基地，具备年产 50 万吨 50～60kg/m 钢轨生产能力。主要品种有 U74、U71Mn 钢轨，现正在开发 Nb-RE 钢轨。目前的钢轨生产工艺流程基本上同鞍钢。包钢在"八五"期间曾对钢轨生产技术进行了一系列的技术改造，已经进行了铁水预处理、转炉冶炼、方坯连铸的技术改造，很快将用于钢轨生产上。"九五"期间还拟建设炉后真空处理装置，进行步进式加热炉、万能轧机改造和进行钢轨在线热处理技术开发等。

攀钢也是我国重型钢轨生产基地之一，具备年产 60 万吨 50～75kg/m 钢轨生产能力，可以生产 43～75kg/m 钢轨。其中，75kg/m 钢轨已生产了 3 万多吨。"七五"期间开发了离线热处理（SQ）工艺，具备年产 5 万吨 50～75kg/m 全长热处理钢轨的生产能力，已经生产了各型离线热处理钢轨近 16 万吨。"八五"期间开发了 PD₃ 高碳微钒新钢轨品种，目前已具备全部替代 U71Mn 钢轨的能力。现正从事新的高强耐磨全长热处理钢轨开发，可望在不久的将来形成年产 15 万吨左右新的高强度钢轨的生产能力。"九五"期间还将进行一系列的技术开发和技术改造。目前钢轨生产工艺流程是：

铁水预处理—转炉顶底复吹—炉后简易精炼工艺—模铸—钢锭均热—初轧—钢坯连续式加热—孔型轧制—缓冷坑缓冷—辊式矫直—超声波探伤—锯钻床加工—离线热处理—检查入库。

4.2 我国钢轨生产方面存在的问题

我国目前钢轨生产能力对国内市场已形成供大于求的局面，钢轨的性能、质量基本上能满足我国当前铁路运输的需求。但是，与国际上先进钢轨生产技术相比差距很大，还不能适应我国铁路运输进一步发展的需要。存在的主要问题有：

（1）我国钢轨生产工艺、装备水平落后，整体上只相当于国际上 20 世纪 60～70 年代的水平。这样的工艺装备不可能生产出可在国际市场上竞争的高质量钢轨。

（2）技术开发与技术改造相脱离，技改资金不足，技改动力不大。"七五"以来，国家组织我国主要钢轨生产厂家围绕提高钢轨生产技术进行了大量的技术开发，取得不少技术成果，这些成果除了部分应用于生产外，大部分仍未应用于生产中。其原因之一是企业缺乏技改资金，另外，企业也缺乏技改动力。

5 我国高质量钢轨生产技术开发的思路

5.1 我国高质量钢轨应达到的主要质量指标

我国高质量钢轨生产技术开发的第一步目标应能生产出适应我国铁路运输进一步发展

所要求的钢轨，第二步目标是生产出能参与国际市场竞争的高质量钢轨。建议第一步目标应达到钢轨质量指标如表 2 所示。

表 2 我国高质量钢轨第一步应达到的主要质量指标

内 部 质 量	外 部 质 量	性 能
1. 有害气体 　钢包中氢［H］≤2.5ppm 　钢中［O］≤20ppm 2. 夹杂 　硫化物长≤400mm 　链状氧化物≤300mm 　氧化物直径≤20mm 3. 组织成分的均匀性 　碳含量波动≤0.06% 　S、P≤0.03% 　无明显的成分偏析	1. 表面质量 　表面光洁，无明显结疤 　轧痕、划痕深度≤0.3mm 2. 断面精度 　头宽±0.5mm 　底宽±1.0mm 　轨高±0.5mm 3. 端部平直度 　上弯≤0.5mm/1.5m 　下弯≤0.2mm/1.5m 　水平弯≤0.5mm/1.5m	热轧轨 　$\sigma_b \geq 1000MPa$ 　$\delta_5 \geq 8\%$ 热处理轨 　$\sigma_{0.2} \geq 800MPa$ 　$\sigma_b \geq 1175MPa$ 　$\delta_5 \geq 10\%$ 组织：珠光体，少量铁素体 轨底残余应力≤250MPa 可焊性良好

5.2 加快技术开发研究

5.2.1 炼钢方面

（1）综合研究新型无铝脱氧工艺。"综合"就是综合分析国内外现有重轨脱氧工艺的技术经济性，结合我国现有冶炼工艺及装备从中优选或在此基础上开发出一种能脱氧、减少夹杂的脱氧工艺及脱氧剂。

（2）研究新型炉后处理工艺。我国现有钢轨钢炉后精炼工艺比较简单，主要就是钢包吹氩、钢包喂复合线等。应全面考虑钢轨钢脱氧、减少夹杂及成分、温度微调等多因素，研究新型钢包真空处理技术。方坯连铸是提高钢轨工艺技术水平重要标志之一，但是从模铸到连铸的生产工艺给钢轨工艺性能如压缩比、中心成分偏析等会带来新的影响因素，需要研究。

5.2.2 轧制加工方面

轧制加工直接影响钢轨外观质量，包括表面质量、断面尺寸和端部平直度。

（1）提高断面尺寸精度的轧制技术。影响断面尺寸精度的主要因素有孔型设计、调整技术、检测技术、轧制设备等。因此，研究内容应当包括孔型设计（含计算机辅助设计）技术、自动调整技术、检测技术及不同轧制方法研究等。

（2）提高钢轨平直度的高精度矫直技术。钢轨的平直度对焊接质量、线路平顺性有直接影响，尤其是准高速和高速铁路对其平直度要求更为严格。影响平直度的因素有轧制、辊道传动、冶炼、矫直及检测技术等。因此，应当研究辊道防撞、冷床预弯、复合矫直、端部平直度在线检测技术等。

5.2.3 材料品种方面

结合我国的资源特色和工艺装备条件，应开发强韧性兼备、工艺性能和焊接性能良好的多元复合微合金化钢轨钢。在合金化原理方面，应着重研究合金元素的相互作用及对钢轨性能的影响；在工艺性能方面，应研究凝固性能、热加工性能、热处理性能和焊接性能等。

5.2.4 冶金工艺过程自动控制技术开发

重点开发冶炼过程、凝固过程、加热轧制过程的检测和自动化控制技术，使从原料到产品的关键工序的关键参数处在受控状态，从而确保最终产品高质量和高合格率。

5.3 加快技术改造

技术改造是使技术开发成果转化为生产力，提高钢轨生产工艺装备水平，从而确保生产出高质量钢轨的必不可少阶段。技术改造的原则是对国内外现有成熟技术或自己开发成功技术的应用，同时应注意结合本企业的实际情况以达到满足生产高质量钢轨的要求。结合我国钢轨当前生产工艺和设备状况，建议重点改造内容如下：

5.3.1 炼钢方面
（1）转炉的顶底复合吹炼及转炉自动化系统；
（2）炉后真空处理系统；
（3）方坯连铸系统。

5.3.2 轧钢方面
（1）改造连续式加热炉为步进式加热炉；
（2）高压水除鳞系统；
（3）高精度轧制系统；
（4）高精度矫直系统；
（5）激光在线平直度测定系统；
（6）长钢轨生产系统。

5.3.3 自动控制方面
冶金过程自动化管理与冶金过程自动化控制的系统改造。

5.4 提高我国钢轨生产技术水平的实施步骤

为了使我国钢轨生产工艺装备水平在5~6年时间内达到当前国际先进水平，建议分两步进行：

第一步，在现状调查、方案研究的基础上，用2~3年的时间对一些将来不需要全部更换的现有设备进行完善性改造。

第二步，用3年左右的时间增建一些生产高质量钢轨所必需的关键设备，并理顺整个工艺流程。

6 提高我国钢轨生产技术水平需国家解决的问题

当前，我国绝大部分钢材生产、销售已走向市场化，并与国际市场接轨。但是，由于我国铁路部门，尤其是使用钢轨的各铁路局尚未企业化，国家对铁路上使用的重要物资（像钢轨等）尚处在国家计划控制下的采购和使用，而且生产钢轨的也都是国营特大型企业。因此，我国钢轨生产和使用等方面存在的问题现阶段还需国家有关部门出面协调解决。要尽快提高钢轨生产技术水平，生产出满足我国铁路运输发展需要的、能参与国际市场竞争的高质量钢轨，需要国家有关部门协调解决如下问题：

（1）我国钢轨生产的产业政策问题。钢轨是专用产品，工艺流程长，工艺复杂，要求严格，投资大。目前，我国基本形成重型钢轨、轻型钢轨分工生产的格局，但在一些品种规格的生产上还较为混乱，致使需要技改的地方得不到加强，能力过剩的地方规模还在继续扩大，从而造成投资浪费。

例如，60kg/m 重型钢轨的产量，包钢和攀钢都已具备年生产 50 万吨以上的能力，而国内年需求量仅为 60 万~80 万吨。鞍钢现有轧制设备比较适合于 50kg/m 以下的轨型，若鞍钢要生产 60kg/m 钢轨，就需对现有设备进行改造。在目前国内市场饱和，且现有产品又不具国际竞争力的情况下，若利用紧张资金增大重型钢轨生产规模，不利于国家整体利益。

再例如，高强热处理钢轨生产问题。国内市场规划年需求高强度钢轨 40 万吨，实际年使用 20 万吨左右。国家"七五"攻关使攀钢具备年生产 5 万吨优质离线高强度热处理钢轨生产能力，"八五"末国家又组织攀钢进行年生产能力 15 万~20 万吨高强度在线热处理钢轨的生产技术开发。目前的问题是，攀钢"七五"攻关形成 5 万吨热处理轨能力后，铁路部门在这之后迅速建起了 10 条简易热处理轨生产线。虽然铁路需要大量热处理轨，但近几年攀钢的热处理轨订货量不足，年产 5 万吨热处理钢轨的生产能力基本上未得到发挥，且目前攀钢还在开发在线热处理钢轨生产技术，包钢、鞍钢也拟开发类似生产技术。

（2）关于钢轨钢生产企业技改动力不足、技改资金缺乏的问题。当前我国钢轨生产厂的钢轨生产工艺装备落后，究其原因，主要是存在技改动力不足和技改资金缺乏的问题。长期技改动力不足的原因又由于我国钢轨属国家计划定价，未真正实行优质优价政策，企业生产的钢轨质量提高，价格上未充分体现。另外，也由于企业已经进行的投入，但投资效益得不到体现。例如，钢轨生产能力问题，根据国家安排，"八五"期间内，包钢和攀钢都投入了大量资金，扩大重轨生产能力的技术改造，使 60kg/m 钢轨生产能力由技改前的 50 万~60 万吨，增加到技改后的 100 万~120 万吨能力。在生产能力扩大后，国家近几年每年从国外进口几十万吨 60kg/m 钢轨，使国内市场需求减少，企业生产能力闲置。

企业技改资金缺乏是目前国有大中型企业普遍存在的问题。

要解决上述问题需要国家有关部门规范我国钢轨价格政策和进口政策，同时有针对性地在资金上支持钢轨生产企业解决技改资金不足的问题。

7　结语

（1）国内外铁路在强化重载大运量运输的同时，将向高速化的方向发展。由此，对钢轨质量提出了更高的要求。

（2）国外先进的钢轨生产企业已经能够生产满足高速铁路所要求的高质量钢轨。我国目前的钢轨生产能力已大于国内市场需求，钢轨的质量基本上能够满足当前铁路运输要求。但与国际上高质量钢轨生产技术水平相比，我国钢轨生产工艺装备还十分落后，其钢轨的质量还不能满足我国铁路运输进一步发展的需要和参与国际市场竞争。

（3）要提高我国钢轨生产技术水平，生产出满足铁路需求的高质量钢轨，除了企业自身加快技术开发、技术改造步伐外，还需国家有关部门规范国内钢轨市场、价格等诸方面问题，同时为企业提供一定的技改资金。

重轨钢中氢促进位错发射、运动以及氢致裂纹形核[●]

黄一中[1]　王燕斌[1]　褚武扬[1]　梅东生[2]　苏世怀[2]　俞梦文[2]　籍可镔[2]

(1. 北京科技大学材料物理系；2. 攀枝花钢铁（集团）公司)

摘　要：用自制的恒位移试样在 TEM 中原位研究了充氢前后位错组态的变化以及氢致微裂纹形核和位错运动及无位错区（DFZ）的关系。结果表明，氢能促进位错发射、增殖和运动。当氢促进的位错发射和运动达到临界条件时，氢致裂纹就在 DFZ 中或原缺口顶端形核。这个过程和空气中原位拉伸相类似，但氢的存在使得在较低的外应力下氢致裂纹就能形核。

关键词：TEM；氢致开裂；氢促进位错发射；重轨钢

1　引言

早期用恒位移试样金相跟踪观察表明，无论是高强钢、不锈钢还是铝合金，在氢致裂纹形核前氢能使裂尖前方塑性区以及塑性变形量增大，即氢能促进局部塑性变形[1~4]。Birnbaum 等在带环境室的超高压电镜（TEM）下的原位观察表明，当通入少量氢气后，能使位错运动速度增加，同时也促进位错增殖[5~7]。这是氢促进局部塑性变形的最直接证明。但是他们没有研究氢对位错发射以及无位错区（DFZ）的影响，也没有研究氢与位错发射和氢致裂纹形核的关系。

如果不含氢，则在 TEM 中原位拉伸时裂尖首先发射位错，保持恒位移时就会形成 DFZ[8~10]，它是一个畸变很高的弹性区，当外应力较大时，缺口和 DFZ 中的应力均可能等于原子键合力[11]，从而导致纳米尺寸的微裂纹在 DFZ 或缺口顶端形核[8~10]。当在氢气中原位拉伸时，氢致微裂纹是否也是在 DFZ 形成后在 DFZ 中或缺口顶端形核还未见到报道。

PD$_3$ 重轨钢的氢致开裂敏感性较高[12]。我们在 TEM 中研究了电解充氢时氢气泡以及氢压裂纹的形核长大过程[12]。利用自制的恒位移加载台[13]，可以原位观察充氢前后裂尖前方位错组态以及 DFZ 的变化。实验已证明，当加载预蠕变至位错组态稳定后，小心的实验操作并不会改变裂尖位错组态[16]。本文的目的是通过充氢前后裂尖位错组态以及 DFZ 大小的变化来研究氢对 PD$_3$ 重轨钢位错发射，增殖和运动的影响，研究氢致裂纹形核和位错发射，运动以及 DFZ 的关系，并和空气中拉伸时微裂纹的形核相比较。

2　实验过程

PD$_3$ 重轨钢的成分（质量分数）为：C 0.74%，Si 0.77%，Mn 0.87%；P 0.22%，S 0.033%，V 0.091%。从重轨头上切出约 1mm 的薄片，机械减薄至约 70μm，然后用电解

[●]　原文发表于《金属学报》1998 年第 2 期。

双喷法制成 TEM 试样。电解液成分为含 3% 高氯酸的甲醇溶液，温度为 $-10 \sim -20℃$。电压为 $60 \sim 100V$，必要时进行离子减薄。一部分试样在 TEM 中直接原位拉伸。在氢气中原位拉伸的步骤如下：首先将试样安装在自制的恒位移加载台上，用螺钉加载后，放入 TEM 中观察，直到孔边出现合适的裂纹为止。实验表明，加载的恒位移试样在空气中预蠕变 12h 后放入 TEM 中观察，在 1h 内裂尖位错组态没有任何变化。这就表明，经室温蠕变后位错组态已基本稳定，随后的热激活不会引起位错组态发生改变。故在本实验中，全部试样加载后均预蠕变 24h 以上，从而可保证热激活后不再引起位错发射和运动。预蠕变后，把装有试样的恒位移台放入压力为 $10^5 Pa$ 的氢气中，充氢一定时间后放入 TEM 中观察、照相。从 TEM 中取出试样，再充氢一定时间后放入 TEM 中观察。

3 实验结果

3.1 空气中拉伸时微裂纹的形核

加载时裂尖首先发射大量位错，如保持恒载荷，这些位错在平衡条件下将反塞积在裂尖前方，在裂尖和塞积位错群之间就形成一无位错区（DFZ），见图 1。DFZ 中没有位错，故是一个弹性区。对Ⅰ型裂纹，发射位错后裂纹将钝化成一个尖缺口。有限元计算表明，在尖缺口顶端以及 DFZ 中某一处存在两个应力峰值，当外加载荷（或 K_I）较高时，这些应力峰值有可能等于原子键合力[11]，从而导致纳米尺寸的微裂纹在 DFZ 中或缺口顶端形核。图 2 是微裂纹从缺口顶端和 DFZ 中交替形核的例子。随着热激活引起的位错增殖和运动，原裂纹（图 2(a)）变宽。保持恒位移，一个新的微裂纹"b"在 DFZ 中形核（图 2(b)）。随着热激活引起的位错增殖和运动，裂尖和"b"均变宽并向前扩展（图 2(c)）；最后不连续微裂纹"b"将和主裂纹相连。

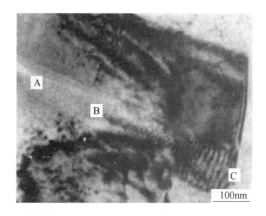

图 1 加载裂尖 A 前方的无位错区 AB 以及反塞积位错群 BC

Fig. 1 The DFZ (AB) and piled-up inversely dislocations (BC)

3.2 氢促进位错的发射和运动

将受力试样预蠕变 24h 后在 TEM 中观察，发现裂尖位错组态已经稳定，见图 3(a)。其中 O 是裂尖，OAC 是 DFZ，在 DFZ 之外存在很多位错列，如 AB，CD 和 EF。将该试样

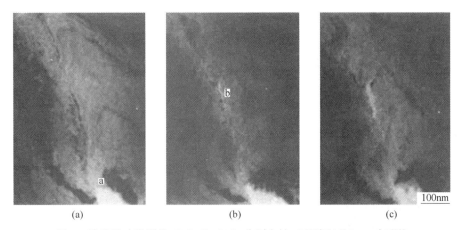

图2 纳米尺寸微裂纹"a"和"b"分别在缺口顶端以及DFZ中形核

Fig. 2 Nanocrack nucleating at the top of the notch and in DFZ respectively

连同加载装置放入 $p_{H_2} = 1×10^5 Pa$ 的室温氢气中保持1h后，发现裂尖位错组态已经发生了明显变化，见图3(b)。再充氢1h，原有三列位错AB，CD和EF已全部运动离开视场，与此同时，DFZ明显增大，变为OGH。这表明氢能促进位错的运动。如果在氢气中再放置1h，这时裂尖开始发射位错列MN。由于该位错反塞积于裂尖O的前方，它显然是在氢气氛中恒位移保持过程中从裂尖发射出来的。与此同时，在a、b、c、d处的位错密度有所增加。

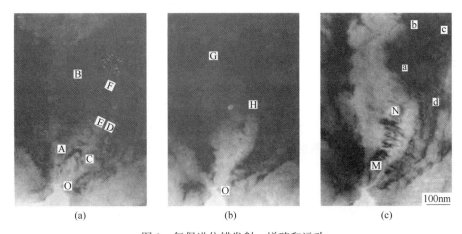

图3 氢促进位错发射、增殖和运动

Fig. 3 Hydrogen-induced dislocation emission, multiplication and motion

(a) precreeping for 24h；(b) charging with hydrogen for 1h；(c) charging with hydrogen again for 1h

由于预蠕变24h后裂尖前方位错组态已经稳定，故热激活不会再引起位错组态发生变化；小心的实验操作过程（取出或插入TEM）本身并不会引起位错组态改变；另外，充氢过程中试样取向没有改变，衍射条件也没有改变。因此，充氢后位错组态的变化完全是由氢引起的，即氢能促进位错发射、增殖和运动。

3.3 氢致微裂纹的形核

图 4(a) 是预蠕变 72h 后稳定的位错组态，其中 AB 是 DFZ，BC 是反塞积位错群。充氢 1h 后，裂尖前方新出现一列与 BC 平行的位错列 EF，见图 4(b)。很显然，这是充氢后裂尖发射出来的。当再次长时间充氢后，裂尖前方已形成几个微裂纹 a、b、c 和 d，见图 4(c)。由此可知，氢致微裂纹的形核以氢致位错发射和运动为先决条件，只有当氢致位错发射和运动达到临界条件时，氢致裂纹才形核。这一点和空气中拉伸时相同，它也是先发射位错，当外力或热激活引起的位错发射运动达到临界状态时就会导致微裂纹的形核和扩展。

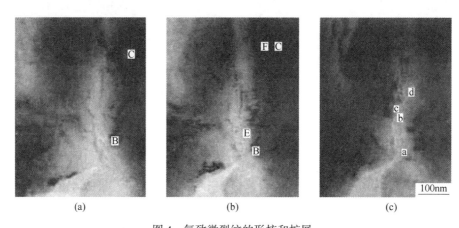

(a)   (b)   (c)

图 4 氢致微裂纹的形核和扩展

Fig. 4 Initiation and propagation of hydrogen-induced microcracks

(a) precreeping for 72h；(b) charging with hydrogen for 1h；(c) charging with hydrogen again for 48h

4 讨论

4.1 DFZ 和微裂纹

宏观断裂力学认为裂尖前方存在屈服区，考虑加工硬化后，其中的应力不会超过 $(3\sim 5)\sigma_s$。但从微观角度看，平衡时裂尖前方存在一个 DFZ，它是一个弹性区，因而可用弹性力学来计算 DFZ 中的应力分布[14]，对于尖裂纹，DFZ 中裂尖附近的应力可以非常大[14]。对于 I 型裂纹，发射位错后裂尖要钝化成一个尖缺口。有限元计算表明[11]，在缺口顶端和 DFZ 中存在两个应力峰值，其大小与外力（或 K_{Ia}）及摩擦应力有关。当外加 K_{Ia} 较大时，某一应力峰值或这两个应力峰值均可以等于原子键合力（约 0.1μ，μ 是剪切模量），从而就会导致应力峰值处的原子键断裂，即形成纳米微裂纹。表明纳米级微裂纹既可优先在缺口顶端形核（图 2），也可在 DFZ 中形核（图 3），也可同时在两处形核。由此可知，位错发射运动和 DFZ 的形成是纳米尺寸微裂纹形核的先决条件。只有当位错发射运动（增加外力或热激活引起）达到临界条件，才能使缺口顶端或 DFZ 中的应力峰值等于原子键合力，从而导致裂纹形核。

4.2 氢促进位错发射、增殖和运动的原因

李振民[15]认为，当试样中存在氢时，裂尖发射的位错能捕获氢原子（位错中心是陷

阱）。设单位长度位错捕获 n 个氢原子后就会使氢的逸度从 f_0 降至 f，这时就会使发射位错的能量下降 $\Delta E = nKT\ln(f_0/f)$。故有氢时裂尖发射位错所需的临界应力强度因子就由 K_D 降为 $K_D(H)$，即：

$$\ln\left[K_D(H)/K_D\right] = -nKT\ln(f_0/f)/U_0 \tag{1}$$

其中 $U_0 = \mu b^2/2(1-\nu)$ 为位错本身能量；μ 为剪切模量；ν 为泊松比。当 $f_0/f = 100$，$n = 10^{11}/m$，则室温时 $K_D(H) = 0.2K_D$。氢的存在使裂尖发射位错临界应力强度因子下降了80%，即氢促进了位错发射。

使 Frank-Read 位错源开动，位错增殖所需的临界切应力为 $\tau = 2U_D/L_b$。其中，U_D 为位错应变能；L_b 为 F-R 源的长度。因为氢的应变场非球对称，故它和刃位错及螺位错均存在交互作用，在位错周围形成一个氢原子团[16]。王燕斌指出[17]，由于室温条件下氢的扩散系数很大，故气团跟着位错一起运动，使带气团位错鼓出，从而位错增殖所需的临界外应力为：

$$\tau(H) = 2U(H)/L_b$$
$$U(H) = 2(U_D + C_H U_{DC} + C_H^2 U_H)/L_b \tag{2}$$

$U(H)$ 是带气团位错的总能量，其中 U_D 和 U_H 分别是位错和氢原子本身的应变能，而 U_{DC} 是氢和位错互作用能。氢处在稳定位置时 $U_{DC}<0$，因而 $U(H)<U_D$。实验已测出氢在 Fe 中的应变场为 $\varepsilon_1 = 0.37$，$\varepsilon_2 = \varepsilon_3 = -0.11$[18]。仿照文献［17］的计算可得 $U(H) = 0.5U_D$；由此可知，由于带氢气团位错的应变能 $U_D(H)$ 小于无氢时位错的应变能 U_D。且氢气团跟着位错一起运动，从而使带气团位错增殖所需外应力明显下降，即氢促进了位错的增殖。

Birnbaum 的计算[19]表明，位错周围氢气团作用在位错上的应力 τ_H 是负值，其绝对值随氢浓度升高而增大，无氢时位错间的互作用力为 τ_D（可认为它就等于使位错运动的外力）。当存在氢气团时，其他位错作用在带气团位错上的力为 $\tau_D+\tau_H<\tau_D$。这就是说，氢气团的存在起了弹性屏蔽作用，从而使位错运动阻力降低，即氢促进了位错的运动。

张统一的计算表明[20]，在外力的作用下，螺位错周围对称分布的氢气团将重新分布，变为不对称。这样氢气团将会产生一个附加力作用在位错上，它能协助外力促进位错运动。Narita 的计算表明[21]，当裂纹前存在一列氢原子对，它就会产生一个附加力作用于裂纹，它和外力叠加促进位错发射和运动。

4.3　氢致裂纹形核机理

实验表明，当氢促进位错发射、运动达到临界状态时，氢致裂纹就会在 DFZ 中形核，类似于空气中原位拉伸时微裂纹的形核。在有氢条件下，DFZ 仍是弹性区，有限元计算[11]结果仍然成立；即在缺口顶端和 DFZ 中存在两个应力峰值，随外应力增大，它们有可能等于含氢材料的原子键合力 $\sigma_{th}(H)$，从而导致原子键断开，氢致裂纹形核。有氢和无氢的不同点如下：由于氢能促进位错发射、增殖和运动，故如有氢，在较低的外力（或 K_{Ia}）下，位错就能发射运动，并达到临界条件。另一方面，氢能降低原子键合力，即 $\sigma_{th}(H) < \sigma_{th}$。因而，当外力或 K_{Ia} 较小时，缺口顶端或 DFZ 中应力峰值就会等于 $\sigma_{th}(H)$，从而引起氢致裂纹形核，即使氢致裂纹形核的门槛应力强度因子 K_{IH} 小于无氢时裂纹形核的相应值。这是氢致脆性的一个重要指标。因为在更低的外应力下，位错就发射运动，并

达到裂纹开始形核的临界状态，即在应力-应变曲线的早期，氢致裂纹就开始形核、扩展。因此，断裂时试样总伸长或面缩率当然较低，这是氢脆的另一指标。由此可知，氢通过促进局部塑性变形和降低原子键合力导致材料显示宏观脆性。

5　结论

（1）重轨钢原位拉伸时，首先发射位错并形成无位错区，当位错发射和运动发展到临界条件时，就导致纳米尺寸微裂纹在缺口顶端或无位错区中形核。

（2）氢能促进位错发射、增殖和运动。

（3）当氢促进的位错发射和运动达到临界条件时，氢致裂纹就在缺口或无位错区中形核。

参 考 文 献

[1] 褚武扬，肖纪美，李世琼，田中卓. 金属学报，1981，17：10.
　　（Chu W Y, Xiao J M, Li S Q, Tian Z Z. Acta Metall. Sin. , 1981, 17：10. ）

[2] Chu W Y, Xiao J M, Li Z J. Scr. Metall. , 1979, 13：1063.

[3] Chu W Y, Wang H L, Xiao J M. Corrosion, 1982, 38：561.

[4] Chu W Y, Wang H L, Xiao J M. Corrosion, 1984, 40：487.

[5] Rrobertson I M, Birnbaum H K. Acta Metall. , 1986, 34：353.

[6] Bond G, Robertson I M, Birnbaum H K. Acta Metall. , 1988, 36：2193~2289.

[7] Pozenakp, Robertson I M, Birnbaum H K. Acta Metall. , 1990, 38：2031.

[8] 陈奇志，褚武扬，肖纪美. 中国科学，1994，24A：291.
　　（Chen Q Z, Chu W Y, Xiao J M. Sci. China, 1994, 24A：291. ）

[9] 张统一，王燕斌，肖纪美. 中国科学，1994，24A：551.
　　（Zhang T Y, Wang Y B, Xiao J M. Sci. China, 1994, 24A：551. ）

[10] 高克玮，陈奇志，褚武扬，肖纪美. 中国科学，1994，24A：993.
　　（Gao K W, Chen Q Z, Chu W Y, Xiao J M. Sci. China, 1994, 24A：993. ）

[11] Zhu T, Yang W, Guo T. Acta Mater. , 1996, 8：44.

[12] 黄一中，黄长河，王燕斌，褚武扬. 金属学报，1996，32：B845.
　　（Huang Y Z, Huang C H, Wang Y B, Chu W Y. Acta Metall. Sin. , 1996, 32：B845. ）

[13] 谷飙，张静武，万发荣，褚武扬. 金属学报，1995，31：A156.
　　（Gu B, Zhang J W, Wan F R, Chu W Y. Acta Metall. Sin. , 1995, 31：A156. ）

[14] Ohr S M. Mater. Sci. Eng. , 1985, 72：1.

[15] Li J C M. Scr. Metall. , 1986, 20：1447.

[16] Zhang T Y, Chu W Y, Xiao J M. Metall. Trans. , 1985, 16A：1649.

[17] 王燕斌，褚武场，肖纪美. 中国科学，1989，19A：1065.
　　（Wang Y B, Chu W Y, Xiao J M. Sci. China, 1989, 19A：1065. ）

[18] Bai Q X, Chu W Y, Xiao J M. Scr. Metall. , 1987, 21：613.

[19] Birnbaum H K, Sofronis P. Mater. Sci Eng. , 1994, A176：192.

[20] 张统一，褚武扬，肖纪美. 中国科学，1986，16A：316.
　　（Zhang T Y, Chu W Y, Xiao J M. Sci. China, 1986, 16A：316. ）

[21] Narita N, Shiga T, Higashida K. Mater. Sci. Eng. , 1994, A176：203.

Hydrogen-facilitated Dislocation Emission, Motion and Initiation of Hydrogen-induced Microcrack in Rail Steel

Huang Yizhong[1]   Wang Yanbin[1]   Chu Wuyang[1]

Mei Dongsheng[2]   Su Shihuai[2]   Yu Mengwen[2]   Ji Kebin[2]

(1. Department of Materials Physics, University of Science and Technology Beijing;

2. Company of Iron and Steel of Panzhihua)

Abstract: A special deflection device for TEM has designed and used to study the dislocation configuration change before and after recharging hydrogen. The relations among hydrogen-facilitated microcrack initiation, dislocation motion and dislocation free zone (DFZ) were also studied. The results showed that hydrogen can promote dislocation emission and motion. When the dislocation emission and motion develop to a critical condition, hydrogen-facilitated microcrack will initiate in DFZ or at the top of the crack. This process is similar to that during tensile testing in the air.

Key words: TEM; hydrogen induced crack; dislocation emission and motion; rail steel

PD$_3$ 钢轨钢接触疲劳变形组织的 TEM 观察❶

盛光敏^1　范镜泓^1　彭向和^1　籍可镔^2　苏世怀^2　柯晓涛^2

（1. 重庆大学；2. 攀枝花钢铁（集团）公司）

摘　要：在透射电镜下观察接触疲劳失效后不同状态的 PD$_3$ 钢轨钢的变形组织。结果表明，接触疲劳变形组织的主要特点是：珠光体片层间距减小；珠光体团被剪切分割成亚团、先析铁素体内形成位错胞结构；铁素体/渗碳体界面上存在高的位错密度；珠光体中渗碳体片发生变形与断裂。同时对珠光体片层间距与变形组织的关系进行了分析讨论。

关键词：接触疲劳；塑性变形；钢轨钢；珠光体

1　引言

近年来，随着列车轴重的增加、速度的提高以及高强耐磨钢轨的应用和轮—轨系统润滑条件的改善，轮—轨系统的表面磨损趋势逐渐减小，而亚表面萌生的接触疲劳损伤日益加重[1]。接触疲劳严重的钢轨使轮—轨系统的接触状况恶化，振动、噪声加剧，从而必须更换。因此，接触疲劳是钢轨的主要失效形式之一[2]。

从本质上说，接触疲劳的机理是接触表面相对于基体金属的剪切塑性变形及其累积。接触表面的塑性变形是非常严重的。对钢轨，剪切塑性变形可高达 100%，变形层深可达 2mm 左右[3]。随着表面及亚表面塑性变形的进行，材料将产生一定程度的损伤，接触疲劳裂纹将在累积损伤最严重的区域内萌生。通过裂纹的扩展，在钢轨的踏面上产生小块金属剥落。Suh 最早研究了接触面的损伤状况：由于塑性变形的结果，空洞或微裂纹在亚表面缺陷处萌生，随着塑性变形的不断累积，相邻空洞相互聚合、微裂纹长大，从而形成宏观裂纹[4]。Alberto 等人对经滚动—滑动失效后的珠光体钢轨钢的表面及亚表面进行了观察，结果发现[5]，珠光体组织中的铁素体和渗碳体片沿应变方向发生了重新排列，渗碳体片产生弯曲和薄化，试验前随机取向的珠光体团在接触应力的作用下，层片方向发生偏转，最后表面和亚表面各个珠光体团的层片方向逐渐趋于平行于表面。在此基础上，本研究在透射电镜下对攀钢开发生产的 PD$_3$ 钢轨钢的接触疲劳组织进行了系统的观察，在更微观的尺度上对 PD$_3$ 钢轨钢的接触疲劳组织和损伤进行了分析和归类。

2　试验方法

试验材料从攀钢生产现场取得，均为 PD$_3$ 钢轨钢。1 号样为在线余热全长热处理态，2 号样为离线感应热处理态，3 号样为在线余热全长热处理未矫直态，4 号样为实验室感

---

❶ 原文发表于《钢铁》1999 年第 11 期。

应炉冶炼并经稀土处理的锻造态，5号样为热轧态。

试验设备为 JPM-1 型接触疲劳试验机。试验参数为：最大接触应力（P_0）为1341MPa；线接触；试样转速为2000r/min；滑差率为11%；润滑剂为20号机油。接触疲劳寿命采用双参数威布尔函数进行统计分析，子样容量为6，采用完全失效法试验。

在接触疲劳失效试样上，用电火花线切割的方法，经试样滚道面中心、沿垂直轴向的方向截取透射电镜试样。经机械减薄和双喷电解减薄后，在 H-600 型透射电镜下对靠近表面的区域进行观察。观察区域离表面的距离约为0.2～0.5mm。

变形前后珠光体的片层间距采用 Vander Voot 等人推荐的圆形网格法[6]进行测量。

3 试验结果及讨论

3.1 试验钢的接触疲劳寿命

在最大接触应力 $P_0 = 1341$MPa 滑差率为11%及机油润滑的试验条件下，五种不同状态 PD_3 钢轨钢的接触疲劳失效特征寿命 V_s（对应失效概率63.2%）、中值寿命 L_{50}（对应失效概率50%）、额定寿命 L_{10}（对应失效概率10%）及斜率参数 b 见表1。

表1 试验钢的接触疲劳寿命
Table 1 Contact fatigue lives of test steel

样号	$L_{10}/\times10^5$ 次	$L_{50}/\times10^5$ 次	$V_s/\times10^5$ 次	b
1	12.72	26.5	31.82	2.025
2	4.70	14.15	17.54	1.709
3	16.49	88.23	109.15	1.191
4	3.36	5.28	5.71	4.156
5	6.70	11.60	13.00	3.399

全长热处理的1号、2号和3号样的接触疲劳寿命明显高于热轧的5号样。其中在线余热全长热处理的1号样接触疲劳寿命高于离线处理的2号样。3号样具有最高的接触疲劳寿命，但数据分散性较大，b 值最低（表1）。试验结果说明，矫直过程使钢轨受到了一定的损伤，使1号样的寿命降低；在线余热全长热处理工艺提高了 PD_3 钢轨钢的接触疲劳寿命，对改善钢轨的使用性能起到了良好的作用。

3.2 接触疲劳变形组织的透射电镜观察

接触疲劳的基本过程是，在接触应力作用下表面或亚表面产生塑性变形而引起损伤，随着损伤的累积而引发接触疲劳裂纹。对接触疲劳失效后试样亚表面的变形组织进行了 TEM 观察，以确定变形组织的类型和规律。观察结果表明，试验钢接触疲劳变形组织具有以下特点：

（1）珠光体片层间距减小。用圆形网格法在透射电镜下对试验钢变形前后亚表面的珠光体片层间距进行测量，经统计处理后的结果列于表2。

表 2　接触疲劳试验前后珠光体片层间距

Table 2　The interlamellar spacing of pearlite before and after contact fatigue test

样号	1	2	3	4	5
试验前珠光体片间距/nm	136	124	144	187	245
试验后珠光体片间距/nm	92	98	112	167	230

由表 2 可见，五种不同状态的 PD₃ 钢轨钢经接触疲劳试验后，珠光体片层间距发生了不同程度的减小。从数据上来看，原始片间距较小的 1、2、3 号样的细化幅度较大。这表明，细珠光体钢在接触疲劳过程中的塑性变形能力高于粗珠光体钢。

（2）珠光体团被剪切分割成亚团、少量先析铁素体中出现位错胞结构。在某些取向的珠光体团中，在剪切应力作用下，一个珠光体团被剪切分割成几个亚团，在亚团界面上珠光体中的渗碳体片呈明显的不连续状态，见图 1（a）。另外，在试验钢中少量的铁素体内可见细小、等轴的位错胞结构，见图 1（b）。珠光体亚团和位错胞结构的出现，间接反映了接触疲劳过程中的塑性变形，表明组织发生了不同程度的破碎。

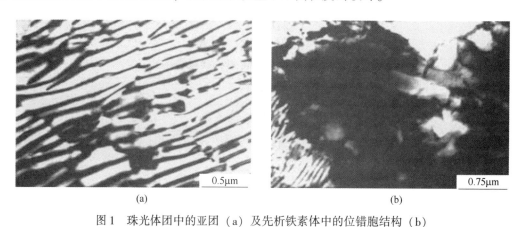

（a）　　　　　　　　　　　　　　　　　　　　（b）

图 1　珠光体团中的亚团（a）及先析铁素体中的位错胞结构（b）

Fig. 1　The sub-colony in pearlitic colony (a) and dislocation cell-structure in prior ferrite

(a) 3 号样，$N = 139.8 \times 10^5$ 次；(b) 1 号样，$N = 26.1 \times 10^5$ 次

（3）铁素体/渗碳体界面上存在高密度的位错。TEM 观察结果表明，部分样品珠光体中的铁素体内存在高密度的位错。从位错的分布来看，主要集中在铁素体/渗碳体界面附近，见图 2。这说明铁素体内产生了塑性变形。铁素体的塑性变形要受到相邻渗碳体的阻碍作用，铁素体中发出的位错在铁素体/渗碳体的界面上发生塞积。因此可以判断，铁素体/渗碳体界面处存在着应力和应变的集中，是接触疲劳裂纹可能萌生的位置之一。细化珠光体，可以起到使变形均匀分布、缓解应力应变集中的作用，对延缓接触疲劳裂纹的萌生有利。

（4）珠光体中渗碳体片的变形与断裂。在 TEM 下观察接触疲劳后亚表面的变形组织时发现，原始珠光体片层间距较小的 1 号、2 号和 3 号样，渗碳体片主要发生弯曲变形，见图 3（a）、（b）；而在原始珠光体片层间距较大的 5 号样中，渗碳体片主要沿大致相同的方向被剪断，断口面与渗碳体长度方向的夹角大约为 35°~45°，见图 3（c）。4 号样的渗碳体片既有弯曲变形的特征又有剪切断裂特征，见图 3（d）。因此，原始珠光体片层间距越

图 2　铁素体/渗碳体界面上的位错

Fig. 2　The dislocations on the ferrit/cementite intersurface

5 号样，$N = 10.6 \times 10^5$ 次

细小，其中的渗碳体片被剪断的可能性越小，造成的损伤也越小，渗碳体片可通过塑性变形来协调变形，体现出较高的接触疲劳抗力。原始珠光体片层间距较粗，渗碳体片易于被剪断，协调变形能力较低。渗碳体片被剪断后，相当于在材料中产生了微孔洞，微孔洞聚合形成微裂纹。因此粗珠光体钢的接触疲劳抗力较低。本试验的接触疲劳试验结果（表 1）证实了这一点：珠光体片层间距较大的 4 号、5 号样的接触疲劳寿命较短，而珠光体片层间距较小的 1 号、2 号和 3 号样的接触疲劳寿命较长。另外，文献 [7] 和 [8] 也报道了类似的试验结果。

图 3　渗碳体片的变形与断裂

Fig. 3　Deformation and fracture of cementite lamellar

（a）1 号样，$N = 2.61 \times 10^6$ 次；（b）2 号样，$N = 1.23 \times 10^6$ 次；（c）3 号样，$N = 1.398 \times 10^7$ 次；

（d）5 号样，$N = 1.06 \times 10^6$ 次；（e）4 号样，$N = 6.5 \times 10^5$ 次

　　Langford 在总结了大量试验资料的基础上认为[9]，当珠光体片层间距大于 1μm（或渗碳体片厚度大于 0.1μm）时，珠光体中的渗碳体片发生明显的脆性断裂，协调变形能力较低；当珠光体片层间距小于 0.1μm（或渗碳体片厚度小于 0.01μm）时，渗碳体片具有一定的塑性变形能力，协调变形的能力较高。本试验结果与文献 [9] 基本吻合。

　　按 Smith 理论[10]，渗碳体片中形成裂纹的力学条件是：

$$f_{\text{eff}} \geq \left[4E_{\gamma c} / \pi a (1 - \nu^2) \right]^{1/2} \tag{1}$$

式中，f_{eff} 为渗碳体开裂时的临界有效切应力；V_c 为渗碳体的表面能；E 为渗碳体的正弹性

模量；ν 为泊松比；a 为铁素体片厚度。

式（1）说明，f_{eff} 反比于铁素体片厚度的平方根，因而可近似地认为反比于珠光体片层间距的平方根。试验测定结果为：渗碳体的断裂强度 e_c 在 3900～8000MPa 之间[11]。按 $f_{eff}=e_c/\sqrt{3}$ 的关系计算，$f_{eff}=2250～4620$MPa。本试验中试样所承受的最大名义接触切应力 $f_{max}=0.3～0.33$，$P_0=402～442$MPa，约为 f_{eff} 的 0.1～0.2。因此可以说明，渗碳体片的剪切开裂过程是局部应力集中所造成的。这种应力集中主要由铁素体/渗碳体变形的不协调性所引起。铁素体中发出的位错在铁素体/渗碳体界面上产生塞积，在渗碳体中产生高的应力集中效应。当应力集中达到渗碳体的 f_{eff} 时，渗碳体片被剪断。珠光体片层间距越小，f_{eff} 越高，渗碳体片断裂越困难。当应力集中达到渗碳体片的流变应力[12]时，渗碳体片产生塑性变形而弯曲，使应力集中得以缓和。这就是本研究所观察到的试验现象。

4　结论

（1）与热轧态比较，PD_3 钢轨钢经全长热处理后，接触疲劳寿命得以提高。相对于离线处理，在线余热处理的样品具有更高的接触疲劳寿命。

（2）在透射电镜下观察，PD_3 钢轨钢接触疲劳变形组织的特征是：珠光体片层间距减小；珠光体团被剪切分割成亚团、少量先析铁素体中形成位错胞结构亚晶；铁素体/渗碳体界面上存在高密度位错；珠光体中的渗碳体片发生塑性变形和剪切断裂。

（3）原始珠光体片层间距越细小，接触疲劳变形组织中塑性变形的特征越明显，接触疲劳抗力越高。

参 考 文 献

[1] Dikshit V A, Clayton P. A simple material model for water lubrication rolling contact fatigue of eutectoid steel [J]. Lub. Eng., 1992, 148 (7): 606~614.

[2] Grassic S L. General discussion [J]. Wear, 1991, 144: 385~393.

[3] Bower A F, Johnson K L. The influence of strain hardening on cumulative plastical deformation in rolling and sliding line contact [J]. J. Mech. Phys. Solids, 1989, 37 (4): 471~493.

[4] Suh M P. The delamination theory of wear [J]. Wear, 1973, 25: 111~124.

[5] Alberto J. Perez-unzueta, John H B. Microstructure and wear resistance of pearlitic rail steels [J]. Wear, 1993, 162~164, 173~182.

[6] Vander Voort G F, Roosz A. Measurement of interlamellar spacing of pearlite [J]. Metallograph, 1984, 17: 1~17.

[7] Clyton P. The relationship between wear behaviors and basic properties for pearlitic steels [J]. Wear, 1980, 60: 75~93.

[8] Kalousek O, Laufer E. The wear resistance and worn metallograhp of pearlite, bainite and tempered martensite rail steel microstructure of high hardness [J]. Wear, 1985, 105: 199~222.

[9] Langford G. Deformation of pearlite [J]. Metall. Trans. A, 1997, 8 (6): 861~875.

[10] 束德林. 金属力学性能 [M]. 北京：机械工业出版社，1989：33~34.

[11] Park Y J, Bernstein I M. The process of crack initiation and effective grain size for cleavage fracture in pearlitic eutectoid steel [J]. Metall. Trans. A, 1979, 10 (11): 1653~1664.

TEM Observation of Contact Fatigued Microstructure for PD$_3$ Rail Steel

Sheng Guangmin[1]   Fan Jinghong[1]   Peng Xianghe[1]

Ji Kebin[2]   Su Shihuai[2]   Ke Xiaotao[2]

(1. Chongqing University; 2. Panzhihua Iron and Steel (Group) Co.)

Abstract: The deformed microstructure of different PD$_3$ rail steels after contact fatigue are observed by TEM. The test results show that the contact fatigued microstructures character mainly as reduction of pearlite inter−lamellar spacing, presence of sub−colony in pearlite colony and cell−structure of dislocation in prior ferrite, high density dislocations in the inter−surface of ferrite/cementite, deformation and fracture of the cementite lamellar in pearlite. The relationship between the pearlite inter − lamellar spacing and deformed microstructure is also discussed.

Key words: contact fatigue; plastic deformation; rail steel; pearlite

重轨在线热处理数字仿真研究[●]

张辉宜[1]　　苏世怀[2]

(1. 安徽工业大学计算机学院；2. 马鞍山钢铁股份有限公司技术中心)

摘　要：介绍了可用于迭代计算的连续冷却珠光体转变动力学方程及其参数。对钢轨连续冷却 C 曲线的函数化，结合一维材料温变与应力的关系以及二维非稳态温度场的运动规律，开发了钢轨在线热处理数字仿真系统，并进行了仿真试验和物理试验。结果表明，本文介绍的模型能够满足工程应用的要求，可为钢轨在线热处理最佳工艺参数的获取提供一种经济、高效的手段。

关键词：数值计算；数字仿真；金属热处理；高强度钢轨

1 引言

钢轨全长热处理是提高其强韧性的主要途径之一，它比普通热轧高强轨具有更优良的安全使用性能。因此，铁道部规定 60kg/m 及以上的钢轨要全部进行热处理[1]，并保证金相组织为全细珠光体[2]。1980 年代后期，国内在钢轨离线热处理方面取得了较大成绩，并于 1990 年代后期向韩国出口成套离线热处理设备和技术[1,3]，但同期英国、日本、奥地利等已建成了钢轨在线热处理生产线。所谓在线热处理，就是利用热轧钢轨的余热直接对轨头进行热处理，使其距轨头表面一定深度范围内的组织和性能得到改善。和离线热处理相比，省去了再加热过程，从而可节约能源、提高工效，并可减小轨头硬度的变化梯度，提高钢轨的使用性能。仿真技术作为研究和设计实际系统的有效而经济的手段已在高炉、转炉、连铸坯、钢锭、热风炉等温度场计算场合得到了应用[4,5]，但钢轨在线热处理生产过程的数值仿真研究还未见报道。本文针对钢轨在线热处理的特点，介绍了可用于迭代计算的连续冷却珠光体转变动力学方程，同时通过对珠光体等温转变曲线的分析，得到了该方程的参数。通过对钢轨连续冷却 C 曲线的函数化，结合一维材料温变与应力的关系以及二维非稳态温度场的运动规律，开发了钢轨在线热处理数字仿真系统，并进行了仿真试验和物理实验。

2 仿真模型的建立依据

2.1 温度场的计算原理

钢轨在加热或冷却过程的温度场计算是二维非稳态的热传导问题，它服从如下的

● 原文发表于《系统仿真学报》2002 年第 10 期。

规律：

$$\frac{1}{\alpha}\frac{\partial T}{\partial t} = \frac{\partial^2 T}{\partial x^2} + \frac{\partial^2 T}{\partial y^2} + \frac{q_v}{\lambda} \tag{1}$$

式中，$\alpha = \dfrac{\lambda}{\rho c_p}$ 为热扩散系数；λ 为物体的导热系数；ρ 为密度；c_p 为定压比热；q_v 为内热源单位体积单位时间所释放的热量，对于钢材有如下特征：

$$q_v = \begin{cases} 0 & T > A_{r_3} \\ C & A_{r_3} \geqslant T \geqslant A_{r_1} \\ 0 & T < A_{r_3} \end{cases}$$

式中，T 是随时间 t 变化在坐标 (x, y) 点的温度，即温度场；A_{r_1} 为钢高温奥氏体化后冷却时，奥氏体分解为铁素体和珠光体的温度；A_{r_3} 为亚共析钢高温奥氏体化后冷却时，铁素体开始析出的温度。

求解温度场 T 必须确定初始条件和边界条件。初始条件就是时刻为 0 时的温度场。边界条件分为三类，在导热问题中，习惯把在边界面上有确定温度的边界称为第一边界条件；有确定热流密度的边界称为第二边界条件；对流换热的边界称为第三边界条件。因此，钢轨热处理过程的边界条件属第三类边界条件。

2.2　珠光体转变动力学方程

实验室实验表明，珠光体的转变会严重影响钢轨温度场数值，由于研究对象为非稳态温度场，因此珠光体转变的动力学问题显得更加重要。

众所周知，相变存在形核和长大的过程，在等温转变中，得到新相的相对转变量 ζ 与时间 t(不含孕育期) 的关系可表示为下列阿弗拉密（Avrami）方程为[6]：

$$\zeta = 1 - \exp(-Kt^n) \tag{2}$$

式中，系数 K、n 依赖于形核率、长大速度和新相的形状。

由于相变过程强烈地依赖于过冷度，因此式（2）中系数 K 还强烈地依赖于过冷度。将 K 函数化后，可将式（2）改写为：

$$\zeta = 1 - \exp(-A\Delta T^m t^n) \tag{3}$$

称式（3）为广义阿弗拉密方程，即为本仿真系统所用的相变动力学方程。

2.3　C 曲线的函数化

式（3）虽然解决了仿真过程中的珠光体转变动态过程，但不能表达相变开始时刻及相变后钢轨的物理性能和金相组织。由于 C 曲线提供了这方面的信息，因此在仿真时将 C 曲线函数化，通过程序来判断相变的开始时刻及其组织和性能参数。

3　仿真模型的建立

3.1　温度场的计算模型

理论上通过式（1）及初始条件和规则边界条件就可以求解出温度场的解析表达式。然而在具体的工程应用中，由于边界的不规则使其解不能用具体的解析函数形式来描述，因此只能采用数值解的方法。

　　求解此类问题常用的数值解法有有限元法、有限差分法及边界元法等。本文采用物理概念明确、实施方法简便的有限差分法对式（1）及具有平直边界和凸角边界的第三类边界条件所对应的钢轨温度场模型进行求解。

　　60kg/m 钢轨轨头尺寸及离散化（网格化）方式如图 1 所示，在研究区域内的 x 方向分为若干等份，其编码为 1，2，…，i，…，x_m。将式（1）温度对时间的微分取向前差分，温度对空间取中心差分，令 $\Delta x = \Delta y$（正方形网格）整理后得：

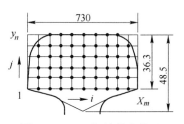

图 1　60kg/m 钢轨轨头截面尺寸及其网格化

$$T_{\mathrm{i,\,j}}^{n+1} = (1 - 4F_0)T_{\mathrm{i,\,j}}^n + F_0\left(T_{\mathrm{i-1,\,j}}^n + T_{\mathrm{i+1,\,j}}^n + T_{\mathrm{i,\,j-1}}^n + T_{\mathrm{i,\,j+1}}^n\right) + \frac{\Delta x^2}{\lambda}Foq_\mathrm{v} \quad (4)$$

式（4）即为钢轨热传导的数学物理方程的差分形式，又称为内节点的差分方程。

　　对于热轧后的冷却问题研究，初始条件就是终轧温度。边界节点温度是根据热量（能量）守恒定律计算的，即环境每秒传给边界节点的热量与该边界节点的内热源每秒释放的热量之和等于该边界节点每秒向相邻节点传导的热量与该边界节点在单位时间内因温度变化所吸收的热量之和。分别考虑平直边界节点（图 2）和凸角边界节点（图 3）两种情况，令 $\Delta x = \Delta y$ 即可得到二维非稳态有内热源放热的三类平直边界和凸角边界的边界节点差分方程（5）、（6）[6]：

$$T_{\mathrm{i,\,j}}^{n+1} = \left[1 - 2Fo(B_\mathrm{i} + 2)\right]T_{\mathrm{i,\,j}}^n + Fo\left(2T_{\mathrm{i-1,\,j}}^n + T_{\mathrm{i,\,j+1}}^n + T_{\mathrm{i,\,j-1}}^n\right) + 2FoB_\mathrm{i}T_\mathrm{f} + \frac{\Delta x^2}{\lambda}Foq_\mathrm{v} \quad (5)$$

$$T_{\mathrm{i,\,j}}^{n+1} = \left[1 - 4Fo(B_\mathrm{i} + 1)\right]T_{\mathrm{i,\,j}}^n + 2Fo\left(T_{\mathrm{i-1,\,j}}^n + T_{\mathrm{i,\,j-1}}^n\right) + 4FoB_\mathrm{i}T_\mathrm{f} + \frac{\Delta x^2}{\lambda}Foq_\mathrm{v} \quad (6)$$

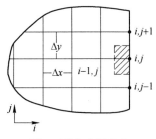

图 2　平直边界节点

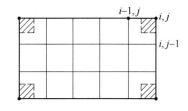

图 3　凸角边界节点

在式（5）、（6）中，

$B_\mathrm{i} = \dfrac{h\Delta x}{\lambda}$：称为毕沃（Biot）准数。

$Fo = \dfrac{\alpha\Delta t}{\Delta x^2}$：称为傅里叶（Fourier）准数。

T_f：环境温度。

式（4）~式（6）同时稳定的条件为：

$$Fo \leqslant \frac{1}{4(B_i + 1)} \tag{7}$$

或写成：

$$\Delta t \leqslant \frac{\Delta x^2}{4\alpha(B_i + 1)} \tag{8}$$

绝热边界可取 $B_i = 0$。

利用式（4）～式（6）及其思路，结合终轧温度和珠光体转变的有关方程和参数[7,8]，注意到式（8）或式（9）的稳定（收敛）条件，就可计算钢轨冷却过程的温度场。

3.2 珠光体转变动力学模型

由于热处理生产机组设计为连续冷却机组，而连续冷却可以认为是由一系列在不同过冷度下以足够短等温时间的等温冷却组成，因此，虽然式（3）仍是描述的等温相变动力学过程，但引入了过冷度的概念后就可以应用于迭代计算的连续冷却过程。其中，足够短的等温时间就是时间步长 Δt。

从式（2）、式（3）可以看出，当时间 $t \to \infty$ 时，$\zeta \to 1$。实际计算时，假设把 $\zeta = 0.99$ 作为相变结束的时刻，即 $t \to \infty$。通过在 FORMASTOR 相变仪上进行等温实验，获得钢轨的等温转变量与时间（不含孕育期）、温度的关系见表1。实验钢轨的化学成分为 C = 0.78%，Si = 0.72%，Mn = 0.84%，P = 0.016%，S = 0.031%，V = 0.08%。

表1　钢轨的等温转变量与时间（不含孕育期）、温度的关系实验结果

珠光体转变量	0.2	0.2	0.2	0.4	0.4	0.4	0.6	0.6	0.6	0.7	0.8	0.8	0.999	0.999
等温时间/s	3.6	15	60	8.1	22	436	12	60	1096	95	18	1576	28.5	2836
等温温度/℃	625	650	675	625	650	675	625	650	675	650	625	675	625	675

利用表1数据进行数理分析后获得式（3）的参数为：

$$A = 2.617E - 17; \quad n = 0.9329; \quad m = 7.446$$

式中温度变化 $\Delta T = 750 - T$。相关系数 $r = 0.8999$，置信概率大于99%。

3.3 函数化的 C 曲线模型

为便于函数表达和软件开发，将 C 曲线（CCT 图）的亚共析钢高温奥氏体化后冷却时铁素体开始析出的温度 A_{r3} 线方程用反函数的形式表达，即将 CCT 图的温度作为自变量，CCT 图的时间作为因变量，并依据温度将 A_{r3} 线分2段函数化为：

$$f_{A_{r3}}(x) = \begin{cases} a_0 + a_1 x + a_2 x^2 + a_3 x^3 + a_4 x^4 & x \leqslant x_c \\ Ae^{bx} & x \geqslant x_c \end{cases} \tag{9}$$

式中，x_c 为实验钢轨 C 曲线的 A_{r3} 线对温度的拐点。

根据所仿真钢轨的 CCT 图，计算出式（9）的系数见表2。其相关系数和置信概率均大于99%。

表2　式（9）的参数值

a_0	a_1	a_2	a_3	a_4	A	b	x_c
2.11E+04	−1.57E+02	4.39E−01	−5.45E−04	2.53E−07	2.02E−27	9.95E−02	6.60E+02

此外，根据该 CCT 图，通过回归分析还可得到维氏硬度 HV 与冷速 x 的关系为：

$$HV = 302.0239 + 11.79713x \tag{10}$$

式中，x 为冷却速度，℃/s，相关系数为 0.9806。

4　温度场仿真实验结果

4.1　钢轨轨头横截面左半部的仿真结果

在全风冷冷却工艺条件下，对钢轨轨头横截面左半部进行仿真的结果如图 4、图 5、图 6 所示。

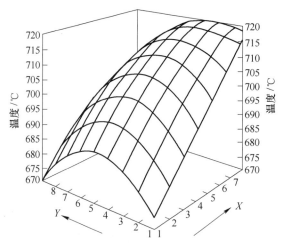

X=8 为轨头横截面横向中点　　　Y=9 为轨头踏面

图 4　温度场三维曲面图

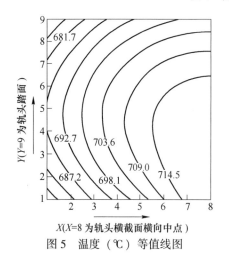

图 5　温度（℃）等值线图

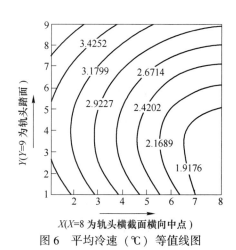

图 6　平均冷速（℃）等值线图

4.2　仿真结果与实测结果的比较

在风压 20kPa、风量 255m³/h、初始温度 720℃，连续冷却 60s 等工艺参数条件下，将测温热电偶焊在试样踏面中心进行测量，与仿真结果的比较见表 3。

表 3 踏面温度实测与仿真结果比较

时刻/s	0	200	400	600	800	1000
测量结果/℃	950	755	652	650	585	515
仿真结果/℃	950	754	662	648	590	512
相对误差/%	0	0.13	1.5	0.31	0.85	0.58

由于实验室控温效果较好，并用铠装热电偶焊接到试样上测温，因此认为实测温度较准确，而仿真结果与实测结果很接近，说明仿真模型是可行的。

4.3 钢轨仿真结果与工业试验实测结果的比较

在风压 10kPa、连续冷却 80s 等工艺参数条件下进行工业试验，实测钢轨离开热处理机组时的轨头踏面中心温度（简称出口温度），与仿真结果的比较见表 4。

表 4 工业试验实测与仿真结果比较

钢轨编号	钢轨纵向部位	测量结果			仿真结果				相对误差/%		
		温度/℃	金相	硬度（HRC）	温度/℃	金相	硬度（HV）	硬度（HRC）	温度	金相	硬度
1	头	510	P	39.0	508	P	364	38.5	-0.4	无	-1
2	头	510	P	39.5	500	P	363	38.5	-2	无	-3
3	头	496	P	40.5	474	P	359	38.0	-4	无	-6
4	头	500	P	39.5	510	P	364	38.5	3	无	-3
5	头	517	P	36.0	508	P	361	38.5	-2	无	7
6	头	515	P	38.0	503	P	361	38.5	-2	无	1
7	头	528	P	38.0	502	P	361	38.5	-5	无	1
8	头	525	P	38.0	502	P	361	38.5	-4	无	1
9	头	520	P	38.5	491	P	359	38.0	-6	无	-1
10	头	510	P	39.0	516	P	361	38.5	1	无	-1
1	中	500	P	—	495	P	361	38.5	-1	无	—
2	中	502	P	41.0	491	P	360	38.5	-2	无	-6
3	中	483	P	—	459	P	358	38.0	-5	无	—
1	尾	490	P	39.5	477	P	357	38.0	-3	无	-4
2	尾	490	P	41.0	466	P	356	38.0	-5	无	-7
3	尾	472	P	40.5	452	P	361	38.5	-4	无	-5

注：1. 仿真结果的 HRC 硬度为查表结果[9]。

2. 1、3 号钢轨中部未取样。

从表 4 可以看出，仿真结果与半工业试验实测结果相近，满足工程应用的要求。因此在工艺参数调整或钢种变化时，可以用仿真代替工业试验，从而大大节省财力、物力、人力和时间，提高生产效率。

由于珠光体转变过程会严重影响温度场数值，为提高模型精度，本文所述模型主要在阿弗拉密（Avrami）方程的基础上，考虑到热处理过程的过冷度（依赖喷嘴位移等参数），提出了相应的相变动力学方程，并通过在 FORMASTOR 相变仪上进行大量等温实验后获得了该方程的参数。因此，钢种变化时，需重新获取模型参数。

此外，由于计算区域出现了曲线边界，本文采用了阶梯形的折线来模拟真实边界，然后再用上述方法建立边界节点的离散方程。实验证明，只要网格取得足够密，这种近似处理仍能获得较好的结果。

5　结论

从仿真结果与实测结果的比较可以看出，本文介绍的钢轨在线热处理仿真模型是符合实际情况的，能够满足实际工程应用的需要，可为钢轨在线热处理最佳工艺参数的获取提供一种经济、高效的手段。

参 考 文 献

[1] 周清跃，王树青，等. 钢轨全长淬火工艺及性能的研究 [J]. 金属热处理，2000（2）：11~14.

[2] 邓建辉，雷秀华，等. PD₃ 75kg/m 含钒微合金热处理钢轨 [J]. 钢铁，2001，36（3）：47~50.

[3] 刘宝安. 钢轨淬火质量的技术保证 [J]. 中国铁道科学，2000，21（2）：72~79.

[4] 顾启泰. 应用仿真技术 [M]. 北京：国防工业出版社，1995.

[5] 高家锐. 动量热量质量传输原理 [M]. 重庆：重庆大学出版社，1987.

[6] 顾百揆. 微型计算机在热处理中的应用 [M]. 北京：机械工业出版社，1994.

[7] 宋学孟. 金属物理性能分析 [M]. 北京：机械工业出版社，1981.

[8] 谭真. 工程合金热物性 [M]. 北京：冶金工业出版社，1994.

[9] 热处理手册编写组. 热处理手册（第四分册）[M]. 北京：机械工业出版社.1978：141.

Digital Simulation Study of Rail Heat Treatment Process Directly from the Rolling Heat

Zhang Huiyi[1]　　Su Shihuai[2]

（1. Computer School，Anhui University of Technology；

2. Technical Center of Ma'anshan Iron and Steel Co.，Ltd.）

Abstract：This paper introduces the transition dynamics equations and parameters of continuous cooling pearlite with iterative computation. A digial simulation system of rail heat treatment process directly from the rolling heat is developed by functionizing the C-shaped curve on rail continuous cooling, by combining the relationship between temperature change and stress of 1-dimension materials, and with the laws of motion about 2-dimensions non-steady-state temperature field. The results of simulation and practical experiments indicate that the model presented in this paper can well meet the needs of engineering applications. Furthermore，it also provides a technique of low-price and high-efficiency to obtain optimum parameters of rail heat treatment process directly from the rolling heat.

Key words：numerical calculation；digital simulation；metal heat treatment；high strength rail

高品质车轮技术

马钢高速、重载、低噪声车轮的研发与质量控制技术[❶]

苏世怀　张明如　江　波　崔银会

（马鞍山钢铁股份有限公司）

摘　要：简要介绍了马钢车轮生产工艺流程、车轮质量控制技术和发展趋势，通过先进的工艺装备和技术创新，马钢车轮质量稳定、安全可靠，为用户提供各种品种规格的不同需求的车轮产品。与此同时，马钢成功开发了大功率机车轮、高速动车组车轮、重载车轮和低噪声车轮，这些高等级车轮符合相关技术条件和标准的要求，实物质量达到国际先进水平。

关键词：铁道车轮；高速车轮；重载车轮；质量控制

1　引言

铁路是我国重要的基础设施和国民经济的大动脉。车轮承担列车全部静、动态载荷[1]，是列车运行安全的最关键部件之一。我国铁路发展趋势是"高速、重载、低噪声"。

根据我国中长期铁路规划，客车时速已从100km/h逐渐提高到200km/h，客运专线已经达到250～300km/h，甚至350km/h。时速250～300km/h的京津线、武广线、郑西线等客运高速专线都已通车运营，时速300km/h的京沪线将于2011年7月投入运营。预计到2012年，客运专线里程达到1.2万公里，新造及维修需动车组车轮共计3万片左右，用钢约1万吨。高速动车组车轮实物质量要求高，尤其冲击韧性和断裂韧性要求高，断裂韧性K_{1C}要大于80MPa·m$^{1/2}$，因此，钢质纯净，钢中［H］、T.O、［N］有害气体含量以及硫、磷等有害元素含量和夹杂物总量低，化学成分与金相组织均匀，轮辋超声波探伤不得有大于等于ϕ1mm平底孔当量的缺陷，车轮外形尺寸精度高，最大残余静不平衡应小于25g·m。

货运列车重载化，是以北美和澳大利亚为代表，轴重从20t到25t、30t以及40t，单节车皮的载重量由以前的70～80t提高到100t、120t，最重提高到160t。在"十一五"末，我国货运列车的轴重由21t已经逐渐提高到23t，大秦线、神华线已经达到25t，将来将达到27～30t。重载车轮要求车轮材料强韧性好，具有耐磨、抗热裂和抗疲劳等综合力学性能。

---

❶　原文发表于第八届（2011）中国钢铁年会论文集。

城际高速客运专线和城市地铁、轻轨要求噪声低，车内噪声小于 65dB。通过优化设计车轮结构和材质选择，使车轮与钢轨接触噪声降低 8dB，减少噪声强度；辐板采用屏蔽阻尼与贴敷吸音材料等措施吸收噪声与减少噪声的传播。

2　马钢车轮工艺装备水平与发展趋势

马鞍山钢铁股份有限公司自 1964 年生产出我国第一件自制整体辗钢车轮算起，已经生产有 1500 万件车轮轮箍在我国和世界各地铁路线上运行使用。马钢车轮轮箍生产工艺和设备已达到国际一流水平，产品规格齐全，品种多样，能生产 2000 多个品种规格的货车轮、客车轮和机车轮，最大可轧制直径 ϕ1250mm 整体机车车轮，年轧制能力达到 110万件。

马钢可以按照美国铁路协会 AAR 规范标准体系、欧洲标准体系、日本标准体系、前苏联标准体系生产各种技术等级和要求的车轮产品，产品出口到欧洲、美洲、东南亚等 30多个国家和地区。2007 年 4 月，马钢研制成功 40t 轴重供澳大利亚 FMG 公司载重 160t 矿石敞车的重载货车轮。2007 年 7 月，研制生产出供我国大秦铁路 25t 轴重重载货车用CL65、CL70 材质 HESA 重载车轮。2010 年 8 月，ϕ1250mm 大功率电力机车轮完成装车试运行，目前已运行约 15 万公里。2010 年 10 月，200～250km/h 速度等级的动车组车轮已经完成相关试验，等待铁道部评审和装车试运行。

为了给高速动车组车轮国产化提供优质的车轮钢坯料，马钢于 2010 年投资 20 多亿元，建设一条具有国际先进工艺技术装备水平的电炉特种钢炼钢、炉外精炼、连续浇铸和开坯生产线，以及包括水浸式超声波探伤系统的高速车轮精加工和检测生产线。该项目2011 年底建成投产后，每年可以为马钢高等级车轮制造提供 80 万吨优质钢坯，从硬件装备和工艺流程上柔性设计、灵活配套，高精度的车轮外形加工、国际一流的检测系统与设备技术，进一步保证高等级车轮的质量控制和安全使用。

马钢车轮制造工艺流程如下：

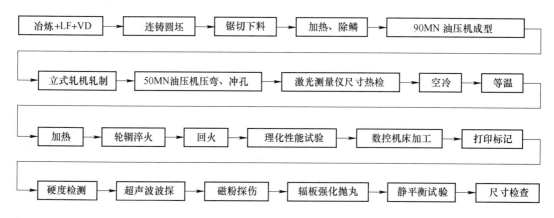

3　马钢车轮质量保证体系与控制技术

马钢经过近五十年车轮生产和研发经验的积累，以及不断工艺技术创新和设备改造，长期跟踪和改善车轮的使用性能[2]，车轮生产制造已经具备了雄厚的技术质量基础和工艺装备优势，车轮实物质量不断提高，满足不同用户的需求。从管理体制、生产流程与控制、设备工艺技术、产品检验等各个具体环节着手，重点实施车轮品牌战略，构建车轮制造全流程质量保证体系和防控体系，依托一流的先进设备和工艺装备水平，稳步提高工序质量控制能力，形成了成分控制技术、高精度轧制技术、新型热处理技术、内部质量控制技术、表面精加工技术和检测技术，确保产品高标准制造与零缺陷出厂，让用户放心使用马钢车轮产品。

目前，马钢高速车轮钢中硫、磷、气体含量及夹杂物总量控制水平见表1。

2007年，马钢牌车轮获得"中国名牌产品"称号；2010年1月，马钢车轮商标又荣获"中国驰名商标"称号。另外，马钢车轮被美国通用电气公司（GE）授予"最佳质量奖"，为其提供的车轮产品占其年采购总量的75%，成为GE全球合作伙伴和主要车轮供应商。

表1　马钢高速车轮钢的硫、磷、气体含量及夹杂物总量控制水平

项目	S/%	P/%	[H]/ppm	[N]/ppm	T. O/ppm	夹杂物总量/ppm
含量	≤0.015	0.015	≤2.0	≤60	≤20	18~40
平均值	0.004	0.008	1.3	36	6.8	24

4　马钢车轮新品种开发

在党和国家及铁道部的支持下，马钢不断深化与中国铁道科学研究院、清华大学、钢铁研究总院、北京科技大学、西南交通大学、安徽工业大学等科研院校的"产学研"合作，联合中国南车集团和北车集团，加快大功率机车轮、高速动车组车轮和重载车轮的国产化自主创新进程。在"十五""十一五"期间，马钢先后主持承担了国家"863"项目"高速铁路用车轮材料及关键技术研究""重载铁路列车用车轮钢及关键技术的研究"和"高速动车组车轮研究与开发"，尤其国家"863"项目"高速动车组车轮研究与开发"，在车轮生产工艺关键技术创新集成上取得了重大突破，研制的高速动车组车轮实物质量达到国际先进水平，形成了自主创新、高品质车轮关键技术集成体系。

4.1　大功率整体机车轮的开发

马钢按试制技术条件生产了128件装车运用考核车轮，2010年8月发往株洲电力机车厂、大同机车厂、大连机车厂装车运行考核，具体技术性能指标和要求见表2。

从表2及认证试验结果看，马钢试制的大功率机车车轮全部满足技术条件要求。目前，已运行约15万公里，经中国铁道科学研究院现场检测，车轮服役使用情况正常。

表2　装车考核用大功率机车车轮力学性能指标

牌号	轮辋								辐板	
	R_{eH}/MPa	R_m/MPa	A_5/%	Z/%	硬度（HBW）	A_{KU}/J（20℃）	A_{KV}/J（-20℃）	K_Q/MPa·$m^{1/2}$	R_m减小/MPa	A_5/%
J1	560	865	22.0	59.0	240	44.3	21.4	94.5	135	20.0
	570	870	19.5	57.5	239	43.7	21.6	111.2	125	20.0
	565	900	21.5	59.0	251	39.0	21.6	87.8	170	21.5

续表2

牌号	轮辋								辐板	
	R_{eH}/MPa	R_m/MPa	A_5/%	Z/%	硬度 （HBW）	A_{KU}/J （20℃）	A_{KV}/J （-20℃）	K_Q /MPa·m$^{1/2}$	R_m减小 /MPa	A_5/%
技术条 件要求	≥520	820~940	≥14	≥14	≥235	≥17	≥10	≥80	≥110	≥16
J2	575	910	19.0	56.5	257	35.2	15.1	81.5	165	19.5
	580	915	19.5	55.0	253	32.2	18.4	91.8	170	20.5
	575	920	20.5	57.5	257	31.7	11.5	93.7	155	18.0
技术条 件要求	≥540	860~980	≥13	≥14	≥250	≥17	≥10	—	≥120	≥16

4.2　高速动车组车轮的技术开发

系统地开展了国内外高速车轮使用情况调研、引进高速动车组车轮解剖分析、高速轮轨相互作用研究、高速动车组车轮材料研究、高速动车组车轮制造工艺研究，深入研究了高速动车组车轮微观伤损机理、疲劳性能影响因素、钢的合金化和组织转变及检测技术等[3,4]。在此基础上，2010年10月试制生产了D1、D2和D3三个牌号，适合250km/h高速动车组车轮，见表3和表4。试制的动车组车轮样轮在中国铁道科学研究院和国家钢铁材料检测中心进行了全面认证试验与检测，结果见表5。

从试制的结果看，认证试验用样轮符合试制技术条件要求。200~250km/h动车组车轮研发工作已基本形成了系统的技术工艺体系，并且经过多轮试验和验证，具备了稳定批量生产的工艺技术能力。

表3　认证用动车组车轮主要化学成分要求

牌号	化学成分/%					气体含量/ppm	
	C	Si	Mn	P	S	T.O	N
D1	0.50~0.56	0.17~0.40	0.65~0.80	≤0.015	≤0.010	≤20	≤70
D2	0.50~0.56	0.90~1.10	0.90~1.10	≤0.015	≤0.010		
D3	0.54~0.60	0.17~0.40	0.65~0.80	≤0.015	≤0.010		

表4　非金属夹杂物应达到的级别

A		B		C		D		B+C+D	
粗系	细系	粗系	细系	粗系	细系	粗系	细系	粗系	细系
≤0.5	≤0.5	≤1.0	≤1.0	≤1.0	≤1.0	≤1.0	≤1.0	≤1.5	≤1.5

表5　试制动车组样轮力学性能指标

牌号		轮辋							辐板	
		R_{eH}/MPa	R_m/MPa	A_5/%	硬度 （HBW）	A_{KU}/J （20℃）	A_{KV}/J （-20℃）	K_Q /MPa·m$^{1/2}$	R_m减小 /MPa	A_5/%
D1	试验样轮	560	905	20.0	262	30	14.5	86.2	185	23.5
	技术条件	≥540	860~980	≥13	≥245	≥17	≥10	≥80	≥120	≥16

续表5

牌号		轮辋							辐板	
		R_{eH}/MPa	R_m/MPa	A_5/%	硬度(HBW)	A_{KU}/J(20℃)	A_{KV}/J(-20℃)	K_Q/MPa·m$^{1/2}$	R_m减小/MPa	A_5/%
D2	试验样轮	615	955	21.0	268	26.5	20.5	101.2	155	23.0
	技术条件	≥570	900~1000	≥14	≥265	≥17	≥10	≥70	≥120	≥16
D3	试验样轮	590	950	19.5	279	25	10.5	80.7	190	21.0
	技术条件	≥580	900~1050	≥12	≥255	≥13	≥8	≥65	≥130	≥14

4.3 马钢重载车轮的技术开发

为了满足我国货运列车的轴重提高到25t并且逐渐提高到27~30t、行驶速度由80km/h提高到120km/h、运输效率要提高30%以上的要求，马钢与中国铁道科学研究院合作，系统地研究了重载、提速条件下车轮的服役使用性能，调查了大秦线重载运输C80、C76型重载货车CL60材质车轮服役情况。在研究重载车轮伤损机理和技术关键基础上，在不降低现有CL60车轮的韧塑性指标下，提高车轮的强度和硬度，改善车轮抗滚动接触疲劳性能和磨损性能[5,6]。通过调整CL60车轮钢中碳、硅、锰合金元素含量，形成用普通C-Si-Mn合金化技术的CL65、CL70重载车轮用钢，其综合性能及特性参数明显得到改善与提高。CL60与CL65、CL70重载车轮主要化学成分与主要力学性能指标分别见表6和表7。

表6 CL60与CL65、CL70重载车轮主要化学成分   （%）

牌号	C	Si	Mn	P	S	[H]
CL60	0.55~0.65	0.17~0.37	0.50~0.80	≤0.035	≤0.040	≤2.0ppm
CL65	0.60~0.65	0.80~0.95	0.78~0.85	≤0.025	0.006~0.020	≤2.0ppm
CL70	0.70~0.75	0.80~0.95	0.78~0.85	≤0.025	0.006~0.020	≤2.0ppm

表7 CL60与CL65、CL70重载车轮主要力学性能指标

牌号	轮辋					辐板常温冲击功 A_{KU}/J
	R_m/MPa	A_5/%	Z/%	断面硬度(HBW)	表面硬度(HBW)	
CL60	≥910	≥10	≥14	265~320	270~341	≥16
CL65	≥1010	≥10	≥14	≥280	≥302	≥16
CL70	≥1050	≥10	≥14	≥300	≥321	≥16

首期开发的1600件CL65、CL70重载货车车轮陆续投入大秦线运营，从服役情况看，车轮踏面磨损情况正常，使用情况良好，满足大秦线重载货车运用条件的要求。根据CL65、CL70重载车轮研究成果和核心技术，成功开发了出口GE、北美、巴西、澳大利亚等地区和国家的大轴重（30~40t轴重）的重载车轮，实现了高质、高效、低成本生产。截至2010年底共生产相关车轮近12万件，创造了一定的经济效益和社会效益，也使我国

重载车轮的研究和制造技术居于世界先进水平行列。

4.4 马钢低噪声车轮的开发

目前，国内没有完整的轨道交通车轮噪声控制技术方面的要求和标准，马钢联合西南交通大学，开展了高速轮轨噪声机理研究，基于有限元-边界元法对各种类速列车车轮进行了系列性的振动-声辐射特性研究，跟踪调查不同速度等级、线路条件、运行条件和环境条件下轨道交通用车轮的噪声情况，掌握车轮噪声随运行条件和运行里程的变化规律，从车轮结构、材质、降噪措施等多方面入手，对现有轨道交通的噪声问题进行了开创性的研究，为我国列车低噪声车轮的研发积累了大量的经验与理论分析数据。

根据轮轨相互作用特征和轮轨噪声特性，先后采用新型车轮设计和选材、车轮辐板屏蔽阻尼结构、贴敷吸音材料和消音环等降低噪声措施，实现客运专线轮轨噪声降低 2.0~3.0dB，城市轨道交通轮轨噪声降低 3.0~5.0dB 的目标。

马钢已开发带消音环的城市轨道交通用低噪声车轮，已经掌握这种低噪声车轮的设计、制造技术，批量生产 500 件这种降噪措施的地铁车轮交付杭州地铁使用。目前也正与相关车辆制造厂协作，推荐更多的地铁用户使用低噪声车轮。

5 展望

（1）马钢拥有近五十年的车轮生产实践，通过不断的总结和技术改造，形成了一整套车轮生产质量保证体系和制造技术。在此基础上，依据先进的工艺装备和系统的质量控制技术，马钢生产的各种车轮质量稳定、使用安全，用户和社会可以放心使用马钢车轮产品。

（2）马钢不断创新车轮生产制造技术和手段，通过"产学研用"相结合，系统开发了大功率机车轮、高速动车组车轮、重载车轮和低噪声车轮，技术性能与指标达到国际先进水平，为动车组车轮和大功率机车轮国产化奠定了基础。

（3）马钢进一步开展车轮使用技术研究，紧跟铁路发展方向与发展趋势，不断研究车轮制造技术，开发不同用途的车轮新产品，持续改进，实现车轮服役使用的长寿命与高安全。

参 考 文 献

[1] 金学松，刘启跃. 轮轨摩擦学 [M]. 北京：中国铁道出版社，2004.

[2] 张斌，卢观健，傅秀琴，张颖智，邢丽贤，刘彤蕾. 铁路车轮、轮箍失效分析及损伤图谱 [M]. 北京：中国铁道出版社，2002.

[3] 刘忠侠. 高速列车车轮钢的基础研究 [D]. 西安：西安交通大学，2001.

[4] 康大韬，郭成熊，编译. 工程用钢的组织转变与性能图册 [M]. 北京：机械工业出版社，1992：35~41.

[5] 朱昌述，江波，安涛，等. 铁路重载货车车轮新材料的研制 [J]. 钢铁，2007，42（8）：56~59.

[6] 安涛，等. 重载车轮对机械性能要求的研究. 铁道车辆，2006，44（11）：1~5.

The Development and Quality Control of High-speed, Heavy-duty and Low-noise Wheels in Masteel

Su Shihuai   Zhang Mingru   Jiang Bo   Cui Yinhui

(Ma'anshan Iron and Steel Co., Ltd.)

Abstract: The manufacture processes, quality control methods and development tendency of wheels in Masteel are introduced. With the help of advanced equipments and technical innovation, various wheel products of stable quality and safety reliability can be supplied by Masteel. At the meantime, the large-power locomotive wheel, high-speed MU wheel, heavy-duty wheel and low-noise wheel which meet the relevant specifications and standards have been successfully developped and the quality of these products achieves the advanced level in the world.

Key words: railway wheel; high-speed wheel; heavy-duty wheel; quality control

中国高速车轮产品质量性能研发应用进展[❶]

苏世怀[1]　赵　海[2]　江　波[2]　邹　强[2]　从　韬[3]　张关震[3]

(1. 马钢（集团）控股有限公司；2. 马鞍山钢铁股份有限公司，安徽省高性能轨道交通新材料及安全控制重点实验室；3. 中国铁道科学研究院金属及化学研究所)

摘　要：介绍了自 20 世纪 90 年代中国铁路大提速至今天"复兴号"中国标准动车组投入运营，马钢为满足中国高速铁路的发展，针对高速车轮产品服役过程出现的问题及质量要求，在高速车轮成分自主设计、非金属夹杂物控制、制造工艺等开展的一系列研究工作，试制的车轮实物质量优于进口产品，并通过装车运用对其服役性能进行综合评价，最终形成了从产品研究到推广应用的系统研发闭环，支撑了中国客运时速由最初不到 80km/h 发展至 350km/h 以上，实现了高速车轮技术自主化、产品国产化，同时对马钢下一步在高速车轮产品品种开发及市场开拓等工作进行了展望。

关键词：高速车轮；产品质量；研发应用

1　引言

高速列车是中国首先走向世界的战略性高端装备。高速车轮承受巨大动载荷和热负荷，易发生各类疲劳损伤，是世界上公认的技术要求最高、生产难度最大的尖端车轮产品。中国从国外进口车轮服役过程中暴露出的疲劳损伤、多边形、寿命短等问题已影响到车辆的运行安全和使用成本，更是制约"高铁走出去"战略。马钢自 20 世纪 90 年代末起，紧随中国铁路从 120km/h 提速、160km/h 准高速、250km/h 高速、350km/h 中国标准动车组的发展历程，通过系统调研、试验研究、试生产和装车运用，建立了完整的高速车轮生产制造技术体系，形成高速车轮技术创新，实现了高速车轮技术自主化、产品国产化。马钢高速车轮产品质量、实物性能及运用表现均好于进口车轮，对支撑中国战略性产业安全具有重要意义。2011 年，马钢按欧洲标准生产的高速车轮批量出口韩国，服役表现好于韩国进口的同类产品。

2　高速铁路对车轮质量的要求

2.1　对性能、质量的要求

随着列车运行速度的提高，车轮与钢轨之间的磨损、冲击载荷加剧，并且在高速列车的制动过程中，产生大量的摩擦热，加剧了车轮和钢轨因疲劳、剥离等引发的失效问

────────────
[❶] 原文发表于《钢铁》2018 年第 11 期。
国家重点基础研究发展（973）计划资助项目（2015CB654804）。

题[3]，影响到列车的运营安全。从欧洲标准及中国标准来看，其对高速车轮的性能（高强韧匹配），质量（高洁净度）均提出了较高的要求。而中国高速车轮技术要求总体严于欧标（表1），主要表现在：

（1）中国高速车轮较欧标增加了钢中有害气体控制要求且控制严格，其中［H］≤1.5ppm，T［O］≤0.0015%。

（2）中国高速车轮对断裂韧性指标提出明确要求。由于该指标直接影响到车轮的服役安全性，中国高速车轮断裂韧性指标是参照欧洲进口车轮实物水平（60~70MPa·m$^{1/2}$）设计，总体要求高于欧洲进口车轮。

（3）中国高速车轮对脆性非金属夹杂物要求严于欧标。

表1 国内外高速车轮技术要求

Table 1 Technical requirements for high-speed wheels at home and abroad

标准	材质	轮辋力学性能					非金属夹杂物/级							
		抗拉强度 R_m/MPa	硬度（HB）	A_{KU}/J	A_{KV}/J（-20℃）	K_Q/MPa·m$^{1/2}$	A		B		C		D	
							粗系	细系	粗系	细系	粗系	细系	粗系	细系
欧洲	ER8	860~980	≥245	≥17	≥10	—	≤1.5	≤1.5	≤1.0	≤1.5	≤1.0	≤1.5	≤1.0	≤1.5
	ER9	900~1050	≥255	≥13	≥8	—								
中国	D1	860~980	≥245	≥17	≥10	≥80	≤1.5	≤1.5	≤1.0	≤1.0	≤1.0	≤1.0	≤1.0	≤1.0
	D2	900~1050	≥255	≥17	≥10	≥70								

2.2 使用问题

尽管国外标准对高速车轮提出了很高的技术要求，但进口车轮在中国高速铁路服役过程中仍暴露出诸多问题（图1），主要表现为：（1）轮辋剥离频发，轮辋掉块、开裂时有发生，对行车安全产生隐患；（2）车轮多边形化严重，尤其是在时速300km以上的动车组上大面积爆发。

(a) CRH1 动车组用 ER9 车轮辋裂　　　(b) CRH2A 动车组用 SSW-Q3R 车轮剥离裂纹

图 1 进口车轮使用问题

Fig. 1 Problems of imported wheels in service

2.3 失效原因

通过解剖分析和系统调研，得知进口车轮服役问题存在的原因主要有：

（1）进口车轮踏面表层组织控制方面存在不足，车轮热处理后表层存在大量的上贝氏体硬脆相，在后续加工中无法完全去除，导致车轮服役过程中易产生接触疲劳伤损，形成踏面剥离缺陷。

（2）进口车轮在解决因内部缺陷造成的轮辋内部疲劳裂纹萌生、扩展问题存在不足，车轮钢存在冶金缺陷，其中氧化物夹杂尺寸超过 $20\mu m$，对钢基体和性能带来危害。

（3）进口车轮因材料性能的局限性，尤其是欧洲进口 ER8 材质车轮，因其硬度明显低于钢轨，出现适用性问题，最突出的是车轮多边化问题，轻则产生振动影响列车乘坐舒适性，重则导致部分零部件振动开裂，直接威胁运输安全。

3　中国高速铁路的发展和高速车轮产品开发

中国自 20 世纪 70 年代诞生了高速铁路建设的构想，在国家的大力支持下，经历了 4 个时代[2]，发展至今取得了举世瞩目的成就。

马钢作为中国建成最早、规模最大的轨道交通用车轮生产厂[3]，为满足高速车轮生产及质量要求，先后完成了 160km/h 快速客车、200~300km/h 动车组以及 350km/h 中国标准动车用车轮产品开发，并投入运用，实现中国高速铁路关键零部件产品的国产化和自主化，为中国高速铁路的发展提供了坚实保障。

3.1　时速 160km/h 快速客车及城际动车用车轮

列车运行速度超过 120km/h 后，其动力学条件发生显著变化[4]，而运行速度从 120km/h 提升至 200km/h 就必须迈过 160km/h 这一关键技术门槛，因此，160km/h 又被称为准高速。

20 世纪 90 年代铁道部启动了铁路客车大提速工作，针对传统 CL60 材质车轮在铁路客运大提速初期出现的辋裂、严重剥离、异常磨耗问题，铁道部制定了 TB/T 2708—1996 用于取代 GB 8601—88，其技术要求高于 GB 8601—88，为此，马钢进行了一系列技术攻关和技术改造，主要如下：

（1）在原成分设计基础上，适当添加 Cr 元素，提高车轮硬度，降低异常磨耗。

（2）采用复合脱氧工艺，使车轮钢中 T[O] 质量分数降至 0.002% 以下，氧化物夹杂控制在 1.0 级以下，以防止车轮在服役过程中因大尺寸氧化物夹杂产生辋裂。

（3）热处理采用间隙淬火方式，使轮辋全断面获得均匀的珠光体+少量铁素体组织，解决了原热处理工艺下车轮踏面表层存在贝氏体组织引起的服役过程中车轮产生的严重踏面剥离问题。另外，间隙淬火方式还能适当降低辐板的冷却速度，使辐板在正火态下提高韧性水平，使车轮整体获得较高的强韧匹配。

通过上述措施的实施，马钢客车车轮满足了中国铁路客运大提速要求，经受住从时速不到 80km/h 提升至 160km/h 的考验。值得关注的是，在 1995~1997 年铁道部组织的 4 次提速试验中，装配 CL60 材质车轮的试验列车首次突破时速 200km/h（最高达 240km/h），创造了中国高速铁路发展史上首个纪录。由于改进后的 CL60 材质客车车轮性能优异，2012 年被用于时速 160km/h CRH6 型城际动车组，顺利通过 60 万公里运用考核。2016 年，CL60 材质车轮在原 TB/T 2817—1997 标准基础上，被纳入中国高速车轮标准 TJ/CL 275A—2016。CL60 材质车轮产品的开发及优化，为时速 200km/h 以上高速车轮的开发积累了一定经验。马钢试制时速 160km/h CRH6 城际动车组用 CL60 车轮性能见表 2。

表 2　马钢试制时速 160km CRH6 城际动车组用 CL60 车轮性能

Table 2　Performance of CL60 wheel made by Masteel for CRH6 intercity EMU at speed of 160km/h

牌号		轮辋					辐板	
		抗拉强度 R_m/MPa	伸长率 A/%	断面收缩率 Z/%	断面硬度 (HB)	A 点硬度减小 (HB)	抗拉强度 R_m 减小/MPa	A_{KU}/J
CL60	原水平	1010	16	34	278	20	231	23
	优化后	1061	15	31	293	24	243	29
GB 8601		910～1155	≥8	≥14	≥255	—	—	≥16
TB/T 2708		≥910	≥10	≥14	265～320	—	—	≥16
TJ/CL 275A		≥910	≥10	≥14	265～320	≥10	≥120	≥16

3.2　时速 200～300km/h 动车组用车轮

2000 年铁道部时速 270km/h 高速列车产业化项目获国家批准，研制高速列车命名为"中华之星"，国家投资 1.3 亿元。同时，科技部配套设立了国家"863"项目"高速铁路用车轮材料及关键技术研究"，由马钢承担高速车轮的研制。马钢一方面通过车轮钢生产系统升级改造，建成国内第一条车轮钢连铸圆坯生产线，提升了车轮钢整体质量；另一方面，借鉴当时世界上最先进的高速车轮标准（2000 年最新颁布的欧洲标准 EN 13262《铁路规范—轮对和转向架—车轮—产品要求》），综合考虑冶金质量、强韧性匹配、耐磨性以及接触疲劳性能[5]，在 EN 13262 中 ER7 材质高速车轮的基础上，结合 CL60 材质快速客车车轮技术积累，重点研究 C 质量分数对车轮综合性能的影响[6]，设计开发出 CL50A 材质高速车轮，其技术指标特点为：（1）较国内车轮标准增加轮辋常温冲击功要求，其指标按 EN 13262 中 ER7 车轮设计，确保服役安全性；（2）综合考虑中国线路特点，硬度指标设计高于 EN 13262 中 ER7 车轮，提高耐磨性和接触疲劳性能。

马钢研发的 CL50A 车轮装配在"中华之星"上在秦沈客专，以平均速度 270km/h、最高速度 321.5km/h（2002 年 11 月 27 日创造）完成 60 万公里运用考核。值得关注的是，"中华之星"创造的最高时速直到 2008 年 4 月 24 日才由 CRH2-061C"和谐号"动车组在京津城际铁路上打破。2006 年 8 月"中华之星"结束在秦沈客专上的正式运营，随之而来的是新型 CRH 系列"和谐号"高速动车组。马钢 CL50A 材质高速车轮安全、可靠地完成了自己的历史使命，同"中华之星"一道被纳入中国高速铁路发展史册。马钢试制"中华之星"动车组用 CL50A 车轮性能见表 3。

表 3　马钢试制"中华之星"动车组用 CL50A 车轮性能

Table 3　Performance of CL50A wheel made by Masteel for "China Star" EMU

牌号	轮辋性能				辐板性能	
	抗拉强度 R_m/MPa	伸长率 A/%	A_{KU}/J （常温）	硬度 (HB)	抗拉强度 R_m/MPa	伸长率 A/%
CL50A	916	16	24	252	720	19
技术条件	820～1000	≥14	≥17	245～300	≤760	≥16
EN 13262（ER7）	820～940	≥14	≥17	≥235	较轮辋减小≥110	≥16

2007 年和谐号动车组正式上线运营，为实现对高速列车技术的引进、消化、吸收，进而实现再创新，2008 年 4 月科技部启动了"十一五"国家支撑计划"中国高速列车关键技术研究及装备研制"重大项目，项目总投资 30 亿元，而高速车轮的开发再次由马钢承担（国家"863"项目"高速动车组车轮的研究与开发"）。马钢通过对进口车轮标准、实物质量开展系统分析、研究、查明晶粒度对断裂韧性的影响关系（图 2），利用晶粒细化机制，显著提高了断裂韧性水平（由进口水平的 60MPa · m$^{1/2}$ 左右提高至 80MPa · m$^{1/2}$ 以上）[7]，试制出欧标 ER8、ER9 材质车轮以及由欧标衍生的 ER8C 材质车轮，关键指标优于进口同类产品（图 3），并通过综合对比，在 3 种材质车轮基础上，以获得较高的韧性水平为手段确保高速条件下的服役安全性，设计出适合中国高速列车用 D1 材质车轮，其技术要求和实物性能见表 4。并通过开展夹杂物控制技术研究，使车轮钢夹杂物尺寸控制在 10μm 以下，其特点是脆性 Al$_2$O$_3$ 夹杂物被塑性 MnS 夹杂物有效包裹（图 4），这种包裹的夹杂物含量（数量比例）在 95% 以上，从而降低了氧化物夹杂物对实物性能和服役性能的危害，提高运用安全[8,9]。该材质车轮于 2013 年装配在中国时速 200 ~ 250km/h CJ1 - 0302 城际动车组上，顺利通过 64 万公里运用考核，其使用综合服役表现优于进口车轮（图 5）。

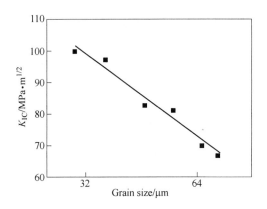

图 2　断裂韧性随最大晶粒直径对数的变化规律

Fig. 2　Variation of K_{IC} with logarithm of maximum grain diameter

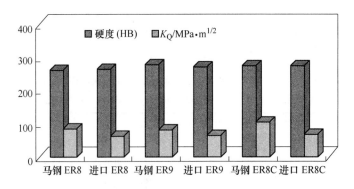

图 3　马钢车轮关键指标与进口产品比较

Fig. 3　Key indicators comparison between Masteel wheels and imported products

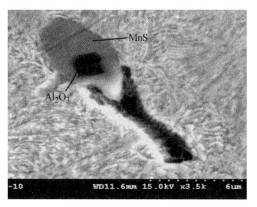

图 4 塑性夹杂物控制技术

Fig. 4 Plastic inclusion control technology

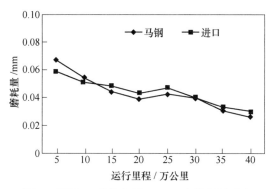

图 5 马钢 D1 车轮与进口 ER8 车轮磨耗对比

Fig. 5 Wear comparison between D1 wheel made by Masteel and imported ER8 wheel

表 4 马钢试制时速 250km/h CJ1-0302 城际动车组用 D1 车轮性能

Table 4 Performance of wheels made by Masteel for intercity CJ1-0302 D1 EMUs at speed of 250km/h

牌号	轮辋							辐板	
	屈服强度 R_{eH}/MPa	抗拉强度 R_m/MPa	伸长率 A/%	A_{KU}/J（常温）	A_{KV}/J（-20℃）	硬度（HB）	K_Q /MPa·m$^{1/2}$	抗拉强度 R_m 缩小值/MPa	伸长率 A/%
D1	602	926	19	29	15	262	95	206	21
技术条件	≥540	860~980	≥13	≥17	≥10	≥245	≥80	≥120	≥16
EN 13262（ER8）	≥540	860~980	≥13	≥17	≥10	≥245	—	≥120	≥16

3.3 时速 350km/h 中国标准动车组用车轮

2013 年 6 月，中国标准动车组项目正式启动，为全面系统掌握高速铁路动车组关键装备的核心技术，2014 年，中国铁路总公司设立重大课题"动车组关键技术自主创新深化研究——时速 350km/h 中国标准动车组轮轴设计研究"，马钢作为课题组主要成员参与项目全过程重点负责车轮开发。在材料设计上重点针对进口时速 300km/h 车轮服役过程中突出的多边形问题，在确保韧性指标的前提下提高材料硬度和相变点，开发出一种中碳 Si-

V 微合金化 D2 材质车轮，该材质车轮利用 Si 元素提高相变温度，通过控制淬火加热温度和冷却速度，发挥 V 的固溶强化和晶粒细化作用[10]，提高强韧匹配。与进口产品相比，自主化 D2 材质车轮具有以下优势：（1）实物质量水平明显优于进口车轮，见表 5；（2）材料抗疲劳损伤性能、抗磨损性能较进口材料总体水平提高 30% 以上，如图 6 和图 7 所示；（3）实物服役效果好于进口车轮，马钢 D2 车轮 2015 年装配于"蓝海豚"和"金凤凰"中国标准动车组，顺利通过 60 万公里装车运用，服役性能优于进口产品，磨耗量低于进口车轮，如图 8 所示。截至目前，马钢 D2 车轮已累计安全运行接近 150 万公里。

表 5　马钢试制时速 350km/h D2 车轮和进口产品性能比较

Table 5　Performance comparison between 350km/h D2 wheels made by Masteel and imported products

牌号		轮辋								辐板	
		屈服强度 R_{eH}/MPa	抗拉强度 R_m/MPa	伸长率 A/%	A_{KU}/J（常温）	A_{KV}/J（−20℃）	A_{KV}/J（−40℃）	硬度（HB）	K_Q/MPa·m$^{1/2}$	抗拉强度 R_m 缩小值/MPa	伸长率 A/%
进口	ER8	580	940	17	23	10	6	265	62.7	195	19
	EN 13262	≥540	860~980	≥13	≥17	≥10	—	≥245	—	≥120	≥16
国产	D2	677	952	18	23	18	13	270	86	152	21
	TJ/CL 519	≥580	900~1050	≥13	≥17	≥10	≥7	255~300	≥70	≥120	≥16

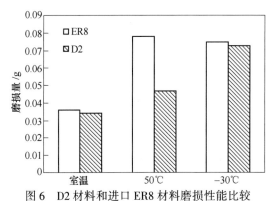

图 6　D2 材料和进口 ER8 材料磨损性能比较

Fig. 6　Wear comparison between D2 wheel and imported ER8 wheel

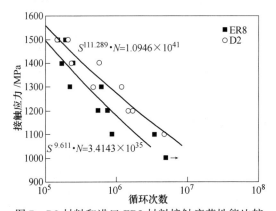

图 7　D2 材料和进口 ER8 材料接触疲劳性能比较

Fig. 7　Contact fatigue performance comparison between D2 wheel and imported ER8 wheel

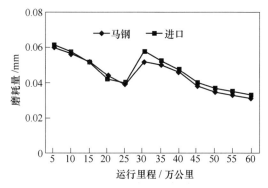

图 8　马钢 D2 车轮与进口 ER8 车轮服役磨耗对比

Fig. 8　Service wear comparison between D2
wheel made by Masteel and imported ER8 wheel

4　应用结果

马钢高速车轮最早在 2002 年投入运用，其中 CL50A 材质车轮在"中华之星"高速列车上装配 126 件，经 60 万公里装车试验后正式投入运营，服役情况正常。D1 材质高速车轮在 200~250km/h CJ1-0302 城际动车组上装配 16 件，完成装车考核并投入运用，累计里程达到 64 万公里。D2 材质高速车轮在复兴号标准动车组上装配 48 件，完成装车考核并投入运用，累计里程已超过 120 万公里，另外，D2 材质车轮还批量装配在长株潭城际动车上，已投入运用。

马钢高速车轮已通过德铁、韩国、印度市场资质认证，产品实现出口 2600 余件。1200 件装配在韩国高速城际列车上，车轮累计运行达到 6 年，运行里程超过 100 万公里，服役表现好于韩国进口其他同类产品。

5　结语及展望

马钢作为一个为中国铁路事业服务了五十余年的生产基地，在国家的大力支持下，积极配合中国高速铁路的快速发展，从生产装备、工艺技术、管理体制等方面不断创新，构建车轮制造全流程产品研发和质量保证体系[11]。目前马钢高速车轮整体技术已达国际先进水平，产品正逐步实现自主化替代，同时出口至国外市场。

在未来产品研发方面，马钢将进行时速 400km/h、耐低温、耐腐蚀车轮的前瞻性研发，以满足未来更高时速、特殊服役条件下使用需求，如俄罗斯莫斯科-喀山高铁、东南亚高铁等。

在市场推广方面，国内重点扩大在"复兴号"中国标准动车组上的装用量，同时在既有"和谐号"动车组用维修轮上推广替代进口产品。国外方面开始启动欧洲、北美等国家及地区的高速车轮市场资质认证，继续扩大产品出口量。

参 考 文 献

[1] 张斌. 铁路车轮轮箍踏面剥离的类型及形成机理 [J]. 中国铁道科学，2001，22 (2)，73.

Zhang Bin. Type and formation mechanism of railway wheel and tire tread spall［J］. China Railway Science, 2001, 22（2）: 73.

［2］高铁见闻. 大国速度: 中国高铁崛起之路［M］. 长沙: 湖南科学技术出版社, 2017: 73.

High-Speed Rails. Big Country Speed: China's High-speed Rail Rise［M］. Changsha: Hunan Science and Technology Press, 2017: 73.

［3］苏世怀, 安涛, 龚志翔, 等. 马钢系列高品质轮轴产品的开发［C］//第九届中国国际钢铁大会论文集. 北京: 中国钢铁工业协会, 2016.

Su Shihuai, An Tao, Gong Zhixiang, et al. Masteel's development of high-quality axle products［C］//The 9th China International Steel Congress. Beijing: China Iron and Steel Association, 2016.

［4］沈志云, 张卫华, 金学松, 等. 轮轨接触力学研究的最新进展［J］. 中国铁道科学, 2001, 22（2）: 1.

Shen Zhiyun, Zhang Weihua, Jin Xuesong, et al. Advances in wheel/rail contact mechanics［J］. China Railway Science, 2001, 22（2）: 1.

［5］季怀中. 高速列车车轮生产技术［C］//中国钢铁年会论文集. 北京: 中国金属学会, 2001.

Ji Huaizhong. Production technology of high speed train wheel［C］//China Steel Annual Conference Proceedings. Beijing: The Chinese Society for Metals, 2001.

［6］季怀中, 崔银会, 苏航, 等. 碳含量对高速车轮用钢综合性能的影响［J］. 钢铁, 2005, 40（2）: 62.

Ji Huaizhong, Cui Yinhui, Su Hang, et al. Effect of carbon content on comprehensive properties of wheel steel for high speed train［J］. Iron and Steel, 2005, 40（2）: 62.

［7］Sakamoto H, Toyama K. Fracture toughness of medium-high carbon steel for railroad wheel［J］. Mater. Sci. Eng. A, 2000, 285, 288.

［8］马跃, 潘涛, 江波, 等. S含量对高速车轮钢断裂韧性影响的研究［J］. 金属学报, 2011, 8: 978.

Ma Yue, Pan Tao, Jiang Bo, et al. Study of the effect of sulfur contents on fracture toughness of railway wheel steels for high speed train［J］. Acta Metallurgica Sinica, 2011, 8: 978.

［9］沈昶, 乌力平, 苏世怀, 等. 车轮钢的清洁度和夹杂物的控制［C］//第18届国际轮轴大会论文集. 成都: 欧洲铁路工业联盟, 欧洲轮对协会, 2016.

Shen Chang, Wu Liping, Su Shihuai, et al. Control of the wheel steel cleanness and inclusions［C］//18th IWC, Chengdu: UNIFE and ERWA, 2016.

［10］龚帅, 任学冲, 马英霞, 等. 热处理工艺对高速车轮钢显微组织和断裂韧性的影响［J］. 材料热处理学报, 2015（4）: 150.

Gong Shuai, Ren Xuechong, Ma Yingxia, et al. Effect of heat-treatment on microstructure and fracture toughness of high-speed railway wheel steel［J］. Transactions of Materials and Heat Treatment, 2015（4）: 150.

［11］苏世怀, 安涛, 宫彦华, 等. 铁路车轮材料与技术发展［C］//第18届国际轮轴大会论文集. 成都: 欧洲铁路工业联盟, 欧洲轮对协会, 2016.

Su Shihuai, An Tao, Gong Yanhua, et al. Materials and technology development of railway wheels［C］//18th IWC, Chengdu: UNIFE and ERWA, 2016.

Development and Application of High-speed Wheel Product Quality Performance in China

Su Shihuai[1] Zhao Hai[2] Jiang Bo[2] Zou Qiang[2] Cong Tao[3] Zhang Guanzhen[3]

(1. Magang (Group) Holding Co. , Ltd. ; 2. Key Laboratory of High-performance Rail Transportation New Materials and Safety Control of Anhui Province, Ma'anshan Iron and Steel Co. , Ltd. ; 3. Metals and Chemistry Research Institute, China Academy of Railway Sciences Co. , Ltd.)

Abstract: This article introduced the speedup of China's railways since the 1990's and the launch of today's "Fuxing" Chinese standard EMUs. In order to meet the development of China's high-speed railways, Masteel has conducted a series of research work on the high-speed wheel, including the independent component design, the non-metallic inclusion control, and the manufacturing processes optimization, etc. The quality of the wheel made by Masteel was better than that of imported products. The service performance of the manufactured wheel was comprehensively evaluated by loading applications, and a system-wide R & D closed loop from product research to application was finally formed, supporting the development of China's passenger speed from less than 80km/h to 350km/h or more. In the above, Masteel has realized the independence of the high-speed wheel technology and the localization of products. At the same time, we have also looked ahead to Masteel's next step in the development of high-speed wheel product categories and market developments.

Key words: high-speed wheel; product quality; research and application

马钢系列铁路重载车轮研发[❶]

苏世怀[1]　殷朝海[1]　陈　刚[2]　钟　斌[2]　宫彦华[2]　曾东方[3]

(1. 马钢（集团）控股有限公司；2. 马鞍山钢铁股份有限公司，安徽省高性能轨道交通新材料及安全控制重点实验室；3. 西南交通大学，牵引动力国家重点实验室)

摘　要：重载运输是国内外铁路货运发展方向，随着车辆轴重的加大，车轮使用条件发生显著变化，本文从重载车轮伤损特点入手，有针对性的从成分设计、冶炼工艺、热处理工艺等几方面提出了解决方案，通过一系列制造技术的设计和系统集成，在实际生产条件下已经实现了重载车轮产品的系列化，实物综合性能指标控制稳定，服役表现良好。

关键词：重载车轮；磨损；接触疲劳；热处理

1　引言

国外的成功经验表明，提高铁路货运效率的有效手段之一就是提高货车轴重，实现重载运输，以 25t 轴重为例，轴重每增加 1t，运输效率能够增加 4%。目前我国货车轴重以 23t、25t[1,2] 为主，30t 轴重货车也正在进行运用考核，与普遍以 30~35t 轴重为主的发达国家相比，轴重差距明显。截至目前，我国大宗货物运输的主要手段仍是铁路货运，年货运量占全国货运总量 10% 以上，而 30t 轴重相比 25t 轴重，运输效率能够提高 20% 以上，经济和社会效益显著，可见，增大货车轴重是提高国内货运运输效率的有效途径，我国正在新建的中南通道、蒙西华中铁路等货运专线已按 30t 轴重标准建设[3]。

车轮是铁道车辆关键零部件之一，随着车辆轴重加大，恶化了车轮使用条件，以大秦线为例，虽然货车轴重仅由 23t 提高到 25t，但因车轮材质和性能要求未发生改变，车轮机械损伤（磨损、接触疲劳、辗宽）和热损伤（热裂、制动剥离）加剧，使用寿命明显缩短，成为困扰铁路用户运营成本的突出问题[2,4~6]。

从提高车轮使用寿命和运行安全性方面考虑，自主开发大轴重货车车轮迫在眉睫。为此，自 2004 年起马钢就启动了重载货车车轮的研发工作，目前已实现了出口 40~45t 轴重重载车轮产品、国内 27~30t 轴重重载车轮产品的稳定控制，车轮实物质量可控、服役表现稳定。本文从成分设计、冶炼工艺、热处理工艺等几方面对高等级重载车轮产品关键生产制造技术进行了总结。

2　重载铁路车轮使用要求

车轮机械损伤（磨损、接触疲劳、辗宽）主要是由于踏面近表层金属在接触应力作用

❶　原文发表于《安徽冶金科技职业学院学报》2018 年第 3 期。
　　国家高技术研究发展计划项目（"863" 计划）编号：2015AA034302。

下发生塑性变形，当应力—应变循环过程中的塑性变形累积发展到一定程度后，塑性变形层加工硬化到一定程度，不能再产生新的塑性变形而形成。从过去的失效分析结果看，强度、硬度偏低是该类缺陷产生的主要原因。

车轮热损伤（热裂、制动剥离）主要是由于反复强烈制动使轮辋残余应力由周向压应力转变为周向拉应力所致，周向拉应力区过深可能导致裂纹沿径向穿透整个车轮；制动剥离主要是因车轮本体因制动、滑动受到巨大热输入，使踏面表层组织发生转变，由于组织比容及组织应力急剧变化导致踏面表层微裂纹的产生并在组织变化区扩展。因踏面制动或滑动产生的高热输入是该类失效产生的主要原因。

此外，还有一类失效形式也是能够直接影响车辆运用安全的，即车轮辋裂，同钢质的纯净度密切相关，国内外大量研究发现[7]，轮辋裂纹萌生于内部冶金缺陷，如非金属夹杂（Al_2O_3 或 $6Al_2O_3 \cdot CaO$）和孔洞，且裂纹扩展几乎平行于踏面，裂纹的深度达到 12 ~ 20mm 深。

可见，随着轴重的增加，需要从重载条件下车轮多发的失效形式入手，在成分设计、冶炼工艺、热处理工艺等方面有针对性的提出解决方案，最终实现车轮实物质量可控、服役表现稳定。

3 技术措施

3.1 系列重载车轮材料设计

轴重的增加导致车轮服役条件恶化，失效形式也与现有的 CL60 材质货车车轮有所不同，需兼顾抗机械损伤和抗热损伤性能进行重载车轮材料的重新设计。根据不同轴重重载运输的要求，通过采用微合金化的方式，在提高车轮强硬度水平的同时，改善车轮材料的相变特性，可以在车轮材料的抗机械损伤和抗热损伤性能间达到最佳匹配关系，以适应不同轴重重载运输的要求（表1）。

表1 重载车轮成分设计原则

轴重	≤25t	25~30t	30~35t	35~40t	40~45t
硬度级别	HB 277	HB 300	HB 320	HB 340	HB 360
成分设计原则	基准成分设计	Si↑+Cr↑	C↑+Si↑	C↑+Si↑+V↑	C↑+Si↑+V↑

通过热力学计算及中试试验方式对 C 含量及合金元素对珠光体车轮钢相变、组织、性能的影响进行了研究，从研究结果看：

（1）利用 C、Si、Cr 的强化作用，可以提高材料强硬度水平，以提高抗机械损伤能力。

（2）利用 Si 能够提升材料相变温度的特点，可以提高材料的抗热损伤能力。

（3）利用 V 的析出和沉淀强化，结合合理的热处理条件设计，可以提高综合机械性能。

3.2 高纯净度车轮钢冶炼工艺共性设计

针对因脆性氧化物夹杂导致车轮服役过程中出现的辋裂、掉块等影响车辆运用安全的

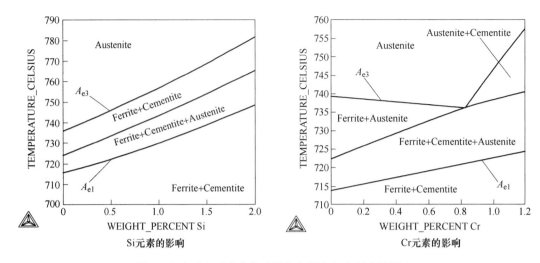

Si元素的影响　　　　　　　　　　　Cr元素的影响

图1　合金元素对成分体系平衡相图和相变温度的影响

问题，以降低车轮钢中氧化物夹杂为目的，提出塑性 MnS 析出包裹脆性氧化物控制思路和措施，在车轮钢冶炼过程开发了无铝梯次脱氧工艺，将钢中活度氧降低至 10ppm 以下后再加入适量的 Al 形成微小、弥散的 Al_2O_3 夹杂物作为 MnS 析出的异质形核点，在钢水凝固过程实现软相 MnS 对 Al_2O_3 夹杂的有效包覆，以有效降低脆性氧化物夹杂对实物性能和使用性能的危害。

从实施效果看，车轮钢中 T. O 含量能够稳定控制在 10ppm 以下，塑性夹杂物含量达到95%，夹杂物尺寸基本控制在 $10\mu m$ 以内，韧性水平提升30%以上。

3.3　兼顾车轮组织和硬度水平的复合冷却工艺

对碳素钢车轮，要求热处理后获得全截面细珠光体+少量铁素体组织，这对于提高车轮抗接触疲劳损伤和耐磨性能是有利的。但在常规的单面连续淬火条件下，由于冷速的影响，会在车轮踏面表层产生包含贝氏体、回火索氏体等组织在内的复合组织层（图2），

图2　复合冷却工艺正常组织形貌（500×）

对高碳钢车轮，深度可达 15mm 以上。该层组织硬且脆，在轮轨接触力下容易产生剥离剥落，影响车轮的使用性能。为保证车轮成品不含该类组织，一般采用增大车轮踏面轧制余量的方式，以期在后续的加工过程中去除该部分组织，这种方式不仅提高了生产成本，而且对车轮硬度水平也存在不利影响。

为此，开发了一种复合冷却工艺，根据车轮钢合金化特点，采用先弱喷后强喷的方式，一方面可以降低踏面表层的冷却速度，使车轮踏面表层复合组织层深度大为降低，另一方面，可以减小车轮轮辋断面硬度梯度，使车轮轮辋断面硬度均匀性明显改善。从生产实践看，踏面表层复合组织层深度降至 8mm 以下，可以保证轧制余量控制在正常的设计范围内。

3.4 严格的超声波探伤手段

车轮掉块、辋裂与钢中大尺寸夹杂物密切相关，除了在冶炼工艺方面采取措施外，需要采取更严格的超声波探伤手段对每件车轮进行出厂监控。

通过数值模拟、缺陷解剖分析、疲劳试验捕获夹杂物全貌等试验研究，形成识别脆性氧化物夹杂尺寸的定量化超声波探伤技术（图 3 为氧化物夹杂当量与实际尺寸关系），实现了对超声波探伤缺陷中的氧化物夹杂的准确识别、完整形貌捕获和精确测量，并建立了超声波探伤的氧化物当量与实际尺寸的关系数据库，实现了车轮无盲区全覆盖无损检测体系，具体实施的措施如下：

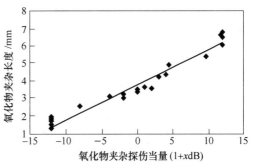

图 3 氧化物夹杂当量与实际尺寸关系

（1）引入"密集型缺陷"概念，加严了密集型缺陷的判定标准，将相邻两个缺陷的间距从标准要求的 20mm 调整到内控要求的 40mm。

（2）特别关注低于产品标准的"小缺陷"，根据超声波探伤原理，"小缺陷"实际尺寸大于其"平底孔当量"，因此加严"小缺陷"判废标准，从标准要求的 $\phi2.0mm$ 提高到内控要求的 $\phi1.0mm$。

（3）根据"辋裂、掉块"的失效特点，识别出"轮轨应力作用区"，对该区域发现的缺陷进一步加严判定，新增"轮轨应力作用区"内控 $\phi1-6dB$ 为判废标准。

4 马钢高等级重载车轮产品开发实际效果

在上述研究的基础上，通过一系列制造技术系统集成，马钢在实际生产条件下已经开发成功系列高等级重载车轮产品，服役表现良好。

4.1 品种开发情况

根据不同轴重，马钢已经成功开发出 5 种牌号重载车轮系列产品，主要性能控制指标要求见表 2。

表 2　重载车轮轮辋主要力学性能指标要求

轴重	成分设计	代表牌号	轮辋				辐板
			R_m/MPa	A/%	断面硬度（HB）	表面硬度（HB）	常温冲击/J
≤25t	基准成分设计	CL60	≥910	≥10	≥265	≥270	≥16
25~30t	Si↑	CL65	≥1010	≥10	≥280	≥302	≥16
30~35t	Si↑+Cr↑	BM	≥1100	≥10	≥300	≥321	—
	C↑+Si↑	CL70	≥1050	≥10	≥300	≥321	≥12
35~40t	C↑+Si↑+V↑	C+	≥1170	≥10	≥321	≥341	—
40~45t	C↑+Si↑+V↑	CM	≥1200	≥7	—	≥363	—

表 3 列出了 2011~2013 年 CL65、CL70 材质 HESA 规格车轮在大秦铁路配装 25t 轴重车辆运用考核 10 万公里后的跟踪试验结果[8]，磨耗情况比普通车轮有了明显改善，其磨耗深度分别减少了 10% 和 30%。

表 3　大秦线车轮磨耗对比　　　　　　（mm）

车轮种类 \ 车辆类型	C80	C80B	C80H	C80BH	平均磨耗量	磨耗量同比减少
CL65	0.44	0.47	0.67	0.63	0.55	10%
CL70	0.41	0.40	0.43	0.48	0.43	30%
普通 CL60	0.55	0.55	0.61	0.71	0.61	—

2014 年 CL70 材质 HFS 规格车轮在大秦重载铁路配装 27t 轴重 C80E$_{(H,F)}$ 车辆也进行了运用考核，对运用 20 万公里的车辆进行了跟踪测量，车轮磨耗均匀，车轮踏面垂直磨耗最大值 1.66mm，最小值 1.10mm，平均磨耗 1.42mm，轮缘平均磨耗量 0.49mm[9]。

4.2　工艺装备及质量控制

为了稳定产品质量，近十几年来，马钢投资 50 多亿元一直持续对车轮生产线进行大规模的系统技改，工艺装备的升级换代为车轮实物质量控制水平的显著提高提供了坚实保障。马钢批量生产的系列重载车轮产品强硬度指标实际控制情况见图 4、图 5，典型牌号性能控制过程能力指数见图 6、图 7，质量控制水平稳定。

4.3　市场应用情况

2012 年以来，马钢 25~45t 轴重重载车轮累计已经实现销售 18 万余件，各材质车轮销售情况见图 8。

马钢系列重载车轮产品不仅已经成功批量应用于国内大秦线等货运专线，填补了国内空白。而且实现了批量出口到北美、澳洲、巴西等地，澳洲四大矿山企业均已经成为马钢重要客户。

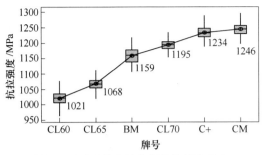

图 4 系列重载车轮轮辋抗拉强度分布

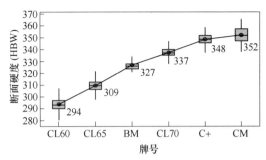

图 5 系列重载车轮轮辋断面硬度分布

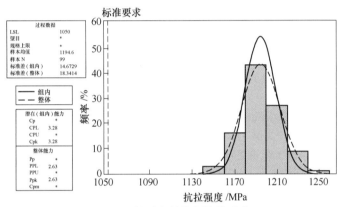

图 6 CL70 材质车轮轮辋抗拉强度 C_{pk}

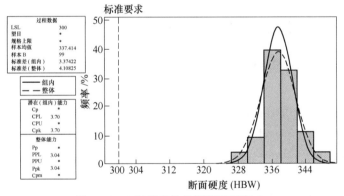

图 7 CL70 材质车轮轮辋断面硬度 C_{pk}

5 结语

（1）增大货车轴重，发展重载运输是提高国内外资运运输效率的有效途径，随着车辆轴重的加大，车轮使用条件发生了显著变化，需要进行针对性的材料、工艺设计。

（2）根据重载条件下车轮的失效形式，在车轮材料、工艺设计上形成了系统解决

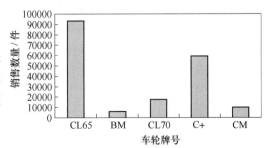

图 8 马钢系列重载车轮销售情况

方案。

（3）采用所形成的集成技术，实现了重载车轮产品系列化，生产过程和综合指标控制稳定，服役表现良好。

参 考 文 献

[1] 侯耐，李苫. 大轴重货车车轮热负荷下疲劳强度分析 [J]. 铁道机车车辆，2011, 31（1）：13~15, 68.

[2] 于跃斌，雷恩强. 新常态下我国铁路货车技术发展分析 [J]. 铁道车辆，2015, 53（12）：1~4.

[3] 安涛，李胜祇，李小宇，等. 重载车轮对机械性能要求的研究 [J]. 铁道学报，2006, 44（11）：1~5.

[4] 朱昌述，江波，安涛，等. 铁路重载货车车轮新材料的研制 [J]. 钢铁，2007, 42（8）：57~59.

[5] 张斌，张弘，付秀琴. 新材质重载货车车轮性能研究 [J]. 中国铁道科学，2009, 30（5）：65~70.

[6] 张宝庆，周国东. 大秦线重载货车车轮踏面圆周磨耗原因分析及改进措施 [J]. 铁道车辆，2008, 46（6）：38~39.

[7] Tomoaki，等. High Micro-cleanliness Wheels Preventing Shattered-rim Fracture [C]. 14th International Wheelset Congress. Orlando, 2004.

[8] 李亨利，李苫，等. 新材质车轮钢对重载货车轮轨磨耗的影响 [J]. 铁道学报，2016, 38（6）：32~37.

[9] 王保平. C80E（F、H）型通用敞车运用考验情况分析研究 [J]. 中国铁路，2015（11）：54~57.

Development of Heavy Haul Freight Car Wheels in Ma Steel

Su Shihuai[1]　Yin Chaohai[1]　Chen Gang[2]
Zhong Bin[2]　Gong Yanhua[2]　Zeng Dongfang[3]

（1. Magang（Group）Holding Co., Ltd.；2. Key Laboratory of High-quality Railway New Materials and Saft Control of Anhui Province, Ma'anshan Iron and Steel Co., Ltd.；

3. State Key Laboratory of Traction Power, Southwest Jiaotong University）

Abstract：Heavy haul freight transportation has already been recognized as the direction of development of railway freight at home and abroad. As the asle load of freight car increase, the service condition changes remarkably. Solutions are proposed from composition design, smelting process and heat treatment process, etc, according to the damage characteristics of heavy haul freight car wheel. Through manufacturing technology design and system integration, a series of heavy haul freight car wheels are developed which have stable comprehensive properties and good service performance.

Key words：heavy haul wheel；wear；contact fatigue；heat treatment

马钢高质量车轮生产技术开发●

苏世怀　江　波

（马鞍山钢铁股份有限公司）

摘　要：简要分析了国内外铁路车轮生产技术现状及趋势，概述了马钢公司在高质量车轮生产技术开发方面的进展、在高质量车轮产品开发上的一些实绩，通过综合比较分析认为，马钢完全有能力生产出以高速动车组用车轮、重载车轮为代表的高质量铁路车轮产品。

关键词：铁路；车轮；动车组；重载

2004年1月，国务院批准了我国铁路历史上第一个《中长期铁路网规划》，将历时10~15年、投资1.2万亿元，建成1.2万公里以上的客运专线、投入运营1000列以上的高速动车组，形成"四纵四横"的客运专线网，在"十一五"末将货运列车的轴重由现在的21t提高到25t、行驶速度由80km/h提高到120km/h，铁道部计划在5~8年的时间中把我国铁路高速、重载技术做到世界第一。因此，高质量等级车轮将成为铁路车轮产品的需求主体，这既是对我国铁路车轮制造业技术能力的考验，也为促进我国铁路车轮制造业的不断技术进步提供了动力和机遇。

为了更好地适应铁路发展的需要，马钢公司密切跟踪国内外车轮生产技术趋势，在高质量车轮生产技术开发方面开展了大量富有成效的工作。

1　我国铁路发展对车轮产品的要求

随着铁路的发展，对车轮的要求将发生重大变化，主要体现在品种结构和产品质量上。

品种结构方面，客车车轮将以200km/h及以上速度等级高速车轮为主导产品，预计到2010年年需求量可达10万件左右；货车车轮将主要为能适应25t轴重、120km/h运行速度的重载车轮，大面积替代仅能适应21t轴重的普通车轮。

质量方面，为确保高速动车组的安全顺行，高速车轮必须具有良好的内在质量（以高洁净度、高强韧配合为表征）和良好的使用性能（以抗表面热损伤性能和抗接触疲劳性能为主要表征）；为了保证重载货车的安全顺行，重载车轮必须具有良好的冶金质量（以非金属夹杂物类型、含量、分布状态为主要表征）和能协调好耐磨性、抗接触疲劳性能与抗热损伤性能之间关系的材料特性，可见，品种结构的变化对车轮生产技术的开发能力、控

● 原文发表于《铁路采购与物流》2008年第2期。

制水平提出了极高的要求。

2 国内外车轮生产技术现状及趋势

高质量车轮一要具有高的实物品质，具体要素为非金属夹杂物、杂质元素、气体含量低，尺寸精度高，强韧匹配好，残余应力分布状态合理等，这必须依托高水平的集成工艺技术；二要具有可靠的使用品质，能够适应使用条件而保持低故障率，这需要依托研发条件和水平，因此，只有当装备条件、工艺水平、研发能力及投入都达到一定层次后，才足以支撑高质量车轮的生产。

2.1 国内外主要车轮生产厂装备条件的比较分析

车轮质量是以装备条件为基础的。

近年来，马钢对车轮生产线进行了大规模的系统技改，用转炉取代了平炉，用Danieli最新一代圆坯连铸机取代了模铸，建成了由奥地利 MFL 公司圆盘冷锯组成的下料工序、由德国 SMS 90kN、50kN 油压机、车轮立式轧机组成的压轧工序，并进行了系统性的自动化、信息化改造，冶金质量、综合机械性能、外形尺寸等各项指标的控制水平显著提高，工艺流程见图 1。同时，还正在新建一条由当今最先进装备组成的完整车轮生产线。

国外主要车轮生产厂的钢后技改没有大的动作，冶金装备条件见表 1，均配置了炉外精炼设备，在车轮钢洁净度控制上均达到很高水平，但采用转炉—精炼—连铸工艺的整体配置水平占优。

转炉初炼工序消耗低、冶炼周期短、生产能力大，初炼钢水中 H、N 含量低，为后续精炼处理提供了良好条件，相较于电炉初炼具有技术经济优势。

连铸的流程短、二次污染少、凝固条件稳定，连铸圆坯内部质量好且通体均匀性好，能显著提高金属利用率，相较于模铸具有明显的技术经济优势。

结合图 1、表 1 可以看出，与国外主要车轮生产厂相比较，马钢车轮生产线的工艺装备水平是世界一流的，完全能够满足高质量车轮生产的要求。

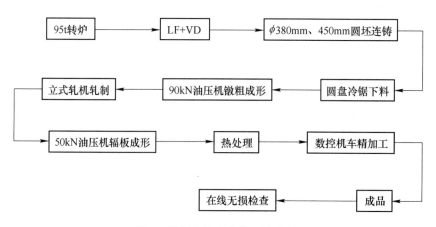

图 1 马钢车轮生产线工艺流程

表1　国内外主要车轮生产厂的冶金装备条件

生产厂	工艺装备	洁净度水平/ppm			中碳 ER7T 高速车轮韧性	
		T. O	N	H	A_{KV} /J(-20℃)	K_Q /MPa·m$^{1/2}$
BVV（德）	转炉（260t）-LF+VD-弧形圆坯连铸	9.5	42.9	<2.0	≥10	>80
VALDUNES（法）	电炉（85t）-LF+RH-垂直圆坯连铸	12.7	72.2	<2.0	10~19	≥84
LUCHINI（意）	电炉（50t）-LF+VD-模铸	<20	<80	<2.0	≥12	>85
CAF（西）	电炉（36t）-LF+VD-模铸	11~16	75~80	<2.0	≥10	>80
住友（日）	转炉-RH-弧形圆坯连铸	10~16	32	<2.0	采用高碳钢车轮	

2.2　国内外车轮生产技术现状及趋势

冶金缺陷是导致车轮损伤、失效的主要因素之一，有可能造成灾难性后果，1998 年造成 100 多人死亡的德国高速列车出轨事故即是因车轮中存在脆性非金属夹杂物造成的。因而，冶金质量是衡量车轮生产水平的主要标杆之一，许多车轮技术条件已趋向于以洁净度为表征，对冶金质量作出更为细致的规定，概括起来有以下主要指标：

T. O<15ppm；H<2.0ppm；N<70ppm；S、P<0.015%；B 类夹杂<1 级；无明显的宏观偏析。

冶金质量同时还对车轮的机械性能，尤其是塑性和韧性有明显的影响，因此，要实现高质量车轮生产，首先必须掌握能实现高洁净度的车轮钢冶金技术。

当冶金质量控制水平及能力提高后，提高车轮相对于使用条件的适应性则是提高车轮使用品质的主导因素。欧、美以改善车轮使用性能为目的的研究相当活跃，特别注重通过材料及材料性能的优化综合性地提高车轮的耐磨性能、接触疲劳性能和抗热损伤性能，已经研制出用于高速列车的 Superlos、用于重载货车的"专家6"等新型车轮材料，得到了实际应用，并储备了一些诸如 Micralos、Alpilos 等超前的新型车轮材料技术。

在我国铁路向高速、重载方向发展的过程中，车轮与使用条件不相适应的矛盾已经暴露，如大秦线 25t 轴重货车用 CL60 车轮的严重磨损问题、高速动车组用车轮的剥离问题等都是具体的表现，因此，在我国高质量车轮生产技术体系中，使车轮与我国铁路使用条件相匹配是核心所在。

3　马钢高质量车轮工艺技术开发

冶金技术方面，转炉-LF-VD-圆坯生产线于 2002 年投产后，马钢瞄准国外先进车轮生产厂的实物冶金质量水平，按照系统工程思路，整体筹划了工序技术开发目标，通过有机整合形成了高质量车轮钢的系统集成冶金技术。所进行的技术开发工作及其效果概述于表2，车轮钢冶金质量已能达到国外先进车轮生产厂的水平。

表2　马钢高质量车轮钢冶金技术开发及其效果

序号	开发工作	开发目的	实际效果
1	转炉自动化炼钢技术	提高初炼钢水化学成分和温度命中率	碳命中率（±0.01%）：94.3% 温度命中率（±16℃）：93.2%
2	高纯净度车轮钢精炼技术	降低钢中气体、杂质元素和非金属夹杂物	T.O<15ppm、[N]<45ppm、[H]≤2ppm、[S]≤50ppm
3	连铸保护浇铸技术	防止钢水吸气和二次氧化	浇铸过程增[N]量<8ppm
4	控制铸坯内部组织的连铸技术	提高铸坯内部组织的致密度和均匀性	铸坯疏松<1.5级；中心等轴晶率>50%；碳偏析指数<1.05
技术集成后实物冶金质量水平		T.O<18ppm、[N]<55ppm、[H]≤2ppm、[S]≤50ppm，B类夹杂低于1.0级比率超过98%，按铁标衡量宏观组织合格率100%	

压轧技术方面，开发了车轮成形工艺数值模拟新技术，能够对车轮成形过程中的金属变形、金属流动规律、温度场、应力场等进行综合分析，快速地根据外形、规格作出优化的压轧工艺设计，既提高了新产品开发的能力，又使质量监控具备了良好的溯源化和量化手段，已通过安徽省科技厅组织的成果鉴定。

热处理技术方面，针对新车轮使用初期易发生"早期剥离"的问题，开发了一种新型的冷却技术，能够使踏面近表层的硬度梯度减缓、组织一致性提高、残余应力状态改善，已经获得国家发明专利；同时还开发了一种冷却水控制技术，能够保证各个淬火台冷却条件稳定、一致、可调，能使整批车轮的表面硬度散差控制在EN、AAR标准规定的范围内，同时也提高了热处理工艺适应各种技术要求的能力。

检测技术方面，开发了能对车轮近表面进行探伤检查的电磁超声检测技术，与常规超声波探伤手段相结合，可以覆盖原有的超探盲区，做到轮辋全截面检查，大大提高了出厂产品内部质量检查的可靠性。

对技术开发的高度重视、持续投入使马钢已经具备了进行高质量车轮生产的能力。

4　马钢高质量车轮产品开发

技术开发的实效在产品开发过程中得到了很好的检验。

马钢依托国家"863"项目"高速铁路用车轮材料及关键技术研究"开发了270km/h高速试验用车轮，在平均速度250km/h、最高速度324km/h的试验条件下安全可靠地运行了60余万公里，表明马钢具备了高速车轮生产的能力，批量生产的同类其他用途车轮的各项技术指标基本能全面达到EN标准规定的高速车轮技术要求，且强、硬度明显高于进口车轮，见表3，说明马钢已具备了高速车轮产业化的基础和能力。

针对大秦线25t轴重货车车轮的严重磨损问题，马钢适时开发了一种新型重载车轮，碳含量与CL60持平，塑、韧性也与CL60车轮持平，硬度等级超过HB 300，与AAR C级车轮接近，见表4，能更好地协调耐磨性、抗接触疲劳性能与抗热损伤性能之间的关系，其良好的使用性能已在铁道科学院环行试验线装车试验中得到了验证。在国外重载铁路用车轮开发方面，出口北美的AAR C级车轮已达2万件/年左右，同时还成功开发了澳大利亚铁路用HB240以上硬度等级的40t轴重货车车轮，今年产量将超过5000件，可见，马钢已完全具备了重载车轮产业化的能力。

在服务于铁路的同时，马钢还大力开发城市轨道交通用车轮，已成为韩国地铁用车轮的主要供应商，并正在与国内城市轨道交通运营商交流、合作，从统一车轮标准入手，开辟一个新的市场。

产品储备方面，马钢运用自主的热处理技术，在现行铁路行业标准框架下开发了一种"抗早期剥离车轮"，已经在进行装车运行考验，还研制了一种无碳化物贝氏体车轮，具有极其优异的综合性能，见表5，同时还具有极其优良的抗热损伤性能，是一种富有潜力的新型车轮材料。

表3 马钢产高速试验车轮及其他同类车轮的综合性能

钢种	用途	数量/炉	R_{eL}/MPa	R_m/MPa	A/%	硬度值（HB）	A_{KU}/J（常温）	A_{KV}/J（-20℃）	K_Q/MPa·m$^{1/2}$
ER7T	270km/h 高速试验	1	575	900	19.5	255	23	10.8	
	200km/h（KDQ）	4	570~580	880~915	16~20.5	252~265	23.3~26.5	11.0~14.8	89~106
	200km/h 轨检车	1	660	925	18	275	20.3	15.3	82
	出口印度	52	576.2±15.5	897.6±17.4	18.9±1.7	251.9±6.1	23.7±3.5	12.4±2.9	84~91
	法国进口		549	862	19.5	236	24.5	14.2	99.8
	EN13262		≥520	820~940	≥14	≥245	≥17	≥10	≥80

表4 新型重载车轮与 AAR C 及 CL60 车轮的性能比较

类型	轮辋					辐板冲击功
	R_{eL}/MPa	R_m/MPa	A/%	硬度值（HB）	A_{KU5}/J	A_{KU2}/J
新品重载车轮	775	1130	15	334	11.3	28.3
AAR C	830	1180	13	340	8.7	24.3
CL60	720	1080	14.5	292	11.7	29.3

表5 新型无碳化物贝氏体车轮的机械性能

R_{eL}/MPa	R_m/MPa	A/%	断面硬度（HB）	K_Q/MPa·m$^{1/2}$
860	1090	14.5	298~366	127

可以看出，马钢已在高质量车轮产品开发上取得了良好的实绩、积累了成功的经验，证明马钢有能力为我国铁路发展提供更多、更好的服务。

5 下一步展望

马钢即将形成90万件车轮的年生产能力，下一步的主要任务是以铁路的需求为导向，依托技术创新而优化产品结构。

　　工艺技术方面，一是要优化工艺流程、完善工序控制手段，做到工序衔接流畅、过程消耗降低、质量控制能力增强，使马钢车轮生产线在技术经济水平上处于优势地位；二是进一步完善洁净钢冶金技术，使车轮钢冶金质量完全达到欧、日车轮厂的水平，并研究诸如"氧化物冶金"等新技术在车轮钢生产中的适用性，形成具有自主技术的高洁净度、高均质度车轮钢冶金工艺；三是完善车轮压轧、热处理的数值仿真技术，提高工艺设计水平；四是完善实验手段，为技术开发、工艺研究提供充分的条件。

　　产品开发的重点之一为高速动车组用车轮，先期以消化日本、欧洲相关车轮技术为主，确保车轮实物质量达到进口车轮的同等水平，尽快实现高速动车组用车轮的国产化，同时跟踪分析其使用状态，研制适应我国客运专线使用条件的新型高速动车组用车轮；其二为重载车轮，先期按铁道部部署在大秦线推广应用已开发的新型重载车轮，同时进行30t轴重重载货车车轮的预研；其三是城市轨道交通用车轮，着重进行低噪声车轮开发。

　　马钢还将与铁路研究部门合作大力进行应用技术研究，弄清各类车轮的主要损伤形式、机理及其影响因素，以指导车轮使用性能的持续改进。同时，正在积极筹划铁路车轮质量控制与质量检测工程中心建设，建立具有设计、冶金工艺研究、材料性能研究等功能的系统性实验平台，并完善质量检测手段，使马钢向高质量铁路车轮研发基地的方向发展。

6　结语

　　我国铁路跨越式发展已进入攻坚阶段，作为一个已为铁路服务了四十余年的车轮生产基地，依托先进的装备条件和不断增强的技术实力，马钢有信心、有能力与铁路发展保持步调一致，充分发挥好铁路车轮生产基地的应有作用。

马钢高质量圆坯连铸技术开发[1]

顾建国　苏世怀　龚志翔

(马鞍山钢铁股份有限公司)

摘　要：简要介绍了马钢圆坯连铸机技术特点，研究开发系列高质量圆坯连铸生产及控制技术，如无缺陷坯连铸技术开发、铸态组织优化技术开发等。所生产铸坯具有表面、内在质量优良，铸坯铸态组织均匀、致密，中心等轴晶比率高、成分偏析小的特点。采用圆坯所生产的车轮轮箍等产品综合性能达到国际先进水平。

关键词：圆坯连铸；铸坯质量；技术开发；车轮轮箍

1　马钢圆坯连铸机技术概况

随着我国国民经济的迅猛发展，对铁路运输也提出来越来越高的要求。车轮是火车的关键部件，随着铁路列车提速、重载战略的实施，对车轮使用条件的要求日趋严格，因此车轮质量的好坏直接影响到我国铁路运输大发展的进程。马鞍山钢铁股份有限公司作为我国高质量车轮产品的重点生产企业，为适应我国铁路运输发展的需要，不断开展技术改进和技术创新。为进一步提高车轮钢质量和优化其生产工艺，2002年马钢投巨资引进和建设具有90年代先进水平的全弧形大断面圆坯连铸机，通过近两年的大量试验研究，形成系列生产高质量圆坯的连铸技术，并自主完成了圆坯三流技术改造工作。综合检验结果表明，铸坯具有表面质量优良，内部质量高的特点，完全满足生产车轮轮箍的质量需求。

为了进一步优化车轮轮箍生产线，提高车轮轮箍产品内在质量，2002年马钢公司自意大利 Danieli Centro Met 公司引进一套代表国际先进水平的大断面全弧形圆坯连铸机，铸坯断面有 $\phi380mm$ 和 $\phi450mm$ 两种。该铸机具有铸坯断面大，技术装备先进等特点。

马钢圆坯连铸机主要技术参数如下：

◆　弧形半径：$R=12m$
◆　铸机流数：3流
◆　流间距：1800mm
◆　铸坯尺寸：$\phi380mm$、$\phi450mm$
◆　定尺长度：3500~6500mm
◆　拉坯速度：$\phi380mm$：$\leqslant0.70m/min$；$\phi450mm$：$\leqslant0.58m/min$
◆　中间包容量：28t

---

❶　原文发表于2004年发展中国家连铸国际会议论文集；《钢铁》2004年增刊。

- ◆ 浇铸周期：60~70min
- ◆ 注流保护：大包长水口+浸入式水口
- ◆ 结晶器：带足辊双锥度
- ◆ 电磁搅拌：M-EMS（外置式）
- ◆ 二冷方式：水冷，弱冷方式
- ◆ 矫直机：三点五机架矫直

2　圆坯质量要求

马钢大圆坯主要用于生产车轮轮箍产品，而车轮轮箍产品作为列车的行走的关键部件，其质量的好坏直接影响到列车的运行安全和运行质量。车轮轮箍用连铸圆坯的表面及内部质量主要要求如下：

（1）铸坯表面质量：铸坯表面不得有肉眼可见的夹渣、结疤、鼓肚、孔洞、划痕、裂纹等缺陷；表面振痕均匀有规律。

（2）铸坯内部质量：铸坯不允许存在肉眼可见的白点、气泡、夹杂（渣）、皮下气泡和裂纹等缺陷；较低的铸坯疏松、偏析级别。

3　圆坯技术研究开发现状

为满足车轮较高的质量需求，自2002年圆坯连铸机建成投产以来，马钢公司积极与国内冶金院校合作开展相关技术研究，进行了大量的工艺试验和技术改造工作。如开展了车轮轮箍钢连铸的传热及凝固机理、铸坯连铸过程应力应变研究，连铸工艺（如钢水过热度、电磁搅拌、冷却制度等）对圆坯凝固及内部质量的影响等，较好地掌握了圆坯连铸生产高质量车轮轮箍用钢坯的相关技术。使得生产的铸坯质量具有表面质量优良，铸坯铸态组织结构均匀致密，铸坯中心等轴晶比率高达50%以上，内在质量高（低的S、P夹杂元素、气体及夹杂含量）等特点。使用圆坯轧制的HDSA、KKD、LG61、KDQ等车轮轮箍产品的综合检验结果表明，产品的各项性能指标均较好地满足标准要求。所研制开发的高压无缝钢管用圆管坯15CrMoG、12Cr1MoVG等产品综合质量达到国际同类产品先进水平。

4　无缺陷连铸技术的研究与开发

铸坯质量状况直接影响到最终产品的质量，因此无缺陷或低缺陷是连铸生产的基本要求，也是衡量铸坯质量的重要技术指标。为确保车轮轮箍产品质量，马钢积极开展无缺陷连铸技术的开发与研究。

4.1　表面无缺陷连铸技术

铸坯的表面缺陷主要决定于钢水在结晶器凝固过程。它是与结晶器内坯壳形成、结晶器振动、保护渣性能、水口及液面状况等因素有关。

为确保铸坯质量，开展了结晶器保护渣的研制开发，开发出适合马钢车轮轮箍钢连铸保护渣；开展了结晶器内部温度场测定，研究建立结晶器内钢水流场、温度场分布的数学模型等。2002年投产以来，圆坯表面未出现明显的夹渣、裂纹、凹陷等缺陷，完全满足车轮生产及质量要求。

4.2　铸坯内部质量控制技术

铸坯内部质量主要取决于铸坯的凝固过程中铸坯的高温特性、冷却状况及与铸坯接触设备的状况。针对车轮轮箍钢产品，铸坯内部裂纹及铸坯疏松程度将对车轮轮箍的质量产生较直接的影响，因此，开展消除铸坯内部裂纹、提高铸坯的致密度是提高铸坯质量的关键。

为此，在开展圆坯高温力学性能试验、铸坯射钉试验、铸坯表面温度变化规律研究等的基础上，开发建立铸坯圆坯凝固传热模型、连铸过程应力变化数学模型等，研究制定了科学的连铸拉速制度、二冷水控制模型、矫直制度等，有效保证铸坯内部质量满足车轮轮箍等产品的质量需求。

4.2.1　圆坯高温力学性能试验

试验在 Glebble2000 热模拟试验机上进行，通过测定圆坯的高温强度和断面收缩率，为连铸二冷水工艺优化提供技术依据。测试钢种为 CL60 车轮钢，其化学成分见表 1。

表 1　CL60 钢化学成分
Table 1　The component of CL60 steel　　　　　　　　　　　（%）

牌号	C	Si	Mn	P	S
CL60	0.60	0.31	0.75	0.015	0.005

试验结果见图 1，CL60 钢圆坯 900~1200℃ 区域具有较高的塑性。因此，当铸坯温度处于此温度区域时，须采用弱冷制度，同时铸坯的矫直点温度须控制在 900℃ 以上。

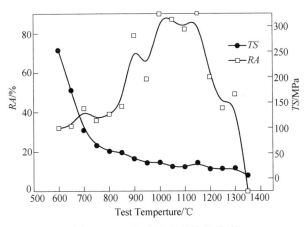

图 1　CL60 钢高温力学性能曲线
Fig. 1　Mechanical property curves of CL60 steel in high temperature

4.2.2　二冷水工艺优化试验

连铸的二次冷却方式及冷却制度对铸坯的质量有着直接的影响[1]。为获取优良的铸坯质量，根据车轮轮箍钢特点及铸坯质量要求，研究开展二冷工艺优化试验。试验根据连铸的凝固及传热特点，依据目标温度反算法原理，采用比水量的方法，建立和制定二冷工艺试验方案。试验结果表明，采用如下二冷工艺可较好满足连铸生产及铸坯质量需求，见表2。

表 2　二冷工艺主要技术参数
Table 2　Basic technical data of secondary cooling system main

冷却段	冷却长度/m	冷却方式	喷嘴类型	比水量/L·kg⁻¹
4 段	5.7	水冷	圆锥形 90°/60°	0.30~0.35

试验过程中采用红外线测温仪对铸坯表面温度进行在线测定，结果见图2。铸坯表面温度变化较为合理，铸坯表面回温较小，进矫直区铸坯表面温度全部在900℃以上。

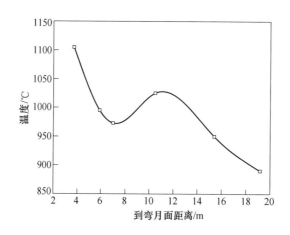

图 2　铸坯表面温度检测结果

Fig. 2　Result of round bloom surface temperature measurement

4.3　优化铸态组织技术开发

铸坯的铸态组织是评价铸坯内部质量的主要指标，因为铸坯内部质量的好坏很大程度上取决于铸坯的铸态组织，均匀而致密的等轴晶组织是铸坯最为理想的组织。如何提高等轴晶比率是提高连铸坯内部质量的关键，是获得良好的铸坯内部质量的首要条件。

根据铸坯凝固及传热特点，铸坯的柱状晶区和等轴晶区的相对大小主要取决于钢水温度、铸机拉速及冷却制度。在一定的连铸工艺条件下，为了最大程度地获得等轴晶组织，通常采取降低浇铸温度、调整拉速和弱冷方式，同时采用合理的电磁搅拌技术等。下面就简要介绍结晶器电磁搅拌技术的开发及其对铸坯组织影响情况[2]。

4.3.1　电磁搅拌对铸坯组织结构影响

试验结果表明，铸坯中心等轴晶比率随着搅拌电流的增加而增加，最高可达到72.2%。电磁搅拌电流与铸坯中心等轴晶比率关系见图3。对铸坯低倍组织影响见图4。

4.3.2　电磁搅拌对铸坯疏松影响

研究表明，结晶器电磁搅拌可大大提高铸坯的中心等轴晶区，改善铸坯的凝固组织，从而减少铸坯的疏松程度，见表3。

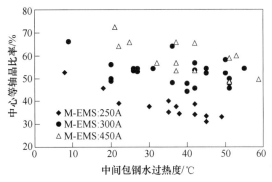

图3 搅拌电流与铸坯中心等轴晶比率关系图

Fig. 3 Relationship between stirring current and central equiaxed crystal rate

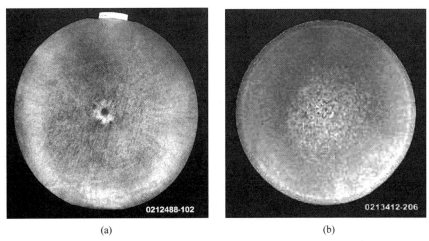

(a)   (b)

图4 电磁搅拌对铸坯铸态组织的影响

（a）无电磁搅拌，等轴晶比率：6.0%；（b）电磁搅拌 $I=300A$，等轴晶比率：72.2%

Fig. 4 Affection of electromagnetic stirring to casting structure

（a）without electromagnetic stirring, equiaxial crystal ratio：6.0%；

（b）with electromagnetic stirring（$I=300A$），equiaxial crystal ratio：72.2%

表3 两种搅拌工艺条件下铸坯疏松情况

Table 3 Porosity level under two stirring processes

工艺	项目	检测结果（铸坯中心→表面）							
搅拌 $I=300A$	疏松级别	2.5	2.0	2.0	1.5	1.0	1.0	1.0	0.5
	尺寸/mm（最大）	0.06	0.06	0.05	0.05	0.05	0.03	0.03	0.02
	密度/颗·cm^{-2}	60	60	40	30	20	20	20	10
无搅拌	疏松级别	2.5	2.5	2.5	1.0	1.5	1.0	1.0	2.0
	尺寸/mm（最大）	0.06	0.05	0.07	0.05	0.07	0.04	0.07	0.04
	密度/颗·cm^{-2}	60	60	60	30	30	30	30	20

4.3.3　电磁搅拌对铸坯夹杂物分布影响

研究表明，使用电磁搅拌可有效改善铸坯内部夹杂物的分布，降低夹杂物的尺寸。图5所示为两种不同搅拌工艺条件下，铸坯内部夹杂物的分布及夹杂物尺寸大小特点。

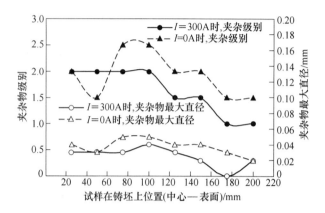

图5　M-EMS对圆坯内夹杂物级别、尺寸及分布的影响

Fig. 5　Affection of electromagnetic stirring to the level, dimension and density of inclusion

5　圆坯质量分析

通过对圆坯连铸开展的系统技术研究工作，形成了系统的高质量圆坯连铸生产技术，配合先进的冶炼及精炼工艺技术，使所生产的铸坯具有表面质量好，振痕均匀，铸坯内在质量纯洁度高，铸坯内部组织均匀、致密、成分偏析小的特点。

5.1　铸坯纯洁度分析

检测分析了13块 ϕ450mm 车轮钢圆坯断面上（内外弧）全氧及气体含量，结果见表4。由此可见，铸坯具有较低的氮及全氧含量，铸坯内外弧无明显质量差异。

表4　车轮钢圆坯气体含量

Table 4　Gas content of wheel steel （ppm）

项目	T. O		[N]	
	内弧 1/2R	外弧 1/2R	内弧 1/2R	外弧 1/2R
最大值	27.2	24.7	71.3	70.8
最小值	15.8	12.9	46.5	45.2
平均值	20.9	19.8	58.4	57.1

铸坯断面上夹杂物的分布的检测分析结果，见图5（结晶器电磁搅拌电流为300A）。可见铸坯断面上夹杂物级别低且分布较为均匀。

5.2　铸坯低倍质量分析

铸坯低倍检验统计结果见表5。结果表明，圆坯具有组织均匀、中心等轴晶比率高等特点。

表5 φ450mm圆坯低倍质量检测结果

Table 5 Microstructure test result of φ450mm round bloom

项目	椭圆度/%	内弧柱状晶厚/mm	内弧柱状晶厚/mm	中心等轴晶比率/%
最大值	1.5	130	100	58.2
最小值	0.0	90	60	45.5
平均值	0.95	115	90	52.1

5.3 铸坯成分偏析分析

铸坯宏观成品偏析采取了断面成分分析法及原位分析法，对φ380mm圆坯断面成分偏析检测结果见图6。结果表明，圆坯除存在轻微的中心偏析外，总体偏析较小。

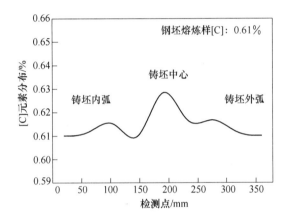

图6 φ380mm圆坯断面［C］元素分布情况

Fig. 6 Distribution of［C］along φ380mm round section

5.4 铸坯致密度分析

铸坯致密度直接反映和决定了铸坯的疏松及偏析情况，对铸坯断面密度测定结果见图7。表明所生产铸坯具有较好的致密度，从而确保了铸坯质量满足后续产品需求。

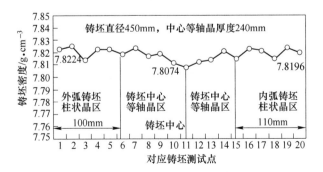

图7 φ450mm圆坯断面铸坯密度测定结果

Fig. 7 Density test result along φ450mm round section

6　圆坯产品开发情况

自 2002 年 4 月建成投产以来，根据市场需求，目前已成功开发出高质量的铁路用 HDSA、KKD 快速车轮、GKD 型（270km/h）高速车轮、1250 整体机车车轮等。所轧制产品经综合检验，结果表明采用连铸圆坯所生产的车轮轮箍产品各项性能指标均较好满足标准及用户需求，车轮轮箍的内在产品质量达到了国际先进水平。

同时根据市场需求，成功开发研制出高压无缝钢管用 20G、15CrMoG、12Cr1MoVG 等圆管坯，填补了我国大断面连铸圆管坯产品的空白，产品深受用户欢迎与好评。经综合检测，其实物质量已达到了国际同类产品先进水平。

7　结语

为满足高质量车轮轮箍产品质量的需求，开展了生产高质量铸坯的连铸技术的相关试验研究与开发，使圆坯的表面及内在质量显著提高，较好满足车轮轮箍等产品需求。

参 考 文 献

[1] 蔡开科，程士福，主编. 连续铸钢原理与工艺 [M]. 北京：冶金工业出版社，1999.
[2] 龚志翔，张建平，等. M-EMS 对大圆坯质量的影响 [J]. 连铸，2003 (5)：1-2，11.

Development of High Quality Round Bloom Continuous Casting Technology in Masteel

Gu Jianguo　　Su Shihuai　　Gong Zhixiang

（Ma'anshan Iron and Steel Co., Ltd.）

Abstract：The technical features of round bloom continuous caster, as well as the high quality round bloom producing and controlling technology developed, such as non-defect bloom continuous casting technology and casting structure optimizing technology are briefed in this paper. The round bloom produced has many characteristics such as high surface and internal quality, homogeneous and dense casting structure, improved central equiaxed crystal rate and low segregation of chemical compositions, etc. The comprehensive properties of wheel and tyre products produced with round bloom have attained advanced world level.

Key words：round bloom continuous casting; bloom quality; technology development; train wheel and tyre

高速车轮钢断裂韧性与组织结构的关系●

洪艳平[1]　闫　军[1]　苏世怀[2]　江　波[2]　沈晓辉[1]　章　静[1]

（1. 安徽工业大学；2. 马鞍山钢铁股份有限公司）

摘　要：以 CL50D 车轮钢为研究对象，对断裂韧性水平不同的试样断口进行显微组织分析，研究组织中晶粒尺寸、铁素体含量、珠光体片层间距对材料断裂韧性的影响。结果表明，车轮钢断裂韧性随着平均晶粒尺寸、5%最大平均晶粒尺寸的增大而降低，晶粒越均匀，断裂韧性越高；断裂韧性起初随铁素体含量的增加而增大，达到一个峰值后随着铁素体含量的增加而减小；在珠光体片层间距为 0.13~0.16μm 的范围内，断裂韧性与珠光体片层间距的相关性不大。

关键词：车轮钢；断裂韧性；显微组织

1　引言

铁路的高速化和重载化发展对车轮的断裂韧性提出了更高的要求，如车轮钢断裂韧性平均值应大于或等于 80MPa·m$^{1/2}$，最小值不得小于 70MPa·m$^{1/2}$，目前，国内车轮钢断裂韧性不能完全达到这个标准。材料的显微组织对其断裂韧性有极其复杂的影响，Sangho 等[1]认为解理断裂单元比奥氏体晶粒尺寸小，奥氏体晶粒尺寸对解理裂纹扩展起着重要的作用；Seshu Kumar 等[2]认为原始奥氏体晶粒越细小，材料的断裂韧性越高；Sakamoto 等[3]认为断裂韧性正比于铁素体含量和原始奥氏体晶粒直径；Modi 等[4]研究了珠光体片层间距对强度、延伸率、冲击韧性的影响；Sim 等[5]研究了相变温度对中碳钢组织、珠光体中渗碳体片厚度及塑性的影响；张峰等[6]发现提高铁素体含量、细化晶粒可以提高断裂韧性，认为珠光体片间距 0.6mm 时，断裂韧性最好。文中选择 7 个断裂韧性不同的 CL50D 车轮钢试样，对其显微组织进行观察和定量分析，以期更好地掌握它们之间的规律，为组织控制提供借鉴。

2　实验

2.1　材料

实验用钢采用 CL50D 中碳硅锰车轮钢。选用 7 个不同断裂韧性（K_Q）的断口试样，其编号和断裂韧性见表 1，化学成分见表 2。由表 1 可见，不同炉号的车轮钢断裂韧性有较大的差异，其最高值与最低值相差 60%以上；同一炉号的车轮钢断裂韧性差别也很大。

● 原文发表于《安徽工业大学学报》2012 年第 4 期。
科技部"863"重点项目（2008AA030703）。

表1 试样编号及断裂韧性

炉 号	试样编号	$K_Q/\mathrm{MPa \cdot m^{1/2}}$
10-1-07284	1#	130.6
	2#	112.6
	3#	90.8
	4#	70.4
10-1-04212	5#	60.1
08-1-09351	6#	54.5
10-1-04212	7#	46.7

表2 试样的化学成分 (%)

炉号	C	Si	Mn	P	S	Cr	Ti	Als	N
10-1-04212	0.51	1.10	0.93	0.0070	0.0004	0.03	0.0054	0.049	0.00388
10-1-07284	0.51	0.93	0.93	0.0090	0.0010	0.04	0.0012	0.023	0.00320
08-1-09351	0.52	0.92	0.96	0.0088	0.0006	0.06	0.0047	0.011	0.00434

2.2 方法

在断裂韧性断口试样上截取金相试样，研磨、抛光后，用体积分数为4%的硝酸酒精腐蚀，在光学显微镜和Nano SEM型号扫描电镜下采集照片，对试样中的晶粒尺寸、铁素体含量及珠光体片层间距进行统计。

3 实验结果与讨论

图1为典型断裂韧性断口试样的金相组织。由图1可知，试样组织均为珠光体+铁素体，亮区为铁素体，暗区为珠光体，大部分铁素体成断续的网状，极少部分铁素体成块状；不同断裂韧性车轮钢试样组织中的铁素体含量区别明显。

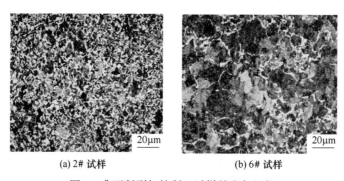

(a) 2# 试样　　　　　(b) 6# 试样

图1 典型断裂韧性断口试样的金相组织

3.1 晶粒尺寸对断裂韧性的影响

在亚共析钢奥氏体分解的冷却过程中，铁素体优先在奥氏体晶界析出，因此可以将铁素体网看成是一个个晶粒，从而测量出晶粒尺寸。根据 GB/T 6394—2002 标准，将晶粒尺寸转换成晶粒级别，作出晶粒分布图，如图 2 所示。

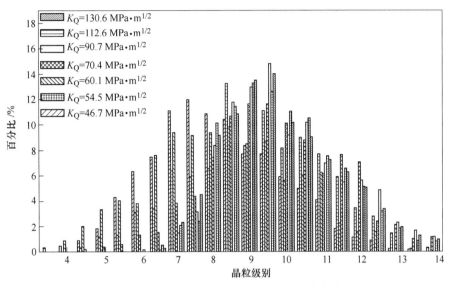

图2 不同断裂韧性试样晶粒尺寸的分布

从图2可看出，断裂韧性较高试样（$\geqslant 90.7 \mathrm{MPa \cdot m^{1/2}}$）的晶粒级别大部分集中在 8 ~ 10 级，几乎不存在晶粒级别小的晶粒；$K_Q = 70.4 \mathrm{MPa \cdot m^{1/2}}$ 试样的断裂韧性值大于标准里的最低值 $70 \mathrm{MPa \cdot m^{1/2}}$，其晶粒级别也大部分集中在 8 ~ 10 级，但集中性不如断裂韧性较高试样好，少量小于 6 级；断裂韧性较低试样（$\leqslant 60.1 \mathrm{MPa \cdot m^{1/2}}$）的晶粒级别大部分集中在 6 ~ 8 级，同时还存在较大尺寸的晶粒，有些甚至小于 4.5 级。由此可以看出，晶粒级别越大，断裂韧性越高，也就是说晶粒尺寸越小，车轮钢的断裂韧性越高。细化晶粒能够改善车轮钢的断裂韧性。

根据测得的晶粒尺寸，求出每个试样的平均晶粒尺寸。在所测晶粒尺寸中取 5% 求平均值，记为 5% 最大平均晶粒尺寸，用于评判大晶粒尺寸[7]。文中用不均匀因子评价组织的均匀性。采用最大晶粒尺寸与平均晶粒尺寸之比作为不均匀因子[8]，不均匀因子越大，混晶现象越严重。表3是不同断裂韧性车轮钢试样的晶粒尺寸及不均匀因子计算结果。

表3 不同断裂韧性车轮钢试样的晶粒尺寸及不均匀因子

试样	断裂韧性/MPa · m$^{1/2}$	平均晶粒尺寸/μm	5%最大平均晶粒尺寸/μm	不均匀因子
1#	130.6	15.62	35.14	2.25
2#	112.6	15.64	38.75	2.48
3#	90.8	14.85	30.24	2.04
4#	70.4	20.34	50.81	2.50
5#	60.1	26.53	72.72	2.74
6#	54.5	23.21	66.09	2.85
7#	46.7	27.14	82.46	3.04

　　从表 3 可以看出，不同断裂韧性试样平均晶粒尺寸的最大值与最小值仅相差 12.29μm；5%最大平均晶粒尺寸的最大值与最小值却相差 52.22μm，达 2 倍多；不均匀因子的最大值与最小值相差 1，差别不大。4#~7#试样的平均晶粒尺寸相差不大，但是 5%最大平均晶粒尺寸差异显著，可见 5%最大平均晶粒尺寸对车轮钢断裂韧性起主导作用。断裂韧性不同的 1#~3#试样，它们的平均晶粒尺寸及 5%最大平均晶粒尺寸水平相当，但晶粒比较细小。这说明当晶粒细化到一定尺寸时，晶粒尺寸不再是车轮钢断裂韧性的主要影响因素。因此，需要进一步分析车轮钢断裂韧性的其他影响因素。图 3 是车轮钢断裂韧性与晶粒尺寸的关系。从图 3 可以看到，车轮钢断裂韧性随着平均晶粒尺寸及 5%最大平均晶粒尺寸的增大而减小。

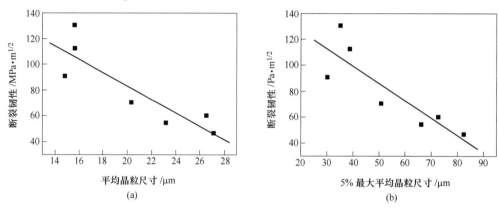

图 3　车轮钢断裂韧性与晶粒尺寸的关系

　　综上所述，车轮钢断裂韧性随平均晶粒尺寸、5%最大平均晶粒尺寸、不均匀因子的减小而增大。细化和均匀化晶粒尺寸能够提高车轮钢断裂韧性，并且在一定晶粒尺寸范围内，5%最大晶粒尺寸对车轮钢断裂韧性起着主导作用。

　　车轮钢的断裂属于解理断裂。由于各晶粒的取向不同，解理初裂纹从一个解理面穿过晶界进入另一个晶粒中比较有利于发展裂纹的解理面时会受到晶界的阻碍作用，而晶粒越细小，晶界越多，解理初裂纹受到的阻碍作用越大，裂纹在晶界中传播越困难，表现为断裂韧性越高[9,10]，同时，晶粒尺寸变小，晶界总面积增大。在杂质含量一定的情况下，晶界上偏析的含量就会减小，有助于减轻脆断的倾向，从而提高材料的断裂韧性。

　　解理断裂初裂纹的形成与塑性变形有关。只有当宏观裂纹前端的局部正应力达到临界解理断裂强度，解理裂纹才会发生扩展。文献［11］中指出，临界解理断裂强度仅是奥氏体晶粒的函数，奥氏体晶粒尺寸越小，解理面中形成的晶粒尺寸的微裂纹长度越小，此时所需的宏观裂纹前端局部正应力就越大，材料的断裂韧性就越高。在亚共析钢中，铁素体优先在奥氏体晶界析出。所以，铁素体晶粒尺寸越小，车轮钢的断裂韧性越高。

3.2　铁素体含量对断裂韧性的影响

　　车轮钢的组织为铁素体和珠光体，而珠光体的基本相是铁素体与渗碳体，其中铁素体是软韧相，较易变形；渗碳体是硬脆相，以细片状分布在铁素体上，起强化作用。钢中铁素体的含量会对材料的韧性产生一定的影响。图4是车轮钢断裂韧性与铁素体含量之间的关系。

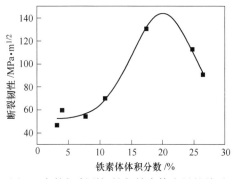

图4　车轮钢断裂韧性与铁素体含量的关系

从图4可以看出，车轮钢断裂韧性先随铁素体含量的升高而增大，达到一个峰值点后，随铁素体含量的升高而降低。断裂韧性较高试样（≥90.7MPa·m$^{1/2}$）的平均晶粒尺寸、5%最大平均晶粒尺寸、不均匀因子都无明显差异，但其组织中的铁素体含量却有明显差异，并且相对于断裂韧性较低试样（≤70.4MPa·m$^{1/2}$），组织中的晶粒尺寸较小，铁素体含量较高。这是因为细化奥氏体晶粒能够在一定程度上提高A_{r3}点，同时大大增加了奥氏体晶界所占的体积，使铁素体的形核点增多，提高铁素体的形核密度，在一定程度上能细化铁素体组织，并且提高铁素体含量。实验中还发现当铁素体晶粒细小，断裂韧性却随着铁素体含量的增高而降低，这跟铁素体的形态及分布有关。

先共析铁素体的金相形态大致可分为块状、网状和片状（或针状），不同的铁素体形态对材料性能的影响也不同。文中CL50D车轮钢的碳质量分数在0.52%左右，比较接近共析点成分，并且车轮尺寸大，形状比较复杂，压轧成型过程中变形难以达到一致，在后续热处理淬火过程中也难以快速冷却。因此，车轮钢组织中铁素体主要以断续的网状存在，但观察图1发现，组织中还有极少的铁素体呈块状存在。目前还没有具体的技术将网状铁素体和块状铁素体区分，并且定量化，所以车轮钢断裂韧性与组织中铁素体形态的关系有待于进一步的研究。

3.3　珠光体片层间距对断裂韧性的影响

珠光体形态为片状铁素体与片状渗碳体交替排列的片状组织，相邻的一片铁素体厚度与相邻的一片渗碳体厚度之和为珠光体片层间距。珠光体形态影响钢的性能，片层间距是描述珠光体形态的一个重要参数。图5为不同断裂韧性试样的珠光体片层形貌，表4为不同断裂韧性试样的珠光体片层间距。从表4可以看到，不同断裂韧性车轮试样的珠光体片层间距略有差异，其珠光体片层间距处在0.13~0.16μm。

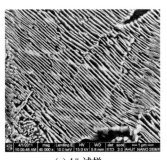
(a) 4# 试样
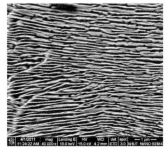
(b) 7# 试样

图5　不同断裂韧性试样的珠光体片层形貌

表 4　不同断裂韧性试样的珠光体片层间距

试样	K_Q /MPa · m$^{1/2}$	珠光体片层 间距/μm	试样	K_Q /MPa · m$^{1/2}$	珠光体片层 间距/μm
1#	130. 6	0. 136	5#	60. 1	0. 153
2#	112. 6	0. 136	6#	54. 5	0. 156
3#	90. 8	0. 132	7#	46. 7	0. 160
4#	70. 4	0. 150			

4　结论

（1）车轮钢断裂韧性随晶粒尺寸的减小而增大，细化晶粒能够提高车轮钢断裂韧性。组织中的大晶粒对车轮钢的断裂韧性起着决定性作用，组织的均匀性也对断裂韧性产生一定影响，组织越均匀，断裂韧性越高。

（2）组织中铁素体含量越大，断裂韧性越高，但是当晶粒尺寸较细小时，车轮钢的断裂韧性随铁素体含量的增大而减小，与铁素体的形态及分布有关。

（3）不同断裂韧性车轮钢试样的珠光体片层间距略有差异，其珠光体片层间距处在 0. 13~0. 16μm。在此范围内，车轮钢断裂韧性与珠光体片层间距的相关性不大。

参 考 文 献

[1] Sangho K, Sunghak L, Bong S L. Effects of grain size on fracture toughness in transition temperature region of Mn−Mo−Ni low-alloy steels [J]. Materials and Engineering A, 2003, 359 (1/2)：198~209.

[2] Seshu Kumar A, Ravi Kumar B, Datta G L, et al. Effect of microstructure and grain size on the fracture toughness of a micro−alloyed steel [J]. Materials Science and Engineering A, 2010, 527 (4/5)：954~960.

[3] Haruo S, Kazuo T, Kenji H. Fracture toughness of medium−high carbon steel for railroad wheel [J]. Materials Science and Engineering A, 2000, 285 (1)：288~292.

[4] Modi O P, Deshmukh N, Mondal D P, et al. Effect of interlamellar spacing on the mechanical properties of 0. 65% C steel [J]. Materials characterization, 2001, 46 (5)：347~352.

[5] Hye−Joung S, Yong B L, Won J N. Ductility of hypo−eutectoid steels with ferrite−pearlite structures [J]. Journal of materials science, 2004, 39 (5)：1849~1851.

[6] 张峰，陈刚. 车轮断裂韧性与组织和性能的关系 [J]. 理化检验—物理分册，2004, 40 (4)：72~75.

[7] 李胜军，任学冲，高克玮. 等. 晶粒尺寸对车轮钢解理断裂韧性的影响 [J]. 北京科技大学学报，2011, 33 (9)：1106~1109.

[8] 罗新民，王安东，陈彩凤. 不均匀因子与工具钢奥氏体晶粒长大的控制 [J]. 金属热处理，1999 (12)：13~16.

[9] 崔忠圻. 金属学与热处理 [M]. 北京：机械工业出版社，2006：193.

[10] 张星联，王广科，江波，等. CL60 车轮钢流度应力模型 [J]. 安徽工业大学学报（自然科学版），2009, 26 (4)：357~359.

[11] Taleff E M, Lewandowski J J, Pourladian B. Microstructure property relationships in pearlitic eutectoid and hypereutectoid carbon steels [J]. JOM, 2002, 54 (7)：25~30.

Relationship between Fracture Toughness and Microstructure of High-speed Railway Wheel Steel

Hong yanping[1]   Yan Jun[1]   Su Shihuai[2]   Jiang Bo[2]   Shen Xiaohui[1]   Zhang Jing[1]

(1. Anhui University of Technology; 2. Ma'anshan Iron and Steel Co., Ltd.)

Abstract: Microstructures of sample fracture of CL50D wheel steel in different fracture toughness levels were analyzed. Effects of grain size, ferrite conent and pearlite lamellar spacing on fracture toughness were studied. Results show that fracture toughness of wheel steel increases with decreasing of average grain size and 5% maximum average grain size. The more uniform of grain size distributes, the higher of fracture toughness is. At the beginning fracture toughness increases as the increase of volume fraction of ferrite, reaches a peak value, then reduces as the increase of volume fraction of ferrite. When the range of pearlite lamellar spacing is 0. 13−0. 16μm, there is little correlation between fracture toughness and pearlite lamellar spacing.

Key words: wheel steel; fracture toughness; microstructure

马钢开发高质量铁路用钢材的回顾与展望[①]

苏世怀 江 波 吴结才

（马鞍山钢铁股份有限公司）

摘 要：马钢作为铁路用材的生产基地，随着新一轮技术改造的完成，整体装备水平和产品档次将进一步提升，在现有轮、型产品的基础上，马钢可开发铁路用钢材的品种将进一步扩大，开发的能力也将大大提高。

关键词：车轮；型钢；产品开发

1 引言

马钢是一个有近 50 年历史的国有特大型钢铁联合企业，也是最早进行整体股份制改造的境内外上市公司。现已具备铁、钢、材 600 万吨以上的生产能力，随着"十五"技改项目的陆续建成投产，马钢将达到 900 万~1000 万吨铁、钢、材生产能力。届时，马钢将拥有一流的碾钢车轮生产线，一流的 CSP 热轧薄板生产线，冷轧薄板生产线，热镀锌生产线，彩色涂层板生产线，与现有的 H 型钢生产线、高速线材生产线、连轧棒材生产线相配套，形成以轮、型、板、线（棒）为主的产品特色，生产规模和产品档次也将有较大的提升。

马钢的发展离不开铁路，不仅因为马钢的原材料和产品的运输需要铁路，重要的是马钢的产品离不开铁路这个大市场。马钢从发展伊始就与铁路结下了不解之缘。20 世纪 60 年代初，党中央决定在马钢建设车轮轮箍厂，全国支援马钢建设，奠定了马钢发展的基础。有了马钢的车轮社会主义建设的列车得以滚滚向前。20 世纪 90 年代末，马钢新建设的 H 型钢生产线投产，面对国内潜在的、巨大的钢结构市场，铁路又成为马钢开发的 H 型钢新产品第一个应用的行业。

2 开发工作回顾

2.1 车轮

为适应我国铁路提速、重载的发展需求，拓展国际市场，自 1997 年以来，马钢以先进的炉外精炼装备为依托，已开发了碳含量 0.45%~0.77% 的各种牌号车轮，涵盖提速、准高速、高速客车、提速货车以及地铁车辆等各种用途，产品质量均能达到相应标准的要求。在这项工作中，也探索了微合金化技术的应用。典型产品概述如下。

---

① 原文发表于《微合金化技术》2003 年第 3 期。

2.1.1 KKD、HDS 车轮

分别用于提速客车(120~160km/h)、货车(80~120km/h)，钢种均为 GB 8601—88 标准中的 CL60 钢，但力学性能和洁净度要求大幅度提高，主要体现在强度、硬度、B 类夹杂和氢含量上，见表 1。

自 1998 年转产以来，这两种车轮的氢含量达标率为 100%，B 类夹杂达标率大于95%。两种车轮的塑性指标、冲击功指标的达标率为 100%，强度、硬度情况见表 2。由表 2 知，马钢开发的这两种车轮实物质量一直比较稳定。

表 1　KKD、HDS 车轮技术要求与 GB 8601—88 标准的比较

类别		σ_b/MPa	δ/%	ψ/%	硬度(HB)	A_{KU2}/J	B 类夹杂/级	H/ppm
KKD		≥910	≥10	≥14	265~320	≥16	≤1.0	≤2.0
HDS		≥910	≥10	≥14	265~320	≥16	≤1.5	≤2.5
GB 8601	客车轮	880~1105	≥10	≥14	≥251	≥16		
	货车轮	860~1090	≥10	≥14	≥248	≥16		

表 2　KKD、HDS 车轮的强度、硬度

类别	σ_b/MPa			硬度(HB)		
	最小值	主要分布范围	主要分布范围所占比例/%	最小值	主要分布范围	主要分布范围所占比例/%
KKD	945	1000~1100	90.4	266	275~310	91.1
HDS	935	1000~1100	92.3	269	275~310	93.6

2.1.2 UIC 标准系列车轮

主要为 R7、R8、R9 三种车轮，其中 R7 车轮在国内用于 160~200km/h 级准高速客车和 300km/h 级高速列车，同时是主要的出口产品；R8 车轮用于香港广九铁路；R9 车轮用于地铁车辆。三种车轮的主要要求及力学性能情况见表 3、表 4。由表 4 可知，准高速、高速车轮的显微夹杂、氢含量达标率为 100%，性能均满足标准要求。200km/h 车轮已经过 5 年多的运用考验，状态良好；R8、R9 车轮分别在香港广九铁路和上海地铁使用了 5 年以上；高速试验用车轮在铁道部组织的高速试验上得到了应用。

表 3　R7、R8、R9 车轮的主要技术要求

类别	C/%	Mn/%	σ_b/MPa	δ/%	A_{KU5}/J	B 类夹杂/级	H/ppm
R7	≤0.52	≤0.80	820~940	≥14	≥15	≤1.0[①]	≤2.0[①]
R8	≤0.56	≤0.80	860~980	≥13	≥15		
R9	≤0.60	≤0.80	900~1050	≥12	≥10		

①准高速、高速车轮要求。

表 4　R7、R8、R9 车轮的实物力学性能情况

类别	σ_b/MPa	δ/%	A_{KU5}/J	硬度(HB)
R7	850~920	>17	22~30	243~269
R8	880~955	>15	17~24	251~280
R9	950~1035	≥12	13~19	270~300

2.1.3 AAR 系列车轮

AAR 系列车轮中常用的为 B、C 级车轮，两者的技术要求见表 5。

表 5 AAR-B、C 级车轮的主要技术要求

类别	C/%	Mn/%	表面硬度（HB）	H[①]/ppm	夹杂物含量（面积百分比）/%[①]	
					氧化物	硫化物
B	0.57~0.67	0.65~0.85	>277	≤2.0	≤0.20	≤0.20
C	0.67~0.77	0.65~0.85	>321	≤2.0	≤0.20	≤0.20

①附加要求。

这两种车轮的技术难点在夹杂物控制上，通过严格的[O]、[S]控制和采用恰当的夹杂物变性变态处理技术，显微夹杂完全满足了附加要求，产品通过了 AAR 认证，已开始出口美国。

2.1.4 整体机车车轮

整体车轮是机车用车轮的应用方向，在某些型号机车设计上，车轮辐板与驱动装置相连，对辐板韧性要求很高，该种车轮的开发采用了降 C、V 微合金化技术路线，其主要技术要求见表 6。该种车轮的实物性能见表 7。从表 7 可见，开发的整体机车车轮完全符合技术要求，已通过铁道部验收。

表 6 整体机车车轮的主要技术要求

C/%	Mn/%	V/%	H/ppm	轮辋				辐板 A_{KU2}/J	
				σ_b/MPa	δ/%	ψ/%	硬度(HB)	20℃	-60℃
0.52~0.56	0.50~0.80	0.08~0.15	≤2.0	900~1050	≥13	≥14	≥250	≥18	≥6.4

表 7 整体机车车轮的实物性能

轮辋				辐板 A_{KU2}/J	
σ_b/MPa	δ/%	ψ/%	硬度(HB)	20℃	-60℃
970	20	41	272	40	10.3

几年来，在 CL60 级、UIC 系列车轮上均尝试了微 V 处理(0.03%~0.05%)。结果表明，在相同的热处理工艺下，微 V 处理所带来的强度增值可达 50MPa，硬度增值可达 10HB，但韧性有所降低，且车轮轮辋上会出现较大范围的非珠光体组织。

在研制 V 微合金化整体机车车轮时发现，同一炉钢经不同批次处理，韧性指标，特别是低温韧性会出现较大幅度的波动。从工艺过程看，热处理加热温度的波动是主要原因。

曾试图用 Nb 微合金化(0.010%~0.020%)提高 CL60 级车轮的低温韧性，结果在车轮上发现 Nb 的异金属夹杂，韧性也未提高，其原因需进一步分析。

从已有的经验看，V 在改善强韧配合上具有潜在的应用前景，所出现的问题是由于对 V 的溶解、析出行为及其影响因素缺乏深入认识，未能使 V 的有益作用稳定、合理地发挥。这是今后需要重点研究的课题。

由于 Nb 在钢中固溶度随碳含量升高而急剧降低，在车轮上的应用前景需进一步探讨。

2.2 型钢

H 型钢用于铁道集装箱平车后，由于其表面平整光洁，连接方便，减少了制造厂表面处理的工作量，减轻了工人的劳动强度，使车辆更加美观，受到有关车辆厂的欢迎。到目前为止，马钢已生产 4.5 万吨 H 型钢供各车辆厂生产平车。另外，还为青岛四方-旁巴迪公司开发了豪华客车用槽钢。马钢在型钢方面开发的典型品种如下。

2.2.1 SM400B-H512×202H 型钢

1999 年，马钢 H 型钢生产线刚刚投产，就研制开发了 XN17AK 铁路平板车用 235MPa 级 HN512×202×12×22 规格 13.1m 特殊定尺的 H 型钢，钢种为 SM400B，与原设计使用的 I56b 相比，每米重量减轻 1kg，平车自重减轻 52kg。材质上，由于采用了铌微合金化技术，较以前的 20 钢强度提高，低温韧性进一步改善。SM400B 成分要求列于表 8 中，表 9 为实际生产时 H 型钢的力学性能状况。从中可以看出，试制产品的性能达到了标准的要求，强度和韧性指标均有较大的富余。

表 8 SM400B 和 Q345T 成分要求 （%）

牌号	C	Si	Mn	P	S	Nb
SM400B	≤0.20	≤0.35	0.60~1.40	≤0.035	≤0.035	适量
Q345T	≤0.20	≤0.55	1.00~1.60	≤0.035	≤0.035	适量

表 9 SM400B H 型钢的力学性能（样本数 $N=90$）

项目	拉力			A_{KV}/J								
				20℃		0℃		-20℃		-40℃		-60℃	
	σ_s/MPa	σ_b/MPa	$\delta_5/\%$	平均	最小	平均	最小	平均	最小	平均	最小	平均	最小
标准要求	≥235	400~510	≥18	≥48.34	≥39.63	≥29.37	≥23.50	≥13.11	≥8.60	≥7.01	≥4.66	≥3.57	≥2.70
实物水平	$\dfrac{330\sim505}{380}$	$\dfrac{435\sim510}{472}$	$\dfrac{26\sim38}{35}$	251.9	207.0	224.8	110.0	172.9	20.0	98.1	6.0	34.1	3.5
±3σ 区间	257~503	421~523	29~41	—	—	—	—	—	—	—	—	—	—

2.2.2 Q345T-H600×200H 型钢

2000 年初，北京二七车辆厂研制的集装箱用 XN17BK 平车投入小批量生产，马钢为其开发了 345MPa 级 HN600×200×11×17 规格 15.6m 特殊定尺 H 型钢，钢种为 Q345T，该品种的开发，成功地解决了平车加长后大梁用型钢无合适规格型钢可选的难题。该品种与 I56b 相比，米重减轻 9kg，抗弯截面矩则增加了 6.7%，达到了提高车辆承载能力的同时减轻自重的双重效果。生产中采用了微合金化和控制轧制技术，与普通 Q345B 钢相比，产品的强度、塑性和低温冲击韧性大大提高，成分均匀，质量稳定。Q345T 成分要求列于表 8 中，表 10 为实际生产时 H 型钢的力学性能状况。从中可以看出，试制产品的性能达到了标准的要求，强度和韧性指标均有较大的富余。

表 10　Q345T H 型钢的力学性能（样本数 $N=68$）

项目	拉力			冲击性能		
	σ_s/MPa	σ_b/MPa	δ_5/%	20℃	−40℃	−40℃
标准要求	≥345	470~630	≥22	≥49.54J/cm²	≥5.83J/cm²	≥23.2J/cm²
实物水平	$\frac{385\sim445}{418}$	$\frac{495\sim555}{524}$	$\frac{28\sim36}{32}$	$\frac{108\sim223J}{152J}$	$\frac{12\sim212J}{90J}$	$\frac{65\sim289J}{146J}$
±3σ 区间	373~463	485~563	27.2~36.6	—	—	—

2.2.3　Q235D18 号槽钢

2000 年，青岛四方-旁巴迪公司试制豪华客车，向各钢铁企业求购 Q235D18 号槽钢，由于量少（仅 100t）且质量要求高，无一家企业肯接受订货。最后他们找到马钢，马钢急用户所急，主动接受挑战，在现有普通中型型钢生产线上，采用 V 微合金化技术，在较短的时间内即开发出了合格的产品，受到用户的称赞。产品送往欧洲检测中心检验，完全符合设计要求。表 11 为该槽钢成分要求，表 12 为开发产品性能状况。从表 12 中可以看出，开发的槽钢力学性能完全满足标准要求。

表 11　Q235D18 号槽钢成分要求　　　　　　　（%）

钢种	C	Si	Mn	P	S	Al$_s$	V
Q235D	≤0.17	≤0.30	0.35~0.80	≤0.035	≤0.035	≥0.015	适量

表 12　Q235D18 号槽钢性能状况

轧制批号	屈服点 σ_s/MPa	抗拉强度 σ_b/MPa	伸长率 δ_5/%	冷弯 180° $d=a$	V 形冲击功/J（−20℃）	
					纵向	横向
7-158	340	450	40	完好	68/72/58	11.2/11.2/11.0
7-159	345	465	35	完好	51.5/38.2/59.0	9.0/10.3/11.7
标准要求	≥235	375~500	26	完好	≥27	不要求

注：实际检验冲击试样尺寸为 5mm×10mm×55mm。

马钢在型钢产品开发中，较好地采用了 Nb、V 微合金化技术，针对不同的装备水平，取得了满意的效果。产品在强度提高的同时，塑性和韧性得到改善，可焊性得到保证。

3　下一步开发设想

未来几年内，车轮产品的开发重点为高速车轮、城市轨道交通用车轮、贝氏体车轮。高速车轮的研究重点为，在保证车轮的强度、硬度处于中上限的前提下，使 K_Q 和−20℃ A_{KV} 分别稳定在 80MPa·m$^{1/2}$ 和 10J 以上；城市轨道交通用车轮的开发重点为低噪声车轮，以充分满足环保要求；贝氏体车轮的研制工作则在铁道部科教司和铁科院的统一安排下进行，形成符合马钢装备特点的贝氏体车轮生产工艺技术路线。

型钢产品的开发重点是高强度高耐候性型钢、冷弯型钢。应用范围从现有的集装箱平车扩大到篷车、敞篷车及特种车辆，铁路建设方面如电气化铁路构件、铁路桥梁等。

马钢高速线材生产线改造后，可实现铁素体区轧制，线材的性能、尺寸精度大大提

高，线棒产品的开发重点是铁路用弹簧钢、钢绞线用钢及高质量金属制品用钢、紧固件
用钢。

板材产品的开发重点是利用新建的 CSP 生产线开发高强度耐候钢板。

4　结语

（1）在过去几十年中，马钢时刻关注铁路用户的发展，与铁路和冶金高校、科研院所
合作，开发了大量铁路用车轮、型钢产品，其产品品种规格、性能质量满足了铁路发展的
需要。

（2）未来几年，随着马钢对现有生产线的改造和新生产线的建立，马钢车轮、型钢、
线棒材产品品种规格增加，性能质量进一步提高，而且可以提供新的板带产品。

5　建议

（1）时刻关注铁路行业发展信息。铁路行业一直是钢铁产品的重要市场，能否满足现
代铁路对钢铁材料的质量要求，反映了一个国家钢铁工业的水平，因此，冶金企业应始终
关注铁路的发展，随时了解铁路对钢铁材料在品种、规格和质量上的新要求，适时开发出
适合铁路行业需求的新产品。因此，建议行业中介机构作为铁路与钢铁行业联系的桥梁，
及时提供信息。

（2）在产品开发的过程中，加强铁路企业、钢铁企业及行业科研院所之间的合作，实
现一体化的产学研开发。

参考文献　（略）

Innovation of Bainitic Steel for Railway Wheels in Heavy Freight Operations[❶]

Zhang Mingru[1,2]　Su Shihuai[1,2]　Xin Min[3]　Zhang Bin[4]　Tan Zhunli[5]

(1. Key Laboratory of High-quality Railway New Materials and Safety Control of Anhui Province;

2. Ma'anshan Iron and Steel Co., Ltd. ; 3. Railway Truck Company, Shenhua Group;

4. China Academy of Railway Sciences Co., Ltd. ;

5. Beijing Jiaotong University)

Abstract: In this paper, a kind of bainitic steel was used to produce the 30t axle-load wagon wheels in order to improve the rolling contact fatigue and the thermal damage during the braking process. By the adapted alloy design and the advanced metallurgy process and fabrication technology, the rim is the microstructure of carbide-free bainite and has distinctively superior in excellent combination of strength, hardness and toughness compared to the traditional pearlite-ferrite grade wheel steels, particularly in the yield strength and toughness. The notch sensitivity ratio NSR of the rim, web and hub, all are more than 1. 12 when the stress concentration factor K_t is higher than 3. 0. The bainitic wheel is not complete notch sensitivity and the notch strengthening. The service performance by running on a specific railway line will prove the bainitic wheels have better resistance in the rolling contact fatigue and the thermal damage.

Key words: railway wheel; carbide-free bainite; rolling contact fatigue; thermal damage; notch sensitivity ratio NSR

1　Introduction

The railway in the worldwide will continue to develop high-speed passenger train, heavy haul freight transportation and various kinds of special wagons. Wheels are the key parts in railway systems, and they are required higher safety and reliability[1-4]. Furthermore, the heavy-duty wheels must be superior to resistance of rolling contact fatigue (RCF), thermal crack and wear.

In present time, the wheels are made of medium-high carbon grade steels with 0. 45%-0. 80% wt carbon content. The microstructures of them are pearlite-ferrite. Previous improvements in wheel steels include enhancements of the existing eutectoid carbon by micro-alloying, cleaner steels by improved steel-making and heat treatment process. The methods don't resolve these three problems at same time because of low yield strength (<600MPa) and high carbon content, and it is more

---

❶　原文发表于"The 18th International Wheelset Congress"论文集 (2016)。

difficult to prevent spalling and/or shelling under the condition of heavy haul freight railway transportation[5,6]. Much metal of the tread has been machined because of spelling and/or spalling, and so on.

For the long research process of the carbide-free bainite steels in theory and application, scientists and technicians have found out that high silicon and/or nickel hinder the precipitation of carbide during phase transformation. If the steel has good hardenability and the cooling rate after austenitizing is high enough, the microstructure is carbide-free bainite without carbides, i. e. the film of retained austenite enriched with high carbon content distributes between laths of bainitic ferrites, also the bainitic ferrite and the film of retained austenite are nanometer in microstructure[7-13]. With the supersaturation strengthening and the fine laths or sub-units strengthening, the yield strength of carbide-free bainite steel is higher than that of pearlite-ferrite under the similar tensile strength level.

This article aims to investigate the service performances of the bainitic steel grade wheels in heavier axle load operations. The wagon wheels with $\phi840$mm in diameter were made, which rim microstructure is mainly carbide-free bainite with suitable tread slack quenching, and the yield strength is greater than 700MPa together with higher toughness. The microstructures and mechanical properties have been evaluated and compared with those for CL60 conventional carbon grade wheel.

2 Experimental Procedure

The experimental medium carbon Si-Mn-Mo-V steel was designed and optimized on the basis of previous researches[14]. The 10 heat were smelt with intermediate frequency induction furnace and electro-slag remelted into round ingots with a 420mm diameter and 920kg weight at Ma'anshan Iron and Steel Co., Ltd., China. After stress relief annealing and diffuse hydrogen heat treatment, Each ingot was cutted and rolled into two experimental wheels with a diameter of $\phi840$mm. Total 20 trial wheels were made and heated to 910℃ soaking two hours, and slack quenching was conducted at the tread by programmed control. Three wheels were anatomized to study and analyze according to Chinese Railway Standard TB/T 2708—1996, one wheel was press fitted with an axle into the bore of hub for assembly test.

16 trial wheels were fitted the 30t axle-load wagon and are running now on a specific railway for testing.

The chemical composition was measured using ARL 4460 Optical Emission Spectrometer. Metallographic specimens with the size of 25mm×25mm×25mm were taken from the wheel rim, web and hub section, respectively, and polished for inclusion and microstructure analysis by using a Zeiss Axioskop1-MAT microscope. Simultaneously, the microstructures were observed and analyzed using the dye microscopy with a special chemical etchant.

The tensile properties of the bainitic wheels were divided into two kinds, one was normal tensile specimens, the other was notched tensile test in order to measure the notch sensitive coefficient. For normal tensile test, the tensile specimens of the rim, taking from 30mm under the tread, were $\phi15mm\times60mm$ short proportion specimen, and the web and hub tensile specimens were $\phi10mm\times50mm$ proportion specimen using the Zwick/Roell material testing system.

The notched tensile specimens were shown in Fig. 1, and the notched root radius is $0.50\pm0.02mm$. Calculated by Stress Concentration Factors Handbook[15], the stress concentration factor K_t of the rim is 3.69; both the web and hub, the K_t is 3.0. After tensile, the notch sensitivity ratio (NSR) was calculated by the ratio of the nominal ultimate tensile strength R_m with notched specimen to the ultimate tensile strength R_m with no-notched specimen, NSR* also was calculated by the ratio of the nominal yield strength with notched specimen to the yield strength with no-notched specimen, i. e, $NSR = R_m(\text{notched})/R_m(\text{no}-\text{notched})$, $NSR^* = R_{eL}(\text{notched})/R_{eL}(\text{no}-\text{notched})$.

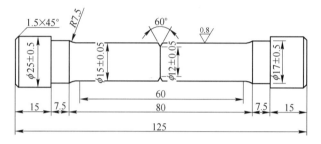

(a) Rim (the radii of the root:0.50mm)

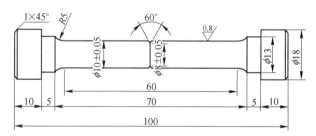

(b) Web and hub (the radii of the root:0.50mm)

Fig. 1　Notched tensile specimens

The Brinell hardness numbers (HB) were measured on the full section with the Digital Brinell Testor 970/3000. Impact specimens were taken from the rim, web and hub, and the standard $10mm\times10mm\times55mm$ Charpy U-2 notch (U type notch and 2mm depth) and V-2 notch (V type notch and 2mm depth) specimens were used, respectively. The Charpy test was conducted at room temperature and other different temperatures using Amsler/Roell RKP450 instrumented impact testing machine.

The fracture toughness of rim was evaluated at room temperature using MTS-810 TESTSTAR, controlled by the software 790/50 Fracture Toughness Test Application. Compact tension specimens CT30 (length 125mm×width 120mm×thickness 30mm) were used, the location of CT30 sample at wheel rim was according to EN13262 and test method by ASTM E399. 90.

Some fractographies of the specimens were inspected and analyzed using Philips XL30 scanning electron microscope equipped with an energy dispersive spectrometer.

In order to compare the carbide−free bainite wheel with the pearlite−ferrite wheel, the wheel of industrial scale production, grade CL60 plain carbon, was also tested according to TB/T 2708—1996 standard.

3　Experimental Results

3.1　Chemical composition and microstructure

The chemical compositions of the experimental bainitic wheel steel and the pearlite−ferrite wheel steel are shown in Table1. The carbide−free bainite steel is medium carbon Si−Mn−Mo−V steel with sufficient silicon to prevent the precipitation of carbides during phase transformation at slow cooling rates, sufficient manganese for the purpose to increase hardenability, and some other alloys, such as molybdenum and vanadium. The molybdenum and vanadium addition facilitate to achieve the desired microstructures and hardenability for obtaining uniform hardness, and is beneficial for achieving finer grain size and higher tensile strength and toughness. The microstructure of wheel rim is mainly carbide−free bainite, and the web and hub are granular bainite and blocky bainitic ferrite, as shown in Figs. 2 (a), (b) and (c), respectively. In order to distinguish the types of bainite and the morphology of retained austenite, the dye microscopy with a special chemical etchant were used to go further into determining the microstructures.

The CL60 wheel steel is typically wheel steel with 0.60%wt carbon content and the microstructure is pearlite−ferrite.

Table 1　The chemical composition of bainitic and CL60 wheel steels　　(% wt)

Steels	C	Si	Mn	Mo	V	S	P	Cr	Ni	Cu	Fe
Bainitic wheel	0.21	1.55	2.05	0.32	0.11	0.007	0.013	0.09	0.05	0.09	Bal
CL60 wheel	0.62	0.35	0.82	—	—	0.009	0.015	≤0.25	≤0.25	≤0.25	Bal

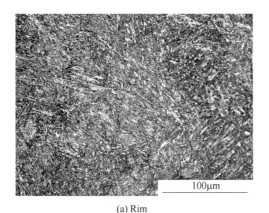

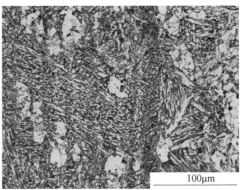

(a) Rim　　　　　　　　　　　　　　　　　　(b) Web

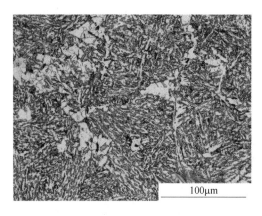

(c) Hub

Fig. 2　Optical micrographs of the bainitic wheel etched by 4% nital

3. 2　The tensile properties

The tensile properties with no-notched specimens and hardness under 30mm from the tread for the bainitic wheels and CL60 steel wheels, as well as the conventional wheel standard requirements, are shown in Table 2.

Table 2　Mechanical properties of bainitic and CL60 wheels

Items	R_{eL}/MPa	R_m/MPa	A/%	Z/%	Hardness（HB）	A_{KU}（20℃）/J
Bainitic wheel rim	732	1020	12	20	340	55
Bainitic wheel web	786	1063	18	40	320	36
Bainitic wheel hub	721	1124	15	21	320	24
CL60 wheel rim	565	1028	13	22	287	39（web）
Standard TB/T2708	—	≥910	≥10	≥14	265~320	≥16（web）

The mechanical properties of the bainitic steel wheels with notched specimens, included the stress concentration factor K_t, the notch sensitivity ratio NSR, NSR* and R_m/R_{eL}, are shown in Table 3.

Table 3　Notch tensile properties of bainitic wheels

Items	Notched sizes/mm		K_t	R_{eL}/MPa	R_m/MPa	A/%	Z/%	R_m/R_{eL}	NSR	NSR*
	Diameter	Radii of root								
Rim	ϕ12	0. 50	3. 69	1132	1353	2. 0	3. 0	1. 20	1. 13	1. 55
Web	ϕ8	0. 50	3. 0	1242	1423	2. 5	4. 0	1. 15	1. 34	1. 58
Hub	ϕ8	0. 50	3. 0	1161	1293	1. 5	5. 0	1. 11	1. 15	1. 61

For bainitic steel wheel, the yield strength R_{eL}, the elongation A（$A_{4.52}$ for rim and A_5 for web or hub）, and the reduction of area Z, are higher than that of CL60 pearlite-ferrite wheel; the ultimate tensile strength R_m corresponds with that of pearlite-ferrite wheels. The mechanical properties of carbide-free bainite wheel are superior to the standard requirements. However, the yield strength R_{eL} of the rim, web and hub, all are greater than 700MPa.

3.3 Hardness distribution

The hardness distribution at the cross surface of the experimental bainitic wheel are shown in Fig. 3. Under the tread below 30mm, the hardness of bainitic wheel is HB340, and HB60 higher than that of CL60 wheel (CL60 wheel has an average hardness of around HB280). The hardness of the web and hub almost are same, about HB320. As testing revealed, the hardness of bainitic wheel is relatively higher and more uniform throughout the various locations within the all-section, and the hardness level exceeds the conventional steels.

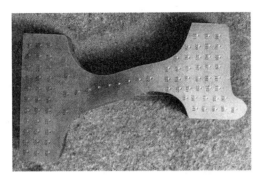

Fig. 3　Brinell hardness (HB) on the full section

3.4 Charpy impact and fracture toughness

Charpy impact with U-2 notch and V-2 notch specimens from the rim, web and hub were tested at different testing temperatures. Fig. 4 and Fig. 5 show the curves of the total impact energy vs. different testing temperatures, respectively.

The fracture toughness of the bainitic rim K_Q is $62 - 69$MPa $\cdot$ m$^{1/2}$, the average fracture toughness K_Q is 65MPa $\cdot$ m$^{1/2}$, K_{max} is 71MPa $\cdot$ m$^{1/2}$.

The fractographies of specimens were inspected and analyzed with SEM.

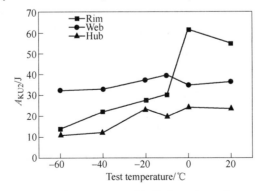

Fig. 4　Charpy impact with U-2 notch specimen
at different temperature

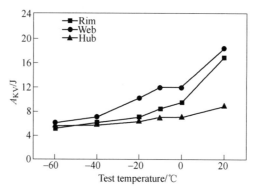

Fig. 5　Charpy impact with V-2 notch specimen
at different temperature

3.5　Running on a specific railway

Total 16 trial wheels were fitted the 30t axle-load wagon and are running now on a specific railway for testing with periodic monitor. All results are normal.

4　Discussions

4.1　Alloy design and microstructures

The steel of bainitic wheel is medium carbon Si-Mn-Mo-V alloying steel produced with cheap alloying additions such as silicon and manganese. The carbon content adjusts the strength and hardness. Higher silicon hinders the formation of carbide and higher manganese increases the hardenability during the phase transformation. Molybdenum strongly delays the formation of ferrite and pearlite during continuous cooling process and counters embrittlement owing to impurities. Vanadium is useful to gain fine in microstructure. In this alloying design, the microstructure of the rim is carbide-free bainite, the web and hub are granular bainite and blocky bainitic ferrite. If the chemical composition is designed to assure the microstructure at the range to 50mm below tread is mainly carbide-free bainite, the wheels will satisfy the new development of the railway transportation.

Braking and wheel-rail slide in the present pearlite-ferrite wheel steels invariably result in spalling as regions of brittle high carbon martensite formed by rapid cooling, fractured and separated from the tread surface. In order to improve thermal damage as well as ductility and toughness at equal strength, the principles of the latest design for wheel steels are to decrease carbon content and the microstructure of the rim is the carbide-free bainite without carbides by suitable alloying.

For this new experimental wheel steel, the martensite phase transformation start point M_s is about 370℃, and the microstructure of the rim is the carbide-free bainite, i. e, two distributions in nanometer, one is the laths of bainitic ferrites, the other is the thin film of retained austenite enriched with high carbon content. The martensite phase transformation start point M_s of retained austenite is very low for this steel because the film of retained austenite is richen carbon.

If the wheel is heated to austenitizing temperature due to heating by braking or slide, and then rapidly cooled in a moment, the heating is so fast that the carbon in the original retained austenite has no time to diffuse. Low carbon austenite from the laths of bainitic ferrites is formed in the process of heating, then transforms into the low carbon bainite or auto-temped martensite during natural cooling. The high carbon retained austenite in nanoscale is difficult to transform into martensite even at low temperature because the M_s of the high carbon retained austenite is still low. The products of phase transformation are still carbide-free bainite and/or low carbon auto-temped lath martensite[16-18]. If the temperature is close to A_{c3}, the parts of the rim are temped, and the products after heating are still carbide-free bainite and/or carbide-free bainite with temped treatment.

It is expected that the whole performance of wheels, including the resistance to spalling and thermal damage, will be improved with this medium carbon steel which the rim microstructure is carbide-free bainite.

4.2 Mechanical properties and hardness

Wheels are one of the key parts in railway systems, and subjected to various stress and transient thermal loads during running and through tread braking. The mechanical properties and toughness are important for this new generation wheel steel. Compared with that of pearlite-ferrite wheel, the values of strength, toughness and hardness and plasticity of carbide-free bainite wheel are much higher, and also the hardness gradient reduces. Because of the supersaturation strengthening and the fine laths or sub-units strengthening, the yield strength of carbide-free bainite is higher than that of pearlite-ferrite under the similar tensile strength level.

In order to improve rolling contact fatigue (RCF) resistance and reduce shelling and wear, higher yield strength and hardness are necessary as well as good plasticity and toughness simultaneously. The yield strength is about 732MPa higher than pearlite-ferrite wheels. The treads are in the elastic region under the major applied stresses, but tri-axial stresses from wheel-rail contact will inevitably exceed the elastic limit. Shear stresses caused by Hertz contact stresses are higher than the permitted shear stress of the steel, especially, having maximum shear stresses under the tread 3-10mm, and the Hertz contact fatigue is improved by increasing yield strength.

By comparing the hardness of the bainitic wheel rim with the web and/or the hub, the hardness almost are similar level though the cooling rates are quite different, and it is reasonable to assume the surface hardness is maintained throughout a typical rim cross-section. The cooling rate of the rim is the fastest because of tread slack quenching, and the cooling rate of the hub is the slowest. The microstructures of the wheel demonstrate the difference of the cooling rates, as shown in Figs.2 (a), (b) and (c). The bainitic wheel steel has higher hardenability compared to CL60 wheel by metallographic structures and hardness profiles.

Decreasing hardness with depth from the tread surface is typical for the conventional pearlite-ferrite wheel, as the cooling rates promoting pearlite refinement are not uniform throughout the rim cross-section due to large thermal mass of the rim and the relatively low hardenabilitiy of these steels. The high carbon content of the wheel steels generally contributes to higher hardness and re-duces hardness gradient. Micro-alloying substantially increases hardness, while also slightly de-creases the hardness gradient. The carbide-free bainite of the rim is beneficial to higher hardness and decreases the hardness gradient, they will improve the usage properties, uniform wear and tribological behaviour.

4. 3　Toughness

Charpy impact value and fracture toughness are one of the fundamental properties of the material toughness. Carbide-free bainite steel wheels have extraordinary impact toughness at room or sub-zero temperature.

　　Excellent impact toughness of carbide-free bainite wheel is intuitively reflected on the curves of Charpy impact, as shown as Fig. 4 and Fig. 5. The force-displacement curves of instrumented im-pact are very typical. The Charpy impact values are higher than the wheel standard and the FATT about $-10℃$.

　　Also, the average fracture toughness of the bainitic rim K_Q is $65MPa \cdot m^{1/2}$; the fracture toughness of the CL60 plain carbon steel wheels, K_Q $30-60MPa \cdot m^{1/2}$. The fracture toughness values of the bainitic wheel steel are higher than that of pearlite-ferrite steels at the similar ulti-mate tensile strength.

　　They indicate that the new material has high resistance to crack initiation and crack propaga-tion. The reason of the difference relates well to their microstructures. Phase components of pearlite are ferrite and cementite, and micro-crack initiates or propagates from carbides. Thus, crack ini-tiation work and propagation work are greatly decreased. However, the carbide-free bainite are mainly austenitic film distributed along bainitic ferrite that is composed of sub-laths without car-bide. Crack initiation, located in the front of specimen notch, only depends on the shear cracking and cleavage that happens on the slip line of strain region[19]. When crack tip propagates to auste-nitic film, austenite plasticity is better, and takes blunting effect to crack tip and maybe change the direction and/or path. Consequently, the toughness of carbide-free bainite steel is greatly en-hanced, and the carbide-free bainite wheels have much ability to inhibit the crack initiation and propagation[20].

4. 4　The notch strength and notch sensitivity

Notch strength ratio NSR is a very important test for evaluation the notch sensitivity or insensitivi-ty. Wheels under the mechanical fatigue and/or thermal fatigue have been subjected to all kinds of stresses and impact. The tri-axial stresses from wheel-rail contact will inevitably exceed the elastic limit. Wheel materials also have some fault, such as inclusions, carbides and so on. Whether the notch effect of the bainitic steel is strengthening or weakening, it affects the faults size and their behavior. The stresses around the fault or defect are in concentration and maybe make the fault in-creasing. If the NSR is more than 1.0, the material is the notch insensitivity and the notch strengthening.

Table 2 and Table 3 show the tensile results about the notch specimens and no-notch specimens fetched from the rim, web and hub, respectively. All of the NSR are more than 1.12 when the stress concentration factor K_t is 3.69 for the rim or 3.0 for the web and hub. The NSR* of the rim, web and hub, are same and close to 1.60. Specimen deformation is induced in the notch root because the elongation A and the reduction of area Z are measurable.

Compared the microstructure, the location in wheel, and the NSR and K_t between the rim, web and hub, the carbide-free bainite in rim is better for the mechanical properties and the bainitic wheel steel has no notch sensitivity and notch strengthening.

4.5 The service performances

The service performance mainly consider to increase the rolling contact fatigue (RCR), minimize the thermal damage and wear. The bainitic wheels have higher yield strength, more than 700MPa, and are made of the 0.20%wt carbon, so it means the wheels have better resistance to contact fatigue and no spalling on the tread. The previous research by the authors[14] shows that the wore surface layer of bainitic steel is the nano-crystals and nanoamorphous; and whereas in CL60 steel, only lamellar mixture of ferrite and cementite. The amount, morphologies and the structure stabilities of the retained austenite affect the performances of the bainitic wheels[16,20,21].

The carbide-free bainite wheel steel has been confirmed experimentally to possess excellent combination of strength with toughness, high fatigue resistance and good tribological behaviors. The actual loading test and service trials will examine these possibilities.

5 Conclusions

(1) The alloy design of the new experimental medium carbon Si-Mn-Mo-V steel is reasonable and satisfies the design requirements of carbide-free bainite wheel steel. Wheels also can be manufactured by suitable chemical composition and correct heat treatment for big wheels whose shapes are intricate. The microstructure of rim is mainly carbide-free bainite, and the web and hub both are granular bainite and ferrite microstructure.

(2) The bainitic wheels have higher strength, hardness and toughness than pearlite-ferrite wheel steel, and completely notch insensitivity. They are beneficial to the service performance, reliability and safety of the wheels.

(3) The bainitic wheels will have improved rolling contact fatigue, resistance to thermal damage and wear. The service performances on a special experimental route with 30t axle-load wagon will further prove they have excellent performances.

Acknowledgements

Financial supports from National 973 Projects of China (No. 2015CB654804) are greatly appreciated.

References

[1] Zhou Yimin. Wheels and axles of Chinese railway locomotive and car meeting challenges of 21st century [C]. 12th

International Wheelset Congress, Qingdao, 1998: 10-13.

[2] Liu Z X, Gu H C. Failure modes and materials performance of railway wheels [C]. J. of Mater. Eng. and Performance, 2000, 9 (5): 580-584.

[3] Jan Sun, Kevin J Sawley, Daniel H Stone. Progress in the reduction of wheel spalling [C]. 12th Internation Wheelset Congress, Qingdao, 1998: 18-29.

[4] Catot B, Demilly F. Contribution to improved steel grades for wheels for heavy freight traffic [C]. 10th International Wheelset Congress, Sydney, 1992: 229-233.

[5] Singh U P, Popli A M, Jain D K, Roy B, Jha S. Influence of microalloying on mechanical and metallurgical properties of wear resistant coach and wagon wheel steel [J]. J. of Mater. Eng. and Performance, 2003, 12 (5): 573-580.

[6] Rai D, Jain D K, Singh R, Godura V. C-Mn-Nb-V steel for heavy duty locomotive wheel applications [C]. 10th Internation Wheelset Congress, Sydney, 1992: 213-217.

[7] Bhadeshia H K D H, Edmonds D V. The mechanism of bainite formation in steels [J]. Acta Metallurgica, 1980, 28 (9): 1265-1273.

[8] Rees G I, Bhadeshia H K D H. Bainite transformation kinetics, part1: modified model [J]. Materials Science and Technology, 1992, 8 (11): 985-993.

[9] Tim Constable, Robert Boelen, Elena V Pereloma. The quest for improved wheel steels enters the martensitic phase [C]. 14th International Wheelset Congress, USA, 2004.

[10] Sawley K J, Kristan J. Development of bainitic rail steels with potential resistance to rolling contact fatigue [J]. Fatigue and Fracture of Engineering Materials and Structures, 2003, 26 (10): 1019-1029.

[11] Zhang Mingru, Gu Haicheng. Microstructure and properties of carbide-free bainite railway wheels manufactured with low-medium carbon Si-Mn-Mo-V steel [J]. Journal of University of Science and Technology Beijing, 2008, 15 (2): 125-131.

[12] Yang Fubao, Bai Bingzhe, Liu Dongyu, Chang Kaidi, Wei Dongyuan, Fang Hongsheng. Microstructure and properties of a carbide-free bainite/martensite ultra-high strength steel [J]. Acta Metallurgica Sinica, 2004, 40 (3): 296-300.

[13] Zarei A Hanzaki, Hodgson P D, Yue S. Retained austenite characteristics in thermomechanically processed Si-Mn transformation-induced plasticity steels [J]. Metallurgical and Materials Transactions, 1997, 28A (11): 2405-2414.

[14] Zhang Mingru, Gu Haicheng. Microstructure and properties of carbide-free bainite railway wheels produced by programmed quenching [J]. Materials Science and Technology, 2007, 23 (8): 970-974.

[15] Science and Technology Committee of Aerospace Industry Ministry, ed. Stress Concentration Factors Handbook [M]. Beijing: Higher Education Press, 1990: 7 (in Chinese).

[16] Zhang Mingru, Qian Jianqing, Gu Haicheng. The Structure Stability of Carbide-free Bainite Wheel Steel [J]. Journal of Materials Engineering and Performance, 2007, 16 (5): 635-639.

[17] Fang Hongsheng, Yang Zhigang, Yang Jinbo, Bai Bingzhe. Research on bainite transformation in steels [J]. Acta Metallurgica Sinica, 2005, 41 (5): 449-457.

[18] Babu S S, Specht E D, David S A, Karapetrova E, Zschack P, Peet M, Bhadeshia H K D H. In-situ observation of lattice parameter fluctuations in austenite and transformation to bainite [J]. Metallurgical and Materials Transactions A, 2005, 36A (12): 3281-3289.

[19] Zhang Mingru, Gu Haicheng. Fracture toughness of nanostructured railway wheels [J]. Engineering Fracture Mechanics, 2008, 75: 5113-5121.

[20] Huo C Y, Gao H L. Strain-induced martensitic transformation in fatigue crack tip zone for a high strength

steel [J] . Materials Characterization, 2005, 55: 12-18.

[21] Abdellah Airod, Roumen Petrov, et al. Analysis of the trip effect by means of axi symmetric compressive tests on a Si-Mn bearing steel [J] . ISIJ Int., 2004, 44 (1): 179-180.

[22] Streicher-Clarke A M, Speer J G, Matlock D K, de Cooman B C. Analysis of lattic parameter changes following deformation of a 0.19C - 1.63Si - 1.59Mn transformation induced plasticity sheet steel [J]. Metall. Mater. Transactions A, 2005, 36A (4): 907-918.

Materials and Technology Development of Railway Wheels[❶]

Su Shihuai   An Tao   Gong Yanhua   Xiao Feng   Zou Qiang

(Ma'anshan Iron and Steel Co. , Ltd.)

Abstract: With analysis on several failure modes of railway wheels, and their correlation to materials and crafts, this paper makes a brief description on practice and results that Masteel achieved in terms of materials and crafts to improve train wheel performance. We hold that materials and crafts still have big margin for improvement in enhancing train wheel performance. With respect to material technologies, special study should be carried on metallographic structure influences on fatigue property, fatigue crack production, and crack growth behavior; material and performance enhancement should be made with orientation of structure optimization. In terms of craft technologies, special study should be carried on brittle oxide inclusion mixed with "limited size"; advanced evaluation and testing method should be developed and applied simultaneously when intensive studies are being made on brittle oxide inclusion mixed with formation mechanism and influence elements.

Key words: railway wheels; failure analysis; metallurgical structure; property; quality control

1   Introduction

China is the most dynamic country of railway development, and has diversified demands for wheels used for rolling stock. As for different transportation modes, there are great differences of wheel loading conditions, directed measures shall be adopted in accordance with failure features of wheels during their using processes. Masteel, based on the analysis and identification of the relationship between wheel service performance and material as well as technology, carries out material and technology research in order to improve wheel service performance. In the future, it will deepen the fundamental researches of relationship between wheel and track, fatigue and fracture mechanics, etc., and promote the continuous improvement of materials and technologies, so as to make wheels with better applicability.

2   Wheel Failure Modes under Different Transportation Modes

Since the railway leapfrog development strategy has started in the 1990s, China's railway

---

❶ 原文发表于 "The 18th International Wheelset Congress" 2016 年。

passenger and freight transportation develops rapidly and transportation modes become diverse. For different modes of transportation, due to differences in the line condition, speed, axle load, brake mode, vehicle dynamics, etc., there are various failure features of wheels.

2.1 Wheels for passenger trains

On existing lines, mainly operate power centralized trains with speed no more than 140km/h, also run EMUs with speed no more than 200km/h; on special passenger lines and high-speed railways, run high-speed EMUs with speed levels of 250km/h and 350km/h.

Existing lines for running ordinary passenger trains are railways with passenger and freight traffic. In the straight line interval and large radius curve interval, they adopt U71Mn and U75V hot-rolled rails with rail surface hardness of HB260-300 and HB280-320, while in small radius curve sections, they adopt U77MnCr and PG4 heat-treatment rails with rail surface hardness of HB370-415.

Due to large differences of terrain and physiognomy of China, there are great differences in slopes and curve radii of existing lines.

The axle load of ordinary passenger trains is 16.5 t, adopting disc braking, and the rim hardness of CL60 wheel used for this train type is HB265-310. In sections with small curve radius, the hardness ratio of wheel and rail is obviously less than 1.

Special passenger lines and high-speed railways for operating high-speed EMUs generally adopt ballastless tracks without any joint on the whole line. With larger curve radius and smooth track, the line condition is obviously better than existing lines. Lines with speed of 250km/h adopt U75V hot-rolled rails with rail surface hardness of HB280-320, while lines with speed of 350km/h adopt U71MnG hot-rolled rails with rail surface hardness of HB260-300 and HB280-320.

The axle load of high-speed EMUs is 14-17t. Generally the motor car adopts wheel disc braking and the trailer adopts axle disc braking, mainly using ER8 wheel material with C content no more than 0.56% and rim hardness over HB245, and its hardness ratio of wheel and rail is also less than 1.

Surface damages of ordinary passenger train wheels are normally spalling in circumferential direction with continuous distribution, see Fig. 1. This normally occurs during the early running period of new produced wheels.

While surface damages of wheels of high-speed EMUs are mainly tread oblique crack and scratching, see Fig. 2 and Fig. 3.

For wheels of ordinary passenger trains, shattered rim may occur from time to time. The crack initiation is within the scope of 10-20mm under the tread surface, and damage range can reach hundreds millimeters, see Fig. 4, and it is a failure that can directly threat the security of operation. More importantly, such kind of damage may occasionally occur in wheels for EMUs.

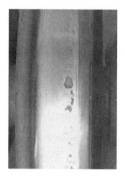

Fig. 1   Circumferential continuous
distribution spallring

Fig. 2   Tread oblique crack

Fig. 3   Tread scratching damage

Fig. 4   Shattered rim

2. 2   Wheels for freight trains

The axle loads of freight trains that run on existing lines are 21t and 23t, and except accidental shattered rim, the service condition of CL60 wheel used for such trains is basically under controllable condition.

However, when adopt CL60 wheel to freight trains with axle loads of 25t and 27t running on Datong–Qinhuangdao coal line, quite a number of problems are exposed, mainly including: the wear loss sharply increases more than 1 times, and the wheel service life significantly shortens, besides, occurrence rate of grinding edge and spalling obviously increases, see Fig. 5 and Fig. 6, and the shattered rim also presents a trend of increase. These problems make the maintenance of abnormal shutdown in use department increase significantly, which directly affects the normal operation.

The total length of the Datong–Qinhuangdao coal line is about 778km, which is complicated, because it has more than 80 ramps with the maximum gradient of 12‰ and more than 100 curves, where there are more bridges and tunnels and frequent brake phenomenons. U77MnCr rails as rolled with surface hardness above 300HB is used in straight line district, and PG4 and U77MnCr rail after heat treatment is used in zone with the curve radius lower than 1200m.

Fig. 5   Abnormal wear of wheel tread

Fig. 6   Grinding side of the wheel

3   Material and Technological Factor Analysis of Wheel Failure

3. 1   Basic judgment on failure cause

3. 1. 1   Shattered rim

Carrying out dissection analysis on the failure of many vehicle wheels, which is caused by large-size brittle oxide inclusion discovered in the fracture origin without exception. According to the a-nalysis results of one well-preserved fracture, the inclusion in the fracture origin is preserved completely, which is brittle oxide inclusion with a length of 1.072m, as shown in Fig. 7.

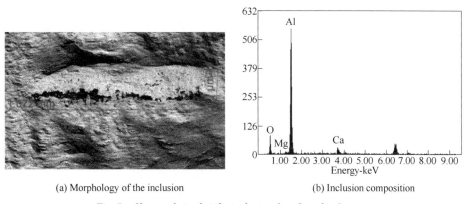

(a) Morphology of the inclusion   (b) Inclusion composition

Fig. 7   Shattered rim brittle inclusion found in the fracture

Many researchers[1,2] have studied on the mechanism of shattered rim, which belongs to II type crack growth under the weight of wheel-rail contact stress and shear stress, according to the research results of Tomoaki[3], defects with a length of 2.2mm which lies 12mm under the wheel tread may trigger shattered rim.

According to comprehensive results of real analysis and theoretical analysis, we can determine that it is the millimeter-level brittle oxide inclusion that results in the shattered rim.

3. 1. 2   Surface damage of wheel tread

There are many forms of surface damage on the wheel tread.

Circular continuity peeling defect is much more likely to occur in early application of new vehicle wheel, the occurrence rate of which obviously decreases after repairing, seeing from this rule, this kind of failure may be related to the surface condition of the wheel tread.

The wheel load is passed on the rail through a comparatively small contact area, which usually makes the partial load exceed the elastic limit[4-6] of the wheel and rail material, and plastic deformation occurs in the material on the wheel tread during the process of stress and strain cycles. According to stability limit theory, when the plastic deformation of the material reaches to a certain degree, the plastically deforming area will produce no new plastic deformation due to work hardening thus reaching a steady state, the depth of plastic deformation layer and stress distribution in contact area are closely related to the material of the wheel tread. According to the calculation of S. M. Kulkarni[7], there is a tensile stress area outside the contact area, and the stress of the material will decrease and the stress–strain curve recovers after completion of each contact cycle in the same contact element body with generation of a accumulative tangential residual strain. With the increase in the number of cycles, the inclined crack begins to grow after the accumulative tangential residual strain reaching threshold value of the material fracture, which grows under the shear stress of the contact surface.

The causes to wheel tread flat are quite clear[8], the contact area of the rail–wheel is very small, and high–grade heat is produced in the contact area of the vehicle wheel during braking process, making the metal on the surface of the wheel tread instantaneously be heated up to above phase–transition temperature, which cools rapidly in the air during scrolling to form the so called thermo–mechanical martensitic white layers that fractures under repeated action of wheel–rail contact stress, frictional force, vertical force, thermal stress and structural stress and thus peeling occurs. However, whether the scratching will lead to internal development of the defects is subject to the severity of the crack in the scratching area.

The grinding edge and abnormal wear occurred in the wagon wheel are obviously related to lower strength of the wheel rim, which may also be related to strength reduction under the influence of braking heat load.

3. 2　Assessment of material and technological factors that cause wheel failure

The problem of shattered rim is obviously in direct relation to the control ability of non–metallic inclusion, which needs to seek solutions from improvement of steel smelting–casting process of the wheel steel.

Heat–treating process can be used to improve the early peeling of new wheels in common passenger car, which makes the surface hardness distribution of the new wheel tread similar to that of after repairing, and it may even decrease the damage probability.

For the problem of wheel tread peeling caused by scratching or other thermal damage defects, the improvement on phase transition properties of the wheel material is helpful to reduce the range of heat–affected zone and depth of crack thus alleviating the harm extent of the crack.

For the problem of rolling edge and abnormal wear occurred in the wagon wheel, it shall start from material improvement to increase strength and reduce loss of strength under the influence of heating load as much as possible. Besides, it shall also improve the phase transition properties and increase fracture toughness of the material for heavy-duty freight car due to its high braking thermal loads so as to reduce occurrence rate of defects of thermal damage and prevent the expansion of heat crack.

4　Materials Research and Its Effect

4.1　Laboratory study

Different modes of transportation have common demands for wheel material, which will have better service performance if it has good contact fatigue performance, as well as superior A_{c3} and lower generative capacity of martensite.

According to formula 1 & formula 2[9], Si has an effect to increase both A_{c3} and A_{c1}, and V also has an effect to increase A_{c3}, which has application value from coping with thermal damage.

$$A_{c1}(\text{℃}) = 723 - 20.7\text{Mn} - 16.9\text{Ni} + 29.1\text{Si} + 16.9\text{Cr} + 290\text{As} + 6.38\text{W} \qquad (1)$$

$$A_{c3}(\text{℃}) = 910 - 203\text{sqr}(\text{C}) + 44.7\text{ Si} - 15.2\text{Ni} + 31.5\text{Mo} + 104\text{V} + 13.1\text{W} \qquad (2)$$

In order to verify the influence of Si and V alloying on contact fatigue performance, test wheels of non-alloying and alloying steel with C content of 0.55% and 0.60% respectively are produced. After the completion of wheels, take sample from the rims, and conduct contact fatigue test by GPM-30 testing machine. See Table 1 and Fig. 8 for performances and structure characteristics of the sample. The alloying promotes the formation of ferrite in the steel with C content of 0.55%, and leads to the increasing and changing of form of the ferrite in the steel with C content of 0.60%.

Table 1　Wheel materials used for contact fatigue test

C/%	Category	Hardness level (HB)	Structure
0.55	Non-alloying	260-270	Pearlite & discontinuous reticular ferrite (Fig. 8(a))
	Alloying		Pearlite & reticular ferrite (Fig. 8(b))
0.60	Non-alloying	300-310	Pearlite+little discontinuous reticular ferrite (Fig. 9(a))
	Alloying		Pearlite+little punctiform ferrite (Fig. 9(b))

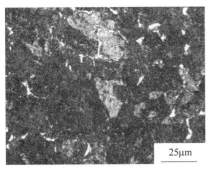 

(a) Non-alloying   (b) Alloying

Fig. 8　Comparison pictures of structure with C content of 0.55%

(a) Non-alloying　　　　　　　　　　　　　　(b) Alloying

Fig. 9　Comparison pictures of structure with C content of 0. 60%

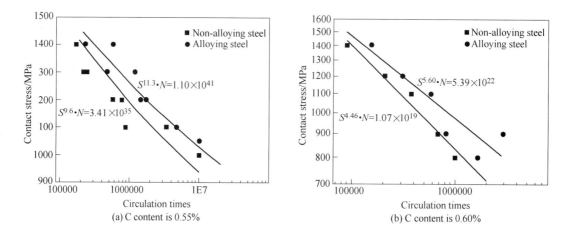

(a) C content is 0.55%　　　　　　　　　　(b) C content is 0.60%

Fig. 10　Comparison figures of contact fatigue performance

See Fig. 10 for test result of these two kinds of test materials, then can get that:

For material with C content of 0. 55%, alloying material with equal hardness level and high ferrite content has better contact fatigue performance.

While for material with C content of 0. 60%, alloying material with equal hardness level and ferrite in spot and piece form has better contact fatigue performance.

It is clear that content and distribution of ferrite have obvious influence on the contact fatigue performance of wheel material.

Generally, the application of Si and V alloying is beneficial for the improvement of wheel service performance.

4. 2　Practical application

Practical applications are respectively conducted in wheels used for China's standard EMU and wheels for freight train with axle load of 27 t, and the function of improving the wheel's physical performance is very distinct, and the wheel possesses better strength and toughness coordination, see Table 2 and Table 3.

Table 2　Comparison of the mechanic properties of improved wheel material and
existing material used for China's standard EMU

Category	R_{eH}/MPa	R_m/MPa	A/%	Hardness (HBW)	A_{KU} at room temperature/J	A_{KV} at-20℃ /J	K_Q /MPa·m$^{1/2}$
Improved material	592	926	18.5	252−259	28	21	91.3
Existing material	665	959	19	262−265	22	20	103.8

Table 3　Comparison of the mechanic properties of improved wheel material and
existing material used for trains with axle load of 27t

Category	R_{eH}/MPa	R_m/MPa	A/%	Hardness (HBW)	K_Q/MPa·m$^{1/2}$
Improved material	692	1068	16	303−312	71
Existing material	633	1017	16	293−295	65

At present, China's standard EMUs have been running for nearly 400,000km, except treads of partial wheels occur minor scratches, generally it is in a sound condition.

Improved freight train wheels have experienced running test for 250,000km on the Datong-Qinhuangdao coal line, and phenomena of grinding edge and abnormal wear haven't occurred and the tread condition is also good, while for CL60 steel wheel used for contrast test, slight contact fatigue oblique crack and scale-shape hot crack have appeared on it, which indicates the comparative advantage of improved material in the resistance to thermal-mechanical damages.

5　Technology Research and Its Effect

5.1　New technology of plastification treatment of brittle oxide inclusion

For wheel steel that adopts aluminium deoxidation technology, it's hard to completely eradicate the large size brittle oxide inclusions, which is exactly the origin of the occasional occurrence of shattered rim.

In order to reduce the possibility of generation of large size brittle oxide to the greatest extent, firstly it needs to significantly reduce the amount of deoxidation products, which demand to break the normal procedure of deoxidation technology; secondly it needs to avoid the aggregation and growth of deoxidation products. By using plastification MnS inclusion wrap up the deoxidation product, it can make deoxidation product lose physicochemical conditions for its aggregation and growth.

After years of experimental research, the technology by using plastification MnS inclusion to do plastification treatment on deoxidation product has been basically mature, its effect is:

(1) Oxygen content in the steel is controlled stably under 10 ppm, thus the oxide amount is dramatically reduced and then the oxide size is considerably decreased, which creates favorable condition for MnS to wrap up the oxide;

(2) There is more than 80% of oxide inclusion in the steel wrapped by MnS, and its shape can be seen in Fig.11, thus it significantly reduces the harmfulness of oxide inclusion.

The application of this technology also has the function of increasing the toughness of the vehicle wheel, according to test results of CL60 wheel steel (as shown in Fig. 12), the average fracture toughness is increased by about $16MPa \cdot m^{1/2}$ compared to original process under the condition that the strength of wheel rim is equal.

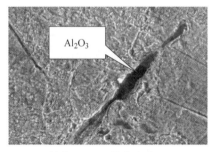 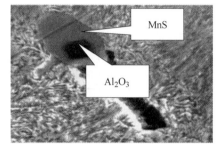

(a) Common oxide inclusion　　　　　　　(b) Plastification compound inclusion after
under the existing technology　　　　　　　　　MnS wrapping the oxide

Fig. 11　Contrast of inclusion shape

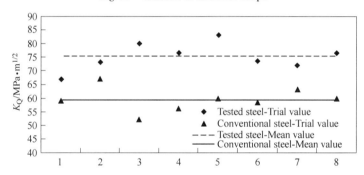

Fig. 12　Fracture toughness comparison between CL60 tested steel wheel and conventional steel wheel

5. 2　Detection technology

Wheel on-line ultrasonic testing flaw reflection through the wave and amplitude to reflect the position and size of the defects, but defects in flat bottomed hole equivalent and defects of actual size differ greatly. Therefore, according to the online ultrasonic flaw detection results evaluation of product reliability there are still risks.

To this end, especially for non metallic inclusions in the wheel, the research on the detection technology is carried out:

(1) After locating the defects in the online ultrasonic flaw detection, and then using the method of water immersion focusing ultrasonic C scan to detect the defect, the defect size is obtained, as shown in Fig. 13.

(2) After imaging, the sample processing into ultrasonic fatigue test specimens and to ensure that defects are included in the sample, of sample surface strengthening treatment, ensure ultrasonic fatigue testing of crack initiation from the defect, extended, obtain complete defects on the surface, and then determine the true flaw sizes and types of inclusions.

Through this study, to establish the relationship between the actual size of online ultrasonic inspection results and inclusions, and non metallic inclusion "limited size" of combining the results, to determine the value of online ultrasonic flaw detection threshold, to further improve the deal with deep dissection (shattered rim) of reliability.

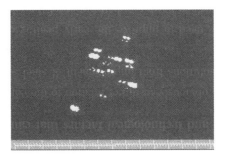

Fig. 13   Image diagram of C-scanning

5.3   Heat treatment process

The phenomenon that the early application of new wheels are more prone to occur peeling which can be greatly improved after repairing is very common.

According to this phenomenon, we can tell that it is connected with the surface performance and structure of new wheels, which can be used to further predict that if new technology is adopted in heat treatment process of the wheels to make the surface condition of the new wheel tread close to that of after repairing as much as possible, then it may effectively reduce the occurrence rate of "early peeling".

Cooling by water spraying over the surface of wheel tread are usually adopted in heat treatment process of vehicle wheels, during which the cooling speed drops rapidly from the wheel tread to inside of it, and the abrupt changes lies in about 10mm under the wheel tread. The cooling speed changes slowly within the wheel rim, and there is significant difference in the cooling speed between 10mm under the wheel tread and the internal wheel rim, seeing Fig. 14, hence it is subject

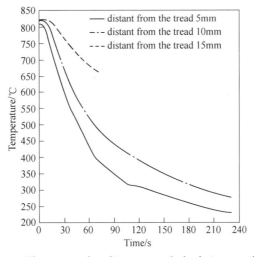

Fig. 14   The measured cooling curves of wheel rim quenching

to both cooling characteristics and phase transition properties of the wheel material, the surface of the wheel tread must be structure with high hardness. For new CL 60 wheels, its hardness distribution characteristics of the wheel rim is as shown in Fig. 15.

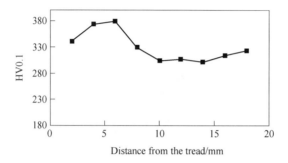

Fig. 15　Hardness distribution of the wheel rim

The tread of the one-time repaired wheel is corresponding to about 5-10mm under the new wheel tread, which is in the gentle zone where the cooling speed changes slightly, it is thus clear that obvious differences exist in the tread surface between the new wheels and the one-time repaired wheel, and the gradient of surface hardness of the new wheel tread is steep while the surface hardness of one-time repaired wheel tread changes slightly.

In order to make the tread surface condition of the new wheels and that of the one-time repaired wheel tend to be the same, a new heat treatment method has been developed, its basic approaches and principles are as follows:

(1) The first is to cool the tread by medium with weak cooling intensity, and make the surface temperature of the tread no less than 550℃ by controlling the cooling time so as to ensure that this part of metal only transforms to pearlitic structure, and the internal temperature under the tread surface is greater than A_{c3}, so that the internal rim can be fully strengthened in the following-up high-strength cooling process;

(2) The second is to cool the tread with high intensity, and phase transition will not occur in tread surface which has occurred organization transformation, the high-temperature region under the surface can only transform to pearlitic structure due to the slow change in cooling speed, thus it can make the structural state of the rim section consistent and the hardness gradient change slowly.

The hardness distribution of the rim of new heat treatment process is as shown in Fig. 16, coarse pearlitic structure has been formed on the surface during low cooling, as shown in Fig. 17, which has lower hardness and this area is basically wiped off after finishing work; the structure which is in the area about 5mm under the tread is fine pearlite & a little ferrite, which is formed during high-intensity cooling process, as shown in Fig. 17, thus it can make the surface structure and the hardness distribution state of the new wheels and the one-time repaired wheel approach unity.

The problem of tread peeling used to largely occur in the CL60 wheels for some passenger cars

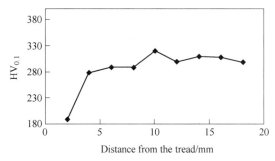

Fig. 16 Rim hardness distribution with the application of new heat treatment process

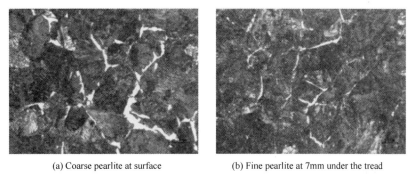

(a) Coarse pearlite at surface   (b) Fine pearlite at 7mm under the tread

Fig. 17 CL60 wheel rim structure with application of new treatment process （500×）

which were adopted in a certain car depot, most of which occurred when the running distance is less than 100 thousand kilometers, Masteel provides more than 1000 wheels adopting new heat treatment process, the tread of which still remains good state after running about 600 thousand kilometers, this shows that heat treatment process is helpful to improve the service performance of the wheels.

6 Railway Wheel Material and Technology Development Prospect

Masteel has produced railway wheel for more than 50 years, it posses the whole flow to manufacture wheel steel and wheels. The production scale and facilities rank top of the world, thus forming product structure that can cover all kinds of demands.

The implementation of China's railway leapfrog development strategy provides favorable opportunity and sufficient power for the innovative development of railway wheel. Diverse demands and constantly improved quality requirements promote Masteel to constantly upgrade the material, technology research and application level of railway wheel. Based on years of practical experience, Masteel considers that, in the aspect of improving wheel service performance, technology progress of material and process still has huge potential, and its major development directions are as follows:

（1）The improvement of wheel service performance must rely on the relationship of wheel and rail, fatigue and fracture mechanics theory, and deep study on wheel failure mechanism, thus provide clear direction and objective for material selection and improvement. According to existing experience, as per load characteristics under different transportation conditions, focus on the research of influence of structure status on fatigue performance and initiation and propagation behavior of fatigue crack, then take the structure optimization as direction to conduct optimization of material and its performance, so as to reach the target of improving the service performance of the wheel.

(2) As brittle oxide inclusion control is the key and common technology, firstly must strengthen the basic research, for wheel material under different transportation conditions, determine the " permissible size" of brittle oxide inclusion, so as to determine the minimum target of quality control; secondly, must conduct further study on forming mechanism and influencing factors of the brittle oxide inclusion, thus further improve the reliability and stability of technology; thirdly, develop and apply advanced assessment and detection measures, so as to further improve the reliability of products.

References

[1] Hahn G T. Analysis of Rolling contact fatigue and fracture [J]. Advance of Fracture, 1984, 1: 295.

[2] O'Regan S D. The drive force for mode II crack growth under rolling contact [J]. Wear, 1985, 101: 333.

[3] Tomoaki Yamamoto. High micro-cleanliness wheels preventing shattered-rim fracture [C]. Proceedings of the 14th International wheelset congress, Orlando, 2004.

[4] Sun K, Sawley J, Stone D H. Progress in the reduction of wheel spalling [C]. Proceeding of the 12th International Wheelset Congress, Qingdao, 1998: 18-29.

[5] Makino T, Yamamoto M, Fujimra T. Effect of material on spalling properties of railroad wheels [J]. Wear, 2002, 253: 284-290.

[6] Johan Ahlstrom, Birger Karlsson. Microstructural evaluation and interpretation of the mechanically and thermally affected zone under railway wheel fiats [J]. Wear, 1999: 232: 1-14.

[7] Kulkarmi S M. Elasto-plastic FEA of repeated there-D elliptical roiling contact with rail wheel properties [J]. Jouranl of Tribology Transactions of the ASME, 1991: 7.

[8] Wheel and shelling and spalling [J]. Railroad Accident & Safety, 1993, 194 (3): 68-71.

[9] Andrews K W. JISI, 1965, 203 (7): 721-727.

H 型钢及建筑用钢

我国高性能建筑用钢开发与应用现状及未来展望[1]

苏世怀　孙　维　汪开忠

（马鞍山钢铁股份有限公司）

摘　要：综述了国内外高性能建筑用钢生产和应用情况及其技术发展趋势，简要介绍了国家"十一五"科技支撑计划项目"高效节约型建筑用钢产品开发及应用研究"的研发情况及取得的成果，分析了我国建筑用钢领域目前存在的问题，并提出了相应的对策。

关键词：高性能建筑用钢；开发；应用

1　引言

2010 年，中国粗钢产量 6.27 亿吨，占全球粗钢产量的 44.32%；钢材表观消费量 5.99 亿吨，占全球钢材表观消费量的 46.70%。其中，建筑业是我国钢材消费量最大的行业，2010 年建筑业用钢占中国钢材消费总量的 57.8%。

从中长期看，决定中国国内钢产量需求的主要因素是工业化和城镇化的进程。"十二五"规划中，2015 年我国城镇化率要达到 51.5%（2010 年为 47.5%），年平均提高 0.8 个百分点。按照年平均提高 0.8~1.2 个百分点的增长速率，我国城镇化率要达到 60% 以上的中等发达国家水平，仍需 10~15 年左右。这表明未来 10~15 年我国工业化和城镇化仍将处于加速发展期，也意味着未来 10~15 年钢铁消费仍将呈稳定甚至增长态势，建筑业和钢铁业仍是我国国民经济中的支柱产业。因此，建筑用钢的发展将关系到我国钢铁业乃至国民经济的长期可持续发展。

但在钢铁原燃料日趋紧张，环境压力日趋增大的情况下，钢铁工业发展的资源、能源、环境约束日益突出。发达国家从 20 世纪 90 年代开始，就提出了"高强度、轻量化、耐腐蚀、长寿命、可回收"等用钢减量化要求，进行了系列节约型高性能建筑结构用钢的开发。而目前我国建筑用钢总体处于消费结构不合理、品种规格不配套、综合性能偏低的状况，特别在抗震、耐候、耐火、特殊规格等高性能建筑用钢产品研发和应用方面，和发达国家相比差距巨大，尚不能满足国家低碳经济发展战略的需求。为此，"十二五"期间，我国必须大力转变钢铁工业发展方式，通过技术创新，努力开发"低成本、高性能"的资源节约型、环境友好型钢材，加快我国建筑用钢品种优化与更新换代的步伐，降低单位 GDP 的钢材消费强度，以较少的钢铁支撑中国的工业化和城镇化的快速发展。

---

❶　原文发表于第八届（2011）中国钢铁年会论文集。
国家科技支撑计划项目（2007BAE30B00）。

2　国外高性能建筑用钢开发与应用现状及发展趋势

2.1　钢筋混凝土建筑结构用钢开发与应用现状

目前发达国家钢筋混凝土结构中，200MPa、300MPa 级钢筋已基本淘汰，400MPa 以上级钢筋成为普遍应用的品种。大多数欧洲国家 400MPa 级钢筋约占钢筋消费总量的 70%，500MPa 和 600MPa 钢筋约占钢筋消费总量的 25%；其中，德国主要采用 420MPa 和 500MPa 钢筋，英国及东南亚一带主要使用 460MPa 钢筋。由于主要采用非焊接的套管、卡头等连接方式，国外高强度钢筋普遍采用余热处理等低成本控冷工艺。

除提高钢筋强度级别外，发达国家建筑结构用钢筋正向功能化方向发展：

（1）在抗震性能上，国外发达国家注重改善钢筋的综合性能，除强度外，延性得到了足够的重视。国际标准化组织早在《钢筋混凝土用冷轧钢筋及焊接钢筋的制造》ISO 10544：1992（E）中就明确提出抗震钢筋均匀伸长率 A_{gt} 的指标要求，欧洲规范（EC-8）及模式规范（MC-90）也已明确提出针对不同抗震性能要求构件的钢筋进行延性分级的要求。

（2）近年来，发达国家相继进行了各种低合金耐蚀钢筋的研发。如英国启动"海洋研究计划"，针对海洋环境中钢筋混凝土的腐蚀进行研究；美国专门针对公路工程在全国范围内实施了"战略公路研究计划"，研究公路桥梁的钢筋腐蚀问题；日本钢铁公司研制了预应力混凝土耐蚀钢筋（含镍 3.5% 和钨 0.12%），在东京湾混凝土结构中实验显示了良好的耐腐蚀性。

（3）美国、英国（欧盟）、日本等工业发达国家在耐低温钢筋品种开发方面已形成了系列产品，如 ArcelorMittal 公司的耐 -50~-170℃ 低温系列钢筋品种，主要用于建设天然气储气罐混凝土结构等。

2.2　钢结构建筑用钢开发与应用现状

由于钢结构符合发展省地节能建筑和低碳经济可持续发展的要求，在高层建筑、大跨度空间结构、交通能源工程、住宅建筑中更能发挥其自身优势，目前，美国、日本等国钢结构用钢量已超过钢材消费量的 35%，钢结构建筑面积已超过建筑总面积的 40% 以上；而一般国家钢结构用钢量的比例也达到了 10% 左右。

在品种规格上，型钢、中厚板、彩色涂层板等产品已成为发达国家钢结构建筑用钢的主体材料。具有良好焊接性能的建筑用特厚钢板和特厚 H 型钢也已研制成功，钢板最厚达 150mm，H 型钢翼缘最厚达 125mm。

在强度级别上，随着建筑结构的超高层、超大跨度和超重载发展，欧美等国钢结构建筑广泛采用高强度钢材[1,2]，如德国柏林 Sony Center（460MPa 和 690MPa）、澳大利亚悉尼的 Star City（650MPa 和 690MPa）、日本横滨的 Landmark Tower（600MPa）等；瑞典的军用快速安装桥则采用了最高达 1100MPa 的钢材，大大减轻了结构自重。目前，低合金高强度钢约占发达国家钢产量的 15% 以上。

在功能性上，由于钢结构建筑存在钢的腐蚀和火灾时钢的软化等缺陷，发达国家先后开发出了耐候、耐火等建筑用钢；同时，为满足高安全服役性能要求，还先后开发出了抗震、减震等建筑用钢。

2.3 高性能建筑用钢发展趋势

按照建设节约型社会的要求，建筑工程结构（特别是超大跨度、超高层、重载等特殊结构）轻量化、节约化和功能化对建筑用钢性能提出了更高的要求，"高强、高韧、轻型、耐腐、防火、环保"的绿色钢材是未来建筑用钢的发展方向。根据国外钢铁材料研究开发的最新趋势，日本、欧洲、南韩等正在通过高纯净度、高均匀性和微米级超细组织来充分挖掘钢铁材料的潜力，最大限度优化钢的性能。建筑结构用钢材的总体发展趋势为高强度化、多功能化、特厚大型化、高服役安全性能（见图 1）。

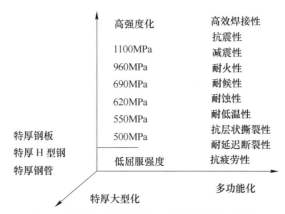

图 1 高性能建筑用结构钢材的总体发展趋势

3 我国高性能建筑用钢开发与应用现状及存在问题

3.1 钢筋混凝土建筑结构用线棒材开发与应用现状及存在问题

自 2000 年起，我国房屋建筑年新增施工面积均在 20 亿平方米以上（2010 年达 37.43 亿平方米），其中钢筋混凝土等结构的房屋建筑约占 80%。现阶段我国建筑用钢的主导产品仍为热轧钢筋和线材等长材产品。其中，2010 年我国热轧钢筋产量达 1.31 亿吨，为我国建筑用钢最大消费品种。目前，我国热轧带肋钢筋主要采用 HRB335，2010 年 400MPa 级（HRB400）钢筋的用量只占钢筋总量的 38.12%，与发达国家相比有较大的差距。同时由于使用观念、施工方法的落后，钢筋主要采用焊接方式连接，导致余热处理钢筋在我国无法推广应用，而提高钢筋强度的主要途径是采用合金化，造成资源的极大浪费和生产成本的大幅增加。

在功能型钢筋品种开发应用方面：

（1）"十一五"期间，国家"863"项目及科技支撑项目先后支持了耐蚀钢筋的研发和推广，取得了初步进展。开发的两种 400MPa 级耐蚀钢筋品种可以满足工业大气环境和海洋环境建筑的 30~50 年设计寿命要求，但有关标准、建筑设计规范等制（修）订相对滞后，影响了其推广应用。同时设计寿命 100 年以上的低合金耐蚀钢筋仅仅停留在实验室研究阶段，尚需要深入研究和产业化规模开发。

（2）尽管我国 1998 年就将 HRB500 和 HRB400 级钢筋同时纳入国家产品标准《钢筋

混凝土用热轧带肋钢筋》（GB 1499—1998），但由于种种原因，HRB500 级钢筋直到本次《混凝土结构设计规范》（GB 50010—2010）修订才正式纳入，目前只在个别试点工程中应用。

（3）我国至今尚未颁布专门的大型低温 LNG 和 LPG 储罐设计与建造规范。低温钢筋的生产及相关技术标准为空白。所需低温钢筋品种均需进口。

3.2　钢结构建筑用钢开发与应用现状及存在问题

我国在钢结构建筑用钢品种开发及相关生产技术上仍处于较低水平。钢结构建筑用钢品种较少，仍停留在主要生产和使用 Q235 及 Q345 钢的状态（约占88%）。大焊线能量的厚壁重型、薄壁轻型及外高恒定等特殊产品仍属空白，H 型钢翼缘最厚仅为 35mm。近年来，虽然我国在高强度钢结构用钢方面也开展了大量研究工作，不同企业也根据不同的要求开发出不同类型的钢结构工程用钢，但尚未形成系列；特别在材料的功能性方面与国外相比仍存在较大的差距。高强钢结构制作与安装施工技术有待开发；与之配套的技术规范和规程有待进一步完善，如钢结构设计规范（GB 50017—2003）中承重结构的钢材最高强度级别仅为 Q420。

国内外建筑用钢情况对比见表 1。

表 1　国内外建筑用钢情况对比

项目		强度级别及占比	规格或应用方式	功能性	标准规范	建筑形式占比
钢结构	发达国家	钢结构建筑用钢占钢材消费总量的比例为 30% 以上，广泛应用高强钢（最高达 1100MPa）	钢板最厚达 150mm，H 型钢翼缘最厚达 125mm	广泛应用耐候、抗震、耐火钢等	完善	40% ~ 50%
	国内	钢结构建筑用钢占钢材消费总量的比例为 5% ~ 6%，且 88% 为 Q345 以下级别，最高仅为 Q460E[3]	钢板最厚为 135mm，H 型钢翼缘最厚为 35mm	很少应用耐候、抗震、耐火钢等	不成系列	4%
钢混结构	发达国家	400MPa 级以上钢筋占钢筋总量的 95%	广泛采用套管等连接方式	广泛应用耐候、抗震	完善	30% ~ 40%
	国内	400MPa 级以上钢筋占钢筋总量的 38.12%	焊接方式为主	很少应用耐候、抗震	不成系列	80%

3.3　"十一五"期间马钢高效节约型建筑用钢产品开发及应用研究

为了提高我国建筑用钢生产和应用水平，2007 年，国家对"高效节约型建筑用钢产品开发及应用研究"给予了科技支撑计划立项。该项目历时 3 年，以马钢作为承担主体，通过与钢铁研究总院、冶金工业信息标准研究院等科研院所联合攻关，突破了若干高效节约型建筑用钢关键生产工艺技术，自主开发了系列高性能建筑用钢产品，并在相关应用技术研究、标准和规范制（修）订等方面取得了积极进展，获得了显著成效，于 2011 年 4 月顺利通过了科技部验收。取得的具体成果如下：

（1）建成了三条高品质建筑用钢低成本示范生产线。高品质建筑用钢对性能、质量等要求较高，如采用常规的生产工艺，必将显著增加设备投资和生产成本，并影响其市场开拓。本项目在对现有工艺装备适当改造的条件下，在保证显著节约资源、能源的基础上，通过对冶炼、精炼、连铸、轧制等一系列关键技术的原始创新和集成创新，开发出了高效节约型建筑用钢低成本生产工艺，建成了三条高品质低成本建筑用钢示范生产线。

1）可实现轧后超快速冷却的热轧 H 型钢示范生产线。近几年，我国在板带轧后控冷技术方面取得了显著进步，但对于复杂断面型材产品的轧后控冷技术发展相对落后，没有成熟的冷却理论和工艺。通过自主创新（申请发明专利 5 项），突破了 H 型钢控冷技术瓶颈，通过形变强化和组织强化，可实现"一钢多能"的低成本集约化生产，冷却速率最大可达 200℃/s。在不增加合金元素情况下，可提高 H 型钢强度 90MPa 以上，断面性能和通条性能基本均匀。

2）可实现低温大压下和余热处理功能的高速棒材示范生产线。在高速棒材生产线上试制细晶粒高强度钢筋，国内没有先例。通过自主创新（申请发明和实用新型专利各 2 项），经过适当技术改造，优化组合了棒材的各种强化机制，可实现细晶钢筋、余热处理钢筋、微合金化钢筋等三种工艺模式的低成本生产。其工艺特点为：在高速棒材生产线上，可根据不同用户要求、品种、规格等灵活选择低温轧制（780~830℃）和余热处理组合工艺生产细晶粒高强度钢筋直条，成本低，效率高，其最大终轧速度 40m/s。

3）单线、多通道柔性链接高速线材示范生产线。通过自主创新（申请发明和实用新型专利各 2 项），在高线的工艺路径布置上采用大活套柔性链接，突破了高线 TMCP 低温轧制（750~800℃）技术瓶颈，并首次提出了高线热机械轧制在线碳化物球化处理的技术路线。

（2）开发出了系列高效节约型建筑用钢新产品。在突破高效节约型建筑用钢低成本生产工艺关键技术的基础上，开发出了一系列环境友好、符合低碳经济发展方向的新型线材、型材产品，如：Q390~Q420 级耐候、耐火、抗震等多功能热轧 H 型钢系列产品，400~500MPa 级耐蚀、抗震、低成本高强度等多功能热轧钢筋系列产品，及 9.8 级、10.9 级钢结构连接件用非调质冷镦钢热轧盘条等。

（3）主导制（修）订了系列标准、规范，取得了系列自主知识产权。为了促进高效节约型建筑用钢的推广应用，主导制（修）订了《紧固件机械性能第 22 部分：细晶非调质钢螺栓、螺钉和螺柱》（GB/T 3098.22—2009）等国家技术标准 7 项、《耐火热轧 H 型钢》等冶金行业技术标准 2 项、《混凝土结构设计规范》（GB 50010—2010）等设计施工规范 2 项；并对《钢结构设计规范》（GB 50017）等多项规范提出了修改建议条文。同时申报专利 34 项，获授权发明专利 8 项，取得了系列自主知识产权。

4 提高我国建筑用钢性能的探讨

"十二五"期间，世界钢铁业对原燃料的控制成为竞争焦点，节能减排将成为未来世界钢铁工业发展的一个制高点。因此，开发资源节约型高性能建筑结构用钢材是钢铁结构材料发展的重要方向。据测算，钢的强度级别每提高 100MPa，可少用钢材 6%~15%。按高性能建筑用钢节约钢材 10%、年消费建筑钢材 3.46 亿吨计，国内建筑业约可减少用钢量 3460 万吨。按铁与矿石消耗 1:1.6、铁钢比 1.2:1、成材率 96% 计，可减少矿石消耗 6920 万吨；按吨钢能耗 605 千克标煤计算，少用钢 3460 万吨，可节约 2090 万吨标煤；同时，高性能建筑用钢减少钢材用量可相应减少废弃物排放，有利于环保，以 2010 年我国钢铁工业协会会员企业的水平，少生产 3460 万吨钢，可减少 SO_2 排放 56400 吨，减少烟粉尘排放 39790 吨，减少 COD 排放 2420 吨，减少新水消耗 1.56 亿立方米；此外，采用高性能建筑用钢有利于提高建筑安全性、延长建筑寿命，并可节省大量的物流费用，符合国家可持续发展的战略方针和"低碳、绿色、循环"经济理念。为了进一步提高我国高性能建筑用钢生产和应用水平，应采取以下措施。

4.1　发挥好政府与行业协会的指导作用

建筑用钢的品种优化与更新换代应引起政府与行业协会的重视，以加强建筑、冶金等行业的交流与协作来促进资源节约型高性能建筑用钢品种的推广应用。努力做到以下几点：一是统一认识，明确重要意义；二是冶金、建筑设计和建筑施工部门协调行动、互相配合、互相服务；三是政府或行业协会出面，协调建设示范工程，发挥示范促进作用；四是政府加强管理，给予政策和资金的支持。

4.2　组建产业技术创新战略联盟，打造高性能建筑用钢技术创新产业链

从发展"绿色、低碳、循环"经济的战略高度，组建建筑用钢产业技术创新战略联盟，打造高性能建筑用钢技术创新产业链，发挥建筑用钢技术创新产业链聚集效应，大力研发高性能建筑用钢相关产品和技术，实现从资源依赖向依靠创新产业链技术创新和知识共享转变，实现建筑用钢产业链的升级，从而增强地区乃至我国建筑用钢产业的发展动力。产业链的打造应主要采取以下形式：（1）构建钢铁企业和建筑企业上下游之间的纵向产业链，通过加强技术资源整合和重点示范工程建设，深化产学研合作，形成一批具有国际先进、国内领先优势的高性能建筑用钢核心技术，加速产品研发和应用速度；（2）通过推进不同类型建筑用钢产品生产企业、设计施工企业、科研院所之间的横向整合，突出产业链特色、异质的竞争优势，从而提高高性能建筑用钢产品、技术、应用的国际竞争力。

4.3　加强已有节约型高性能建筑用钢的推广应用工作

积极开展高效节约型建筑用 400MPa 和 500MPa 级热轧带肋钢筋的推广应用工作，使 400MPa 级钢筋用量占总量的比例从目前的 40% 提高到 60% 以上，逐步减少使用 335MPa 级钢筋并最终取消该品种。积极推广应用钢结构用高强度耐候、耐火、抗震等高性能钢材。

4.4　积极开展节约型高性能建筑用钢的品种开发及其配套技术研究

根据资源节约型高性能建筑工程结构用钢的国际发展趋势并结合我国国情，开展具有自主知识产权的资源节约型高性能建筑结构用钢系列品种及关键生产技术与工程应用示范研究。系列品种主要包括：高强度塑性钢[4]、高强度抗震结构用钢、低屈服点高延性结构用钢、高强度耐腐蚀结构用钢、高强度抗震耐火耐候结构用钢、耐低温用钢等，以满足国家重大工程对高性能建筑结构用钢品种的需求，填补我国该领域品种和技术空白，引领我国建筑工程结构用钢向优质、高性能发展，为我国实现从"钢铁大国"转变成为"钢铁强国"的目标奠定坚实技术基础。

4.5　完善和创新标准体系

要科学发展、促进资源节约型高性能建筑用钢的推广应用，完善和创新标准体系是前

提。争取在"十二五"期间建立完善的高性能建筑用钢标准和规范体系，以满足我国建筑用钢品种升级换代的需要，促进我国冶金和建筑行业的技术进步。

5 结语

"十二五"期间，钢铁工业发展的资源、能源、环境约束日益突出，作为我国钢铁工业的龙头品种——建筑用钢关系到我国钢铁业乃至国民经济的长期可持续发展。为此，我国必须通过技术创新，大力开发"低成本、高性能"的资源节约型、环境友好型建筑用钢材，加快我国建筑用钢品种优化与更新换代的步伐，降低单位 GDP 的钢材消费强度，以较少的钢铁消费量支撑中国的工业化和城镇化的快速发展。

参 考 文 献

［1］ Hans-Peter, Günther. Use and Application of High-Performance steels for steel structures ［M］. zurich：IABSE, 2005：83~125.

［2］ Pocock G. High strength steel use in Australia, Japan and the US ［J］. The structural Engineer, 2006, 11：27~30.

［3］ 柴昶，刘迎春. 高性能钢材在钢结构工程中的应用与展望 ［N］. 世界金属导报，2009-8-25（33）.

［4］ 李光瀛，周积智. 新一代高强塑性钢的开发与应用 ［J］. 轧钢，2011, 28（1）：1~10.

Development and Application Status and Future Prospect of High Performance Construction Steel in China

Su Shihuai　Sun Wei　Wang Kaizhong

（Ma'anshan Iron and Steel Co., Ltd.）

Abstract： This paper reviews the production and application of high performance construction steel at home and abroad, and describes the R & D and achieved results about the national science and technology support projects "Development and Application of High Economical and Efficient Construction Steel Product" during "Eleventh Five-Year". The problems in the field of construction steel are analyed, and measures are proposed at current in China.

Key words： high performance construction steel; development; application

海洋石油平台用 H 型钢的开发研究[❶]

苏世怀　　孙　维　　马玉平　　汪开忠

(马鞍山钢铁股份有限公司)

摘　要：简述了国内外海洋石油平台用 H 型钢的发展概况，介绍了海洋石油平台用 H 型钢国产化研究进展及其达到的实物质量水平，同时对马钢生产的 H 型钢和国外同类产品的性能做了对比，并从冶金学原理、TMEP 工艺、实际生产经验等方面分析了进一步提高海洋石油平台用 H 型钢性能的思路和方向。

关键词：海洋石油平台用 H 型钢；微合金化；TCMP 工艺

1　引言

由于对石油的需求日益增加，目前世界各国都在开发海洋石油。我国对海洋石油的开发较晚，20 世纪 80 年代才有了自己的海洋石油平台。由于受国内钢铁企业设备及技术条件的限制，海洋石油平台用大 H 型钢一直从国外进口。随着马钢热轧 H 型钢厂的投产，为海洋石油平台用大 H 型钢的国产化创造了条件。本文介绍了国内外海洋石油平台用 H 型钢的发展概况，叙述了马钢海洋石油平台用 H 型钢 SM490YB 的开发情况。

2　国内外海洋石油平台钢的发展概况及生产工艺

从 20 世纪 60 年代开始，美国、日本和欧洲各国就开始了海洋石油平台钢的研究，并开发了自己的钢种。美国 ABS(船检局)、API(美国石油学会) 对平台钢设计和制造都有相应的规范，采用的钢种有 ASTM 的 A36/A36M、A572/A572M、A992 和 EH32、EH36，英国和卢森堡则按 BS4360 和 ASTM 标准组织生产，德国主要为 StE355，日本为 SM400B，SM490B，SM490YB 和 SS400 系列。表1、表2 分别为国外海洋平台用钢化学成分要求和机械性能要求。

表 1　国外海洋平台用钢化学成分要求　　　　　　　(%)

钢种	C	Si	Mn	S	P	Nb	V	C_{eq}
SM400B	≤0.20	≤0.35	0.6~1.4	≤0.035	≤0.035			≤0.38[①]
SM490B	≤0.18	≤0.55	≤1.60	≤0.035	≤0.035			≤0.38[①]
SM490C	≤0.18	≤0.55	≤1.60	≤0.035	≤0.035			≤0.38[①]
SM490YB	≤0.20	≤0.55	≤1.60	≤0.035	≤0.035			≤0.38[①]
SM520C	≤0.20	≤0.55	≤1.60	≤0.035	≤0.035			≤0.40[①]
BS4360-50D	≤0.18	≤0.50	≤1.50	≤0.040	≤0.040	0.003~0.1	0.003~0.1	≤0.43[②]

❶　原文发表于 2000 年全国海洋工程学术会议论文集。

续表1

钢种	C	Si	Mn	S	P	Nb	V	C_{eq}
A36/A36M	≤0.26	0.15~0.4	0.8~1.2	≤0.050	≤0.040			
A572/A572M[③]	≤0.21	0.15~0.4	≤1.35	≤0.050	≤0.040	0.005~0.05	0.01~0.15	
A992	≤0.23	≤0.40	0.5~1.5	≤0.045	≤0.035	≤0.05	≤0.11	≤0.47
EH36	≤0.18	≤0.50	0.9~1.60	≤0.035	≤0.035	0.02~0.05	0.03~0.10	≤0.38[①]
StE355	≤0.20	0.1~0.5	0.9~1.65	≤0.030	≤0.035	≤0.05	≤0.10	Ni≤0.3

① $C_{eq} = C + Mn/6 + Si/24 + Ni/40 + Cr/5 + Mo/4 + V/14$;

② $C_{eq} = C + Mn/6 + (Cr + Mo + V)/5 + (Ni + Cu)/15$;

③ A572/A572M 共4个级别钢种，σ_s 最小为290MPa、345MPa、415MPa、450MPa。

表2　国外海洋平台用钢机械性能要求

钢种	屈服点 σ_s/MPa	抗拉强度 σ_b/MPa	伸长率 δ_5/%	冲击功 A_{KV}/J		
				温度	纵向	横向
SM400B	≥245	400~510	≥23	0℃	≥27	
SM490B	≥325	490~610	≥23	0℃	≥27	
SM490C	≥325	490~610	≥23	0℃	≥47	
SM490YB	≥365	490~610	≥21	0℃	≥27	
SM520C	≥365	520~640	≥21	0℃	≥47	
A36/A36M	≥250	400~550	≥21	①		
A572/A572M	≥240~450	≥415~550	≥15~20	①		
A992	≥345~450	≥450	≥18~21	①		
EH36	≥355	490~620	≥21	-40℃	≥34	≥24
BS4360-50D	≥355	490~640	≥21	-40℃	≥27	
StE355	≥345	490~630	≥22	0℃	≥31	

①根据用户要求

2.1　性能要求

　　海洋石油平台结构庞大复杂，结构刚性大，而且平台在海洋中还要受到海水的浸蚀、风浪等复杂交变应力的作用，因此，海洋平台用钢要求具有足够的强度、低温韧性、可焊性等。

2.1.1　强度

　　平台在海洋中要长期受到风浪等交变应力的作用，以及冰块等漂浮物的冲撞，因此要求较高的强度。当前各国的平台结构用钢在强度上大体分为软钢、中强度钢和高强度钢。如美国 ABS 按 σ_b 将平台钢分为三级：235~305MPa、315~400MPa、410~685MPa；美国 API 按 σ_s 将平台钢分为三级：≤275MPa、275~355MPa、≥355MPa；英国 BS4360 按 σ_b 将平台钢分为四级：400~480MPa、430~510MPa、500~620MPa、550~700MPa。除考虑强度因素外，还要考虑到平台构件的稳定性和可靠性，因此，一些国家标准中还规定了屈强比，一般软钢的 $\sigma_s/\sigma_b \leqslant 0.7$，中高强度钢的 $\sigma_s/\sigma_b \leqslant 0.85$。

2.1.2　韧性

为了在严寒冬季，平台结构能经受住冰块等漂浮物的撞击作用，能防止或延缓焊接缺陷和冷裂纹的扩展，要求海洋平台结构用钢有高的韧性，特别是低温冲击韧性。

2.1.3　焊接性能

平台的焊接工作量很大，而且对大刚性、大厚度的平台构件，虽然焊前采取预热措施，其焊接裂纹和缺陷仍是难免的，所以补焊的工作量也很大，因此，要求钢材有好的可焊性。要改善可焊性，主要是降低碳当量，因此各国标准对钢材的碳当量都做出了规定，一般中高强度钢 $C_{eq} < 0.4\% \sim 0.5\%$。现代一些平台结构钢的碳当量相当低。采用 Ito-Bessyo 发展的碳当量 P_{cm}（$C+Mn+Cr+Cu/20+Si/30+V/10+Mo/15+Ni/60+5B$）公式，可保证大输入热和低输入热焊接，有良好的焊接性能，焊后 HAZ 和焊接金属无裂纹敏感性，金属组织硬度低，不产生冷裂纹，焊后金属与母材具有同样的韧性。

2.2　海洋石油平台钢的生产工艺技术

2.2.1　成分控制

C、Si、Mn：C 是提高强度的有效元素，但 C 含量增加会损害钢的韧性和可焊性，所以在保证基本强度的前提下，尽量采用下限。Si 对韧性也有害，通常取下限。Mn 有细化晶粒的作用，既可以提高强度，又可以提高韧性，通常取中上限。

S、P：S、P 是钢中最主要的杂质元素，它们都会降低钢的韧性。P 会使钢的晶界脆性增加，裂纹敏感性增强。S 对钢的热裂纹敏感性有突出影响，且会在钢中形成夹杂物，降低韧性，特别是降低钢的横向冲击韧性，因此在生产中应尽量降低钢中 S、P 含量。国外目前生产的平台钢已达到 P<0.002%、S<0.002% 的水平。

2.2.2　微合金化技术

微合金元素主要指 Nb、V、Ti 等。它们主要起细化晶粒和析出强化的作用。微合金元素能在钢中生成碳、氮化合物，影响钢的显微组织，从而影响钢的性能。

在控轧和正火钢中，Nb 用比较低的含量（0.03% 左右）即能起到显著的细化晶粒作用，其次为 Ti、Al、V。Nb 对晶粒细化的独特影响表现在它对奥氏体再结晶有强烈的延迟作用。0.03%Nb 即可将完全再结晶所需的最低温度提高到 950℃ 左右，从而显著降低控轧对轧机负荷的要求。

Ti、Nb、V 的加入都会使强度提高，这主要是通过晶粒细化和析出强化两种机制实现的，但这两种机制对韧性的影响却是各异的。Nb 的强度增量主要靠晶粒细化，而且在 0.04% 以下增加很快，而 V 的强度增量主要靠析出强化，晶粒细化的分量很小。Ti 的作用居中，特别是 0.08% 以下主要靠晶粒细化，超过 0.08% 析出强化起主要作用。由于晶粒细化能降低韧脆转折温度，而析出强化提高韧脆转折温度，综合影响的结果是，Nb 在 0.03%~0.04% 以下，Ti 0.08% 以下降低韧脆转折温度，但是 V 不论含量多少都将提高脆性转折温度。

2.2.3　冶炼

主要通过铁水预处理→转炉顶底复吹→钢包喷粉→真空处理工艺流程，以达到：

（1）将碳及合金元素的波动控制在尽可能的范围内，并尽可能均匀；（2）最大程度地去除钢中的 S、P、气体和夹杂物等杂质，以净化钢质，提高性能。

2.2.4 连铸

（1）无氧化保护浇注。采用无氧化保护浇注技术可以防止浇注过程钢水吸氧和吸氮，提高钢质。同时还能有效的防止合金元素的烧损。

（2）低过热度浇铸和电磁搅拌技术。低过热度浇铸和电磁搅拌技术可显著改善钢的中心偏析和中心疏松，提高钢的性能。

（3）微合金钢连铸时，连铸坯表面在弯曲矫直过程中容易产生横裂，因此，为了防止裂纹的产生，需把 Nb、Al 等元素降到为获得最终性能所需的最低含量，在工艺上，需调整二冷制度，使铸坯在弯曲时表面和边部的温度避开钢的热塑性低谷区。

2.2.5 控制轧制

控制晶粒度提高钢的强度和韧性，微合金元素固然起着重要作用，但在物理冶金上，还要靠控制轧制，才能取得钢材性能上的重大突破。

实现控轧轧制，主要考虑以下一些要素：

（1）微合金元素的作用。微合金元素的加入可以提高奥氏体再结晶温度，扩大奥氏体未再结晶区，有利于低温区控轧工艺的进行。同时，只有通过控轧，在热变形过程中析出特定大小的质点，阻止再结晶后的晶粒长大，使晶粒细化，才能提高钢的强韧性。

（2）加热温度对控轧效果的影响。奥氏体晶粒的大小直接影响到轧后晶粒尺寸，随着加热温度的提高，奥氏体晶粒长大，在 1150℃ 时，奥氏体晶粒尺寸比较均匀，超过 1180℃，由于晶界的 C、N 化合物完全固溶，对晶粒长大的阻止作用消失，奥氏体晶粒开始急剧长大。一般坯料的加热温度应不超过 1180℃。降低加热温度可以缩短在高温区轧后的停留时间，避免再结晶的奥氏体晶粒在高温区不断长大，而得到粗大的晶粒组织，不利于韧性的改善。

（3）变形量与低温韧性的关系。为了避免粗大奥氏体晶粒的出现，在高温区必须给以大变形量（道次≥5%～60%），使变形晶粒完全再结晶，才能得到均匀的奥氏体晶粒组织。在未再结晶区（950℃～A_{r3}）进行轧制，变形晶粒不再进行再结晶，而是沿轧制方向拉长，形成大量滑移带和位错，微合金元素的碳、氮化合物优先在这些部位析出，而且主要沿奥氏体晶界析出，可以阻止晶粒长大，因而相变后的组织更细、更均匀。铁素体含量增高。随着道次变形量和此温度区间总变形量的加大，变形带数量增加，分布更均匀，能得到更理想的组织结构，使钢的屈服强度提高，脆性转变温度下降。

（4）控冷控轧：控轧后冷却速度，对铁素体晶粒尺寸和贝氏体含量有明显影响，控轧后不影响韧性，必须采用控冷，控冷控轧良好配合才能得到强度和韧性良好的材料。

3 马钢海洋石油平台钢的开发

马钢通过两年的研究、试验、试产和批量生产，现已能够生产性能满足日标、美标和欧标的海洋石油平台用 H 型钢；尺寸规格可以按日标、国标和部分按美标组织生产。生产的钢种有 SM400B、SM490B、SM490YB、SS400、GL-D、EH36 等钢种，前四个钢种批量供货中海石油海洋石油平台工程，在 DNV 严格的第三方产品现场检验下，生产出性能满足用户要求的产品。

3.1　马钢海洋石油平台用钢生产的工艺路线

转炉→LF 炉吹氩喂线→异型坯连铸→H 型钢厂控冷控轧→H 型钢产品。

3.2　马钢海洋石油平台用钢生产的关键工艺措施

3.2.1　冶炼、连铸工艺

（1）加 Nb 或 Nb+V 对钢进行微合金化，利用 Nb、V 的细化晶粒和析出强化作用，来提高钢的强度和韧性；

（2）使用低 S、P 铁水冶炼，保证成品的 S、P 低于 0.025% 含量；

（3）喂 Si-Ca 线，对硫化物进行球化处理；

（4）连铸中间包钢水过热度小于 20℃，减轻中心偏析和中心疏松；

（5）采用无氧化保护浇铸技术，防止钢液吸氧和吸氮。

3.2.2　轧制工艺

（1）采用形变控制：根据生产实际，采用未再结晶区控制轧制方法，控制万能粗轧机中的累计变形率在 60% 以上；

（2）采用 TMCP 控冷控轧技术：确保热轧状态成品性能与正火的性能相当，铸坯加热温度控制 ≤1180℃，万能粗轧机开轧温度控制在 900~950℃，万能精轧机终轧温度控制在820~860℃，采用良好控冷控轧匹配。

3.3　马钢生产的海洋石油平台用钢的控制成分

表 3　马钢生产的海洋石油平台用钢的内控化学成分范围　　　　　　（%）

牌号	C	Si	Mn	S	P	Nb	V	Al$_s$	C$_{eq}$
SM490YB	0.09~0.14	0.17~0.25	1.25~1.40	≤0.025	≤0.030	0.03~0.05		≥0.015	≤0.38
SM490B	0.09~0.14	0.17~0.25	1.25~1.40	≤0.025	≤0.030	0.03~0.05		≥0.015	≤0.38
SM400B	0.08~0.12	0.17~0.24	0.60~0.75	≤0.025	≤0.025	0.02~0.04		≥0.015	
SS400	0.12~0.18	0.15~0.27	0.35~0.58	≤0.030	≤0.030				
EH36	0.09~0.14	0.17~0.30	1.25~1.40	≤0.025	≤0.025	0.04~0.05		≥0.015	≤0.38

注：Cu≤0.30%，Cr≤0.20%，Ni≤0.40%，Mo≤0.08%。

3.4　马钢生产的海洋石油平台用 H 型钢实物质量

3.4.1　马钢生产的海洋石油平台用 H 型钢的实物性能

马钢生产的 H 型钢在常温、0℃时其性能均能满足相应标准，且有较多富余量，下面仅列出几个纵向性能，其余只列横向性能，由表 4~表 7 可知，材料力学、低温冲击和组织性能都良好，所列性能分别达 API Ⅰ类和 API Ⅱ类标准。与国外进口 H 型钢相比，性能优于卢森堡 ARBED 同类产品，与英钢联同类产品性能相当。

表 4 力学性能试验结果

钢种	炉号	σ_s/MPa	σ_b/MPa	δ_5/%	冷弯 $d=3a$，$b=50mm$	A_{KV}/J（−20℃）		A_{KV}/J（−40℃）	
						横向	纵向	横向	纵向
SM490YB	2−5791	445	555	32	完好	52	179	45	162
	1−5531	420	530	32	完好	59	155	41	124
	1−5575	400	510	34	完好	67	146	51	128
	1−5576	445	560	33	完好	62	133	52	119

表 5 马钢生产的 H 型钢力学性能

炉号	轧制批号	钢种	力学性能								
			σ_s/MPa	σ_b/MPa	δ_5/%	A_{KV}/J（横向，−20℃）			A_{KV}/J（纵向，−20℃）		
2−3714	40298	SM490B	450	525	29	64	62	68	174	181	183
2−3713	40299	SM490B	440	535	31	45	42	38	152	142	453
1−3567	40300	SM490B	420	495	32	70	70	58	184	223	217
2−3683	40301	SM490B	405	490	32	69	68	70	225	242	224
1−3645	40302	SM490B	425	515	33	45	55	48	181	230	222
2−3801	40303	SM490B	380	495	36	64	66	62	185	196	220
3−3473	40304	SM490B	450	530	31	56	56	56	188	178	177

表 6 马钢海洋石油平台用 H 型钢力学性能

轧制号	钢种	规格	力学性能						晶粒度
			σ_s/MPa	σ_b/MPa	δ_5/%	A_{KV}/J（横向，−20℃）			
70005	SM400B	H250×250×9×14	350	450	36	34	41	42	9.5~9 级
70006	SM400B	H250×250×9×14	360	450	33	57	62	47	9.5~9 级
70007	SM400B	H250×250×9×14	375	490	32	27	25	28	9.5~10 级
70008	SM400B	H250×250×9×14	360	470	34	31	31	31	9.5 级
60603	SM400B	H300×300×10×15	415	485	29	48	41	43	细于 10~9 级
60604	SM400B	H300×300×10×15	380	460	35	42	41	45	细于 10~9.5 级
60605	SM400B	H300×300×10×15	380	480	34	36	46	43	细于 10~9 级
60606	SM400B	H300×300×10×15	380	465	34	57	53	45	细于 10~9.5 级
60607	SM400B	H300×300×10×15	380	475	32	45	49	50	细于 10~9 级
60608	SM400B	H300×300×10×15	390	480	32	37	38	31	细于 10~9.5 级
60609	SM400B	H300×300×10×15	405	485	31	40	41	35	细于 10~9 级
60610	SM400B	H300×300×10×15	405	485	28	37	37	40	细于 10~9 级

轧制号	钢种	规格	力学性能						晶粒度
			σ_s /MPa	σ_b /MPa	δ_5 /%	A_{KV}/J （横向，−20℃）			
60586	SM400B	H390×300×10×16	360	450	34	34	31	45	细于 10 级
60587	SM400B	H390×300×10×16	340	440	36	50	48	50	细于 10~9 级
60588	SM400B	H390×300×10×16	365	455	34	52	24	29	9~9.5 级
60590	SM400B	H390×300×10×16	370	470	36	45	52	43	10~9 级
60592	SM400B	H390×300×10×16	355	470	37	40	37	37	细于 10~9 级
60593	SM400B	H390×300×10×16	345	440	33	35	37	33	细于 10~9 级
70017	SM400B	H440×300×11×18	360	465	34	31	27	25	9.5 级
70018	SM400B	H440×300×11×18	355	460	33	44	42	42	10~9.5 级
70019	SM400B	H440×300×11×18	355	470	34	43	49	44	9.5 级
70020	SM400B	H440×300×11×18	350	450	33	43	47	44	10~9.5 级
70021	SM400B	H440×300×11×18	360	480	31	35	41	38	9.5 级
70022	SM400B	H440×300×11×18	370	470	34	45	42	40	9.5 级
70023	SM400B	H440×300×11×18	340	450	30	27	25	24	9.5 级
50709	SM490B	H488×300×11×18	395	505	33	39.3	37.5	38.0	细于 9 级
50711	SM490B	H488×300×11×18	415	520	34	59.0	62.0	63.0	细于 10~9 级
50712	SM490B	H488×300×11×18	410	520	35	63.0	42.0	46.0	9.5~细于 10 级
53708	SM490B	H488×300×11×18	395	505	35	41.0	43.0	47.0	10~9 级
60006	SM490B	H488×300×11×18	415	515	35	50.0	52.0	45.0	细于 10~9 级
40302	SM490YB	H588×300×12×20	425	525	32	48.5	50.0	53.0	9.5~10 级
60026	SM490YB	H588×300×12×20	440	505	32	45.0	41.0	45.0	细于 10~9 级
60027	SM490YB	H588×300×12×20	415	495	35	41.0	40.0	39.0	细于 10~9 级
60028	SM490YB	H588×300×12×20	420	500	33	58.0	46.0	44.0	10~9 级
60029	SM490YB	H588×300×12×20	435	510	33	63.0	58.0	58.0	细于 10~9 级
60030	SM490YB	H588×300×12×20	420	520	30	42.0	38.0	47.0	9.5~9 级
60035	SM490YB	H588×300×12×20	430	510	32	40.0	48.0	36.0	细于 10~9 级
60487	SM490YB	H700×300×13×24	390	495	32	60	55	54	
60488	SM490YB	H700×300×13×24	395	505	31	59	58	60	
60489	SM490YB	H700×300×13×24	415	515	33	60	92	60	细于 10~9 级
60490	SM490YB	H700×300×13×24	425	515	33	93	93	100	
60760	SM490YB	H700×300×13×24	380	490	33	51	32	46	9.5~细于 10 级

表 7　马钢 SM490B 海洋石油平台用钢化学成分

炉号	轧制号	钢种	熔炼化学成分/%										
			C	Si	Mn	S	P	Nb	Cr	Ni	Mo	Cu	V
2-3683	40301	SM490B	0.11	0.2	1.2	0.015	0.018	0.05	0.013	<0.014	0.021	0.009	<0.001
1-3567	40300	SM490B	0.10	0.19	1.25	0.021	0.018	0.063	0.013	0.015	0.024	0.009	0.001
2-3713	40299	SM490B	0.13	0.22	1.22	0.020	0.025	0.045	<0.003	<0.004	0.021	<0.001	0.007
2-3714	40298	SM490B	0.11	0.27	1.25	0.016	0.022	0.054	<0.003	<0.004	0.023	<0.001	0.007
1-3645	40302	SM490B	0.11	0.25	1.37	0.013	0.018	0.058	<0.010	<0.010	0.018	<0.010	<0.010
2-3801	40303	SM490B	0.11	0.20	1.36	0.020	0.018	0.046	<0.010	0.029	0.043	0.011	<0.010
3-3473	40304	SM490B	0.11	0.23	1.43	0.023	0.019	0.046	<0.010	0.035	0.045	0.014	<0.010

表 8　部分进口 H 型钢性能和成分

内容	产地	钢种	规格	化学成分/%							样本数
				C	Si	Mn	S	P	Nb	Ti	
成分	ARBED	BS436-50B	HP364×398×22×22	$\dfrac{0.19\sim0.21}{0.20}$	$\dfrac{0.05\sim0.08}{0.07}$	$\dfrac{0.28\sim1.31}{1.30}$	$\dfrac{0.018\sim0.024}{0.021}$	$\dfrac{0.020\sim0.039}{0.031}$	$\dfrac{0.012\sim0.021}{0.018}$		8
	英钢联	ASTMA572-50	H603×228×10.5×14.9	0.17	0.30	1.28	0.005	0.012	0.041	0.023	1

性能	σ_s/MPa	σ_b/MPa	δ_5/%	冲击功/J(-40℃)	样本数
卢森堡 ARBED	$\dfrac{394\sim432}{409.9}$	$\dfrac{542\sim693}{580.5}$	$\dfrac{25\sim30}{27.6}$		4
英钢联	$\dfrac{420\sim405}{412.5}$	$\dfrac{545\sim540}{542.5}$	$\dfrac{34\sim29}{31.5}$	$\dfrac{40\sim151}{88.8}$	1

注：1. 卢森堡 ARBED 产品为上海船研所对一批进口产品的商检结果，英钢联产品为上海冠达尔钢结构公司提供的产品解剖检验结果。

　　2. 分母数值为平均值。

3.4.2　马钢生产的海洋石油平台用 H 型钢的实物尺寸精度

因马钢 H 型钢轧制设备先进，马钢 H 型钢优于上述进口产品，限于篇幅，这里不再列尺寸数据。

4　结语

（1）马钢采用成分设计、冶炼工艺、连铸工艺和轧制工艺优化，连铸采用无氧化保护浇铸，轧制采用控制轧制，生产的 H 型钢性能均满足相应级别的标准要求，并有一定的富余量，低温冲击性能分别达到了美国 API RP2A Ⅰ 类和 Ⅱ 类钢的要求，完全能够满足海洋平台结构用钢的要求。

（2）与国外同类产品的化学成分相比，马钢产品的磷含量与进口产品相当，硫含量高于英钢联，但与日本、卢森堡相当；性能与英钢联相当，优于 ARBED；尺寸精度与日本、英钢联产品在同一级别，优于 ARBED。

（3）通过工艺和生产的进一步优化，完全能够生产满足用户高性能要求的 H 型钢产品。

参 考 文 献

［1］于定孚. 海洋石油工程用钢 ［J］. 钢铁，1989，24（12）：64~70.

［2］王祖滨. 低合金钢和微合金钢的发展 ［J］. 中国冶金，1999（3）：19~23.

［3］吴永斌. 控制轧制与高强度高韧性钢板的试制 ［J］. 宽厚板，1999（3）.

［4］常跃峰，叶建军. 完全再结晶区控轧与强韧性能 ［J］. 宽厚板，1999（5）.

［5］肖英龙，等. 建筑用 TMCP 型高韧性超厚 H 型钢的开发 ［J］. 宽厚板，1999（2）.

［6］李绍雄，等. 铌细化高锰钢奥氏体晶粒机理的探讨 ［J］. 钢铁研究学报，1992（3）.

Development and Research of H−Beam Using for Offshore Oil Drilling Platform

Su Shihuai   Sun Wei   Ma Yuping   Wang Kaizhong

（Ma'anshan Iron and Steel Co., Ltd.）

Abstract：Domestic and abroad R&D of H−beam using for offshore oil drilling platform is summarized in the paper. Authors introduce the domestic R&D of H−beam using for offshore oil drilling platform and its real product quality level, compare the properties of H−beam produced by Magang with the abroad ones. The metallurigal basis, TCMP process and practical producing experience of the product are analysed. The producing direction and method for higher properties of marine oil drilling platform H−beam is given.

Key words：H−beam using for offshore oil drilling platform; micro−alloy; TCMP process

Nb 微合金化 H 型钢控制轧制技术研究[❶]

苏世怀　孙　维　汪开忠

(马钢（集团）控股有限公司)

摘　要：用热模拟试验方法确定了 Nb 微合金化 H 型钢生产工艺参数，介绍了马钢 Nb 微合金化 H 型钢生产工艺和 Nb 微合金化 H 型钢达到的实物质量水平，同时对马钢生产的 H 型钢和国外同类产品的性能做了对比，马钢 Nb 微合金化 H 型钢具有良好的强韧性。

关键词：H 型钢；Nb 微合金化技术；控制轧制

1　引言

控制轧制技术作为一种有效的形变热处理手段，已经成功应用于钢材生产中，以提高其强度和韧性，在 HSLA 钢的开发过程中，有其独特的重要性。在欧洲，由于型钢生产过程中，轧制温度偏高，通常采用钛微合金化结合再结晶控制轧制的生产技术，但此工艺生产的型钢，力学性能（特别是韧性）不如未再结晶区控轧钢。在北美，为了满足高韧性及"多级"结构型钢生产的需要，含 Nb 结构型钢在最近 20 多年有了一定的发展，已不再用正火方法生产了，但相对板材的生产，含 Nb 结构型钢的控制轧制生产技术仍相对滞后。为了开发出高韧性海洋石油平台用 H 型钢，本文利用热模拟试验方法进行了 H 型钢控制轧制技术的研究，并成功应用于生产实践。

2　试验用钢及试验方法

2.1　试验用钢及技术条件

Nb 全固溶温度测定试验用钢取自连铸异型坯，然后将钢坯锻成 $\phi 8mm \times 12mm$ 的圆棒。再结晶停止温度测定试验及控制轧制规程试验用钢取自 H 型钢轧制中间坯，前者尺寸为 $10mm \times 20mm \times 20mm$，后者尺寸为 $40mm \times 80mm \times 200mm$。其化学成分见表 1。

表 1　材料化学成分

Table 1　Chemical composition of test steel　　　（%）

C	Si	Mn	S	P	Nb	Al$_s$	N
0.11	0.19	1.42	0.013	0.017	0.049	0.004	0.0038

❶ 原文发表于《钢铁》2002 年第 2 期。

2.2 试验方法

2.2.1 Nb 全固溶温度测定试验

为了确定铌的全固溶温度，取六根试样，在箱式电阻炉内分别加热到 1050℃、1100℃、1150℃、1200℃、1250℃和1280℃，保温 30min 后，立即水淬。然后对淬火钢样进行透射电镜分析和物理化学相分析，以研究 Nb 析出物的固溶行为。

2.2.2 再结晶停止温度测定试验

再结晶停止温度测定试验在 Gleeble-2000 试验机上进行，将试样加热到1200℃，保温 20min 后，以 0.5~1.0℃/s 的速率冷至轧制温度，在 40~50℃的温度间隔内完成相继 7 道次、每道次 10%~15%压下率的平面应变压缩模拟试验，应变速率为 5~10s⁻¹，道次间隔时间 10~16s。

2.2.3 控制轧制规程试验

控制轧制试验在 φ145mm 小轧机上进行，将试样加热到目标温度，保温 30min 后，以 0.5~1.0℃/s 的速率冷至轧制温度。试验的主要参数有加热温度、开轧温度、终轧温度、压下率等。控制轧制规程方案见表 2。试验后对试样进行拉伸试验和夏比 V 形缺口冲击试验，用光学显微镜进行了组织观察。

表 2 控制轧制规程方案
Table 2 Experimental program for TMCP

试验方案	加热温度/℃	未再结晶区开轧温度/℃	未再结晶区终轧温度/℃	未再结晶区总压下率/%
1	1200	960	820	35、40、50、60、65
2	1200	960	880、860、840、820、800、780、760	60

3 试验结果与讨论

3.1 Nb 钢全固溶温度测定试验结果与讨论

经试验研究，确定了 Nb 的固溶量与加热温度的关系（图1），由此可确定本试验钢的全固溶温度在 1200℃左右。

由于 Nb 的固溶量与温度的关系符合式（1）[1]：

$$lg[Nb][C] = A - B/T \qquad (1)$$

式中，[Nb]、[C] 分别为固溶在钢中的 Nb 和 C 元素的质量分数；A、B 为常数；T 为温度。对 $lg[Nb][C]$ 和温度 T 进行回归分析，回归结果见图2，本试验钢种的固溶度积公式：

$$lg[Nb][C] = 1.4125 - 7282/T \qquad (2)$$

由式（2）算得本试验钢的全固溶温度为 1203℃，与试验值接近。根据有关的研究[1]，只有在均热温度下处于固溶态的合金元素才可能起到阻止再结晶的作用。均热温度较低时，将存在部分未溶微合金碳氮化物，它们不可能产生阻止奥氏体再结晶的作用。提高均热温度固然可以使有关的合金元素溶解，但均热温度过高会造成晶粒过分粗大，而形变晶粒细化效果与初始晶粒尺寸有密切的关系，无再结晶形变之前的晶粒尺寸越细小，最终所得的晶粒有效界面积越大，所以通常未再结晶区控制轧制钢的均热温度应选取在微合金元素碳氮化物全固溶温度略高一点（高 20℃左右）的温度。

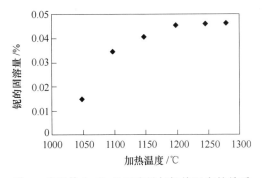

图 1　奥氏体中 Nb 的固溶量与加热温度的关系

Fig. 1　Relation between Nb in solution and function of heating temperature

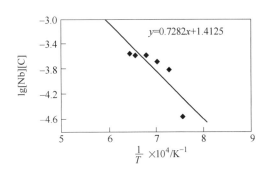

图 2　NbC 在奥氏体中的固溶度积与加热温度的关系

Fig. 2　Relation between NbC solubility in austenite and heating temperature

3.2　再结晶停止温度测定试验结果与讨论

一般将再结晶停止温度至相变点 A_{r3} 这一温度区域称为奥氏体未再结晶区。轧制时 γ 晶粒被拉长，产生了变形带和大量的位错，当发生相变时就得到细小的铁素体晶粒。在未再结晶区的变形量有累积作用，在未再结晶区多道次的变形就可以使 $\gamma \to \alpha$ 相变后获得均匀细小的铁素体晶粒，其晶粒可细化到 11～12 级[2]。经 Gleeble-2000 热模拟试验机实验研究，本试验钢在万能轧机轧制条件下的再结晶停止温度在 990℃左右。

未再结晶区开轧温度主要取决于再结晶停止温度，为了获得形变晶粒细化效果，又不产生混晶现象，必须在再结晶停止温度以下控轧，同时考虑生产率、能源消耗及钢材化学成分变化对再结晶停止温度的影响等因素，未再结晶区控轧开轧温度应取为再结晶停止温度以下 30~50℃。综合考虑各种因素，本试验钢控轧开轧温度应控制在 960℃左右。

3.3　控制轧制规程试验结果与讨论

3.3.1　压下率对组织和力学性能的影响

图 3 显示了未再结晶区内的压下率对力学性能的影响。从图 3 可以看出，如未再结晶区压下率在 40%以下时，σ_s、σ_b、−20℃横向 A_{KV} 均较低，随着压下率的增加，可改善强度和韧性，微观组织明显细化，同时组织均匀性好（图 4）。

3.3.2　终轧温度对组织和力学性能的影响

从图 5 可看出，适当降低终轧温度，可以提高钢材的韧性。这是由于轧制温度降低，奥氏体的形变储存能增大，形变亚结构增多，提高铁素体相变形核，从而增强形变晶粒细化效果达到细晶强化。进一步降低终轧温度到达两相区时，产生明显的位错强化和亚结构强化效果，从而进一步提高强度，但会形成带状组织，使韧性大幅下降。

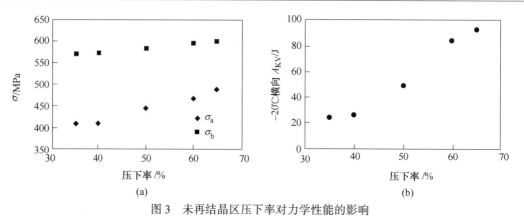

(a)　　　　　　　　　　　　　　　　　　(b)

图 3　未再结晶区压下率对力学性能的影响

Fig. 3　Effect of reduction in non-recrystallization zone on mechanical properties

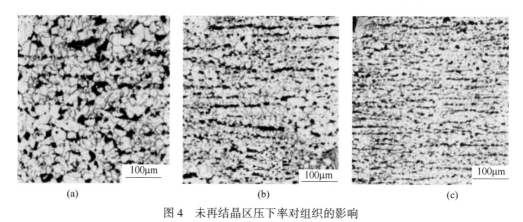

(a)　　　　　　　　　　　(b)　　　　　　　　　　　(c)

图 4　未再结晶区压下率对组织的影响

Fig. 4　Effect of reduction in non-recrystallization zone on microstructure

（a）压下率为 35%；（b）压下率为 50%；（c）压下率为 65%

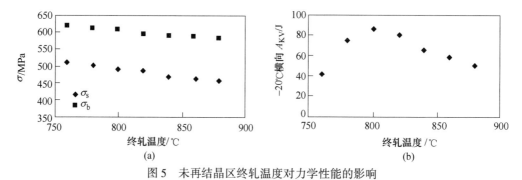

(a)　　　　　　　　　　　　　　　　　　(b)

图 5　未再结晶区终轧温度对力学性能的影响

Fig. 5　Effect of finish rolling temperatures in non-recrystallization zone on mechanical properties

4　Nb 微合金化 H 型钢控轧工艺的制定

4.1　生产工艺流程

　　Nb 微合金化热轧 H 型钢是用近终形异型坯为原料，采用万能轧制法生产的。其主要生产工艺流程如下所示。

2500m³ 高炉铁水→50t 氧气顶吹转炉冶炼→LF 精炼→异型坯连铸→步进式加热炉加热→除鳞→开坯机轧制→万能粗轧机轧制→万能精轧机轧制→锯切→矫直→成品。

4.2 采用的工艺方案

综合考虑各种因素，H 型钢控轧工艺方案见表 3。

表 3 轧制工艺方案

Table 3 Hot rolling technological program

加热温度/℃	万能粗轧开轧温度/℃	万能精轧终轧温度/℃	未再结晶区压下率/%
1160～1240	900～1000	800～900	道次压下率 10～20，总压下率≥50

5 Nb 微合金化 H 型钢的实物质量

马钢采用未再结晶区控制轧制技术结合 Nb 微合金化技术生产的热轧 H 型钢性能达到了相应标准的要求，并有较大的富余量，低温冲击性能达到了美国 API RP2A Ⅱ 类钢的要求，通过了德国劳氏船级社 E36 级产品认证，完全能够满足海洋平台等工程用钢的要求，现已有 4000 多吨产品成功应用于中国的海洋石油平台上。具体情况如下。

5.1 化学成分

Nb 微合金化 H 型钢的熔炼化学成分示例见表 4。由表 4 可见，化学成分控制较好，完全符合标准要求，为产品最终获得良好的性能提供了保证。

表 4 化学成分示例

Table 4 Chemical composition of samples （%）

炉号	C	Si	Mn	S	P	Nb
011－351	0.09	0.21	1.42	0.016	0.017	0.051
011－352	0.10	0.18	1.48	0.012	0.015	0.051
011－353	0.10	0.19	1.39	0.015	0.019	0.049

5.2 力学性能

马钢生产的 H 型钢性能见表 5。由表 5 可见，H 型钢的低温冲击性能和组织都良好，达到了 API RP2A Ⅱ 类钢的标准要求。与国外进口 H 型钢相比（表 6），性能优于卢森堡 ARBED 同类产品，与英钢联同类产品性能相当。

表 5 Nb 微合金化 H 型钢力学性能

Table 5 Mechanical properties of H-beam with Nb microalloyed

炉号	σ_s/MPa	σ_b/MPa	δ_5/%	A_{KV}/J					
				-20℃，横向			-20℃，纵向		
001－351	475	575	34	79	87	83	156	134	127
001－352	480	585	34	82	75	86	114	122	104
001－353	495	580	31	81	77	87	118	125	151

表 6　进口 H 型钢力学性能和成分

Table 6　Chemical composition and mechanical properties of imported H-beam

产地	钢种	化学成分/%							力学性能①			
		C	Si	Mn	S	P	Nb	Ti	σ_s/MPa	σ_b/MPa	δ_5/%	冲击功 (-40℃)/J
卢森堡 ARBED	BS 436- 50B	0.19~ 0.21	0.05~ 0.08	1.28~ 1.31	0.018~ 0.024	0.020~ 0.039	0.012~ 0.021		394~432 409.9	542~693 580.5	25~30 27.6	—
英钢联	ASTM A572-50	0.17	0.30	1.28	0.005	0.012	0.041	0.023	420~405 412.5	545~540 542.5	34~29 31.5	40~151 88.8

①分子为力学性能的范围，分母为平均值。

5.3　金相组织

Nb 微合金化热轧 H 型钢的显微组织均为铁素体+珠光体，由于采用了 Nb 微合金化技术和控制轧制技术，显微组织均较细小，晶粒度为 9~11 级。显微组织和奥氏体晶粒度见图 6、图 7（试样加热到 900℃，保温 1h，水淬）。

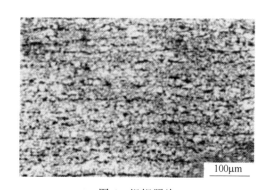

图 6　组织照片

Fig. 6　Microstructure photograph

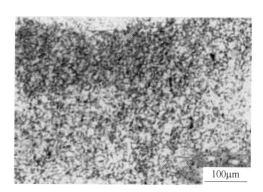

图 7　奥氏体晶粒照片

Fig. 7　Austenite grains photograph

6　结论

（1）通过热模拟试验确定 H 型钢控制轧制加热温度应控制在 1160℃ 以上，未再结晶区开轧温度应控制在 900℃ 以上，未再结晶区总压下率应≥50%。

（2）与国外同类产品相比，马钢 H 型钢性能与英钢联产品的性能相当，优于 ARBED。

参 考 文 献

［1］颜晓峰. 含铌 16Mn 钢的奥氏体晶粒粗化和 NbC 固溶析出行为 ［J］. 钢铁研究学报，2000，12（2）：49~53.

［2］高维林. 含 Nb 低碳钢的热变形行为和金属塑性变形中流变应力的预测 ［J］. 金属学报，1992，28（8）：A353~A359.

Research on Nb Micro-alloyed H-Beam TMCP Technology

Su Shihuai   Sun Wei   Wang Kaizhong

(Ma'anshan Iron and Steel Co., Ltd.)

Abstract: The simulation was used to select the TMCP technological parameters for Nb micro-alloyed H-beam. The production process and quality of Nb micro-alloyed H-beam is introduced. The properties of H-beam produced by Magang are compared with the imported ones. The result shows that the H-beam produced by Magang has good strength and ductility.

Key words: H-beam; Nb micro-alloyed technology; TMCP

Nb 微合金化钢异型坯连铸工艺的优化[❶]

王　升[1]　孙　维[2]　汪开忠[2]　苏世怀[2]

（1. 海洋石油工程股份有限公司；2. 马鞍山钢铁股份有限公司技术中心）

摘　要：为了减少 Nb 微合金化钢连铸异型坯表面裂纹缺陷，研究了 Nb 微合金化钢的高温塑性，并结合工业性试验，对 Nb 微合金化钢异型坯连铸二冷工艺制度进行了优化；另外对结晶器用保护渣的理化性能进行了改进，大大提高了 Nb 微合金化钢连铸异型坯表面质量。

关键词：异型坯；连铸；Nb 微合金化钢；保护渣

1　引言

自 20 世纪 70 年代以来，Nb 微合金化技术取得了重大进展，得到了广泛应用，使钢的性能得到了大幅度的提高。但 Nb 与碳、氮易生成化合物，连铸过程中，含 Nb 微合金钢铸坯冷却到奥氏体低温域时，铸坯中微细的 Nb 的化合物沿奥氏体晶界析出，使钢的延塑性变差，导致铸坯表面易产生裂纹；另外，Nb 微合金化 H 型钢多为低合金结构用钢，其碳含量大多处于 0.08%～0.18% 范围的包晶相变区，属裂纹敏感型钢种，在生产中容易产生表面纵裂。为了解决 Nb 微合金化钢异型坯表面质量问题，利用热模拟试验方法，结合工业性生产试验，对异型坯连铸生产工艺和结晶器用保护渣进行了优化，大大提高了 Nb 微合金化 H 型钢的异型坯表面质量。

2　含 Nb 钢高温塑性研究

2.1　高温塑性试验

为了测定含 Nb 钢的高温塑性曲线，从而确定钢的矫直温度，在异型坯上取 10mm×110mm 试样在 Gleeble-2000 试验机上进行高温延塑性测试，试验钢的化学成分见表 1。测试时，在氩气保护下，以 10℃/s 的速率将试样从室温升至 1300℃，保温 5min 后以 3℃/s 的速率降到预定的试验温度，然后分别于 1100℃、1050℃、1025℃、1000℃、975℃、950℃、925℃、900℃、875℃、850℃、825℃、800℃、775℃、750℃、725℃、700℃、650℃，以 $2.5×10^{-3}s^{-1}$ 的应变速率进行拉伸。

表 1　试验钢化学成分　　　　　　　　　　　（%）

钢种	C	Si	Mn	S	P	Nb	Al	N
A	0.10	0.21	1.32	0.021	0.015	0.021	0.004	0.0038
B	0.14	0.18	1.29	0.017	0.016	0.043	0.005	0.0051

---

❶　原文发表于《安徽工业大学学报》2002 年第 3 期。

2.2 高温塑性试验结果及讨论

含 Nb 钢的断面收缩率随温度的变化曲线见图 1。由图 1 可见，当温度降低到 975℃时，A、B 钢的断面收缩率开始急剧下降，在 750~775℃，A 钢和 B 钢的断面收缩率都降到了最低点，和普碳钢相比，其第Ⅲ脆性区上限温度显著升高，下限也明显降低。随着温度的继续降低，A 钢的断面收缩率可恢复到 50% 以上，B 钢的断面收缩率只恢复到 40% 左右。

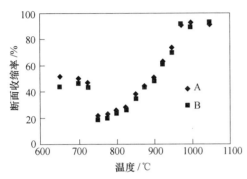

图 1 试样断面收缩率随温度的变化

含 Nb 钢在 700~975℃间断面收缩率的降低主要由奥氏体低温区和奥氏体+铁素体区高温区出现脆性造成的。在奥氏体低温区含 Nb 钢延塑性的降低主要与奥氏体晶界 Nb(C，N) 的析出有关[1]。(1) Nb(C，N)的析出降低了界面结合能，在应力的作用下，析出物容易和晶界脱离，形成孔洞，在晶界滑移的作用下，孔洞形成裂纹；(2) 伴随 Nb(C，N) 在晶界的析出，晶内也有 Nb(C，N)析出，从而在晶界两侧形成一薄的较软的无析出带，在应力作用下，沿该带出现应力集中，容易造成沿晶界开裂。在奥氏体+铁素体高温区出现的延塑性降低主要与先共析铁素体沿奥氏体晶界的析出有关：当有应力作用时，易集中于较软的铁素体网膜，导致铁素体网膜中生成孔洞，孔洞聚合长大，便会形成裂纹。

A 钢碳含量较低（≤0.10%），且 Nb 含量较低，进入两相区后，奥氏体向铁素体的先共析转变能较快由原奥氏体晶界向晶内进行，从而较快消除了原奥氏体晶界铁素体网膜造成的应力集中，使钢的延塑性得到改善，故其在低温区断面收缩率恢复得比 B 钢高。

根据钢的高温塑性曲线，含 Nb 钢最佳矫直温度应控制在 950℃以上。

3 含铌钢连铸二冷工艺制度的优化

3.1 二冷工艺制度优化试验

根据 Gleeble-2000 测定的含铌钢高温塑性曲线，在生产初期，对 150 炉 Nb 微合金化钢异型坯连铸二冷制度进行了对比研究。试验过程中，对 3 种二冷比水量（0.5kg/t、0.7kg/t、0.9kg/t）进行对比试验，利用红外测温仪对异型坯腹板中心部位表面温度进行测定，通过低倍酸浸检验确定异型坯存在的质量缺陷，对连铸异型坯角部横裂纹缺陷进行透射电镜分析。

3.2 连铸异型坯二冷工艺的试验结果及讨论

试验表明，异型坯角横裂纹发生率与连铸二冷比水量的关系见图 2。由图 2 可

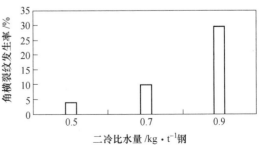

图 2 异型坯角横裂纹发生率与连铸二冷比水量的关系

见，高二冷比水量情况下，角横裂发生率较高。用红外测温仪对不同二冷比水量情况下连铸机矫直区域异型坯腹板中心部位表面温度进行了测定，结果见表2。由表2可见，在0.9kg/t 钢情况下，异型坯在矫直区表面温度只有840℃左右，进入了第Ⅲ脆性区；同时，由于强的二冷方式，使铸坯表面温度大大降低，加大了坯壳的温度梯度，更有利于 Nb 等微合金元素的析出，增加了钢的裂纹敏感性，故横裂纹废品发生率较高。

表2　连铸矫直区温度实测值

二冷比水量 /kg·t⁻¹钢	拉速 /m·min⁻¹	中包温度 /℃	矫直区温度/℃		
			Ⅰ流	Ⅱ流	Ⅲ流
0.5	0.65	1536	983	992	987
0.7	0.66	1539	918	927	916
0.9	0.69	1542	847	838	841

对异型坯角横裂纹进行透射电镜分析，发现角横裂的末端沿奥氏体晶界断裂，角横裂处有 Nb(C，N) 夹杂存在，说明角部横裂纹是由于 Nb 的碳、氮和碳氮化合物沿奥氏体晶界析出使钢的延塑性变差造成的。

通过试验研究，确定对 Nb 微合金化钢采用弱冷却方式，具体工艺参数见表3。特别对翼缘端部的冷却水量进行了调整，避免端部冷却过快进入第Ⅲ脆性区。通过对二冷制度的优化，异型坯表面质量有了较大提高，表面横裂纹发生率大大下降。

表3　铸坯矫直温度和二冷比水量的关系

中包温度/℃	拉速/m·min⁻¹	铸坯矫直温度/℃	二冷比水量/L·kg⁻¹
1530~1545	0.60~0.90	900~1000	0.40~0.75

4　含铌钢新型保护渣的试验

4.1　新型保护渣的试验条件

为了研制最适合含铌低合金包晶钢异型坯连铸的保护渣，减少异型坯表面纵裂纹缺陷，按3种方案进行了对比试验，对现用保护渣配方进行了调整。

方案1：16Mn2#保护渣：HDK-1 保护渣=1:1.5

方案2：16Mn2#保护渣：HDK-1 保护渣=1:1

方案3：16Mn2#保护渣：HDK-2 保护渣=1:1

4.2　保护渣性能的优化试验结果与讨论

生产实践表明，保护渣的理化特性对连铸异形坯表面质量影响很大，特别是大异形坯，由于结晶器内腹板和翼缘之间受结晶器形状的限制，对保护渣的铺展性能要求更高。因为结晶器内保护渣渣膜厚度不均会导致铸坯冷却不均，渣膜较厚的地方坯壳就薄，强度也较差，容易产生裂纹。表4为异型坯连铸生产初期使用的保护渣的有关理化性能。

表4　异型坯连铸生产初期使用的保护渣性能

型号	碱度	结晶温度/℃	熔速/s	黏度/Pa·s
HDK-1	0.95~1.05	1020~1070	20~30	1.00~1.10
HDK-2	0.95~1.05	1000~1050	40~50	0.85~0.95

由表4可看出，保护渣黏度偏大。据文献介绍，纵裂产生与熔渣黏度（η）和拉坯速度（v）有关，对大断面宽扁型铸坯，ηv 值应控制在 0.20~0.35Pa·s·m/min，使用HDK-1型保护渣时，ηv 值最大可达 1.0Pa·s·m/min 左右，显然这对异型坯表面质量是极为不利的，容易产生表面纵裂、夹渣等缺陷（见图3），图4为夹杂物成分的能谱分析。

图3　表面夹渣扫描电镜照片（100×）

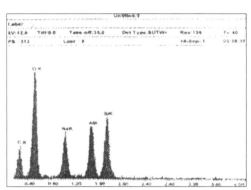

图4　夹杂物的能谱成分分析

为了改善结晶器内坯壳的传热条件，促进坯壳均匀生长，目前在浇铸包晶钢时，主要采取提高保护渣结晶温度、降低保护渣黏度的措施。因为保护渣结晶温度高，渣膜中结晶相增加，渣的热阻增大，达到了对初生坯壳缓冷的目的，同时降低黏度，确保了流入结晶器与铸坯之间的保护渣量，改善了铸坯传热条件，减少了表面裂纹的发生率。由表5的试验结果可知，方案3的保护渣（HDK-3）配方使用效果较好，铸坯表面纵裂及表面横裂的出现频率均较少。HDK-3保护渣的理化性能见表6，其 ηv 值基本稳定在 0.20~0.35 Pa·s·m/min，改善了铸坯的传热条件，裂纹发生率大大减少。

表5　不同配方保护渣的铸坯表面质量（样本数各为50炉）

方案	表面纵裂炉数	表面横裂炉数	方案	表面纵裂炉数	表面横裂炉数
1	7	3	3	0	0
2	4	1			

表6　HDK-3保护渣物理性能

型号	碱度	结晶温度/℃	熔速/s	黏度/Pa·s
HDK-3	1.00~1.15	1080~1130	30~40	0.30~0.60

5　含铌钢工业性试验结果

通过对上述生产工艺的优化，含铌钢异型坯质量有了较大提高。异型坯低倍照片见图5，参照板坯低倍图谱，其质量达到了一级水平。图6为用其轧制的H型钢金相照片（3%硝酸酒精溶液方式），显微组织均为铁素体+珠光体，由于采用了Nb微合金化技术和控制轧制技术，显微组织均较细小，晶粒度为 9~11 级。

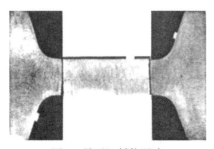

图 5　异型坯低倍照片

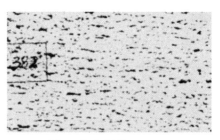

图 6　组织照片（100×）

6　结论

（1）通过热模拟试验和工业性试验，对异型坯连铸二冷比水量进行了优化，使 Nb 微合金化异型坯质量有了很大的提高，铸坯裂纹发生率大大降低。

（2）通过连铸保护渣试验，确定低黏度、高结晶温度保护渣比较适合含 Nb 低碳包晶钢异型坯连铸要求。

（3）在连铸设备状态良好、中间包钢水低过热度等的条件下，通过对连铸工艺的优化，含 Nb 钢异型坯低倍组织达到了一级水平，用其生产的热轧 H 型钢实际晶粒度也达到了 9~11 级的水平。

参 考 文 献

[1] 王新华，王文军，刘新宇. 700~1000℃间含铌钢铸坯的延塑性降低与 Nb(C，N) 析出 [J]. 金属学报，1997，33（5）：485~491.

[2] 王新华，昌波，李景捷. 减少铌、钒、钛微合金化钢连铸板坯角横裂纹的研究 [J]. 钢铁，1998，（1）：22~25.

Optimization of Nb Microalloyed Steel Beam Blankcontinuous Casting Technology

Wang Sheng[1]　Sun Wei[2]　Wang Kaizhong[2]　Su Shihuai[2]

（1. Purchasing Department, Offshore Oil Engineering Co., Ltd. ;

2. Technology Center of Ma'anshan Iron and Steel Co., Ltd. ）

Abstract：The hot ductility of continuous casting beam blank containing Nb was studied. According to the results and industry experiment, the second cooling intensity of beam blank continuous casting is optimized. In addition, the physical and chemical properties of mould powder is improved. Through optimization of the process, the surface crack of beam blank is reduced greatly.

Key words：beam blank; continuous casting; Nb microalloyed steel; powder

优化工艺改善海洋石油平台用 H 型钢性能的研究[●]

蒲玉梅　　吴结才　　苏世怀

（马鞍山钢铁股份有限公司技术中心）

摘　要：研究了低碳含铌海洋石油平台用 H 型钢横向低温冲击韧性的影响因素，并通过优化生产工艺改善了成品的带状组织，从而保证了石油平台用 H 型钢的-20℃横向冲击韧性满足美国石油协会（API）Ⅱ类钢材的要求。研究工作为控制和稳定铌微合金化钢产品的性能、开发海洋石油平台用 H 型钢新产品提供参考。

关键词：平台钢；带状组织；横向冲击韧性

1　引言

　　材料的强度与韧性除由化学组成决定，还与制造工艺过程紧密相关。多年来，冶金工作者在改善钢铁材料的微观组织结构和力学性能方面进行了大量的理论和试验研究，总结出大量保证材料强度同时改善韧性的工艺方法，其中微合金化与控制轧制技术效果明显并达到较广泛的应用[1,2]。海洋石油开采平台结构庞大复杂、刚性大，由于平台在海洋中长期受到海水的侵蚀、风浪等复杂的交变应力作用，并受到海上漂浮物和冰块的冲撞，以及海底地震的影响，因此海洋石油平台用 H 型钢要求具有足够的强度、低温韧性和可焊性等。马钢开发海洋石油平台用 H 型钢的过程中，采用了微合金成分设计、冶炼工艺优化、控制轧制等技术，并对各工序工艺进行了优化，使产品性能得到显著的改善，生产出了满足海洋石油平台用的高强度、高韧性 H 型钢。本文介绍的是优化轧制工艺、改善产品性能的经验，研究工作为 H 型钢新品种的开发提供参考。

2　试验材料与试验方法

　　试验材料为经转炉冶炼、LF 炉精炼的 SM490B 钢，其化学成分见表 1。冶炼钢经异型坯连铸，在马钢 H 型钢生产线上轧制。

表 1　试验用钢的化学成分 　　　　　　　　　　（%）

牌号	C	Si	Mn	S	P	Nb	Al_s
SM490B	0.12	0.24	1.30	0.017	0.018	0.04	0.008

　　异型坯加热温度为 1200℃，开轧温度 1150℃，经 BD 机开坯、万能粗轧、万能精轧930℃终轧成 700mm×300mm×13mm×24mm 成品。经在冷床上自然冷却后取样，取样位置

　　[●]　原文发表于《中国造船》2002 年增刊。

按 GB/T 11263—98 标准，在 H 型钢的翼缘上以 1/4B 为中心线取板状拉伸试样。试样表面未作任何处理，保持原始轧制状态，试验按照标准 GB/T 228—1987 在 WE-100 试验机上进行，试验环境为大气室温。

冲击试样取自翼缘 1/4B 中心线上，全部为横向试样，依据标准 GB/T 229—1994，试样尺寸为 10mm×10mm×55mm。金相试样也取自翼缘 1/4B 中心线上。

3 试制结果及分析讨论

3.1 试制结果

表 2 为试制的石油平台用 SM490B 700mm×300mm×13mm×24mm 钢的拉伸性能、横向低温冲击韧性值、组织和晶粒度情况。

表 2 试制钢的性能及组织（批号：9911028）

Table 2 The mechanical properties and microstructure of test steel

钢种	σ_s/MPa	σ_b/MPa	δ_5/%	横向 V 形低温冲击值/J				组织	晶粒度
				0℃	−20℃	−40℃	−60℃		
SM490B	490	595	24	26, 25, 23	22, 23, 26	26, 20, 24	19, 19, 21	F+P	细于 10 级

图 1 为试制钢的组织形貌，从此看出，成品材的组织正常，晶粒细小，说明变形工艺制定合理，从照片上还可看出钢的组织带状严重。由表 2 的性能数据看出，钢的拉伸性能满足要求，但低温横向冲击值在 0℃、−20℃、−40℃、−60℃ 各温度时并不高，0℃、−20℃、−40℃ 和 −60℃ 横向冲击韧性的平均值分别为 24.7J、23.7J、23.3J 和 19.7J。而且由 0℃ 至 −60℃，随着温度的降低，横向冲击值下降的趋势并不明显，0℃ 与 −40℃ 的横向冲击韧性值几乎相同，仅在 −60℃ 时横向冲击值有稍许降低。

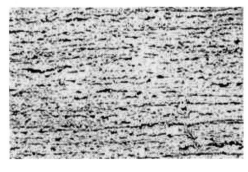

9911028 批号 (100×)　　　　　　　　　9911029 批号 (100×)

图 1 试制钢组织

3.2 分析与讨论

低碳合金钢中的带状组织是指沿钢材轧制方向形成的，以先共析铁素体为主的带、以珠光体为主的带彼此堆叠而成的组织形态，带状组织是产品中经常出现的钢材的缺陷性组织[3]。

由于带状组织相邻带动显微组织不同，它们的性能也不相同，在外力作用下性能低的带易暴露出来，而且强弱带之间会产生应力集中，因而造成总体力学性能降低，并具有明显的各向异性，导致钢的横向韧性严重恶化[4,5]，因此钢的带状组织通常是希望消除和避免的。

观察表 2 试制钢的低温冲击性能，试制钢表现出与正常材料不同的断裂韧性行为：系列冲击值随温度的变化不明显，-60℃的冲击值的稍许降低似乎也不是由于温度降低的正常变化，而由试制钢的组织与性能的变化规律，笔者认为之所以有此现象，定有一种决定因素影响试制钢横向冲击韧性，使得温度成为次要影响因素，表现出韧性随温度变化不明显，而这一因素不难推断出是钢的组织带状。

根据金属强化韧化理论[6,7]，细化晶粒是唯一改善强度与韧性的手段。试制钢的晶粒度达到 10 级以上，依据前人理论计算及实验室研究结果[8~10]，该钢材应有较好的强度与韧性；但是实际的结果并不理想，说明带状组织对韧性的影响已经不容忽视，要提高低温横向冲击韧性，改善带状组织是关键和必要的。

已经大量研究表明[11]，产生铁素体、珠光体带状组织的内在原因主要是枝晶偏析，传统的消除或减弱带状组织的方法为扩散退火和正火，退火和正火都要增加一道消耗能量非常大的工序，而且需要有相应的设备和装置，对一般热轧钢材是不经济的、不适宜的，对 H 型钢产品，生产厂也无法做到。根据金属学理论及他人的研究结果，要消除或预防带状组织应尽量减少或消除原组织中的偏析、细化原组织、采用控制轧制、降低终轧温度等措施，经结合实际分析研究，制定如下工艺：（1）尽量低过热度浇铸，因为在钢液被过热和浇筑温度过高的情况下，凝固时将形成粗大的初生晶粒，对枝晶偏析的消除不利；（2）适当提高钢坯或钢材的加热温度，一可使碳、锰及其他元素达到相对均匀，二可使奥氏体晶粒尺寸超过原始带状的条带宽度，有利于消除和减轻铁素体、珠光体带状；（3）降低终轧温度，使 A_{r_3} 升高，减少低锰带和高锰带 A_{r_3} 点温度差异，减少各带先共析体析出的不同时性，使带状组织的形成几率减少[11]。

4　工艺优化及结果

改进后的工艺：连铸时采用低过热度，过热度控制在原有基础下调 5℃ 范围内。轧制时，提高加热温度，均热温度在原有基础上提高 15~20℃；采取再结晶与未再结晶区联合控制轧制技术，终轧温度控制在 840℃ 左右。进行试轧所得产品的性能及组织情况见表 3。

表 3　工艺优化后产品性能

批号	钢号	σ_s/MPa	σ_b/MPa	δ_5/%	-20℃横向冲击功/J	组织	晶粒度
60485	SM490B	385	500	33	73，72，62	F+P	细于10级
60488		395	505	31	59，58，60	F+P	9.5级
60489		415	515	33	60，92，60	F+P	10级
60490		425	515	33	93，93，98	F+P	细于10级

由以上结果可看出，试制钢金相组织形貌上带状组织明显得到改善，组织为铁素体加

少量珠光体，晶粒细小，达到9级，而且横向冲击韧性明显提高，说明了工艺调整对削弱带状组织是有效的。

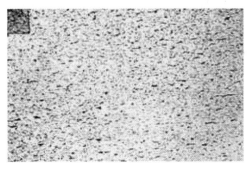 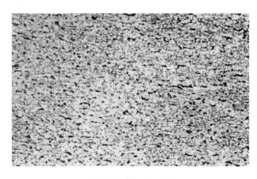

0060488 批号 (100×)　　　　　　　　　　0060489 批号 (100×)

图 2　优化工艺后成品钢组织

5　结论

（1）带状组织是影响海洋石油平台用 SM490B 钢横向冲击韧性的关键因素。

（2）低过热度浇筑，提高加热温度、降低终轧温度对减少和消除原组织中的偏析是有效的。

（3）经过工艺优化，削弱了钢的带状组织，改善了钢的横向冲击韧性，保证了海洋石油平台用钢的韧性达到 API Ⅱ 类钢材-20℃横向冲击韧性达到 34J 的要求。

参 考 文 献

[1] 宋维锡. 金属学 [M]. 北京：冶金工业出版社，1980：484.

[2] 王有铭，李曼云，韦光. 钢材的控制轧制与控制冷却 [M]. 北京：冶金工业出版社，1995：227.

[3] 刘云旭. 低碳合金钢中带状组织的成因、危害和消除 [J]. 金属热处理，2000（12）：1～3.

[4] 冯光宏. 在未再结晶区大压下后加速冷却工艺对钢板带状组织的影响 [J]. 钢铁研究学报，1999，11（6）：14～17.

[5] 林大为. 终轧温度对 16Mn 钢板带状组织的影响 [J]. 轧钢，1999（4）：21～23.

[6] 姚连登. 微合金化与控制轧制的进展 [J]. 宽厚板，1999，5（1）：1～4.

[7] 章洪涛，等. 铌钢和铌合金 [C]. 中国—巴西学术研讨会论文集，北京：冶金工业出版社，2000.

[8] 杨王玥，等. 低碳钢奥氏体晶粒尺寸的控制 [J]. 金属学报，2000，36（10）.

[9] 董洪波，蔡庆伍. 控轧控冷 Nb-V 钢的组织性能及碳氮化物的析出行为 [C]. 高效轧制中心技术成果及论文集，1999.

[10] 张红梅，刘相华，等. 采用累积大压下方法细化铁素体组织 [J]. 钢铁研究学报，2001，13（1）.

[11] 李文卿，王连伟. 控制轧制和控制冷却对 16Mn 钢板带状组织的影响 [J]. 物理测试，1990（4）.

Optimization of Process Parameter for Improving H-Beam Steel in Offshore Platform Engineering

Pu Yumei　Wu Jiecai　Su Shihuai

(Technic Center of Ma'anshan Iron and Steel Co., Ltd.)

Abstract: The influence of rolling schedule on low temperature transverse toughness of low carbon niobium-containing offshore platform H-beam steel in investigated. By optimizing rolling process, material strip microstructure is improved and under this rolling schedule, materials properties is enhanced and conformed to the specifications of Ⅱ class material of API. The research give important references to controlling material properties and developing H-beam new products in offshore platform engineering.

Key words: offshore platform steel; strip microstructure; transverse impact toughness

中国建筑用带肋钢筋、线材品种的优化❶

苏世怀　　完卫国　　孙维　　郭湛

(马鞍山钢铁股份有限公司技术中心)

摘　要：概述了中国建筑用带肋钢筋、线材品种的现状及其发展趋势，介绍了余热处理钢筋、超细晶热轧钢筋、多种微合金化方法试制的 HRB400 钢筋、HRB500 钢筋、590MPa 级热轧钢筋、800MPa 以上级高强度钢筋、高碳钢盘条、建筑标准件用冷镦钢盘条等应关注和发展的建筑用钢品种，并就如何促进我国建筑用带肋钢筋、线材品种的优化和更新换代提出了建议。

关键词：建筑用钢；钢筋；线材；强度

1　引言

我国国民经济的快速发展带动了我国建筑用钢需求的增长，这给建筑用钢的发展提供了很好的机遇。随着我国西部大开发、基础设施建设和城市化进程的加快，我国的建筑业将会持续快速发展。

建筑用钢类型包括带肋钢筋、线材、板材、型钢、钢管和涂镀层板等，由于我国的基础设施仍然是以钢筋混凝土为主要材料，所以多年来带肋钢筋和线材一直在建筑用钢中消费量最大。2009 年我国钢筋产量 12151 万吨，占钢材总产量的 17.55%，比 2008 年增加了 27.1%；2009 年我国线材产量 9586 万吨，占钢材总产量的 13.84%，比 2008 年增加了 20.9%[1]，线材主要用途是直接作为钢筋混凝土的配筋，只有小部分线材（约 20% ~ 25%）经再加工成制品使用。

建筑业的发展对建筑用钢的性能、质量也提出了更高的要求，应加快建筑用钢品种优化与更新换代的步伐[2]。同时，随着我国与国际接轨的步伐加快，我国的建筑用钢不仅要满足国内建设的需要，而且要积极加入国际市场的竞争，满足国际市场的需要。

2　我国建筑用钢筋、线材品种现状及其发展趋势

不同的工程结构对建筑用钢筋、线材的品种、规格、质量、强度等级等要求是不同的。其使用对象包括房屋（含住宅、公共设施、办公、商业楼房、厂房等）、铁路、公路、矿山、桥梁、隧道、堤坝、电站、容器、装备、码头、机场和其他工程建筑。建筑用钢筋、线材及其深加工制品按结构和用途可分为混凝土结构用钢如钢筋、钢丝、钢棒、钢绞线；钢结构用钢如铆螺钢、焊材钢；建筑五金用钢等等。按钢种可分为普通碳素结构钢、

❶ 原文发表于《建材世界》2010 年第 5 期。
国家科技支撑计划（2007BAE30B02）。

低合金结构钢等。按特殊用途可分为耐候钢、耐火钢、抗震钢等。

在热轧带肋钢筋方面，GB 1499.2 标准已向国际先进标准看齐，规定了 400MPa、500MPa 级别钢筋的要求，我国 2007 年 HRB400 钢筋的产量已达 3430.6 万吨，已占当年钢筋总产量的 33.1%[3]，现正进一步扩大应用范围。一些企业也开始研制 HRB500 钢筋[4,5]，还有一些企业长期批量按英标生产出口 460MPa 级钢筋以及加标、日标、美标、新加坡标准等钢筋。我国的冷加工钢筋技术发展和产品更新换代也很迅速，预应力钢筋正向高强度、粗直径、低松弛、大盘重方向发展。

纵观我国建筑钢筋、线材的发展历史，趋势是普通钢筋已从低碳低合金钢向微合金化钢、余热处理钢筋发展；冷轧、冷拉钢筋从普遍被采用到低档产品将被淘汰出局，而作为细规格的冷轧钢筋、冷轧扭钢筋仍将会是普通钢筋的一种补充；预应力钢筋从强度偏低、松弛较大的钢筋向高强度的钢线、钢绞线发展。

与国际先进水平相比，我国建筑钢筋、线材品种的发展还存在一定的差距，主要表现为：

（1）尽管我国推广应用 HRB400 钢筋取得了一定的效果，但目前使用比例只占钢筋总量的 1/3 左右，大量使用的仍然是强度较低的 HRB335 钢筋，而国外已大量使用 460MPa、500MPa 级钢筋。尽管我国钢铁企业引进或自制了多条余热处理生产线，但由于使用观念、钢筋连接技术等存在问题，余热处理钢筋的应用受到限制。

（2）在热轧光圆钢筋方面，我国大都将热轧光圆钢筋直接用于建筑，而国外一般冷加工后再使用，且我国的热轧光圆钢筋强度级别很低，一般为屈服强度 235MPa 级，在产品和设计方面国标都应进行完善。

（3）在冷加工钢筋方面，存在生产规模小、产品工艺和质量欠稳定、钢材原料规格、质量配套研究不够、高性能产品推广应用受到限制等问题。

（4）在预应力钢筋方面，存在低强度级别的低碳钢丝、冷拔钢筋等仍大量使用的问题。今后对于中小预应力结构应注意应用 800MPa 级以上的冷轧带肋钢筋，根据市场需求，适当发展铁道轨枕用热处理高强度钢筋、PC 钢棒等产品。

（5）在功能性钢筋方面，我国目前还缺乏耐腐蚀、耐火、耐候钢筋等产品。

3 应发展和关注的建筑用钢筋、线材品种

3.1 余热处理钢筋

生产余热处理钢筋时，利用轧制余热，在轧钢作业线上直接进行热处理。其基本原理是钢筋从轧机的成品机架轧出后，经冷却装置进行快速表面淬火，然后利用钢筋芯部热量由里向外自回火，并在冷床上空冷。该技术能有效地发挥钢材的性能潜力，通过各种工艺参数的控制能改善钢筋的性能，在较大幅度提高钢筋强度的同时，保持较好的塑韧性，完全能保证钢筋的综合性能满足要求。同时，大幅度降低了合金元素用量，节约了生产成本，用余热处理工艺生产英标 460MPa 级钢筋以目前市场价格计算每吨钢材可节约成本 200 元以上。我国建筑业应用余热处理钢筋可实现强度等级的升级，节约钢材用量，增加建筑物的安全性。从理论上分析，335MPa 级钢升级为 460MPa 级钢可节材 27% 以上，400MPa 级钢升级为 460MPa 级钢可节材 13%。更重要的是实现强度等级升级同时，不需

要消耗大量微合金化元素的资源，有利于科学发展。

余热处理钢筋在国外已广泛应用，典型例子是英标 460MPa 级、500MPa 级钢筋。英标 BS4449 因其科学性和适用性，受到国际建筑业的推崇，许多国家和地区普遍采用 BS4449 标准。英标钢筋与我国和其他国家钢筋标准中同类钢筋相比，不但强度要求较高，而且对冷弯和反弯性能要求更严，因此，其质量要求较高。BS4449 标准中没有规定具体的加入合金元素和成分范围，国外企业生产英标钢筋一般是用碳素钢采用余热处理工艺，我国出口的英标钢筋也大量采用了余热处理工艺[6,7]。新加坡标准 SS2：Part2 中 500MPa 钢筋，加拿大标准 G30.18 中的 400R、500R 钢筋，美国 ASTM A615/A615M 标准中的 60 级（420MPa）、75 级（520MPa）钢筋，德国标准 DIN488/1 中的 BSt420S、BSt500S 钢筋等都可采用余热处理工艺生产。国外余热处理钢筋的广泛应用表明，余热处理钢筋在建筑上包括在重要建筑上的应用是可靠、可行的。

3.2　超细晶热轧钢筋

近年来的材料学研究可使普通 C-Mn 钢获得超细晶组织[8,9]。已有试验获得了 $2\sim3\mu m$ 的超细晶铁素体组织，屈服强度超过了 400MPa。日本住友工业公司用 C-Mn-0.03%Nb 钢轧制出了晶粒尺寸为 $5.5\mu m$，屈服强度为 454MPa，直径为 32mm 的优质棒钢。超细晶热轧钢筋通过控制轧制的方法，以细化钢材的晶粒和组织为技术核心，在保证良好的塑、韧性前提下提高钢材的强度，可明显地节约生产成本，同时做到了高性能和低成本。该产品是一种值得重视、值得发展的钢材品种。

3.3　多种微合金化方法试制 HRB400 钢筋

目前我国推广应用 HRB400 等高强度钢筋已是发展趋势，但生产 HRB400 钢筋的方法过于单一，尽管国家标准《钢筋混凝土用热轧带肋钢筋》（GB 1499—1998）规定可采用钒、铌、钛等微合金化元素，但是长期以来仍主要采用钒铁或钒氮合金微合金化工艺，一旦钒铁或钒氮合金价格大幅度增加，则生产成本急剧提高，严重影响了 HRB400 钢筋的推广应用。

钒铁和钒氮合金涨价后，国内许多企业转而试制 20MnSiNb 钢筋[10,11]，工作得到稳步推进并取得了一定的效果。

国内有的企业组织试制过 20MnTi 钢筋[12]，取得了初步的成功，但需进一步解决一些生产技术问题。

总之，微合金化方法的多样化有利于资源的均衡、合理利用。

3.4　促进 HRB400、HRB500 钢筋的推广应用

我国钢筋的发展经历了由低强度向较高强度发展的过程。建国初期采用碳素钢 I 级光面钢筋；20 世纪 70 年代初期，出现了 16Mn II 级钢筋、25MnSi III 级钢筋、45MnSiV、40Si2MnV 和 45Si2MnTi III 级钢筋；20 世纪 70 年代后期，20MnSi II 级钢筋取代了 16Mn 钢筋，至今仍是主导钢筋产品；20 世纪 90 年代后期，HRB335、HRB400 和 HRB500 钢筋纳入制定的 GB 1499—1998 热轧带肋钢筋标准中。目前我国广泛采用的仍然是 HRB335 钢筋，重点推广的是 HRB400 钢筋，约占钢筋总产量的 12%，其产量比例呈上升趋势。

HRB500 钢筋只有生产标准，缺乏建筑规范，在建筑中几乎没有应用。

HRB400 级钢筋具有强度高、延性好、节约用材、降低排筋密度、性能稳定、应变时效敏感性低、安全储备量大、焊接性能良好、抗震性能好、韧脆性转变温度低、高应变低周疲劳性能好等优点，因此其更适用于高层、大跨度和抗震建筑结构，使用后具有巨大的经济效益和不可估量的资源、交通、能源、环保等方面的社会效益，其应用必将越来越广泛。HRB500 钢筋是我国目前最高强度等级的热轧钢筋，用它取代 HRB335 钢筋理论上可以节约用量33%，取代 HRB400 可节约20%的用量，尽管推广应用它还面临着规范缺乏等困难，但在我国推广应用 500MPa 级钢筋只是时间问题。

3.5 其他高强度钢筋、功能性钢筋

一些高层建筑、立交桥、大跨度的厂房、地下管桩等需要强度更高的热轧钢筋，如 590MPa 级热轧钢筋，其塑性和冷弯要求比照 GB 1499—91 中的 IV 级钢筋，而强度要求更高。具体性能要求是 $\phi 10 \sim 25mm$ 规格，屈服强度≥590MPa、抗拉强度≥885MPa、延伸率≥10%，冷弯90°、$d = 5a$ 合格。可采用 45SiMnV、45Si2Cr 等钢号试制。

高强度热轧小规格螺纹钢筋是值得关注的品种。在混凝土结构用钢筋中，约有 1/5 ~ 1/4 是直径小于 12mm 的细直径钢筋，主要用作板、墙类构件的受力钢筋及梁、柱构件中的箍筋，也大量用作架立筋、分布筋、构造筋。通过微合金化和控冷技术，可研制抗拉强度级别更高的 800 ~ 1170MPa 级 6 ~ 12mm 热轧带肋钢筋盘条，取代目前 800 ~ 1170MPa 级冷轧带肋钢筋盘条使用。优点是塑性好、黏着力好、减少了冷轧工序。但还需做配套的产品和设计标准制定和修改工作。早在 20 世纪 70 年代原联邦德国就开发出了 850MPa 以上级高强度精轧螺纹钢筋并获专利权，后被美、日、英等国家引进。20 世纪 80 年代大力发展，广泛用于特大型建筑、框架结构、桥涵等工程。885MPa 级高强度精轧螺纹钢筋具体性能要求是，屈服强度≥885MPa、抗拉强度≥1080MPa、延伸率≥10%；也有用户提出按美国 ASTMA722-95DE 要求，屈服强度≥830MPa、抗拉强度≥1035MPa、延伸率≥7%，冷弯 90°、$d = 8a$ 合格。生产时需同时采用微合金化技术和余热处理技术。

矿山用无纵肋热轧左旋带肋钢筋是为了满足矿山建设需要而研制的一种钢筋，钢筋的横肋旋向采用左旋，钢筋外形、尺寸及允许偏差要求更严。目前常用的屈服强度级别为 335MPa，其试制的性能指标参照 HRB335 钢筋，可研制并推进应用屈服强度级别为 400MPa 或更高强度级别的钢筋。

随着科学技术的发展，环境保护要求给工程材料提出了更高的要求，所以钢筋的耐腐蚀性能已成为工业化国家的主要研究课题[13,14]，提高钢筋的使用寿命的各种耐腐蚀钢筋、耐候钢筋正在不断得到应用。需通过加入耐腐蚀元素或采用涂层、阻锈剂等，研制、生产不同强度级别的耐候钢筋和在特殊场合使用的耐腐蚀钢筋。

3.6 高碳钢盘条

开发预应力钢丝、钢绞线用高碳钢盘条。技术难点是高碳钢（C>0.72%）易出现碳偏析，对线材的控冷要求严格，否则会产生中心网状碳化物和芯部马氏体缺陷。需要严格控制成分的均匀性和限制残余元素含量，在确保线材高强度的同时，具有高的塑韧性。应适应高速连续拉拔和尽量减少中间退火工序。研究内容包括：钢的纯净度提高、成分性能

的稳定性提高、索氏体化率、非正常组织、表面质量、钒铬微合金化等。

3.7　其他专用盘条

30MnSi、30MnB 等 PC 钢棒盘条，轨枕钢筋用盘条，混凝土增强用钢纤维用盘条、耐腐蚀焊丝用盘条等建筑用特种焊丝盘条、建筑标准件用非调质冷镦钢盘条、减免退火的建筑标准件用盘条等都在建筑领域有一定的应用。

4　促进品种优化和更新换代亟待开展的工作

4.1　完善和创新标准体系

要科学发展、促进节约资源的钢材推广应用，完善和创新标准体系是前提。以促进余热处理钢筋应用为例，国家标准《钢筋混凝土用余热处理钢筋》（GB 13014—1991）规定了 20MnSi 余热处理钢筋的技术要求。建议今后钢筋的标准和建筑规范应只对钢筋的力学性能和工艺性能提出合理的要求，不需对钢筋的具体化学成分和生产工艺加以限制，为保证钢筋的塑韧性和可焊性，可对化学成分的上限加以限定。此举有利于更好的生产和应用低成本余热处理钢筋。

目前我国余热处理钢筋还不被建筑设计部门和使用单位接受，主要理由是可焊性差、怀疑使用性能的可靠性，目前的相应建筑规范也相对滞后。所以必须转变余热处理钢筋的使用观念。国外已有余热处理钢筋的应用实践，国内生产的余热处理钢筋已大批量出口到国外使用，为什么国内不能应用这种性能可靠、节约资源的钢筋？为什么不能向国外一样推广应用钢筋的机械连接方式？

4.2　加强推广品种的生产与配套技术研究

例如：轧后冷却设备和工艺是实现余热处理工艺的关键，是余热处理钢筋产品品质的保证，国内引进的棒材生产线和新建的棒材生产线大都配有轧后冷却设备。钢筋轧后冷却设备国内外许多企业都可制造，钢筋生产企业生产余热处理钢筋时，必须针对自己的设备特点新建或完善轧后冷却设备、优化生产工艺。

研究表明，余热处理钢筋焊接连接时会出现失强现象，强度越高，焊接连接后强度损失越大。钢筋的机械连接技术是钢筋的配套应用技术，在国外工业先进的国家这项技术已很成熟，我国这项技术也发展很快，钢筋的机械连接方式已在我国的建筑施工中得到一定的应用。用机械连接方式替代焊接连接方式就可避免余热处理钢筋焊接连接时的失强现象，从而跨越余热处理钢筋应用的主要障碍。仅仅改变钢筋的连接方式，就可降低钢筋的使用成本、节约大量资源，何乐而不为？

余热处理钢筋焊接连接时，通过强化冷却强度可减少或避免强度损失，使焊接后的强度达到要求。应开展相关的工艺和设备研究，开发出适合余热处理钢筋的焊接工艺和设备。

4.3　发挥好政府与行业协会的指导作用

建筑用钢筋、线材的品种优化与更新换代应引起政府与行业协会的重视，以加强建筑、冶金等行业的交流与协作，促进有利于节约资源、科学发展的建筑用钢品种的推广应用。努力做到以下几点：一是统一认识，明确重要意义；二是冶金、建筑设计和建筑施工部门协调行动、互相配合、互相服务；三是政府出面，协调建设示范工程，发挥示范促进作用；四是加强管理，必要时成立专门的协调组。

参 考 文 献

[1] 中国钢铁工业协会. 统计数据 [J]. 中国钢铁业，2010（2）：45.

[2] 苏世怀，完卫国. 浅论我国建筑用钢筋、线材品种的优化 [J]. 世界金属导报，2007（15）：12~13.

[3] 苏世怀，完卫国. 我国建筑用热轧带肋钢筋的性能升级与使用功能化探讨 [A]. 2009 全国建筑钢筋生产设计与应用技术交流研讨会会议文集 [C]，2009（5）：145~150.

[4] 崔培耀，俞敏，徐军. HRB500 钢筋的试制开发 [J]. 中国冶金，2003（11）：30~33.

[5] 王学忠，刘佩明. HRB500 钢筋的研制生产分析 [J]. 山东冶金，2005，27（3）：20~22.

[6] 完卫国，杨仁江. 英标 460MPa 级钢筋余热处理工艺研究 [J]. 山东冶金，2005，27（5）：35~38.

[7] 刘英瑞，袁鹏举. 20MnSi 轧后余热处理生产 460MPa 英标钢筋实践 [J]. 轧钢，2000，17（2）：50~52.

[8] 杨忠民，陈其安. 低温变形低碳钢超细铁素体的形成 [J]. 金属学报，2000，36（10）：1061~1066.

[9] 王瑞珍，杨忠民，车彦民，等. 低碳钢热轧钢筋再结晶控制轧制与控制冷却实现晶粒细化 [J]. 钢铁，2004，39（2）：47~50.

[10] 李公达，杨风滨. 铌在 HRB400 钢筋生产中的应用研究 [J]. 莱钢科技，2007（5）：122~123，132.

[11] 周福功，吴绍杰. 含铌 HRB400 热轧带肋钢筋的生产实践 [J]. 中国冶金，2005，15（9）：33~35.

[12] 赵德郁，张明新. HRB400 级热轧带肋钢筋 20MnTi 试验 [J]. 四川冶金，1999，21（6）：44~45，58.

[13] Maslehuddin M，Al－Zahrani M M，Al－Dulaijan S U. Effect of Steel Manufacturing Process and Atmospheric Corrosion on the Corrosion－resistance of Steel Bars in Concrete [J]. Cement & Concrete Composites，2002，24：151~158.

[14] Kamimura T，Stratmann M. The Influence of Chromium on the Atmospheric Corrosion of Steel [J]. Corrosion Science，2001，43：429~447.

Variety Optimization of Ribbed Bars and Wires for the Buildings in China

Su Shihuai　Wan Weiguo　Sun Wei　Guo Zhan

(Technology Centre，Ma'anshan Iron and Steel Co.，Ltd.)

Abstract：In this paper，the present situations and developing trends of ribbed bars and wires for the buildings in China are summarized. Bars by remained heat treated，ultra－fine grain reinforcing steel bars，HRB400 bars produced by different microalloying techniques，HRB500 bars，590MPa grade bars，800MPa grade or greater high intensity bars，high carbon wires and cold forging steel wires for the buildings，etc are introduced. We put forward proposals how to promote variety optimization of ribbed bars and wires for the buildings in China and how to replace the older generations of products by new ones.

Key words：the steel for buildings；ribbed bas；wire；intensity

钒氮微合金化 HRB400 钢筋的工业试制[❶]

苏世怀　　完卫国　　张若蔷　　赵明琦　　王　莹

(马鞍山钢铁股份公司技术中心)

摘　要：介绍了马钢钒氮微合金化 HRB400 钢筋的工业试制情况。研究了钒氮微合金化对钢筋性能的影响，分析了微合金化工艺与钢筋显微组织及增氮、节钒效果的关系。研究表明：马钢钒氮微合金化 HRB400 钢筋的生产工艺稳定、可靠，试制的 HRB400 钢筋的性能不仅满足要求，且波动小、强屈比高。

关键词：HRB400 钢筋；钒氮合金；微合金化；强度

1　引言

目前，335MPa 级 20MnSi Ⅱ 级热轧带肋钢筋仍是我国建筑工程上大量使用的钢筋种类，而国外建筑业已普遍采用 400MPa 级、460MPa 级、500MPa 级等高强度热轧带肋钢筋[1,2]，由于高强度热轧带肋钢筋具有强度高、性能稳定、安全储备量大、抗震性能好、节省钢材、施工方便等优越性，因此其更适用于高层、大跨度和抗震建筑结构，使用后具有巨大的经济效益和社会效益。为促进建筑用钢的升级换代并加快钢筋产品与国际接轨的步伐，我国正在大力推广应用 HRB400 热轧带肋钢筋。

马钢是我国建筑用钢的生产基地，热轧带肋钢筋的年产量已超过 100 万吨。其中 HRB400 钢筋的年产量 16 万余吨，并且在不断增加，HRB400 钢筋产品在田湾核电站、润扬大桥、广东的高层建筑等一批国家重点工程中得到应用，质量得到用户的肯定。过去，马钢主要采用加钒铁进行微合金化的工艺生产 HRB400 钢筋，为降低成本，2002 年以来进行了钒氮微合金化 HRB400 钢筋的研制，现已成功地投入工业性批量生产，产品的性能很稳定，成本较低。

2　HRB400 钢筋的性能要求及微合金化方法的选择

2.1　HRB400 钢筋的成分、性能要求

HRB400 钢筋执行中国标准 GB 1499—1998，其化学成分、力学性能和工艺性能要求见表 1。HRB400 钢筋还应具备良好的焊接性、抗疲劳性能等。

---

❶ 原文发表于《钢铁钒钛》2003 年第 3 期。

表 1　HRB400 钢筋的成分、力学性能和工艺性能要求

熔炼化学成分与碳当量（不大于）/%					力学性能（不小于）				工艺性能	
C	Si	Mn	P、S	C_{eq}	屈服强度/MPa	R_m/MPa	A/%	A_{gt}/%	冷弯	反弯
0.25	0.80	1.60	0.045	0.54	400	570	14	2.5	合格	协议条款

注：1. $C_{eq}=C+Mn/6+(Cr+Mo+V)/5+(Ni+Cu)/15$；2. A_{gt}若能保证合格，可不检验；3. GB 5001—2002 规定，对于一、二级抗震设计框架结构的纵向受力钢筋，必须满足强屈比≥1.25，屈服强度≤520MPa，此为协议条款。

2.2　微合金化方法的选择

为了满足 HRB400 钢筋的性能要求，一般在低碳锰硅钢中添加 V、Nb、Ti 等微合金元素，使其产生碳、氮化物的析出强化并细化晶粒。中国标准 GB 1499—1998 推荐的 20MnSiV、20MnSiNb、20MnTi 400MPa 级钢筋在国内均有厂家生产或试制，以采用钒微合金化工艺的最多，钒微合金化的效果得到公认。

钢中加入微量钒元素的方法主要有 3 种：（1）加钒铁合金；（2）加钒渣；（3）加钒氮合金。

加钒铁合金是较传统的方法，马钢转炉冶炼 HRB400 钢时钒平均收得率约 90%。加钒渣时使用钒渣和还原剂的混合物在包内进行合金化，钒平均收得率可达 83%，可明显降低生产成本，但目前钒渣直接合金化的钒收得率欠稳定。加钒氮合金，在钢中加入钒的同时，可以稳定地在钢中加入氮，促进了碳氮化钒的析出，增强了沉淀强化作用，并通过有效利用廉价元素氮，节约钒的用量，降低了钢的成本。加钒氮合金时，钒收得率约 92%，氮收得率约 65%。

马钢过去采用较多的是加钒铁合金的方法进行微合金化，现采用加美国战略矿物公司的 Nitrovan12 钒氮合金的方法进行微合金化。

3　钒氮微合金化 HRB400 钢筋的工业试制

3.1　生产工艺路线和主要设备特点

马钢公司试制钒氮微合金化 HRB400 钢筋的主要工艺路线是：50t 转炉炼钢→炉外脱氧合金化→喂线→吹氩处理→六机六流连铸 ϕ140 方坯→连续棒材轧机生产 ϕ12～ϕ40mm 热轧带肋钢筋。

50t 转炉冶炼（出钢量 75t）、LF 炉精炼、连铸高效连续作业能保证钢坯质量稳定、优良。

马钢 1999 年正式建成投产的全连续式棒材生产线的主体设备是由意大利 POMINI 公司引进，具有 20 世纪 90 年代国际先进水平。年产各类棒材 80 万吨，可以生产 ϕ12～ϕ50mm 规格热轧带肋钢筋。产品表面质量好、尺寸精度高、定尺率高。该类轧机是目前生产热轧带肋钢筋的最佳设备。

加热炉为步进梁、底组合式，燃料为混合煤气，加热炉额定能力 150t/h。钢坯在加热炉内加热后由出钢机从炉内单根直接推入夹送辊，然后通过炉外运输辊道送入粗轧机中，钢坯出炉时要求断面温度差≤30℃。

粗、中、精轧机均是短应力线无牌坊轧机。18 架粗、中、精轧机组采用平-立交替布

置，实现无扭轧制。不大于φ16mm的小规格热轧带肋钢筋，采用切分轧制技术。全部轧机由交流变频电机单拖。粗、中轧采用微张力轧制，中、精轧是立活套无张力轧制。精轧机后配有THERMEX水冷却设备，为生产余热处理钢筋提供了良好的条件。当生产不需要水冷时，水冷线可移出轧制线，横换成运输辊道。整个生产线用计算机自动控制，实现从原料上料到成品收集的全线自动化。

3.2　冶炼

冶炼时为提高钢种命中率，努力做到精心操作，铁水、废钢准确计量，提高入炉原料的准装率，提高合金加入量的准确性，采用精料，尽量用较好的废钢，以降低残余元素含量。

控制入炉铁水 [S] 含量，当铁水 [S] 超过 0.05% 时，不得用于冶炼 HRB400 钢；挡渣出钢；出钢温度 1660~1670℃，控制终点钢水的氧化性，终点 [C] >0.06%。

合金随钢流加入，顺序是：脱氧剂→SiMn 合金→FeSi 合金→脱氧剂，VN 合金出钢约 1/3 时陆续加入，出钢 3/4 前加完。

钢包底吹氩，吹氩时间≥ (4+4)min，为加强脱氧，还要求喂 20~35m 的铝线。由于成分控制范围较窄，需加强 LF 精炼站成分微调操作。添加合金后要有足够的吹氩搅拌时间，吹氩采用弱搅拌，禁止钢水裸露，保证成分均匀且不"大翻"。

出钢、脱氧时大包保护浇铸，连铸采用 Al-C 质外装浸入式水口，中包烘烤良好，开浇温度 1525~1545℃，工作拉速 2.0~2.2m/min。

3.3　轧制

钢坯进加热炉前对钢坯逐根目测检验，有不符合规定的结疤、裂纹等表面缺陷及弯钢、短尺钢坯一律不得入炉。

为保证 V 充分溶入奥氏体中、充分发挥其强化作用，钢坯加热温度需高一些；而为防止加热时奥氏体晶粒过分长大，钢坯加热温度需低一些。综合考虑加热炉、轧机等情况，通过计算并借鉴试验资料，设定表 2 的加热炉各段温度。

表 2　钢坯加热时加热炉各段温度设定

预热段/℃		加热段/℃		均热段/℃		
上	下	左	右	左	中	右
970±30	900±30	1200±20	1200±20	1060±20	1060±30	1060±20

轧前对轧槽、导卫、导槽认真检查，清理干净，以防形成耳子、折叠和出现粘钢、擦伤。轧制时，1 号机架轧后温度：1000~1050℃，终轧温度：950~1050℃。

4　试制结果与分析

4.1　钢筋的力学性能

批量试制的钒氮微合金化 HRB400 钢筋性能统计见表 3。比较表 3 和表 1 可见，钒氮微合金化 HRB400 钢筋的性能全部满足标准要求，且性能波动较小、强屈比较高。

≥φ16mm的钢筋还能满足一、二级抗震设计框架结构的纵向受力钢筋的性能要求,即强屈比≥1.25,屈服强度≤520MPa。只有少量小规格φ12mm、φ14mm钢筋不符合抗震钢筋的性能要求,但规格小的钢筋很少用于抗震的纵向受力钢筋。

表3 批量试制的钒氮微合金化HRB400钢筋性能统计 (每批钢筋约60t)

规格/mm	批数	拉伸性能 [(最小值~最大值)/平均值]				冷反弯
		屈服强度/MPa	R_m/MPa	A/%	强屈比	
φ12	25	(445~515)/484	(590~645)/619	(26~36)/31	(1.22~1.37)/1.28	完好
φ14	31	(445~535)/481	(585~675)/634	(25~33)/29	(1.26~1.36)/1.32	完好
φ16	1	(500~505)/503	(645~645)/645	(25~31)/28	(1.28~1.29)/1.29	完好
φ20	1	(470~475)/473	(635~645)/640	(28~29)/29	(1.34~1.37)/1.36	完好
φ22	17	(450~495)/473	(595~645)/621	(19~32)/27	(1.27~1.36)/1.31	完好
φ25	9	(460~510)/480	(625~660)/639	(22~29)/26	(1.29~1.38)/1.33	完好
φ32	4	(450~485)/470	(620~645)/633	(23~27)/25	(1.33~1.40)/1.35	完好

4.2 钢筋的显微组织观察

在同期轧制的φ20mm钒氮、钒铁微合金化HRB400钢筋和未加钒的HRB335钢筋上取样进行金相检验,显微组织见图1,金相组织均为铁素体+珠光体。钒氮、钒铁微合金化HRB400钢筋的晶粒度为9~10级,HRB335钢筋的晶粒度为8~8.5级,钒氮、钒铁微合金化HRB400钢筋的组织明显比HRB335钢筋的组织细小,钒的细化晶粒作用非常明显。钒氮微合金化HRB400钢筋的晶粒尺寸比钒铁微合金化HRB400钢筋的略细,且前者钒含量低得多,故其单位钒含量的细化晶粒作用最强。

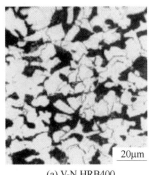  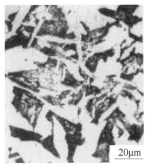

(a) V-N HRB400   (b) V-Fe HRB400   (c) HRB335

图1 φ20mm钢筋的金相组织对比

4.3 拉伸性能与成分、规格的相关性

工业性试制产品的检验数据经多元线性回归分析,得出下列经验公式(经检验线性关系高度显著;公式中φ为钢筋公称直径)。从经验公式可见,通过钒氮合金向钢中加入钒后,随着钒含量增加,强度与延伸率均呈增加趋势。在所试制钢的成分范围内,钢中每增加0.01%钒,屈服强度约可提高6.2MPa,R_m约可提高14.3MPa。

$$屈服强度(MPa) = 246.8 + 24.5(\%C) + 68.7(\%Mn) + 199.7(\%Si) +$$
$$623.3(\%V) - 1.03\phi(mm)$$
$$R_m(MPa) = 294.2 + 46.9(\%C) + 174.8(\%Mn) + 23.2(\%Si) +$$
$$1432.0(\%V) - 0.03\phi(mm)$$
$$A(\%) = 48.9 - 2.1(\%C) - 9.0(\%Mn) + 4.3(\%Si) + 41.5(\%V) - 0.33\phi(mm)$$

4.4 钢筋的性能研究

为了研究钢筋的应变时效性能，选取了 ϕ16mm 钒氮 HRB400 钢筋和钒铁 HRB400 钢筋，先在万能试验机上均匀拉伸 5%，再在 250℃ 的热处理炉中保温 1h，然后进行拉伸试验，应变时效后重新打标记测延伸率，并将测试结果加上预变形的 5% 延伸率作为应变时效后的总延伸率。钢筋的原始平均性能和应变时效后的平均性能见图2、图3。从图2、图3 可见，应变时效后钒氮钢筋和钒铁钢筋的性能变化趋势基本相同，抗拉强度略有提高，延伸率略有下降，但仍远高于 14% 的中国标准要求。说明钒氮 HRB400 钢筋和钒铁 HRB400 钢筋都有很好的抗应变时效性能。

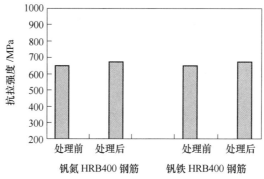

图2　钢筋应变时效前后抗拉强度对比

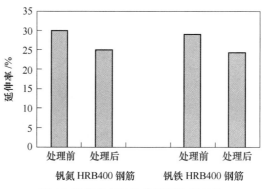

图3　钢筋应变时效前后延伸率对比

在 MTS 材料试验机上测定了 ϕ22mm 规格的钒氮 HRB400 钢筋、钒铁 HRB400 钢筋和 HRB335 钢筋的高应变低周疲劳性能，应变控制±2.5%，频率 0.2Hz，各种钢筋的平均疲劳寿命见图4。钒氮钢筋和钒铁钢筋的疲劳断裂循环周次相当，但都明显高于 HRB335 钢筋。

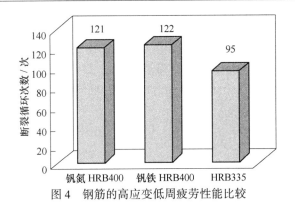

图 4 钢筋的高应变低周疲劳性能比较

4.5 钒氮合金的增氮效果

表 4 为 HRB400 钢中加入钒氮合金时的增氮情况，表 4 中原氮含量是指一般转炉钢的氮含量，其数据为同期冶炼的 HRB335（未加入钒氮合金）钢中的氮含量。残余钒含量是指一般转炉钢的残余钒含量，表 4 中数据为同期冶炼的 HRB335（未加入钒合金）钢中的残余钒含量。从表 4 可见，每 0.01% 钒可带入 8.5~13.9ppm（平均 10.9ppm）的氮。根据各炉钢 Nitrovan12 的加入量计算出每 0.01% Nitrovan12 可带入 6.0~10.9ppm（平均 7.7ppm）的氮。

表 4 钢中加入钒氮合金时的增氮情况

序号	总 N 含量/ppm	原 N 含量/ppm	新增 N 含量/ppm	总 V 含量/%	残余 V 含量/%	新增 V 含量/%	0.01%V 带入的 N/ppm	0.01%V-N 合金带入的 N/ppm
1	105.6	41.7	63.9	0.052	0.006	0.046	13.9	10.9
2	102.8	41.7	61.1	0.054	0.006	0.048	12.7	10.4
3	70.5	35.5	35.0	0.053	0.012	0.041	8.5	6.0
4	66.6	36.4	30.2	0.039	0.009	0.030	10.1	6.9
5	64.0	36.4	27.6	0.036	0.008	0.028	9.9	6.3
6	66.2	36.4	29.8	0.036	0.008	0.028	10.6	6.8
7	69.2	36.4	32.8	0.036	0.008	0.028	11.7	7.5
8	68.5	36.4	32.1	0.038	0.008	0.030	10.7	7.3
9	68.2	36.4	31.8	0.040	0.008	0.032	9.9	7.2
最大	105.6	41.7	63.9	0.054	0.012	0.048	13.9	10.9
最小	64.0	35.5	27.6	0.036	0.006	0.028	8.5	6.0
平均	75.7	37.5	38.3	0.043	0.008	0.035	10.9	7.7

4.6 钒氮合金与钒铁合金的强化效果比较

表 5 比较了成分相近、生产工艺相同的钒氮微合金化和钒铁微合金化 HRB400 钢筋的力学性能。

表 5 表明，钒氮微合金化钢筋的强度明显高于钒铁微合金化钢筋的强度，而其延伸率并不降低。根据表 5 计算，各规格钒氮微合金化钢筋与钒铁微合金化钢筋相比，屈服强度提高了 25~50MPa，平均提高 38MPa；R_m 提高了 17~52MPa，平均提高 42MPa。

表 5　钒氮合金与钒铁合金的强化效果比较

规格/mm	添加合金	轧制批号	化学成分（熔炼分析）/%				力学性能		
			C	Si	Mn	V	屈服强度/MPa	R_m/MPa	A/%
φ16	V-N	10859	0.20	0.57	1.44	0.052	503	645	28
	V-Fe	08096	0.21	0.56	1.38	0.060	478	628	28
φ20	V-N	11616	0.21	0.58	1.41	0.054	473	640	29
	V-Fe	04900	0.21	0.43	1.39	0.060	440	588	28
φ25	V-N	11121	0.23	0.56	1.44	0.054	500	650	24
	V-Fe	06054	0.22	0.54	1.41	0.060	455	605	24
φ32	V-N	11520	0.21	0.55	1.43	0.052	488	640	23
	V-Fe	02200	0.22	0.43	1.44	0.060	438	588	19

4.7　钒加入量减少

根据马钢工业试制 HRB400 钢筋成分与性能分析，确保 HRB400 钢筋强度合格最低的钒含量和平均钒含量见图 5、图 6。从图 5、图 6 可见，钒氮微合金化钢筋的钒含量明显低于钒铁微合金化钢筋的钒含量。

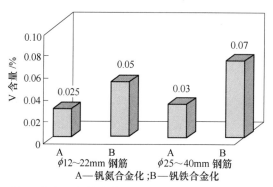

图 5　钒氮、钒铁微合金化钢筋的最低钒含量对比

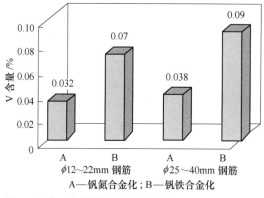

图 6　钒氮、钒铁微合金化钢筋的平均钒含量对比

马钢实际生产 HRB400 钢时，钒的加入量见图 7（钢中残余钒 0.01% 左右），钒氮钢筋与钒铁钢筋相比，钒的加入量由 0.075% 降到 0.035%，钒用量减少了 53.3%。

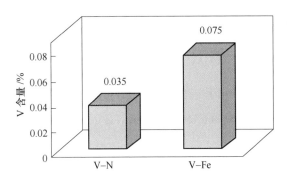

图 7 钒氮、钒铁微合金化钢钒的加入量对比

5 结论

（1）HRB400 钢筋的生产工艺稳定、可靠，采用钒氮微合金化工艺试制的 HRB400 钢筋，其性能不仅满足要求，而且波动小、强屈比高。

（2）钒氮微合金化 HRB400 钢筋的金相组织明显比不含钒的 HRB335 钢筋的细小，比含钒较高的钒铁微合金化 HRB400 钢筋的金相组织略细。

（3）钒氮微合金化 HRB400 钢筋中钒的强化作用显著，钢中每增加 0.01% 钒，屈服强度约可提高 6.2MPa，R_m 约可提高 14.3MPa。

（4）钒氮微合金化 HRB400 钢筋的抗应变时效性能良好，应变时效后性能的变化趋势与钒铁微合金化 HRB400 钢筋的相当。钒氮钢筋与钒铁钢筋的高应变低周疲劳性能相当，都明显好于 HRB335 钢筋。

（5）在马钢生产条件下，钒氮微合金化 HRB400 钢筋中每 0.01% 钒可带入 8.5～13.9ppm（平均 10.9ppm）的氮。每 0.01%Nitrovan12 可带入 6.0～10.9ppm（平均 7.7ppm）的氮。

（6）成分基本相同、钒含量为 0.05%～0.06% 时，钒氮微合金化钢筋的强度明显高于钒铁微合金化钢筋的强度，而其延伸率并不降低，屈服强度提高了 25～50MPa，平均提高 38MPa；R_m 提高了 17～52MPa，平均提高 42MPa。

（7）使用 Nitrovan12 钒氮合金生产 HRB400 钢筋的节钒效果很好，钒的平均加入量可减少 53.3%。

参 考 文 献

[1] 刘永泰. 提高热轧钢筋质量满足市场需求 [J]. 钢铁, 2000,（12）：69~72.
[2] 谢仕柜. 应加速推进我国高强度钢筋的发展 [J]. 轧钢, 2000,（3）：9~14.

Commercial Trial-Production of HRB400 Reinforced Bar with V-N Microalloying

Su Shihuai　Wan Weiguo　Zhang Ruoqiang　Zhao Mingqi　Wang Ying

(Technology Center of Ma'anshan Iron and Steel Co., Ltd.)

Abstract: The commercial trial-production of V-N microalloyed HRB400 reinforced bar in Magang is Presented. The influence of V-N microalloying on the property of reinforced bar are studied. The relations among microalloying process and microstructure of reinforced bar, nitrogen-enhancing, strengthening are analyzed. The result shows that the process technique used by Magang to produce the microalloyed HRB400 reinforced bar is stable and reliable. The property of trial-produced HRB400 reinforced bar not only can meet the quality requirements, but also has stability and high ratio of tensile to YS.

Key words: HRB400 reinforced bar; V-N alloy; microalloying; strength

建筑用热轧钢筋的性能升级与使用功能化探讨❶

苏世怀 完卫国

(马鞍山钢铁股份有限公司技术中心)

摘 要：阐述了中国建筑钢筋性能升级与使用功能化的重要意义，指出建筑钢筋的性能升级与使用功能化应该走节约型的道路。概述了国内外建筑用热轧带肋钢筋降低生产成本、提高强度、提高使用寿命和使用安全性的发展趋势。分析讨论了目前中国建筑钢筋研究开发、生产应用等方面存在的问题，如：性能低、资源、能源消耗过高、功能性钢筋研究和应用方面落后、标准体系还不完善等。并且提出了促进中国建筑钢筋升级换代的措施与建议。

关键词：钢筋；性能；强度；功能化

1 引言

建筑业是中国的主导产业，也是中国钢材消费量最大的行业，建筑用钢的类型包括：混凝土结构用钢，如钢筋、线材和线材的深加工产品；钢结构用钢，如 H 型钢、普通型钢、板材、钢管和涂镀层板等。由于中国的基础设施仍然是以混凝土结构为主，所以多年来热轧带肋钢筋在建筑用钢中消费量最大，据中国钢铁联合网统计，2009 年中国热轧带肋钢筋产量 12151 万吨，约占中国钢材总产量的 17.55%。

建筑用热轧带肋钢筋的性能升级是指在保证塑韧性、工艺性等使用性能的前提下，尽可能提高强度，即用 HRB400 钢筋取代 HRB335 钢筋，逐步淘汰 HRB335 钢筋，并积极推广应用 HRB500 钢筋。所谓钢筋使用功能化是指开发并推广应用具有某些功能性要求的钢筋，如用于抗震性建筑的抗震钢筋、适用于桥梁、码头、海边建筑等有防腐蚀要求的耐蚀钢筋、适用于寒冷地带和低温工程建筑的耐低温钢筋等。

中国的钢筋性能升级与使用功能化应该走节约型的道路，所谓"节约型"有两层含义：一方面是指建筑行业使用后可节约钢材；另一方面是指冶金行业通过优化工艺生产高性价比的钢材，节约资源和成本。用 HRB400 钢筋代替 HRB335 钢筋可节约钢材 12%～14%。以 13%计，全部使用节约型 HRB400 钢筋，中国可减少用钢量 810 万吨/年，从而可减少铁矿石消耗 1500 万吨/年，节约锰、硅合金资源约 18 万吨/年，节能 670 万吨（标煤)/年，还节约铌、钒合金资源约 2 万吨/年，同时可节约巨大的物流费用。若全国的建筑钢材全部性能升级，则可在现有基础上节约钢材 6%～10%，以 8%计，约可减少用钢量

❶ 原文发表于《中国冶金》2011 年第 2 期。
国家科技支撑计划课题（2007BAE30B02）。

1750 万吨/年，减少矿石消耗 3185 万吨/年，节能 1273 万吨（标煤）/年，同时可减少大量的污染物排放。可见钢筋的性能升级和使用功能化工作不仅关系到建筑行业的技术进步和冶金行业工艺技术优化及竞争力提升，而且关系到中国资源能源可持续发展的战略实施，具有重大的战略意义，已引起党和国家领导人的关注。

从目前中国的工业装备条件和技术水平来看，已经具备了生产和使用高性能钢筋和功能化钢筋的条件，主要还缺乏相关的政策和具体实施措施，如：产品标准和设计施工规范还不完善、高性能钢筋的生产、设计、施工和使用单位的接口还有待衔接等。本文分析了国内外热轧带肋钢筋的发展情况，提出了中国热轧带肋钢筋性能升级与使用功能化的措施和建议。

2　国外建筑用热轧带肋钢筋的发展趋势

目前，国外工业发达国家建筑用钢筋总的发展趋势都是以降低生产成本、提高强度、提高材料的使用寿命和使用安全性为目标。国际上高强度钢筋的标准、牌号（性能等级）、生产工艺和可焊性见表 1，化学成分要求见表 2，力学性能要求见表 3。

表 1　国际上高强度钢筋的标准、牌号（性能等级）、生产工艺和可焊性

Table 1　Standards, grades of property, productive technology and welding properties of high strength ribbed bars in abroad

国　别	执行标准	牌号（性能等级）	生产工艺	可焊性
日本	JIS G3112—2004	SD390、SD490	热轧	未提及
新加坡	SS2：Part2：1999	RB500W	热轧或淬火+自回火	可焊接
加拿大	CAN/CSA-G30.18—M92	400R、500R、400W、500W	热轧，是否可快冷淬火未提及	R：普通性 W：可焊接
澳大利亚/新西兰	AS/NZS 4671：2001	500L、500N、500E	生产者自定，有要求时需提出	可焊接
德国	DIN 488/1—1984	BSt420S、BSt500S	热轧或淬火+自回火	可焊接
美国	ASTM A615/A615M—07	60 级（420MPa）、75 级（520MPa）	热轧	可焊但应慎重对待
美国	ASTM A706/A706M—08a	60 级（420MPa）	未提及	可焊接
前苏联	CTO-АСЧМ 7—93	A400C、A500C、A600C	生产者自定	可焊接
英国	BS 4449：1997	460A、460B	热轧或淬火+自回火	可焊接
英国	BS 4449：2005	B500A、B500B、B500C	生产者自定	可焊接
国际标准	ISO 6935-2：2007（E）	B400A-R、B400B-R、B400C-R、B500A-R、B500B-R、B500C-R、B400AWR、B400BWR、B400CWR、B500AWR、B500BWR、B500CWR、B400DWR、B420DWR、B500DWR	生产者自定	带 W 后缀的都可焊接

表 2 国际上高强度钢筋的化学成分（质量分数）

Table 2 Chemical composition of high strength ribbed bars in abroad （%）

牌号	化学成分（熔炼分析）						
	C	Si	Mn	P	S	N	碳当量
SD390	≤0.29	≤0.55	≤1.80	≤0.040	≤0.040	—	≤0.55
SD490	≤0.32	≤0.55	≤1.80	≤0.040	≤0.040	—	≤0.60
RB500W	≤0.22	≤0.60	≤1.60	≤0.050	≤0.050	≤0.012	≤0.50
400R、500R	—	—	—	≤0.050	—	—	—
400W、500W	≤0.30	≤0.50	≤1.60	≤0.035	≤0.045	—	≤0.50
500L	≤0.22	—	—	≤0.050	≤0.050	—	≤0.39
500N	≤0.22	—	—	≤0.050	≤0.050	—	≤0.44
500E	≤0.22	—	—	≤0.050	≤0.050	—	≤0.49
BSt420S	≤0.22	—	—	≤0.050	≤0.050	≤0.012	—
Bst500S	≤0.22	—	—	≤0.050	≤0.050	≤0.012	—
A615/A615M60 级	测定	—	测定	≤0.060	测定	—	—
A615/A615M75 级	测定	—	测定	≤0.060	测定	—	—
A706/A706M60 级	≤0.30	≤0.50	≤1.50	≤0.035	≤0.045	—	≤0.55
A400C、A500C	≤0.22	≤0.90	≤1.60	≤0.050	≤0.050	≤0.012	≤0.50
A600C	≤0.28	≤1.0	≤1.60	≤0.045	≤0.045	≤0.010	≤0.65
460A、460B	≤0.25	—	—	≤0.050	≤0.050	≤0.012	≤0.51
B500A、B500B、B500C	≤0.22	—	—	≤0.050	≤0.050	≤0.012	—
B400A-R、B400B-R、B400C-R、B500A-R、B500B-R、B500C-R	—	—	—	≤0.060	≤0.060	—	—
B400AWR、B400BWR、B400CWR、B500AWR、B500BWR、B500CWR	—	—	—	≤0.060	≤0.060	≤0.012	≤0.50
B400DWR	≤0.29	≤0.55	≤1.80	≤0.040	≤0.040	≤0.012	≤0.56
B420DWR	≤0.30	≤0.55	≤1.50	≤0.040	≤0.040	≤0.012	≤0.56
B500DWR	≤0.32	≤0.55	≤1.80	≤0.040	≤0.040	≤0.012	≤0.61

表 3 国际上高强度钢筋的力学性能

Table 3 Mechanical property of high strength ribbed bars in abroad

牌 号	力学性能				
	R_{eL}/MPa	R_m/MPa	R_m/R_{eL}	A/%	A_{gt}/%
SD390	390~510	≥560	—	≥16	—
SD490	490~625	≥620	—	≥12	—
RB500W	≥500	≥550	—	≥14	≥2.5
400R	≥400	—	≥1.15	A_{200}≥7~10(按规格定)	—

牌　号	力学性能				
	R_{eL}/MPa	R_m/MPa	R_m/R_{eL}	A/%	A_{gt}/%
400W	≥400	—	≥1.15	A_{200}≥12~13(按规格定)	—
500R	≥500	—	≥1.15	A_{200}≥6~9(按规格定)	—
500W	≥500	—	≥1.15	A_{200}≥10~12(按规格定)	—
500L	500~750	—	≥1.03	—	≥1.5
500N	500~650	—	≥1.08	—	≥5.0
500E	500~600	—	1.15~1.40	—	≥10.0
BSt420S	≥420	≥500	≥1.05	A_{10}≥10	—
BSt500S	≥500	≥550	≥1.05	A_{10}≥10	—
A615/A615M60 级	≥420	≥620	—	≥7~9(按规格定)	—
A615/A615M75 级	≥520	≥690	—	≥6~7(按规格定)	—
A706/A706M60 级	420~540	≥550	≥1.25	≥10~14(按规格定)	—
A400C	≥400	≥500	≥1.05	≥16	≥2.5
A500C	≥500	≥600	≥1.05	≥14	≥2.5
A600C	≥600	≥740	≥1.05	≥12	≥2.5
460A	≥460	—	≥1.05	≥12	≥2.5
460B	≥460	—	≥1.08	≥14	≥5.0
B500A	500~650	—	≥1.05	—	≥2.5
B500B	500~650	—	≥1.08	—	≥5.0
B500C	500~650	—	1.15~1.35	—	≥7.5
B400A-R、B400AWR	≥400	—	1.02	≥14	≥2
B500A-R、B500AWR	≥500	—	1.02	≥14	≥2
B400B-R、B400BWR	≥400	—	1.08	≥14	≥5
B500B-R、B500BWR	≥500	—	1.08	≥14	≥5
B400C-R、B400CWR	≥400	—	1.15	≥14	≥7
B500C-R、B500CWR	≥500	—	1.15	≥14	≥7
B400DWR	400~520	—	1.25	≥17	≥8
B420DWR	420~546	—	1.25	≥16	≥8
B500DWR	500~650	—	1.25	≥13	≥8

从表 1~表 3 可见，在化学成分方面，国外钢筋一般采用普通碳素钢或低合金钢，化学成分均只规定了上限，对下限没有要求，为根据性能要求调整和优化化学成分提供了空间。对于一些"非焊接"的钢筋甚至只规定了硫、磷质量分数，可降低生产要求和成本。一些高强度钢筋的碳质量分数上限高于 0.25%，充分利用廉价的碳来强化钢筋，可节约合金资源。硅、锰质量分数规定范围为硅小于等于 1.0%、锰小于等于 1.80%，也有的品种对硅、锰质量分数未作要求。一般未规定必须加微合金化元素，即使规定允许加微合金化

元素也未对其质量分数作具体规定，种类也是可选择性的；从性能方面来看，国外一般使用 400MPa 级、500MPa 级甚至 600MPa 级热轧带肋钢筋。东南亚一带（包括香港）主要使用 460MPa 钢筋，欧盟各国基本上采用 500MPa 的钢筋，英国从 2006 年开始 100%推广使用 500MPa 钢筋；从生产工艺方面来看，普通热轧和淬火+自回火工艺都被允许使用，但低成本的淬火+自回火工艺使用最普遍；国外的钢筋在施工使用时大多数是允许焊接的，但由于广泛采用了非焊接的套管连接等机械连接技术，使得用淬火+自回火工艺生产的钢筋的连接更加可靠，也可避免其焊接后的失强现象。

由于地震的频发和造成的灾难性后果，国外对建筑钢筋的抗震性已高度的关注，并在一些建筑设计规范中作了相关规定，如《新西兰抗震设计规范》《日本新抗震设计法》《美国建筑物抗震设计暂行条件》《罗马尼亚工业与民用建筑抗震设计规范》《CEB-FIP 混凝土结构抗震规范》《以色列建筑物特殊荷载（地震）规范》等。对建筑钢筋抗震性要求的共同点是：（1）钢筋必须有较高的塑性；（2）要求强屈比较高；（3）对钢的实际屈服强度与名义强度的比值提出了一定限制。美国 ASTM A706/A706M—08a 产品标准规定了一种抗震性良好的钢筋的要求。2001 年，澳大利亚和新西兰联合出台了一个钢筋新标准（AS/NZS4671：2001），把钢筋分为普通级和抗震级。国外的其他一些钢筋产品标准也根据塑性、强屈比等指标的不同对钢筋进行了分级。

桥梁、码头、海边建筑等对钢筋的耐蚀性提出了要求，国外有报道开展了耐腐蚀钢筋的研究[1-5]。从国外资料调研情况发现，研究者大多在实验室条件下，模拟使用场所的条件，研究了混凝土中钢筋的腐蚀情况、钢筋的腐蚀对其力学性能的影响和对钢筋混凝土质量的影响等。也有少数研究者采用 Cu、Cr、Mo、Ni 等耐腐蚀元素对钢筋进行微合金化，获得了良好的耐腐蚀性能，但未能得到推广利用。尽管国外尚没有成功批量生产低合金耐腐蚀钢筋的先例，但低合金耐腐蚀钢筋的研究已引起关注。

3　中国建筑用热轧带肋钢筋的现状及存在的问题

近年来中国热轧带肋钢筋的产量见图 1。虽然中国目前大量使用的仍然是 335MPa 钢筋，但推广应用屈服强度 400MPa 级的 HRB400 高强度钢筋已是发展趋势。2007 年 400MPa 级钢筋产量已增加至 3430.6 万吨，已占钢筋总产量的 33.1%。

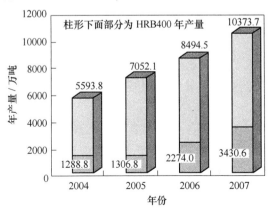

图 1　近年来中国热轧带肋钢筋的产量

Fig. 1　Yield of hot rolled ribbed bars in China in recent yeas

中国目前热轧带肋钢筋的牌号、力学性能以及生产工艺见表4。

表4 中国目前热轧带肋钢筋的牌号、力学性能以及生产工艺

Table 4 Designations, mechanical property and productive technology of hot rolled bars in China

牌 号	执行标准	力学性能					生产工艺
		R_{eL}/MPa	R_m/MPa	A	$A_{gt}/\%$	R_m/R_{eL}	
HRB335	GB 1499.2—2007	≥335	≥455	≥17	≥7.5	—	普通热轧
HRB335F							超细晶控轧控冷
HRB335E		335~435.5	≥455	≥17	≥9.0	≥1.25	普通热轧
HRB400		≥400	≥540	≥16	≥7.5	—	普通热轧
HRB400F							超细晶控轧控冷
HRB400E		400~520	≥540	≥16	≥9.0	≥1.25	微合金化
HRB500		≥500	≥630	≥15	≥7.5	—	微合金化
HRB500F							超细晶控轧控冷
HRB500E		500~650	≥630	≥15	≥9.0	≥1.25	微合金化
KL400	GB 13014—1991	≥440	≥600	≥14	—	—	淬火+自回火

从表4可见，中国高强度钢筋（≥400MPa级）的生产工艺共分为微合金化工艺、超细晶控轧控冷工艺和淬火+自回火工艺3类。

微合金化工艺是目前被广泛采用的高强度钢筋生产工艺[6-8]，其生产工艺简单且易于控制、产品性能稳定、可靠，焊接性能、抗震性能等使用性能较好。但由于采用了昂贵的钒、铌、钛等微合金化元素，所以生产成本较高。例如：铌是用于高等级低合金钢的原料，由于生产钢筋大量使用铌，致使铌铁合金价格从21世纪初的9万元/吨涨至目前的22万元/吨。虽然中国HRB400钢筋的合金含量高、成本较高，在推广应用时受到了一定的限制，但其使用后可节约钢材、降低建筑的造价，具有一定的性价优势。若能进一步在保证性能的前提下降低HRB400钢筋的成本，则可使HRB400钢筋获得更广泛的应用。国内一些企业已开始研制HRB500钢筋[9,10]，主要采用微合金化工艺进行研制，国家标准GB 1499.2—2007中也纳入了HRB500钢筋，但由于设计理念缺乏、应用规程不配套等原因，尚未在中国获得推广应用。

超细晶控轧控冷工艺可不需采用微合金化元素，大幅度降低合金成本[11,12]。国家标准GB 1499.2—2007中已纳入了超细晶钢筋HRB335F、HRB400F、HRB500F。但其对生产设备和工艺控制要求高，工艺稳定性较差，可焊性存在一定的问题，设计施工规范也不配套，目前尚未推广应用。

淬火+自回火工艺也可不用微合金化元素，并能降低锰、硅质量分数，生产成本很低[13]。国家标准《钢筋混凝土用余热处理钢筋》（GB 13014—1991）规定了20MnSi余热处理钢筋的技术要求，但由于使用观念、钢筋连接技术等存在问题，余热处理钢筋在国内的应用受到限制，并未推广应用。而很多企业在生产出口高强度钢筋时已采用了淬火+自回火工艺。

在功能型钢筋方面国家标准GB 1499.2—2007中已纳入了具有良好抗震性能的

HRB335E、HRB400E、HRB500E 钢筋，其中 HRB335E、HRB400E 钢筋的生产和应用已引起关注，已开始批量生产。国内北京钢铁研究总院、马鞍山钢铁公司等单位已开始启动研制耐腐蚀钢筋，并在开发耐腐蚀钢筋产品方面取得了一定的进展，但耐腐蚀钢筋的应用在国内仍是空白。

中国建筑钢筋的发展还存在一定的问题，主要表现为：

（1）性能低、钢材浪费大，大量使用的仍然是强度较低的 HRB335 钢筋。尽管中国推广应用 HRB400 钢筋取得了一定的效果，但目前使用比例只占钢筋总量的 1/3 左右，而国外已大量使用 460MPa、500MPa 级钢筋。

（2）在生产工艺方面资源、能源消耗过高。中国钢材提高强度主要靠添加 Si、Mn、Nb、V 等合金或微合金化元素，资源消耗巨大，而国外建筑用钢主要靠在线冷却强化，矿产及合金消耗低。尽管中国钢铁企业引进或自制了多条余热处理生产线，但由于使用观念、钢筋连接技术等存在问题，余热处理钢筋的应用受到限制。

（3）在功能性钢筋方面，中国耐腐蚀钢筋的研究起步较晚，在实际应用方面还未取得突破；目前抗震钢筋的推广应用也才刚刚起步，尚不能满足建筑业高效、节约发展的需求；还缺乏适用于寒冷地带和石化等行业低温工程建筑的耐低温钢筋。

（4）技术标准、施工规范和应用技术还不完善。中国建筑设计和施工单位目前还不接受冷却强化建筑用钢筋，制约了这种节约合金的冷却强化钢筋在中国的推广应用。

4 促进建筑钢筋的性能升级与使用功能化的措施与建议

4.1 发挥好政府的主导与行业协会的指导作用

要做好钢筋的性能升级与使用功能化工作，政府与行业协会有无可替代的作用和责任。主要体现在：（1）组织制定或修订高性能钢筋产品的技术标准；（2）组织制定或修订高性能钢筋产品的设计、施工使用规范，促进产品的推广应用；（3）制定促进高性能钢筋产品推广应用的技术经济政策；（4）在政府主导的工程中使用高强度钢筋和具有功能性的钢筋，建设示范工程，发挥示范促进作用。

4.2 加强钢筋生产新工艺、新设备、新品种的开发和配套的使用技术研究

在钢筋生产工业技术方面应开发和推广应用节约型生产工艺，使开发的新工艺既能保证钢筋具有高性能，还能保证其具有很好的质量稳定性，同时还要求经济、环保。超细晶控轧控冷工艺和淬火+自回火工艺都是节约型生产工艺，在具体使用时应优化工艺参数、稳定工艺控制过程。

在钢筋生产工业装备方面应积极开发新设备或对现有设备进行必要的改造。采用节约型生产工艺往往对工艺装备有一定的要求，例如：生产余热处理钢筋时，轧后冷却设备是实现工艺的关键，国内引进的棒材生产线和新建的棒材生产线大都配有轧后冷却设备。钢筋轧后冷却设备国内外许多企业都可制造，钢筋生产企业必须针对自己的设备特点新建或完善轧后冷却设备。又如：生产超细晶热轧钢筋时，需要采用低温大压下轧制工艺，对轧机的轧制能力要求较高，若轧机的额定负荷不够，则需改造或更换轧机机架。再如：生产控冷强化型微合金化钢筋时，对轧制过程温度参数的测量和控制以及冷却设备工艺参数的

控制要求很严格，必须进行相应的技术改造等。

在钢筋新品种开发方面应开发节约型新品种和功能化钢筋，如节约型 HRB400 钢筋、HRB500 钢筋、耐腐蚀钢筋、抗震钢筋、耐低温钢筋等。

应当对推广钢筋品种的使用性能开展系统地研究，如深入地开展钢筋的抗震性能研究、完善钢筋抗震性能评价指标体系。

对推广应用中存在的问题应及时地研究、解决。例如，余热处理钢筋焊接连接时会出现失强现象，强度越高，焊接连接后强度损失越大。钢筋的机械连接技术是钢筋的配套应用技术，在国外工业先进的国家这项技术已很成熟，中国这项技术也发展很快，钢筋的机械连接方式已在中国的建筑施工中得到一定的应用。用机械连接方式替代焊接连接方式就可避免余热处理钢筋焊接连接时的失强现象，从而跨越余热处理钢筋应用的主要障碍。余热处理钢筋焊接连接时，通过提高冷却强度可减少或避免强度损失，使焊接后的强度达到要求。应开展相关的工艺和设备研究，开发出适合余热处理钢筋的焊接工艺和设备。

4.3 完善和创新标准体系

要实现钢筋的性能升级，促进其使用功能化，必须完善和创新标准体系。例如，国家标准《钢筋混凝土用钢第二部分热轧带肋钢筋》（GB 1499.2—2007）中已纳入了 HRB500 钢筋，而国家标准《混凝土结构设计规范》（GB 50010—2002）中使用的钢筋材料却没有 HRB500 钢筋，国家标准《混凝土结构工程施工及验收规范》（GB 50204—2002）也未对 HRB500 钢筋作相关规定，应修订建筑规范，补充 HRB500 钢筋的相关内容。

国家标准《钢筋混凝土用余热处理钢筋》（GB 13014—1991）和目前的建筑规范只规定了 20MnSi 400MPa 级余热处理钢筋的技术要求，而国外 460MPa 级、500MPa 级余热处理钢筋已普遍使用，应修订 GB 13014—1991 标准和相关的建筑规范，补充 500MPa 级余热处理钢筋的相关内容。

目前中国还没有耐腐蚀钢筋的产品标准和建筑规范，应该在研制成功耐腐蚀钢筋并进行示范性应用的基础上，尽快制定耐腐蚀钢筋的产品标准和建筑规范。推广未动，标准先行。

5 结语

（1）促进中国建筑用热轧带肋钢筋的性能升级与使用功能化、发展节约型建筑钢筋，可节约大量钢材和建造成本，对于落实科学发展观的实施和中国资源能源可持续发展战略，意义重大。

（2）国外工业发达国家一般使用 400MPa 级、500MPa 级甚至 600MPa 级热轧带肋钢筋。建筑钢筋的抗震性和耐腐蚀钢筋的研究已引起高度的关注，国外建筑用钢筋总的发展趋势是降低生产成本，提高强度，提高钢筋的使用寿命和使用安全性。

（3）中国目前大量使用的仍然是 335MPa 钢筋，但推广应用屈服强度 400MPa 级的 HRB400 高强度钢筋已是发展趋势，一些企业已开始研制 HRB500 钢筋。具有良好抗震性能的 HRB335E、HRB400E、HRB500E 钢筋已入了国家标准，在开发耐腐蚀钢筋产品方面取得了一定的进展，但耐腐蚀钢筋的应用在国内仍是空白。还缺乏耐低温钢筋产品。中国目前普遍认可的高强度钢筋生产工艺主要是微合金化工艺，虽然有余热处理钢筋国家标准，但由于使用观念、钢筋连接技术等存在问题，并未推广应用。

（4）中国建筑钢筋的存在的主要问题是：性能低，钢材浪费大；在生产工艺方面，资源、能源消耗过高；在功能性钢筋研究和应用方面，起步较晚、进度慢；建筑钢筋的技术标准、施工规范和应用技术还不完善。

（5）为促进中国建筑钢筋的性能升级与使用功能化，建议应发挥好政府的主导与行业协会的指导作用，加强钢筋新品种、新工艺的开发力度和配套的使用技术研究，完善和创新标准体系。

参 考 文 献

[1] Maslehuddin M, Al-Zahrani M M, Al-Dulaijan S U. Effect of steel manufacturing process and atmospheric corrosion on the corrosion–resistance of steel bars in concrete [J]. Cement and Concrete Composites, 2002, 24 (1): 151.

[2] Yamashita M, Miyuki H, Nagano H, et al. Compositional gradient and ion selectivity of Cr–substituted fine goethite as the final protective rust layer on weathering steel [J]. 铁と钢, 1997, 83 (7): 448.

[3] Kamimura T, Stratmann M. The influence of chromium on the atmospheric corrosion of steel [J]. Corrosion Science, 2001, 43 (3): 429.

[4] Kihira H, Ito S, Mizoguchi A, et al. Creation of alloy design concept for anti air–born salinity weathering steel [J]. 材料と环境, 2000, 49 (1): 30.

[5] Oh S J, Cook D C, Townsend H E. Atmospheric corrosion of different steels in marine, rural and industrial environments [J]. Corrosion Science, 1999, 41 (9): 1687.

[6] 完卫国, 赵明琦, 张若蔷. 钒氮微合金化 HRB400 钢筋的试制 [J]. 炼钢, 2005, 21 (3): 9.

[7] 胡新华, 完卫国, 张建平. 460MPa 级高强度含钒钢筋的生产试制和性能 [J]. 钢铁, 2005, 40 (2): 47.

[8] 完卫国, 孙维. Nb、V 微合金化 460MPa 级热轧带肋钢筋的工业试制 [J]. 江苏冶金, 2005, 33 (2): 1.

[9] 崔培耀, 俞敏, 徐军. HRB500 钢筋的试制开发 [J]. 中国冶金, 2003, 13 (11): 30.

[10] 王学忠, 刘佩明, 穆国栋, 等. HRB500 钢筋的研制生产分析 [J]. 山东冶金, 2005, 27 (3): 20.

[11] 杨忠民, 陈其安. 低温变形低碳钢超细铁素体的形成 [J]. 金属学报, 2000, 36 (10): 1061.

[12] 王瑞珍, 杨忠民, 车彦民, 等. 低碳钢热轧钢筋再结晶控制轧制与控制冷却实现晶粒细化 [J]. 钢铁, 2004, 39 (2): 47.

[13] 完卫国, 杨仁江. 英标 460MPa 级钢筋余热处理工艺研究 [J]. 山东冶金, 2005, 27 (5): 35.

Research and Discussion on Upgrading Properties and Functionalization of Hot Rolled Bars for Buildings

Su Shihuai   Wan Weiguo

(Technology Centre, Ma'anshan Iron and Steel Co., Ltd.)

Abstract: The importance of upgrading properties and functionalization of hot rolled ribbed bars for buildings in China was introduced in this paper. Upgrading properties and functionalization of hot rolled ribbed bars for buildings should be carried out by means of economical method. Developing trend of reducing production cost, increasing strength, life and safety of hot rolled bars for buildings at home and abroad were described. The problem, such as low property, high cost of energy and resources, backward study and application of functionalization ribbed bars, lack of standard systems, were discussed on research, exploitation, production and application of hot rolled ribbed bars for buildings. Some measures and suggestion of promoting change of dynasty of hot rolled ribbed bars for buildings were put forward.

Key words: ribbed bars; property; strength; functionalization

Si 对过共析锰钢力学性能及晶界组织的影响❶

朱晓东¹ 李承基¹ 章守华¹ 邹 明² 苏世怀²

(1. 北京科技大学；2. 攀枝花钢铁（集团）公司)

摘 要：本文用 SEM、TEM 研究了 Si 对过共析锰钢经 950℃（$>A_{cm}$）奥氏体化和 560℃等温处理后的组织及力学性能的影响。结果表明，Si 提高冲击韧性和延伸率，抑制先共析渗碳体在奥氏体晶界呈连续网状析出，并促进在过共析钢中晶界铁素体的形成。本文重点讨论了含 Si 过共析钢中晶界铁素体的形成机理及其对韧性的影响。

关键词：过共析钢；晶界铁素体；珠光体；力学性能

1 引言

Si 在钢中的合金化作用很早就引起人们的重视。众所周知，在代位合金元素中，Si 是少有的阻碍渗碳体形成的合金元素。例如，Si 阻碍渗碳体从马氏体中析出，提高马氏体的回火抗力[1]；促进位错马氏体板条间富碳残余奥氏体膜的形成[2]；有利于准贝氏体（贝氏体铁素体板条间为富碳残余奥氏体）的形成[3,4]；Si-Mn 系低合金 TRIP 钢的发展[5]等，均与 Si 的作用有关。在珠光体型 Mn 系钢轨钢中加 Si，可提高强度和耐磨性，改善韧性和塑性，美国和我国先后发展了 Si-Mn 系珠光体型耐磨钢轨钢[6,7]。但是，Si 在珠光体钢中的强韧化机理，除一般的固溶强化作用之外，其他方面的报道很少。最近的研究结果发现[8]，在共析和过共析珠光体钢中，Si 的加入可抑制先共析渗碳体沿奥氏体晶界呈连续网状的析出，并产生"晶界铁素体"。在含 Si 过共析钢中，晶界相由高脆性的连续网状渗碳体改变为韧性的铁素体，可能是 Si 改善过共析珠光体钢的韧性和塑性的重要原因。因此，在珠光体钢中，Si 的强韧化机理及含 Si 过共析钢晶界铁素体形成机理的研究，具有一定的理论和实际意义。

2 实验用钢及实验方法

试验用钢是由 30kW 真空高频感应炉冶炼，5kg 的钢锭，经高温扩散退火，锻成直径 20mm 圆棒和 14mm×14mm 棒材，分别加工成直径 8mm 的标准拉伸试样和冲击试样后，经 950℃盐炉奥氏体化，淬入 560℃硝盐炉等温 6min 后空冷，然后精磨。冲击试样开"U"形缺口，在电动冲击试验机上冲断，室温温度为 25℃，每个数据是 4 个试样的平均值；在 MTS 试验机进行拉伸试验，每个数据为 3 个试样的平均值。由冲断试样制备成 SEM 用样

❶ 原文发表于《金属学报》1996 年第 11 期。
国家经贸委重点技术开发项目经费资助课题。

品及 TEM 用金属薄膜,分别在 S-250MKS 型扫描电镜和 H-800 透射电镜观察显微组织。试验用钢的分析成分如表 1 所示。在表 1 中还列出了根据热力学相平衡计算获得的共析碳浓度的理论值。由于 Si,Mn 均为降低共析碳含量的元素,故从热力学角度讲这几种钢均属过共析钢。

表 1 试验用钢的化学成分及共析参数计算值

Table 1 Chemical composi tions of the experimental steels and calculated eutectoid carbon contents(mass fraction,%)

No.	C	Si	Mn	S	p	Eutectoid carbon content
1	0.81	0.21	1.06	0.007	0.014	0.70
2	0.89	0.74	1.04	0.007	0.014	0.67
3	0.88	1.01	1.04	0.007	0.014	0.66
4	0.82	1.18	1.06	0.007	0.014	0.65
5	0.83	0.95	1.15	0.007	0.014	0.65

3 实验结果

3.1 Si 对力学性能的影响

力学性能与 Si 含量的关系如图 1 所示。虽然碳含量在 0.81%~0.89%(质量分数,下同)波动,但随 Si 含量从 0.21% 增加到 1.18%,室温冲击韧性从 15.6J/cm² 增加到 22.8J/cm²;延伸率从 10.9% 增加到 13.2%;硬度 HRC 从 39.9 降到 39.0;抗拉强度从 1292MPa 增至 1327MPa,但屈服强度则从 944MPa 降到 912MPa;如果用冲击韧性与硬度的乘积(a_K×HRC)代表强韧性的综合水平,该值可从 622J/cm² 提高到 889J/cm²,具有明显的强韧化效应。

对冲击试样断口的观察表明,高 Si(5 号)钢的断口,在珠光体解理断口区域之间存在较宽的网状韧窝断口带,如图 2(a)所示;而低 Si(1 号)钢的断口则难以观察到这种韧窝带,如图 2(b)所示。高 Si 钢断口韧窝带的出现与冲击值的提高相对应。由此可以推断,在高 Si 钢的组织中一定存在某种具有高韧塑性的组织。

3.2 Si 对原奥氏体晶界组织的影响

为了分析 Si 对冲击韧性影响的组织原因,在 SEM 及 TEM 下观察了显微组织。结果表明,各炉钢的奥氏体晶粒大小和珠光体片层间距变化不大,奥氏体晶粒平均直径均在 20μm 左右,片层间距均在 0.08μm 左右。Si 对显微组织最明显的影响是在原奥氏体晶界析出相的差异。

从图 3(a)所示的 SEM 照片可以看到,低 Si 的 1 号钢,沿原奥氏体晶界处可观察到连续网状的白色析出相,而高 Si 的 5 号钢(图 3(b))、3 号钢(图 3(c))和 4 号钢(图 3(d)),晶界的析出相则呈黑色。众所周知,在硝酸酒精溶液的电化学浸蚀过程中,共析或过共析渗碳体为阴极,基本不受浸蚀;铁素体为阳极,浸蚀时容易溶解。故渗碳体凸出

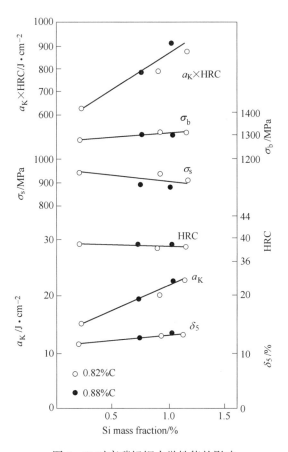

图 1 Si 对高碳锰钢力学性能的影响

Fig. 1 Effect of Si on mechanical properties for high C，Mn-containing steels

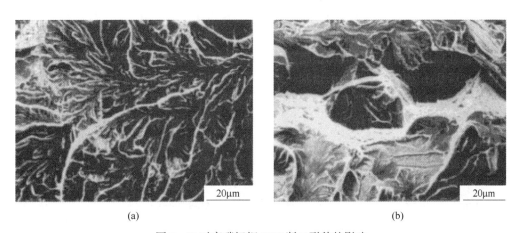

(a)   (b)

图 2 Si 对高碳锰钢 SEM 断口形貌的影响

Fig. 2 Effect of Si on SEM fractographs for high C，Mn-containing steels

（a）steel No. 5；（b）steel No. 1

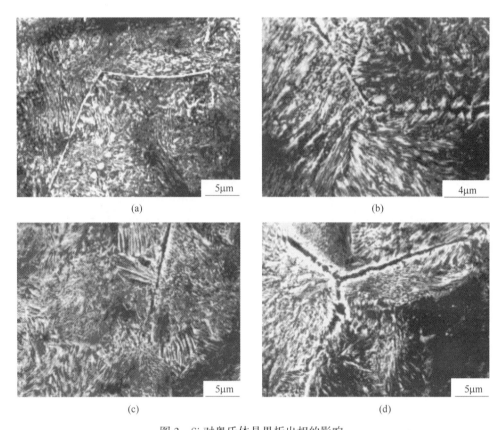

图 3　Si 对奥氏体晶界析出相的影响

Fig. 3　Effect of Si on grain boundary structures（SEM）

（a）0.21% Si（Steel No.1）；（b）0.95% Si（Steel No.5）；

（c）1.01% Si（Steel No.3）；（d）1.18% Si（Steel No.4）

于铁素体基体之上。根据 SEM 的形貌衬度原理，在电子束作用下，凸出的渗碳体将产生高得多的二次电子信号强度，因此在扫描像上呈白亮的衬度特征。凹下的铁素体基体，则呈暗黑的衬度特征。用已知的珠光体组织进行验证，也证实了上述分析，渗碳体具有白亮的衬度特征。由此可知，Si 抑制过共析钢网状渗碳体的析出，并促进"晶界铁素体（F）"的形成。

　　为了进一步验证高 Si 过共析钢中异常的"晶界铁素体"的存在，用冲击试样制成金属薄膜，用 TEM 观察形貌及进行微区电子衍射。图 4（a）所示是 4 号钢的 TEM 衍衬像。对中间呈白亮衬度的晶界相（F）进行微区电子衍射，结果如图 4（b）所示。标定结果证实此晶界相为铁素体，点阵常数为 0.286nm。图 4（c）所示是 3 号钢晶界铁素体的 TEM 衍衬像。样品经转动一定角度后，可观察到在晶界铁素体内有较高密度的位错和碳化物弥散析出（图 4（d））。根据推断，这些弥散析出相可能是在铁素体状态析出三次渗碳体，比在奥氏体状态析出的二次渗碳体颗粒细小得多。

　　图 4（e）、（f）所示为 4 号钢的晶界区域的 TEM 衍衬像。从图 4（e）可看到晶界铁素体内的位错、亚晶和三次渗碳体的析出，晶界铁素体与共析铁素体之间存在明显的界面（图 4（d）），但也有无明显界面的情况（图 4（f））。在晶界铁素体与珠光体的界面处，有

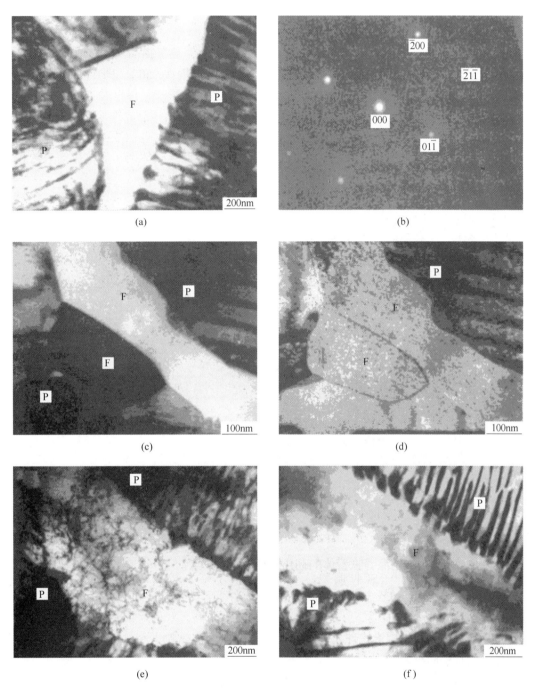

图4 4号钢（a、e、f）和3号钢（c、d）晶界铁素体F的TEM衍衬像及（a）图中F的衍射花样（b）

Fig. 4 TEM images of grain boundary ferrite in steel No. 4 （a、e、f）and steel No. 3 （c、d），

and diffraction pattern from F in fig. a （b）

较大的渗碳体颗粒存在，这种较大的渗碳体颗粒是从奥氏体/晶界铁素体的奥氏体一侧析出的（图4(e)、(f)），其大小与在晶界铁素体的另一界面析出的渗碳体颗粒为同一数量级，但在晶界铁素体的内部并未发现有大颗粒的渗碳体。

3.3 奥氏体化温度对奥氏体晶界析出相的影响

除了 Si 具有促进过共析钢中晶界铁素体的析出之外，显著提高奥氏体化温度也会促进晶界铁素体的形成。图 5 所示为仅含 0.21% Si（1 号）钢在 950℃（图 5（a））和 1100℃（图 5（b））奥氏体化后淬入 560℃硝盐炉等温 6min 的晶界相形态。可以看到，虽然钢的含 Si 量较低，但在 1100℃的高温下奥氏体化后的等温过程也会出现晶界铁素体。这个现象表明，提高奥氏体化温度所导致的奥氏体成分均匀化程度和过饱和空位浓度的提高，可能改变了合金元素和空位的交互作用能，改变了晶界处铁素体和渗碳体两相形核驱动力的相对值，向促进晶界铁素体形成的方向发展。

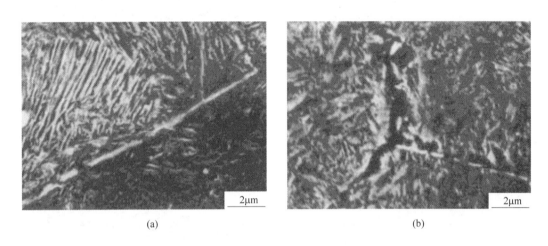

(a)　　　　　　　　　　　　　　　　　　　(b)

图 5　奥氏体化温度对 1 号钢晶界组织的影响

Fig. 5　Effect of austenizing temperatures on grain boundary structures

（a）950℃；（b）1100℃

4　讨论

4.1　Si-Mn 系过共析钢晶界铁素体的韧化效应

从图 1 可以看出，在全奥氏体化（950℃）条件下，0.82% C-1.0% Mn 钢的室温冲击韧性随着 Si 含量的增加而提高，并在 1% Si 时，达到最高。对于片状珠光体钢来说，影响其冲击韧性的主要组织因素是珠光体团的大小（受奥氏体晶粒大小的影响）[9]，在一定条件下还受到片层间距影响[10]。组织观察表明，在相同的热处理工艺条件下，Si 对奥氏体晶粒大小及珠光体片层间距这两个组织参数的影响不大。奥氏体晶粒平均直径均在 $20\mu m$ 左右，片层间距均在 $0.08\mu m$ 左右。低 Si 钢和高 Si 钢在显微组织上的主要差异是原奥氏体晶界的相组成，前者存在较粗大、连续的晶界渗碳体，而后者则出现晶界铁素体。晶界相由韧性的连续铁素体取代了脆性的连续渗碳体。因此可以推断，Si 对提高过共析锰钢冲击韧性、延伸率和强韧性有重要作用，其原因与形成晶界铁素体有关。但是，如果奥氏体晶粒大小和片层间距有较大的差异，则必然会减弱晶界的相组成对冲击韧性的影响。

4.2 Si-Mn 系过共析钢晶界铁素体的形成机制

碳素过共析钢的正火组织应为珠光体和连续网状先共析渗碳体。但在等温处理条件下，Si-Mn 系过共析钢中出现 "晶界铁素体" 的反常晶界相。热力学计算表明，研究用钢的碳含量远高于该钢的共析碳浓度（见表1）。在平衡态的先共析晶界相应为渗碳体。在较大过冷度下，应是伪共析组织，为什么会出现晶界铁素体？

文献 [8] 认为，在高 Si 过共析钢中形成的晶界铁素体，不是真正的先共析铁素体，而是 Si 抑制了片状珠光体两相协同生长的结果。在含 Si 过共析钢的奥氏体晶界优先形成渗碳体核，由于 Si 不溶于渗碳体，渗碳体的长大速度受控于 Si 从渗碳体扩散出的速度。因而渗碳体的长大很慢，尺寸很细小，为颗粒状；但铁素体在形核后长大速度不受影响，可以很快长大，并包围了渗碳体颗粒，使得两相不能像片状珠光体那样协同长大，结果在奥氏体晶界区观察到铁素体和颗粒状渗碳体。

上述关于晶界铁素体成因理论主要考虑了 Si 阻碍渗碳体长大这一方面的因素，其合理性基于合金元素 Si 在平衡的条件下，基本上不进入渗碳体，但未论及 Si 在低温难以扩散的情况下，也会存在于渗碳体中，从而阻碍渗碳体在奥氏体晶界形核、提高渗碳体在奥氏体中的溶解度，以及促进铁素体的形核与长大等方面的因素。因此，在晶界铁素体边界或内部渗碳体颗粒存在，但并不能排除铁素体优先在奥氏体晶界析出的可能性。

在 Fe-C-Si-Mn 合金过冷奥氏体等温转变时，Si 促进铁素体形成，阻碍渗碳体从奥氏体中析出[11]。含 Si 钢在中温转变时，奥氏体中的碳含量可以富集到 1.5% 以上而不析出渗碳体[3,4,12~14]。含 Si 的过共析钢[12]，在 380℃ 等温 15min，首先形成的是贝氏体铁素体，这与碳素过共析钢首先析出渗碳体，形成 "反常" 贝氏体的情况相反。这一实验事实对于分析含 Si 过共析钢的晶界铁素体的成因，具有启发性。按照贝氏体相变扩散学派观点，贝氏体在本质上属于珠光体型相变[15]，那么上述例子是可以用来说明 Si 对形成晶界铁素体是具有同样作用的。

最近对含硅高锰钢先共析渗碳体的原子探针分析发现，初始阶段形成的渗碳体是含 Si 的合金渗碳体，随后 Si 将排除出渗碳体[8]。由于 Si 不溶解于渗碳体，初始阶段形成含 Si 渗碳体的自由能高于平衡态的无 Si 渗碳体，因此它在奥氏体中的溶解度较高，如图6所示。

含 Si 过共析钢晶界铁素体的形成，不能不考虑合金元素在奥氏体晶界的偏聚效应及偏聚互作用的情况。Mn 是较强的奥氏体晶界偏聚元素，C 和 Si 是较弱的晶界偏聚元素。在 58SiMnCrCuV 钢中，Mn、C、Si 的晶界偏聚比相应为 13.6、1.2、1.58[16]。Si-Mn 的晶界偏聚的互作用尚不清楚，但 Si 降低 C 的晶界偏聚，C-Mn 是共偏聚[17]。因此可以推测，Si 在

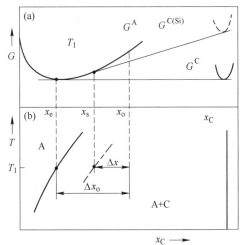

图6 Si 对渗碳体自由能及介稳平衡
碳浓度的影响（示意图）

Fig. 6 Effect of Si on molar free energy of
cementite（C）and metastable equilibrium
carbon concentration（schematic）

奥氏体晶界的偏聚，一方面促进铁素体在晶界析出，另一方面将减弱 C 和 Mn 的晶界偏聚，不利于渗碳体在晶界的优先析出。因此可以设想，在过共析锰钢加入一定量的 Si 之后，铁素体成为领先相的可能性增加，有可能优先在奥氏体晶界形核并沿晶界长大。

根据上述分析，可以用 Fe-C 合金介稳平衡相图来说明 Si 对过共析钢中形成晶界铁素体作用，如图 7 所示。众所周知，在图 7 的 $SE'G'$ 区所示的过冷度和含碳量下，偏离共析碳含量的亚共析或过共析钢，都可以获得全珠光体组织，通常成为"伪共析"。可以设想，在加入 Si 之后，SG' 线的变化不大，但 SE' 线可能发生较大变化，将随奥氏体中（包括晶界区）Si 含量的增加，由 $SE' \rightarrow SE'''$ 方向迁移，即含 Si 合金渗碳体在奥氏体中的溶解度提高，使 ESE''' 线成为"C"形曲线。下面按图 7 所示的设想来分析晶界铁素体的成因。

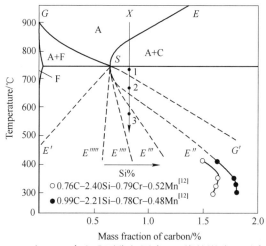

图 7　Si 对 Fe-C 合金准平衡相图中 SE' 线的影响（示意图）

Fig. 7　Effect of Si on SE' line in metastable phase diagram of Fe-C alloy（schematic）

如果含 Si 过共析钢 "X" 所对应的含 Si 合金渗碳体与过冷奥氏体介稳平衡线为 SE'''，那么在初始阶段，此线以左的温度区，如图 7 中的温度 "3" 所示，将不会有含 Si 合金渗碳体优先在奥氏体晶界析出，只可能有铁素体在奥氏体晶界析出；在 SE''' 与 SG' 线之间的温度区，铁素体和渗碳体均可以在奥氏体晶界析出，如图 7 中的温度 "2" 所示。温度愈低，铁素体领先析出的倾向愈大；反之，温度愈高则渗碳体领先析出的倾向愈大。在 SG' 线以右的温度区，则只有渗碳体在奥氏体晶界析出，即先共析渗碳体。对于无 Si 过共析钢 "X" 来说，它所对应的渗碳体与过冷奥氏体介稳平衡线是 SE' 线。因此，只要温度处于 $SE'G'$ 区内，渗碳体和铁素体可共同析出。由于析出渗碳体的驱动力显著增加，渗碳体优先在奥氏体晶界析出的倾向增大。温度愈高，渗碳体领先析出的倾向愈大。

提高奥氏体化温度也可促进晶界铁素体的形成（见图 4）。这是因为提高奥氏体化温度，使奥氏体的成分均匀性提高，C 和 Mn 的晶界偏聚减弱，使得渗碳体形核的难度增加；此外，使过饱和淬火空位的浓度增加，有利于提高铁素体增厚的速率[18]。这两个因素均有利于晶界铁素体的形成。

5　结论

（1）在 0.82%～0.88% C-1.0% Mn 过共析钢中加入 1% 左右的 Si，经 950℃ 奥氏体化

后在560℃等温，将会在原奥氏体晶界出现晶界铁素体；

（2）在所研究的Si含量范围及560℃等温转变的条件下，Si可改善冲击韧性及延伸率，提高抗拉强度，硬度变化不大，屈服强度略有降低。含Si钢韧、塑性的提高与Si的抑制过共析网状渗碳体析出及促进晶界铁素体的形成有关。

参 考 文 献

［1］Allten A G, Payson P. Trans. ASM, 1953, 45: 498.

［2］Parker E R. Metall. Trans. , 1977, 8: 1025.

［3］胡光立，康沫狂，等. 航空材料，1985（5）：1.

［4］Kang Mokuang. In: Liu Guoxun, Stuart H, Zhang Hongtao, Li Cheng eds. HSLA Steels'95 Conf. Proc. , Bejing: China Science & Technology Press, 1995: 495.

［5］Tsukatani I, Hashimoto S, Inoue T. In: Tither G, Zhang Shouhua eds. , HSLA Steels: Processing, Properties and Applications, Proc. of the Second International Conference on HSLA Steels, USA: TMS, 1990: 291.

［6］王传雅. 特殊钢，1994，15（6）：54.

［7］周富智，主编. 低合金钢性能手册［M］. 北京：冶金工业出版社，1986：343.

［8］Han K, Smith G D W, Edmonds D V. Metall. Mater. Trans. , 1995, 26A: 1617.

［9］Pickering F B, Garbarz B. Scr. Metall. , 1987, 21: 249.

［10］朱晓东，李承基，章守华，等. 北京科技大学学报，1996（6）（待出版）.

［11］刘世楷，张筠. 材料科学进展，1988（2）：22.

［12］Sandvik B P J. Metall. Trans. , 1982, 13A: 777.

［13］LeHouiller R, Begin G, Dube A. Metall. Trans. , 1971（2）：2647.

［14］李承基，胡梦怡. 金属热处理学报，1981（1）：18.

［15］Hehemann R F, Kinsman K R, Aaronson H I. Metall. Trans. , 1972, 3A: 1077.

［16］李承基，高德春，曹凤豫，陆丰. 金属学报，1993，29：A535.

［17］Mcmahon C J. Metall. Trans. , 1980, 11A: 531.

［18］李承基. 贝氏体相变理论［M］. 北京：机械工业出版社，1995：52.

Effects of Si on Mechanical Properties and Grain Boundary Structures in Hypereutectoid Mn Steels

Zhu Xiaodong[1]　　Li Chengji[1]　　Zhang Shouhua[1]　　Zou Ming[2]　　Su Shihuai[2]

（1. University of Science and Technology Beijing；2. Panzhihua Iron and Steel（Group）Company）

Abstract: The effects of Si on the grain boundary structure and mechanical properties of hypereutectoid Mn steels austenitized at 950℃ and isothermally transformed at 560℃ were studied by means of SEM and TEM. The experimental results showed that the impact toughness and elongation can be improved by Si additions. The observation of microstructure revealed that grain boundary cemetite networks can be inhibited and grain boundary ferrite formed in these hypereutectoid steels by Si addition. The formation mechanism of grain boundary ferrite has also been discussed.

Key words: grain boundary ferrite; hypereutectoid steel; pearlite; mechanical property

含硅过共析钢晶界铁素体形成的热力学分析[❶]

朱晓东[1]　李承基[1]　章守华[1]　邹　明[2]　苏世怀[2]

(1. 北京科技大学；2. 攀枝花钢铁（集团）公司)

摘　要：将合金元素在珠光体相变时无分配状态下形成的含 Si 合金渗碳体作为一种介稳相处理，利用规则溶液亚点阵模型和有关文献中的数据，计算了含 Si 合金渗碳体相对于无 Si 渗碳体的自由能增量 $\delta G_{Si}^{Fe_3C}$，得到了渗碳体中含 Si 量和 $\delta G_{Si}^{Fe_3C}$ 的对应关系；并利用 Si 在不同温度下的分配系数，计算了 Si 对 Fe-C 合金介稳态 $\gamma/(\gamma+Fe_3C)$ 相界碳浓度 (A'_{cm}) 的影响。所得结果认为，含 Si 过共析钢珠光体转变时在原奥氏体晶界出现连续网状铁素体，是 Si 增加含 Si 渗碳体自由能，从而提高了介稳态 $\gamma/(\gamma+Fe_3C)$ 相界碳浓度 (A'_{cm}) 的结果。

关键词：过共析钢；晶界铁素体；合金渗碳体；介稳相平衡；珠光体

1　引言

在含 Si、V 过共析钢珠光体转变时，发现有铁素体沿原奥氏体晶界优先析出，简称"晶界铁素体（GBF）"[1,2]，这是最近珠光体相变研究的重要进展。对于晶界铁素体形成的原因，虽然有一些解释，但还处于定性阶段。例如，Han K 等[1]认为，晶界铁素体的产生是由于渗碳体的形成和长大受到 Si 从渗碳体中排出的速度的影响，由于这一过程比较缓慢，因而造成渗碳体的生长速度大大低于铁素体，最后被快速生长的铁素体所包围。本文作者曾指出[2]，由于晶界铁素体出现的温度较低，Si 扩散再分配的过程较困难，渗碳体形成时不可避免地会含有一定量的 Si。含 Si 渗碳体是一种介稳相，吉氏自由能较高，导致与之相平衡的奥氏体的碳浓度增高。但这种推论还缺乏定量或半定量的论证和实验验证，有必要进一步深入研究。

合金钢珠光体相变中合金元素的再分配对相变过程有重要影响。一般把已完成合金元素再分配的珠光体，称为"正珠光体"（ortho-pearlite）；未发生合金元素再分配的珠光体，称为"衍生珠光体"（para-pearlite）。在合金元素中，Si 的再分配对奥氏体分解的影响最为突出。在平衡状态，Si 在渗碳体中的溶解度很低。因此，人们在处理珠光体相变的热力学和动力学问题时，均假定渗碳体含 Si 量为零[3,4]。但在非平衡状态，Si 只是部分再分配，甚至不发生再分配。也就是说，含 Si 渗碳体，$(Fe, Si)_3C$，作为介稳相而出现是完全可能的。Si 的这些特性造成了相变时的一些反常现象，例如，在过共析钢的先共析渗碳体内出现孔洞状的富 Si 铁素体区，被称为孔洞状渗碳体（porous cementite）[5]；最近作者

---

❶　原文发表于《金属热处理学报》1997 年第 2 期。
国家经贸委重点科技开发经费资助项目。

还发现在含 Si 共析渗碳体片内存在铁素体亚片[6]；在高 Si 钢中"准贝氏体"（贝氏体铁素体板条间为富碳残余奥氏体）的形成[7,8]；以及前面已提到的含 Si 过共析钢中的"晶界铁素体"[1,2]等。本文的目的是将含 Si 渗碳体作为一个亚稳过渡相，通过对介稳状态下 $\gamma/\gamma+(Fe，Si)_3C$ 相界线碳浓度的定量计算，从热力学方面来分析上述反常现象的本质。

2 介稳状态 $\gamma/[\gamma+(Fe，Si)_3C]$ 相界碳浓度 (A'_{cm}) 的计算模型

2.1 基础模型——规则溶液亚点阵模型

对于含有间隙式原子的代位固溶体，Hillert 的规则溶液亚点阵模型是广为应用的模型[3,9]。对于 Fe-C-M 三元合金，这个模型可表达为[10]：

$$G_{Fe} = {}^0G_{Fe} + RT[\ln y_{Fe} + c\ln(1 - y_C)] + G_{Fe}^E \tag{1}$$

$$G_{Fe}^E = y_C y_M(-\Delta G_M - L_{FeM}^C + L_{FeM}^V - L_{CV}^M + L_{CV}^{Fe}) + [(y_M)^2 L_{FeM}^V + (y_C)^2 L_{CV}^{Fe}] +$$
$$2y_C(y_M)^2(L_{FeM}^C - L_{FeM}^V) + 2y_M(y_C)^2(L_{CV}^M - L_{CV}^{Fe}) \tag{2}$$

$$G_M = {}^0G_M + RT[\ln y_M + c\ln(1 - y_C)] + G_M^E \tag{3}$$

$$G_M^E = y_C y_{Fe}(\Delta G_M - L_{FeM}^C + L_{FeM}^V - L_{CV}^{Fe} + L_{CV}^M) + [(y_{Fe})^2 L_{FeM}^V + (y_C)^2 L_{CV}^M] +$$
$$2y_C(y_{Fe})^2(L_{FeM}^C - L_{FeM}^V) + 2y_{Fe}(y_C)^2(L_{CV}^{Fe} - L_{CV}^M) \tag{4}$$

$$cG_C = {}^0G_{FeC_C} - {}^0G_{Fe} + cRT\ln[y_C/(1 - y_C)] + L_{CV}^{Fe}(1 - 2y_C) + y_M(\Delta G_M + L_{FeM}^C -$$
$$L_{FeM}^V + L_{CV}^M - L_{CV}^{Fe}) + 2y_C y_M(L_{CV}^{Fe} - L_{CV}^M) + (y_M)^2(L_{FeM}^V - L_{FeM}^C) \tag{5}$$

式中，M 为置换式合金元素，和 Fe 一起占据亚点阵"A"（点阵结点），碳（C）则占据亚点阵"C"（点阵间隙）；G_M-M 组元在固溶体中的偏摩尔自由能或化学位；${}^0G_M$ 为纯 M 元素的化学位；y_M 为 M 组元在其亚点阵结点中所占的摩尔分数，$y_M = x_M/(1-x_M)$，x_M 为 M 组元的摩尔分数；$y_C = x_C/[c(1-x_C)]$；G_M^E 为 M 组元的过剩自由能；$\Delta G_M = {}^0G_{Fe} + {}^0G_{MC_C} - {}^0G_M - {}^0G_{FeC_C}$，${}^0G_{MC_C}$ 和 ${}^0G_{FeC_C}$ 为虚拟相的自由能，该相中的所有晶间空隙全部为间隙原子所充填，ΔG_M 可视为碳（C）和置换型合金元素（M）的交互作用参数；L_{FeM}^C 为亚点阵"C"完全为碳（C）原子占据时，亚点阵"A"上的 Fe 原子和 M 原子的相互作用能；L_{CV}^M 为亚点阵"A"完全为 M 原子占据时，亚点阵"C"上的碳原子和空位（V）的相互作用能；a 为点阵结点数；c 为点阵间隙数。

在合金元素（M）含量较低的范围内获得的实验数据，在大多数情况下均存在 $L_{CV}^M \approx L_{CV}^{Fe}$，$L_{FeM}^V \approx L_{FeM}^C$。

2.2 规则溶液亚点阵模型在 Fe-C-Si 系的应用

2.2.1 Si 在平衡分配条件下介稳 $\gamma/[\gamma+Fe_3C]$ 相界碳浓度 (A'_{cm}) 的计算方程及结果

合金元素在 Fe-C-Si 三元系珠光体相变过程中，发生平衡再分配时，Si 提高奥氏体中碳的活度，在 Fe_3C 中的固溶度极低。按照一般的假定[3]，Si 不溶于渗碳体。在这种情况下，根据具有化学计量比的相平衡条件[11]，奥氏体和 Fe_3C 之间的平衡条件可以表达为：

$$ {}^0G_{Fe_3C} = 3G_{Fe}^\gamma + G_C^\gamma \tag{6}$$

对于奥氏体，按照规则溶液亚点阵模型，$a=1$，$c=1$，并取 $L_{CV}^M = L_{CV}^{Fe}$ 及 $L_{FeM}^V = L_{FeM}^C$，由式（1）、式（2）和式（5），可得：

$$G_{Fe}^{\gamma} = {}^{0}G_{Fe}^{\gamma} + RT[\ln y_{Fe}^{\gamma} + \ln(1 - y_{C}^{\gamma})] + y_{C}^{\gamma}y_{Si}^{\gamma}(-\Delta G_{Si}^{\gamma}) + [(y_{Si}^{\gamma})^{2}L_{FeSi}^{V(\gamma)} + (y_{C}^{\gamma})^{2}L_{CV}^{Fe(\gamma)}]$$

$$(7)$$

$$G_{C}^{\gamma} = {}^{0}G_{FeC}^{\gamma} - {}^{0}G_{Fe}^{\gamma} + RT\ln[y_{C}^{\gamma}/(1 - y_{C}^{\gamma})] + L_{CV}^{Fe(\gamma)}(1 - 2y_{C}^{\gamma}) + y_{Si}^{\gamma}(\Delta G_{Si}^{\gamma}) \qquad (8)$$

根据文献［3］列出的数据：

$$\Delta G_{Si}^{\gamma} = 123000(J/mol)$$

$$L_{CV}^{Si(\gamma)} = L_{CV}^{Fe(\gamma)} = -21058 - 11.581T(J/mol)$$

$$L_{FeSi}^{V(\gamma)} = L_{FeSi}^{C(\gamma)} = -108280(J/mol)$$

及文献［9］给出：

$${}^{0}G_{FeC}^{\gamma} - {}^{0}G_{Fe}^{\gamma} + L_{CV}^{Fe(\gamma)} = {}^{0}G_{C}^{gr} + 46115 - 19.178T(J/mol)$$

$${}^{0}G_{Fe_{3}C} - 3\,{}^{0}G_{Fe}^{\gamma} - {}^{0}G_{C}^{gr} = 39828 - 193.296T + 22.3452T\ln T(J/mol)$$

并取 $y_{Fe}^{\gamma} \approx 1$，代入式（6）平衡条件，简化后得：

$$RT\ln y_{C}^{\gamma} = -6287 - 174.118T + 22.3452T\ln T - 2RT\ln(1 - y_{C}^{\gamma}) + [3(y_{C}^{\gamma})^{2} - 2y_{C}^{\gamma}] \cdot$$
$$[21058 + 11.581T] + 3y_{Si}^{\gamma}\Delta G_{Si}^{\gamma}y_{C}^{\gamma} - y_{Si}^{\gamma}\Delta G_{Si}^{\gamma} - 3(y_{Si}^{\gamma})^{2}L_{FeSi}^{V(\gamma)}$$

进一步得到：

$$RT\ln y_{C}^{\gamma} = -6287 - 174.118T + 22.3452T\ln T - 2RT\ln(1 - y_{C}^{\gamma}) + [3(y_{C}^{\gamma})^{2} - 2y_{C}^{\gamma}] \cdot$$
$$[21058 + 11.581T] + 3y_{Si}^{\gamma} \times 123000 \times y_{C}^{\gamma} - y_{Si}^{\gamma} \times 123000 + 3(y_{Si}^{\gamma})^{2} \times 108280$$

$$(9)$$

只要给定合金的 Si 含量，就可用迭代法求出各个温度下平衡分配状态与渗碳体介稳平衡过冷奥氏体的 y_{C}^{γ}，从而计算出相应的 X_{C}^{γ} 和 $C(\%，质量分数)$。对于 Si 2(%，质量分数，下同) 合金，计算结果如图 1 中实线 $SE'(A_{cm}')$ 所示。

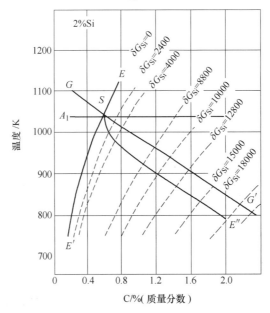

图 1　2% Si 合金的 $\gamma/[\gamma+(Fe，Si)_{3}C]$ 相界中平衡分配（SE' 线）、
无分配（虚线）、部分分配（SE'' 线）

Fig. 1　$\gamma/[\gamma+(Fe，Si)_{3}C]$ phase boundary of 2% Si alloy, equilibrium partition (SE' line),
no-partition (dotted line), and partial partition (SE'' line)

2.2.2 对平衡分配模型的改进——Si 在无分配条件下介稳 $\gamma/[\gamma+(Fe,Si)_3C]$ 相界碳浓度的计算方程及结果

在相变温度较低时, Si 只能发生部分再分配或不发生再分配。在不发生再分配时, Si 将以与母相中同样的浓度进入相变产物, 形成含 Si 渗碳体 ($(Fe,Si)_3C$)。

考虑合金渗碳体的相平衡时, 对于碳化物形成元素, 如 Mn, 可分别考虑 Fe_3C 和 Mn_3C 与奥氏体的平衡。但对于非碳化物形成元素 Si, 这种处理方法既不合理, 也缺乏必要的数据可资参考。因此, 必须从另外的角度来解决这一问题。由于在平衡状态 Si 不溶于渗碳体, 因此 $(Fe,Si)_3C$ 是介稳相, 它的自由能虽然尚无数据可查, 但必然高于平衡相 Fe_3C 的自由能。我们在此引入一个新的参量 $\delta G_{Si}^{Fe_3C}$, 代表由 Si 引起的含 Si 渗碳体自由能的增量, 定义为:

$$^0G^{(Fe,Si)_3C} = {}^0G^{Fe_3C} + \delta G_{Si}^{Fe_3C} \tag{10}$$

在 Si 不发生分配的介稳状态, 其介稳平衡条件可近似表达为:

$$3G_{Fe}^\gamma + G_C^\gamma = {}^0G^{(Fe,Si)_3C} = {}^0G^{Fe_3C} + \delta G_{Si}^{Fe_3C} \tag{11}$$

式中, G_{Fe}^γ 为 Fe 在 γ 相中的化学位; G_C^γ 为碳在 γ 相中的化学位, $^0G^{(Fe,Si)_3C}$ 为含 Si 渗碳体的吉氏自由能, $^0G^{Fe_3C}$ 为渗碳体的吉氏自由能, $\delta G_{Si}^{Fe_3C}$ 为 Si 进入渗碳体而引起的自由能增量, 它只与渗碳体中含 Si 量有关, 且大于零。由上列公式可推导出:

$$RT\ln y_C^\gamma = -6287 - 174.118T + 22.3452T\ln T - 2RT\ln(1 - y_C^\gamma) + [3(y_C^\gamma)^2 - 2y_C^\gamma] \cdot$$
$$[21058 + 11.581T] + 3y_{Si}^\gamma \times 123000 \times y_C^\gamma - y_{Si}^\gamma \times 123000 + 3(y_{Si}^\gamma)^2 \times 108280 +$$
$$\delta G_{Si}^{Fe_3C} \tag{12}$$

在 Si 含量不高的条件下, 可以假定 $\delta G_{Si}^{Fe_3C}$–Si% 具有线性关系, 即:

$$\delta G_{Si}^{Fe_3C} = A \times Si\% \tag{13}$$

式中 A 为由 Si 引起的渗碳体自由能增量系数, 可采用比较法求 A 值。为此, 需要设定一系列的 $\delta G_{Si}^{Fe_3C}$ 数值, 例如从 $10^3 \sim 10^4$ J/mol, 在 Si 无分配状态下, 计算出 $\gamma/(Fe,Si)_3C$ 介稳平衡虚拟相线的碳浓度, 如图 1 中的虚线所示。然后, 通过实验测定在 Si 无分配条件下 (例如在贝氏体转变温度) 富碳残余奥氏体最高碳含量 (本文引用文献 [12] 的数据), 如图 2 中的实线所示。将此富碳残余奥氏体的最高含碳量与温度的关系曲线, 与由式 (12) 计算所得的虚拟相线 (图 2 中的虚线) 比较, 可以发现当 $\delta G_{Si}^{Fe_3C}$ 值在 17.5 ~ 18kJ/mol 时, 实测值与计算值基本吻合。因此可以认为, 当渗碳体中含有 2% Si (即实验用钢的 Si 含量) 时, 由 Si 引起的渗碳体自由能增量约为 18kJ/mol。增量系数 A(在渗碳体中溶入 1% Si 所引起的渗碳体自由能增量), 应为 9kJ/mol 左右。

2.2.3 Si 在部分分配条件下介稳 $\gamma/[\gamma+(Fe,Si)_3C]$ 相界碳浓度的计算方程及结果

图 1 中虚线所示的碳浓度随转变温度的下降而减少的规律, 是指在各个温度下 Si 均不发生再分配的情况。但实际上 Si 在不同温度下的分配系数 $K_\gamma^{cem}(Si) = Si_{(cem)}/Si_{(\gamma)}$, 是随温度的下降而增大的。在平衡分配的高温 $K_\gamma^{cem}(Si)$ 趋于 0; 在完全不发生分配的低温 (如贝氏体转变温度), $K_\gamma^{cem}(Si) = 1$。由于没有直接的 $K_\gamma^{cem}(Si)$ 数据可查, 只能参考文献 [13, 14] 中 $K_\alpha^{cem}(Si)$ 的数据, 可以假定, $K_\gamma^{cem}(Si) \approx K_\alpha^{cem}(Si)$。例如, 2%Si 钢在平衡分配状态下, $K_\alpha^{cem}(Si) = 0.11$[13], 则 $K_\gamma^{cem}(Si) \approx 0.11$。表 1 根据文献 [13, 14] 的数据, 列出了不同温度下的 $K_\gamma^{cem}(Si)$, 并计算出超过平衡的 Si 含量, 从而计算得到相应的 $\delta G_{Si}^{Fe_3C}$。

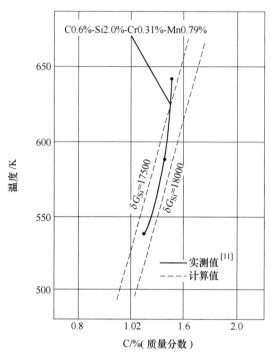

图 2　2% Si 合金在 Si 无分配时的介稳 $\gamma/[\gamma+(Fe, Si)_3C]$ 相界的计算值（虚线）和 M & H 钢

（0. 6% C-2. 0% Si-0. 79% Mn-0. 31% Cr）等温淬火后残余奥氏体含碳量实测值（实线）的比较

Fig. 2　Calculated on no partition metastable $\gamma/[\gamma+(Fe, Si)_3C]$ phase boundary of 2% Si alloy (dotted line),

compared with the measured carbon content of retained austenite in M & H steel after isothermal quenching

表 1　Si 在不同温度下的分配系数和对应的 $\delta G_{Si}^{Fe_3C}$

Table 1　Partition coefficient of Si at various temperatures and corresponding $\delta G_{Si}^{Fe_3C}$

$T(K)$	分配系数 $K_{Si}^{cem/\alpha}$ [13,14]	平衡态渗碳体中 Si 含量		$\delta G_{Si}^{Fe_3C}/J \cdot mol^{-1}$	
		1% Si 钢	2% Si 钢	1% Si 钢	2% Si 钢
1023	0. 15	0. 04	0. 08	400	800
1003	0. 23	0. 12	0. 24	1200	2400
973	0. 31	0. 20	0. 40	2000	4000
953	0. 40	0. 29	0. 58	2900	5800
923	0. 55	0. 44	0. 88	4400	8800
898	0. 65	0. 54	1. 08	5400	10800
873	0. 75	0. 64	1. 28	6400	12800
773	1. 00	0. 89	1. 78	9000	18000

注：假定 Si 在渗碳体和铁素体之间的分配系数等于 Si 在奥氏体和渗碳体之间的分配系数。

　　将温度和 $\delta G_{Si}^{Fe_3C}$ 值相对应的 $\gamma/[Fe, Si]_3C$ 介稳平衡虚拟相线（图 1 中的虚线）相交，可得一系列交点，将这些交点依次连接，就得到了 Si 在部分分配条件下介稳 $\gamma/[\gamma+$ $(Fe, Si)_3C]$ 界面的碳浓度曲线（图 1 中的实线 SE''），它反映了 Si 对介稳态 Fe-C 合金相 A'_{cm} 相线（图 1 中的 SE' 实线）的影响。对于含 1% Si 的 Fe-C-Si 合金，它的影响如图 3 所示，使 SE'' 线右移的程度较小。

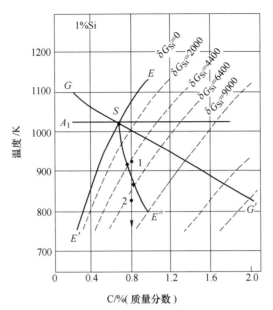

图 3　1% Si 合金的 γ/[γ+(Fe，Si)₃C] 相界；平衡分配（SE′线）、

无分配（虚线）、部分分配（SE″线）

Fig. 3　γ/[γ+(Fe，Si)₃C] phase boundary of 1% Si alloy; equilibrium partition（SE′ line）,

no-partition（dotted line）, and partial partition（SE″ line）

3　讨论

本文采用改进的相平衡模型（即引入了 Si 对渗碳体自由能的增量 $\delta G_{\mathrm{Si}}^{\mathrm{Fe_3C}}$），计算获得了 Si 部分分配时的 Fe-C 合金介稳 γ/[γ+(Fe，Si)₃C] 相界碳浓度（图 1 和图 3）。所得结果是基于以下的假设：

（1）在非平衡条件下，Si 可以溶入渗碳体，把含 Si 渗碳体作为介稳相处理，具有较高的自由能。其自由能增量 $\delta G_{\mathrm{Si}}^{\mathrm{Fe_3C}}$ 值随渗碳体中 Si 含量的增加而呈线性增加；

（2）在平衡态渗碳体中溶解度较大的元素（如 Mn、Cr），对渗碳体自由能的影响可忽略不计，因而图 2 所引用的实验用钢 Cr、Mn 的影响忽略不计；

（3）在贝氏体形成温度区未析出渗碳体时的残余奥氏体最高碳含量实测值，可近似代表 Si 无分配时 Fe-C 合金的介稳 γ/[γ+(Fe，Si)₃C] 相界，用以确定 Si 的自由能增量系数 A；

（4）在同一温度下，$K_{\gamma}^{\mathrm{cem}}(\mathrm{Si}) \approx K_{\alpha}^{\mathrm{cem}}(\mathrm{Si})$。

上述假设，均有一定的实验或理论依据。所得结果能从热力学上合理解释含 Si 过共析钢出现晶界铁素体的反常现象及不形成一般过共析钢中的"反常（逆）贝氏体"。因此，作为近似处理，上述假设是可以成立的。

从图 3 可以看到，当过共析钢的奥氏体过冷到温度"1"时，含 Si 渗碳体的确有可能作为领先相首先析出，或与铁素体同步析出。由于处于部分分配的温度区间，故渗碳体中的 Si 会部分排出，在界面前沿的奥氏体中富集。此处 Si 的富集和碳的贫化会使介稳 γ/

[γ+(Fe，Si)$_3$C] 相界向高碳方向移动，使奥氏体的成分点向低碳方向平移，从而可能使奥氏体的成分点落在介稳相界的外侧，导致渗碳体的生长受阻；而铁素体则可以继续生长，形成铁素体包围渗碳体颗粒的组织形态。由于相变容易在晶界上开始，故这种情况下晶界上的组织主要是铁素体。

当过共析钢的奥氏体过冷到温度"2"时，过冷奥氏体处于 SE″ 线的左边，含 Si 渗碳体不可能析出，只有铁素体才能析出。此种情况下，原奥氏体晶界将析出"先共析"铁素体。当奥氏体前沿碳富集到一定水平而越过 SE″ 线时，含 Si 渗碳体才可能析出，并与铁素体协同生长，形成片状珠光体。

在温度"1"和"2"，优先在晶界形成的主体相均为铁素体。在温度"2"铁素体可以作为先共析相在原奥氏体晶界析出。因此，在 Si 处于平衡分配时，含 Si 过共析钢的介稳 $\gamma/(\gamma+Fe_3C)$ 相界，是图 3 所示的 SE′ 线；当 Si 未发生再分配或部分再分配时，形成介稳的含 Si 渗碳体，与过冷奥氏体介稳平衡的相界是图 3 所示的 SE″ 线。过冷到 SE″ 线以下，过共析钢组织具有亚共析钢组织的特点，这种晶界铁素体在本质上属于先共析铁素体。

一般过共析钢形成上贝氏体时，首先析出渗碳体而后再进行正常的贝氏体转变，称为反常（逆）贝氏体[15]。但是，含 Si 过共析钢发生贝氏体等温转变时，首先析出的是铁素体[6,12]，不形成反常（逆）贝氏体。含 Si 过共析钢贝氏体转变的这种特点，由图 1、图 3 所示的结果是很容易理解的。

4 结论

（1）本文改进了含 Si 渗碳体与奥氏体的平衡模型，即引入了 Si 对渗碳体自由能增量 $\delta G_{Si}^{Fe_3C}$，计算获得了 Si 在部分分配时对 Fe-C 合金介稳 $\gamma/[\gamma+(Fe，Si)_3C]$ 相界碳浓度的影响。在非平衡条件下，Si 可以溶入渗碳体，含 Si 渗碳体可以作为介稳相处理，具有较高的自由能。由 1% Si 引起的渗碳体自由能增量系数约为 9000J/mol；

（2）本文计算结果可以较好地说明含 Si 共析钢和过共析钢在原奥氏体晶界析出晶界铁素体及不形成反常（逆）贝氏体这些反常现象的本质。

参 考 文 献

[1] Han K Smith G D W and Edmonds D V. Pearlite phase transformation in Si and V steel [J]. Metall. Mater. Trans.，1995，26A：1617.

[2] 朱源乐，李承基，章守华，等 . Si 对过共析 Mn 钢力学性能及晶界组织的影响 [J] . 金属学报，1996. 32（11）：1130.

[3] Uhrenius B. Hardenability Concepts with Applications to Steel [C]. Doane D V et al. eds.，TMS-AIME，Warrendale，PA，1978：28.

[4] Rewari S，Sharma R. The effect of alloying elements on pearlite growth [J]. Metall. Trans. A，1985，16A（4）：597.

[5] Fridberg J，Hillert M. Ortho pearlite in sillicon steels [J]. Acta Metall.，1970，18（12）：1253.

[6] 朱晓东 . Si，V，Cr 对 80Mn 钢珠光体相变及珠光体性能影响的研究 [D] . 北京：北京科技大学，1997.

[7] 胡光立，华文君，康沫狂，等 . 回火对 40CrMnSiMoV 钢贝氏体等温淬火后残余奥氏体稳定性的影响 [J] . 航空材料，1985，（5）：1.

[8] Kang Mokuang, et al. HSLA Steels' 95 Conf. edited by Liu Guoxun, Harry Stuart, Zhang Hongtao, Li Chengji. Beijing: China Science & Technology Press, 1995: 495.

[9] 石霖. 合金热力学 [M]. 北京: 机械工业出版社, 1992: 285.

[10] Hillert M, Staffansson L I. The regular solution model for stoichiometric phases and ionic melts [J]. Acta. Chem. Scand., 1970, 24: 3618.

[11] Hillert M. Phase Transformations. American Society for Metals [M]. Metals Park, Ohio. 1970: 181.

[12] Sandvik B. The bainite reaction in Fe−Si−C alloys: The primary stage [J]. Metall. Trans. A, 1982, 13A (5): 777.

[13] AL Salman S A, Lormer G W, Ridley N. Partitioning of Si during pearlite growth in a eutectoid steel [J]. Acta Metall., 1979, 27: 1391.

[14] Hillert M. Proc. Int. Conf. on Solid−Solid Phase Transformations. Aaronson H I. et al. eds., TMS−AIME, Warrendale. PA, 1982: 789.

[15] 康沫狂, 杨思品, 管敦惠. 钢中贝氏体 [M]. 上海: 上海科学技术出版社, 1990: 110.

Thermodynamic Analysis of Grain Boundary Ferrite Formation in Si−containing Hypereutectoid Steels

Zhu Xiaodong[1] Li Chengji[1] Zhang Shouhua[1] Zou Ming[2] Su Shihuai[2]

(1. University of Science and Technology Beijing; 2. Panzhihua Iron and Steel (Group) Company)

Abstract: Alloyed cementite containing silicon formed under no partition conditions is treated as a metastable phase in this article, and the regular solution sub−lattice model along with thermodynamic data published in literature is utilized to estimate $\delta G_{Si}^{Fe_3C}$, the Gibbs energy increment of silicon−containing cementite above that of cementite free of silicon. The relation between the content of silicon and $\delta G_{Si}^{Fe_3C}$ has been established. Calculation of the metastable A'_{cm} line (SE'') modified by silicon is based on the data of the partition coefficient of silicon between ferrite and cementite under a series of temperatures. The results show that the necessary carbon content in austenite for Si−containing cementite to precipitate has been greatly increased. The formation mechanism of grain boundary ferrite in silicon−containing hypereutectoid steels can be explained explicitly with this metastable diagram.

Key words: metastable phase equilibrium; alloyed cementite; grain boundary ferrite; hypereutectoid steel; pearlite

高碳低合金钢中共析渗碳体
微观结构的 TEM 研究[❶]

朱晓东[1]　李承基[1]　章守华[1]　邹　明[2]　苏世怀[2]

（1. 北京科技大学材料科学与工程系；2. 攀枝花钢铁（集团）公司）

摘　要：用透射电镜对几种高碳低合金钢中的共析渗碳体进行了观察。发现渗碳体片不是均一的，在共析渗碳体内存在一些取向一致、宽度不等的铁素体亚片层。这些铁素体亚片层可把片状共析渗碳体隔断。铁素体亚片层所在平面的指数以 $\{211\}_F$ 为多。本文还分析比较了常见的条纹衬度与铁素体亚片层的区别，讨论了共析渗碳体中铁素体亚片层的形成机理。

关键词：珠光体；共析渗碳体；共析铁素体；铁素体亚片层

1　引言

　　在透射电镜被应用之前，人们对于珠光体显微组织的研究，通常局限于亚微观的珠光体团（Nodule）、领域（Colony）、片层间距等方面[1]。到 60 年代，在透射电镜广泛应用之后，Darken 和 Fisher[2] 用 TEM 观察了共析渗碳体的微观结构，发现在共析渗碳体片内部存在条纹衬度，并有位移（Offset）现象，他们认为，位移是共析渗碳体在生长过程中受奥氏体中层错影响的结果。后来，Bramfitt 和 Marder[3] 观察了共析渗碳体片层的不连贯现象及内部的位错亚结构，并且发现，在弯曲的渗碳体片中存在台阶结构。Hackney 和 Shift-let[4] 用 TEM 观察了高 Mn 钢共析铁素体和共析渗碳体之间的界面结构，他们认为，一般被人们当作界面位错、与渗碳体长轴成一定角度、规则排列的条纹，是一种方向台阶（Direction step）。黄孝瑛等[5] 在珠光体型钢轨钢的渗碳体中，观察到一种倾斜分布在共析渗碳体片宽面上的规则排列的条片状衬度。他们由此推测共析渗碳体是由一些相互平行的片层彼此依附堆垛而成的。由于共析铁素体和共析渗碳体界面结构的复杂性，以及两相之间双衍射产生的水纹衬度[6] 等因素的影响，至今人们对共析渗碳体微观结构的认识还很不完善。此外，近年来关于 Si 对钢的珠光体组织的影响，研究结果表明[7,8]，在共析和过共析珠光体钢中，在一定等温转变条件下，Si 可抑制先共析渗碳体沿奥氏体晶界的析出，促进产生 "晶界铁素体"（Grain boundary ferrite）。事实上，早在 1937 年就有关于 Si 促进形成孔隙状渗碳体（Porous cementite）的报道[9]，据推测，这种孔隙状渗碳体是先共析渗碳体内存在由于 Si 的富集而形成的铁素体。Si 是否会影响共析渗碳体的微观结构及其生长机制，是个很有趣的研究课题。共析渗碳体微观结构的观察，对于珠光体的生长及其形变断

　　❶　原文发表于《金属学报》1998 年第 1 期。
　　国家经贸委重点科技开发项目经费资助课题（KF94-04-01-1-3）。

裂认识的深化，有重要的理论和实际意义。本文将以低合金珠光体型轨钢为研究对象，研究片状共析渗碳体的微观结构，区分各类条纹衬度特征，对观察到的新现象进行理论分析。

2 实验方法

TEM 用薄膜样品取自不同成分试验用钢的冲击试样，经离子减薄，用 H-800 型透射电镜观察，工作电压为 200kV。试验用钢的化学成分及处理工艺如表 1 所示。

表 1 实验用钢的化学成分和热处理条件

Table 1 Chemical compositions（mass fraction, %）and treatment conditions of the experimental steels

Code	C	Si	Mn	Cr	V	S	P	Heat treatment
14①	0.81	0.21	1.06	—	—	0.007	0.007	950→560℃ salt bath
23①	0.83	0.99	1.02	—	0.11	0.008	0.007	950→560℃ salt bath
PD₃②	0.72	0.75	0.83	—	0.07	0.014	0.021	Hot-rolled（60kg/m）rail
112①	0.76	0.41	0.93	0.28	0.066	0.018	0.023	1000→600℃ salt bath

① Melted by induction furnace；② Converter.

由于共析渗碳体片层和金属薄膜表面的相对位置不同，在衍衬像中呈现出不同的投影宽度。当渗碳体片和膜面垂直时，观察到的是渗碳体的截面，其投影宽度最小，当渗碳体片和膜面的夹角比较小时，观察到的主要是渗碳体的宽面，其投影宽度较大。为了便于清晰地观察到共析渗碳体片的微观结构，尽可能选取渗碳体宽面视场。

3 实验结果及分析

3.1 共析渗碳体片宽面的亚片层结构

由图 1 可以清楚地看到，在共析渗碳体片宽面内存在亚片层结构，亚片层与渗碳体的衬度不同，但与铁素体的衬度一致。多数亚片层很细，亚片层的间距不等，少数亚片层较宽，将共析渗碳体片断开一个较大的距离。亚片层和共析铁素体是连通的，不存在晶界，具有相同的取向。衍射分析表明，亚片层的平面指数为渗碳体的（121）$_C$ 或铁素体（$\overline{2}11$）$_F$，可以推断亚片层就是以特殊方式形成的铁素体。

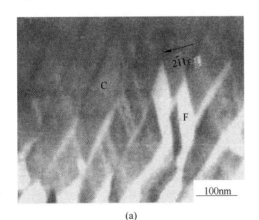

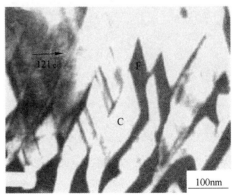

(a)　　　　　　　　　　　　　　　(b)

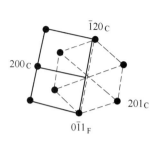

(c)　　　　　　　　　　　　　　　　　　　　　　　(d)

图1　14号钢共析渗碳体中的亚片层结构

Fig. 1　Sub-lamellae structure in eutectoid cementite of steel No. 14

(a) bright field image；(b) dark field image using the $(121)_C$ reflection；

(c) $[011]_F // [21\bar{4}]_C$ SAD pattern；(d) indexing

　　由图2可以看到，将共析渗碳体隔开的铁素体亚片层很宽，与共析铁素体主片相连，不存在晶界，取向一致。从共析渗碳体隔开处看，它被铁素体亚片层分割成几个小片．这些小片与渗碳体主片在方向上保持一致，小片的平面指数为渗碳体的 $(301)_C$。

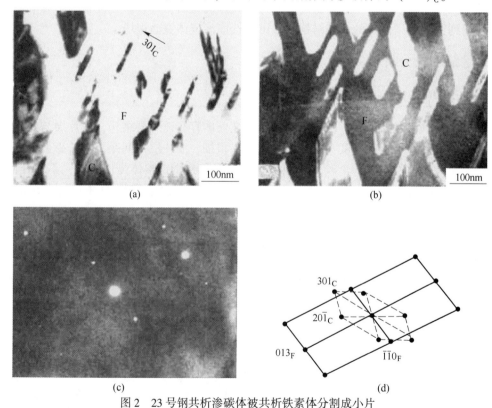

图2　23号钢共析渗碳体被共析铁素体分割成小片

Fig. 2　Eutectoid cementite was separated to some sub-units by eutectoid ferrite in steel No. 23

(a) bright field image；(b) dark field image using the $(20\bar{1})_C$ reflection；

(c) $[\bar{3}3\bar{1}]_F // [0\bar{1}0]_C$ SAD pattern；(d) indexing

在 112 号钢中观察到如图 3 所示的共析渗碳体内亚片层结构。衍射分析表明，铁素体亚片层的平面指数为（101）$_C$，共析渗碳体和铁素体的长轴方向为 $[011]_F$ // $[210]_C$，是这个珠光体领域的主生长方向。从图 3(b) 可以清楚地看到，铁素体亚片层可以从两边的共析铁素体主片沿（10$\bar{1}$）$_C$ 面向共析渗碳体内生长。两边相遇可形成一条贯穿共析渗碳体的亚片层；也存在不能贯穿的情况，如图 3(b) 箭头所示。将样品沿双倾台的 X 轴转动到电子束方向为铁素体的 $[011]_F$，可以看到共析渗碳体内的铁素体亚片层出现了相互平行的衬度条纹，且伸入到相邻的共析铁素体内，如图 3(d) 所示，它的平面指数为铁素体的（211）$_F$。

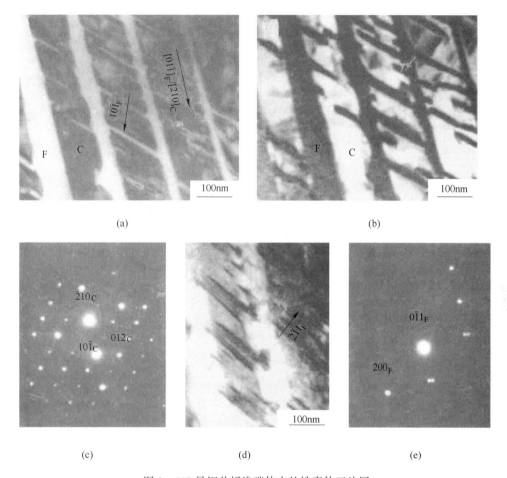

图 3 112 号钢共析渗碳体中的铁素体亚片层

Fig. 3 Ferrite sub-lamellae in eutectoid cementite for steel No. 112

(a) bright field image；(b) dark field image taken from (10$\bar{1}$)$_C$；(c) [1$\bar{2}$1]$_C$ SAD pattern；

(d) bright field image of the $[011]_F$ specimen；(e) SAD pattern corresponding to (d)

3.2 渗碳体片层中的其他衬度条纹

在珠光体内可以观察到各类衬度条纹，如渗碳体和铁素体之间在一定取向条件下双衍射产生的水纹衬度、倾斜相界产生的厚度消光条纹、渗碳体和铁素体的界面位错衬度、堆垛层错衬度等，这些衬度条纹容易和图 1~图 3 的共析渗碳体内的铁素体亚片层混淆。为此，有必要进行比较观察。

从图 4 可以看到平行于（120）$_C$ 面的细密条纹衬度，条纹间距约为 9nm。由图 4（b）衍射分析结果可知。（110）$_F$//（121）$_C$ 两者的面间距差很小，分别为 $d_{110_F} = 0.2023$nm，$d_{121_C} = 0.2106$nm。根据平行水纹法[6]由它们之间双衍射产生的 Moire 条纹间距的理论值 $D = d_{110_F} \times d_{121_C} / | d_{110_F} - d_{121_C} | = 5.1$nm，与图 4（a）所示的条纹间距相近，可以认为这种条纹是双衍射产生的 Moire 条纹。除了 Moire 条纹之外，还可以看到在它的垂直方向存在间距较大的条片状结构的衬度，这是共析渗碳体中的铁素体亚片层。

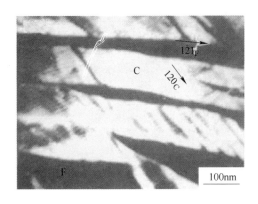

(a)   (b)

图 4　23 号钢共析渗碳体中的 Moire 条纹及铁素体亚片层

Fig. 4　Moire pattern and sub-lamellae ferrite in eutectoid cementite for steel No. 23

(a) dark field using the（004）$_C$ reflection；(b)［210］$_C$//［$\overline{113}$］$_F$ SAD pattern and indexing

从图 5（a）可以看到，平行于渗碳体长度方向呈现一束平行的衬度条纹。Darken 等[2]认为这是堆垛层错的衬度效应，但黄孝瑛等[5]认为这些条纹不具有层错的衬度特征，而是特定取向下的 Moire 条纹。在图 5（a）的箭头 1 处，可以看到两条条纹合并，一边是 5 条条纹，另一边则是 6 条条纹，间接显示出在该晶面中有刃位错存在，表明是渗碳体和铁素体之间双衍射产生的 Moire 条纹，箭头 2 所指为一组螺型衬度条纹，由此推测共析渗碳体的增厚生长具有螺旋型特征。

图 5（b）所示为与渗碳体长度方向成一定角度等距离分布的平直衬度条纹，从形貌上看可能是渗碳体和铁素体的界面位错。图 5（c）所示的条纹衬度呈波纹状，也是一种 Moire 条纹；图 5（d）所示为相邻珠光体领域的共析铁素体之间晶界的衬度条纹。

比较图 1~图 3 和图 4、图 5 所示各种条纹的衬度特征和晶体取向关系，可以看出共析渗碳体中的铁素体亚片层和 Moire 条纹、界面位错、倾斜晶界或相界厚度消光条纹等其他衬度条纹是不同的。主要的不同之处在于：（1）铁素体亚片层与共析渗碳体或共析铁素体有一定的晶体学取向关系，其平面指数多为 {211}$_F$，因而界面非常平直；（2）亚片层之间的间距不等；（3）亚片层的宽度不等，有的很宽，可以将共析渗碳体断开或割开成小片。

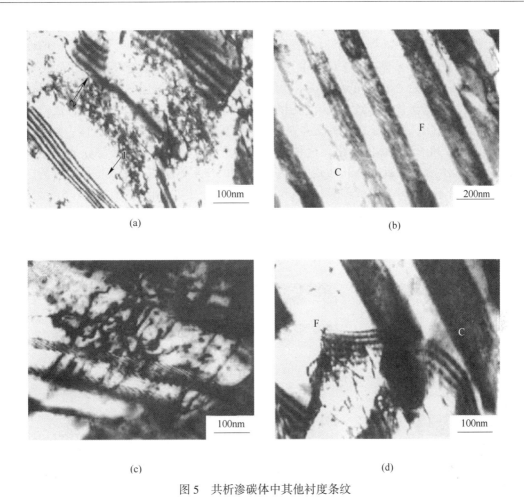

图 5　共析渗碳体中其他衬度条纹

Fig. 5　Other contrast frings and striations observed frequently in eutectoid cementite

(a), (b), (d) steel PD$_3$; (c) steel No. 105

4　讨论

通过对共析渗碳体的观察，发现共析渗碳体并不是均一的相，其中存在按一定方向分布的相互平行的亚片层，如图 1~图 3 所示。虽然难以对亚片层进行直接的微区衍射，但根据对比分析，这种亚片层极可能是铁素体。它的形成与合金元素对珠光体生长机制的影响有密切关系。在 Fe-C 二元合金中片状珠光体生长是相互协调的，铁素体和渗碳体的生长速率基本相同，即 $v_F \approx v_C$（图 6(a)）。在 F-C-X 三元合金中，由于第三组元的参与及再分配，必然会影响两个新相的生长速度，破坏生长的协调程度。例如在 Fe-C-Si 合金中，由于 Si 是阻碍渗碳体析出及促进铁素体形成的元素，在较高温度下促进孔洞状（Pore-like constituent）渗碳体形成，即在先共析渗碳体内存在富 Si 的铁素体小区[9]。在较低温度下促进共析钢中准贝氏体的形成[10]，因而在含 Si 钢的贝氏体相变中，渗碳体向奥氏体中与铁素体协同生长的速度 v_C 趋近于零，从而使得 $v_F \gg v_C$，如图 6(b) 所示。此外，由于 Si 对渗碳体析出的阻碍作用是随相变温度的降低而提高的，因此可以设想，在较高温度下的珠光体转变区域，Si 对渗碳体析出的阻碍作用较弱，渗碳体向奥氏体内生长的速度略小于铁素体的生长速度，即存在 $v_F > v_C$ 如图 6(c) 所示。在这种情况下，生长的协调性受到一定程度的破坏，C/A 界面处于两边 F/A 界面之间。根据局部平衡理论[11]，C/A 界面的奥氏体一侧将出现贫 C 富 Si 的薄膜层。从两边的 F/A 界面向这层贫碳富 Si 薄膜层长入铁素体亚片，比之渗碳体的继续生长。在相变能量学上是更为有利的，因而会形成铁素体的亚片层，如图 6(d) 所示。由于铁素体亚片层的形成，在 F/A 界面的奥氏体一侧出现富碳低 Si 层，又有利于渗碳体的析出。这种过程交替发生，就形成了共析渗碳体主片中夹有铁素体亚片层的结构。此外，从渗碳体和其中包含的铁素体亚片的形貌特征来分析，渗碳体的生长前沿不是无规则的，渗碳体的析出总是沿着一定的晶面进行，如图 6(e) 所示，在渗碳体生长前沿形成的铁素体也依附此晶面生长，使铁素体亚片之间相互平行。随着渗碳体的析出，在界面前沿奥氏体中的碳量不足时，渗碳体的析出不能继续，就会转而析出铁素体，出现了渗碳体片断开和半断开的情况。如图 6(f) 所示。

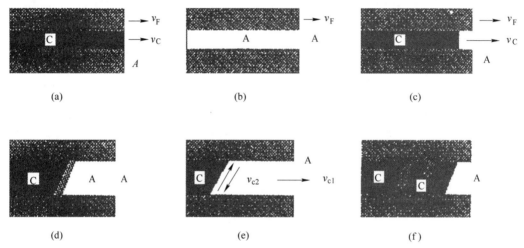

图 6　片状共析渗碳体中包含铁素体亚片层的形成机制示意图

（a）$v_F \approx v_C$；（b）$v_F \gg v_C$；（c）$v_F > v_C$；（d）ferrite sub-lamellae formed under the condition of $v_F > v_C$；（e）cementite precipitated along a certain crystal plane；

（f）ferrite formed at the growth front of cementite

v_{c1}—main growth direction；v_{c2}—sub-growth direction

5　结论

共析渗碳体内存在按一定取向分布的相互平行的亚片层。这些亚片层是在渗碳体和铁素体生长的协调性较低及两相交替生长条件下形成的铁素体。

参 考 文 献

[1] Mehl R F, Hagel W C. Progress in Metal Physics [M]. New York：Pergamon Press, 1956：74.

[2] Darken L S, Fisher R M. In：Zackay V F, Aaronson H I, eds. Decomposition of Austenite by Diffusional Processes [M]. New York：Interscience Publishers, 1962：249.

[3] Bramfitt B C, Marder A R. Metallography, 1973, 6：483.

[4] Hackney S A, Shiftlet G J. Phase Transformations in Ferrous Alloys [M] . Warrendale: The Metallurgical Society of AIME, 1984: 237.

[5] 黄孝瑛, 郭薇, 潘天喜, 赵坚. 金属学报, 1987, 23: A200.

(Huang Xiaoying, Guo Wei, Pan Tianxi, Zhao Jian. Acta Metall. Sin. , 1987, 23: A200.)

[6] 陈世朴, 王永瑞. 金属电子显微分析. 北京: 机械工业出版社, 1982: 89.

(Chen Shipo, Wang Yongrui. Electron Micro Analysis of Metal [M] . Beijing: Machine Industry Press, 1982: 89.)

[7] Han K, Smith G D W, Edmonds D V. Metall. Mater. Trans. , 1995, 26A: 1617.

[8] 朱晓东, 李承基, 章守华, 邹明, 苏世怀. 金属学报, 1996, 32: 300.

(Zhu Xiaodong, Li Chengji, Zhang Shouhua, Zou Ming, Su Shihuai. Acta Metall. Sin. , 1996, 32: 300.)

[9] Fridberg J, Hillert M. Acta Metall. , 1970, 18: 1253.

[10] 康沫狂, 杨思品, 管敦惠. 钢中贝氏体 [M] . 上海: 上海科学技术出版社, 1990: 110.

(Kang Mokuang, Yang Sipin, Guan Dunhui. Bainite in Steels [M] . Shanghai: Shanghai Science and Technology Press, 1990: 110.)

[11] Hillert M. In: Aaronson H I, ed. , Solid-Solid Phase Transformations [M] . Warrendale: The Metallurgical Society of AIME, 1982: 789.

TEM Investigation on Microstructures of Eutectoid Cementite in High Carbon Low Alloy Steels

Zhu Xiaodong[1] Li Chengji[1] Zhang Shouhua[1] Zou Ming[2] Su Shihuai[2]

(1. Department of Materials Science and Engineering, University of Science and Technology Beijing; 2. Panzhihua Iron and Steel (Group) Company)

Abstract: The eutectoid cementite in several rail steels has been studied by means of TEM. It was found that the eutectoid cementite lamellae are not of homogeneous structure but contain some ferrite sub-lamellae with different widths and same orientation. The continuity of the eutectoid cementite lamellae was reduced when the ferrite sub-lamellac were incorporated. The planar indices of the ferrite sub-lamellae are found usually close to $\{211\}_F$. Some contrast fringes observed at the cementite/ferrite interface were analyzed and compared with the sub-lamellae in the eutectoid cementite. The formation mechanism of ferrite sub-lamellae in eutectoid cementite was also discussed.

Key words: pearlite; eutectoid cementite; eutectoid ferrite; ferrite sub-lamellae

中碳钢形变及冷却过程中的组织演变[❶]

惠卫军[1,3]　田　鹏[1,4]　董　瀚[1]　苏世怀[3]　于同仁[3]　翁宇庆[2]

(1. 钢铁研究总院结构材料研究所；2. 中国金属学会；

3. 马鞍山钢铁股份有限公司；4. 昆明理工大学)

摘　要：研究了热模拟单向压缩条件下形变温度和形变量对中碳钢微观组织转变的影响。结果表明，当形变温度低于 A_{d3} 点（形变时的平衡相变点 A_3）时，析出形变诱导铁素体（DIF），DIF 量随着形变温度的降低而呈反"S"形增加，即先是缓慢增加，随后当形变温度降低到 750℃ 以下时快速增加，当 DIF 量超过平衡态铁素体量时，其增加趋势趋缓。随着 700℃ 形变量的增加，DIF 含量呈"S"形增加，在形变量为 0.7 时可获得良好的球化组织。DIF 析出时扩散排出的碳原子高度富集在铁素体/铁素体界面和铁素体/奥氏体界面。形变后在低于 A_1 温度的等温或控冷过程中，依据形变温度和形变量的不同过冷奥氏体将发生不同类型的转变：(1) 当形变温度高于 A_{d3} 点时，无 DIF 析出，形变的奥氏体直接转变为铁素体+片层状珠光体。(2) 当形变温度低于 A_{d3} 点但高于 A_{r3} 点时，未转变奥氏体转变为铁素体+珠光体+晶界渗碳体，且上述各相的形态和含量受形变温度所影响的奥氏体的形变储能、富碳程度、尺寸及能量与成分起伏等的影响。(3) 当形变温度在 A_{r3} 点附近时，将直接获得铁素体+细小弥散渗碳体的球化体组织。

关键词：中碳钢；组织演变；热变形；形变诱导铁素体相变；球化碳化物

1　引言

对于以铁素体为主的低碳钢和低碳微合金化钢，通过改进的控轧控冷实现铁素体晶粒超细化是提高其强韧性的重要途径，是目前国际上研究的热点[1]。如通过将当前工业细晶粒尺寸（一般为 20μm）细化一个数量级，按照 Hall-Petch 的 $\sigma_s = \sigma_0 + Kd^{-1/2}$ 关系式，钢的强度可提高一倍，同时保持良好的塑性和韧性配合。对低碳钢如 SS400、Q235、20Mn 等的研究发现[2~5]，形变改变了超细铁素体周围未转变奥氏体的分解方式，在随后的冷却或保温退火过程中表现为奥氏体向离异或退化珠光体（碳化物非片层状，多呈短棒状或颗粒状）的加速转变并缓慢粗化。这种珠光体的退化必然影响钢的力学性能，特别是对于珠光体量较多的中碳钢。本文研究了中碳钢在形变和冷却过程中的组织演变规律。

2　实验材料和方法

实验材料为工业生产的中碳冷镦钢 SWRCH 35K 热轧材，化学成分（质量分数）为：

❶　原文发表于 2004 年材料科学与工程新进展会议文集。

国家高新技术发展规划项目（2003AA331030）。

C 0.36%，Si 0.18%，Mn 0.68%，S 0.009%，P 0.015%。用 Thermo-Calc 软件计算的实验钢的 A_1 点和 A_3 点分别为 719℃、786℃，用 Formaster 热膨胀仪测出实验材料以 5℃/s 的速度冷却时的 A_{r3} 点为 645℃。在 Gleeble-2000 型热模拟试验机上进行单向热压缩形变实验，样品为直径 $\phi8mm×15mm$ 或直径 $\phi10mm×20mm$ 的圆柱试样。试样以 10℃/s 的速度加热到 950℃，保温 5min 后以 5℃/s 的速度冷却到所要求的形变温度，进行不同形变量和应变速率的形变，然后等温不同时间或控冷。形变前后部分样品采用水淬以固定高温组织。

形变后试样为鼓形，试样中心的应变量高于平均值，因而本文分析的是试样纵截面中心最高应变处的组织。通过 3% 的硝酸酒精侵蚀显示微观组织形貌，用光学显微镜和扫描电镜（HITACHI S-4300 型）对样品进行微观组织分析，用 SISC IAS V8.0 金相图像分析软件测定铁素体含量。

3 实验结果及分析

3.1 不同温度形变后水冷的组织

图 1 为试样在不同温度形变 0.69 后立即水冷的 SEM 组织。图 2 给出了不同温度形变 0.69 后立即水冷所测得的形变诱导析出的铁素体体积分数 X_F 随形变温度的变化，图中同时给出了未转变奥氏体平均碳含量 c_γ 随形变温度的变化。c_γ 可由下式计算得到：

$$c_\gamma = \frac{c_0 - X_F c_\alpha}{1 - X_F} \tag{1}$$

式中，c_0 为相变前奥氏体的碳含量，对本实验，为 0.36%；c_α 为铁素体的碳含量，为 0.0218%。可见，950℃ 形变时组织基体为马氏体（水冷前为奥氏体）和极少量的铁素体（图 1(a)）。850℃ 形变时则有较多的形变诱导铁素体析出，这说明在应力作用下奥氏体向铁素体转变温度升高。随着形变温度的降低，铁素体转变逐渐增加，当形变温度降低到 750℃ 和 700℃ 时，铁素体转变量显著增加（图 1(d)，(e)，(f)）。700℃ 形变时形变诱导铁素体的体积分数约为 65%，比根据杠杆定律计算的共析点铁素体平衡含量 54% 多了 11%；而未转变奥氏体（淬火后为马氏体）则呈扁长形，部分呈小岛状。在稍高于 A_{r3} 点的 650℃ 形变，则得到完全不同的组织，即在铁素体基体上有较多弥散细小的颗粒状碳化物析出（图 1(g)，(h)）。与此同时，随着形变温度的降低和形变诱导铁素体的析出，未转变奥氏体中的平均碳含量亦逐渐增加。

应当指出的是，铁素体析出时扩散排出的碳分布往往并不均匀，而是在细小的铁素体界面和未转变奥氏体的界面高度富碳。如下所述，在随后的等温或缓冷过程中，这些富碳区析出短棒状或颗粒状渗碳体。从图 1 中还可以看出，即使在淬火态，少部分渗碳体已经呈短棒状或颗粒状，且这种状态在形变温度较低时比较明显。

从图 2 可见形变诱导铁素体体积分数与形变温度的关系曲线大致呈反 S 形，即在相同形变量下，当形变温度在 800℃（$>A_3$ 点）以上时，$\gamma\rightarrow\alpha$ 转变速率较慢；在 800~750℃（A_3 附近）范围内，转变最快；在 750℃ 以下，$\gamma\rightarrow\alpha$ 转变又趋缓，转变量比平衡数值高，这种现象可称为形变诱导铁素体超量析出。

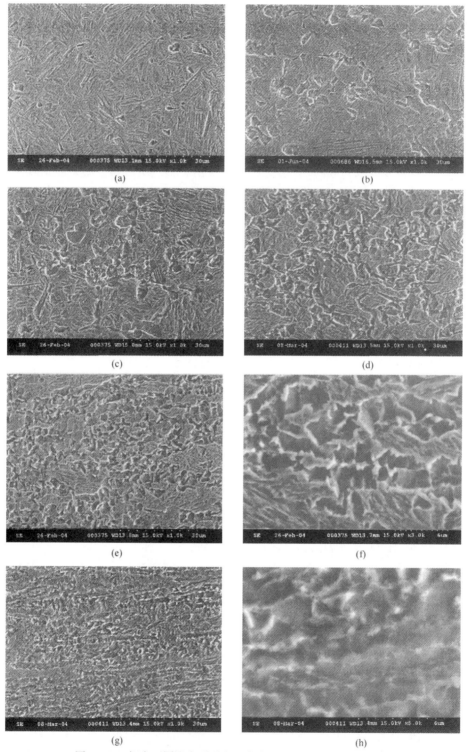

图 1　35K 钢在不同温度下形变后水冷的 SEM 组织（$\varepsilon = 0.69$）

（a）950℃；（b）850℃；（c）800℃；（d）750℃；（e），（f）700℃；（g），（h）650℃

Fig. 1　SEM micrographs of steel 35K water quenched after deformation（for $\varepsilon = 0.69$）

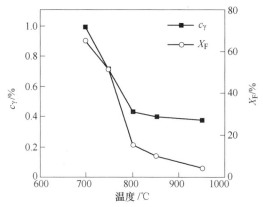

图 2 35K 钢在不同温度形变后形变诱导析出的铁素体体积分数 X_F 和
未转变奥氏体平均碳含量 c_γ 随形变温度的变化（$\varepsilon = 0.69$）

Fig. 2 Variations of deformation induced ferrite content X_F and average carbon content of

untransformed austenite c_γ with deformation temperatures for $\varepsilon = 0.69$

3.2 形变后等温不同时间后的组织变化

图 3 为未形变及在不同温度进行应变量 0.69 的形变，随后在 680℃ 等温 10min 后空冷的微观组织。可见，未形变试样中珠光体发生一定程度的退化，部分渗碳体呈短棒状或颗粒状（图 3(a)）；850℃ 形变试样中珠光体片层间距细小，也发生一定程度的退化（图

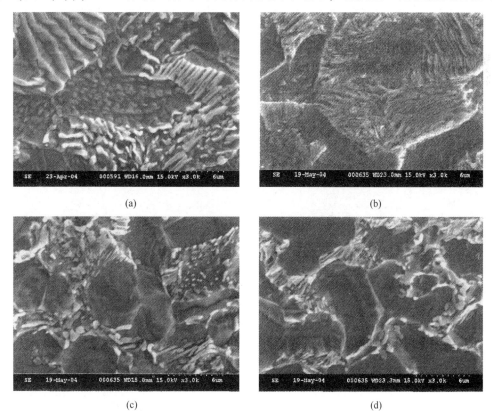

(a)　　　　　　　　　　　　　　　　(b)

(c)　　　　　　　　　　　　　　　　(d)

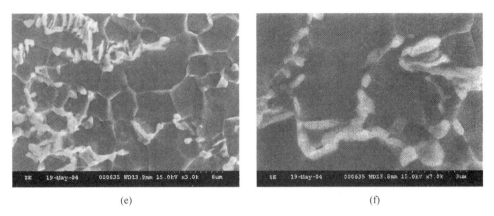

(e)　　　　　　　　　　　　　　(f)

图 3　35K 钢在不同温度形变后在 680℃ 等温 10min 后空冷的 SEM 组织（$\varepsilon=0.69$）

(a) 短棒或颗粒状；(b) 850℃；(c) 800℃；(d) 750℃；(e)，(f) 700℃

Fig. 3　SEM micrographs of steel 35K holding 10min at 680℃ and then air cooled after non-deformation

(a) and deformation at 850℃ (b), 800℃ (c), 750℃ (d) and 700℃ (e、f) for $\varepsilon=0.69$

3(b)）；此后随着形变温度降低到 800℃ 和 750℃，铁素体边界富碳区和未转变奥氏体发生转变，渗碳体大多呈短棒状或颗粒状（图 3(c)，(d)）；进一步将形变温度降低到 700℃ 时，则得到了渗碳体基本呈短棒状或颗粒状的良好球化组织（图 3(e)，(f)）。图 4 为试样在 750℃ 进行应变名义应变 1.2 的大形变，在 700℃ 等温不同时间后水冷的组织。由于试样呈严重鼓形，因而试样中心的应变量应明显高于名义值。可见，在较高温度如 750℃ 形变时，提高应变量同样可获得良好的球化组织，而延长保温时间可使渗碳体得到适度的长大。从图 4 中还可以看出，在细小的铁素体晶内也有少量的颗粒状渗碳体析出。

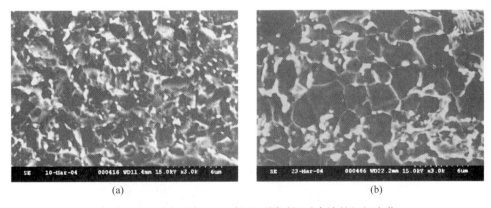

(a)　　　　　　　　　　　　　　(b)

图 4　35K 钢在 750℃ 形变后在 700℃ 保温不同时间后水淬的组织变化（$\varepsilon>1.2$）

(a) 5min；(b) 10min

Fig. 4　SEM micrographs of steel 35K at holding times (a) 5min,

(b) 10min at 700℃ and then water quenched after deformation at 750℃ for $\varepsilon>1.2$

3.3　形变后缓慢冷却后的组织变化

图 5 为在不同温度形变 0.69 后以 0.2℃/s 冷却到 600℃ 后空冷的微观组织形貌。可

见，950℃形变后珠光体绝大部分呈片层状，少部分珠光体发生退化；850℃形变后有相当一部分的珠光体发生退化，形变温度降低到700℃时则大部分珠光体发生退化，渗碳体多呈短棒状或颗粒状；形变温度进一步降低到650℃时则可得到完全球化的组织。

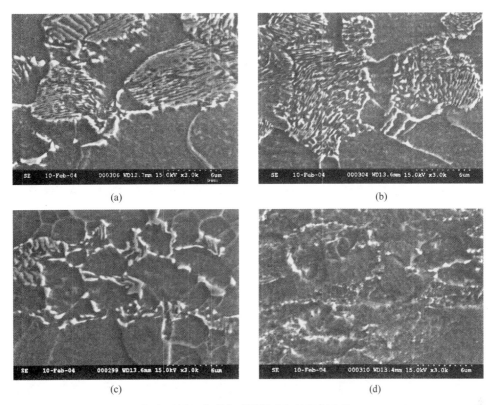

图5   35K钢在不同温度形变后缓慢冷却的组织变化（$\varepsilon = 0.69$）

(a) 950℃；(b) 850℃；(c) 700℃；(d) 650℃

Fig. 5   SEM micrographs of steel 35K controlled cooled after deformation (for $\varepsilon = 0.69$)

3.4   形变量对形变组织的影响

试样在700℃经不同形变量后的淬火组织和控制冷却后的组织如图6和图1(e)、(f)及图5(c)所示。形变诱导铁素体体积分数与形变量的关系如图7所示。可见，形变0.15后即有形变诱导铁素体沿奥氏体晶界析出，这种形变诱导铁素体占据了大部分奥氏体晶界，形成了网状结构，但未见形变诱导铁素体沿奥氏体形变带析出，也就是说该形变量还不足以开动此析出机制；控冷后的组织为铁素体与含有部分退化珠光体的片层状珠光体。此后随着形变量的增加，形变诱导铁素体除了沿着奥氏体晶界继续析出外，同时在形变奥氏体的形变带或孪晶带等畸变能高的地方析出，形变诱导铁素体数目不断增加，奥氏体（淬火后为马氏体）被分割成扁长饼状和孤立的小岛状，经控冷后的组织为铁素体与短棒状和球粒状渗碳体，与此同时，铁素体晶粒尺寸和珠光体尺寸明显减小。当形变量为0.50和0.70时，经控冷后可获得良好的球化组织。

图7中形变诱导铁素体体积分数与形变量的关系曲线大致呈S形，即在形变量较小

时，$\gamma \to \alpha$ 转变速率较慢；在中等形变量下，转变较快；当转变量达到平衡数值后，再增加形变量，转变速率又趋缓。可见，形变量对形变诱导铁素体体积分数有较大的影响，而当其转变量达到平衡数值后，影响不再显著。

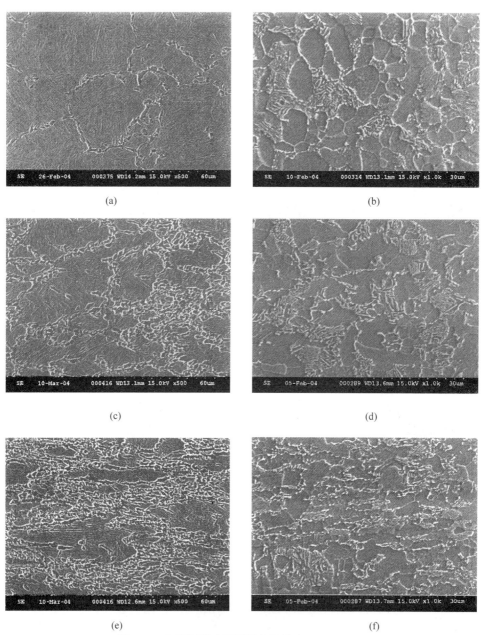

(a)　　　　　　　　　　　　　(b)

(c)　　　　　　　　　　　　　(d)

(e)　　　　　　　　　　　　　(f)

图 6　700℃不同形变量下的组织演变（$\varepsilon = 20/s$）

（W. Q—变形后水冷组织，C. C—变形后控冷组织）

（a）$\varepsilon = 0.15$，W. Q；（b）$\varepsilon = 0.15$，C. C；（c）$\varepsilon = 0.30$，W. Q；

（d）$\varepsilon = 0.30$，C. C；（e）$\varepsilon = 0.50$，W. Q；（f）$\varepsilon = 0.50$，C. C

Fig. 6　Microstructure evolution of the steel used deformed at

700℃ for different deformation strains（$\varepsilon = 20/s$）

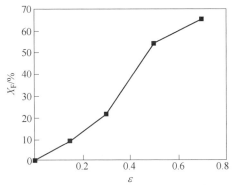

图 7 形变诱导铁素体的体积分数（X_F）与形变量（ε）的关系（$T_D = 700℃$，$\dot{\varepsilon} = 20/s$）

Fig. 7 Volume fraction o f DIF（X_F）as a function of amount of deformation（ε）（$T_D = 700℃$，$\dot{\varepsilon} = 20/s$）

4　讨论

钢中发生的共析转变即奥氏体向珠光体的转变通常认为只能以渗碳体的片层状形态从母相中析出，是以扩散为基础并受扩散所控制的。然而，由于球状渗碳体在热力学上较片层状更稳定，有可能在一定条件下不经历中间亚稳态而直接从过冷奥氏体中稳态析出。显然，稳态的球状渗碳体不可能从稳态的奥氏体中析出，如果能够使奥氏体尽可能地偏离平衡态，则析出的渗碳体就越接近转变温度区间的平衡态，即得到球状的渗碳体。工业上高碳钢如工具钢的球化退火处理，其机理便是利用不均匀奥氏体中未溶碳化物或奥氏体中高浓度碳偏聚区的非自发形核的有利作用，将过冷奥氏体缓冷或低于 A_1 温度等温而得到球状渗碳体[6]。因此，如果在轧制过程中通过形变实现奥氏体的非平衡化，再通过随后的控制冷却就有可能获得球状的渗碳体。

由于形成片层状珠光体需要铁素体与渗碳体的协同长大，影响其协同长大的因素有形变温度、奥氏体晶粒尺寸、变形量等。根据上述研究结果，提出了不同温度下形变时实验钢组织转变机制的示意图，见图 8。

4.1　形变温度高于 A_{d3} 点

在其他条件不变的情况下，当形变温度高于 A_{d3} 点（平衡状态开始出现铁素体相的 A_3 平衡点，由于 ΔG_D 的影响该平衡点上升为 $A_{d3}^{[1]}$）如 950℃时，形变储能很低，无形变诱导铁素体析出（图 1(a)，图 2），此时形变奥氏体在随后低于 A_1 点的等温过程中首先转变为铁素体 + 片层状珠光体，见图 8(a)。显然，如果继续延长等温时间，按照能量趋低原理，则这种片层状珠光体还会逐渐球化，但这种球化进程往往十分缓慢[6]。

4.2　形变温度低于 A_{d3} 点但高于 A_{r3} 点

形变储能的引入使铁素体临界形核功降低，形核率大幅度提高[7]。因此，当形变温度低于 A_{d3} 点但高于 A_{r3} 点时，形变诱导铁素体含量随形变温度的降低而提高，见图 1、图 2。在形变诱导铁素体相变过程中，从铁素体中排出的碳往往并不是均匀地富集于未转变奥氏体中，而是在铁素体/铁素体界面和铁素体/奥氏体之间的界面前沿高度富碳。界面处这些

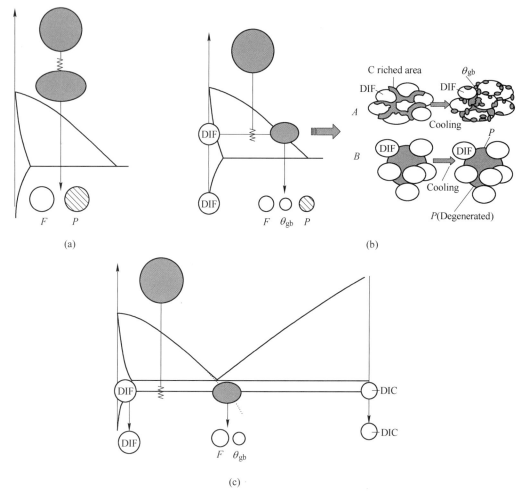

图 8　实验钢在不同温度下形变时的组织转变机制示意图

Fig. 8　Schematic diagrams showing the evolution of microstructures after deformation at different temperatures

高度富碳区在随后的等温其至形变过程中易析出短棒状或颗粒状渗碳体。同样，由于能量趋低原理，这种短棒状渗碳体还会在随后的等温过程中熔断而逐渐球化，见图 8(b) 中的转变方式 A；而未转变的奥氏体将按照图 8(b) 中的方式 B 转变为铁素体+珠光体。因此，此时的微观组织为铁素体+珠光体+晶界渗碳体。然而，上述组织中各相的形态和所占的比例受形变温度所影响的奥氏体的形变储能、富碳程度和尺寸等的影响。

　　实验材料在平衡态的铁素体含量为 54%。从图 2 中还可以看出，当形变温度为 750℃时，形变诱导铁素体含量 X_F 即接近平衡态；继续降低形变温度，X_F 明显增加，大于平衡态含量，与此对应的未转变奥氏体含量则明显低于平衡态含量，这时被铁素体分割包围的未转变奥氏体高度富碳，且其尺寸也愈来愈小，见图 1。因此，当形变温度小于 750℃时，将获得较多的晶界渗碳体，而片层状珠光体量较少。反之，当形变温度较高如 800℃、850℃时，形变储能较低，形变诱导铁素体量较少，低于平衡态，未转变奥氏体尺寸较大，其中的富碳程度较低，低于珠光体转变的共析成分。这些均使得未转变奥氏体在随后的等温过程中先析出铁素体，而后富碳浓度达到共析成分时发生珠光体共析转变。显然按照这种机制将获得较多的片层状珠光体。

由于共析转变产物原则上不超越母相晶粒边界，因此渗碳体片的长度不大于母相奥氏体晶粒直径。如将渗碳体片的长宽比等于 3 作为球和片的分界[7]，则大体当未转变奥氏体晶粒直径小于约 3μm 时，就可认为从奥氏体中可直接析出球状的渗碳体，见图 8(b) 之转变方式 B。这说明奥氏体晶粒的超细化有利于获得球状珠光体。

4.3 形变温度在 A_{r3} 点附近

当形变温度很低如在稍高于 A_{r3} 点的 650℃形变时，形变储能很高，形变诱导铁素体超量析出，极高的位错密度使得高度富碳的未转变奥氏体在随后的等温过程中，渗碳体有可能在位错线上等处大量领先形核，然后向各个方向以大致相等的速度长大成接近球状，因而获得碳化物十分细小弥散的球化体，见图 1(h) 和图 8(c)。

5 结论

（1）当形变温度低于 A_{d3} 点（形变时的平衡相变点 A_3）时，析出形变诱导铁素体（DIF），DIF 量随着形变温度的降低而呈反"S"形增加，即先是缓慢增加，随后当形变温度降低到 750℃以下时快速增加，当 DIF 量超过平衡态铁素体量时，其增加趋势趋缓。随着 700℃形变量的增加，DIF 含量呈"S"形增加，在形变量为 0.7 时可获得良好的球化组织。形变诱导铁素体的析出使得铁素体/铁素体界面和铁素体/未转变奥氏体界面高度富碳。

（2）形变后在低于 A_1 点的等温过程中，依据形变温度和形变量的不同将发生不同类型的转变：1）当形变温度高于 A_{d3} 点时，无形变诱导铁素体析出，形变的奥氏体直接转变为铁素体+片层状珠光体。2）当形变温度低于 A_{d3} 点但高于 A_{r3} 点时，未转变奥氏体转变为铁素体+珠光体+晶界渗碳体，且上述三相的形态和含量受形变温度所影响的奥氏体的形变储能、富碳程度和尺寸等的影响，即当形变温度较高时，组织中晶界渗碳体量较少，片层状珠光体量较高；形变温度较低时，组织中晶界渗碳体量较多，片层状珠光体量较少。3）当形变温度在 A_{r3} 点附近时，将直接获得铁素体+细小弥散渗碳体的球化体组织。

参 考 文 献

[1] 翁宇庆，等 . 超细晶钢——钢的组织细化理论与控制技术 ［M］. 北京：冶金工业出版社，2003：1.
[2] 李维娟，王国栋，刘相华 . 低碳钢的晶粒细化与碳化物析出 ［A］. N. G. Steel' 2001 ［C］，Chinese Society for Metals，2001：311~314.
[3] 杨平，郝广瑞，孙祖庆 . 低碳钢中超细铁素体的长大倾向 ［J］. 北京科技大学学报，2002，24（5）：519~524.
[4] 田朝旭，杨平，孙祖庆 . Q235 碳素钢超细铁素体组织的退火过程研究 ［J］. 材料热处理学报，2003，24（3）：18~22.
[5] 田朝旭，杨平，孙祖庆 . 碳锰含量对低碳钢超细铁素体组织退火过程的影响 ［J］. 钢铁，2004，39（4）：49~53.
[6] 安运铮 . 热处理工艺学 ［M］. 北京：机械工业出版社，1982：51.
[7] O'Brien J M，Hosford W F. S. Metall. Mater. Trans.，2002，33A（4）：1255.

Microstructure Evolution During Hot Deformation and Controlled Cooling of Medium Carbon Steel

Hui Weijun[1,3]　Tian Peng[1,4]　Dong Han[1]　Su Shihuai[3]
Yu Tongren[3]　Weng Yuqing[2]

(1. Institute of Structural Materials, Central Iron and Steel Research Institute;
2. The Chinese Society for Metals; 3. Ma'anshan Iron and Steel Co., Ltd.;
4. Kunming University of Science and Technology)

Abstract: Hot compression tests at different deformation temperatures and with different amount of deformation was carried out to study the microstructure evolution of medium carbon steel 35K. It shows that deformation induced ferrite transformation (DIFT) occurred when deformed at temperatures lower that A_{d3}, which is A_3 at deformation case. The curve type for the volume fraction of DIF to deformation temperatures looks like a turn-over of S, that is to say, with the decreasing of deformation temperature, the volume fraction of DIF increases slowly firstly and then quickly, when the volume fraction of DIF exceeds the equilibrium content, its increasing then tends to slow down. The curve type for the volume fraction of DIF to different amount of deformation at 750℃ looks like a S. A rather good spheroidized microstructure could be obtained after controlled cooling when deformed at 700℃ for $\varepsilon =$ 0.7. With the increase of DIF, more and more carbon atoms were rejected into the boundaries of ferrite and untransformed austenite. In the following isothermal holding below A_1 temperature just after deformation, supercooled austenite would decompose to different structures in three different ways according to the deformation temperature and strain: (1) when the deformation temperature is higher that A_{d3}, no DIF formed and conventional ferrite - lamellar pearlite structure was obtained. (2) when the deformation temperature is lower than A_{d3} whereas higher that A_{r3}, DIF formed and retained austenite transformed to ferrite-pearlite-grain boundary cementite. The shape and amout of thses phases would change with the deformation stored energy, carbon concentration degree and the size of retained austenite which were significantly influenced by the deformation temperature. (3) when the deformation temperature decreased to just around A_{d3}, a quite different structure of small cementite particle and ferrite instead of lamellar pearlite was obtained.

Key words: medium carbon steel; microstructure evolution; hot deformation; deformation induced ferrite transformation; carbide spheroidization

中碳钢球化退火行为和力学性能的研究❶

惠卫军[1,2]　于同仁[2]　苏世怀[2]　董　瀚[1]　翁宇庆[3]

（1. 钢铁研究总院结构材料研究所；2. 马鞍山钢铁股份有限公司技术中心；

3. 中国金属学会）

摘　要：采用常规双相区球化退火和亚温球化退火工艺研究了常规轧制（CR）和控轧控冷（CRC）的中碳钢 SWRCH35K 的球化退火行为和力学性能。结果表明，与传统的双相区球化退火相比，亚温球化退火时碳化物球化进程明显加快，球化率高，且碳化物比较细小，具有良好的塑性和冷成形性，采用亚温球化退火处理可明显地缩短球化退火时间。控轧控冷的中碳钢线材尽管具有比较粗大的珠光体组织，但因有相当部分的珠光体发生退化，其球化退火进程要明显快于细珠光体组织。

关键词：中碳钢；球化退火；力学性能；亚温球化退火；双相区球化退火

1　引言

8.8 级及其以上的高强度紧固件，通常用中碳钢或中碳合金钢来制造，其典型生产流程主要包括：热轧线材—球化退火—拉拔—冷镦—滚丝—淬火回火—表面处理。其中球化退火的主要目的是使钢材获得足够的塑性以满足冷镦成形的要求。在冷镦成形过程中材料往往要承受 70%～80% 的总变形量，因而要求原材料的塑性好，硬度尽可能低。球化退火处理是目前紧固件制造过程中最为耗时、耗能的工序，其周期大约为 12～24h[1]。因此，紧固件制造行业迫切希望能够简化球化退火工艺，缩短球化退火处理时间。

球化退火工艺，根据其工作原理，可主要分为[2]：亚温球化退火、缓慢冷却/等温或周期循环球化退火（以下称双相区球化退火）、淬火+高温回火、形变球化退火等。多数冶金和紧固件企业采用图 1(a) 所示的工艺进行球化退火处理。通常认为在临界点 A_1 以下温度等温使碳化物球化的周期太长，因而生产中很少采用图 1(b) 所示的亚温球化退火工艺。然而对于现代高速线材生产线生产的冷镦钢线材，有可能采用此工艺进行球化退火处理，以节约能源和减少球化退火时间。例如，对中碳合金钢的研究表明[1]，对于经斯太尔摩控冷线快速冷却得到的细珠光体组织，在 A_1 点以下的较高温度进行亚温球化退火处理可显著加快渗碳体的球化进程。

本文对常规轧制和控轧控冷的中碳钢的球化退火行为和力学性能进行了研究。以探索适合现代高线生产的冷镦钢线材的合理球化退火工艺制度，为工业应用提供依据。

❶　原文发表于《钢铁》2005 年第 9 期。

国家重大基础研究规划 863 计划项目资助（2003AA331030）。

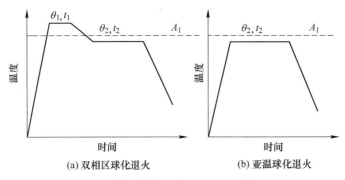

(a) 双相区球化退火　　　　　　　(b) 亚温球化退火

图 1　典型球化退火处理工艺示意图

Fig. 1　Schematic of intercritical annealing and subcritical annealing cycles

2　试验材料和方法

试验料为用来制作 8.8 级高强度螺栓的中碳钢。工业生产的常规轧制和控轧控冷的中碳钢 SWRCH35K 的化学成分见表 1，用软件计算的试验钢的 A_1 点和 A_3 点分别为 719℃、786℃。本试验采用的球化退火参数如下：

（1）双相区球化退火，加热到 $\theta_1 = 750℃$，保温 $t_1 = 2h$ 后，炉冷（约 2℃/min）到 $\theta_2 = 700℃$ 保温 $t_2 = 0 \sim 20h$ 后空冷；

（2）亚温球化退火，加热到 $\theta_0 = 630 \sim 700℃$，保温 $t_0 = 1 \sim 16h$ 后空冷。

表 1　试验材料的化学成分

Table 1　Chemical compositions of test steels　　　　　　（%）

工艺	C	Si	Mn	P	S
控轧控冷（CRC）	0.34	0.18	0.68	0.015	0.009
常规轧制（CR）	0.34	0.15	0.68	0.018	0.007

经过上述工艺球化退火处理的盘条加工成标准拉伸试样（$l_0 = 5d_0$，$d_0 = 4mm$）和金相、硬度试样，并进行室温拉伸试验。金相试样经 3% 的硝酸酒精溶液侵蚀后在光学显微镜和扫描电镜（SEM）下观察各种工艺处理制度下的组织形貌。

3　试验结果与分析

3.1　微观组织形貌

对于 CR 热轧态料，由于轧后冷却速度较快，因而珠光体片层间距十分细小，少量珠光体退化，见图 2（a）；而对于 CRC 热轧态料，尽管珠光体片层间距相对粗大，平均片层间距约 0.20μm，但是部分珠光体发生退化，渗碳体呈短棒状或颗粒状，部分渗碳体片产生扭折甚至断开，见图 2（b）。

试验料经双相区球化退火处理后的碳化物球化情况见图 3。对于 CRC 料，在 θ_2 温度 700℃ 未保温时组织为先共析铁素体 + 片层状珠光体，见图 3（a），其中的片层状珠光体是从 750℃ 炉冷到 700℃ 时未转变的奥氏体在随后的空冷过程形成的；保温 2h 后即有部分渗

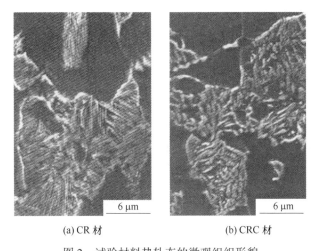

(a) CR 材   (b) CRC 材

图 2　试验材料热轧态的微观组织形貌

Fig. 2　SEM micrographs of the steels used in as-rolled condition

碳体溶断、球化，此时组织中粗大的珠光体是在炉冷或在 700℃ 等温过程中形成的，而十分细小的珠光体则是未转变的奥氏体在随后的空冷过程中形成的，见图 3(b)；此后，随着保温时间的延长，碳化物球化率继续提高，并按照 Ostwald 熟化机制长大，且分布更加均匀，见图 3(c)。应当指出的是，即使经过 20h 的保温，试样中仍有少量未球化的片状渗碳体，这表明要得到全部球状渗碳体非常困难。CR 料的碳化物球化行为（图 3(d)、(e)）与 CRC 料类似，只是其碳化物球化进程明显落后于 CRC 试验料。

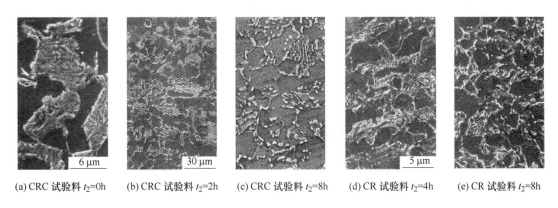

(a) CRC 试验料 t_2=0h　(b) CRC 试验料 t_2=2h　(c) CRC 试验料 t_2=8h　(d) CR 试验料 t_2=4h　(e) CR 试验料 t_2=8h

图 3　CRC 和 CR 试验料经双相区球化退火（700℃）处理后的碳化物球化情况

（此处所给出的保温时间为 t_2，不包括保温时间 t_1）

Fig. 3　Microstructures of CRC and CR steel intercritically annealed and soaked at 700℃ for different holding time and cooled to room temperature

　　试验料经亚温球化退火后的碳化物球化情况见图 4。可见，在 700℃ 保温 2h 后渗碳体即大部分变成短棒状或颗粒状，渗碳体球化率在 60% 以上，此时的整个保温时间较常规球化退火至少缩短了 2h。同样，CR 试验料的碳化物球化进程明显落后于 CRC 试验料。

　　图 5 为 CRC 热轧材试验料经双相区球化退火和亚温球化退火处理后的渗碳体球化率

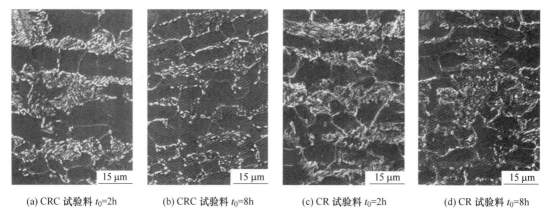

(a) CRC 试验料 t_0=2h　　(b) CRC 试验料 t_0=8h　　(c) CR 试验料 t_0=2h　　(d) CR 试验料 t_0=8h

图 4　CRC 和 CR 试验料经亚温球化退火（700℃）处理后的碳化物球化情况

Fig. 4　Microstructures of tested steels subcritically annealed and soaked at 700℃ for different holding time and cooled to room temperature

随等温时间的变化。此处定义渗碳体颗粒的最大尺寸与最小尺寸的比值≤3 时的渗碳体颗粒数与渗碳体颗粒总数的比值为渗碳件球化率。可见，在等温初期，随着等温时间的延长，两种球化退火的球化率均显著增加，但当等温时间超过约 8h（亚温球化退火）或 12h（双相区球化退火）后球化率提高的幅度很小。这主要是由于一方面不断有新的片状渗碳体溶断、球化，使球化的渗碳体数量增加，另一方面又不断有渗碳体颗粒按照 Ostwald 熟化机制长大，使球化的渗碳体数量减少。因此，综合作用的结果是球化率随着等温时间的延长而先迅速增加，而后增加趋势变缓。正如前面所述，亚温球化退火的渗碳体球化率要高于双相区球化退火，这种差异在退火早期比较显著。

3. 2　力学性能

　　图 6(a)、（b）分别示出 CRC 试验料经双相区球化退火和亚温球化退火处理后的断面收缩率和抗拉强度随等温时间的变化。可见，对于双相区球化退火，随着等温时间的延长，强度急剧降低，塑性得到明显改善，当等温时间延长到 8～10h（在 700℃ 等温时间 6～8h）后，强度缓慢降低，而塑性却有所降低；对于亚温球化退火，随着等温时间的延长。强度缓慢降低，塑性缓慢提高。在等温时间超过约 5h 后，亚温球化退火处理试样的抗拉强度稍高于双相区球化退火处理的试样，这主要是前者渗碳体比较细小的缘故，见图 3 和图 4。尽管如此，亚温球化退火处理后的断面收缩率却高于后者。

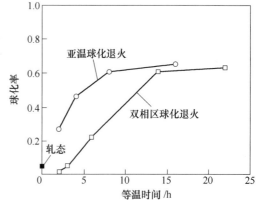

图 5　CRC 试验料经双相区和亚温球化退火处理后的碳化物球化率随等温时间的变化

Fig. 5　Change of spheroidization level with soaking time of intercritically and subcritically annealed CRC steel

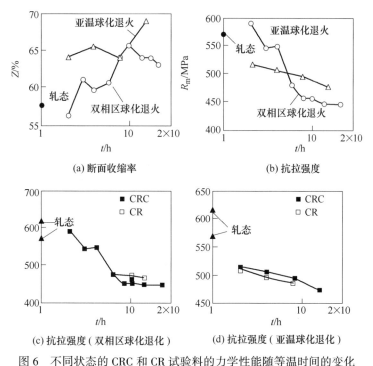

(a) 断面收缩率 （b) 抗拉强度

(c) 抗拉强度（双相区球化退化） （d) 抗拉强度（亚温球化退火）

图 6 不同状态的 CRC 和 CR 试验料的力学性能随等温时间的变化

Fig. 6 Tensile strength and reduction of area vs soaking time of CRC and CR steel

从图 6(c)、(d) 中可见，对于双相区球化退火处理，CR 试验料的强度略高于 CRC 试验料；而对于亚温球化退火处理，两种试验料的强度差别不大。图 7 是在不同等温温度下 CR 试验料的抗拉强度随等温时间的变化。可见，无论对于双相区球化退火还是亚温球化退火处理，随着等温时间的延长，强度逐渐降低；而随着 A_1 以下等温温度的升高，强度逐渐降低，这主要是由于等温温度过低使得碳原子的扩散比较困难，从而延缓渗碳体球化进程的缘故。

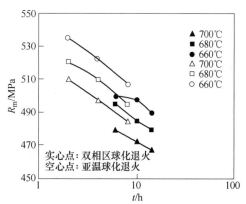

图 7 CR 试验料的抗拉强度随等温时间的变化

Fig. 7 Tensile strength vs soaking time of CR steel

4 讨论

目前在工业生产中对中碳钢多采用双相区球化退火处理工艺来获得球化碳化物组织。这种工艺是利用不均匀奥氏体中未溶碳化物或奥氏体中高浓度碳偏聚区的非自法形核的有利作用来加速球化[2]。然而有不少研究工作[3~6]则指出，对于中碳钢，在 A_1 温度以上在 0.5h 以内碳化物即全部溶解，如果珠光体很细，则这种溶解会更为迅速。为此，开发出一种中碳钢快速球化退火的工艺，即将片层状珠光体迅速加热到铁素体+奥氏体两相区，使片状渗碳体快速溶断，然后快速冷却到 A_1 点以下保温，使溶断的渗碳体聚集呈球状[4~6]。从这个角度上，很难理解目前工业生产中所采用的这种双相区球化退火处理工艺。一种可能是这种工艺制度是移植于过共析钢的球化退火工艺，因为对于过共析钢，在

A_1 之上的保温处理是破碎先共析渗碳体的重要手段。

通常细珠光体组织的球化速率要明显高于粗珠光体组织。对于快速冷却得到的细珠光体组织，如果加热到 A_1 温度以上，随后缓冷到 A_1 以下，则这种细珠光体组织则往往会被缓冷或保温过程中形成的粗大珠光组织所替代，其结果反而不利于碳化物的球化；特别对于控轧控冷的 CRC 料，其部分珠光体已发生退化，渗碳体呈短棒状甚至颗粒状，而在 A_1 点保温 2h 后，则完全消除了这种组织状态，更不利于碳化物的球化，见图2、图3。O'Brien 等[1,7]对中碳钢 AISI 1541、4037 的研究结果也证实了这一点。此外，对于双相区球化退火，在稍低于 A_1 温度，奥氏体向铁素体和碳化物缓慢转变，显然在这种碳化物形成前不可能发生碳化物的球化。因此，无论对于 CRC 还是 CR 试验料，在球化退火早期，亚温球化退火碳化物球化的进程要明显快于双相区球化退火。

对于双相区球化退火，当在 700℃ 等温时间小于约 6~8h 时，主要是未转变奥氏体的共析分解和粗大片状渗碳体溶断、球化，因而随着等温时间的延长，未转变奥氏体量（空冷后为细珠光体）减少，因而强度降低幅度较大；此后随着等温时间的延长，主要是渗碳体按 Ostwald 熟化机制长大[8]，因而强度缓慢降低。对于亚温球化退火，渗碳体在等温初期即大部分溶断、球化，因而强度缓慢降低。由于冷镦性与碳化物的球化率有良好的对应关系，而硬度和颗粒尺寸变化对其影响不明显[1]，这种组织状态的差异使得亚温球化退火料较双相区球化退火料具有更好的塑性，从而具有更好的冷镦性能。

亚温碳化物球化的驱动力是铁素体—碳化物界面能的降低，是通过片状碳化物的溶断、碳的扩散、碳化物析出进行的，其转变机制是碳从碳化物尖角、缺陷等（曲率半径小）高能处向平面处（曲率半径大）低能处扩散，其转变速率与珠光体片层间距成反比[9,10]。传统的观点认为，由于在临界点以下温度使碳化物球化的周期太长，对于粗大片状珠光体就更加困难，因此在紧固件冷镦业中通常避免采用这种球化退火工艺[2,7]。这种考虑也许与以往线材不控制冷却所得到的粗大珠光体组织有关。因此，对于现代控轧控冷工艺生产的中碳钢线材，有必要重新考虑采用亚温球化退火工艺，以节约能源，提高生产效率。

如前所述，尽管 CR 试验料的珠光体片层间距要明显细于 CRC 试验料，但由于后者有相当部分的珠光体发生退化，因此 CR 试验料的碳化物球化进程明显落后于 CRC 试验料。

5 结论

（1）与传统的双相区球化退火相比，在亚温球化退火的等温初期（约≤5h），碳化物即大部分球化，因而钢的强度明显低于前者，塑性明显高于前者；继续延长等温时间，尽管后者的强度高于前者，但其塑性仍高于前者。这主要是亚温球化退火钢的碳化物比较细小、球化率高的缘故。

（2）对于经过控轧控冷、具有细珠光体组织的中碳钢线材，与传统的双相区球化退火工艺相比，采用亚温球化退火处理可明显缩短球化退火时间，同时具有良好的塑性和冷成形性，因而具有明显的节能降耗、提高生产效率的作用。

（3）控轧控冷的中碳钢线材尽管具有比较粗大的珠光体组织，但因有相当部分的珠光体发生退化，其球化退火进程要明显快于细珠光体组织。

参 考 文 献

[1] O'Brien J M, Hosford W F. Spheroidization cycles for medium carbon steels [J]. Metall. Mater. Trans. A, 2002, 33A (4): 1255~1261.

[2] 安运铮. 热处理工艺学 [M]. 北京: 机械工业出版社, 1982: 51.

[3] Whiteley J H. The Formation of globular pearlite [J]. JISI, 1922, 105: 339~357.

[4] 井上毅, 士代田哲夫, 金子晃司, 等. 機械構造用鋼線材の急速球化処理法の開発 [J]. 鉄と鋼, 1983, 69 (10): 1296~1302.

[5] 杨仁山. 40Cr 钢的快速循环球化退火的研究 [J]. 热加工工艺. 1993, (3): 5~7.

[6] 吕英怀, 张芝安, 孙宝臣. 中碳钢快速球化退火工艺的研究 [J]. 东北重型机械学院学报, 1994, 18 (4): 323~326.

[7] O'Brien J M, Hosford W F. Spheroidizing of medium carbon steels [C]. 19th ASM Heat Treating Society Conference Proceedings Including Steel Heat Treating in the New Millennium. Materials Park. 2000. 638~644.

[8] 章为夷. 等温球化处理过程中球状碳化物的 Ostwald 长大现象 [J]. 材料科学与工艺, 1993, 1 (4): 44~48.

[9] Courtney T H, Kampe J C M. Shape instability of plate-like structures, part II: analysis [J]. Acta Met., 1989, 37 (7): 1747~1758.

[10] 刘宗昌, 任慧平, 宋义全. 金属固态相变教程 [M]. 北京: 冶金工业出版社. 2003: 27.

Behavior in Spheroidizing Annealing and Mechanical Properties of Medium Carbon Steel

Hui Weijun[1,2]   Yu Tongren[2]   Su Shihuai[2]   Dong Han[1]   Weng Yuqing[3]

(1. Institute for Structural Materials Central Iron and Steel Research Institute; 2. Technical Center, Ma'anshan Iron and Steel Co., Ltd.; 3. The Chinese Society for Metals)

Abstract: The behavior in spheroidizing annealing and mechanical properties of controlled rolled and cooled (CRC) and conventional rolled (CR) medium carbon steel SWRCH35K were studied with two annealing cycles. One was the conventional intercritical annealing. The other was subcritical annealing, which involves heating to below A_1 for several times. It was found that compared to intercritical annealing, spheroidization occurs more rapidly in subcritical process, with formation of finer and degenerated pearlite with many kinks and breaks. The higher spheroidization level and finer carbides make the steel having better ductility and cold formability. The rapid spheroidization in subcritical process greatly reduce the energy, time and cost of spheroidization. However, rapid spheroidization can not be observed in intercritical process as the original fine pearlite is dissolved at the temperature above A_1. The spheroidization of controlled rolled and cooled wire rod, in which there are a lot of degenerated pearlite, occurs more rapidly than that of conventional rolled wire rod, although in which fine pearlite is observed too.

Key words: medium carbon steel; spheroidizing annealing; mechanical property; subcritical annealing; intercritical annealing

形变参数对中碳钢组织演变的影响❶

田　鹏[1,2]　惠卫军[2,3]　刘荣佩[1]　张步海[3]　于同仁[3]　苏世怀[3]

(1. 昆明理工大学材料与冶金工程学院；2. 钢铁研究总院结构材料研究所；
3. 马鞍山钢铁股份有限公司技术中心)

摘　要：通过热模拟实验研究了不同形变温度及在700℃下不同形变量时中碳钢35K的组织演变过程。结果表明，中碳钢通过形变可获得形变诱导铁素体（DIF）；形变提高奥氏体向铁素体转变温度，随着形变温度的降低，DIF含量呈反"S"形增加，即先缓慢增加，随后快速增加，当DIF量超过平衡态铁素体量时，其增加趋势趋缓。随700℃形变量的增加，DIF含量呈"S"形增加，在形变量为0.7时可获得良好的球化组织。在中碳钢形变后的控冷过程中，根据形变量和形变温度所影响的未转变的奥氏体尺寸、形变储能、富碳程度和能量与成分起伏等，未转变的奥氏体将发生不同于传统未变形奥氏体的转变。因此，控制轧制和控制冷却后可获得离异珠光体、球粒状或短棒状渗碳体的微观组织。

关键词：中碳钢；热模拟；组织演变；形变诱导铁素体

1　引言

对低碳钢的研究发现[1-3]，随着形变诱导铁素体的析出，显微组织中的铁素体与珠光体发生变化，珠光体逐渐消失，被"退化"珠光体或游离碳化物所取代，同时在细小铁素体或形变诱导铁素体基体上析出碳化物。但对于中碳钢，特别是在深加工前要求通过球化退火获得球化渗碳体组织的冷镦钢来说，能否通过形变诱导铁素体相变（DIFT）对组织产生同样的影响，即是否可以通过控制轧制和控制冷却技术（TMCP）使过冷奥氏体发生异常分解获得退化珠光体或球状渗碳体，则是值得深入探讨的问题。本文主要研究了不同形变温度以及在700℃形变不同形变量时中碳钢组织演变的过程。

2　实验用料及方法

实验用料为商业生产的35K钢热轧线材，规格为$\phi10mm$，其化学成分（质量分数）为：C 0.36%，Si 0.14%，Mn 0.62%，P 0.02%，S 0.005%。采用Thermo-Calc软件计算实验钢的A_1点为719℃，A_3点为786℃。用Formaster膨胀仪测定在5℃/s冷却速度下的A_{r3}点为645℃。在Gleeble-2000型热模拟试验机上按图1所示工艺进行单向热压缩形变试验，试样尺寸为$\phi8mm\times15mm$。将形变后的试样纵向线切割剖开，经磨制、抛光和3%硝

❶　原文发表于《材料热处理学报》2005年第4期。
国家高技术发展计划资助项目（2003AA331030）。

酸酒精浸蚀后，在 S-4300 型扫描电镜（SEM）下观察并分析试样心部组织形貌，用 SISC IAS V8.0 金相图像分析软件测定铁素体含量。

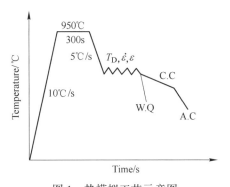

图 1　热模拟工艺示意图

Fig. 1　Schematic diagram of the thermomechanical process

（W. Q—water quenching；C. C—controlled cooling；A. C—air cooling）

3　实验结果与分析

3.1　形变温度对组织演变的影响

图 2 为按照图 1 工艺进行不同温度形变后的淬火组织和控制冷却后的显微组织。图 3 为形变诱导铁素体体积分数与形变温度的关系。可见，950℃和780℃未形变的直接淬火组织为马氏体，没有发现铁素体析出；950℃形变后淬火的组织为马氏体（淬火前为奥氏体 γ）和极少量铁素体，控冷后组织为铁素体+珠光体，其中部分珠光体发生一定程度的退化，即珠光体中的渗碳体不再呈规则的片层状，而是部分渗碳体片层扭折、断开，呈短棒状或颗粒状。800℃形变后开始出现少量形变诱导铁素体（DIF），体积分数约为15%，说明形变提高了奥氏体向铁素体的转变温度，控冷后组织中退化的珠光体量明显增多，并有部分短棒状或球状渗碳体 θ，珠光体团尺寸较小。形变温度进一步降低到700℃时，则析出了大量形变诱导铁素体，体积分数约为65%，比根据杠杆定律计算的共析点铁素体平衡含量54%多了11%；而未转变奥氏体（淬火后为马氏体）则呈扁长形，部分呈小岛状，控冷后铁素体和奥氏体界面处的碳化物绝大部分呈短棒状或球状，未转变奥氏体则基本转变为退化珠光体。这表明采用较低的形变温度（700℃）可以通过形变诱导铁素体的析出改变控冷后的微观组织形貌，从而得到退化珠光体或较多球粒状渗碳体。

从图 3 可见，形变诱导铁素体体积分数与形变温度的关系曲线大致呈反 S 形，即在相

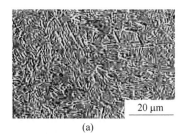

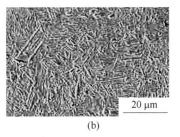

(a)　　　　　　　　　　　　　　　　(b)　　　　　　　　　　　　　　　　(c)

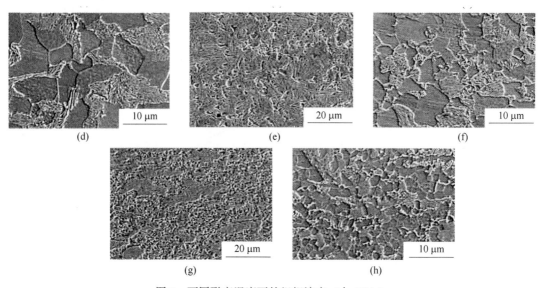

图 2 不同形变温度下的组织演变 ($\dot{\varepsilon} = 20/s$)

Fig. 2 Microstructure evolution of the steel deformed at different temperatures ($\dot{\varepsilon} = 20/s$)

(a) 950℃, $\varepsilon = 0$, W. Q; (b) 780℃, $\varepsilon = 0$, W. Q; (c) 950℃, $\varepsilon = 0.7$, W. Q; (d) 950℃, $\varepsilon = 0.7$, C. C;
(e) 800℃, $\varepsilon = 0.7$, W. Q; (f) 800℃, $\varepsilon = 0.7$, C. C; (g) 700℃, $\varepsilon = 0.7$, W. Q; (h) 700℃, $\varepsilon = 0.7$, C. C

同形变量下，当形变温度在 800℃（$>A_3$ 点）以上时，$\gamma \rightarrow \alpha$ 转变速率较慢；在 800 ~ 750℃（A_3 附近）范围内，转变最快；在 750℃ 以下，$\gamma \rightarrow \alpha$ 转变趋缓，转变量比平衡数值（虚线所示）高，这种现象可称为形变诱导铁素体超量析出。

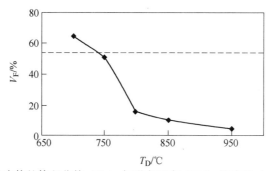

图 3 形变诱导铁素体的体积分数（V_F）与形变温度（T_D）的关系（$\varepsilon = 0.70$，$\dot{\varepsilon} = 20/s$）

Fig. 3 Volume fraction of DIF (V_F) as a function of

deformation temperatures (T_D) ($\varepsilon = 0.70$, $\dot{\varepsilon} = 20/s$)

3.2 形变量对组织演变的影响

按图 1 工艺在 700℃ 经不同形变量后的淬火组织和控制冷却后的组织见图 4 和图2(g)、(h) 所示。形变诱导铁素体体积分数与形变量的关系如图 5 所示。可见，未形变（即 $\varepsilon = 0$）后淬火出现少量铁素体，考虑到 700℃ 高于先共析相变温度 645℃，理论上不应该有铁素体析出，而且此时未发生形变，故也不可能产生形变诱导铁素体，从形貌上看这些铁素体与形变诱导铁素体也存在差别，而且该温度低于 A_1，一般认为是淬火过程中形成的先共析铁素体；形变 0.15 后即有形变诱导铁素体沿奥氏体晶界析出，这种形变诱导铁素体占据了大部分奥氏体晶界，形成了网状结构，但未见形变诱导铁素体沿奥氏体形变带析出，也就是说该形变量还不足以开动此析出机制；控冷后的组织为铁素体与含有部分退化珠光体的片层状珠光体。此后随着形变量的增加，形变诱导铁素体除了沿着奥氏体晶界继续析出外，同时在形变奥氏体的形变带或孪晶带等畸变能高的地方析出，形变诱导铁素体数目不断增加，奥氏体（淬火后为马氏体）被分割成扁长饼状和孤立的小岛状，经控冷后的组织为铁素体与短棒状和球粒状渗碳体，与此同时，铁素体晶粒尺寸和珠光体尺寸明显减小，但形变诱导铁素体没有出现低碳钢中的明显长大，原因是渗碳体在晶界的钉扎作用。当形变量为 0.50 和 0.70 时，经控冷后可获得良好的球化组织。

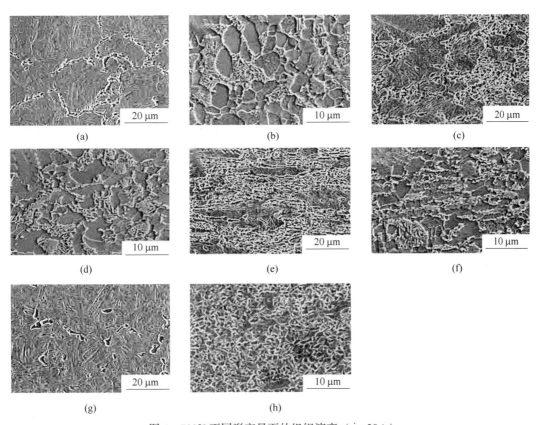

图 4　700℃不同形变量下的组织演变（$\dot{\varepsilon}=20/\text{s}$）

Fig. 4　Microstructure evolution of the steel deformed at 700℃ for different deformation strains（$\dot{\varepsilon}=20/\text{s}$）

(a) $\varepsilon=0.15$, W.Q；(b) $\varepsilon=0.15$, C.C；(c) $\varepsilon=0.30$, W.Q；(d) $\varepsilon=0.30$, C.C；
(e) $\varepsilon=0.50$, W.Q；(f) $\varepsilon=0.50$, C.C；(g) $\varepsilon=0$, W.Q；(h) $\varepsilon=1.20$, W.Q

图 5 中形变诱导铁素体体积分数与形变量的关系曲线大致呈 S 形，即在形变量较小时，$\gamma \rightarrow \alpha$ 转变速率较慢；在中等形变量下，转变较快；当转变量达到平衡数值（虚线所示）后，再增加形变量，转变速率又趋缓。可见，形变量对形变诱导铁素体体积分数有较大的影响，而当其转变量达到平衡数值后，影响不再显著。

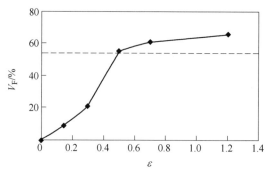

图 5 形变诱导铁素体的体积分数（V_F）与形变量（ε）的关系（$T_D = 700℃$，$\dot{\varepsilon} = 20/s$）

Fig. 5 Volume fraction of DIF（V_F）as a function of amount of deformation（ε）（$T_D = 700℃$，$\dot{\varepsilon} = 20/s$）

3.3 真应力—应变曲线

在700℃形变时不同形变量下的真应力—真应变曲线如图6所示。可见，刚开始应力随形变的增加而增加，以形变引起的加工硬化为主，曲线较陡；随着奥氏体发生回复以及形变诱导铁素体沿晶界析出后起到的软化作用抵消了部分加工硬化，曲线变缓；当铁素体充满全部奥氏体晶界，同时奥氏体内形变带或孪晶带等高畸变能区也已形成，而形变诱导铁素体还没有普遍从这些位置析出时，即真应变 $\varepsilon = 0.4$ 左右，应力达到峰值；此后随形变的增加应力缓慢降低，原因在于形变诱导铁素体在奥氏体与铁素体相邻晶界、奥氏体形变带等高畸变能区大量形核析出的软化作用起主导作用。这样通过形变诱导铁素体在奥氏体区的大量形核和析出，实现了把原始的奥氏体分割成扁长的奥氏体和孤立的奥氏体小岛，同时碳原子主要聚集在铁素体晶界、铁素体与未转变奥氏体界面以及未转变的奥氏体内。

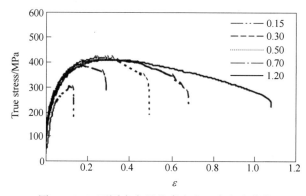

图 6 700℃不同应变量的真应力—真应变曲线

Fig. 6 True stress–true strain curves of the steel deformed at 700℃ for different amount of deformation

4 讨论

从热力学上看球状是一种比片层状更稳定的状态，有可能在一定条件下使渗碳体不经历亚稳态而直接以球状析出。测得片状碳化物转化为球状碳化物所需激活能为 695kJ/mol

（或 166kcal/mol）[4]，而计算形变产生的形变激活能为 408kJ/mol，故在能量起伏的作用下有可能获得片层碳化物向球状碳化物转变的驱动力。从动力学上看，形变诱导铁素体晶界和未转变奥氏体界面等位错密集处形成高扩散率的通道网络，加速了碳的扩散以及形变诱导铁素体析出的快速化（一般几十毫秒内转变完成），碳高度富集到细小的铁素体晶界和未转变的奥氏体界面上，这层富碳膜使局部奥氏体碳含量远远偏离平衡态，抑制了共析体核心的形成，破坏了片层状珠光体中铁素体和渗碳体的固定取向关系。与低碳钢相比，中碳钢中珠光体体积分数较高，对于 35K 来说，铁素体与珠光体的体积分数之比为 54∶46，如果通过形变诱导析出超量铁素体含量为 65% 时，则未转变奥氏体的平均碳含量为 0.998%，大于共析点碳含量 0.77%，同时由于存在能量起伏和成分、结构起伏等，引起碳含量偏离平衡态。当未转变奥氏体碳含量达到过共析成分，在控冷中优先形成渗碳体核心，转变成渗碳体和珠光体；当碳含量在形变中达到 6.69%，将直接转变成渗碳体，可称之为形变诱导渗碳体（DIC）[5]；当碳含量偏离到亚共析成分则转变成铁素体和珠光体。

在中碳钢控轧过程中，根据形变量和形变温度所影响的未转变奥氏体尺寸、形变储能、富碳程度和能量与成分起伏等，未转变的奥氏体由于偏离平衡态而在控冷过程发生离异分解[6]，其分解形式有两种：（1）当未转变奥氏体尺寸很小时，特别是位于形变诱导铁素体棱角处的奥氏体，直接析出球粒状或短棒状渗碳体；（2）当未转变奥氏体尺寸较大时，主要是扁长的或小岛状奥氏体，转变为退化珠光体，如图 7 所示。

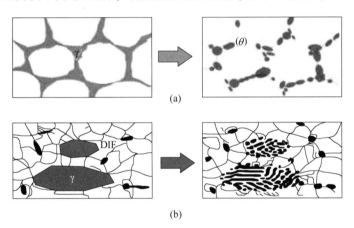

图 7　中碳钢的组织演变示意图
（a）DIF 棱角处奥氏体转变为球粒状或短棒状渗碳体；（b）形变奥氏体转变为退化珠光体
Fig. 7　Schematic illustration of the microstructural evolution for medium carbon steel
（a）Austenite adjacent to DIF grain boundaries transforms into spherical or rod-like cementite；
（b）Deformed austenite transforms into degenerated pearlite

5　结论

（1）形变作用使奥氏体向铁素体转变温度提高，在中碳钢中同样可获得形变诱导铁素体。随形变温度增加，形变诱导析出铁素体含量呈反"S"形减少，即形变温度在 800℃以上时，形变诱导铁素体含量增加较慢；在 800~750℃ 范围内，增加最快；在 750℃ 以下，增加又趋缓，并发生形变诱导铁素体超量析出。

（2）在700℃形变时，随形变量的增加，形变诱导铁素体含量呈"S"形增加，即在形变量较小时，形变诱导铁素体含量增加较慢；在中等形变量下，增加较快；当形变诱导铁素体超量析出后，增加又趋缓。真应变为0.7时可获得良好的球化组织。

（3）在中碳钢控轧过程中，根据形变量和形变温度所影响的未转变奥氏体的尺寸、形变储能、富碳程度和能量与成分起伏等，未转变的奥氏体由于偏离平衡态而在控冷过程发生离异分解，其分解形式有两种：1）当未转变奥氏体尺寸很小时，直接析出球粒状或短棒状渗碳体；2）当未转变奥氏体尺寸较大时，转变为退化珠光体。

参 考 文 献

[1] 李维娟，王国栋，刘相华. 低碳钢的晶粒细化与碳化物析出［C］. 新一代钢铁材料研讨会论文集. 北京，2001：311~314.
Li W J, Wang G D, Liu X H. Grain refinement and carbide precipitation for low carbon steel［C］. New Generation Steels' 2001. Beijing, 2001：311~314.

[2] Sun Z Q, Yang W Y, Yang P, et al. Microstructure evolution during deformation of undercooled austenite in low carbon steel［C］. New Generation Steels' 2001. Beijing, 2001：35~40.

[3] 杨平，郝广瑞，孙祖庆. 低碳钢中超细铁素体的长大倾向［J］. 北京科技大学学报，2002，24（5）：519~524.
Yang P, Hao G R, Sun Z Q. Coarsening tendency of ultra-fine ferrite in low carbon steels［J］. Journal of University of Science and Technology Beijing, 2002, 24（5）：519~524.

[4] 吴凡，曾祥云，卞波，等. 中碳钢碳化物相的应变诱发快速球化［J］. 国防科技大学学报，1991，13（3）：117~121.
Wu F, Zeng X Y, Bian B, et al. Deformation induced carbide rapid spheroidization for medium carbon steel［J］. Journal of National University of Defense Technology, 1991, 13（3）：117~121.

[5] Hui W J, Dong H, Weng Y Q, et al. Effect of controlled rolling and cooling on spheroidization of carbides in medium carbon steel［C］. Second Internation Conference on Advanced Structural Steels, Shanghai, 2004：689~694.

[6] 魏成富，王学前. 过冷奥氏体的异常分解与碳化物粒化［J］. 热加工工艺，1999（2）：21~25.
Wei C H, Wang X Q. Unusual decomposition of undercooling austenite and carbide granulation［J］. Hot Working Technology, 1999（2）：21~25.

Effect of Deformation Parameters on Microstructure Evolution of Medium Carbon Steel

Tian Peng[1,2]　Hui Weijun[2,3]　Liu Rongpei[1]
Zhang Buhai[3]　Yu Tongren[3]　Su Shihuai[3]

（1. Faculty of Materials and Metallurgical Engineering, Kunming University of Science and Technology;
2. Institute for Structural Materials, Central Iron and Steel Research Institute;
3. Technology Center, Ma'anshan Iron and Steel Co., Ltd. ）

Abstract：Hot compression tests at different deformation temperatures and with different amount of deformation at 700℃ are carried out to study the microstructure evolution of medium carbon steel 35K. The results show that deformation induced ferrite (DIF) can be obtained through suitable deformation for medium carbon steel as deformation raises the transformation temperature from austenite to ferrite. The curve of the volume fraction of DIF via deformation temperatures looks like a mirror shape of S, that is to say, with the decreasing of deformation temperature, the volume fraction of DIF increases slowly firstly and then quickly, when the volume fraction of DIF exceeds the equilibrium content, its increasing will slow down. The curve for the volume fraction of DIF via different amount of deformation at 700℃ looks like a S shape. A rather good spheroidized microstructure can be obtained after controlled cooling when deformed at 700℃ for $\varepsilon = 0.7$. The decomposition of untransformed austenite during controlled cooling differs from that of conventional non-deformed austenite according to the sizes of untransformed austenite, deformation stored energy, the degree of carbon concentration, the fluctuation of energy or component which are influenced by the deformation temperature and the amount of deformation strain. Therefore, degenerated pearlite and or spherical or rod-like cementite can be obtained after controlled rolling and controlled cooling.

Key words：medium carbon steel; hot compression test; microstructure evolution; deformation induced ferrite

形变温度对中碳钢组织转变的影响❶

惠卫军[1,3] 田 鹏[1,4] 董 瀚[1] 苏世怀[3] 于同仁[3] 翁宇庆[2]

(1. 钢铁研究总院结构材料研究所；2. 中国金属学会；

3. 马鞍山钢铁股份有限公司；4. 昆明理工大学材料与冶金工程学院)

摘 要：热模拟单向压缩下中碳钢形变温度低于 A_{d3}（786℃）点时，析出形变诱导铁素体（DIF），DIF 量随形变温度降低而提高；在低于 750℃ 形变时，DIF 量远高于平衡态铁素体含量 54%。DIF 析出时碳原子高度富集在铁素体晶界和铁素体/奥氏体界面。在低于 A_1（719℃）等温处理时，高于 A_{d3} 点形变试样中，奥氏体转变为铁素体+片层状珠光体；低于 A_{d3} 点但高于 A_{r3}（645℃）点形变时，未转变奥氏体转变为铁素体+片层状珠光体+晶界渗碳体；稍高于 A_{r3} 点形变时，将获得铁素体+弥散渗碳体的球化组织。

关键词：形变温度；中碳钢；组织转变

1 引言

对低碳钢的大量研究结果表明[1,2]，在高应变速率及大应变下，进行稍高于 A_{r3} 点的形变可产生形变诱导铁素体相变（DIFT），从而获得 2μm 以下的超细铁素体，使钢的强度和韧性得到显著提高。值得注意的是，对低碳钢（如 SS400、Q235、20Mn 等）的研究发现[3,4]，形变改变了超细铁素体周围未转变奥氏体的分解方式，在随后的冷却或保温退火过程中表现为奥氏体向退化珠光体的加速转变并缓慢粗化。这种珠光体的退化现象不仅具有重要的理论意义，同时还具有重要的工业应用前景。中碳钢通常多采用冷成形法来制造紧固件等机械零部件。按照传统轧制工艺生产的中碳钢线材，微观组织中的珠光体呈片层状，因而在冷成形前需要进行耗时、耗能的球化退火处理，其周期约为 12~24h[5]。因此，对于中碳钢，通过控轧控冷工艺如能够获得退化的珠光体甚至球化的珠光体，则可大幅度地缩短球化退火时间甚至省略球化退火处理。然而，对于中碳钢此类的研究工作很少[6,7]。Park 等[6]研究热机械形变对 0.45% C 中碳钢组织细化的影响，结果表明，在 A_{r3}（600℃）点形变可获得 1μm 的超细晶粒，从而经过 3h 的球化退火便可获得良好的球化组织。Storojeva 等[7]对 0.36% C 中碳钢在 600~710℃ 进行多道次大形变，随后在形变温度等温 2h，同样可获得良好的球化组织，其力学性能与淬火回火组织相当。上述研究工作中采用的形变温度过低，在目前的工业生产中尚难以实现，且仍是一种离线球化退火处理，无法实现在线球化退火处理。本工作在较宽的温度范围内较系统地研究了形变温度对中碳钢微观组

❶ 原文发表于《金属学报》2005 年第 6 期。

国家高技术研究发展规划资助项目（2003AA331030）。

织转变的影响，通过控制形变和随后的冷却，可在较高的形变温度和较短的时间内获得良好的球化组织，从而有可能在工业上实现中碳钢的在线球化退火。

2 实验方法

实验材料为工业生产的中碳冷镦钢 SWRCH 35K，成分（质量分数）为：C 0.36%，Si 0.18%，Mn 0.68%，S 0.009%，P 0.015%。实验钢的 A_1 点和 A_3 点分别为 719 和 786℃，用 Formaster 热膨胀仪测出实验料以 5℃/s 的速度冷却时的 A_{r3} 点为 645℃。在 Gleeble-2000 热模拟试验机上进行单向热压缩形变实验，样品直径为 8mm、长为 15mm 或直径为 10mm、长为 20mm 的圆柱试样。形变后部分样品采用水淬以固定高温组织。在热模拟机压头与试样两端接触处夹一层石墨片进行润滑，使试样尽可能均匀形变。但在高应变速率和大形变量下效果甚微，形变后试样呈鼓形，试样中心应变量高于平均值。从试样纵截面中心最高应变处取样进行组织分析。通过 3% 硝酸酒精侵蚀显示微观组织形貌，用 Neophot Ⅲ 型光学显微镜和 HITACHIS-4300 扫描电镜对样品进行微观组织分析，用 SISC IAS V8.0 自动图像分析仪测定铁素体含量。

3 实验结果及分析

3.1 热形变行为

图 1 为试样在不同应变速率和不同形变温度下的真应力-真应变曲线。在相同的形变温度或应变速率下，随着应变速率的增加或形变温度的降低，应力水平提高。从图 1(a) 可以看出，σ-ε 曲线在低应变速率下（$\dot{\varepsilon} = 0.01\text{s}^{-1}$、$0.1\text{s}^{-1}$）具有双峰特征，$\dot{\varepsilon} > 1\text{s}^{-1}$ 时，σ-ε 曲线上的第 2 个峰变得较平缓，硬化特征不明显。σ-ε 曲线的这种特征与 Q235 钢在

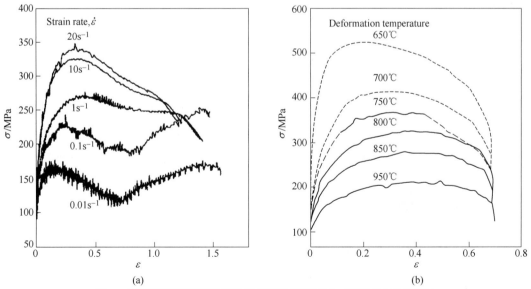

图 1 不同应变速率和形变温度对实验钢真应力-真应变曲线的影响

Fig. 1 Effects of strain rate $\dot{\varepsilon}$ (deformation temperature 750℃) (a) and deformation temperature (strain rate $\dot{\varepsilon} = 20\text{s}^{-1}$) (b) on true stress-true strain (σ-ε) curve of the steel tested

750~780℃、不同速率形变时的 $\sigma\text{-}\varepsilon$ 曲线特征[8]类似。随着应变量的增加，形变过冷奥氏体的缺陷密度不断增加，形变储能不断积累，形变诱导铁素体（DIF）在奥氏体晶界，晶内形变带等处形核析出。当奥氏体的动态回复和动态再结晶及 DIF 的析出所引起的形变储能的释放超过形变储能的积累时，在 $\sigma\text{-}\varepsilon$ 曲线上表现为应力下降，从而出现第 1 个峰；应变量继续增加，铁素体大量形核，长大，其转变量不断增加，由于析出的铁素体随着应变量的增加也逐渐硬化，因此流变应力不再下降反而提高，在曲线上出现低谷；应变量进一步增加，形变储能不断积累，应力逐渐提高，随后铁素体和未转变的奥氏体在合适的条件下将发生动态回复或再结晶软化，使得流变应力不再提高反而下降，从而出现第 2 个峰。

在其他条件不变的情况下，形变温度的影响主要体现在：随着温度降低，形变储能的释放途径由动态回复和动态再结晶逐步向形变诱导铁素体（DIF）相变过渡。即形变温度降低，相变化学驱动力增加，同时位错回复程度降低，形变储能增加，从而使得 DIF 量增加（图 2）。

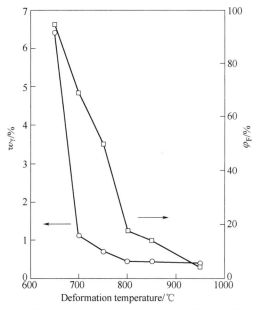

图 2 实验钢在不同温度形变（$\varepsilon = 0.69$）后形变诱导铁素体体积分数 φ_F 和未转变奥氏体平均碳含量 w_γ 随形变温度的变化

Fig. 2 Variations of deformation induced ferrite amount（volume fraction）φ_F and average carbon content（mass fraction）w_γ in untransformed austenite with deformation temperature for $\varepsilon = 0.69$

相变的方向应是降低体系自由能的方向，即 $\Delta G < 0$。ΔG 可表达为：

$$\Delta G = -V(\Delta G_v - \Delta G_e) + \Delta G_s \tag{1}$$

式中，V 为体积；ΔG_v 为化学自由能变化；ΔG_e 为弹性自由能变化；ΔG_s 为形成新相时的表面自由能变化。若考虑到塑性变形过程中体系中有部分形变能（ΔG_d）不能被热释放和热弛豫，因而将引起体系的自由能变化，并转变为相变的驱动力，即最终降低了系统的自由能，则式（1）变为：

$$\Delta G = -V(\Delta G_v - \Delta G_e) + \Delta G_s - \Delta G_d \tag{2}$$

上述的形变储能主要取决于形变引起的位错能[7]：

$$\Delta G_{\mathrm{d}} \approx \Delta G_{\mathrm{dis}} = \frac{\sigma^2}{M^2 \alpha_0^2 \mu} \tag{3}$$

式中，M 为 Taylor 因子，对面心立方金属取 3.11；α_0 为常数，取 0.15；μ 为剪切弹性模量，取 $7.9 \times 10^{10}\,\mathrm{N/m^2}$。单位摩尔奥氏体内的位错能需在上式中乘以奥氏体的摩尔体积（$7.1 \times 10^{-6}\,\mathrm{m^3/mol}$）[8]。奥氏体热形变是一个热激活过程，此处采用广泛接受的双曲正弦关系来表示热形变过程中应力、形变温度及应变速率之间的关系[9]：

$$Z = \dot{\varepsilon} \exp(Q/RT) = A[\sinh(\alpha\sigma)]^n \tag{4}$$

式中，Z 为温度补偿形变速率因子；A 为常数；n 为应力指数；Q 为形变激活能；R 为气体常数；T 为形变温度；α 为应力因子，可近似取 $0.012\mathrm{MPa}$[8]。

对式（4）两边取对数可得：

$$\ln\dot{\varepsilon} = \ln A + n\ln[\sinh(\alpha\sigma)] - Q/(RT) \tag{5}$$

分别在 T 和 $\dot{\varepsilon}$ 不变的情况下对 $\ln\dot{\varepsilon}$ 和 $1/T$ 求偏导，可求得 n，Q 和 A。在图 1 中取第 1 个峰值应力进行计算，可求得 $n = 3.73$，$Q = 420.3\mathrm{kJ/mol}$，$A = 5.69 \times 10^{16}$。根据式（3，4）可求得实验钢的形变储能与 Z 参数的如下关系：

$$\Delta G_{\mathrm{d}} = 271.3 - 34.5(\lg Z) + 1.1(\lg Z)^2 \tag{6}$$

式（6）与低碳微合金钢所得到的关系式[8]类似。可见，形变储能随着 Z 的增加即随着形变温度的降低和应变速率的升高而增加。

3.2　不同温度形变后水冷的组织

图 3 为试样在不同温度形变（$\varepsilon = 0.69$）后立即水冷的 SEM 组织。950℃形变时组织基本为马氏体（水冷前为奥氏体）和极少量的铁素体（图 3(a)）。800℃形变时则有较多的铁素体析出，这表明在应力作用下奥氏体向铁素体转变温度升高。随着形变温度的降低，铁素体转变量逐渐增加，当形变温度降至 700℃，铁素体转变量显著增加（图 3(b)），此时未转变的奥氏体（水冷后为马氏体）呈长条形。在稍高于 A_{r3} 点的 650℃形变，则得到完全不同的组织（图 3(c)）。图 2 给出了不同温度形变（$\varepsilon = 0.69$）后立即水冷所测得的形变诱导析出的铁素体体积分数 φ_{F} 随形变温度的变化，图中同时给出未转变奥氏体平均碳含量 ω_{γ} 随形变温度的变化。ω_{γ} 可由下式计算得到：

$$\omega_{\gamma} = \frac{\omega_0 - \varphi_{\mathrm{F}}\omega_{\alpha}}{1 - \varphi_{\mathrm{F}}} \tag{7}$$

式中，ω_0 为相变前奥氏体的碳含量（质量分数），本实验为 0.36%；ω_{α} 为铁素体的碳含量（质量分数），本实验为 0.0218%。可见，随着形变温度的降低和形变诱导铁素体的析出，未转变奥氏体中的平均碳含量亦逐渐增加。应当指出的是，铁素体析出时扩散排出的碳的分布并不均匀，而是高度富集在细小的铁素体界面和未转变奥氏体的界面。在随后的等温或缓冷过程中，这些富碳区析出短棒状或颗粒状渗碳体。从图 3 还可以看出，即使在淬火态，少部分渗碳体已呈短棒状或颗粒状，且这种状态在形变温度较低时较明显。

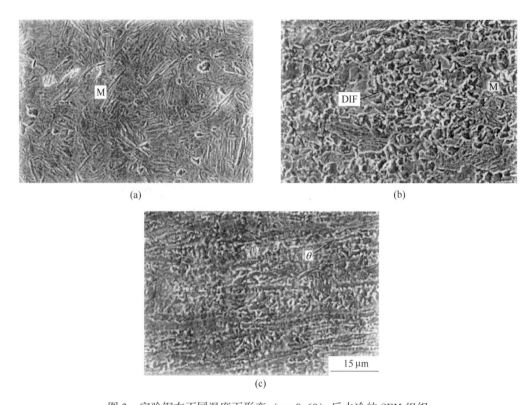

图 3　实验钢在不同温度下形变（$\varepsilon = 0.69$）后水冷的 SEM 组织

Fig. 3　SEM micrographs of the steel tested water quenched after

deformation $\varepsilon = 0.69$ at different temperatures

（a）950℃，showing martensite（M）and a small amount of rerrite；（b）700℃，showing martensite
and large amount of deformation induced ferrite（DIF）；（c）650℃，showing a rather
different microstructure with some rod-like cementites（θ）

3.3　不同温度形变后等温处理的组织

图 4 为未形变及在不同温度形变（$\varepsilon = 0.69$）后在 680℃ 等温 10min 空冷的微观组织。可见，未形变试样中珠光体发生一定程度的退化，部分渗碳体呈短棒状或颗粒状（图 4(a)）；850℃形变试样中珠光体片层间距细小，亦发生一定程度的退化；此后随着形变温度降至 750℃，铁素体边界富碳区和未转变奥氏体发生转变，渗碳体大多呈短棒状或颗粒状（图 4(b)）；进一步将形变温度降低到 700℃时，则得到了渗碳体基本呈短棒状或颗粒状的良好球化组织（图 4(c)）。

图 5 为试样在 750℃进行应变（名义应变）$\varepsilon = 1.2$ 的大形变，在 700℃ 等温不同时间后水冷的组织。由于试样呈严重鼓形，因而试样中心的应变量明显高于名义值，可见，在较高温度如 750℃形变时，提高应变量同样可获得良好的球化组织，而延长保温时间可使渗碳体适度长大。从图 5 中还可以看出，在细小的铁素体晶内也有少量的颗粒状渗碳体析出。

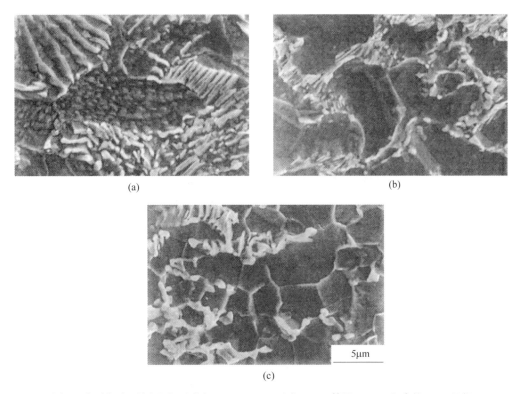

(a)

(b)

(c)

图 4　实验钢在不同温度下形变（$\varepsilon = 0.69$）后在 680℃ 等温 10min 空冷的 SEM 组织

Fig. 4　SEM micrographs of steel tested holding 10min at 680℃ and then air cooled

before and after deformation $\varepsilon = 0.69$ at different temperatures

（a）before deformation, showing a small amount of spheroidized cementites;

（b）deformation at 750℃, showing large amount of spheroidized cementites;

（c）deformation at 700℃, showing a fairly good spheroidized cementites（white particles）

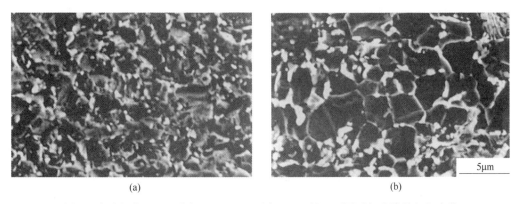

(a)

(b)

图 5　实验钢在 750℃ 形变（$\varepsilon > 1.2$）后在 700℃ 保温不同时间水淬的组织变化

Fig. 5　SEM micrographs of the steel tested at holding times of 5min（a）, 10min（b）

at 700℃ after deformation $\varepsilon > 1.2$ at 750℃ and then water quenching,

showing the spheroidization and coarsening of cementites with holding time

4　讨论

钢中发生的共析转变即奥氏体向珠光体的转变通常认为只能以渗碳体的片层状形态从母相中析出，是以扩散为基础并受扩散所控制的。然而，由于球状渗碳体在热力学上较片层状更稳定，有可能在一定条件下不经历中间亚稳态而直接从过冷奥氏体中稳态析出。显然，稳态的球状渗碳体不可能从稳态的奥氏体中析出，如果能够使奥氏体尽可能地偏离平衡态，则析出的渗碳体就越接近转变温度区间的平衡态，即得到球状的渗碳体。工业上高碳钢如工具钢的球化退火处理，其机理便是利用不均匀奥氏体中未溶碳化物或奥氏体中高浓度碳偏聚区的非自发形核的有利作用，将过冷奥氏体缓冷或低于 A_1 温度等温而得到球状渗碳体[10]。因此，如果在轧制过程中通过形变实现奥氏体的非平衡化，再通过随后的控制冷却就有可能获得球状的渗碳体。

形成片层状珠光体需要铁素体与渗碳体的协同长大，影响其协同长大的因素有形变温度，奥氏体晶粒尺寸及变形量等[3]。根据上述研究结果，提出了不同温度下形变时实验钢组织转变机制的示意图，见图 6。

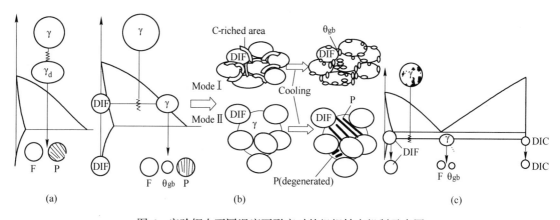

图 6　实验钢在不同温度下形变时的组织转变机制示意图

Fig. 6　Schematic diagrams showing the evolution of microstructures after deformation at different temperatures
（γ—austenite；γ_d—deformed austenite；F—ferrite；P—pearlite；
DIF—deformation induced ferrite；θ_{gb}—cementite at grain boundary）
（a）when the deformation temperature is higher than A_{d3}，conventional ferrite-lamellar pearlite structure was obtained；
（b）when the deformation temperature is lower than A_{d3} but higher than A_{r3}，DIF formed and
retained austenite transformed to ferrite-lamellar or degenerated pearlite-grain boundary cementite，in Mode Ⅰ
the carbon highly rich retained austenite transforms to cementite at grain boundary；whereas in Mode Ⅱ
the bigger retained austenite transforms to ferrite and lamellar or degenerated pearlite；
（c）when the deformation temperature decreased to just above A_{d3}，a quite different microstructure of
small cementite particle and ferrite instead of lamellar pearlite was obtained

4.1　形变温度高于 A_{d3} 点

在其他条件不变的情况下，当形变温度高于 A_{d3} 点（平衡状态开始出现铁素体相的 A_3 平衡点，由于 ΔG_d 的影响该平衡点上升为 A_{d3}[8]）如 950℃ 时，形变储能很低，无形变诱导铁素体析出（图 2、图 3(a)），此时形变奥氏体在随后低于 A_1 点的等温过程中首先转变为铁素体+片层状珠光体，见图6(a)。如果继续延长等温时间，按照能量趋低原理，则这种片层状珠光体还会逐渐球化，但这种球化进程往往十分缓慢[10]。

4.2　形变温度低于A_{d3}点但高于A_{r3}点

形变储能的引入使铁素体临界形核功降低，形核率大幅度提高[8]。因此，当形变温度低于A_{d3}点但高于A_{r3}点时，形变诱导铁素体含量随形变温度的降低而提高，见图2、图3。在形变诱导铁素体相变过程中，从铁素体中析出的碳并不是均匀地富集于未转变奥氏体中，而是高度富集在铁素体/铁素体界面和铁素体/奥氏体之间的界面前沿。界面处这些高度富碳区在随后的等温甚至形变过程中易析出短棒状或颗粒状渗碳体。同样，由于能量趋低原理，这种短棒状渗碳体还会在随后的等温过程中溶断而逐渐球化，见图6(b)中的转变方式Ⅰ；而未转变的奥氏体将按照图6(b)中的方式Ⅱ转变为铁素体+珠光体。因此，此时的微观组织为铁素体+珠光体+晶界渗碳体。然而，上述组织中各相的形态和所占的比例受形变温度（奥氏体形变储能）、富碳程度和尺寸等的影响。

实验料在平衡态的铁素体含量为54%。从图2还可以看出，当形变温度为750℃时，形变诱导铁素体含量φ_F即接近平衡态；继续降低形变温度，φ_F明显增加，远大于平衡态含量，与此对应的未转变奥氏体含量则明显低于平衡态含量，这时被铁素体分割、包围的未转变奥氏体高度富碳，且其尺寸也愈来愈小，见图3(b)。因此，当形变温度小于750℃时，将获得较多的晶界渗碳体和退化珠光体，而片层状珠光体量较少。反之，当形变温度较高（如800℃和850℃）时，形变储能较低，形变诱导铁素体量较少，低于平衡态，未转变奥氏体尺寸较大，其中的富碳程度较低，低于珠光体转变的共析成分。这些均使得未转变奥氏体在随后的等温过程中先析出铁素体，尔后富碳浓度达到共析成分时发生珠光体共析转变。显然按照这种机制将获得较多的片层状珠光体。

由于共析转变产物原则上不超越母相晶粒边界，因此渗碳体片的长度不大于母相奥氏体晶粒直径。如将渗碳体片的长宽比等于3作为球和片的分界[7]，则当未转变奥氏体晶粒直径小于约为3μm时，就可认为从奥氏体中可直接析出球状的渗碳体，见图6(b)中转变方式Ⅱ。这说明奥氏体晶粒的超细化有利于获得球状珠光体。

4.3　形变温度在A_{r3}点附近

当形变温度很低（如在稍高于A_{r3}点的650℃形变）时，形变储能很高，形变诱导铁素体超量析出，极高的位错密度使得高度富碳的未转变奥氏体在随后的等温过程中，渗碳体有可能在位错线上等处大量领先形核，然后向各个方向以大致相等的速度长大成接近球状，因而获得碳化物十分细小弥散的球化体，见图3(c)和图6(c)。

5　结论

（1）推导出中碳钢35K在650~950℃单向压缩形变时奥氏体的形变储能与温度补偿形变速率因子Z的关系式。形变储能随着Z值的增加（即随着形变温度的降低和应变速率的升高）而增加。

（2）当形变温度低于A_{d3}时，析出形变诱导铁素体，其量随着形变温度的降低而提高，当形变温度降至750℃以下时，铁素体量显著增加，远高于平衡态；形变诱导铁素体的析出使得铁素体/铁素体界面和铁素体/未转变奥氏体界面高度富碳。

（3）形变后在低于 A_1 点的等温过程中，依据形变温度的不同将发生不同类型的转变：1）当形变温度高于 A_{d3} 点时，无形变诱导铁素体析出，形变的奥氏体直接转变为铁素体+片层状珠光体。2）当形变温度低于 A_{d3} 点但高于 A_{r3} 点时，未转变奥氏体转变为铁素体+珠光体+晶界渗碳体，3 相的形态和含量受形变温度（奥氏体形变储能），富碳程度和尺寸等的影响，即当形变温度较高时，组织中晶界渗碳体量较少，片层状珠光体量较高，形变温度较低时，组织中晶界渗碳体量较多和退化珠光体量较多，片层状珠光体量较少。3）当形变温度在 A_{r3} 点附近时，将直接获得铁素体+细小弥散渗碳体的球化体组织。

感谢钢铁研究总院孙新军博士在奥氏体形变储能计算方面的帮助和有益的讨论。

参 考 文 献

［1］Weng Y Q. Iron Steel, 2003, 38（5）：1.

（翁宇庆. 钢铁, 2003, 38（5）：1.）

［2］Tsuji N. Tetsu Hagané, 2002, 88：359.

（辻伸泰. 铁と钢, 2002, 88：359.）

［3］Li W J, Wang G D, Liu X H. In：Workshop on New Generation Steel（NG Steel' 2001）, Beijing：The Chinese Society for Metals, 2001：311.

（李维娟, 王国栋, 刘相华. 见：新一代钢铁材料研讨会, 北京：中国金属学会, 2001：311.）

［4］Tian Z X, Yang P, Sun Z Q. Trans. Mater. Heat Treat. , 2003, 24（3）：18.

（田朝旭, 杨平, 孙祖庆. 材料热处理学报, 2003, 24（3）：18.）

［5］O' Brien J M, Hosford W F. Metall. Mater. Trans. , 2002, 33A：1255.

［6］Park J, Song D H, Lee D, Choo W Y. In：Zhu Y T, Langdon T G, Mishra R S, Semiatin S L, Saran M J, Lowe T C, eds. Ultrafine Grained Materials Ⅱ, Seattle：The Minerals, Metals & Materials Society, 2002：275.

［7］Storojeva L, Kaspar R, Ponge D. Mater. Sci. Forum, 2003, 426-432：1169.

［8］Weng Y Q, et al. Ultrafine Grained Steels—The Theory of Microstructure Refinement and Controlling Technology for Steels［M］. Beijing：Metallurgical Industry Press, 2003：140, 118.

（翁宇庆, 等. 超细晶钢——钢的组织细化理论与控制技术［M］. 北京：冶金工业出版社, 2003：140, 118.）

［9］McQueen H J, Ryan N D. Mater. Sci. Eng. , 2002, A322：43.

［10］An Y Z. Heat Treatment Technology［M］. Beijing：China Machine Press, 1982：51.

（安运铮. 热处理工艺学［M］. 北京：机械工业出版社, 1982：51.）

Influence of Deformation Temperature on the Microstructure Transformation in Medium Carbon Steel

Hui Weijun[1,3]   Tian Peng[1,4]   Dong Han[1]

Su Shihuai[3]   Yu Tongren[3]   Weng Yuqing[2]

(1. Institute of Structural Materials, Central Iron and Steel Research Institute;

2. The Chinese Society for Metals; 3. Ma'anshan Iron and Steel Co., Ltd. ;

4. Faculty of Materials and Metallurgical Engineering,

Kunming University of Science and Technology)

Abstract: During uniaxial hot compression for a medium carbon steel, the deformation induced ferrite (DIF) appeared when deformed temperatures lower than A_{d3} (786℃) . The volume fraction of DIF increases with decreasing deformation temperature, especially when deformed temperatures lower than 750℃ the volume fraction of DIF increases significantly, which is far beyond the equilibrium ferrite fraction of 54%. With the increase of DIF, more and more carbon atoms were rejected into the boundaries of ferrite and interfaces of ferrite/untransformed austenite. During isothermal holding below A_1 (719℃) temperature just after deformation, supercooled austenite would decompose to different structures in three different ways: when the deformation temperature is higher that A_{d3}, conventional ferrite−lamellar pearlite structure was obtained; when the deformation temperature is lower than A_{d3} whereas higher that A_{r3} (645℃), retained austenite transformed to ferrite−lamellar or degenerated pearlite−grain boundary cementite; when the deformation temperature decreased to just above A_{d3}, a microstructure different from lamellar pearlite was obtained, which consisted of fine cementite particle and ferrite.

Key words: deformation temperature; medium carbon steel; microstructure evolution

TMCP 在线软化处理中碳冷镦钢的研究开发❶

于同仁[1]　　惠卫军[1,2]　　张步海[1]　　苏世怀[1]

（1. 马鞍山钢铁股份有限公司；2. 钢铁研究总院）

摘　要：采用热机械轧制工艺可使中碳钢（0.36% C 左右）具有球化渗碳体的细晶显微组织，研究发现随变形温度的降低及变形量的增加其铁素体晶粒尺寸变小。由于形变诱发铁素体相变（DIFT），中碳钢在略高于 A_{r3} 温度时形变就可获得尺寸约 2~3μm 的超细铁素体晶粒。DIF 体积分数随变形温度的降低以及变形应变的增加而增加，特别是当变形温度低于 750℃ 时 DIF 体积分数显著增加，远远超过平衡铁素体体积分数值的 54%。在低温及高应变条件下对钢进行形变，经过控制冷却后可获得合适的球化或退化显微组织。

关键词：球化；中碳钢；细晶显微组织；热机械轧制工艺

1　引言

对于中碳钢，近年来在生产者为降低成本、增加利润和全球性的环境保护，而消费者又不断要求质量更高的线棒材产品以提高最终成品的性能和降低加工成本的情况下，早期的研究主要着眼于轧制后来获得片层状珠光体的球化[1]。其基本思路是，通过珠光体状态下得到的形变储能来补偿固相中仅靠加热所不易得到的活化能。如吴凡等人[2]将显微组织中含有片层状珠光体的中碳钢（45 钢、45Cr 钢）加热到 A_{c1} 点略偏下的温度进行变形，实现片层状碳化物向球状的快速转变，变形后继续在变形温度停留 1~2h，使碳化物球通过 Ostwald 熟化机制达到尺寸均匀化和粗化，同时铁素体基体完成再结晶。然而珠光体状态下钢的变形抗力和开裂倾向较奥氏体状态大得多，故这类加速渗碳体片状转变为球状的方法很难得到工业化实际应用。

热机轧制技术是一种在冷却阶段使奥氏体晶粒不发生再结晶以及使铁素体晶粒在未发生再结晶的奥氏体晶粒里生成的技术。在 750℃ 左右的低温大变形量轧制，利用形变诱导铁素体相变原理，使钢中的奥氏体晶粒超细化，并使铁素体超量析出，再利用先进的控冷技术，促使形变的未转变奥氏体相变，使珠光体中的渗碳体退化并部分球化，从而使线材的强度明显降低、塑性明显提高，冷镦时金属流动性好、冷作硬化率低。

传统高速线材轧机往往难以实现在线软化和退化的一个主要原因在于不能够进行低温大变形量控制轧制和控制冷却线过短。马钢股份有限公司为满足国内金属制品行业对高质量高速线材品种的需求，采用热机械轧制技术成功开发了减、免退火冷镦钢系列产品。

❶ 原文发表于 2006 年全国轧钢生产技术会议论文集和《理论检验—物理分册》2006 年第 6 期。
国家高技术研究发展规划资助项目（2003AA331030）。

2 中碳钢在线软化技术的研究

利用马钢股份有限公司的 Gleeble-2000 热模拟实验机，通过改变形变和相变的特征参数，进行单向热压缩实验，研究中碳钢组织形态和渗碳体球化状况。结果表明，通过改变形变温度、形变量、形变速率、冷却速率和冷却方式，可获得铁素体细化及渗碳体球化的组织。研究发现形变温度影响最大，图 1 为 35K 钢不同温度形变 0.69 后在 680℃ 等温10min 后空冷的微观组织。可见，随着形变温度降低到 800℃ 和 750℃，铁素体边界富碳的膜或未转变奥氏体小岛发生转变，渗碳体大多呈短棒状或颗粒状（图 1(a) 和图 1(b)）；进一步将形变温度降低到 700℃ 时，则得到了渗碳体基本呈短棒状或颗粒状的良好球化组织（图 1(c)）。图 2 为试样在 750℃ 进行名义应变 1.2 的大形变，然后在 700℃ 等温不同时间后水冷的组织。由于试样呈严重鼓形，因而试样中心的应变量明显高于名义值。可见，在较高温度（如 750℃）形变时，提高形变量同样可获得良好的球化组织。从图 2 中还可以看出，在细小的铁素体晶内也有少量的颗粒状渗碳体。

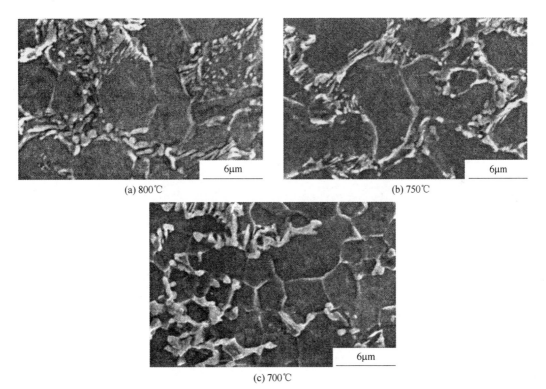

(a) 800℃   (b) 750℃

(c) 700℃

图 1　35K 钢在不同温度形变 0.69 后在 680℃ 等温 10min 后空冷的 SEM 组织

Fig. 1　SEM micrographs of steel 35K holding 10min at 680℃ and

then air cooling after deformation 0.69 at different temperatures

当 35K 钢的形变温度低于 A_{d3} 点（高于 A_{r3} 点）时，形变诱导铁素体含量随形变温度的降低而提高。在形变诱导铁素体相变过程中，从铁素体中析出的碳往往并不是均匀地富集于未转变奥氏体中，而是在铁素体-铁素体界面和铁素体-奥氏体之间的界面前沿。界面处这些富碳奥氏体区在等温或缓冷过程中易析出短棒状或颗粒状渗碳体。由于能量趋低原

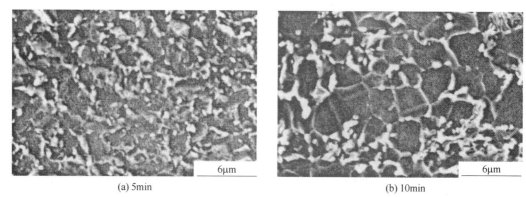

(a) 5min　　　　　　　　　　　　　　　　(b) 10min

图 2　35K 钢在 750℃ 形变（$\varepsilon>1.2$）后在 700℃ 保温不同时间后水淬的组织变化

Fig. 2　SEM micrographs of steel 35K at holding time of 5min（a），10min（b）

at 700℃ after deformation（$\varepsilon>1.2$）at 750℃ and then water quenching

理，这种短棒状渗碳体还会在随后的等温过程中熔断而逐渐球化，而未转变的奥氏体将转变为铁素体+珠光体，在随后的保温过程中，碳化物发生退化，甚至球化。由于共析转变产物原则上不超越母相晶粒边界，因此渗碳体片的长度不大于母相奥氏体晶粒直径。如将渗碳体片的长宽比等于 3 作为球和片的分界[4]，则当未转变奥氏体晶粒直径小于 3μm 时，就可认为从奥氏体中可直接析出球状的渗碳体，这说明奥氏体晶粒的超细化有利于获得球状珠光体。

研究发现，形变使得奥氏体向铁素体的平衡转变温度提高，在中碳钢中同样也能够发生形变诱发铁素体相变（DIFT）现象。由于形变诱发铁素体相变，中碳钢在略高于 A_3 温度时形变就可获得约 2~3μm 的超细铁素体晶粒尺寸。在 800℃ 以上温度形变时，DIF 量随形变温度降低而缓慢增加；在 800~750℃ 范围内，DIF 量随形变温度降低而显著增加；在 750℃ 以下，DIF 量超量析出，DIF 体积分数显著增加，远远超过平衡铁素体体积分数值的 54%。随着 DIF 的提高，越来越多的碳原子被拒绝进入到铁素体晶界以及铁素体与未形变奥氏体界面。在低温及高应变条件下对钢进行形变，经过控制冷却后可获得合适的球化显微组织。

3　冷镦钢盘条的生产工艺

马钢股份有限公司在线软化处理高强度紧固件用高性能冷镦钢的生产工艺路线为：铁水预处理脱硫→60t 复吹转炉→吹氢站喂线→LF 炉精炼→140mm×140mm 小方坯连铸→高速线材热机械轧制→盘条成品。采用该工艺路线和特有技术可生产免退火 SWRCH35K 系列、简化退火 SCM435 系列等常用的冷镦钢品种。

3.1　冷镦钢盘条的组织及性能

3.1.1　SCM435 中碳合金冷镦钢

常规轧制的 SCM435 钢盘条的显微组织中往往含有较多的贝氏体和马氏体，因而其强度高（抗拉强度 R_m 在 950MPa 左右）和塑性低（断面收缩率 $Z\leqslant35\%$）。

马钢控轧控冷的 SCM435 钢盘条 $R_m\leqslant750$MPa，$Z\geqslant58\%$，硬度 HRB≤90，显微组织为铁素体+退化珠光体。控轧控冷的 SCM435 钢盘条经 9h 球化退火后的力学性能见表 1，显微组织见图3。碳化物基本球化,完全满足冷镦要求,比常规轧制盘条退火时间(30h以上)缩短了2/3。

表1 马钢控轧控冷 SCM435 钢 9h 球化退火处理后的力学性能

Table 1 Mechanical properties of the newly developed SCM435 steel
after 9h spheroidizing annealing at MASTEEL

序号	R_m/MPa	A/%	Z/%	硬度(HBS)
1	535	23.5	69.0	156
2	560	20.5	67.5	150
3	555	25.0	70.0	151
4	575	24.5	68.5	160
5	575	21.0	73.5	164

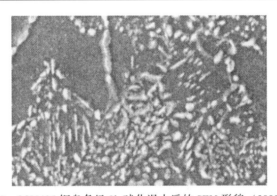

图3 SCM435 钢盘条经 9h 球化退火后的 SEM 形貌 (3000×)

Fig. 3 SEM micrograph of the newly developed SCM435 steel wire rod after 9h annealing

3.1.2 SWRCH35K 中碳冷镦钢

常规轧制的 SWRCH35K 钢盘条的 R_m 为 580~620MPa, Z 为 40%~55%, 显微组织为铁素体+片层状珠光体。

马钢控轧控冷生产的 SWRCH35K 钢盘条的 $R_m \leqslant 550$MPa, $Z \geqslant 50\%$, 硬度 HRB $\leqslant 80$, 显微组织为超量析出的铁素体+退化或球化的珠光体, 见图4。其力学性能的统计结果见图5, R_m 平均值为 526MPa, Z 平均值为 52.5%。

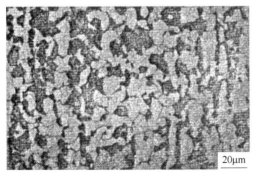

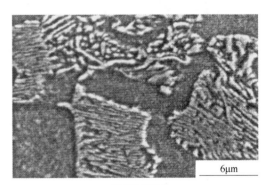

(a) 光学显微组织   (b) SEM 形貌

图4 SWRCH35K 钢盘条热轧态的显微组织形貌

Fig. 4 Microstructure of newly developed SWRCH 35K steel wire rod

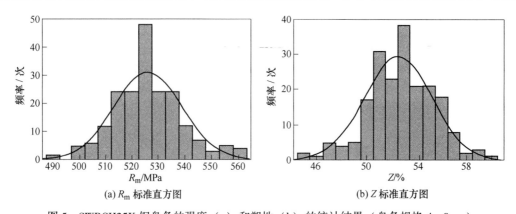

图 5 SWRCH35K 钢盘条的强度（a）和塑性（b）的统计结果（盘条规格 $\phi = 8mm$）

Fig. 5 Statistical results of strength (a) and plasticity (b) of newly developed SWRCH 35K steel (wire rod $\phi = 8mm$)

3.2 用户使用情况

采用马钢在线软化处理技术生产的冷镦钢盘条生产紧固件，一般生产工艺流程为：原材料（盘条）检验 → 拉拔（$\phi 8.0mm \rightarrow \phi 7.60mm$，$\phi 10.0mm \rightarrow \phi 9.5mm$，$\phi 12.0mm \rightarrow \phi 11.55mm$）→ 内六角螺栓冷镦、滚丝 → 热处理 → 检验出厂。

3.2.1 10.9 级 SCM435 冷镦钢

马钢生产的在线软化处理的 SCM435 钢热轧盘条，用户采用常规 30h 以上的球化退火工艺和 9h 的简化退火工艺，加工法兰面螺栓均获得了良好的使用效果，冷镦成型好，头型棱角清晰饱满，螺栓力学性能全部合格，并全部进入汽车行业配套使用。这表明马钢在线软化处理的 SCM435 钢盘条可以采用简化退火工艺加工生产紧固件产品。

3.2.2 8.8 级 SWRCH35K 冷镦钢

马钢生产的在线软化处理的 SWRCH35K 钢热轧盘条，拉拔后硬度值 HRB ≤ 90，热轧态和拉拔后的 Z 值分别为 63% 和 53%。直接冷镦、滚丝生产内六角螺栓都获得了成功，成品性能全部合格，模具损耗仅增加约 10%。表 2 为某公司免退火生产螺栓模具寿命比值。

表 2 某企业采用马钢生产的在线软化 SWRCH35K 钢盘条生产 8.8 级螺栓的情况

Table 2 Production of class 8.8 fasteners using the newly developed SWRCH 35K steel wire rod at MASTEEL

线材		成品丝		螺栓规格	冷镦速度/件·min⁻¹	模具寿命比/%
规格/mm	硬度（HRB）	规格/mm	硬度（HRB）			
8.0	81~84	6.97	94~96	M8×16	60	100
8.0	81~84	7.5	88~91	M8×20	100	92
10.0	81~84	9.5	89~91	M10×25	80	93

4 结语

（1）热机轧制技术能够使中碳钢发生形变诱发铁素体相变现象，可获得晶粒细化和渗碳体球化的中碳钢材料。

（2）通过形变诱发铁素体相变，中碳钢在略高于 A_3 温度时形变就可获得尺寸约 2～3μm 的超细铁素体晶粒。

（3）由于 DIF 量超量析出，越来越多的碳原子被拒绝进入到铁素体晶界以及铁素体与未形变奥氏体界面，在低温及高应变条件下对钢进行形变，经过控制冷却后可获得合适的球化显微组织。

（4）马钢采用热机械轧制技术生产的 SCM435 冷镦钢盘条的抗拉强度比常规轧制产品降低了 200MPa 左右，采用 9h 简化退火生产 10.9 级紧固件完全满足要求；生产的 SWRCH35K 冷镦钢盘条的抗拉强度比常规轧制产品降低了 50MPa，拉拔后硬度 HRB≤90，免退火生产 8.8 级高强度紧固件性能全部合格，模具损耗仅增加约 10%，简化生产工艺、节能降耗的效果显著。

参 考 文 献

［1］ 高橋渉，福田隆．第 37 回塑性加工連合講演会講演論文集［C］．東京：日本機械學會，1986：121.

［2］ 吴凡，曾详云，卞波，等．中碳钢碳化物相的应变诱发快速球化［J］．国防科技大学学报，1991，13（3）：117～121.

［3］ Hata H，Yaguchi H，Shimotsusa M，et al. Development of high quality wire rod through thermomechanical control processes［J］．Kobelco Technology Review，2002，25：25～29.

［4］ O'Brien J M，Hosford W F. Spheroidization cycles for medium carbon steels［J］．Metall. Mater. Trans. A，2002，33A（4）：1255～1261.

Study of On-line Softening Treatment for Medium Carbon Steel through TMCP

Yu Tongren[1]　Hui Weijun[1,2]　Zhang Buhai[1]　Su Shihuai[1]

（1. Ma'anshan Iron and Steel Co., Ltd.；2. Central Iron and Steel Research Institute）

Abstract：Medium carbon steel（0.36% C）was thermo-mechanically deformed and subsequent controlled cooled（TMCP）to obtain refined microstructure with spheroidized cementite. It was found that ferrite grain size reduced with decreasing deformation temperature or increasing deformation strain. Owing to deformation induced ferrite transformation（DIFT），ultra-fine ferrite grain size of about 2～3μm could be obtained for the steel deformed just above A_{r3} temperature. The volume fraction of DIF enhanced with decreasing deformation temperature or increasing deformation strain, especially when deformed temperature lowered that 750℃ the volume fraction of DIF increased significantly, which is far beyond the equilibrium ferrite fraction of 54%. The results indicated that a fairly spheroidized microstructure could be gained for steel deformed at low temperature and high strain and then controlled cooling.

Key words：spheroidization；medium carbon steel；refined microstructure；TMCP

控轧控冷中碳冷镦钢球化退火行为的研究❶

苏世怀[1]　惠卫军[1,2]　于同仁[1]　张步海[1]　董　瀚[2]　翁宇庆[3]

（1. 马鞍山钢铁股份有限公司；2. 钢铁研究总院；3. 中国金属学会）

摘　要：采用常规球化退火工艺和亚温球化退火工艺研究了控轧控冷中碳钢的碳化物球化退火行为。结果表明，对于这两种球化退火工艺，在700℃的保温初期（约≤4h），碳化物即迅速发生破断和球化，钢的强度和硬度明显降低，塑性明显提高。对于经过控轧控冷、具有细珠光体组织的线材，采用亚温球化退火处理可明显缩短退火时间。

关键词：中碳冷镦钢；控轧控冷；球化退火；碳化物球化

1　引言

　　冷镦钢线材一般用低、中碳优质碳素钢和合金钢生产，主要用于制造螺栓、螺母、螺钉、铆钉等紧固件和一些冷镦成形的零部件，其用途十分广泛，需求量大。8.8级及其以上的高强度紧固件，通常用中碳钢或中碳合金钢来制造。其典型生产流程包括：热轧线材—球化退火—拉拔—冷镦—滚丝—淬火回火—表面处理。其中球化退火的主要目的是使钢材获得足够的塑性以满足冷镦成形的要求。在冷镦成形过程中材料往往要承受70%～80%的总变形量，因而要求原材料的塑性好，硬度尽可能低，一般要求不大于HRB82。球化退火处理是目前紧固件制造过程中最为耗时、耗能的工序，冷镦钢盘条在分批处理或连续处理的退火炉中球化退火，其周期大约为12～24h[1]。因此，紧固件制造行业希望冶金厂家能够提供可较大幅度缩短球化退火处理时间的线材甚至能够直接拉拔、冷镦的免退火线材。

　　马钢最近对高速线材轧机生产线进行了设备和技术改造，配备了能实现低温轧制的超重载精轧机组，为高性能冷镦钢线材的工业生产提供硬件基础。本文对控轧控冷的中碳冷镦钢的球化退火行为进行了研究，以探讨合理的球化退火工艺制度，缩短球化退火处理的时间。

2　试验材料和过程

　　试验料选用目前生产量最大，主要用来制作8.8级高强度螺栓的中碳钢。工业生产的控轧控冷中碳钢SWRCH35K的化学成分为：0.34% C，0.68% Mn，0.18% Si，0.009% S，0.015% P。

　　球化退火工艺各个厂家根据目的不同而不尽相同，通常采用的是首先将钢加热到A_{c1}

---

❶　原文发表于 "Proceedings of Second International Conference on Advanced Structural Steels（ICASS 2004）."

温度以上的奥氏体+铁素体双相区，保温一定时间（通常为2h）后冷却到A_{c1}以下某一温度后保温足够长的时间（通常为10～20h），然后炉冷到500～600℃后空冷，见图1(a)，这种球化退火工艺以下简称常规球化退火工艺。本试验采用的试验参数如下：加热到$T_1 =$ 750℃，保温$t_1 = 2h$后，炉冷（2℃/min）到$T_2 = 700℃$保温$t_2 = 0h$、1h、2h、4h、6h、8h、12h、16h、20h后空冷。为了探讨合适的球化退火工艺，本研究也采用图1(b)所示的亚温球化退火工艺进行了试验，即将钢加热到A_{c1}温度附近（通常A_{c1}以下）保温一定时间后炉冷或空冷。本试验采用的参数为$T_0 = 700～740℃$，$t_0 = 1～16h$，空冷。

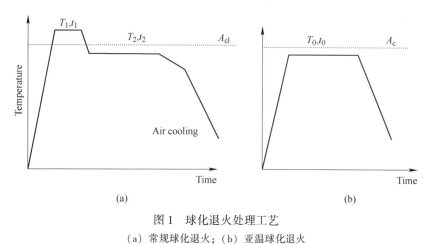

图1 球化退火处理工艺
（a）常规球化退火；（b）亚温球化退火

经过上述工艺球化退火处理的盘条加工成标准拉伸试样（$l_0 = 5d_0$，$d_0 = 4mm$）和金相、硬度试样。在MTS880型万能材料试验上进行室温拉伸试验，在HD8-187型洛氏硬度计上测定HRB硬度（100kg）。金相试样经3%的硝酸酒精溶液侵蚀后在光学显微镜和日立S4300型场发射扫描电镜（TEM）下观察各种工艺处理制度下的组织形貌。

3 试验结果

3.1 微观组织形貌

图2为试验料热轧态的微观组织形貌。可见，通过控轧控冷，试验料的微观组织细小，铁素体晶粒尺寸约10μm，珠光体片层间距细小，平均片层间距约0.20μm。此外，部分渗碳体已发生一定程度的球化，部分渗碳体片产生扭折甚至断开。

试验料经常规球化退火处理后的碳化物球化情况的微观组织形貌见图3。从图中可以看出，在T_2温度700℃未保温的渗碳体呈典型的片状，保温1h后即有部分渗碳体断开、球化，保温2h后渗碳体即大部分发生球化，此时的渗碳体球化率在60%以上。此后，随着保温时间的延长，碳化物球化率继续提高，并按照Ostwald机制长大，且分布更加均匀。应当指出的是，即使经过20h的保温，试样中仍有少量未球化的渗碳体，这表明要得到全部球状渗碳体非常困难。试验料经亚温球化退火后的碳化物球化情况见图4。同样，在700℃保温2h后渗碳体即大部分变成短棒状或球状，渗碳体球化率在60%以上。此时的整个保温时间较常规球化退火至少缩短了2h。

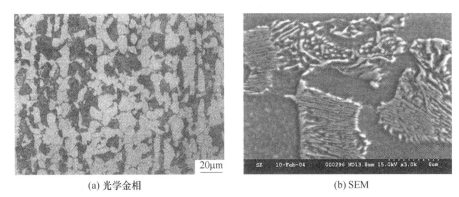

(a) 光学金相   (b) SEM

图 2   试验料热轧态的微观组织形貌

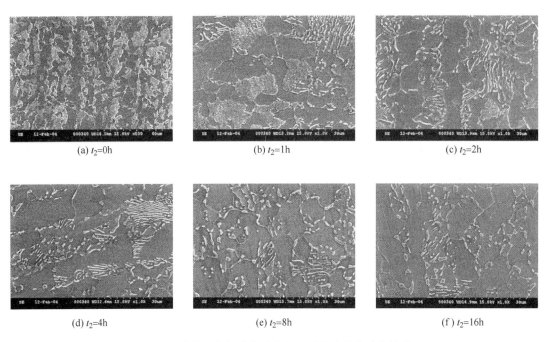

(a) t_2=0h   (b) t_2=1h   (c) t_2=2h

(d) t_2=4h   (e) t_2=8h   (f) t_2=16h

图 3   试验料经常规球化退火处理后的碳化物球化情况

（此处所给出的保温时间为 t_2，不包括保温时间 t_1）

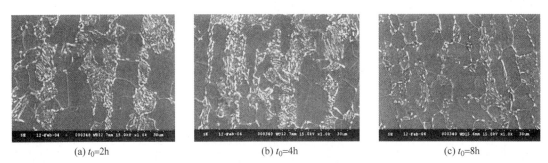

(a) t_0=2h   (b) t_0=4h   (c) t_0=8h

图 4   试验料经亚温球化退火处理后的碳化物球化情况

3.2 力学性能

图 5 和图 6 是经常规球化退火和亚温球化退火的试验料的抗拉强度、断面收缩率和硬度随保温时间的变化。可见，在退火保温初期，强度和硬度急剧降低，塑性得到明显改善，此后随保温时间的延长，强度和硬度缓慢降低，塑性逐渐提高，这可能主要是渗碳体按照 Ostwald 机制逐渐长大的缘故。在保温时间超过 4h 后，亚温球化退火处理试样的抗拉强度和硬度稍高于常规球化退火处理的试样，这可能是后者渗碳体比较细小的缘故，见图 3 和图 4。尽管如此，但亚温球化退火处理后的断面收缩率却高于后者。

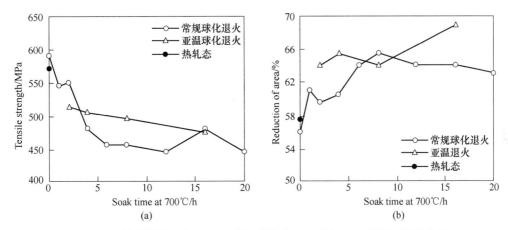

图 5 试验料的抗拉强度（a）和断面收缩率（b）随 700℃保温时间的变化

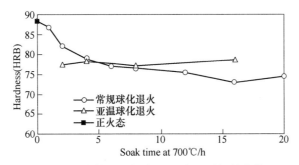

图 6 试验料的硬度随 700℃保温时间的变化

4 讨论

目前在工业生产中对中碳钢多采用常规球化退火处理工艺来获得球化碳化物组织。这种工艺是利用不均匀奥氏体中未溶碳化物或奥氏体中高浓度碳偏聚区的非自法形核的有利作用来加速球化[2]。如对 0.45%、0.82% 和 1.28% C 钢的研究结果表明[3]，残留碳化物只有以点状存在才能促进碳化物球化，其作用是使共析转变中碳化物能以短棒状和颗粒状析出，以便为随后的碳化物球化长大做好组织准备。然而 Whiteley[4] 则指出，在 A_1 温度以上在 0.5h 以内碳化物即全部溶解。如果珠光体很细，则这种溶解会更为迅速。从这个角度上，很难理解目前工业生产中所采用的这种常规球化退火处理工艺。一种可能是这种工艺制度是移植自过共析钢的球化退火工艺，因为对于过共析钢，在 A_1 之上的保温处理是破碎共析渗碳体的重要手段。通常细珠光体组织的球化速率要明显高于粗珠光体组织。对于快速冷却得到的细珠光体组织，如果加热到 A_1 温度以上，随后缓冷到 A_1 以下，则这种细珠光体组织则往往会被粗大的珠光体组织所替代，其结果反而不利于加速碳化物的球化。

亚温碳化物球化的驱动力是铁素体-碳化物界面能的降低，其转变机制是碳从碳化物尖角、缺陷等高能处向低能处扩散，其转变速率与珠光体片层间距成反比。传统的观点认为，由于在临界点以下温度以下使碳化物球化的周期太长，对于粗大片状珠光体就更加困难，因此在紧固件冷镦业中通常避免采用这种球化退火工艺。这种考虑也许与以往线材慢冷所得到的粗大珠光体组织有关。然而近年来，O'Brien 等[1] 对中碳钢球化退火处理工艺的研究工作表明，对于经 Stelmor 控冷线快速冷却得到的细珠光体组织，在 A_1 以下的较高温度进行亚温球化退火处理可显著加快渗碳体的球化进程。本文对 35K 钢的研究工作同样表明了这一点。这种亚温球化退火工艺较常规球化退火工艺碳化物球化速率快的主要原因是：首先，对于常规球化退火，在稍低于 A_1 温度，奥氏体向铁素体和碳化物缓慢转变，显然在这种碳化物形成前不可能发生碳化物的球化；其次，则与所形成的碳化物的特征有关，即控轧控冷获得的细珠光体组织中，部分碳化物已发生球化，而更多的碳化物片则发生扭折或破断，见图 2(b)。显然，这种组织状态更容易球化长大。

5　结论

采用常规球化退火工艺和亚温球化退火工艺研究了控轧控冷中碳钢的碳化物球化退火行为。结果表明，对于这两种球化退火工艺，在 700℃ 的保温初期（约≤4h），碳化物即迅速发生破断和球化，钢的强度和硬度明显降低，塑性明显提高。对于经过控轧控冷、具有细珠光体组织的线材，采用亚温球化退火处理可明显缩短退火时间。

致谢　本研究得到国家科技部"863"计划的经费支持（No. 2003AA331030）。

参 考 文 献

[1] O'Brien J M, Hosford W F. Spheroidization cycles for medium carbon steels [J]. Metall. Mater. Trans. A, 2002, 33A (4)：1255~1261.
[2] 安运铮. 热处理工艺学 [M]. 北京：机械工业出版社，1982.
[3] 章为夷. 球化处理中残留碳化物的作用 [J]. 热加工工艺，1992 (4)：15~18.
[4] Whiteley J H. The formation of globular pearlite [J]. JISI, 1922, 105：339.

Spheroidizing Behavior of Controlled Rolled and Cooled Medium Carbon Steel

Su Shihuai[1]　　Hui Weijun[1,2]　　Yu Tongren[1]

Zhang Buhai[1]　　Dong Han[2]　　Weng Yuqing[3]

(1. Ma'anshan Iron and Steel Co., Ltd.; 2. Central Iron and Steel Research Institute;

3. The Chinese Society for Metals)

Abstract: The spheroidizing behavior of controlled rolled and cooled medium carbon steel SWRCH 35K was studied. Two different process cycles were considered. One was the conventional intercritical cycle, widely used in industry. The other process was a subcritical cycle, which involved heating to below the A_1 for various times. It was found that both processes produced similar significant drops of strength and hardness and significant increasing of ductility at about the starting fours soaking at 700℃. For Controlled and cooled wire rods, which having a much finer pearlite, spheroidization occurs more rapidly in the subcritical process, which is mainly attributed to the finer pearlite with many kinks and breaks. This advantage is lost in the intercritical process as the original fine pearlite was dissolved when heated above the A_1 temperature. More detail work needs be done to get a better understanding of subcritical process.

Key words: medium carbon steel; controlled rolling and cooling; spheroidizing annealing; carbide spheroidization

V 微合金化热轧双相钢的组织与性能❶

王银凤[1]　何宜柱[2]　苏世怀[3]　胡学文[3]

(1. 安徽工程科技学院机械工程系；2. 安徽工业大学；3. 马鞍山钢铁股份有限公司)

摘　要：研究了 V 微合金化热轧试验钢的组织与性能，并对 V(C, N) 粒子的析出及其对强度的影响进行了分析。结果表明，试验钢的组织由多边形铁素体、贝氏体和少量马氏体组成，多边形铁素体的平均晶粒尺寸约 7μm，试验钢的抗拉强度高于 570MPa，综合力学性能良好。通过透射电镜观察发现，试验钢中有 V(C, N) 粒子的析出，析出方式主要是在铁素体内随机析出和沿位错线析出。由于第二相粒子的析出，试验钢的强度提高了约 45MPa。

关键词：双相钢；V(C, N)；析出

1　引言

随着现代汽车工业向节约燃料、减轻重量、提高安全性等方向的发展，先进高强度钢的研发越来越受到重视。目前，BH 钢、HSLA 钢、DP 钢、CP 钢及 TRIP 钢等都已得到不同程度的研究和应用。双相钢由于具有低屈强比、连续屈服、强度高、延展性好等特点[1,2]，已经成为高强度成型性好的新型冲压用钢。双相钢的主要组成部分为铁素体+马氏体[3]，较新型的双相钢还包括铁素体+贝氏体、铁素体+贝氏体+少量马氏体等。研究表明，与作为第二相的马氏体相比，贝氏体对凸缘拉伸性能和断裂韧性都具有有利的影响，这种双相钢已应用于车轮生产。

双相钢主要分热处理型和热轧型两种[4]，前者是通过临界区热处理的方法获得双相组织，后者是通过控制轧制和轧后的控制冷却等来直接获得双相组织，因而生产效率高，性能稳定[5]。双相钢的主要合金元素以 Si、Mn 为主，另外根据生产工艺及使用要求不同，有的还加入适量的 Cr、Mo、V 元素，组成了以 Si-Mn 系、Mn-Mo 系、Mn-Si-Cr-Mo 系、Si-Mn-Cr-V 系为主的双相钢系列。

目前生产的热轧双相钢主要是含有 Mo 和 Cr 合金元素，但是由于 Mo 的价格昂贵，添加 Mo 增加了钢的成本。为了节约合金元素，降低钢的成本，可以在钢中加入微合金化元素 Ti、Nb、V 等来提高钢的强度。在这 3 种微合金元素中，V 的碳氮化物在奥氏体中的固溶度积相对最大，因而成为最理想的沉淀强化元素[6]。在铁素体中析出 V 的碳氮化物，具有显著的弥散强化作用，能有效的提高钢的强度[7]，因此 V 微合金化热轧双相钢已成为一种研究方向。本试验研究的就是在 C-Si-Mn 系基础上添加了微合金化元素 V，通过模拟

❶　原文发表于《炼钢》2008 年第 2 期。
安徽省国际科技合作计划项目（07080703002）。

CSP 热轧得到了铁素体+贝氏体+少量马氏体的组织，并对其组织和性能进行了分析。

2 试验材料与方法

2.1 轧制试验方案与轧制规程

试验钢是在马鞍山钢铁股份有限公司技术中心（以下简称马钢技术中心）的 1t 中频炉中熔炼，然后模拟 CSP 轧制而成的，轧制试验方案为：冶炼→浇铸→保温运输到轧机前的加热炉前→高温脱模→火焰切割（2 件/铸坯）→加热 1h（炉预热到 1150℃）→测温度→铸坯温度达到 1150℃出炉→轧制→浇水冷却到 450℃→保温。

轧机采用 7 道次轧制，钢坯原料厚 70mm，轧制成品 4.2mm，出炉温度 1150℃，开轧温度 1070℃，轧制规程见表 1，试验钢的最终化学成分见表 2，其中 N 的含量主要是在炼钢时加入的合金 VN12 控制。

表 1 试验轧制规程

道次	厚度/mm	压下厚度/mm	压下率/%	道次	厚度/mm	压下厚度/mm	压下率/%
0	70.0	0	0	4	8.1	3.5	30.0
1	42.0	28.0	40.0	5	6.1	2.0	25.0
2	21.0	21.0	50.0	6	4.9	1.2	20.0
3	11.6	9.5	45.0	7	4.2	0.6	13.0

表 2 试验钢的化学成分（质量分数） （%）

C	Si	Mn	P	S	V	Cr	Al_s	Mo	N
0.042	0.46	1.49	0.014	0.0056	0.074	0.028	0.026	0.0024	0.009

2.2 试样制备

对成品进行取样，金相试样取自拉伸实验拉断后的试样，加工成小块试样，沿轧制方向将小试样磨平、抛光，用 4%的硝酸酒精腐蚀制成金相试样进行金相观察，并进行晶粒平均截距的测定，用 Lepera 试剂腐蚀制成金相试样测定铁素体、贝氏体及马氏体的体积分数，用马钢技术中心的 Axioskop-2-MAT 正置式金相显微镜和 Axiovert200M-MAT 倒置式金相显微镜进行金相组织观察。将试样磨制成透射电镜试样，在 H800 透射电镜上进行透射电镜组织观察。按照国家标准加工成力学性能试样进行力学性能测定。

3 实验结果与分析

3.1 试验钢的组织形貌

图 1（a）和图 1（b）分别为 1 号和 2 号试样用 4%硝酸（质量分数）酒精腐蚀的金相组织形貌，图 1（c）和图 1（d）分别为 1 号和 2 号试样用 Lepera 试剂腐蚀的金相组织形貌。其中 1 号试样的轧制工艺是轧制后水冷至 450℃保温，2 号试样的轧制工艺是轧制后水冷至 450℃空冷。从图 1 中可以看出，试验钢的组织主要由多边形铁素体、贝氏体和少

量马氏体组成。其中在图 1(c) 和图 1(d) 中，黑灰色的是贝氏体组织，白色的是马氏体组织，其余的是铁素体基体。铁素体晶粒的平均尺寸用截线法测定，其测定结果分别为：1 号试样，6.97μm；2 号试样，6.92μm。根据体视学中的 $V_V = A_A = L_L$，用网格法计算贝氏体（和马氏体）的体积分数，其结果分别为：1 号试样，10%；2 号试样，8.5%。从晶粒尺寸的测定结果可以看出，钒细化晶粒的作用不明显。

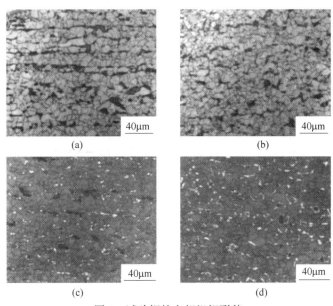

图 1　试验钢的金相组织形貌

(a)，(c) 450℃保温；(b)，(d) 450℃空冷

　　图 2 和图 3 是 2 个试样的透射电镜的组织照片。其中，图 2(a) 是 2 号试样中的马氏体组织形貌，图 2(b) 是 1 号试样中的贝氏体组织形貌。由图 2(a) 可以看出马氏体组织呈板条状。图 3 是 2 个试样中的第二相粒子的析出形貌 TEM 图。其中，图 3(a) 是 1 号试样的 V(C，N) 粒子的析出形貌，图 3(b) 是 2 号试样的 V(C，N) 粒子的析出形貌。图 4 是 1 号试样中铁素体中的 V(C，N) 粒子的析出形貌及其 SAD 标定。从电镜照片可以看出，V(C，N) 粒子是在铁素体内析出，析出方式主要是在铁素体内随机析出和沿位错线析出，析出不均匀，导致析出不均匀的原因与轧制温度有关。V(C，N) 析出粒子的尺寸在 10nm 左右。

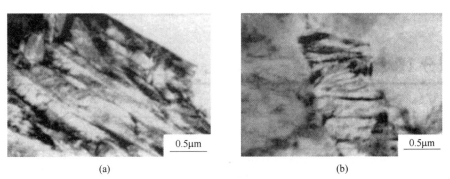

图 2　透射电镜的组织形貌

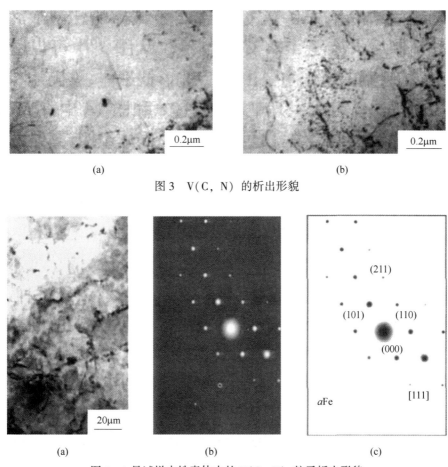

图 3　V(C，N) 的析出形貌

图 4　1 号试样中铁素体中的 V(C，N) 粒子析出形貌
（a）1 号试样中铁素体组织；（b）为图（a）的 SAD；
（c）图（b）中 SAD 的标定，其中相机常数：2.03mm·nm

3.2　性能

　　表 3 为试验钢拉伸实验测得的性能，拉伸试样是按照 GB/T 228—2002 制成的，在 Z150/SN5A 试验机上进行试验，拉伸方向是轧制方向的纵向，主要测定试验钢的抗拉强度、屈服强度和伸长率。试验结果如表 3 所示。从表 3 中数据可以看出，2 个试样的屈服强度分别为 390.0MPa、389.4MPa，抗拉强度分别为 578.9MPa、576.9MPa，伸长率分别为 27.9%、26.5%，屈强比都为 0.67。本试验的研究目标是要得到抗拉强度在 560 ~ 700MPa，屈强比低于 0.7，伸长率高于 22% 的热轧双相钢，试验钢的强度、屈强比和伸长率都达到预定目标，具有良好的综合力学性能。

表 3　试验钢的力学性能

试样编号	R_{eL}/MPa	R_m/MPa	R_{eL}/R_m	A/%
1 号（450℃保温）	390.0	578.9	0.67	27.9
2 号（450℃空冷）	389.4	576.9	0.67	26.5

4　讨论

对于钒微合金钢，钒主要起沉淀强化作用和较弱的晶粒细化的作用。与其他的微合金元素相比，钒是唯一可以控制其在奥氏体向铁素体转变过程中以相间析出，又可以在铁素体中弥散析出的元素。从试验钢的透射电镜照片中可以看出，V(C，N)只在铁素体内析出，没有相间析出，而且析出量少，析出很不均匀。导致这种结果的原因是轧制过程在奥氏体区间停留的时间短，所以 V(C，N)来不及相间析出，V(C，N)在铁素体中的析出主要是铁素体内的随机析出和沿位错线析出，V(C，N)在铁素体内析出的原因主要是V(C，N)在铁素体和奥氏体中的溶解度差异较大。

很多研究表明，马氏体的含量主要控制着拉伸性能，随着马氏体含量的增加延性降低，在马氏体体积分数相同的情况下，晶粒细小的显微组织具有更好的强度和延展性[8]。影响双相钢拉伸性能的因素包括马氏体体积分数和形态、马氏体的碳含量、铁素体的晶粒尺寸等[9]。把前面计算的 1 号试样和 2 号试样的晶粒尺寸和马氏体的体积分数代入式（1）中计算试验钢的屈服强度。

$$R_{\mathrm{m}} = (1 - V_{\mathrm{m}})(88.3 + 573.4d_{\mathrm{f}}^{-\frac{1}{2}}) + V_{\mathrm{m}}\left(583.1 + 327.3\frac{C_{\mathrm{dp}}}{V_{\mathrm{m}}}\right) \tag{1}$$

式中，R_{m} 为屈服强度；V_{m} 为马氏体的体积分数；d_{f} 为铁素体的晶粒尺寸；C_{dp} 为双相钢的碳含量。

计算结果为：1 号试样，346.9MPa；2 号试样，340.7MPa。

计算结果与实验结果相比分别低了 43.1MPa 和 48.7MPa。计算值比实际值低这一结果可以说明在试验钢中还有其他的强化机制在起作用。由于公式（1）中只是计算铁素体晶粒大小和马氏体的含量等因素的作用，没有计算合金元素的影响，所以可以认为实际值高出的部分是由 V(C，N)的析出强化作用导致的。

对于常规轧制工艺的比较典型的含 V 钢，每增加 0.1% 的 V（质量分数）屈服强度提高 100~150MPa。本试验钢中，钒的质量分数为 0.074%，其强化效果约为 45MPa，没有达到常规轧制工艺含 V 钢的强化效果，其原因主要是轧后卷取过程中温度控制不当，V(C，N)粒子在铁素体中的析出量少，析出不充分造成的。可以通过进一步优化轧制工艺，如提高卷取温度等，使 V(C，N)粒子充分析出来提高试验钢的强度。

5　结论

（1）V 微合金化热轧试验钢的组织是由多边形铁素体、贝氏体和少量马氏体组成，铁素体的平均晶粒尺寸约 7μm。

（2）试验钢的屈服强度分别为 390.0MPa、389.4MPa，抗拉强度分别为 578.9MPa、576.9MPa，伸长率分别为 27.9%、26.5%，屈强比为 0.67，达到了预期的要求，综合力学性能良好。

（3）透射电镜观察表明，试验钢中有 V(C，N)粒子的析出，析出方式主要是在铁素体内随机析出和沿位错线析出。

（4）试验钢屈服强度的实测结果比计算结果高出约 45MPa，主要是 V(C，N)粒子的析出强化作用所致。

参 考 文 献

［1］ Fallahi A. Microstructure－properties correlation of dual phase steels produced by controlled rolling process ［J］. Journal of Materials technology, 2002, 18: 451~454.

［2］ Al-Abbasi F M, Nemes J A. Micromechanical modeling of dual phase steels ［J］. International Journal of Mechanical Sciences, 2003, 45: 1449~1465.

［3］ Rocha R O, Melo T M F, Pereloma E V, et al. Microstructural evolution at the initial stages of continuous annealing of cold rolled dual－phase steel ［J］. Materials Science and Engineering, 2005, A391: 296~304.

［4］ Zhang Chunling, Cai Dayong, Zhao Tianchen, et al. Simulation of hot－rolled dual－phase weathering steel 09CuPCrNi ［J］. Material Characterization, 2005, 55: 378~382.

［5］ 张春玲, 蔡大勇, 廖波, 等. 耐候钢变形奥氏体的连续冷却转变 ［J］. 钢铁研究学报, 2005, 17 (5): 58~61.

［6］ 徐曼, 孙新军, 刘清友, 等. 低碳含钒钢组织变化及 V(C, N) 析出规律 ［J］. 钢铁钒钛, 2005, 26 (2): 25~30.

［7］ Son Young Il, Lee Young Kook, Park Kyung-Tae, et al. Ultrafine grained ferrite－martensite dual phase steels fabricated via equal channel angular pressing: Microstructure and tensile properties ［J］. Acta Materialia, 2005, 53 (11): 3125~3134.

［8］ Erdogan M. The effect of new ferrite content on the tensile fracture behavior of dual phase steels ［J］. Journal of Materials science, 2002, 37: 3623~3630.

［9］ Sun Shoujin, Martin Pugh. Properties of thermo－mechanically processed dual－phase steels containing fibrous martensite ［J］. Materials Science and Engineering, 2002, A335: 298~308.

Microstructures and Properties of V Micro-alloyed Hot Rolled Dual Phase Steel

Wang Yinfeng[1]　He Yizhu[2]　Su Shihuai[3]　Hu Xuewen[3]

(1. Anhui University of Technology and Science School of Mechanical Engineering;
2. Anhui University of Technology; 3. Ma'anshan Iron and Steel Co., Ltd.)

Abstract: The present paper studies the micro-structures and properties of the test piece of V micro-alloyed hot rolled steel and analyzes precipitation of elements V(C, N) and the strengthening mechanism of the precipitates on strength of the testing piece. Results show that the micro-structures of the test steel are composed of polygon ferrites, bainites and trace of martensites and the average grain size of the polygon ferrites is about $7\mu m$, the tensile strength of the steel is over 570MPa and the mechanical properties are excellent. The TEM observation shows that there are precipitated V(C, N) particles in the steel. Precipitation may occur randomly in the ferrites or along the dislocation line. The strength of the test steel can be enhanced through precipitation of the second phase particles V(C, N).

Key words: dual phase steel; V(C, N); precipitation

热模拟工艺对 V 微合金化双相钢的相变及组织影响[❶]

王银凤[1]　何宜柱[2]　苏世怀[3]　胡学文[3]

（1. 安徽工程科技学院 机械工程系；2. 安徽工业大学 材料科学与工程学院；

3. 马鞍山钢铁股份有限公司）

摘　要：利用 Gleeble3500 热模拟试验机，结合光学显微镜，研究 V 微合金化热轧双相钢在不同控轧控冷条件下的相变行为及组织演变规律。结果表明，变形温度为 850℃、变形量为 50% 时，不同冷却速度和保温温度下的组织均由铁素体、贝氏体和马氏体组成。第二相的体积分数随冷却速度的增加而增加，随保温温度的升高而降低，冷却速度的变化比保温温度的变化对第二相体积分数的影响大。最佳冷却速度应控制在 5~25℃/s。

关键词：双相钢；微合金化；相变

1　引言

双相钢具有低屈强比、连续屈服、强度高、延展性好等特点，已经成为高强度成型性好的新型冲压用钢[1,2]。双相钢的主要组成部分为铁素体+马氏体[3]，较新型的双相钢还有铁素体+贝氏体、铁素体+贝氏体+少量马氏体组织[4]。

热轧双相钢是通过控轧控冷的方式直接获得双相组织，控轧控冷工艺是提高钢强度等力学性能的重要途径[5]。在低碳钢中添加微量 V、Ti、Nb 等微合金元素，有抑制多边形铁素体相变，在轧后连续冷却时获得贝氏体组织的作用。这些微量元素的碳氮化物的沉淀析出，起到了细化晶粒和沉淀强化的效果[6]。

目前生产的热轧双相钢主要含有 Mo 和 Cr 等合金元素，但由于 Mo 的价格昂贵，添加 Mo 增加了钢的成本。为了节约合金元素，降低钢的成本，本文研究的实验钢为 V 微合金化热轧双相钢。通过在实验室模拟 CSP 线对实验钢进行轧制，利用 Gleeble3500 热模拟试验机，研究实验钢在不同控轧控冷条件下的相变行为及组织演变规律，为实际生产提供最佳的轧制工艺。

2　实验材料和方法

2.1　实验材料

实验钢在马钢技术中心的 1t 中频炉中冶炼，其化学成分（质量分数）为：0.042% C，0.46% Si，1.49% Mn，0.014% P，0.0056% S，0.074% V，0.000136% N。采用扁锭模浇

---

❶ 原文发表于《材料热处理技术》2009 年第 18 期。

安徽省国际科技合作计划项目（07080703002）；安徽工程科技学院青年基金资助项目（2007YQ029）。

筑，扁锭模最终设计尺寸为 70mm×220mm×450mm。然后对实验钢钢锭进行锻造，先在箱式炉中加热至 1100～1150℃，再在 560kg 的空气锤上进行锻造，锻造成宽 120mm、厚 15mm 的钢板。将钢板切至合适的大小，进行固溶处理，固溶处理工艺为：1150℃ 保温 25min，用 5% 的盐水淬火。固溶处理的目的是使合金元素固溶于基体中，为热模拟试验做准备。将固溶处理后的钢板加工成如图 1 所示的热模拟试样。

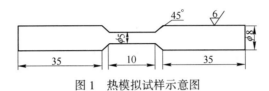

图 1 热模拟试样示意图

Fig. 1 Schematic illustration of thermal−mechanical simulation

2.2 实验方法

利用 Gleeble3500 热模拟试验机，对实验钢在压缩变形量为 50% 时，以不同的速度冷却到不同温度下保温（卷取）时的相变行为及组织演变规律进行研究。用 JMaTPro 软件计算热轧的温度参数，确定开轧温度应该控制在 1070℃，终轧温度控制在 850℃。热模拟工艺如图 2 所示。试样编号如表 1 所示。

表 1 热模拟试样编号

Table 1 The sample No. of thermal−mechanical simulation

试样	变形量 /%	保温温度 /℃	冷却速度 /℃·s^{-1}	试样	变形量 /%	保温温度 /℃	冷却速度 /℃·s^{-1}
1#	50	400	5	6#	50	500	25
2#	50	450	5	7#	50	400	50
3#	50	500	5	8#	50	450	50
4#	50	400	25	9#	50	500	50
5#	50	450	25				

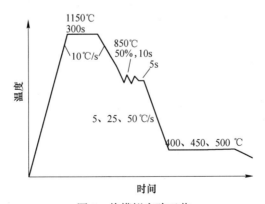

图 2 热模拟实验工艺

Fig. 2 The thermal−mechanical simulation processing

3　实验结果

图 3 为变形温度 850℃、变形量 50%、冷却速度 5℃/s、不同保温温度下相变的金相组织形貌。可以看出，不同的保温温度下都得到了铁素体、马氏体、贝氏体组织，为了计算方便在进行第二相体积分数统计时把非铁素体组织都归为第二相，经统计计算，1#、2#、3#试样中第二相的体积分数分别为 8.9%、7.4%、5.7%。

图 3　在 850℃变形 50%、冷速为 5℃/s、不同保温温度下相变组织形貌

Fig. 3　Optical microstructure under different holding temperature at
850℃ reduction of 50% and cooling rate of 5℃/s

图 3(a)、(b)、(c) 为 4%硝酸酒精腐蚀的金相组织形貌，图 3(d)、(e)、(f) 为 Lepera 试剂腐蚀的金相组织形貌。通过对比图 3 中不同试剂腐蚀的照片可以发现，硝酸酒精腐蚀的照片中，只显示了黑白两种颜色，黑色的组织往往被误认为是珠光体，但经 Lepera 试剂金相腐蚀后发现，黑色组织实际上是贝氏体和马氏体的混合组织，且 1#试样中的贝氏体居多，3#试样中的马氏体居多。

图 4 为变形温度 850℃、变形量 50%、冷却速度 25℃/s、不同保温温度下相变的金相组织形貌。可以看出，冷却速度为 25℃/s 时，不同的保温温度下相变的组织均由铁素体、贝氏体和少量的马氏体组成，其第二相的含量随保温温度的升高而减少，4#、5#、6#试样中第二相的体积分数分别为 35.7%、30.6%、23.3%。

图 5 为变形温度 850℃、变形量 50%、冷却速度 50℃/s、不同保温温度下相变的金相组织形貌。可以看出，当冷却速度为 50℃/s 时，不同的保温温度下相变的组织均由铁素体、贝氏体和少量的马氏体组成，7#、8#、9#试样第二相的体积分数分别为 64.5%、62.1%、41.7%。

(a)　　　　　　　　　　(b)　　　　　　　　　　(c)

图 4　在 850℃ 变形 50%、冷速为 25℃/s、不同保温温度下相变组织形貌

Fig. 4　Optical microstructure under different holding temperature at
850℃ reduction of 50% and cooling rate of 25℃/s

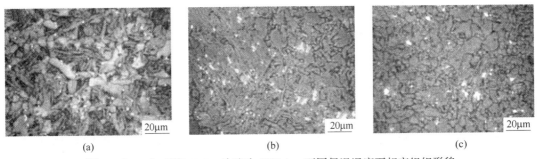

(a)　　　　　　　　　　(b)　　　　　　　　　　(c)

图 5　在 850℃ 变形 50%、冷速为 50℃/s、不同保温温度下相变组织形貌

Fig. 5　Optical microstructure under different holding temperature at
850℃ reduction of 50% and cooling rate of 50℃/s

4　结果分析

双相钢的组织是在软的铁素体基体上分布着硬质的岛状第二相（贝氏体/马氏体）。贝氏体/马氏体赋予材料强度，铁素体赋予材料塑性和韧性，其特点是具有高的抗拉强度，低的屈强比，无屈服点延伸，高塑性，优良的深冲性能，良好的成型性和高的加工硬化能力。要使双相钢具有上述优良的性能，第二相的体积分数应该在 5%~30%[7]。由图 6 可看出，变形温度为 850℃、变形量为 50% 时，在相同的保温温度下，第二相的体积分数随冷却速度的增加而增加；在相同的冷却速度下，第二相的体积分数随保温温度的升高而降低。

从图 6 还可看出，冷却速率的变化比温度的变化对第二相体积分数的影响更大。冷却速度为 5℃/s 时，保温温度 400℃ 时的第二相体积分数比保温温度 500℃ 时增加了 3.2%；冷却速度为 25℃/s 时，保温温度 400℃ 时的第二相体积分数比保温温度 500℃ 时增加了 12.4%；冷却速度为 50℃/s 时，保温温度 400℃ 时的第二相体积分数比保温温度 500℃ 时增加了 22.8%。而保温温度 400℃ 时，冷却速度为 50℃/s 时的第二相体积分数比 5℃/s 时增加了 55.6%；保温温度 450℃ 时，冷却速度为 50℃/s 时的第二相体积分数比 5℃/s 时增加了 54.7%；保温温度 500℃ 时，冷却速度为 50℃/s 时的第二相体积分数比 5℃/s 时增加了 36%。这说明实际生产时只要选择合适的冷却速度，保温（卷取）温度可在较大范围内波动。

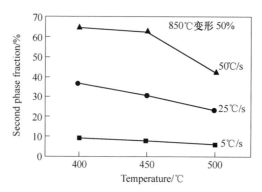

图 6　冷却速度和保温温度对第二相体积分数的影响

Fig. 6　The effects of holding rate and coiling temperature on second phase fraction

双相钢中，最佳第二相的体积分数为 5% ~ 30%[7]，图 6 中的阴影部分示意了其区域范围，冷却速度为 5℃/s，不同保温温度下的第二相体积分数均满足要求，但趋于下限，对提高强度不利，冷却速度为 25℃/s、50℃/s 时，第二相的体积分数偏大，对降低屈强比不利。因此冷却速度应该控制在 5 ~ 25℃/s。

5　结论

（1）变形温度为 850℃、变形量为 50% 时，不同冷却速度和保温温度下的组织均由铁素体、贝氏体和马氏体组成。

（2）在相同的保温温度下，第二相的体积分数随冷却速度的增加而增加；在相同的冷却速度下，第二相的体积分数随保温温度的升高而降低。冷却速率的变化比保温温度的变化对第二相体积分数的影响更大。

（3）变形温度 850℃、变形量 50% 的情况下，当冷却速度为 5℃/s 时，不同保温温度下的第二相体积分数均满足要求，但趋于下限，对提高强度不利；当冷却速度为 25℃/s、50℃/s 时，第二相的体积分数偏大，对降低屈强比不利。因此冷却速度应该控制在 5 ~ 25℃/s。

参　考　文　献

[1] Fallahi A. Microstructure-properties correlation of dual phase steels produced by controlled rolling process [J]. Journal of Materials Technology, 2002, 18: 451~454.

[2] Al-Abbasi F M, Nemes J A. Micromechanical modeling of dual phase steels [J]. International Journal of Mechanical Sciences, 2003, 45: 1449~1465.

[3] Rocha R O, Melo T M F, Pereloma E V, et al. Microstructural evolution at the initial stages of continuous annealing of cold rolled dual-phase steel [J]. Materials Science and Engineering, 2005, A391: 296~304.

[4] Tiwary S K. 塔塔钢公司热轧双相钢的开发 [J]. 鞍钢技术, 2004 (5): 63~66.

[5] 胡燕慧，杜林秀，高彩茹，等. 500MPa 级超级钢工业实验 [J]. 钢铁, 2004, 39 (10): 54~58.

[6] 吴红艳，杜林秀，薛文颖，等. 变形工艺对 V、Ti 微合金钢连续冷却相变的影响 [J]. 钢铁钒钛, 2006, 27 (1): 6~11.

[7] De Cosmo M, Galantucci L M, Tricarico L. Design of process parameters for dual phase steel production with strip rolling using the finite-element method [J]. Journal of Materials Processing Technology, 1999, 92~93: 486~493.

Effect of Thermal-mechanical Simulation Processing on Transformation and Microstructure of V Micro-alloyed Dual Phase Steel

Wang Yinfeng[1]   He Yizhu[2]   Su Shihuai[3]   Hu Xuewen[3]

(1. Deptartment of Mechanical Engineering, Anhui College of Technology and Science;

2. College of Material Science and Engineering, Anhui University of Technology;

3. Ma'anshan Iron and Steel Co., Ltd.)

Abstract: Transformation and microstructure of V micro-alloyed dual phase steel under different process parameters were studied using Gleeble3500 thermal-mechanical simulation and optical microscope. The experimental results show that the microstructure with different cooling rates and holding temperature is all composed of ferrite, bainite and martensite when the deformation temperature is 850℃ and reduction of 50%. At the same holding temperature, the second-phase fraction increases with the increase of cooling rate. While at the same cooling rate, the second-phase fraction decreases with the increase of holding temperature. The influence of cooling rate is bigger than that of holding temperature. The best cooling rates should be controlled at 5-25℃/s.

Key words: dual phase steel; micro-alloying; transformation

CSP 薄板技术

如何利用薄板坯连铸连轧工艺
大规模生产冷轧原料[1]

苏世怀　　张建平　　朱　涛

（马鞍山钢铁股份有限公司）

摘　要：薄板坯连铸连轧工艺大规模生产冷轧基料是当今薄板制造领域的难题之一。本文通过分析冷轧基料的一般要求、薄板坯连铸连轧工艺的设备配置、生产组织和物流衔接，提出了薄板坯连铸连轧工艺大规模生产冷轧基料的具体措施和建议。

关键词：薄板坯连铸连轧；冷轧基料；生产组织；产品质量

1　引言

对于板带生产而言，薄板坯连铸连轧工艺是当今发展最快的技术之一，其产品已广泛用于各个领域，并用于为下游冷轧工序提供原料。由于薄板坯连铸连轧产品的特性，对于一条生产线而言，目前大规模提供冷轧原料仍然具有相当的难度，以德国 TKS 公司在 Duisburg 的 CSP 生产线为例，其供冷轧料的比例仅为 55% 左右。目前，国内众多拥有薄板坯连铸连轧生产线的厂家，正在兴建或准备建设冷轧生产线，因此，研究薄板坯连铸连轧工艺大规模生产冷轧原料应考虑的问题和解决措施是非常有现实意义的。

2　冷轧基料的主要产品、工艺和质量特点

2.1　薄板坯连铸连轧产品特点

由于热加工历程的差异，与常规流程生产的薄板产品相比较，薄板坯连铸连轧产品存在以下几个特点：

（1）晶粒细小，屈服强度偏高；

（2）不同方向板卷性能差异不大；

（3）表面质量控制难度大；

（4）尺寸精度和板形控制水平较高。

因此，从产品质量的角度考虑，大规模生产冷轧原料主要考虑的两个因素是如何获得较低强度和较高表面质量的产品。

---

❶　原文发表于 2006 年薄板坯连铸连轧国际研讨会论文集。

2.2 供冷轧基料的主要品种和规格

2.2.1 冷轧基料主要品种

对于冷轧产品而言，根据不同的强度等级，可分为软钢冲压系列、高强度冲压系列、HSLA 钢、DP 和 TRIP 钢等，其中软钢冲压系列又可根据不同的冲压性能，分为 CQ、DQ、DDQ、EDDQ 等不同的等级，目前市场需求量最大的是 CQ、DQ 和 DDQ 级别的冷轧板。要解决 CSP 大规模供应原料的问题，首先在于大批量生产合格的 CQ～DDQ 热轧原料供应冷轧。

根据常用的 EN 和 JIS 标准，CQ～DDQ 的热轧原料的化学成分和力学性能要求见表 1。

表 1 CQ～DDQ 的热轧原料化学成分和性能要求

Table 1 Chemical compositions and mechanical property requirements of CQ～DDQ steel grades

钢种等级	化学成分/%					力学性能	
	C	Si	Mn	P	S	YS/MPa	TS/MPa
CQ	≤0.12	≤0.05	≤0.50	≤0.035	≤0.035	≤270	≥270
DQ	≤0.10	≤0.03	≤0.45	≤0.030	≤0.035	≤250	≥270
DDQ	≤0.080	≤0.03	≤0.40	≤0.025	≤0.030	≤210	≥270

虽然表 1 列出了一般冷轧基料的成分和性能要求，但由于 CSP 连铸的特点，为避开包晶钢区域，一般要求 C≤0.075%；为保证 CSP 连铸的安全性，一般应控制连铸上台钢水 S≤0.010%。

从力学性能来说，由于 CSP 热加工历程与常规热轧存在差异，导致产品晶粒较细，冷轧基料强度普遍高于常规热轧产品。以 CQ 级产品为例，一般屈服强度比常规热轧高 30～50MPa，因此，必须适当降低 CSP 冷轧基料的强度要求，才能适应大批量生产的需要。

2.2.2 主要规格

冷轧产品厚度范围一般为 0.30(0.25)～2.0mm 左右，故对应的热轧原料厚度为 1.4～4.5mm 左右。对于 CQ 级产品，一般可将冷轧总压下率控制在 60%～75% 左右；而对于 DQ 和 DDQ 产品，为保证冷轧和退火后产品的冲压性能，一般应适当提高其冷轧总压下率。因此，针对 CQ～DDQ 产品，相同厚度的冷轧板应采用不同厚度的热轧原料。

2.3 供冷轧料的生产工艺

为了保证冷轧基料的钢质纯净度和最终产品性能，一般生产冷轧基料的工艺路线为铁水预处理—转炉冶炼—二次精炼—CSP 连铸—热轧。

由于连铸钢水 S≤0.010%，为减少精炼脱 S 压力，建议生产冷轧基料 100% 采用铁水预处理，处理目标为 S≤0.003%。转炉冶炼除初炼成分应满足精炼工序要求外，主要应控制钢水的过氧化程度，这对控制钢中夹杂及带钢表面质量是非常重要的。

在钢水的二次精炼过程中，一般采用 LF 处理，主要目的是进行钢水的温度调节及适当脱 S，LF 处理可以满足 CQ 级冷轧基料的成分需求和 CSP 连铸条件。但是，如果要生产 DQ 甚至 DDQ 产品，LF 功能不能解决 C 含量控制的问题，必须借助 RH 处理，常用的是 RH+LF 双联工艺。通过 RH+LF 处理，DQ 级冷轧基料可以将 C 控制在 0.02% 以下即可，而 DDQ 级冷轧基料一般则需要将 C 控制在 0.008% 以下。

对于薄板坯连铸工艺而言，应根据不同钢种，控制钢水过热度和浇筑速度、选用不同的二次冷却曲线。另外，为保证冷轧基料的产品质量，应充分关注保护浇筑和电磁制动系统（EMBr）的使用，防止钢水成分波动（尤其要避免钢水二次氧化和过量增 N）和连铸卷渣。

生产冷轧基料时，为确保 AlN 等第二相粒子的充分固溶，以及满足热轧温度控制的需要，均热工艺的关键是采用较高的板坯均热温度，一般应大于 1100℃。热轧工艺主要是选用合理的压下制度和温度制度的组合，其中工艺要点是尽量在再结晶区域进行大变形，为随后的晶粒回复和长大创造条件。终轧应尽量在该钢种的 A_{r3} 点以上 30~50℃ 区域完成，轧后冷却应选用后段冷却模式，以保证轧后晶粒有充分的长大时间。在卷取温度控制上，应根据冷轧后不同的工艺路线（罩式退火和热镀锌），选用低温卷取和高温卷取工艺，这点对于 DQ 和 DDQ 产品的生产尤为重要。

2.4 易出现的产品质量问题和解决措施

薄板坯连铸连轧生产冷轧基料时，最常见的是表面质量问题。与常规热轧产品相比，其强度偏高也是影响冷轧成品性能的因素之一。

2.4.1 表面质量缺陷

主要表面缺陷有：边裂、条痕状（Silver）缺陷和氧化铁皮压入。其中，在边裂影响因素中，钢水 N 含量、Ca/Al 比、连铸拉速和二冷制度配合与缺陷产生存在一定对应关系；而条痕状（Silver）缺陷的影响因素较为复杂。研究表明：因钢质纯净度不高或连铸设备、工艺、操作不当引起的连铸卷渣、隧道炉炉底辊清理不及时导致辊面异物压入带钢表面等等，都将导致条痕状（Silver）缺陷的产生。值得指出的是：从缺陷外观来看，条痕状（Silver）缺陷容易和一次氧化铁皮压入缺陷混淆，但两者的产生机理和治理策略是不相同的。

至于氧化铁皮压入缺陷，主要由于薄板坯连铸连轧工艺特点，加热过程中形成的一次氧化铁皮薄且致密，需要除鳞系统更高的工作压力，且去除难度较大。因此，控制隧道炉炉内气氛和确保除鳞系统工作正常，是减少氧化铁皮压入缺陷的关键。

2.4.2 强度偏高

实际生产表明：薄板坯连铸连轧生产冷轧基料的强度偏高，且时效明显，这将对后续的冷轧工艺和下工序产品质量产生影响。为降低带钢强度，减少时效，可以采取以下措施。

化学成分方面：首先，尽量降低 C、Si、Mn 等元素含量，强度降低可以取得明显效果，但可能会增加生产成本，降低生产节奏。其次，国内外也在冷轧基料中适当加入少量 B，由于 B 和 N 优先结合（一般 B/N 控制在 0.5~0.8 左右），减少了细小的 AlN 数量，对降低带钢强度有利；但加 B 钢产生边裂和漏钢的趋势较为明显，连铸控制难度较大[1]。另外，为解决冷轧基料的时效问题，在钢中加入适量 Ti 可以取得较明显的效果；与 B 的作用相似，钢中加 Ti 也有利于降低带钢强度。

薄板坯连铸连轧工艺方面：首先要控制入炉薄板坯温度，尽量在 $\gamma \to \alpha$ 转变点以上进入隧道炉。其次采用较高的加热温度，确保较高的终轧温度，压下制度和冷却制度如上述处理，均对降低带钢强度有利。

3　产能平衡和生产组织

3.1　产能平衡

一般而言，一条两机两流的薄板坯连铸连轧生产线设计产能为 200 万吨左右。如果以 70%产品即年产 145 万吨作为冷轧原料计算，从铁水预处理到 CSP 连铸连轧各工序能力计算如下。

（1）铁水预处理：由于冷轧基料需 100%进行铁水预处理，按铁钢比 0.9 考虑，故铁水预处理生产能力应为：

$$145 \times 0.9 = 130.5（万吨）$$

如果采用 100%铁水预处理，按 110t 铁水包考虑，需配置 2 座铁水预处理装置。

（2）转炉：一般转炉冶炼周期在 38~45min 左右（兑铁到兑铁），平均冶炼周期为 41min，其小时产量计算如下：

有公称容量为 120t 的转炉两座，每炉出钢量 130t，转炉的日作业率一般为 70%左右，则每小时转炉产量为：$60 \times 0.7 \div 41 \times 130 = 133.2t$。两台转炉的小时产量为 266.4t。

（3）精炼：一台 LF 炉处理时间在 35~40min，其小时产量计算如下：

在两座 120t 转炉后各配一座 120t 的 LF 炉，形成和转炉相似周期的 LF 处理，每小时处理钢水 147.5t，高于转炉小时产钢量，可以起到转炉和铸机之间有效调节作用。

一台 RH 装置处理时间在 30min 左右，其小时产量计算如下：

RH 以处理 DQ 级钢为主，在 RH+LF 双联工艺中其主要功能为降碳脱氧，每炉钢水处理时间在 30min 以内，由于 RH 单工位，因此周期控制在 30min 以内可以和转炉、LF 的周期相匹配，RH 作为其中一处理环节，起到提升供冷轧基料品种和质量的作用，不对供冷轧基料的产量产生影响，小时产量应和 LF 的产量相同。

（4）薄板坯连铸：按板坯宽度 900~1600mm、厚度 50~90mm 为前提，连铸拉速在 3.5~6.0m/min 时，两台铸机小时产量计算如下：

铸坯厚度为 50mm 时

$$小时产量 = (900 ~ 1600) \times 50 \times 7.8 \times (3.5 ~ 6.0) \times 60/10^6 \times 2$$
$$= 147.42 ~ 449.28（t/h）$$

铸坯厚度为 70mm 时

$$小时产量 = (900 ~ 1600) \times 70 \times 7.8 \times (3.5 ~ 6.0) \times 60/10^6 \times 2$$
$$= 206.39 ~ 628.99（t/h）$$

铸坯厚度为 90mm 时

$$小时产量 = (900 ~ 1600) \times 90 \times 7.8 \times (3.5 ~ 6.0) \times 60/10^6 \times 2$$
$$= 265.36 ~ 808.7（t/h）$$

（5）热轧：按轧制厚度 1.5~8.0mm、宽度 900~1600mm、轧制速度 6~12m/s 计算，

7 机架连轧机组小时产量计算如下：

$$小时产量 = (1.5 \sim 8.0) \times (900 \sim 1600) \times 7.8 \times (12 \sim 6m/s) \times 3600/10^6$$
$$= 454.9 \sim 2156.5 (t/h)$$

由以上分析可见，薄板坯连铸连轧生产线要进一步扩大产能，主要瓶颈在转炉和二次精炼工序。为确保薄板坯连铸连轧生产线产能的发挥，应考虑增加钢水供应工序的产能，主要采取的措施有：采用 200t 以上的转炉和配套的精炼设备、通过工艺优化缩短冶炼和精炼周期、优化设备布置和生产组织以缩短工序间的吊运时间等等。

3.2 生产组织中应注意的问题

3.2.1 生产计划编排

薄板坯连铸连轧的生产组织过程与常规热轧有一定的差异。首先，薄板坯连铸连轧是一个连续生产的过程，一个浇次内钢种最好化学成分相同或近似，尽量减少因化学成分不均匀带来的过渡坯长度。在冷轧基料的生产过程中，如果化学成分和连铸工艺相同，而热轧工艺不同时，将产出不同性能的材料。例如：在生产 DQ 级冷轧基料时，虽然钢水化学成分相同，但由于下道工序的加工工艺存在差异（罩式退火和热镀锌），热轧将采用不同的温度制度。因此，在计划管理上必须考虑同浇次编排不同材料的生产计划。

由于在一个浇次内，薄板坯的宽度规格基本相同（连铸在线调宽一般小于 50mm），不可能像常规热轧宽度过渡采取的"窄—宽—窄"的做法，为保证热轧板形控制，常采用弯辊、CVC+ 等设备和技术。实际生产时，应根据不同宽度，制定不同的工作辊换辊周期。另外，冷轧原料一般轧制规格较薄，为保证热轧板形控制，所以在厚度规格过渡时，不宜跨度太大；薄规格应安排在工作辊使用周期的中段为佳。

3.2.2 物流管理

薄板坯连铸连轧物流管理涉及的环节很多，在此不作全面讨论。对于冷轧基料生产而言，物流管理顺畅的关键在于成品库的设计和管理。首先，由于冷轧上料时一般要求钢卷温度 ≤60℃，现场实测表明：在室温 25℃、钢卷卷取温度 600℃时，冷却到 60℃ 以下需 65~70h。因此薄板坯连铸连轧如有 70% 比例的冷轧基料，按日产 5500t 计算（其中商品卷按 48h 出库），需成品库能力为：

（1）冷轧基料：$5500 \times 70\% \times (65 \sim 70)/24 = 9625 \sim 11230 (t)$

（2）商品卷：$5500 \times 30\% \times 48/24 = 3300 (t)$

（3）考虑 0.8 的成品库利用系数，则热轧成品库总能力至少应为：

$$[(9625 \sim 11230) + 3300]/0.8 = 16156 \sim 18162 (t)$$

其次，在成品库的库管理和发货管理中，应考虑冷轧生产计划编排，尽量按照钢卷"先入先出"的原则，以减少时效对性能的影响。建议采用企业信息化系统建立一套完整的解决方案。

3.3 信息化管理在 CSP 生产冷轧原料中的应用

为了实现物流和信息流同步，提高产销效率，马钢从 2002 年开始在以 CSP 为核心的薄板制造流程推行信息化管理。到 2003 年 10 月为止，马钢薄板系统实现了从 L1

（基础自动化级）到 L4（企业管理级）的全面信息化管理。该系统的成功投用，不但较好地解决了薄板集成制造和销售的难题，并且为冷轧原料的大规模生产创造了条件。

在现阶段冷轧原料生产过程中，从最终的冷轧和热镀锌销售合同开始，信息化系统根据终端客户需求，采用物料倒推的方法，将销售订单转化为各工序的生产计划下达执行。目前，销售管理、生产排产、工艺控制、物料入/出库、产品质量综合判定全部在信息化系统内完成，大大提高了制造效率。

4 薄板坯连铸连轧大规模生产冷轧基料的生产实践

根据以上原则，马鞍山钢铁股份有限公司（简称"马钢"）组织了企业技术力量，同时借助与钢铁研究总院的"产学研"合作，提出了全套冷轧基料用钢水冶炼精炼工艺技术和薄板坯连铸连轧工艺，并通过优化生产组织和物流管理，全面解决了薄板坯连铸连轧大规模生产冷轧基料的难题。

从 2004 年 1 月试制以来到 2005 年 5 月为止，马钢 CSP 已累计生产 CQ、DQ 级冷轧基料 125.31 万吨，占 CSP 热轧总产量的 69.60%，合格率 99.74%，成材率 92.65%。其中 2004 年~2005 年 5 月 CQ 级冷轧基料月度产量、占 CSP 的比例及合格率情况见图 1~图 3。目前 DDQ 级冷轧基料正在研制开发之中。

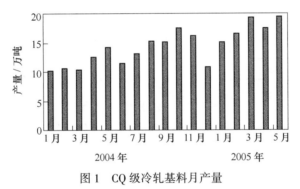

图 1　CQ 级冷轧基料月产量

Fig. 1　Month yield of CQ steel-grade cold-rolling feeds

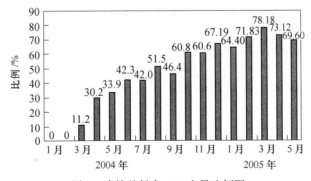

图 2　冷轧基料占 CSP 产量比例图

Fig. 2　Yield percentage of cold-rolling feeds in total CSP yield

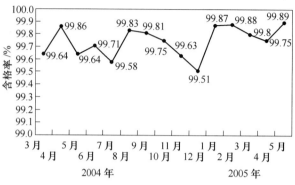

图 3　冷轧基料月合格率走势图

Fig. 3　Eligible quality percentage of each month

马钢 CSP 生产的冷轧原料的热轧力学性能见表 2。冷轧原料经后续的冷轧机组轧制、罩式退火和平整后，得到的冷轧产品平均力学性能见表 3。热镀锌后产品平均力学性能见表 4。

表 2　冷轧原料力学性能统计

Table 2　Statistical mechanical property of cold-rolling feeds

钢种	力学性能				YS/TS	晶粒级别
	YS/MPa	TS/MPa	$\delta_5/\%$	冷弯		
SPHC	304	378	38.3	合格	0.77	8.5
SPHD	282	346	40	合格	0.80	9.0

表 3　CQ、DQ 冷轧产品性能

Table 3　Statistical mechanical property of CQ and DQ cold strip

钢种等级	力学性能参数		成形性能参数		冲压性能参数		180°冷弯
	YS/MPa	TS/MPa	YS/TS	$A_{50}/\%$	$n_{0°}$	$r_{0°}$	
CQ	215	324	0.66	35.8	—	—	合格
DQ	181	291	0.62	46.2	0.21	1.59	合格

表 4　CQ、DQ 热镀锌产品性能

Table 4　Statistical mechanical property of CQ and DQ hot-galvanizing strip

钢种等级	YS/MPa	TS/MPa	$A_{50}/\%$	$n_{0°}$	$r_{0°}$
CQ	312	374	35.7	—	—
DQ	234	337	40.3	0.206	1.42

由表 2～表 4 可以看出：采用 CSP 生产工艺开发的 CQ、DQ 级冷轧基料产品，其化学成分、机械性能、外形尺寸、表面质量等指标均满足技术条件要求，为冷轧生产提供了合格基料，供冷轧基料的比率逐月提高，其比率达到 70% 以上，填补了国内在此技术领域的空白，达到了国内最高水平。

5 结论

(1) 采用薄板坯连铸连轧大规模生产 CQ～DDQ 级冷轧基料是可行的，供应比例可保证在产量的 70% 以上。

(2) 设备配置必须考虑产能平衡。为保证 DQ 以上级冷轧基料产品开发，二次精炼应配备 RH 真空脱气装置。

(3) 薄板坯连铸连轧生产冷轧基料应解决的主要问题是表面质量和力学性能偏高问题。

(4) 大批量生产冷轧基料应充分考虑生产组织和物流管理，应充分借助信息化管理手段提高生产效率。

参 考 文 献

[1] Markus Reifferscheid and Michael Bruns, Plant-wide product quality system for thin slab casting in CSP [C]. 第 33 届麦克马斯特炼铁炼钢会议论文.

How to Providing Cold Rolling Feeds in Force by Thin-Slab Continuous Casting and Rolling Technology

Su Shihuai   Zhang Jianping   Zhu Tao

(Ma'anshan Iron and Steel Co., Ltd.)

Abstract: It is difficult to produce cold-rolling sheets by feeds of thin slab continuous casting and rolling process in force. The primary requirement of cold-rolling feeds, and the equipment design, production management and material flow of thin slab continuous casting and rolling, were investigated in the paper. If the percentage of cold-rolling feeds which producing on TSCR line is more than 60%, some suggestion and solution were given.

Key words: thin slab continuous casting and rolling; cold rolling feeds; production management; quality of product

BOF—CSP—CR 流程高质量冷轧板技术开发[1]

苏世怀　　刘学华　　刘茂林　　陈友根　　胡学文

(马鞍山钢铁股份有限公司)

摘　要：马鞍山钢铁股份有限公司是世界上首家同步建设 CSP 及 CR 流程并采用此流程大规模生产冷轧和镀锌板的钢铁企业，本文介绍了马钢围绕此流程进行的冷轧板工艺技术研究和产品开发的进展情况。目前马钢 CSP 产品中冷轧板原料比例已经达到 70%~80%，并批量开发了以电工钢板、汽车（家电）板和彩涂板为代表的不同系列冷轧产品，其性能、质量与传统流程相当，生产成本更经济。

关键词：转炉；CSP—CR；冷轧板；产品开发

1　引言

20 世纪 80 年代末，为适应薄规格带钢"以热代冷"的市场趋势，以美国 Nucor 为代表的 EAF—CSP 短流程新工艺得到了快速发展，随后 BOF—薄板坯连铸连轧生产线大量兴建，在中国尤为突出。据报道，截至 2008 年，国际上已建成 29 条 CSP 生产线，产能达4965 万吨左右，其中中国有 7 条 CSP 生产线。21 世纪初，德国 TKS 和美国 Nucor 等企业开始探索用 CSP 工艺规模化生产冷轧原料，其 CSP 生产冷轧原料的比例分别达到了 45%和 15%左右。因此，如何采用薄板坯连铸连轧工艺规模化生产高质量冷轧原料已成为国际钢铁业所关注的研究课题。

马鞍山钢铁股份有限公司（以下简称"马钢"）原是一个以生产建筑长材为主的企业。2003 年马钢在国际上首家同步建设了一套以第二代 CSP 技术为核心的转炉—薄板坯连铸连轧—冷轧（热镀锌）—彩涂薄板制造系统，CSP 生产线和后续冷轧线分别于 2003 年10 月和 2004 年 2 月建成投产。在五年的时间内，马钢通过自主创新，与国内科研院所、高校及用户合作，目前 70%~80%的 CSP 热轧卷作为冷轧原料。在此基础上，马钢开发了超低碳 DDQ-IF 及无取向电工钢等冷轧产品，其产量达到 15000t/月的水平，其性能、质量与传统流程相当，生产成本更经济。本文总结了马钢 BOF—CSP—CR 流程规模化生产高质量冷轧板生产技术。

2　马钢转炉—CSP 流程及其生产冷轧产品的难点

2.1　马钢 BOF—CSP—CR 流程工艺特征

马钢 BOF—CSP—CR 流程设计产品为：CSP 热轧卷 200 万吨/年，冷轧卷 150 万吨/

---

❶ 原文发表于 2009 年薄板坯连铸连轧国际研讨会论文集。

年，其中退火卷（板）80 万吨，热镀锌卷（板）70 万吨，彩涂卷 30 万吨。可见，马钢 CSP 热轧卷的 70%~80%用于冷轧。根据冷轧原料对热轧卷厚度的要求，马钢 CSP 流程主要以轧制薄规格产品为主。

马钢 BOF—CSP—CR 流程主要工艺特征如下：

（1）流程长。从铁水预处理到彩涂，涉及炼钢、精炼、连铸、热轧、冷轧、镀锌和彩涂 7 个主要工序，其中工序间存在较多分流，正常生产周期一般需要 10 天左右。

（2）组产复杂。由于流程长，各工序连接柔性小，生产计划编制难度大，工序保障能力要求高；例如 CSP 按钢种、规格（厚度、宽度）每周不同的热轧卷组合就有几百种之多。

2.2 马钢 BOF—CSP—CR 流程生产冷轧产品的难点

冷轧板要求优良的成形性能、良好的表面质量、较高的板形质量、性能均匀及良好的焊接性能等。与常规流程比，CSP 热轧板的晶粒细、强度高，且表面质量控制难。表 1 是 CSP 的工艺和产品特点。BOF—CSP—CR 流程生产高质量冷轧板的主要技术难点如下：

（1）化学成分要求严格。冷轧原料要求降低钢中 C、Si、P、S 元素；合理的 Mn、Al 含量及 Al/Ca 比。例如 DC01 钢种，要求 C = 0.04%~0.075%，Si ≤ 0.03%，S ≤ 0.010%。DC03 要求 C = 0.01%~0.04%。IF 钢和无取向电工钢要求 C ≤ 0.005%。钢水纯净度、钢中有害气体要求更严，必须通过严格的原辅材料管理和合理的精炼工艺。

（2）薄板坯质量控制难。CSP 易出现各类铸坯表面缺陷。连铸过程中钢水液面波动大，高拉速易引起卷渣带来的铸坯缺陷。

（3）CSP 生产的冷轧原料性能波动大。研究指出，由于存在纳米级析出，电炉—CSP 流程生产的热轧薄板 σ_s 比常规流程高 80MPa 左右；BOF—CSP 流程生产的要高 50MPa 左右，强度高且性能波动大。

（4）CSP—CR 全流程的板形控制。从薄板坯到热轧卷，由于板形的遗传性，冷轧原料必须具有优于普通热轧商品卷的板形指标（如板凸度 = 30~60μm，平直度 ≤ 15I），加上冷轧过程中板形的有效控制，才能得到良好板形的冷轧产品。

表 1 CSP 的工艺和产品特点
Table 1　Technology and product characteristics of CSP

项目	CSP	传统流程
铸坯厚度/mm	50~90	150~250
连铸拉速/m·min^{-1}	4.0~6.0	0.9~1.5
钢水质量要求	（1）钢水 C_{eq} 应避开 0.08%~0.15%的包晶钢范围； （2）S ≤ 100ppm	C 含量无特殊要求；钢水 P、S ≤ 0.030%
铸坯质量	（1）连铸容易卷渣； （2）铸坯裂纹敏感性强； （3）结晶器内夹杂不易上浮	（1）铸坯裂纹敏感性弱； （2）结晶器内夹杂能部分上浮

项目	CSP	传统流程
热加工历史	钢水凝固后直接进入轧制	增加一次再加热和 $\gamma \rightarrow \alpha$ 相变过程
热轧总变形量	小	大
热轧卷表面质量	(1) 氧化铁皮致密，难以去除； (2) 易产生边裂和其他裂纹； (3) 表面质量较差	氧化铁皮容易去除，表面质量容易控制
热轧卷性能	晶粒细小，强度较高	晶粒粗大，强度较低

3　马钢BOF—CSP—CR流程的工艺技术研究和产品开发

3.1　高效化生产技术

马钢先后引进和开发了转炉顶底复合吹炼技术和转炉自动化炼钢技术，转炉终点成分、温度的命中率得到提高，转炉冶炼时间缩短3min以上，实现了不倒炉出钢。优化了钢水精炼工艺，使CSP连浇炉次上升到12~13炉；并借助国内同流程独有的RH真空脱气装置生产超低碳钢水，实际产能达到260万吨以上；具备批量生产IF钢和无取向电工钢水的能力。

3.2　BOF—CSP—CR全流程质量控制技术开发

3.2.1　高质量钢水的质量控制技术

高品质钢水的质量控制主要包括对钢水成分、温度和纯净度的综合控制。在钢水化学成分方面，研究了超低C钢的RH快速处理技术；铁水预处理和LF炉综合脱S技术；LF炉深脱硫过程的增C、增N的控制技术。目前马钢能够稳定控制钢中C<0.005%，Si≤0.03%，S≤0.005%，N≤0.006%。

在钢质纯净度方面，研究了转炉终点C、$a[O]$的控制技术；LF炉吹氩搅拌及Ca处理对钢中夹杂物控制的影响；原辅材料对钢质纯净度的影响；CSP连铸保护浇铸和电磁制动系统（EMBr）对结晶器中的液面波动和连铸卷渣的影响等，有效地改善了表面质量。

3.2.2　高质量薄板坯控制技术

高质量薄板坯包括铸坯内部和外观质量。研究了连铸工艺和钢水质量对连铸水口结瘤的影响，大幅度降低了水口结瘤率；对连铸钢水凝固过程进行了数值模拟研究，提出了热轧板卷表面夹渣的控制措施；研究了不同连铸保护渣对铸坯质量的影响，自主开发了超低碳钢专用保护渣。研究了铸坯氮化物、氧化物的析出规律；研究了铸坯厚度对夹杂物上浮及表面质量的影响，目前热轧卷边裂缺陷产生几率控制在1%以下。

3.2.3　板形控制技术优化

为确保CSP热轧和后续冷轧板形质量，开展了CSP板形控制模型优化研究；CVC轧辊磨削曲线优化研究；冷轧目标板形曲线优化和冷轧L2控制模型优化研究，在降低辊耗的同时改善了热轧板形质量，同时也有效地改善了冷轧板形质量。

3.2.4 性能控制技术

降低和稳定热轧板强度是获得高质量冷轧板的保证。研究了钢水化学成分对冷轧板性能的影响；研究了热轧温度制度、压下制度和速度制度对热轧板强度的影响；研究了 B 微合金化对薄板坯质量和热轧、冷轧板性能的影响；AlN 的分布和析出及对冷轧板 n、r 值的影响等，目前冷轧原料、冷轧和镀锌产品性能稳定，可满足不同用户的需求。

3.2.5 表面质量控制技术

CSP 热轧板主要表面缺陷包括边裂、条痕状（Silver）缺陷和氧化铁皮压入。研究了各种因素（钢水 N 含量、Ca/Al 比、连铸拉速和二冷制度的配合、隧道炉温度和炉内气氛）对表面缺陷的影响；通过提高钢质的纯净度、优化连铸工艺和操作，有效地控制了条痕状（Silver）缺陷；系统研究了 CSP 流程氧化铁皮的结构特点及隧道炉炉内气氛、除鳞设备和工艺对氧化铁皮压入缺陷的影响。目前，表面缺陷比例已由 2004 年的 15% 降低到目前的 4% 以下。

3.3 产品开发情况

马钢通过全流程系统的工艺技术研究，开发的热轧产品主要有集装箱用耐候钢 SPA_H、汽车大梁板 M510L、花纹板等。70%~80% 的 CSP 热轧卷为冷轧原料。已成功开发出日标、欧标两大系列的冷轧产品，主要的冷轧退火产品有 220MPa 级 BH 钢板、DC01~DC04 及无取向电工钢等；热镀锌产品主要有 SGCC、SGCD1 及 DX51D~DX54D 及无铬钝化热镀锌板等；彩涂产品主要有高质量建筑用彩涂板、冰箱及 DVD 用无铬家电彩板、热覆膜家电彩板等。

3.3.1 无取向电工钢

马钢利用 CSP 成功试制了 W470、W540、W600、W800、W1000 及 W1300 六个牌号的电工钢产品，并利用后续的冷轧-罩式退火生产了半工艺和全工艺无取向电工钢产品供应市场。用户使用结果表明：马钢生产的 MBDG 在磁性能和板形控制等方面均优于常规流程同牌号产品。特别是 W600 的磁感 B_{50} 为 1.68~1.73T，平均值为 1.71T；铁损 $P_{15/50}$ 为 3.3~4.3W/kg，平均值为 3.548W/kg，达到国标中牌号 50WB390 的技术要求。

3.3.2 汽车（家电）板

马钢采用 CSP 流程的冷轧原料生产 IF 钢板、BH 钢板和不同等级结构钢板已成功供应市场，DC04 的产量达到 1 万吨/月。

3.3.3 彩涂板

马钢已经向市场供应高质量建筑用彩涂板 50 多万吨，并向欧洲一些国家出口近 5000t 优质彩涂板。除了普通建筑用彩涂板外，近年来陆续试制开发了冰箱、DVD 用无铬家电彩涂板；热覆膜家电彩涂板及热覆膜建筑装饰用板等高端彩涂板产品。正在研发 PVDF 氟碳高耐候彩涂板、自清洁彩涂板等功能型彩涂板。

马钢 CSP—冷轧流程典型产品的成分和性能见表 2。

表 2　CSP 生产的典型产品成分和性能

Table 2　Compositions and properties of the typical products produced

产品	钢种	化学成分/%						力学性能		
		C	Si	Mn	P	S	Al_s	$R_{p0.2}$/MPa	R_m/MPa	A/%
冷轧板	DC04	0.0023	0.079	0.085	0.0067	0.003	0.057	$R_{p0.2}$/MPa	A/%	n_{90}	r_{90}
								149	41.5	0.22	2.30
	MBDG	0.0021	0.66	0.33	0.067	0.0008	0.30	$P_{15/50}$/W·kg^{-1}		B_{50}/T	
								3.3~4.3		1.68~1.73	
镀锌板	DX53D	0.0035	0.067	0.12	0.012	0.001	0.04	$R_{p0.2}$/MPa	A/%	n_{90}	r_{90}
								180	41.0	0.21	2.23

上述产品的成功开发，标志着马钢在 CSP 流程产品研发方面不仅可以消化吸收国外先进的经验与技术，而且具有较强的自主创新能力。通过引进技术和自主创新相结合，发展了一系列具有马钢特色的薄板产品。

4　技术经济指标和产品市场应用情况

4.1　主要经济技术指标

4.1.1　产量

图 1 是 2004 年 1 月至 2008 年 12 月马钢 CSP—CR 流程生产的热轧卷产量及冷轧比例（冷轧原料量占热轧卷产量的比例）。图 2 给出了马钢 CSP 热轧卷的平均厚度及冷轧原料的平均厚度。由图 1 和图 2 可见：马钢 CSP 高效化生产技术应用使产能已突破设计能力，达到 230 万吨/年左右。冷轧比率已从 2004 年投产初期的 42% 上升至 2008 年的 75.93%。CSP 热轧板平均轧制厚度在 3.4mm 左右；其中冷轧原料卷的平均厚度为 3.0mm 左右。

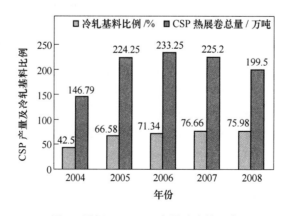

图 1　马钢 CSP—CR 产量及冷轧比率

Fig. 1　Output and output ratio of CR feed over HR

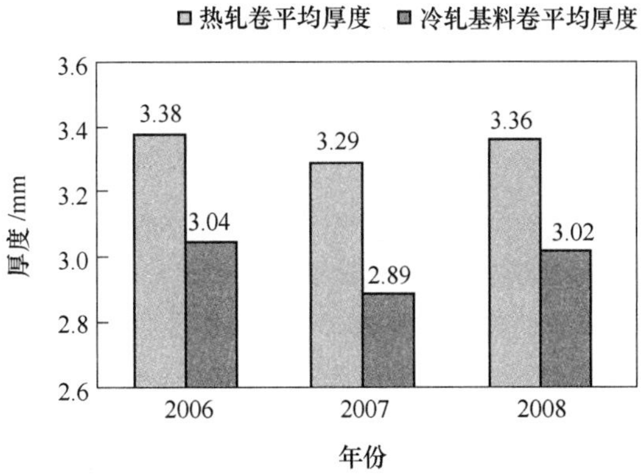

图2 马钢CSP热轧平均厚度和冷轧原料平均厚度

Fig. 2 Average thickness of HR and CR feedcoils

4.1.2 主要技术经济指标

表3给出了马钢CSP—CR流程的技术经济指标数据。由表3可见随着马钢CSP—CR流程管理和各项工艺技术的不断完善，各项主要技术经济指标取得了较大进步。

表3 马钢CSP—CR流程主要技术经济指标

Table 3 Major technical-economic indexes of CSP—CR process

序号	项目	指标				
		2004 年	2005 年	2006 年	2007 年	2008 年
1	热轧产品成材率/%	93.39	92.64	92.99	92.82	97.67
2	冷轧产品成材率/%	89.08	93.52	93.98	94.07	93.47
3	镀锌产品成材率/%	91.13	93.89	93.54	93.30	94.02
4	CSP连铸浇次平均连浇炉数/炉	8.72	11.33	12.45	13.1	13.0
5	CSP连铸漏钢率/%	0.43	0.33	0.28	0.21	0.18
6	冷轧产品Ⅱ、Ⅲ级品比例/%	8.46	7.87	5.19	4.38	3.54

4.2 产品市场应用情况

由图3可见：经马钢BOF—CSP—CR流程生产的热轧、冷轧、镀锌和彩涂产品，除在建筑、五金等传统行业得到广泛应用外，已全面进入家电、汽车市场，实现了生产高质量产品的目标。

5 结论

（1）马钢在国际上首家同步建设了CSP及冷轧流程，通过五年的自主创新和对外合作，实现了CSP大规模生产冷轧用热轧卷，比例达到70%～80%，开发了一批高质量冷轧产品，说明BOF—CSP—CR流程可以与传统流程一样大规模地生产高质量冷轧产品。

（2）通过高品质钢水质量控制、高质量薄板坯控制技术以及板形、性能、表面质量控

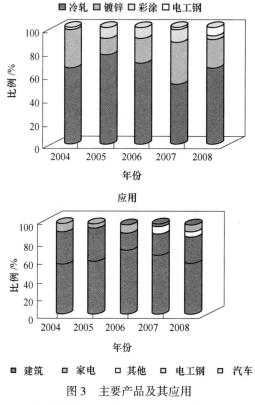

图 3　主要产品及其应用

Fig. 3　Main products and its application

制技术研究，形成了转炉-CSP-冷轧流程高效化稳定生产高质量冷轧板工艺技术。

（3）马钢CSP-冷轧流程成功开发了以无取向电工钢板、汽车（家电）板、彩涂板为代表的冷轧、镀锌产品和彩涂产品系列，超低碳冷轧板的产量达到了月产万吨水平，产品进入电工钢、家电、汽车市场，使用效果良好。

参 考 文 献

［1］殷瑞钰. 加强自主研发，争创世界一流［C］. 薄板坯连铸连轧技术交流与开发协会第五次技术交流会论文集，长沙，2007：1~16.

［2］殷瑞钰. 中国薄板坯连铸连轧的进展与展望［J］. 钢铁，2006，41（增刊1）：1~7.

［3］李光瀛，刘浏，何崇智，等. 冷轧深冲钢板的CSP短流程生产工艺、性能与织构［J］. 钢铁，2006，41（增刊1）：222~230.

［4］Grunter Flemming，等. CSP设备技术及其扩大生产计划的适用性［J］. 世界钢铁，1994（1）：71~78.

［5］Grunter Flemming，等. CSP产品范围的现在和未来［J］. 世界钢铁，2000（2）：44~48.

［6］张小平，梁爱生. 近终形连铸技术［M］. 北京：冶金工业出版社，2001.

［7］张绍贤. 薄板坯连铸连轧工艺技术发展的概况［J］. 炼钢，2000（1）：51~55.

［8］田乃媛，等. 薄板坯连铸连轧技术的最新进展［J］. 钢铁，2001（5）：69~72.

［9］朱云龙. 马钢薄板坯连铸连轧技术概述［J］. 安徽冶金，2002（1）：6~11.

［10］冯起. 薄板坯连铸技术的进步［J］. 安徽冶金，2002（1）：1~5.

[11] Dieter Rosenthal, Wolfgang Hennig. CSP——引领技术潮流超过 15 年 [J]. 钢铁, 2006, 41 (增刊 1): 8~15.

[12] 马钢技术中心. 薄板工艺技术相关资料汇编. 内部资料, 2003.

[13] 于浩. CSP 生产热轧低碳钢板的组织细化和强化机制研究 [D]. 北京: 北京科技大学, 2003.

[14] 施雄棵, 苏世怀, 张建平, 等. 马钢 CSP 生产冷轧原料工艺技术研究 [C]. 薄板坯连铸连轧技术交流与开发协会第三次技术交流会论文集, 2005: 128~133.

Production Technology for Quality Cold Rolled Sheets by BOF—CSP—CR Route

Su Shihuai   Liu Xuehua   Liu Maolin   Chen Yougen   Hu Xuewen

(Ma'anshan Iron and Steel Co., Ltd.)

Abstract: Ma'anshan Iron & Steel Co., Ltd. (Masteel) is the first company in the world to build a BOF—CSP—cold rolling process in one collective project to produce cold-rolled and galvanized sheets. The technology research and product development based on the route were introduced in the paper. Over 75% of CSP hot rolled coils for cold-rolling and different product series such as electric steel sheets, automotive (home appliance) sheets and color coated sheets have been successfully developed. The properties and quality of the cold rolled sheets are good enough for different applications.

Key words: BOF; CSP—CR; sheets; product development

CSP 流程产品定位研究❶

苏世怀　　胡学文　　刘茂林　　陈友根　　刘学华

(马鞍山钢铁股份有限公司)

摘　要：总结了 CSP 流程特点，综述了国内外 CSP 流程产品开发经验，结合马钢转炉-CSP-冷轧-退火（镀锌）流程近年来在热轧、冷轧、镀锌、彩涂、硅钢产品的开发实践，分析探讨了 CSP 流程产品的定位问题。

关键词：CSP；特点；产品定位

1　引言

从 1989 年 Nucor 公司建立 CSP 流程以来，薄板坯连铸连轧工艺技术得到快速发展，目前世界各国已建设了 64 条（100 流）薄板坯连铸连轧生产线，年生产能力达到 10858.5 万吨。薄板坯连铸连轧在工艺装备配置上变得多样化，最初以 EAF-LF 配置用于生产热轧板卷，随着薄板坯连铸连轧嫁接于转炉流程，尤其是薄板坯连铸连轧配置 VOD、RH 后，具备了生产超低碳钢基础。在国外，TKS 将 CSP 嫁接于转炉流程采用 RH-LF 双联精炼工艺成功开发了 IF 钢。在国内，马钢的 CSP 生产线在冶炼工序设置了 RH 精炼炉，在热轧之后配套了冷轧、镀锌和彩涂生产线，这样形成了目前国内从铁水预处理→BOF→RH/LF→CSP 薄板坯连铸→热连轧→酸洗冷轧→镀锌→彩涂的完整流程，率先构建了以 IF 钢为代表的超低碳钢的工艺平台，并针对不同钢种，采用不同的冶炼工艺和精炼手段的组合，开发出了 CQ、DQ、DDQ-IF、无取向硅钢和低合金高强钢等。目前薄板坯连铸连轧产品范围几乎覆盖了所有常规热带钢的品种，但与传统流程比，CSP 产品在性能及内部和表面质量等方面又具有显著的特点。本文总结了 CSP 流程特点，综述了国内外 CSP 流程产品开发经验，结合马钢转炉-CSP-冷轧-退火（镀锌）流程近年来在热轧、冷轧、镀锌、彩涂、硅钢产品的开发实践，分析探讨了 CSP 流程产品的定位问题。

2　CSP 流程工艺技术、特点及产品特征

2.1　CSP 工艺特点

与传统热轧卷生产流程相比，CSP 流程具有以下工艺特点[1-3]：

（1）CSP 流程在凝固到进入轧制的过程中，是采用了高温热衔接技术，因此，缺少了一次相变和再结晶过程，被称为直接轧制工艺模式。正是这种直接轧制的工艺模式，导致

---

❶　原文发表于 2009 年薄板坯连铸连轧国际研讨会论文集。

了与传统流程在晶粒尺寸、第二相粒子析出和组织形态控制，以及微合金强化机制等方面，从理论到实践都有很大不同。

（2）CSP 连铸拉速快，铸坯薄。铸坯凝固速度快，薄板坯的元素偏析较厚板坯的偏析轻微得多，薄板坯在中心的元素偏析只有厚板坯的 20%。CSP 技术采用薄板坯，对于薄规格产品轧制道次变形量大，C-Mn 钢和微合金钢产品呈现细晶高强的特点，而对厚规格产品，压缩比过小，对提高产品质量不利，限制了产品范围的扩大和质量的提高。

（3）由于薄板坯连铸连轧加热温度低，均热时间短，坯料温度均匀，终轧温度控制精度达到 ±7℃，产品性能均匀性好。

（4）合金元素的溶解量和效果不同，合金化效果比传统工艺高 30% 左右。

（5）薄板坯连铸连轧中析出物（如碳化物、硫化物、氮化物等）的生成规律与常规板坯不同。

（6）CSP 铸坯直接轧制、温度均匀、再结晶充分的特点生产硅钢，磁感值显著提高。

上述 CSP 流程的工艺特点决定了同样成分的钢种常规生产的板带与薄板坯连铸连轧生产的板带性能有差异。

2.2 CSP 流程工艺技术经济优势

CSP 流程工艺技术经济优势主要表现为以下几点：

（1）工艺流程简化，设备减少，生产线短。薄板坯厚度较薄，可以省去传统热轧带材粗轧，节省设备约 30%，从而降低了单位基建造价，吨钢投资下降 19%~34%。

（2）生产周期短。连铸连轧省去了大量的中间倒运及停滞时间，从钢水冶炼至热轧成品输出仅需要 1.5h，从而减少了流动资金的占用。

（3）节约能源，提高成材率。薄板坯连铸连轧能耗降低约 20%，成材率提高约 2%~3%，降低了生产成本。

（4）适合生产薄板及超薄规格的热轧板卷，产品尺寸精度高，性能均匀，产品的附加值高，从而实现高的经济效益[7]。

2.3 CSP 流程主要技术难点

虽然国内外 CSP 生产线产品开发取得大幅度进展，马钢在 CSP 方面也实现批量冷轧基料的生产，但 CSP 流程仍然面临以下主要技术难点：

（1）CSP 钢水质量的严格控制。

主要问题有：在化学成分控制方面，1）如何控制冶炼和连铸过程的增 C、N，控制钢水成分范围，以降低冷轧基料的强度；2）在钢水纯净度控制上，如何选择合理的精炼工艺，降低钢中夹杂含量，如何降低钢水 S 含量，并选择合理的 Al、Ca 含量等以保证连铸安全、钢水可浇性和钢水质量要求；3）为保证镀锌板质量，将 Si 含量控制在较低水平。

（2）CSP 产品表面质量控制。

主要问题有：1）如何根据不同钢种，选择连铸工艺，确保薄板坯表面质量，避免产品表面微裂纹对产品外观和成形性能的影响；2）如何控制钢水纯净度和连铸过程中钢水液面波动及带来的卷渣等导致表面夹杂缺陷。

（3）CSP 轧制板的板形控制。

板形控制对于 CSP 薄规格产品特别是汽车板和硅钢产品具有非常重要的意义，往往是导致产品改判或降级的主要因素，影响产品合格率。

3　国内外 CSP 流程产品开发现状

国内外 CSP 流程目前生产的主要产品有：低碳钢、结构钢和 HSLA 钢（包括耐候钢、特种含磷低合金钢）；管线钢（X70）；可热处理钢（碳钢、碳铬钢、碳锰钢、碳锰硼钢、碳铬钼钢、碳铬钼钒钢）；弹簧钢（非合金弹簧钢、合金弹簧钢）；工具钢（碳素工具钢、合金工具钢）；耐磨钢（90Mn4）；电工钢（无取向硅钢、取向硅钢）；不锈钢（铁素体类、奥氏体类）等。

3.1　国际上具有代表性的 CSP 产品研发情况

3.1.1　电工钢

蒂森克虏伯（TKS）2003/2004 年度 CSP 流程总产量约 187 万吨产品，其中除了一般软钢、结构钢和高强钢外，比较突出的是有超过 20% 的电工钢；在 2005 年的 CSP 产品比例中，不同级别的电工钢更是达到了 35%，主要包括 33VP、D0 5A、D06 A1、D13A、D15A、D16A、D24A 等，宽度为 1030~1500mm，热轧厚度为 2.0mm[5]。

3.1.2　双相钢和多相钢

近 3 年来，欧美的一些 CSP 厂家在生产双相钢和多相钢方面进行了深入的研发工作，已经基本打通 DP600-DP800、TRIP1000 的生产工艺路线，目前此研究领域关注的重点是带钢在全长度和宽度上性能的一致性、重复性。另外，某些 CSP 厂家已开发了厚度为 1.5~6.0mm 的热轧双相钢并制造汽车的一些结构部件[5]。

3.1.3　不锈钢

纽柯公司-克劳福茨维尔厂 CSP 生产线可生产 409 铁素体不锈钢（主要用于汽车排气管）、409 冷轧退火不锈钢、439 和 304 不锈钢等，形成了大约 20 万吨/年的不锈钢产量；意大利 AST（Terni 特殊钢公司）与 SMS-Demag 就 CSP 在不锈钢生产的开发应用上也进行了多年的合作，并在特尔尼厂的试验设备上共同开发成功了相应的设备方案和生产工艺。

3.1.4　低合金高强度钢

NUCOR 公司是 V 微合金化产品开发的典型代表，据报道[6]，NUCOR 公司利用 V 微合金化技术开发的产品已形成了 300~550MPa 不同强度级别产品系列，产品涉及低合金高强度钢、管线钢和汽车用钢等。

3.2　国内具有代表性的 CSP 产品研发情况

中国的薄板坯连铸连轧生产线不仅生产效率高，也同时开展了大量的产品开发和基础研究工作，各个厂家在生产细晶与超细晶、低碳高强钢、微合金化（铌、钒、钛）高强钢板等方面取得了成功。

（1）薄规格集装箱用板：珠钢 CSP 流程生产了厚度 ≤ 1.6mm 的超高强（$\sigma_s \geq$ 720MPa、$\sigma_b \geq$ 770MPa）集装箱用薄板；

（2）管线钢：包钢批量生产了铌微合金化高强 X60 管线钢（σ_s 480~500MPa、σ_b

550MPa），并解决了其混晶问题；

（3）冷轧基料：马钢 CSP 生产冷轧基料的比例大于 70%，主要品种包括 CQ、DQ、DDQ-AK、DDQ-IF 冷轧板、SGCC、SGCD、DX51D～DX52D、S280GD、H340LAD 镀锌板和无取向硅钢等。

随着国内外 CSP 技术的发展，CSP 生产线的产量和质量都有了进一步的提高，生产的钢种不断增加，其中包括汽车面板、内板的超深冲钢板、双相钢和多相钢板等。总之，新一代薄板坯连铸连轧生产线的产品开发在向着传统厚板坯连铸连轧的所有品种发展。

4　马钢 CSP 主要产品开发实践

马钢的 CSP 生产线在冶炼工序设置了 LF 和 RH 精炼炉，在热轧之后配套了冷轧、镀锌和彩涂生产线，形成了从铁水预处理→BOF→RH/LF→CSP 薄板坯连铸→热连轧→酸洗冷轧→镀锌→彩涂的完整流程，其工艺流程布置如图 1 所示，马钢 CSP 开发代表产品见表 2。

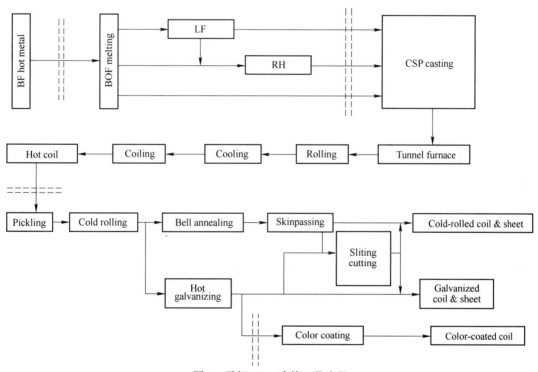

图 1　马钢 CSP-冷轧工艺流程

表 1　典型的 CSP 工艺装备和代表钢种

钢厂	工艺装备	代表钢种
Nucor	EAF-LF-CSP	HSLA-Nb、HSLA-Nb-Mo、HSLA-Nb-Mo-Ni、管线钢
珠钢	EAF-LF-CSP	SS330、SPHC、SPA-H、HSLA
AST	EAF-LF-CSP	铁素体不锈钢和奥氏体不锈钢以及电工钢

续表 1

钢厂	工艺装备	代表钢种
ACB	BOF→LF→CSP	热轧酸洗板、双相钢
TKS	BOF→RH/LF→CSP	SAE1006、S235、S275、S355、双相钢、无取向硅钢、IF 钢
马钢	BOF→RH/LF→CSP	低碳钢、IF 钢、无取向硅钢、低合金高强钢

表 2　马钢 CSP 开发产品

产品类别	牌　　号
热轧	SPHC、SS400、HQ235、Q345、Q460、X52-60、SPA-H、M510L、Q450NQR1
冷轧	DC01、DC03、DC04（IF）
镀锌	SGCC、SGCD、DX51D-DX52D、S280GD、H340LAD
硅钢	MG_W540、MG_W600、MG_W800、MG_W1000、MG_W1300

马钢 CSP 产品的主要特点是以冷轧产品为主，这主要基于马钢 CSP 生产线在冶炼工序设置了 RH 精炼炉，在热轧之后配套了冷轧、镀锌和彩涂生产线，这样形成了目前国内从铁水预处理→BOF→RH/LF→CSP 薄板坯连铸→热连轧→酸洗冷轧→镀锌→彩涂的完整流程，率先构建了以 IF 钢为代表的超低碳钢的工艺平台，并针对不同钢种，采用不同的冶炼工艺和精炼手段的组合，开发出了 CQ、DQ、DDQ-IF、无取向硅钢和低合金高强钢等。

5　马钢 CSP 产品分析与讨论

5.1　CSP 热轧产品

马钢 CSP 热轧商品卷的开发，主要包括低碳钢 SPHC、SS400，低合金钢 Q345、Q460，集装箱用耐候钢 SPA-H、高强度耐候钢 Q450NQR1，汽车大梁板 M510L、管线钢 X52、X60、花纹板 HQ235 等产品。目前稳定生产的主要是低碳钢、耐候钢和花纹板三大类。汽车大梁板的表面微裂纹和管线钢铸坯边裂是影响该两类产品表面质量稳定和产品推广的主要问题。

5.1.1　CSP 工艺生产低碳钢特点

CSP 可以大批量生产 1.5~2.0mm 甚至更低的薄规格低碳钢生产，产品具有"细晶高强"特点，可以实现"以热代冷"的经济效益优势。马钢 CSP 生产低碳钢典型的代表钢种是 SPHC，CSP 生产的热轧 SPHC 用于一般的结构件，与传统流程工艺生产的 SPHC 相比在满足冷成形性能的同时具有更高的屈服强度。表 3 是 CSP 工艺 SPHC 与常规热轧工艺 SPHC 成分及性能比较，CSP 工艺的 SPHC 比常规热轧工艺的 SPHC 屈服强度高约 40MPa，抗拉强度低 6MPa，伸长率低 8%。CSP 生产低碳钢强化方式主要是细晶强化+位错强化+沉淀强化，各种强化对屈服强度的贡献如表 4 所示，文献指出沉淀强化主要是钢中的纳米氧化物和硫化物。

表3 CSP工艺SPHC与常规热轧工艺SPHC成分及性能比较（质量分数）（%）

工艺	σ_s/MPa	σ_b/MPa	δ/%	C	Si	Mn	P	S	Al$_s$
CSP	305	370	37	0.045	0.029	0.19	0.0095	0.0062	0.035
常规	266	376	45	0.053	0.012	0.24	0.017	0.016	0.027

表4 SPHC强化机制（MPa）

钢种	屈服强度	细晶强化		位错强化+沉淀强化		固溶强化	
		绝对值	相对值/%	绝对值	相对值/%	绝对值	相对值/%
转炉—CSP工艺SPHC	305.0	152.4	49.8	40.0	13.1	8.5	2.8

5.1.2 CSP生产耐候钢特点

CSP生产耐候钢的主要特点是发挥了CSP产品规格薄和强度高的优势，在标准成分范围内满足产品性能，可以做到尽量降低合金元素含量。目前CSP生产耐候钢以珠钢最具代表性，马钢CSP耐候钢生产包括集装箱用耐候钢SPA-H和铁道用高强度耐候钢Q450NQR1，马钢耐候钢典型的性能见表5。马钢实践表明CSP生产1.6~6.0mm厚度规格的耐候钢，具有强度高、性能均匀、板形和表面质量好的优势。

表5 马钢耐候钢产品力学性能

牌号	力学性能		
	σ_s/MPa	σ_b/MPa	δ/%
SPA-H	380~430	490~530	31~38
Q450NQR1	500	600	25

5.1.3 CSP工艺生产低合金钢特点

CSP适合生产铸坯裂纹敏感性低的薄规格低合金高强度钢，但对厚规格产品总压缩比低限制了力学性能的提高。

马钢CSP开发低合金钢产品包括Q345、Q460、M510L、X60等牌号，在低合金钢化学成分上分别进行过Nb微合金化和V微合金化的探索。在含Nb钢的试制中，由于铸坯裂纹敏感性高，且CSP连铸连轧紧凑生产模式无法对铸坯清理，铸坯角部裂纹导致热轧卷边裂缺陷一直是质量控制的难点。而V微合金化低合金钢能获得良好的表面质量，产品组织性能均匀性好，具有优异的低温冲击韧性特点，如V微合金化M510L的-60℃冲击功达到>80J。

CSP生产低合金高强度钢获得细晶强化一个重要的因素是F1~F3的大压下和轧后快速冷却的作用。图2是SPHC和V微合金化钢的组织变化情况。

CSP轧制各机架采用大的压下率，尤其F1、F2压下率高达60%，虽然CSP铸坯不经过传统流程铸坯 γ-α-γ 相变过程，CSP板坯仅F1和F2大变形后，其晶粒组织相似于传统轧制粗轧后的组织[3]。对厚规格产品由于F3~F7的总压下较低，如对6mm以上厚度规格产品，F3~F7总压下率在60%以下，但传统轧线通过调整中间坯厚度，可以做到精轧压

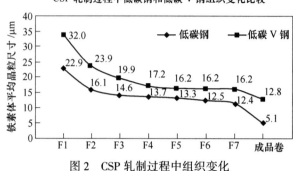

图 2　CSP 轧制过程中组织变化

下率大于 80%～90%；而对 5mm 以下薄规格产品 F3～F7 压下率可以达到 70% 以上。进一步提高屈服强度和抗拉强度依赖增加 V 和 N 和轧制工艺优化，需要增加冶炼差别。

因而 CSP 对厚规格高强度钢不利，适宜生产薄规格高强度钢。

5.2　CSP 冷轧产品工艺技术和产品性能特点

马钢 CSP 流程开发冷轧产品针对产品质量的控制主要从高品质钢水质量控制、无缺陷铸坯质量控制、板形、力学性能和表面质量控制几个方面开展全面的工艺技术研究和探索。CSP 冷轧产品工艺技术主要特点：

（1）在化学成分控制方面需要降低钢中 C 含量，避免过程增 C 和增 N，对 DC04 级超低碳钢采用 RH 处理。

（2）在钢水纯净度控制上，选择合理的精炼工艺，降低钢中夹杂含量等，为保证连铸安全及钢水可浇性，需要降低钢水 S 含量，并选择合理的 Al、Ca 含量等。

（3）热轧采用高温轧制和高温度卷取工艺以适当降低强度。

（4）表面质量是 CSP 流程冷轧产品质量控制的关键。CSP 热轧带钢主要表面缺陷包括条痕状（Silver）缺陷和氧化铁皮压入。条痕状（Silver）缺陷的形成与钢质纯净度不高、连铸设备、工艺、操作不当引起的连铸卷渣、隧道炉炉底辊清理不及时等因素有关；氧化铁皮压入缺陷与隧道炉炉内气氛的控制和除鳞系统有关。

虽然近年来马钢在冶炼工艺和增大铸坯厚度（90mm）等多方面采取有效措施，但冷轧产品主要因表面质量仍然是产品降级（如图 3 所示）的主要原因，特别是用于汽车的

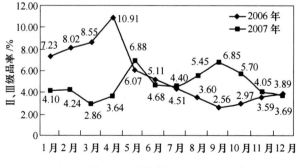

图 3　马钢 CSP 冷轧薄板 II、III 级品率

DC04，由于表面质量要求高，改判或降级的比例甚至高达 8.69%，成为目前 CSP 生产 DC04 以上高等级深冲板的最大难题。

（5）CSP 低碳 SPCC/SPCD/DC01/DC03 冷轧产品同传统厚板坯流程产品相比，强度偏高（冷轧产品性能见表 6）的特点，应用于建筑、结构件、家电、汽车内板等领域，结构钢具有强度高的优势。

5.3 CSP 镀锌板工艺技术和产品性能特点

马钢 CSP 开发的镀锌产品主要包括纯锌和锌铁合金（Z 或 ZF）两大系列，牌号有：SGCC、SGCD、DX51D ~ DX52D、H220BD、S280GD、H340LAD 热镀锌板，力学性能见表 6。此外，利用 CSP 供冷轧基料还开发成功了耐指纹板和无铬钝化热镀锌板。

表 6 马钢 CSP 冷轧产品性能

牌号	屈服强度/MPa	抗拉强度/MPa	断后伸长率/%
SPCC	180 ~ 280	300 ~ 400	34 ~ 48
SPCD	150 ~ 270	300 ~ 360	38 ~ 38
DC01	160 ~ 280	300 ~ 380	30 ~ 45
DC03	160 ~ 240	280 ~ 340	32 ~ 48
DC04	150 ~ 220	290 ~ 330	38 ~ 46

CSP 工艺生产镀锌产品在工艺上：

（1）为保证镀锌板质量，将 Si 含量控制在较低水平，一般在 0.03% 以下；

（2）镀锌产品强度受 CSP 热轧卷强度高特点的影响，相对传统流程的镀锌产品强度偏高，利用该特点开发高强度结构用镀锌板具有优势。马钢 CSP 镀锌产品性能见表 7，产品广泛应用于建筑、家电等结构件。

表 7 马钢 CSP 镀锌产品性能

镀锌板	性能		
牌号	屈服强度/MPa	抗拉强度/MPa	伸长率/%
SGCC	220 ~ 340	310 ~ 450	20 ~ 35
SGCD	200 ~ 280	300 ~ 380	32 ~ 42
DX51D	210 ~ 320	300 ~ 420	25 ~ 40
DX52D	180 ~ 280	280 ~ 360	33 ~ 42
DX53D	126 ~ 250	235 ~ 340	36 ~ 44
H220BD	260 ~ 300	360 ~ 385	35 ~ 40
S280GD	310 ~ 350	410 ~ 450	28 ~ 35
H340LAD	350 ~ 410	450 ~ 495	24 ~ 30

5.4 硅钢工艺技术及产品性能特点

CSP 生产硅钢具有以下工艺技术特点：

（1）CSP工艺薄板坯快速凝固，薄板坯的元素偏析程度只有厚板坯的20%；

（2）直接热装和直接轧制，薄板坯连铸连轧产品合金化效果比传统工艺高30%；

（3）CSP加热温度低，有利于防止MnS和AlN等析出物固溶后在热轧过程析出，阻碍退火时晶粒长大，[111]组分增多，磁性变坏；

（4）硅钢规格薄，但CSP可以实现850～950℃的高温终轧，且温度控制精度可以做到±7℃，可以获得均匀的粗大晶粒尺寸，提高产品的磁感应强度。

文献[3]对比0.35mm厚度相同化学成分的硅钢磁性见表8。

表8　0.35mm厚度相同化学成分的硅钢磁性性能对比

工艺	$P_{15/50}/W \cdot kg^{-1}$	B_{50}/T
CSP工艺	3.959	1.737
传统工艺	3.661	1.668

通过不断的研发和创新，马钢利用CSP成功试制了MG_W540、MG_W600、MG_W800、MG_W1000、MG_W1300硅钢产品，马钢CSP硅钢产品性能见表9。

表9　马钢CSP硅钢产品性能

钢种	化学成分/%						磁性能典型值	
	C	Si	Mn	P	S	Al_s	$P_{15/50}$ /W·kg^{-1}	B_{50}/T
W540	<0.01	1.20～1.60	<0.7	0.005～0.05	<0.01	0.10～0.8	3.75	1.70
W600	<0.01	1.00～1.40	<0.7	0.005～0.05	<0.01	0.10～0.8	3.95	1.73
W800	<0.01	0.65～1.10	<0.7	0.01～0.1	<0.01	0.10～0.8	4.55	1.74
W1000	<0.01	<0.65	<0.7	0.01～0.15	<0.01	<0.5	5.25	1.75
W1300	<0.01	<0.65	<0.7	0.01～0.15	<0.01	<0.6	5.50	1.77

CSP工艺生产硅钢具有加热温度低、温度均匀、再结晶充分和磁感值高的特点，在磁性性能方面优于常规流程产品。

6　结论

（1）CSP流程及产品具有明显的特点，CSP流程产品开发应坚持利用和发挥CSP的优势和特点，避开不利的方面。

（2）CSP流程适合生产热轧薄规格低碳钢，发挥"以热代冷"的经济优势；低合金钢结构钢以铸坯裂纹敏感性低的薄规格为主，在保证表面质量的同时避免生产厚规格时总压缩比不足对性能的影响，发挥CSP"细晶强化"优势，降低合金元素加入量，从而获得好的经济性。

（3）CSP对铸坯表面裂纹敏感性高的低合金钢或产品表面质量要求高的深冲级别钢不具优势。

（4）CSP流程以LF或RH-CSP-冷轧工艺配置为特点，具备大批量一般冲压级和结构钢冷轧板、镀锌板的生产优势，冷轧产品定位应以建筑、结构件、家电、汽车内板等为主，生产表面质量要求高深冲级产品存在改判或降级比例高的难题。

（5）CSP 工艺生产硅钢具有加热温度低、温度均匀、再结晶充分和磁感值高的特点，适宜采用 CSP 扩大开发高附加值的硅钢产品。

参 考 文 献

［1］康永林，柳得橹，傅杰，等. 薄板坯连铸连轧 CSP 生产低碳钢板的组织特征［J］. 钢铁，2001，36（6）：40~43.

［2］霍向东，柳得橹，王元立，等. CSP 工艺生产的低碳钢中纳米尺寸硫化物［J］. 钢铁，2005，40（8）：60~64.

［3］李永全，孙焕德. 薄板坯连铸连轧工艺与硅钢生产［J］. 宝钢技术，2004（6）：60~62.

［4］苏东，李烈军，庄汉洲，等. 电炉 CSP 工艺开发无取向硅钢热带钢的技术可行性研究［J］. 冶金丛刊，2006，161（1）：1~10.

［5］Dieter Rosenthal，Wolfgang Hennig. CSP——引领技术潮流超过 15 年［J］. 钢铁，2006，41（增刊 1）：8~15.

［6］Green M J W，Crowther D N（英钢技术中心 SWINDEN 研究室）. 含钒高强度薄板坯连铸带钢的研究.

Positioning of CSP Products

Su Shihuai　　Hu Xuewen　　Liu Maolin　　Chen Yougen　　Liu Xuehua

（Ma'anshan Iron and Steel Co., Ltd.）

Abstract：The features of CSP process are summarized and experiences in development of CSP products both at domestic and abroad are presented. The positioning of CSP products is analyzed and discussed in light of Masteel's practice in developing hot－rolled, cold－rolled, galvanized, color－coated and silicon steel products by its BOF—CSP—CR-Annealing（galvanizing）process.

Key words：CSP；feature；product positioning

马钢 CSP 生产冷轧原料工艺技术研究[❶]

施雄梁　苏世怀　张建平　朱　涛　焦兴利

(马鞍山钢铁股份有限公司)

摘　要：随着国内 CSP 工艺的不断发展，国内不少厂家在 CSP 线建成后，陆续建设后续的冷轧和镀锌生产线，但是，利用 CSP 工艺大规模生产冷轧原料是当今薄板制造领域的难题之一。本文通过分析冷轧原料的一般要求和 CSP 的生产难点，根据马钢生产实践，从冶炼、精炼到 CSP 连铸连轧工序，系统介绍了马钢 CSP 生产冷轧原料的相关工艺技术和生产组织特点。

关键词：CSP；冷轧原料；工艺技术；生产组织；产品质量

1　引言

对于板带生产而言，薄板坯连铸连轧的 CSP 工艺是当今发展最快的技术之一，其产品已广泛用于各个领域，并用于为下游冷轧工序提供原料。由于 CSP 产品的特性，目前利用 CSP 线大规模提供冷轧原料仍然具有相当的难度。以德国 TKS 公司在 Duisburg 的 CSP 生产线为例，其供冷轧原料的比例仅为 55% 左右。目前，国内众多拥有 CSP 生产线的厂家，正在兴建或准备建设冷轧和热镀锌生产线，因此，研究 CSP 工艺大规模生产冷轧原料应考虑的问题和解决措施是非常有现实意义的。

2　冷轧原料要求和 CSP 生产难点

2.1　冷轧原料的主要品种和规格

2.1.1　冷轧原料主要品种

对于冷轧产品而言，根据不同的强度等级，可分为软钢冲压系列、高强度冲压系列、HSLA 钢、DP 和 TRIP 钢等等，其中软钢冲压系列又可根据不同的冲压性能，分为 CQ、DQ、DDQ、EDDQ 等不同的等级，目前市场需求量最大的是 CQ、DQ 和 DDQ 级别的冷轧板。要解决 CSP 大规模供应原料的问题，首先在于能够大批量生产合格的 CQ~DDQ 热轧原料供应冷轧。

根据常用的 EN 和 JIS 标准，一般要求 CQ~DDQ 的冷轧原料化学成分和性能要求见表1。

表 1　CQ~DDQ 的热轧原料化学成分和性能要求

钢种等级	化学成分/%					力学性能	
	C	Si	Mn	P	S	YS/MPa	TS/MPa
CQ	≤0.12	≤0.05	≤0.50	≤0.035	≤0.035	≤270	≥270
DQ	≤0.10	≤0.03	≤0.45	≤0.030	≤0.035	≤250	≥270
DDQ	≤0.080	≤0.03	≤0.40	≤0.025	≤0.030	≤210	≥270

---

❶　原文发表于薄板坯连铸连轧技术交流与开发协会第三次技术交流会论文集（2005 年）。

2.1.2 主要规格

冷轧产品厚度范围一般为 0.30（0.25）~2.0mm，故对应的热轧原料厚度为 1.6~5.0mm 左右。对于 CQ 级产品，一般可将冷轧总压下率控制在 60%~75% 左右；而对于 DQ 和 DDQ 产品，为保证冷轧和退火后产品的冲压性能，一般应适当提高其冷轧总压下率。因此，针对 CQ~DDQ 产品，相同厚度的冷轧板应采用不同厚度的热轧原料。

2.2 CSP 产品特点和生产工艺

由于热加工历程的差异，与常规流程生产的薄板产品相比，CSP 产品存在以下特点：
（1）晶粒细小，屈服强度偏高；
（2）不同方向板卷性能差异不大；
（3）表面质量控制难度大；
（4）尺寸精度和板形控制水平较高。
因此，从产品质量的角度考虑，大规模生产冷轧原料主要考虑的两个因素是如何获得较低强度和较高表面质量的产品。

2.3 CSP 生产冷轧原料的难点

根据 CSP 产品特点和生产工艺，CSP 生产冷轧原料主要存在以下难点。

2.3.1 钢水化学成分控制

从钢水化学成分方面来看，首先，由于 CSP 连铸的特点，为避开包晶钢区域，冷轧软钢系列一般要求 $C \leqslant 0.080\%$；为保证 CSP 连铸的安全性，减少漏钢几率，所有连铸上台钢水应控制 $S \leqslant 0.010\%$。其次，为保证后续热镀锌产品质量，要求钢水中 $Si \leqslant 0.03\%$。第三，必须严格控制钢水中 N 含量，一般应控制在 $\leqslant 60ppm$ 左右。N 含量过高，将在钢中形成更多细小的 Al_2O_3 质点，在冷轧变形中起钉扎位错的作用，从而提高冷轧时带钢的变形抗力，并对冲压性能起负面影响。另外，为保证连铸顺利生产，应严格控制钢水 Ca/Al 比。

如果要生产 DQ 甚至 DDQ 产品，LF 的功能不能解决 C 含量控制的问题，必须借助 RH 处理，常用的是 RH+LF 双联工艺。通过 RH+LF 处理，DQ 级冷轧原料可以将 C 控制在 0.02% 以下即可，而 DDQ 级冷轧原料一般需将 C 控制在 0.008% 以下。

2.3.2 表面质量控制

实践证明：CSP 线易产生边裂、条痕状（Silver）缺陷和氧化铁皮压入等表面缺陷。如果冷轧原料存在上述缺陷，将损坏冷轧设备（如刮伤冷轧开卷机组的橡胶辊），增加酸洗时间，降低产能。稍微严重的缺陷甚至酸洗后还将遗留在带钢表面，在后续冷轧和热镀锌生产后导致产品降级甚至报废。

2.3.3 力学性能控制

从力学性能来说，由于 CSP 热加工历程与常规热轧存在差异，板坯厚度薄，连铸二次冷却和轧后冷却速度快，导致产品晶粒较细，冷轧原料强度普遍高于常规热轧产品。以 CQ 级产品为例，一般屈服强度比常规热轧高 30~50MPa，因此，必须适当降低 CSP 冷轧原料的强度要求，才能适应大批量生产的需要。

3　马钢 CSP 生产冷轧原料的实践

3.1　马钢 CSP 生产工艺和主要设备特点

马钢 CSP 生产线采用德国 SMS-Demag 的新一代 CSP 薄板坯连铸连轧技术，集合了当今 CSP 最先进成熟技术。马钢 CSP 线设计产能为 200 万吨/年，其中 70%～80% 直接供本公司冷轧厂作冷轧原料，主要产品规格见表 2。

表 2　主要产品规格

带钢厚度 /mm	带钢宽度 /mm	钢卷内径 /mm	钢卷外径 /mm	单位卷重 （max)/kg·mm^{-1}	钢卷重量 （max)/t
1.0(0.8)～ 8.0(12.7)	900～1680	762	1000～1950	18	28.8

马钢 CSP 系统全线工艺流程如图 1 所示。其中，CSP 线布置如图 2 所示。马钢 CSP 薄板坯连铸机主要工艺参数如表 3 所示。

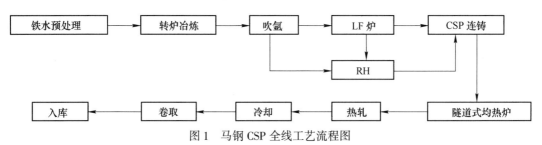

图 1　马钢 CSP 全线工艺流程图

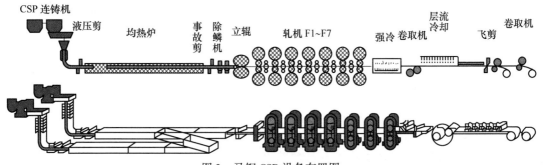

图 2　马钢 CSP 设备布置图

表 3　马钢 CSP 薄板坯连铸机主要工艺参数

项目	工艺参数	项目	工艺参数
连铸机台数	2 台	连铸机流数	单流
流间距	26m	机型	立弯式
基本半径	3.25m	铸机冶金长度	9075mm(+600mm)
铸坯厚度	50～90mm	铸机速度	3～6m/min（≤65mm 厚）
铸坯宽度	900～1600mm		3～5m/min（70mm 厚）

续表3

项目	工艺参数	项目	工艺参数
钢包回转台	蝶型，设钢包加盖装置及称重系统	中间包车	有龙门吊，设升降和称重系统
中间包	水口控制为塞棒加密封隔板	结晶器	漏斗形直结晶器，长1100mm
	正常液面1100mm，36t		漏斗部分长850mm
	溢流液面1150mm，38t		可在线自动调宽
结晶器液面检测	Co^{60+} NKK 或涡流	冷却方式	全水冷却
结晶器振动	液压伺服，正弦或非正弦	引锭杆形式	刚性引锭杆
	振幅0~12mm	引锭杆存放方式	垂直区存放
	振幅0~600cpm	脱锭方式	液压辊脱锭
铸坯导流段	4段+适配器	铸坯切割方式	机械摆动剪
拉矫机	8辊系统，3个上辊驱动，连续矫直		

马钢CSP薄板坯连铸采用的主要新技术如下：

（1）钢包回转台上增设有钢包加盖装置，减少钢水温降。

（2）采用钢包下渣检测系统。

（3）采用大容量中间包并设中间隔墙。中间包钢水重量与钢包滑动水口连锁，实现自动控制。中间包底部设事故闸板装置。

（4）采用漏斗形结晶器扩大浸入式水口操作空间，延长水口寿命，提高薄板坯连铸机连浇炉数，提高生产率，减少耐火材料消耗，降低生产成本。

（5）结晶器自动在线调宽与成品带钢宽度检测仪连锁实现闭环控制，同时可通过工艺先导系统对结晶器热流分布计算结果进行窄边锥度调节。

（6）采用钢水动态凝固控制系统。

（7）结晶器液面检测系统采用 Co^{60+} 涡流或NKK系统多种形式并存方式，充分利用其优势互补。

（8）采用全过程保护浇铸技术。

（9）结晶器振动系统采用液压装置和伺服控制，可实现小振幅，高频率非正弦和正弦振动。

（10）采用液芯动态软压下技术。

（11）二冷系统采用全水冷却，配置有动态凝固计算机控制系统，控制铸流在二冷区内凝固和铸坯表面温度尽量接近目标温度。

马钢CSP热轧技术特点如下：

（1）马钢CSP线采用隧道辊底式加热炉，采用的布置为两炉对一机。

（2）高压水除鳞系统用2次除鳞，可获得很好的除鳞效果，提高带钢表面质量。

（3）精轧机组采用紧凑式布置，具有轧线短、温降小、节约能源、成本低的优点。

（4）采用工作辊弯辊和CVC+系统进行板形控制。

（5）可采用奥氏体轧制工艺、铁素体轧制工艺、半无头轧制工艺。

（6）采用润滑轧制技术。

（7）可实现自由程序轧制。轧线7架轧机全部采用自动轧线调整系统，对轧辊磨损进行适时补偿。

（8）在 F7 机架后采用压带风机。

（9）冷却系统由紧凑式冷却系统和层流冷却两部分组成，可根据产品生产需要，灵活调整冷却策略。

此外，还采用了张力辊、张力差辊、边部遮挡等项技术。

3.2 马钢 CSP 冷轧原料的产品开发

为了实现 CSP 大规模生产冷轧原料，马鞍山钢铁股份有限公司（简称"马钢"）组织了企业技术力量，同时借助与钢铁研究总院的"产学研"合作，研究出了冷轧原料从钢水冶炼精炼到 CSP 的系统生产工艺技术，并通过优化生产组织和物流管理，全面解决了 CSP 大规模生产冷轧原料的难题。

3.2.1 供 CSP 钢水冶炼技术研究

为了保证冷轧原料的钢质纯净度和最终产品性能，一般生产冷轧原料的工艺路线为铁水预处理—转炉冶炼—二次精炼—CSP 连铸—热轧。马钢根据不同钢种的冷轧原料，通过试验室试验到工业性试验，确定了从冶炼、二次精炼到 CSP 连铸合理的化学成分控制范围和温度控制范围。

由于连铸钢水 $S \leqslant 0.010\%$，为减少精炼脱 S 压力，生产冷轧原料 90% 以上采用铁水预处理，处理目标为 $S \leqslant 0.003\%$。转炉冶炼除初炼成分应满足精炼工序要求外，主要应控制钢水的过氧化程度，这对控制钢中夹杂及带钢表面质量是非常重要的。

在钢水的二次精炼过程中，一般采用 LF 处理，主要目的是进行钢水的温度调节及适当脱 S，LF 处理可以满足 CQ 级冷轧原料的成分需求和 CSP 连铸条件，主要应解决脱硫率、温度调节范围与钢水增 C、N、Si 之间的耦合问题。当生产 DQ 以上级别的冷轧原料时，必须借助 RH 真空脱气装置。根据冷轧产品成形性的要求，合理控制钢水中 C、N、Si 含量。

3.2.2 冷轧原料 CSP 连铸连轧技术研究

对于 CSP 连铸工艺而言，应根据不同钢种，控制钢水过热度和浇铸速度、选用不同的二次冷却曲线。另外，为保证冷轧原料的产品质量，应充分关注保护浇铸的效果和电磁制动系统（EMBr）的合理使用，以防止钢水成分波动（尤其要避免钢水二次氧化和过量增 N）和连铸卷渣。实践证明：正确调整 EMBr，能有效控制结晶器液面波动，减少冷轧产品表面缺陷比例。

生产冷轧原料时，为确保 AlN 等二次粒子的充分固溶，以及满足热轧温度控制的需要，均热工艺的关键是采用较高的板坯均热温度，一般应大于 1100℃。热轧工艺主要是选用合理的压下制度和温度制度的组合，其中工艺要点是尽量在再结晶区域进行大变形，为随后的晶粒回复和长大创造条件。终轧应尽量在该钢种的 A_{r3} 点以上 $30 \sim 50℃$ 区域完成，轧后冷却应选用后段冷却模式，以保证轧后晶粒有充分的长大时间。在卷取温度控制上，对于 DQ 和 DDQ 产品，应根据冷轧后不同的工艺路线（罩式退火和热镀锌），选用低温卷取和高温卷取工艺。

3.2.3 产品实物质量控制技术研究

如前所述，CSP 生产冷轧原料的质量关键是解决表面质量和性能偏高的问题，在表面质量控制方面，马钢做的主要工作有：

在边裂影响因素中，钢水 N 含量、Ca/Al 比、连铸拉速和二冷制度配合与缺陷产生存在一定对应关系，解决措施主要从这些因素入手，优化工艺控制和生产操作，目前马钢冷轧原料的边裂问题已得到很好控制。

条痕状（Silver）缺陷的影响因素较为复杂，研究表明：因钢质纯净度不高或连铸设备、工艺、操作不当引起的连铸卷渣、隧道炉炉底辊清理不及时导致辊面异物压入带钢表面等等，都将导致条痕状（Silver）缺陷的产生。值得指出的是：从缺陷外观来看，条痕状（Silver）缺陷容易和一次氧化铁皮压入缺陷混淆，但两者的产生机理和治理策略是不相同的。

至于氧化铁皮压入缺陷，主要由于加热过程中形成的一次氧化铁皮薄且致密，需要除鳞系统更高的工作压力，且去除难度较大。因此，对隧道炉炉内气氛的控制和确保除鳞系统工作正常，是减少氧化铁皮压入缺陷的关键。

3.3 马钢 CSP 冷轧原料的组产技术

3.3.1 生产计划编排

CSP 的生产组织过程与常规热轧有一定的差异。首先，CSP 是一个连续生产的过程，一个浇次内钢种最好化学成分相同或近似，尽量减少因化学成分不均匀带来的过渡坯长度。在冷轧原料的生产过程中，如果化学成分和连铸工艺相同，而热轧工艺不同时，将产出不同性能的材料。例如：在生产 DQ 级冷轧原料时，虽然钢水化学成分相同，但由于下工序加工工艺存在差异（罩式退火和热镀锌），热轧将采用不同的温度制度。因此在计划管理上必须考虑同浇次编排不同材料的生产计划。

由于在一个浇次内，薄板坯的宽度规格基本相同（连铸在线调宽一般小于 50mm），不可能像常规热轧宽度过渡采取的"窄—宽—窄"的做法。编制生产计划时，应根据不同铸坯宽度和带钢实际板凸度的变化趋势，制定不同的工作辊换辊周期。另外，冷轧原料一般轧制规格较薄，为保证热轧板形控制，所以在厚度规格过渡时，不宜跨度太大；薄规格应安排在工作辊使用周期的中段为佳。

3.3.2 物流管理

CSP 物流管理涉及的环节很多，在此不作全面讨论。对于冷轧原料生产而言，物流管理顺畅的关键在于成品库的设计和管理。首先，由于冷轧上料时一般要求钢卷温度≤60℃，现场实测表明：在室温 25℃、钢卷卷取温度 600℃时，冷却到 60℃以下需 65~70h。因此 CSP 如有 70%比例的冷轧原料，按日产 5500t 计算（其中商品卷按 48h 出库），需成品库能力为：

（1）冷轧原料：5500 × 70% × (65 ~ 70)/24 = 9625 ~ 11230(t)

（2）商品卷：5500 × 30% × 48/24 = 3300(t)

（3）考虑 0.8 的成品库利用系数，则热轧成品库总能力至少应为：

$$[(9625 ~ 11230) + 3300]/0.8 = 16156 ~ 18162(t)$$

其次，在成品库的库管理和发货管理中，应考虑冷轧生产计划编排，尽量按照钢卷"先入先出"的原则，以减少时效对性能的影响。建议采用企业信息化系统建立一套完整的解决方案。

3.3.3 信息化管理在 CSP 生产冷轧原料中的应用

为了实现物流和信息流同步，提高产销效率，马钢从 2002 年开始在以 CSP 为核心的薄板制造流程推行信息化管理。到 2003 年 10 月为止，马钢薄板系统实现了从 L1（基础自动化级）到 L4（企业管理级）的全面信息化管理。该系统的成功投用，不但较好解决了薄板集成制造和销售的难题，并且为冷轧原料的大规模生产创造了条件。

在现阶段冷轧原料的生产过程中，从最终的冷轧和热镀锌销售合同开始，信息化系统根据终端客户需求，采用物料倒推的方法，将销售订单转化为各工序的生产计划下达执行。目前，销售管理、生产排产、工艺控制、物料入/出库、产品质量综合判定全部在信息化系统内完成，大大提高了制造效率。

4　主要结果

从 2004 年 1 月试制以来到 2005 年 5 月为止，马钢 CSP 已累计生产 CQ、DQ 级冷轧原料 125.31 万吨，占 CSP 热轧总产量的 69.60%（其中最高月比例为 78.1%），合格率 99.74%，成材率 92.65%。2004 年~2005 年 5 月 CQ 级冷轧原料月度产量、占 CSP 的比例及合格率情况见图 3~图 5。

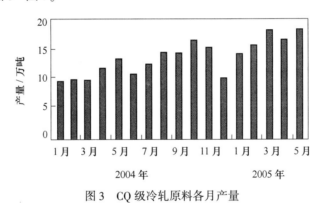

图 3　CQ 级冷轧原料各月产量

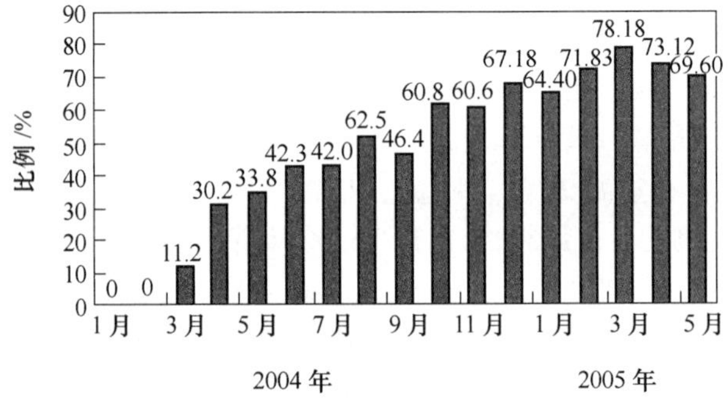

图 4　冷轧原料占 CSP 月产量比例图

目前 DDQ 级冷轧原料正在研制开发之中。马钢 CSP 生产的冷轧原料的热轧力学性能见表 4。冷轧原料经后续的冷轧机组轧制、罩式退火和平整后，得到的冷轧产品平均力学性能见表 5。热镀锌后产品平均力学性能见表 6。

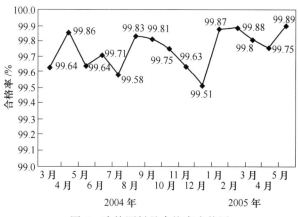

图 5　冷轧原料月合格率走势图

表 4　冷轧原料力学性能统计

钢种	力学性能				R_{eL}/R_m	晶粒度级
	R_{eL}/MPa	R_m/MPa	$\delta_5/\%$	冷弯		
SPHC	304	378	38.3	合格	0.77	8.5
SPHD	282	346	40	合格	0.80	9.0

表 5　CQ、DQ 冷轧产品性能

钢种等级	力学性能参数		成形性能参数		冲压性能参数		180° 冷弯
	R_{eL}，$R_{p0.2}/MPa$	R_m/MPa	屈强比	$A_{50}/\%$	$n_{0°}$	$r_{0°}$	
CQ	215	324	0.66	35.8	—	—	合格
DQ	181	291	0.62	46.2	0.21	1.59	合格

表 6　CQ、DQ 热镀锌产品性能

钢种等级	$R_{p0.2}/MPa$	R_m/MPa	$A_{50}/\%$	$n_{0°}$	$r_{0°}$
CQ	312	374	35.7	—	—
DQ	234	337	40.3	0.206	1.42

　　由表 4~表 6 可以看出：采用 CSP 生产工艺开发的 CQ、DQ 级冷轧原料产品，其化学成分、机械性能、外形尺寸、表面质量等指标均满足技术条件要求，为冷轧生产提供了合格原料，供冷轧原料的比率逐月提高，其比率已达到了 70% 以上，CSP 生产的原料经后续冷轧和热镀锌生产的产品性能完全满足市场需求。马钢 CSP 大规模生产冷轧原料技术的成功开发，填补了国内在此技术领域的空白，达到了国内最高水平。

5　结论

　　通过以上分析，可以得出如下结论：

　　（1）马钢实践证明：采用 CSP 大规模生产 CQ~DDQ 级冷轧原料是可行的，供应比例可保证在产量的 70% 以上。

（2）设备配置必须考虑产能平衡。为保证 DQ 以上级冷轧原料产品开发，二次精炼应配备 RH 真空脱气装置。

（3）CSP 生产冷轧原料应解决的主要问题是表面质量和性能偏高问题。

（4）大批量生产冷轧原料应充分考虑生产组织和物流管理，应充分借助信息化管理手段提高生产效率。

（5）马钢利用 CSP 开发的冷轧原料经冷轧和热镀锌后，产品实物质量完全满足市场需求。

The Production Technology about Raw Material of Cold Rolling in CSP Line of Masteel

Shi Xiongliang　Su Shihuai　Zhang Jianping　Zhu Tao　Jiao Xingli

(Ma'anshan Iron and Steel Co., Ltd.)

Abstract：After the CSP line is put into production, although some company in China are building up the cold rolling and hot-galvanizing line, however, it is difficult to produce raw material of cold-rolling with high percentage by CSP line. In the paper, the primary requirement of raw material in cold-rolling and production difficulty in CSP line are analyzed. The technology and production management of raw material were introduced from steel-making to CSP according to practice of Masteel.

Key words：CSP；raw material of cold rolling；production technology；production management；quality of product

汽车拼板的激光焊接[❶]

梁雪平　苏世怀

（攀枝花钢铁研究院）

摘　要：介绍了拼板焊接的激光焊原理、工艺及焊接接头性能，同时概括了当今几大汽车生产厂家及钢铁厂薄板的激光焊焊接现状。

关键词：激光焊；汽车拼板

1　引言

汽车工业的发展，在不同的时代具有不同的模式。在能源危机的当代，汽车工业除追求汽车的性能外，还必须尽量减少汽车的重量，随之而产生了汽车的拼板焊接。拼板在汽车上应用十分广泛，近年来成为汽车制造商关心的热点。拼板对汽车工业的影响，主要表现在以下两方面：

（1）拼板焊接能够使用标准板生产出更大的构件，可将不同类型或不同板厚的钢连接在一起[1]。

（2）充分利用材料，减少重量和减少装配线上的操作。

目前，拼板生产的焊接方法有电阻焊和激光焊两种，由于激光焊具有很大的优越性，因此必将占领汽车市场。

激光焊是20世纪70年代发展起来的焊接新技术，它以高能量密度的激光作为热源，与一般的焊接方法相比，具有以下特点[2]：（1）高的功率密度，功率密度可达$10^5 \sim 10^7 W/cm^2$；（2）由于激光加热范围小（<1mm），在相同的功率和厚度条件下，焊接速度高；（3）残余应力和变形小；（4）可进行远距离焊接。

2　拼板焊接设备

图1为通用汽车公司[3]用于生产拼板的激光焊接设备，每台焊机有3个工作站。图2为Kawaki钢铁公司的薄板卷激光焊接设备，用于板卷焊接，能够为汽车生产厂家提供更大的板卷[4]。

激光焊机按激光器类型可分为固体激光焊机和气体激光焊机。

2.1　固体激光器

图3是固体激光器构成示意图。它主要由激光物质（红宝石，YAG或钕玻璃棒）、聚光器、谐振腔（全反射镜和输出窗口）、泵灯、电源及控制设备组成。

---

❶　原文发表于《钢铁钒钛》1996年第4期。

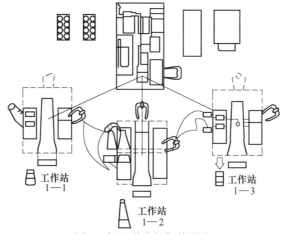

图 1　新型激光板焊接系统

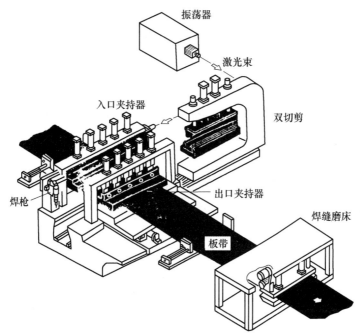

图 2　Kawaki 钢铁公司的薄板卷激光焊接单元

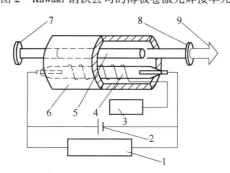

图 3　固体激光器的结构

1—高压电源；2—储能电容；3—触发电路；4—泵灯；5—激光工作物质；

6—聚光器；7—全反射镜；8—输出窗口；9—激光

2.2 气体激光器

焊接和切割所用的气体激光器一般均是 CO_2 激光器，CO_2 激光器有下面3种结构型式。

封闭式或半封闭式 CO_2 激光器，结构见图4。结构主体由玻璃管制成，放电器中充以 CO_2，N_2 和 He 混合气体，在电极间加上直流高压电，通过混合气体辉光放电，激励 CO_2 分子产生激光，从窗口输出。这类激光器可获得每米放电管长度50W 左右的激光功率。为了得到较大的功率，常把多节放电管串联（图4(a)，(b)）或并联（图4(c)）使用。

图5 是横流式 CO_2 激光器的结构。混合气体通过放电区流动，速度为 50m/s，气体直接与换热器交换，因而冷却效果好，可获得 2000W/m 的输出功率。

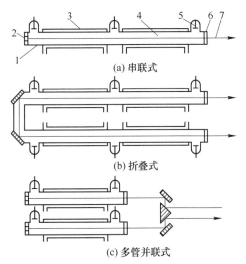

图 4 封闭式 CO_2 激光器

1—放电管；2—全反射镜；3—冷却水套；
4—激光工作气体；5—电极；6—输出窗口；
7—激光束

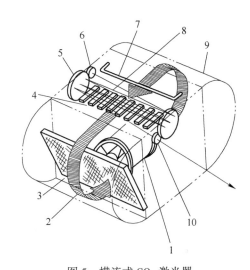

图 5 横流式 CO_2 激光器

1—压气机；2—气流方向；3—换热器；4—阳极板；
5—折射镜；6—全反射镜；7—阴极管；8—放电区；
9—密封钢外壳；10—半反射镜（窗口）

快速轴流式 CO_2 激光器如图6所示。气体的流动方向和放电方向与激光器同轴。气体

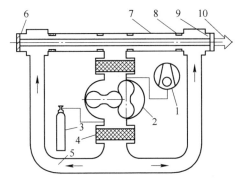

图 6 快速轴流式 CO_2 激光器

1—真空系统；2—罗茨风机；3—激光工作气源；4—热交换器；5—气管；
6—全反射镜；7—放电管；8—电极；9—输出窗口；10—激光束

在放电管中以接近声速的速度流动，每米放电管长度上可获得 500～2000W 的激光功率。激光器的体积小，输出模式为基模（TEM00）和 TEM01 模，特别适合焊接和切割[2]。

2.3 各种激光器的特点

激光加工中所用激光器的特点见表 1[2]。

表 1 焊接和切割用激光器的特点

激光器	波长/μm	工作方式	重复频率/Hz	输出功率或能量范围	主要用途
红宝石激光器	0.6943	脉冲	0～1	1～100J	点焊，打孔
钕玻璃激光器	1.06	脉冲	0～1/10	1～100J	点焊，打孔
YAG 激光器（钇铝石榴石）	1.06	连续脉冲	0～400	1～100J 0～2kW	点焊，打孔 焊接，切割，表面处理
封闭式 CO_2 激光器	10.6	连续		0～1kW	焊接，切割，表面处理
横流式 CO_2 激光器	10.6	连续		0～25kW	焊接，表面处理
快速轴流式 CO_2 激光器	10.6	连续脉冲	0～5000	0～6kW	焊接，切割

3 拼板激光焊接工艺

3.1 激光焊缝的接头设计

激光束焊接应用于易于组装，焊接操作方便，结构强度高，密封性好，接头易于检查的构件中。焊接接头的设计必须考虑聚焦的激光束能够达到接头处[3]。图 7 为激光焊接头采用的接头形式[2]，其中对接接头形式最常用。

3.2 激光参数及其对熔深的影响

3.2.1 激光功率

通常激光器功率是指激光器的输出功率，没有考虑导光和聚集系统所引起的损失。通用汽车公司采用 2.4kW Nd：YAG 和 1.8kW Nd：YAG 对轿车底板进行焊接，其结果如图 8 所示。

从图 8 可看出，2.4kW 的激光器所焊接的熔深明显高于 1.8kW 的熔深。

此外，采用 2.4kW Nd：YAG 激光焊焊接底板，比常用的电阻焊可节省一半的时间。

3.2.2 焊接速度

图 9 为用 Hobart 所生产的 1.8kW 连续波 Nd：YAG 激光器焊接底板得到的结果[4]。随着焊接速度的提高，熔深深度减小，当达到

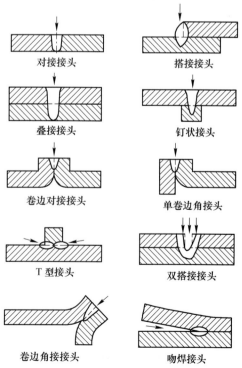

对接接头　　　　搭接接头

叠接接头　　　　钉状接头

卷边对接接头　　单卷边角接头

T 型接头　　　　双搭接头

卷边角接头　　　吻焊接头

图 7 激光焊所用的焊接接头型式

5m/min 时，熔深不随焊速的变化而变化。

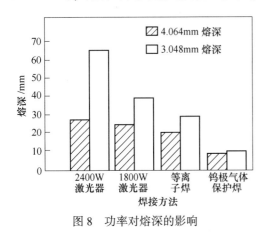

图 8　功率对熔深的影响

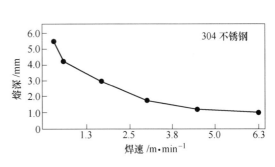

图 9　焊接速度对熔深的影响

3.2.3　光斑直径

为了进行深熔焊（小孔焊），焊接时激光焦点上的功率密度必须大于 $10^6\mathrm{W/cm}^2$。要提高功率密度，有两个途径：一是可以提高激光功率；二是可以减少光斑直径。由于功率密度与前者之间仅呈线性关系，但与直径的平方成反比，因此，减小光斑直径比增加功率有效得多。

3.2.4　离焦量

离焦量是工件表面离焦点的距离。工件表面在焦点以内时为负离焦，反之为正离焦。离焦量不仅影响工件表面激光光斑的大小，而且影响光束的入射方向，因而对熔深和焊缝形状有较大的影响。图 10 为离焦量对焊缝深度的影响[5]。可以看出，熔深随离焦量的变化有一个跳跃性的变化过程，在偏离中心很大的地方，熔深很小，属于传热熔化焊，当离焦量的绝对值减少到某一值后，熔深发生跳跃性增加，此处标志着小孔径产生。此外还可看出功率变化对熔深的影响。

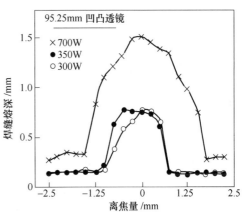

图 10　离焦量对焊缝熔深的影响

4　拼板激光焊接接头的性能

拼板主要用于冲压件，因此接头的成形性、疲劳性能及机械性能是拼板的主要性能。

4.1　成形性能

激光焊接拼板在汽车工业中的应用日益增加，主要是由于激光拼板具有良好的成形性和防腐能力。据文献［1］报道，BAYSORE 等人进行了这方面的研究。提高焊接速度，将增加抗拉强度和屈服强度的比例，如图 11 所示，图 12 为焊缝塑性与焊接速度的关系。经过成形性试验，表明激光焊接拼板完全能满足汽车工业的要求。

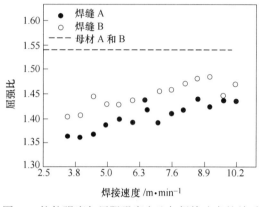

图 11 抗拉强度与屈服强度之比与焊接速度的关系

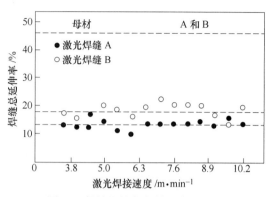

图 12 焊缝塑性与焊接速度的关系

硫含量对激光拼板的成形性有负作用，主要在于塑性的降低。

4.2 拼板激光焊接接头的疲劳性能

文献 [6] 报道，通用汽车公司的 Wang 对汽车薄板的激光焊接接头的疲劳性能进行了研究，通过实验室研究和理论计算，得出了激光焊焊接接头的疲劳寿命，并表明：激光焊焊接接头的疲劳寿命高于传统的电阻焊，同时还预测了汽车焊接件接头寿命的数学模型：

$$N_{fs} = 1.72 \times 10^4 (\Delta J_s)^{-2.59}（适用于电阻点焊）$$
$$N_{fl} = 3.50 \times 10^4 (\Delta J_l)^{-2.33}（适用于激光焊）$$

其预测结果与实验数据很吻合。

通过有限元模型和分析，比较激光焊和电阻点焊的镀锌和未镀锌钢板的焊接接头，表明激光焊焊接接头的疲劳强度提高了 36%~126%，抗拉强度提高了 34%~113%[7]。

4.3 拼板激光焊接的强度

据文献 [5] 报道，对表 2 的两种材料进行激光焊接，测定了强度和焊接速度的关系，其结果如图 13 所示。

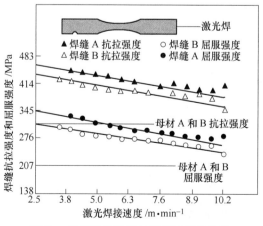

图 13 拼板接头强度与焊接速度的关系

从图 13 可以看出，在焊速小于 10.2m/min 时，两种钢的焊接接头强度都大于母材的强度。

表 2　激光焊接薄板的化学成分　（%）

钢	C	Mn	P	S	Si	Cu	Ni	Cr	Al	O	N
A	0.05	0.34	0.008	0.020	0.008	0.13	0.043	0.045	0.060	0.0029	0.004
B	0.05	0.26	0.009	0.008	0.018	0.22	0.007	0.024	0.076	0.0024	0.006

5　几大汽车公司和钢铁厂激光焊的应用情况

图 14 为美国一家拼板专业生产厂家（Courtesy of Utilase Blomking Welding Technologies）为汽车生产厂家提供的拼板构件[6]。

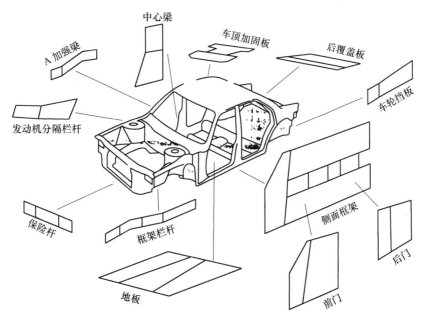

图 14　可用激光焊焊接的典型部件

通用汽车公司付出大量精力来减轻汽车重量。图 15 是为通用汽车公司 Cadillac 分公司提供的一种最难焊的拼板，它是由 3 个不同厚度不同截面的金属板组成，因此大量减少原来设计的加强肋，大大降低了汽车的重量[7]。

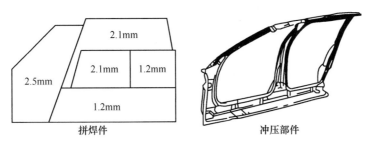

图 15　Cadillac 使用的最难焊接的一种拼板

苏世怀技术文集

Kawasaki 钢铁公司是把激光技术应用于钢铁厂的先驱。从 1975 年开始研究薄板卷的激光焊，1979 年开始进行薄板的激光焊接，图 2 为它的生产线。当今，这家公司还应用 1kW、1.5kW 和 5kW 的 CO_2 激光器焊接高碳钢、高硅钢和不锈钢，板厚为 6mm。Kawasaki 钢铁公司的激光焊机虽然没有提供高得多的生产率，但显著地提高了质量，它的低周疲劳是常规电弧焊的 10 倍，特别是在最薄截面中的应用。由此，钢铁厂能为日本汽车工业提供更大的板卷，给终极用户提供了极大优越性[4]。

日本的 KoKan K K 于 1984 年购进一台 5kW 东芝激光器，同样进行板厚为 6mm 的不锈钢对焊，开发了板卷焊接的工艺，并进行陶瓷的焊接[4]。

6 结语

（1）拼板焊接设备主要是固体激光焊机和气体激光焊机。
（2）影响激光焊缝熔深的因素是激光功率、焊接速度、光斑直径和离焦量。
（3）激光焊接接头具有良好的成形性、疲劳性能和较高的强度。

参 考 文 献

[1] Baysore J K. Laser Beam Welding and Formability Tailored Blanks [J]. Welding Journal, 1995 (10): 345~352.

[2] 《焊接手册》编写组. 焊接手册 [M]. 北京：机械工业出版社，1992：321~330.

[3] Bob Irving. What's the Latest News on Laser Beam Welding and Cutting [J]. Welding Journal, 1994 (2): 31.

[4] Eagar T W. Electron Beam and Laser Beam Materials Processing in Japan [J]. Welding Journal, 1986 (7): 19~31.

[5] Brandon E D. Characterization of Focusing Lenses for CO_2 Laser Beam Welding [J]. Welding Journal, 1992 (6): 55~63.

[6] Bob Irving. Welding Tailored Blanks is Hot Issue for Automakers [J]. Welding Journal, 1995 (8): 49 ~51.

[7] Bob Irving. Automotive Engineers Plunge into Tomorrow's Joining Problems [J]. Welding Journal, 1994 (12): 48.

Laser Welding of Automobile Tailored Blank

Liang Xueping   Su Shihuai

(Panzhihua Iron and Steel Research Institute)

Abstract：The laser welding principle and process for tailored blank and performance of weld joint are presented in this paper. Additionally, up-to-date technology of laser welding of sheet used by major automobile manufacturers and steelmakers in the world is briefly reviewed.

Key words：laser welding; automobile tailored blank

CSP 线 Nb 微合金化 HSLA 钢试验研究[❶]

胡学文[1]　朱　涛[1]　马玉平[1]　苏世怀[1]　袁晓敏[2]　斯松华[2]　何宜柱[2]

（1. 马鞍山钢铁股份有限公司；2. 安徽工业大学）

摘　要：为在 CSP 生产线利用 Nb 微合金化技术生产 HSLA 钢，通过在试验室建立了 CSP 铸坯模拟和 CSP 轧制模拟的试验方法，研究了 Nb 微合金化试验钢的组织和性能。结果表明试验室 CSP 铸坯模拟和 CSP 轧制模拟技术上是可行的。试验钢的铁素体晶粒尺寸为 3.7μm，屈服强度为 535MPa，延伸率为 30%。

关键词：CSP；Nb 微合金化；HSLA；模拟；组织性能

1　引言

薄板坯连铸连轧工艺因其流程短，能耗低，劳动生产率高等特点受到国际钢铁界的普遍重视，CSP 是其代表工艺之一。国外 CSP 生产的高强度低合金钢（HSLA）技术上已经比较成熟，Nb 微合金 HSLA 钢是其中一大类型[1]。仅墨西哥的 HYLSA 和美国的 NUCOR-柏克利钢厂，共有 400 万吨的生产能力，可生产 68 万吨以上的 HSLA 热轧带钢，其中 67% 含铌。当前我国已建成和在建薄板坯连铸连轧生产线有 7 条，其中 CSP 线 5 条，已形成生产能力 400 万吨/年，全部建成后将形成 910 万吨/年以上的能力。我国 CSP 技术起步较晚，发展较快，但在品种开发上我国投产的 CSP 生产线目前仍停留在生产冷加工热轧低碳钢和建筑用可焊接低碳钢两类品种档次上，铌微合金化钢在 CSP 上应用邯钢[2]和包钢还限于管线（X52~X60）和汽车大梁钢，处于研发和生产的初步阶段。研究 CSP 铌微合金化 HSLA 钢的应用技术，将有利于提高我国 CSP 品种钢的质量和品种档次。

2　试验方法

2.1　CSP 铸坯模拟

试验钢在 1t 中频炉上冶炼，铸坯采用下注法浇铸，铸坯上口采用保温帽，浇铸后镇定 3min，共浇铸 4 个扁锭，分别编号为 1~4# 锭。

铸坯模具设计采用均冷模壁设计，模具铸铁壁厚根据仿 CSP 连铸坯冷却热工效率计算设计，最终设计的扁锭尺寸为 70mm×220mm×450mm。铸坯高温脱模（脱模后表面温度大于 900℃）后，立即放入事先加热到 1150℃ 的加热炉中保温 30min 后，1# 扁锭快速放入大容积水池中冷却，用于检测铸坯组织。

---

❶ 原文发表于《安徽工业大学学报》2004 年第 2 期。
中国中信金属公司资助项目（2003RMJS-KY004）。

在 1#扁锭距浇铸底面高度的 1/3 位置处，截取厚 20mm 横断面作酸蚀低倍检验；在低倍样宽度的 1/4 位置沿表面，1/4，1/2 处分别取样，用 4%硝酸酒精腐蚀后，作金相组织检验。

2.2　模拟 CSP 轧制

2#扁锭在浇铸镇静 3min 后，高温快速脱模（脱模后表面温度大于 900℃），火焰切割轧制试样，试样尺寸：

70mm×110mm×200mm。

试样切割后立即送入加热炉（预热 1150℃），加热保温 30min，在 $\phi=145$mm 二辊试验轧机上模拟 CSP 轧制，轧制工艺参数见表 1。

表 1　试验轧制工艺参数

道次	2-1#试样（空冷）			2-2#试样（喷水空冷）		
	厚度/mm	压下率/%	温度/℃	厚度/mm	压下率/%	温度/℃
	70			70		
1	65	21	1087	65	21	1087
2	50	23	1059	50	23	1059
3	35	30	1026	35	30	1026
4	26	26	1002	26	26	1002
5	14	46	960	14	46	960
6	10	29	850	10	29	850
7				7	30	760

2.3　组织和性能试验

组织检测试样在试验轧制的板材中部取得，组织观察方向为轧制的横截面。10mm 规格的试样编号 2-1#；7mm 规格试样编号 2-2#，金相试样用 4%的硝酸酒精腐蚀。在金相显微镜下观察组织并测铁素体的显微硬度，在 XL30 扫描电镜观察高倍组织，用 IBAS 图像仪每个试样测 10 个视场，每个视场面积为 6880μm^2，评定组织晶粒度。

采用标准 GB/T 228—2002 金属拉伸试验方法进行拉伸试验，试样采用宽为 12.5mm，标距为 60mm 的非标试样，拉伸方向为轧制板材的横向。在拉伸试验机上检测试验钢的屈服强度、抗拉强度和延伸率。

3　试验结果与分析

3.1　化学成分

在轧后的试验板材上取样，化学成分见表 2。

表 2　Nb 微合金化试验钢化学成分　　　　　　　　　（%）

C	Si	Mn	S	P	Nb
0.05	0.16	1.33	0.008	0.006	0.026

3.2 模拟 CSP 铸坯金相分析

1#扁锭的低倍照片见图 1。

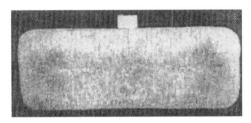

图 1 1#扁锭的低倍检验

在低倍样宽度的 1/4 位置分别沿表面，1/4，1/2 处取样做金相分析，金相照片见图 2。

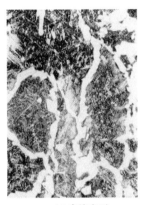 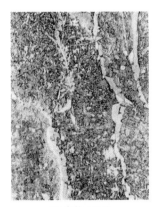 

(a)扁锭表面　　　　　　　　(b)扁锭 1/4 处　　　　　　　　(c)扁锭 1/2 处

图 2 1#扁锭金相分析

水淬处理后，酸蚀低倍照片显示扁锭的柱状晶组织发达。4%硝酸酒精腐蚀后金相组织表面为马氏体+贝氏体+铁素体组织，扁锭 1/4 处和中心处为贝氏体+铁素体组织。从沿奥氏体晶界形成的网状铁素体结构可以近似估算奥氏体晶粒尺寸。扁锭表面奥氏体近似于等轴，奥氏体的晶粒直径约为 0.2~0.6mm；扁锭 1/4 处为 0.4~0.6mm 宽，1~2mm 长的柱状结构；中心处为 0.5~1mm 宽，1~3mm 长的柱状结构。

试验中，扁锭奥氏体组织特征和晶粒尺寸大小与资料[3,4]中介绍的生产线上的 CSP 铸坯实际奥氏体的组织特征和晶粒尺寸大小基本相同。

3.3 模拟 CSP 轧制试样的组织及性能分析

3.3.1 金相组织

试样 2-1#的金相组织为铁素体+珠光体，见图 3，边部铁素体为细小的非等轴铁素体，见图 3(a)；中心部位组织不均，较大的铁素体呈带状分布，见图 3(b)。细珠光体在铁素体晶界呈团簇状分布，见图 3(c)。边部细的铁素体显微硬度 HV：201~203，中心粗大的铁素体显微硬度 HV：176~177，IBAS 图像仪分析 10 个视场的平均晶粒级别 12.78 级，平均截距 3.82μm，晶粒的直径平均为 4.26μm，晶粒的等效圆直径分布见图 4。

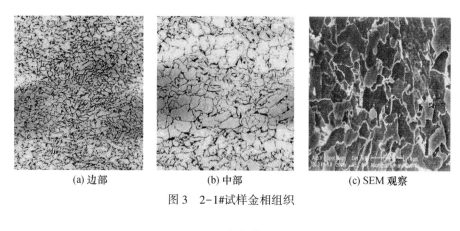

(a) 边部　　　　　　　　(b) 中部　　　　　　　(c) SEM 观察

图 3　2-1#试样金相组织

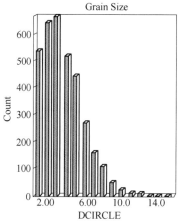

图 4　2-1#试样晶粒的等效圆直径分布图

　　2-2#试样组织为铁素体+岛状马氏体，边部组织见图5(a)；中心组织不均见图5(b)。铁素体显微硬度 HV：215~216。SEM 观察铁素体基本为等轴铁素体，见图5(c)。IBAS 图像仪分析 10 个视场的平均晶粒级别 13.13 级，平均截距 3.38μm，晶粒的直径平均为 3.70μm，晶粒的等效圆直径分布见图 6。

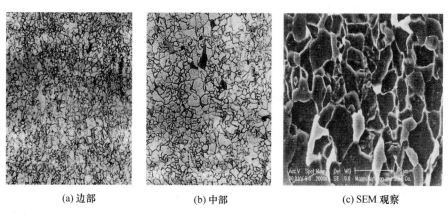

(a) 边部　　　　　　　　(b) 中部　　　　　　　(c) SEM 观察

图 5　2-2#试样金相分析

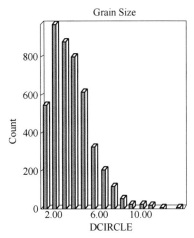

图6　2-2#试样晶粒的等效圆直径分布图

3.3.2　力学性能

试验钢性能（横向）见表3。

表3　试验钢的力学性能（平均值）

钢种	规格/mm	σ_s/MPa	σ_b/MPa	σ_s/σ_b	δ/%
Nb 试验钢	10	445	510	0.87	34
	7	535	590	0.91	30

实验钢中两组试样都获得较高强度，延伸率达到30%，其中7mm规格强度高达535MPa，其强度高，塑性相对低些。7mm试样屈强比高与其马氏体+铁素体组织有关。

3.4　晶粒尺寸细化因素分析

从试验轧制的结果看，Nb微合金化试验钢在相对传统厚板坯轧制总压缩比小（7~10）的情况下，通过高温再结晶轧制和低温区2~3道的大变形，试验条件下获得了平均4.26μm和3.70μm的细铁素体晶粒。

一般Nb微合金化钢的控轧工艺（主要是TMCP）是通过未再结晶区多道次反复变形，形成细长的奥氏体并在晶内形成大量变形带，在随后的控制冷却过程中富化γ→α生核细化铁素体晶粒。与一般TMCP工艺不同，在本次试验轧制中再结晶区轧制为1002~1089℃的4道次20%~30%变形，粗大的奥氏体在本阶段将发生第一步的再结晶细化。

从2-1#试样的轧制工艺看，由于轧后并没有快速冷却，最终铁素体平均晶粒直径能达到4.26μm，晶粒细化主要是因为未再结晶区2个道次的变形率较大。从2-2#试样轧制工艺看，在760℃增加一道30%的变形并喷水冷却，铁素体晶粒更加细小，达到平均3.70μm，并且基本消除了心部带状不均匀组织，铁素体由非等轴铁素体变为基本等轴晶铁素体。最终组织中形成了岛状马氏体说明喷水冷却强度过高，出现了少量淬火组织。试验结果表明：增加轧后冷却能改善或消除心部带状组织。

根据以上试验结果，认为CSP线上Nb微合金化钢通过调整轧制工艺获得小于4μm的细铁素体组织是完全可能的。

3.5　Nb 微合金化强化因素分析

对于细晶粒的 Nb 微合金化钢，一般细晶强化和析出强化是最主要的，特别是细晶强化能获得高强度和高韧性的综合性能。2-1#试样的屈服强度达到 445MPa，试验过程中，除高温 4 道次 20%~30% 的变形引起的奥氏体静态再结晶细化外，低温区 2~3 道次大压下率的变形将导致未再结晶奥氏体更大程度的细长并晶内形成高密度的变形带可能是晶粒细化的主要因素。从试样中细铁素体比粗铁素体具有更高的显微硬度来看，细晶铁素体内可能存在更多的位错，起到了一定的位错强化效果。

2-2#试样的屈服强度达到了 535MPa，抗拉强度达到 590MPa，铁素体晶粒尺寸达到了平均 3.70μm。从最后的铁素体+马氏体组织看，最后一道次轧制已进入两相区变形，这对铁素体晶粒的进一步细化有一定贡献，试样轧后快速冷却对细化晶粒有利，但从 3.70μm 的晶粒尺寸看，轧后的快速冷却对晶粒细化的效果是有限的。强度大幅增加的原因，除细晶强化外，主要源于岛状马氏体强化。

虽然 2-1#和 2-2#试样的强度有较大的差异，但在获得高强度的同时都获得了很高的 δ 值，这主要是铁素体晶粒细化的结果。

4　结论

（1）采用本试验设计的铸模和均热工艺来模拟 CSP 铸坯，铸坯的奥氏体组织与 CSP 生产线铸坯的实际奥氏体组织相当。

（2）试验条件下获得了铁素体+珠光体组织，其中铁素体平均直径达到 4.26μm，屈服强度达到 445MPa，并具有 34% 的延伸率；铁素体+岛状马氏体组织，其中铁素体平均直径达到 3.70μm，屈服强度达到 535MPa，并具有 30% 的延伸率。

（3）细铁素体+珠光体组织比细铁素体+岛状马氏体组织具有更高的塑性和较低的屈强比；要获屈服强度 500MPa 的铁素体+珠光体，还需获得更细的晶粒度并增加析出强化等的效果。

（4）试验模拟 CSP 轧制显示：获得小于 4μm 的铁素体+珠光体的细晶组织是可能的，但需进一步对 CSP 轧制、冷却、卷取等工艺进行优化研究。

参 考 文 献

[1] Garcia C I, Tokarz C, Graham C, 等. 含铌高强度低合金钢薄板连铸工艺的生产：热轧产品的种类，性能和应用 [C]. 2002 年薄板坯连铸连轧国际研讨会. 广州, 2002：153~155.

[2] 刘苏, 章洪涛, 王瑞珍. 薄板坯连铸连轧工艺及微合金高强度钢的开发 [J]. 钢铁研究学报, 2002 (2)：59~63.

[3] Wang Ruizhen, Zhang Hongtao, Chong Ganyun, et al. Development of CSP processed pipeline steel X60 [C]. International symposium on thin slab casting and rolling. Guangzhou, 2002：292.

[4] Robert J, Glodowsk I. Experience in producing V-microalloyed high strength steels by thin slab casting technology [C]. International symposium on thin slab casting and rolling. Guangzhou, 2002：329.

Experimental Study of Nb-microalloy HSLA Steel in CSP

Hu Xuewen[1]   Zhu Tao[1]   Ma Yuping[1]   Su Shihuai[1]

Yuan Xiaomin[2]   Si Songhua[2]   He Yizhu[2]

(1. Ma'anshan Iron and Steel Co., Ltd. ; 2. Anhui University of Technology)

Abstract: For producing Nb-HSLA steel in CSP line, the microstructure and properties of Nb-microalloy steel are studyed through establishing the testing method of CSP casting simulation and CSP rolling simulation. The results shown that it is feasible to simulate the microstructure of CSP casting and to simulate rolling in laboratory. The average ferrite grain size is 3.7μm, the yield strength is 535MPa, and the elongation ratio is 30%.

Key words: CSP; Nb-microalloy; HSLA; simulation; microstructure property

控制冷却技术在中板生产中的应用[❶]

张辉宜[1]　王小林[1]　冯建晖[2]　苏世怀[2]

（1. 安徽工业大学计算机学院；2. 马鞍山钢铁公司技术中心）

摘　要：介绍了轧后控制冷却技术对钢板组织和力学性能的影响；国内外采用该技术的方案以及马鞍山钢铁公司中板厂应用管层流冷却技术的方案、装置、工艺规程和所取得的效果。

关键词：中板生产；控制冷却；组织；力学性能

1　引言

钢材市场的竞争日趋激烈，迫使中厚板生产厂家必须改进生产工艺、降低生产成本、提高产品的质量和产量，并开发出高性能、高技术含量和高附加值的优质产品。轧后控制冷却技术在降低合金元素含量及碳当量，从而降低生产成本的同时，能够改善钢材的可塑性和焊接性等综合指标，具有巨大的社会效益和经济效益。因此，被国内外很多轧钢厂采用，并成为当代钢铁工业最重要的技术成就之一[1]。日本神户制钢公司加古川厂采用控轧控冷 KCL 法生产出 APIX70 钢板。该工艺的控轧终轧温度为 740~780℃，控制冷却速度为 9℃/s，终冷温度为 550℃。使用后可使钢材抗拉强度提高 20~50MPa，屈服强度提高 20~30MPa，冲击韧性有所改善，碳当量从 0.37% 降至 0.28%，而且性能均匀稳定。马鞍山钢铁公司中板厂（以下简称马钢）采用控轧控冷方法生产出了 16MnR 容器板、16Mng 锅炉板和 ZC-A、ZC-B 级船板等专用钢板，并获得了良好性能。

2　轧后控制冷却对钢板组织和性能的影响

众所周知，轧后快冷可比再加热的等轴奥氏体加速冷却产生更大的强韧化效果。在细化铁素体晶粒的同时能减小珠光体片层间距，阻止高温下析出碳化物。对于微合金化钢，调整冷却速度将对铁素体晶粒尺寸和贝氏体含量有明显影响。一般认为，控制轧制后的快速冷却会提高钢板的强度而不影响其脆性转变温度，脆性转变温度取决于快速冷却前的控制轧制效果。加速冷却使强度提高是晶粒得到细化、贝氏体数量增加和微量元素碳化物发生沉淀强化的结果。脆性转变温度则受多种因素的影响，如下式所示[2]：

$$T = A - Bd^{-1/2} + C\sigma_{ppt} + D\sigma_{disl} + Ef_{sp}$$

式中　　　　　　　　T——脆性转变温度，℃；

❶　原文发表于《钢铁研究学报》2004 年第 2 期。
安徽省教育厅重点科研项目（2002KJ056ZD）。

A，B，C，D，E——常数；

d——铁素体晶粒直径，μm；

σ_{ppt}，σ_{disl}——沉淀和亚结构强化所产生的组织应力，N/m^2；

f_{sp}——第二相（如珠光体和贝氏体）的体积分数，%。

轧后快速冷却对脆性转变温度的影响是通过晶粒细化而实现的。这一改善经常会被其他强化机制所抵消。冷却速度过快往往使脆性转变温度升高，这是由于低温相变产物贝氏体数量增多而引起的。快速冷却的停止温度决定了贝氏体的生成数量，由此影响钢材的强韧性。由文献［2，3］可知，含铌钢在快速冷却停止温度450℃以上时，钢的韧性变化不大，而在450℃以下韧性急剧恶化。

当前，西欧、日本和少数发展中国家推行热机械轧制工艺。在非再结晶温度区以大变形量精轧后水淬强化冷却，得到最细小的铁素体和贝氏体组织，从而显著提高了钢材的综合性能。德国蒂森钢铁公司生产的海洋石油工程用钢板采用铌微合金化钢，最后一道次轧制后，通过水冷直接进行淬火强化冷却（冷却速度为15℃/s）。为避免产生硬化组织，强化冷却的终止温度为550℃左右。用这种轧制技术生产的钢板的屈服强度比普通热机械轧制钢板高50MPa，比正火态钢板高150MPa，同时可减少合金含量，降低生产成本；在规定的屈服强度下降低碳当量，改善焊接性能。日本的住友、川崎，卢森堡的Arbed Differdage工厂采用该技术，于20世纪80年代后期生产出了最低屈服强度为420MPa和355MPa的海上采油平台用钢。

3 控制冷却方案的制定

目前，中厚板控制冷却方式主要有压力喷射冷却、层流冷却、雾化冷却、喷淋冷却和直接淬火等。而国内外采用的中厚板控制冷却设备的冷却方式却不相同（见表1和表2），并各有如下优缺点[4]：

（1）高压喷射冷却。水以一定压力从喷嘴喷出，水流连续呈紊流状态喷射到钢板表面。这种冷却方法穿透性好，一般在水汽膜比较厚的条件下采用。但是，这种冷却方式用水量大、水花飞溅严重、冷却不均匀、水质要求高、喷嘴易被堵塞而且水的利用率较低。

（2）喷淋冷却。将水加压，由喷嘴喷出的水的流速超过连续喷流，水流破断后形成的液滴冲击被冷却的钢板表面。这种喷嘴冷却能力强，冷却较为均匀，但是需要很高的水压，冷却能力的调节范围较窄，而且对水质要求高。

（3）层流冷却。水以较低压力从水口自然连续流出，形成平滑水流。水流流到钢板表面后在一段距离内仍保持平滑层流状态，可获得很强的冷却能力，冷却均匀。目前，钢板热轧后的层流冷却一般采用板层流（水幕冷却）和管层流（U形管层流）两种方式。前者用水量大、冷却效果强，但是不易控制和调节；后者对钢板的冷却比较缓和、均匀，冷却区较长，容易控制冷却参数。

（4）雾化冷却。用加压的空气使水雾化后再冷却钢板。这种方式冷却均匀、调节范围大，可以实现单独风冷、弱水冷及喷水冷却。缺点是要配备风、水两套系统，设备费用高，线路复杂、噪声大、车间雾气大、设备易腐蚀。

表1　国内中厚板厂采用的控制冷却方式和装置

Table 1　Mode and device of controlled cooling in our country

厂家	重钢五厂	武钢轧板厂	上钢三厂	邯钢中板厂	鞍钢厚板厂
上水冷器	水幕	层流	管层流	水幕	层流
下水冷器	水幕	层流	低压喷嘴	低压喷嘴	层流
安装位置	精轧后热平整前	精轧后热平整前	精轧后热平整前	精轧后热平整前	精轧后热平整前

表2　日本中厚板厂采用的控制冷却方式和装置

Table 2　Mode and device of controlled cooling abroad

厂家	八幡	君津	福山	水岛	鹿岛
上水冷器	水幕	喷雾式	管层流	管层流	水幕
下水冷器	喷雾式	喷雾式	喷雾式	喷射喷嘴	喷雾式
安装位置	热平整后	热平整后	精轧后热平整前	精轧后热平整前	精轧后热平整前

根据国内外的发展现状和马钢中板厂的实际情况，决定采用管层流控制冷却方案。

4　马钢控制冷却技术及其应用效果

4.1　冷却装置

安装位置：精轧机之后、热平整机之前。即先快速冷却后平整。

冷却区尺寸：2.5m×12.5m。

上冷却器（喷嘴）：管层流冷却（见图1、图2）。

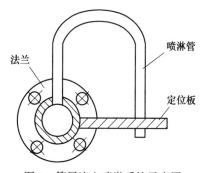 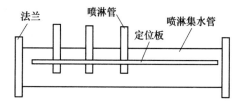

图1　管层流上喷淋系统示意图

Fig. 1　Schematic of tube laminar flow cooling device（upside）

图2　喷淋管安装示意图

Fig. 2　Schematic of pipeline

下冷却器（喷嘴）：管层流冷却（见图3~图5）。

4.2　工艺规程

（1）正常生产使用1~4号管层流对钢板进行控制冷却，确保钢板水冷后的温度控制在600~650℃。

（2）钢板水冷道次采用一道。辊道速度和各管层流上下水量的分配由计算机根据钢板厚度和实际钢板温度确定。上、下管层流水量的分配及辊道速度参数的选择见表3。

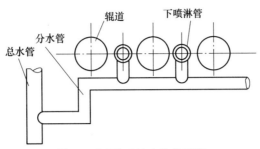

图 3　下喷淋系统安装位置图

Fig. 3　Setting location of tube laminar flow cooling device（underside）

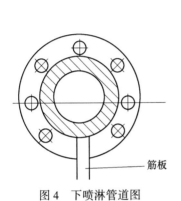

图 4　下喷淋管道图

Fig. 4　Schematic of underside tube

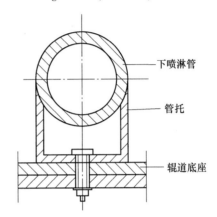

图 5　下喷淋管结构示意图

Fig. 5　Schematic of underside tube structure

（3）原则上使用一台泵提供 2~4 号管层流用水，另一台泵（供 1 号管层流用水）的供水阀处于全开状态。

表 3　上、下管层流水量及辊道速度的分配

Table 3　Relation between water flux and rolling speed

钢板厚度 /mm	辊道速度/m·s⁻¹				1号管层 流水量/%		2号管层 流水量/%		3号管层 流水量/%		4号管层 流水量/%	
	1.0	1.5	2.0	2.5	上水	下水	上水	下水	上水	下水	上水	下水
6~8				√								
9~10			√									
11~12				√	15	20						
13~14				√			15	20	15	20	15	20
15~16			√				15	25	20	30	20	30
17~18			√		15	20	20	30	25	35	25	35
19~20		√			15	20	25	35	25	35	25	35
21~22		√			20	25	25	35	25	35	25	35
23~25	√				25	30	25	35	30	40	30	40
>25	√				30	35	30	40	30	40	30	40

4.3　控制冷却装置的特点

（1）控制冷却工艺参数的调整范围较宽，可以满足不同钢种及不同厚度钢板对冷却速度的要求。

（2）在长度、宽度和厚度方向上具有温度控制措施，可确保各方向的温度均匀。

（3）冷却效率高。对一定规格的钢板，能用最少量的冷却水达到目标冷却速度，即喷射水流的密度达到最佳值，从而节省冷却水量和缩短冷却区长度。

（4）可在钢板进入冷却区前调整好水流量和压力值，也能够在线控制和调节。

（5）冷却状态、冷却条件和冷却效果比较稳定。

（6）冷却装置的内外结构易于操作和维护。

4.4　控制冷却对中厚板性能的改善

为检验管层流控制冷却装置对中厚板力学性能的影响，分别对控制冷却前后的16MnR容器钢板取样进行力学性能检验和分析，结果见表4和表5。

表4　试验钢的化学成分
Table 4　Chemical composition of experiment steel

钢板厚度 /mm	轧制批号	化学成分/%						
		C	Si	Mn	P	S	Al_s	Ce
10	30405	0.14	0.44	1.36	0.021	0.018	0.046	0.48
16	40506	0.15	0.48	1.46	0.020	0.019	0.042	0.49
20	60722	0.17	0.50	1.39	0.022	0.017	0.040	0.50

表5　控制冷却工艺及控制冷却前后钢板的力学性能
Table 5　Technical parameters of controlled cooling and mechanical properties of steel plate with and without controlled

板厚 /mm	轧制批号	温度/℃			冷却速度 /℃·s⁻¹	拉伸性能				冲击功/J		冷弯 （180°、 d=2a）
		终轧	开始冷却	终冷		控制冷却	σ_s/MPa	σ_b/MPa	δ_5/%	0℃	-20℃	
10	30405	840	820	624	22	前	355	515	29	37	25	完好
						后	385	555	29	41	29	完好
						变化	30	40	0	4	4	
16	40506	830	815	617	20	前	365	520	28	36	25	完好
						后	390	555	27	39	28	完好
						变化	25	45	-1	3	3	
20	60722	836	818	632	19	前	350	525	30	38	27	完好
						后	375	560	29	42	32	完好
						变化	25	35	-1	4	4	

可以看出，在化学成分和轧制工艺相同的条件下，经过管层流控制冷却的16MnR容

器板比未经过控制冷却的钢板的力学性能有明显改善。如屈服强度 σ_s 提高了 25~30MPa、抗拉强度 σ_b 提高了 35~45MPa；伸长率 δ_5 略有下降；冲击功提高了 3~4J（说明冲击韧性也得到改善）；冷弯性能也很好。这些性能指标的提高相当于在未采用控制冷却工艺的钢板中添加 0.02% 铌后进行控制轧制的效果。显然，控制冷却技术的效益是可观的。

5 结论

控轧控冷技术是当代发展较快的一种新技术，被很多国外专家称为在线热处理技术，对钢材的综合力学性能有明显的改善作用。马钢中板厂应用该技术，通过管层流对中板进行在线控制冷却，取得了良好的使用效果，既提高了钢板的综合性能，又在一定程度上降低了生产成本，增强了产品的市场竞争力。

参 考 文 献

[1] 孙本荣，王有铭. 中厚钢板生产 [M]. 北京：冶金工业出版社，1993.
[2] 王有铭，李曼云，韦光. 钢材的控制轧制和控制冷却 [M]. 北京：冶金工业出版社，1995.
[3] 王占学. 控制轧制与控制冷却 [M]. 北京：冶金工业出版社，1988.
[4] 刘细芬，蔡小辉，王国栋，等. 中厚板轧后控制冷却技术的发展概况 [J]. 钢铁研究，2002，124（1）：54~57.

Application of Controlled-Cooling Technology in Medium Plate Production

Zhang Huiyi[1]　Wang Xiaolin[1]　Feng Jianhui[2]　Su Shihuai[2]

（1. Anhui University of Technology；2. Ma'anshan Iron and Steel Co., Ltd.）

Abstract：The effect of controlled cooling technology after rolling on the structure and performance of the steel plate were introduced. The technical schemes adopted at home and abroad were presented. The plans, equipment, technical specifications of the tube laminar flow cooling technology and the achievement obtained at Ma'anshan Iron & Steel Company were introduced briefly.

Key words：medium plate production；controlled cooling；microstructure；mechanical performance

Nb 微合金化在 CSP 线生产 HSLA 钢应用机理研究[❶]

苏世怀　　马玉平

(马鞍山钢铁股份公司技术中心)

摘　要：采用实验室模拟 CSP 工艺和马钢 CSP 生产线两种途径，进行了含铌 Q345 钢、X60 管线钢的试制以及 Q460 钢的生产，研究 Nb(C, N) 粒子的析出特性，通过 CCT 曲线研究了形变和冷却条件对 Nb 试验的相变温度、组织的影响，并与 CSP 钒微合金化 Q345 进行了比较。研究结果表明，采用本研究的含铌成分及设计工艺，马钢 CSP 完全可以生产出符合要求的含铌高强度低合金钢。

关键词：CSP；铌微合金化

1　实验室模拟 CSP

1.1　成分设计

化学成分设计是以在马钢 CSP 线生产低合金高强度汽车结构用钢和高级别的管线钢产品为目标，主要考虑因素如下：

(1) 碳当量在包晶钢范围以下；

(2) 具有低 P_{cm} 值，以提高焊接性能；

(3) 尽量减少 Nb 对铸坯裂纹的敏感性，采用微 Nb 含量；

(4) 考虑到 CSP 钢水化学成分低碳、低硅的特点。

试验钢的成分设计见表 1。

表 1　Nb 微合金化试验钢设计化学成分　　　　　　　　　(%)

C	Si	Mn	S	P	Nb
0.04~0.06	≤0.30	1.20~1.40	≤0.008	≤0.010	0.020~0.030

1.2　试验钢的冶炼和浇铸

试验钢在 1t 的中频炉上冶炼，冶炼工艺为：金属料熔融—造渣脱 P、降碳—扒渣—造渣脱 [O]、脱 [S]—合金化—成分分析—成分微调—钢水温度控制—出钢—成分分析。

冶炼采用了较低 S、P、C 的金属原料，铸坯采用下注法浇铸，铸坯上口采用保温帽，浇铸后镇定 3min，共浇铸 4 个扁锭，分别编号为 1~4#锭。

铸坯模具设计采用均冷模壁设计，模具铸铁壁厚根据仿 CSP 连铸坯冷却热工效率计算

---

❶　原文发表于《微合金化技术》2004 年第 2 期。

设计，最终设计的扁锭尺寸为 70mm×220mm×450mm。

铸坯高温脱模（脱模后表面温度大于 900℃）后，立即放入事先加热到 1150℃的加热炉中保温 30min 后，1#扁锭快速放入大容积水池中冷却，用于检测铸坯组织。

在 1#扁锭距浇铸底面高度的 1/3 位置处，截取厚 20mm 横断面作酸蚀低倍检验；在低倍样宽度的 1/4 处沿表面、1/4、1/2 处分别取样，用 4%硝酸酒精腐蚀后，作金相组织检验。

2#扁锭在浇铸镇静 3min 后，高温快速脱模（脱模后表面温度大于 900℃），火焰切割轧制试样，试样尺寸：70mm×110mm×200mm。

1.3 实验室轧制工艺

试验室模拟 CSP 轧制，试样切割后立即送入加热炉（预热 1150℃），加热保温 30min，在 φ145mm 二辊试验轧机上模拟 CSP 轧制，轧制工艺参数见表 2。

表 2　实验室模拟 CSP 采用的轧制工艺

编号	道次		1	2	3	4	5	6	7	冷却方式
1#	厚度/mm	70	65	50	35	26	14	10		空冷
	压下率/%		21	23	30	26	46	29		
	温度/℃		1087	1059	1026	1002	960	850		
2#	厚度/mm	70	65	50	35	26	14	10	7	喷水冷却
	压下率/%		21	23	30	26	46	29	30	
	温度/℃		1087	1059	1026	1002	960	850	760	

1.4 组织和性能检验

组织检测试样在试验轧制的板材中部取得，10mm 规格的试样编号 2-1#；7mm 规格试样编号 2-2#，金相试样用 4%的硝酸酒精腐蚀。在金相显微镜下观察组织并测铁素体的显微硬度，在 XL30 扫描电镜观察高倍组织，用 IBAS 图像仪每个试样测 10 个视场，每个视场面积为 6880μm²，评定组织晶粒度。

采用标准 GB/T 228—2002 金属拉伸试验方法进行拉伸试验，试样采用宽为 12.5mm，标距为 60mm 的非标试样，拉伸方向为轧制板材的横向。在拉伸试验机上检测试验钢的屈服强度、抗拉强度和延伸率。

1.5 试验结果和分析

1.5.1 化学成分

在轧后的试验板材上取化学成分样，化学成分见表 3。

表 3　Nb 微合金化试验钢化学成分　　　　　　　　　（%）

C	Si	Mn	S	P	Nb
0.05	0.16	1.33	0.008	0.006	0.026

碳当量%C_{equiv} = C + 0.02Mn - 0.1Si + 0.04Ni - 0.04Cr - 0.1Mo = 0.06，在包晶钢（0.10 ≤

%C$_{equiv}$ ≤0.15) 范围以下。

$$P_{cm} = C + Si/30 + (Mn + Cu + Cr)/20 + Ni/60 + Mo/15 + V/10 + 5 \times B = 0.12$$

由 P_{cm} 值来看，材料焊接性能良好。

1.5.2 模拟 CSP 铸坯试验分析

1#扁锭的低倍照片见图 1。

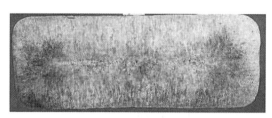

图 1　1#扁锭的低倍照片

低倍样宽度的 1/4 处沿表面、1/4、1/2 处金相照片分别见图 2(a) ~ (c)。

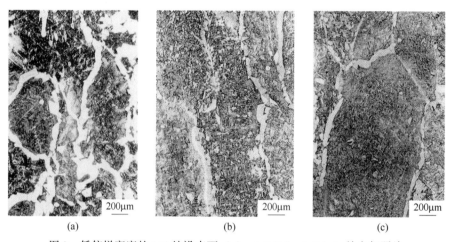

图 2　低倍样宽度的 1/4 处沿表面 (a)、1/4(b)、1/2(c) 处金相照片

水淬处理后，酸蚀低倍照片显示扁锭的柱状晶组织发达。4%硝酸酒精腐蚀后金相组织为铁素体、珠光体和贝氏体组织。从沿奥氏体晶界形成的网状铁素体结构可以近似估算奥氏体晶粒尺寸，奥氏体的晶粒尺寸约呈 0.5~1mm 宽，1~3mm 长的柱状结构。

1.5.3 实物轧制试验分析

1.5.3.1 力学性能

试验钢性能（横向）见表 4。

表 4　试验钢的力学性能（平均值）

钢号	规格/mm	σ_s/MPa	σ_b/MPa	σ_s/σ_b	δ/%
Nb 试验钢	10	445	510	0.87	34
	7	535	590	0.91	30

1.5.3.2 金相组织

2-1#试样组织为铁素体+细珠光体，边部铁素体为细小的非等轴铁素体（图 3(a)）

中心部位组织不均，较大的铁素体呈带状分布（见图3(b)）。细珠光体在铁素体晶界呈团簇状分布（见图3(c)），边部细的铁素体显微硬度 HV 201~203，中心粗大的铁素体显微硬度 HV 176~177，IBAS 图像仪分析 10 个视场的平均晶粒级别 12.78 级，平均截距 3.82μm，晶粒的直径平均为 4.26μm，晶粒的等效圆直径分布见图3(d)。

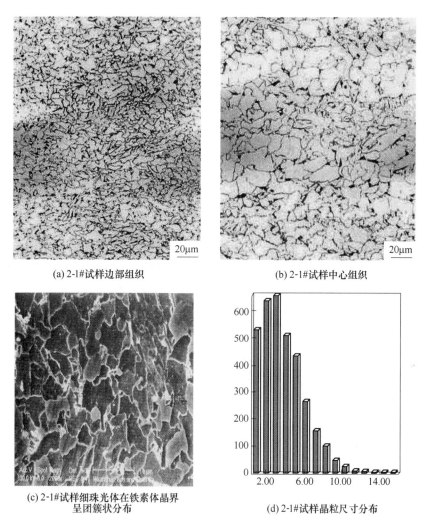

(a) 2-1#试样边部组织

(b) 2-1#试样中心组织

(c) 2-1#试样细珠光体在铁素体晶界
呈团簇状分布

(d) 2-1#试样晶粒尺寸分布

图3　2-1#试样各部位组织及晶粒尺寸分布

2-2#试样组织为铁素体+岛状马氏体，边部组织见图4(a)；中心组织不均见图4(b)。铁素体显微硬度 HV 215~216。高倍观察铁素体基本为等轴铁素体，见图4(c)，IBAS 图像仪分析 10 个视场的平均晶粒级别 13.13 级，平均截距 3.38μm，晶粒的直径平均为 3.70μm，晶粒的等效圆直径分布见图4(d)。

1.5.3.3　晶粒尺寸细化因素分析

从试验轧制的结果看，Nb 微合金化试验钢在相对传统厚板坯轧制总压缩比小（7~10）的情况下，通过高温再结晶轧制和低温区 2~3 道的大变形，试验条件下获得了平均 4.26μm 和 3.70μm 的细铁素体晶粒。

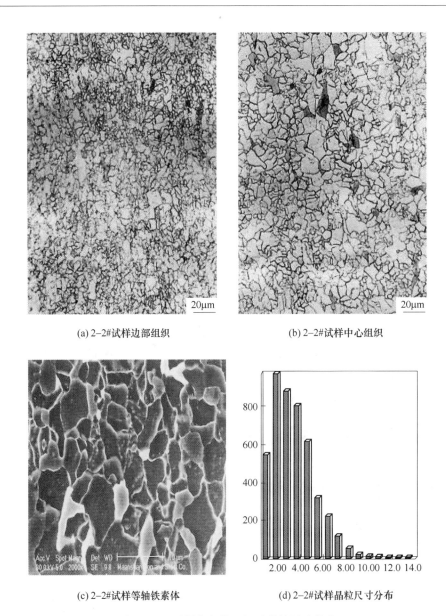

(a) 2-2#试样边部组织

(b) 2-2#试样中心组织

(c) 2-2#试样等轴铁素体

(d) 2-2#试样晶粒尺寸分布

图4　2-2#试样各部位组织及晶粒尺寸分布

一般 Nb 微合金化钢的控轧工艺（主要是 TMCP）是通过未再结晶区多道次反复变形，形成细长的奥氏体并在晶内形成大量变形带，在随后的控制冷却过程中富化 $\gamma \rightarrow \alpha$ 生核细化铁素体晶粒。与一般 TMCP 工艺不同，在本次试验轧制中再结晶区轧制为 1002~1089℃ 温度范围内的 4 道次 20%~30% 变形，粗大的奥氏体在本阶段将发生第一步的再结晶细化。

从 2-1#试样的轧制工艺看，由于轧后并没有快速冷却，最终铁素体平均晶粒直径能达到 4.26μm，晶粒细化主要是因为未再结晶区 2 个道次的变形率较大。从 2-2#试样轧制工艺看，在 760℃ 增加一道 30% 的变形并喷水冷却，铁素体晶粒更加细小，达到平均 3.70μm，并且基本消除了心部带状不均匀组织，铁素体由 10mm 规格的非等轴铁素体变为基本等轴晶铁素体。最终组织中形成了岛状马氏体，说明喷水冷却强度过高，出现了少量淬火组织。试验结果表明：增加轧后冷却能改善或消除心部带状组织。

根据以上试验结果，可以认为 CSP 线上 Nb 微合金化钢通过调整轧制工艺获得小于 4μm 的细铁素体组织是完全可能的。

1.5.3.4 Nb 微合金化强化因素分析

对于细晶粒的 Nb 微合金化钢，一般细晶强化和析出强化是最主要的，特别是细晶强化能获得高强度和高韧性的综合性能。2-1#试样的屈服强度达到445MPa，主要是细晶强化和 Nb 的碳氮化物的析出强化，从试样中细铁素体比粗铁素体具有更高的显微硬度来看，细晶铁素体内可能存在更多的位错，起到了一定的位错强化效果。

2-2#试样的屈服强度达到了535MPa，抗拉强度达到590MPa，晶粒尺寸达到了平均 3.70μm。强度大幅增加的原因，除细晶强化外，主要源于岛状马氏体强化。

虽然 2-1#和 2-2#试样的强度有较大的差异，但在获得高强度的同时都获得了很高的 δ 值，这主要是铁素体晶粒细化的结果。

1.6 实验室研究讨论

1.6.1 实验室扁锭浇铸模拟 CSP 铸坯效果

实验模拟 CSP 铸坯和均热工艺，为了轧制实验的原始奥氏体晶粒尺寸和 CSP 实际铸坯的奥氏体晶粒尺寸相当，并使试验铸坯与 CSP 实际铸坯一样具有比传统厚板坯更高固溶 Nb 的特点。

从实际的模拟试验结果看，试验获得的奥氏体组织和晶粒尺寸与资料[1,2]中介绍的生产线上的 CSP 铸坯实际奥氏体组织和晶粒尺寸基本相同，采用本试验设计的铸模和工艺来模拟 CSP 铸坯技术上是可行的。

1.6.2 CSP 工艺下 Nb 微合金化钢获得小于 4μm 晶粒度组织的可行性

本阶段试验通过试验室模拟 CSP 铸坯和模拟 CSP 流程的轧制，在试验室得到铁素体+珠光体组织且铁素体平均尺寸 4.26μm，铁素体+岛状马氏体组织中铁素体平均尺寸 3.70μm。

试验过程中，除高温 4 道次 20%~30%的变形引起的奥氏体静态再结晶细化外，低温区 2~3 道次大压下率的变形将导致未再结晶奥氏体更大程度的细长并晶内形成高密度的变形带可能是晶粒细化的主要因素。

2-2#试样从最后的铁素体+马氏体组织看，最后一道次轧制已进入两相区变形对 2-2# 试样的进一步细化有一定贡献，2#试样轧后快速冷却对细化晶粒有利，但从 3.70μm 的晶粒尺寸看，轧后的快速冷却对晶粒细化的效果是有限的。

马钢 CSP 轧制线上前 6 道次的道次压下率可以达到 40%~60%。下一步通过研究均热温度、轧制工艺、冷却和卷取工艺，在 CSP 工艺条件下获得小于 4μm 的铁素体+珠光体组织是可行的。

1.7 实验室研究结论

实验室研究结果，可以得出如下结论：

（1）试验结果表明：马钢超细晶粒、高强度的 Nb 微合金化的实验室成分设计是可行的。

（2）采用马钢试验设计的铸模和均热工艺来模拟 CSP，可以成功地模拟 CSP 铸坯，铸坯的奥氏体组织与 CSP 生产线铸坯的实际奥氏体组织相当。

（3）对于 6 道次轧制，成品规格 10mm，得到了铁素体平均直径 4.26μm、屈服强度 445MPa、抗拉强度 510MPa、延伸率 34%的结果；对于 7 道次轧制，成品规格 7mm，得到了铁素体平均直径 3.78μm、屈服强度 535MPa、抗拉强度 590MPa、延伸率 30%的结果。

2　Nb(C，N) 的析出分析

课题组对实验室试验轧制中 Nb(C，N) 粒子的析出进行 TEM 观察和分析，TEM 观察试样编号为 1#，2#，对应轧制工艺见表 5。

表 5　1#，2#试样对应的轧制工艺

编号	道次		1	2	3	4	5	6	7	冷却方式
1#	厚度/mm	70	65	50	35	26	14	10		空冷
	压下率/%		21	23	30	26	46	29		
	温度/℃		1087	1059	1026	1002	960	850		
2#	厚度/mm	70	65	50	35	26	14	10	7	喷水冷却
	压下率/%		21	23	30	26	46	29	30	
	温度/℃		1087	1059	1026	1002	960	850	760	

1#试样中析出相 Nb(C，N) 的 TEM 形貌分别见图 5(a)，（b），2#试样中析出相 Nb(C，N) 的 TEM 形貌分别见图 6(a)，（b）。

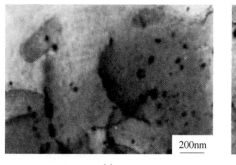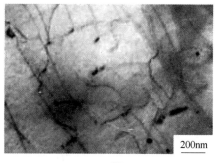

　　　　　　　（a）　　　　　　　　　　　　　　　　（b）

图 5　1#试样中典型的 Nb(C，N) 粒子形貌（TEM）（$T_{开轧}=1087℃+T_{终轧}=850℃+$空冷）

图 5 显示 1#试样 Nb 析出物主要为沿晶界和沿位错线析出粒子。图 6 显示 2#试样 Nb 析出物除沿晶和位错析出外，晶内析出比 1#试样增多，析出粒子分布均匀。

电镜照片显示两个试样中析出的 Nb(C，N) 粒子尺寸大小基本相同，尺寸为 20～50nm。

从两个试样的工艺过程看，2#试样仅比 1#试样多了一道 750℃变形，且冷却速度提高，结果两个试样中 Nb(C，N) 粒子析出量差别非常大。目前一致认为 Nb(C，N) 粒子在高温奥氏体中就开始析出，资料[1]指出铁素体基体中的均匀沉淀和位错沉淀在单个晶粒

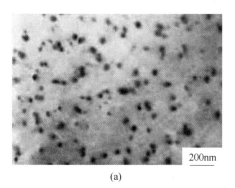 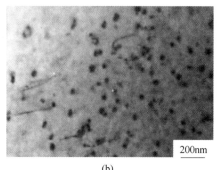

(a)   (b)

图6   2#试样中典型的 Nb(C，N) 粒子形貌（TEM）（$T_{开轧}$ = 1087℃ + $T_{终轧}$ = 850℃ + 水淬）

内的分布基本上是均匀的，对钢的强韧化有利；铁素体中的平衡固溶度积非常小，终轧后快速冷却至常温，Nb(C，N) 析出过程受到抑制；但资料[1]同时指出各种微合金（包括Nb）碳氮化物在铁素体中沉淀的最快温度约为700℃。从以上分析看，2#试样铁素体中大量均匀、细小析出粒子主要与750℃变形有关，是否是该温度下的形变有强烈的诱导析出效果，还需再进一步研究。

3   热模拟测定 Nb 试验钢的静态 CCT 曲线和动态 CCT 曲线试验

实验测定该成分试验钢相变温度点，研究形变量和冷却速度对 Nb 试验钢的相变温度的影响规律，为下一步轧制实验制定优化的工艺参数。

3.1   实验材料

实验钢为第一阶段所冶炼浇铸的含 Nb 实验钢，化学成分见表6。

表6   Nb 微合金化试验钢化学成分   （％）

C	Si	Mn	S	P	Nb
0.05	0.16	1.33	0.008	0.006	0.026

试验试样均在 Nb 试验钢铸坯厚度的 1/4 位置处取得，试样加工尺寸为 $\phi10mm \times 26mm$。

3.2   试验过程及参数

本试验采用线膨胀法，试验采用静态连续冷却和压缩变形后连续冷却（动态）方式，对比研究形变对试验钢 CCT 曲线及相变温度影响。考虑到热模拟机压头尺寸等限制条件和稳定压缩等条件，在热模拟机上不能完全模拟 CSP 连铸连轧 7 道次所需的大的形变量，动态形变试验采用两道次大形变，第一道次在再结晶区，形变量 50%，第二道次在未再结晶区，形变量 40%，试验钢的未再结晶温度已在上一阶段试验测得，在本试验中两阶段温度分别设定为 1060℃ 和 890℃。

静态 CCT 热模拟工艺如图7所示；动态 CCT 热模拟工艺为：在 Gleeble-2000 热模拟机上以 10℃/s 速度把试样加热到 1150℃，保温 5min，再以 20℃/s 速度冷却到 1060℃，以 15/s 形变 50%，后在 10s 内冷却到 890℃，以 50/s（相当于终轧变形速度）一次压缩变形

40%，保温 5s，分别以 0.2℃/s、0.5℃/s、1℃/s、5℃/s、10℃/s、20℃/s 的冷却速度连续冷却到室温（如图 8 所示）。结合试样室温组织，作温度—膨胀率曲线，从曲线上分析相变点温度。

实验过程图示见图 7 和图 8。

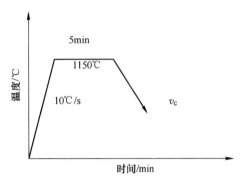

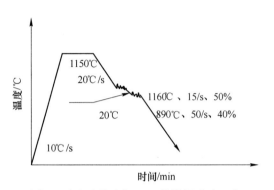

图 7　静态连续冷却 CCT 热模拟试验工艺
（v_c = 0.5℃/s、1℃/s、2℃/s、5℃/s、10℃/s、20℃/s）

图 8　动态连续冷却 CCT 热模拟试验工艺
（v_c = 0.5℃/s、1℃/s、5℃/s、10℃/s、17℃/s）

3.3　试验结果

静态 CCT 和动态 CCT 测定结果分别见图 9(a)、图 9(b)。

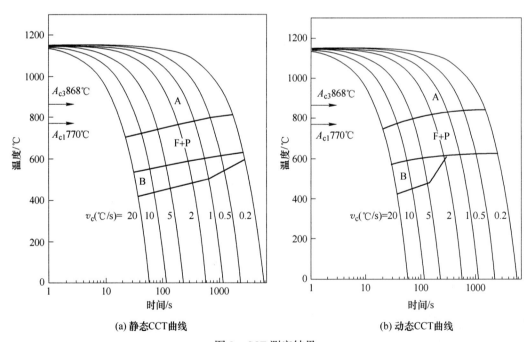

(a) 静态CCT曲线　　　　　　　　　　(b) 动态CCT曲线

图 9　CCT 测定结果

3.4　热模拟试验结果分析

从以上 CCT 曲线对比看：

（1）0.2~20℃/s 的冷却速度下静态 γ→α 相变温度在 815~704℃ 之间，0.2~17℃/s 的冷却速度下动态 γ→α 相变温度在 841~762℃ 之间。

（2）形变使铁素体开始转变温度升高，当冷却速度在 0.2~20℃/s 间，铁素体开始转变温度提高 26.5~60℃。这主要来自三方面原因：一是形变使晶粒内部存在变形储能，增加相变驱动力，二是形变使奥氏体晶粒细化，三是形变促进更多的 Nb(C，N) 析出，增加相变形核率。

（3）试验中形变使试验钢的贝氏体转变曲线明显左移。

（4）形变使试验钢的铁素体转变终了温度略有提高，提高幅度比开始转变温度低，这样，试验条件下，形变使铁素体和珠光体转变温度区域由静态转变的 180℃ 左右提高到 210℃ 左右。

4 马钢 CSP 生产线含 Nb Q460D HSLA 的试制

马钢 CSP 生产线进行了 5 炉 Q460D 含 Nb 高强度钢（HSLA）的试制，成品卷规格为 7.5mm，成品卷重 600t。HSLA 采用的工艺路线为：120t 转炉冶炼→LF 炉精炼→CSP 连铸连轧→卷取。

4.1 马钢 CSP 生产的含 Nb Q460D HSLA 化学成分

马钢 CSP 生产的 Q460D HSLA 的化学成分如表 7 所示。

表 7 CSP 生产的 Q460D 含 Nb HSLA 化学成分

炉号	LF 终点成分/%							
	C	Si	Mn	P	S	Nb	V	Ti
4101722	0.17	0.22	1.25	0.016	0.0072	0.019	0.043	0.026
4301576	0.19	0.18	1.28	0.017	0.0048	0.020	0.038	0.022
4301577	0.18	0.20	1.22	0.014	0.0051	0.019	0.045	0.026
4201744	0.17	0.18	1.24	0.013	0.0041	0.020	0.041	0.022
4301578	0.18	0.18	1.21	0.014	0.0066	0.016	0.037	0.025

4.2 马钢 CSP 试制的含 Nb Q460D HSLA 轧制工艺

马钢 CSP 试制的 Q460D 均热温度设定为 1150℃，轧制变形温度区间在 970~800℃，轧后冷却方式采用层流快冷方式，卷取温度为 610℃。成品板卷表面质量和板形良好。

4.3 马钢 CSP 试制的含 Nb Q460D HSLA 性能

马钢 CSP 试制的含 Nb Q460D HSLA 屈服强度为 475~510MPa，抗拉强度为 580~610MPa，延伸率为 24%~27.5%。低温韧性良好，采用 5mm×10mm×10mm 试样，-60℃ 低温冲击功大于 50J。具体检测结果见表 8 和表 9。

表 8   马钢 CSP 试制的 Q460D 含 Nb HSLA 机械性能

炉号	卷号	规格	σ_s/MPa	σ_b/MPa	δ_{10}/%
4101722	405680110010	7.5	490	600	26
4301576	405680210010	7.5	485	610	25
4301577	405680310010	7.5	510	600	25.5
4201744	405680410010	7.5	475	610	24
4301578	405680510010	7.5	490	580	27.5

冲击性能检测结果见表9。

表 9   HSLA 系列冲击性能   (J)

炉号	卷号	常温			0℃			−20℃			−40℃			−60℃		
4101722	405680110010	67	68	71	70	73	72	67	62	63	61	59	69	56	52	57
4301576	405680210010	74	76	72	70	74	75	72	68	71	69	65	65	66	57	49
4301577	405680310010	82	81	75	70	80	71	80	76	80	72	70	63	59	53	51
4201744	405680410010	82	79	78	78	77	75	75	77	78	74	75	76	58	55	53
4301578	405680510010	86	78	79	77	79	80	87	77	80	77	71	77	61	43	51

注：冲击性能检测采用 5mm×10mm×10mm 试样。

HSLA 冲击性能（平均值）随温度的变化见图10。

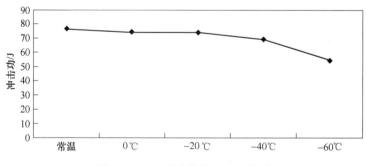

图 10   HSLA 冲击性能与温度关系

从图中可以看出 HSLA 具有良好的低温韧性。

4.4   马钢 CSP 试制的含 Nb Q460D HSLA 组织分析

HSLA 组织为铁素体+珠光体+贝氏体，边部铁素体为细小等轴铁素体（图11(a)），从边部到中心部位铁素体晶粒逐渐变得细长（图11(b)），中心存在不同程度的带状组织（图11(c)）。HSLA 中粒状贝氏体和珠光体的高倍形貌如图12所示。

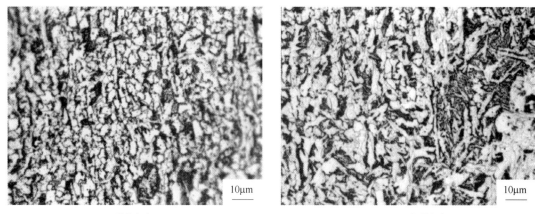

(a) 边部组织　　　　　　　　　　　　　　(b) 1/4部位组织

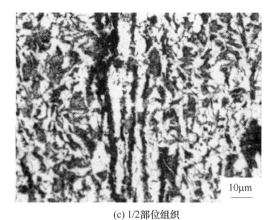

(c) 1/2部位组织

图 11　马钢试制 Q460 含铌钢组织

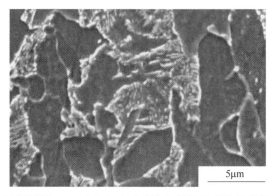

图 12　马钢试制 Q460 含铌钢中珠光体和粒状贝氏体的形貌（SEM）

5　马钢 CSP 生产线 Nb、V、Ti 复合微合金化 X60 管线钢的试制

马钢 CSP 共试制了三炉 X60 管线钢，规格为 9.2mm×1560mm。

5.1　马钢 CSP 生产线 Nb、V、Ti 复合微合金化 X60 管线钢的试制轧制工艺

两种不同工艺如图 13~图 15 所示。

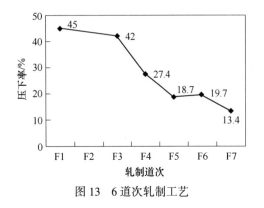

图 13　6 道次轧制工艺

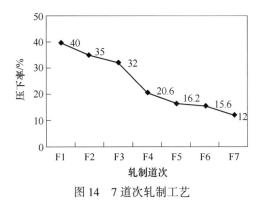

图 14　7 道次轧制工艺

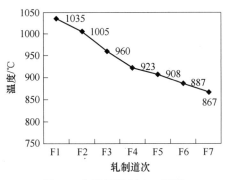

图 15　各机架轧制入口温度

5.2　马钢 CSP 生产线 Nb、V、Ti 复合微合金化 X60 管线钢的性能

表 10　X60 机械性能

项目	牌号	厚度规格/mm	卷号	机械性能				
				R_{eL}/MPa	R_m/MPa	$A/\%$ $L_0 = 50$mm	冷弯 $d = 2a$	A_{KV}/J （0℃）
API 5L 标准要求	X60	9.2		≥415	≥515	≥23	$d = 2a$	≥42
马钢 CSP		9.2	0445460110010	425	500	43.0	合格	183
		9.2	0445460210010	405	475	42.5	合格	230
		9.2	0445460310010	440	505	42.5	合格	222

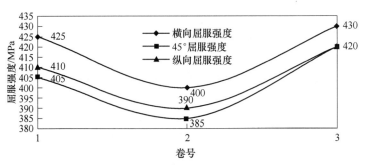

图 16　X60 横向、纵向和 45°方向屈服强度

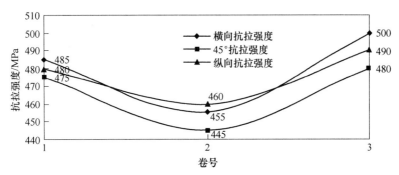

图17 X60横向、纵向和45°方向抗拉强度

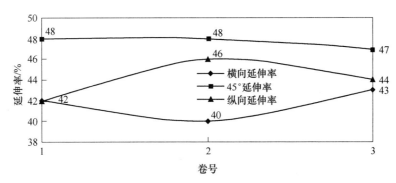

图18 X60横向、纵向和45°方向延伸率

X60横向屈服强度比纵向和45°方向强度高,各方向屈服强度差10~20MPa,各强度屈服强度差小于5%。

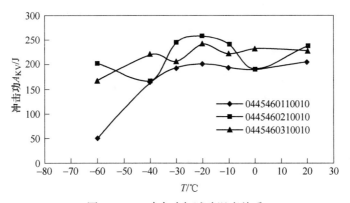

图19 X60冲击功与试验温度关系

X60低温冲击韧性很好,特别是0445460210010、0445460310010板卷,-60℃低温冲击还没有出现脆性转变;0445460110010板卷低温韧性相对于0445460210010、0445460310010板卷,主要是轧制工艺的不同,其中心组织不均匀所致。

5.3 马钢CSP试制的X60显微组织

试制的X60组织、晶粒度级别、带状组织评级结果见表11。典型的组织照片见图21。

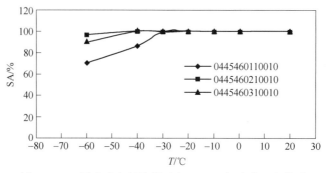

图 20　X60 夏比冲击纤维断面率（SA）与试验温度关系

表 11　X60 组织、晶粒度级别和带状组织评级

板卷号	组织	带状组织级别	平均晶粒尺寸/μm	晶粒级别
0445460110010			4.72	12.8
0445460210010	铁素体+少量珠光体	A0	5.34	12.5
0445460310010			5.87	12.1
用户要求	—	≤A3		≥9

注：晶粒尺寸测定采用 IBAS 图像分析仪，每个试样采集 10 个视场。

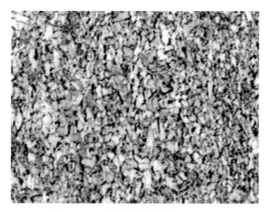

图 21　X60 典型组织照片（100×）

6　实验室铌微合金化 Q345 和马钢 CSP 钒微合金化 Q345 比较研究

表 12　板材的化学成分　　　　　　　　　　（%）

成分	试样编号	C	Si	Mn	P	S	Al$_t$	Al$_s$	V	T.O	[N]
马钢 CSP 钒微合金化	1-1	0.06	0.08	1.5	0.008	0.004	0.03	0.028	0.05	31.1	95.8
	1-4	0.05	0.08	1.46	0.007	0.006	0.023	0.019	0.05	19	103
	2-1	0.05	0.09	1.45	0.006	0.007	0.025	0.022	0.04	27.7	105.3
	2-4	0.05	0.09	1.44	0.006	0.006	0.03	0.027	0.04	14.3	94.3
实验室		0.05	0.16	1.33	0.008	0.006			Nb=0.026%		

表13 板材的力学性能和系列冲击

成分	试样编号	规格	R_{eL}	R_m	A	系列冲击 A_{KV}(纵向)/J				
						常温	0℃	-20℃	-40℃	-60℃
马钢 CSP 钒微合金化	1-1	7.50	460	530	29.5	116	122	120	109	95
	1-4	7.50	450	525	32	117	126	120	108	80
	2-1	9.50	465	525	25	116	130	119	111	106
	2-4	9.50	440	505	27.5	120	133	126	113	107
实验室		10	445	510	34					

注：冲击试样尺寸 5mm×10mm×55mm。

表14 组织、晶粒度评级及晶粒尺寸

试样编号	规格/mm	显微组织	晶粒度评级	平均截距/μm
1-1	7.50	F+少量 P，中心组织不均匀，局部区域 P 呈条带状	12.10	4.83
1-4	7.50	F+少量 P，中心组织不均匀，局部区域 P 呈条带状	12.31	4.49
2-1	9.50	F+少量 P，中心组织不均匀，局部区域 P 呈条带状	11.92	5.14
2-4	9.50	F+少量 P，中心组织不均匀，局部区域 P 呈条带状	12.20	4.67
实验室		F+少量 P	12.78	3.82

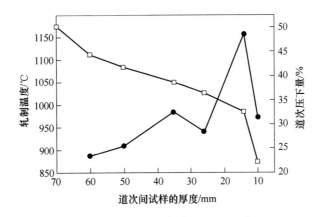

图22 实验室 Q345 轧制温度和道次压下率

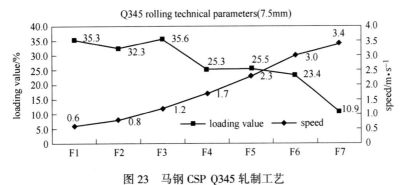

图23 马钢 CSP Q345 轧制工艺

（工艺参数：均热炉均热温度设定值1150℃，终轧温度设定值850℃，卷取温度的设定值为600℃）

对比马钢CSP和实验室轧制的Q345，二者温度体系、轧制工艺、性能和除V和Nb之外的化学成分都十分相近，但0.026%Nb含Nb钢和含V0.05%左右的含V钢，二者的微合金化合金成本，V钢的吨钢成本增加要较Nb钢高约4~10倍。对比结果表明：

同样的工艺，得到相近的产品性能，Nb微合金化要较V微合金化经济。

7 结论

实验室冶炼和轧制研究结果，可以得出如下结论：

（1）试验结果表明：马钢超细晶粒、高强度的Nb微合金化的实验室成分设计是可行的。

（2）采用马钢试验设计的铸模和均热工艺来模拟CSP，可以成功地模拟CSP铸坯，铸坯的奥氏体组织与CSP生产线铸坯的实际奥氏体组织相当。

（3）对于6道次轧制，成品规格10mm，得到了铁素体平均直径4.26μm、屈服强度445MPa、抗拉强度510MPa、延伸率34%的结果；对于7道次轧制，成品规格7mm，得到了铁素体平均直径3.78μm、屈服强度535MPa、抗拉强度590MPa、延伸率30%的结果。

（4）实验室研究表明：$0.05\%C-0.16\%Si-1.33\%Mn-0.008\%S-0.006\%P-0.026\%Nb$的含铌钢，$\varepsilon=0.2$时的$T_{Nr}=998.9℃$；$\varepsilon=0.3$时的$T_{Nr}=992.6℃$；$\varepsilon=0.4$时$T_{Nr}=978.8℃$。

动态和静态CCT曲线研究结果表明：

（1）0.2~20℃/s的冷却速度下静态$\gamma\rightarrow\alpha$相变温度在815~704℃之间，0.2~17℃/s的冷却速度下动态$\gamma\rightarrow\alpha$相变温度在841~762℃之间。

（2）形变使铁素体开始转变温度升高，当冷却速度在0.2~20℃/s间，铁素体开始转变温度提高26.5~60℃。这主要来自三方面原因，一是形变使晶粒内部存在变形储能，增加相变驱动力，二是形变使奥氏体晶粒细化，三是形变促进更多的Nb（C，N）析出，增加相变形核率。

（3）试验中形变使试验钢的贝氏体转变曲线明显左移。

（4）形变使试验钢的铁素体转变终了温度略有提高，提高幅度比开始转变温度低，这样，试验条件下，形变使铁素体和珠光体转变温度区域由静态转变的180℃左右提高到210℃左右。

（5）马钢CSP成功生产了Q345、Q460D、管线钢等多种含铌钢，最高屈服强度达到510MPa。

（6）对比马钢CSP和实验室轧制的Q345，二者温度体系、轧制工艺、性能和除V和Nb之外的化学成分都十分相近，但含Nb 0.026%的Nb钢和含V0.05%左右的含V钢，二者的微合金化合金成本，V钢的吨钢成本增加要较Nb钢高约4~10倍。对比结果表明：同样的工艺，得到相近的产品性能，Nb微合金化要较V微合金化经济。

致谢

作者感谢巴西矿冶公司（CBMM）和中信-CBMM微合金化技术中心的大力支持和帮助。本研究得到中信-CBMM研究与开发项目基金资助（编号D11）。

Experimental Study of Nb-microalloy HSLA Steel in CSP[❶]

Su Shihuai[1]   Hu Xuewen[1]   Ma Yuping[1]   He Yizhu[2]
Yuan Xiaomin[2]   Si Songhua[2]

(1. Ma'anshan Iron and Steel Co., Ltd. ; 2. Anhui University of Technology)

Abstract：For producing Nb-HSLA steel in CSP line, this paper studies the microstructure and properties of Nb-microalloyed steel and precipitation behavior of Nb through establishing the method of CSP casting simulation and test rolling simulated CSP. The results show that the simulated slab as-cast of microstructure and grain size of austenite is the same as it in other thin slabs of CSP lines basically. The test rolling plate average ferrite grain size is 3.7μm, the yield strength is 535MPa, and the elongation is 30%.

Key words：CSP; Nb-microalloy; HSLA; simulation; microstructure

1   Introduction

Thin slab continuous casting and rolling process is interested by steel producer all over the world because it is short routes, energy saving and high efficiency. CSP is the typical process of the thin slab continuous casting and rolling HSLA is produced commercially successfully by CSP line aboard. Nb-bearing HSLA is typical grade. The document[1] reported Hylsa in Maxico and Nucor-Berkeyly in USA have 4 million facility capability, can produce 0.68Mt/a HSLA hot band and Nb alloyed HSLA is 67%. By now, China has 7 thin slab continuous casting and rolling lines built and being built. The facility capability is 90Mt/a. In that, five lines are CSP China's CSP is built late, but it is developed very fast. The problem of China CSP is the steel development. All the lines produce low carbon hot strip used as cold working and weldable low carbon hot strip used in building. Nb alloyed steels produced by Baotou and Handan CSP lines are just the first stage of R&D for X52-X60 pipeline steels and vehicle girder steel[2]. So, the research of application technology of Nb alloyed steels in CSP high quality steel development and the raise of product grade.

2   Processes and Preparation of the Experiment

2.1   Simulation of CSP slab

The test steel was melted in an induction furnace with charge of one ton; the melted liquid steel

---

❶ 原文发表于第二届先进钢铁结构材料国际会议论文集（2004 年）。

was poured into the moulds from the bottom and with heat preservation cap on top of the moulds. Three minutes calmness after pouring, the ingots were demoulded, four flat ingots were obtained, numbered No. 1-4.

The cooling rate of the ingot wall is designed as equal; the thickness of wall is specially designed by imitation calculation of CSP slab heat transfer. The final dimension of the flat ingot is 70mm×220mm×450mm.

After demoulding, the ingots at temperature over 900℃ were immediately charged into an electric furnace preheated to 1150℃. They were held at 1150℃ for 30min, then the flat ingot of No. 1 is put into a big water pool quickly and cooled to inspect its macrostructure and microstructure.

A crossing section with 20mm thickness is intercepted at 1/3 to underside of the No. 1 flat ingot; the sample is used to inspect the macroscopic structure. After the macroscopic structure was inspected, sampling three metallographical samples on macroscopic sample along 1/4 in length. The position of the three metallographical samples is edge、1/4、1/2 in width. The samples were etched with 4% nitric acid to inspect the microstructure.

2. 2　Simulating the CSP rolling

Three minutes calmness after pouring, the flat ingot of No. 2 was demoulded quickly at high temperature (the surface temperature of the ingot is above 900℃), then the ingot is cut by flaming to dimension 70mm×110mm×200mm.

The sample is immediately putted into the electric furnace preheated to 1150℃ and kept at this temperature for 30min, then rolled into plates on ϕ145 trial rolling mill by simulating the CSP rolling. The technical parameter of rolling is shown in Table 1.

Table 1　The Technical Parameter of Rolling

Number	Pass		1	2	3	4	5	6	7	Remark
2-1#	Thickness/mm	70	65	50	35	26	14	10		Air cooling
	Percent reduction/%		21	23	30	26	46	29		
	Temperature/℃		1087	1059	1026	1002	960	850		
2-2#	Thickness/mm	70	65	50	35	26	14	10	7	Water cooling
	Percent reduction/%		21	23	30	26	46	29	30	
	Temperature/℃		1087	1059	1026	1002	960	850	760	

2. 3　Inspect of microstructure and mechanical properties

The microstructure samples were cut in the middle of the rolled plate. The sample with 10mm thickness is numbered 2-1#, the sample with 7mm thickness is numbered 2-2#. The samples are etched with 4% nitric acid. Inspect the microstructure and the microscope hardness of ferrite by metallographic microscope and SEM XL30, assess grain size by IBAS, taking ten inspect fields for each sample, the area of every inspect field is 6880μm^2.

Tensile test is done according to standard GB/T 228—2002 Tensile Testing of Metallic Materials, the width of nonstandard sample is 12. 5mm, and the length of gauge is 60mm. The direction of tensile is transverse to rolling direction. Yield strength and tensile strength and elongation were checked by tensile machine.

3　Results and Analysis of the Experiment

3. 1　Chemical composition

Chemical composition sample is taken from rolled plate. The chemical component is shown in Table 2.

Table 2　Chemical compositions for Nb microalloyed test steel　(%)

C	Si	Mn	S	P	Nb
0. 05	0. 16	1. 33	0. 008	0. 006	0. 026

3. 2　Simulation analysis of CSP slabs

The macrograph photo for the No. 1 flat ingot; see Fig. 1.

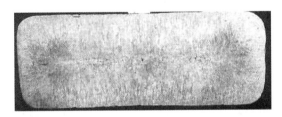

Fig. 1　Macrograph photo for the No. 1 flat ingot

Metallography photos through thickness of the above sample (Surface, Quarter point and center); see Fig. 2.

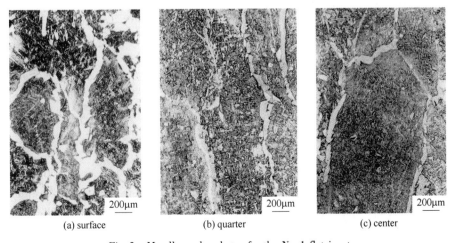

(a) surface　　　　　(b) quarter　　　　　(c) center

Fig. 2　Metallography photos for the No. 1 flat ingot

The metallography photos of acid etched sample after quenching show that columnar grains are very developed. The surface microstructure of etched sample with 4% nitric acid is ferrite and martensite and bainite; the quarter and center microstructure is ferrite and bainite. Based on the microstructure of net ferrite formed through the grain boundaries, austenite grain size is estimated. The width of austenite grain size is about 0.5−1mm, the length is about 1−3mm, and the shape is columnar.

In the experiment, the austenite microstructure and grain size of flat slabs is similar to the microstructure and grain size of CSP slabs given in the article[3,4].

3.3　Analysis of microstructure and mechanics performance

3.3.1　Microstructure

The microstructure of 2−1# sample is ferrite and thin pearlite, see Fig. 3. The microstructure at the edge of sample is nonequiaxial ferrite grain, see Fig. 3(a); the microstructure in center of sample is not even, the distribution of big ferrite grains is band; see Fig. 3(b), the thin pearlite is distributed with lump characteristic, see Fig. 3(c). The microstructure hardness of thin ferrite at edge is HV 201−203, and the microstructure rigidity of central bulky ferrite is HV 176−177. The test result of average grain size of 10 viewed fields analyzed by IBAS image analysis apparatus is 4.26 μm.

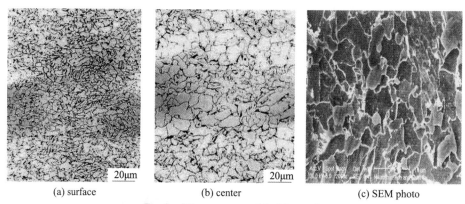

(a) surface　　　　　　　　　(b) center　　　　　　　　　(c) SEM photo

Fig. 3　Microstructure of 2−1# sample

The microstructure of 2−2# sample is ferrite and island martensite, and the microstructure at the edge of the sample is seen Fig. 4(a); the central structure of sample is band; see Fig. 4(b). The microstructure hardness of ferrite at edge is HV 215−216, metallography photos show that all ferrite grains are equiaxial, see Fig. 4(c). The test result of average grain size of 10 viewed fields analyzed by IBAS is 3.70μm.

3.3.2　The precipitation of Nb(C, N)

The precipitation of Nb(C, N) in the sample is observed. It is show Fig. 5 and Fig. 6.

From Fig. 5, we can find that the precipitation of Nb(C, N) in 2−2# sample is much more than that in 2−1# sample. Nb(C, N) are precipitated along the grain boundary and the dislocated line. In the matrixes of 2−2# sample, we can find many precipitates, but in the matrixes of 2−1# sample, precipitates of Nb(C, N) are less.

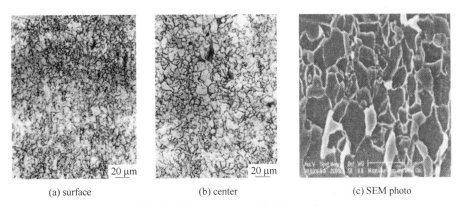

(a) surface　　　　　　(b) center　　　　　　(c) SEM photo

Fig. 4　Microstructure of 2-2# sample

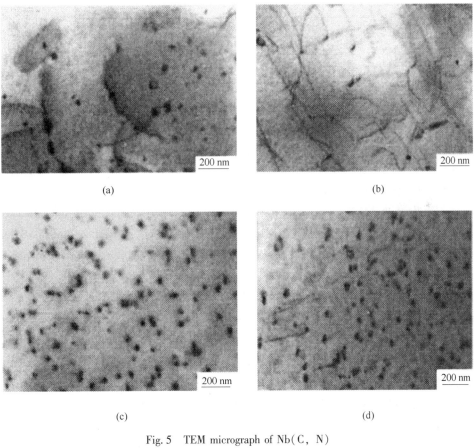

(a)　　　　　　　　　　　　　　(b)

(c)　　　　　　　　　　　　　　(d)

Fig. 5　TEM micrograph of Nb(C, N)

(a), (b) 2-1# sample; (c), (d) 2-2# sample

From the TEM photos, we can see that the precipitate size in two samples is nearly same; it is from 20nm to 50nm about. The massive tiny precipitates in the 2-2# sample are advantageous to the strength enhancement; the test result also confirms this point.

Analyzing the processes of the two samples, the 2-2# sample has one more pass of reduction of

30% under the temperature 750℃ compared to the 2-1#, and the cooling rate is increased, but the number of precipitates in the two samples is extremely different, the precipitates is much more in 2-2# sample. Presently, it is generally believed that Nb(C, N) precipitation is taken place in the high temperature Austenite. The document[5] pointed out the precipitation of Nb(C, N) is curbed in the fast cooling process after rolling, and the fast temperature of precipitation of Nb(C, N) in Ferrite is about 700℃. From the above analysis, the reason for the mass and even precipitation of fine particles in Ferrite is the deformation of 750℃. Whether precipitation induced by Ferrite deformation is another reason is required for further research.

3.3.3　Mechanical property

The mechanical property of the test steels sees Table 3.

Table 3　The mechanical property of the test steels (Average)

Steel grade	Thickness/mm	σ_s/MPa	σ_b/MPa	σ_s/σ_b	δ/%
Nb-microalloyed steel	10	445	510	0.87	34
	7	535	590	0.91	30

3.4　Analysis of reasons for grain fineness

In the case of lower reduction rate (7-10) in CSP than one in the convention thick slab rolling, fine ferrite grains which dimensions is averagely 4.26μm and 3.70μm are gained through recrystallization in high temperature and 2-3 passes heary deformation.

In general, the process of controlled rolling (TMCP mainly) for Nb microalloyed steel is deformed repeatedly with several passes below non-recrystallization temperature and pancake Austenite are formed, in which matrixes, mass deformation belts are formed. In the following controlled cooling process and $\gamma \rightarrow \alpha$ transformations nucleation increase, final Ferrite is refined. Different from general TMCP, the test rolling has 4 passes deformation in the recrystallization zones at the range reduction of 20%-30% between 1002℃ and 1089℃. The large austenite grains would be refined firstly by recrystallization in the passes.

Based on the rolling process of 2-1# sample, the grain size of 4.26μm ferrite can finally be obtained without fast cooling after finishing rolling. It is mainly because of the heavier reduction rate of 2 passes below non-recrystallization temperature. According to the rolling process of 2-2# sample, the grain size of ferrite is refined as 3.70μm, and the central band microstructure was eliminated basically, the ferrite becomes equiaxial ferrite from nonequiaxial ferrite because of one additional rolling pass with 30% reduction in 760℃ and cooling by spraying water. Island Martensites are formed in the final microstructure because of fast cooling, it is similar quenching microstructure effects. Test results show that enhanced cooling after rolling can improve and eliminate central band microstructure.

Based on above result, it is sure that finer ferrite microstructure less than 4μm can be obtained through improving the producing process of CSP for Nb microalloyed steel.

3.5 Analysis of strengthening mechanism by Nb microalloyed

For Nb microalloyed steel with refined grain, generally, refinement strengthening and precipitation strengthening are the main methods; especially high strength with high toughness can be obtained by refinement strengthening. The yield point of 2−1# Sample can reach 445MPa; refinement strengthening and precipitation strengthening of Nb are the main reasons. Refined ferrite is of higher microstructure hardness than coarser ferrite; it indicates that the refined ferrites probably have more dislocations to strengthen grain.

The yield strength of 2−2# Sample can reach 535MPa, the tensile strength is 590MPa, the average grain size is 3.70μm. Besides refinement strengthening, island Martensite strengthening is the main reason for highly increased strength.

Though the difference of strength between sample 2−1# and 2−2#, very high elongation as well as high strength are obtained at the same time mainly because of refining ferrite.

4 Conclusion

(1) It is effective to simulate the thin slab of CSP with the designed mould and technology of equilibrating in the tunnel furnace in laboratory. The microstructure and grain size of austenitic is as same as it in the thin slab of CSP line basically.

(2) The test results show two types of misconstrue: 1) Ferrite+Pearlite, the average diameter of Ferrite is 4.26μm, in this case, the yield strength is 445MPa, and the elongation is 34%; 2) Ferrite+island Mastenite, its average diameter of Ferrite is 3.70μm, the yield strength is 535MPa and elongation is 30%.

(3) The experimental steels with microstructure of finer Ferrite and Pearlite show lower value of YS/TS and higher elongation compare with it with microstructure of ferrite and martensite. It is necessary to obtain grain size smaller than 4.26μm and to increase precipitation strengthening in order to make the experimental steels to obtain 500MPa yield strength with microstructure of ferrite and pearlite.

Thanking CITIC−CBMM sponsor the project.

References

[1] Garcia C I, Tokarz C, Graham C, 等. 含铌高强度低合金钢薄板连铸工艺的生产：热轧产品的种类，性能和应用 [C]. 2002 年薄板坯连铸连轧国际研讨会. 广州，2002：153~155.

[2] 刘苏，章洪涛，王瑞珍. 薄板坯连铸连轧工艺及微合金高强度钢的开发 [J]. 钢铁研究学报，2002 (2)：59~63.

[3] Wang Ruizhen, Zhang Hongtao, Chong Ganyun, et al. Development of CSP processed pipeline steel X60 [C]. International symposium on thin slab casting and rolling, Guangzhou China, 2002：292.

[4] Robert J Glodowsk I. Experience in producing V−microalloyed high strength steels by thin slab casting technology [C]. International symposium on thin slab casting and rolling, Guangzhou China, 2002：329.

[5] 东涛，孟繁茂，王祖滨，等. 神奇的 Nb−铌在钢铁中的应用 [M]. 中信美国钢铁公司（北京），1999：225~227.

Nb、Ti 对高强度耐候钢组织和性能的影响●

陈庆军[1]　康永林[1]　谷海容[1]　苏世怀[2]　张建平[2]　骆小刚[2]　马玉平[2]

(1. 北京科技大学材料科学与工程学院；2. 马鞍山钢铁股份有限公司技术中心)

摘　要：为模拟 CSP（紧凑式带材生产）工艺，由实验室 10kg 真空感应炉冶炼后轧成 6mm 钢板，试验研究了 Nb、Ti 对成分（%）为 0.060~0.076 C，0.25~0.31 Cu，0.45~0.56 Cr，0.29~0.30 Ni 的 400MPa 和 460MPa 级高强度耐候钢组织和性能的影响。结果表明，含 0.03%Ti 钢 σ_s 和 σ_b 分别为 450MPa 和 545MPa，含 0.03%Nb、0.02%Ti 钢 σ_s 和 σ_b 分别为 550MPa 和 615MPa，不含 Nb、Ti 钢 σ_s 和 σ_b 仅为 375MPa 和 480MPa。400MPa 级耐候钢的组织为铁素体+少量珠光体，含 Ti 钢的主要析出物为 CuS_2（20~25nm）和 TiN（80nm），含 Nb、Ti 460MPa 级钢的组织主要为粒状贝氏体，析出物 CuS_2 和（NbTi）CN（30~60nm），从而提高了钢的强度。

关键词：高强度耐候钢；Nb；Ti；微合金化

1　引言

铌、钛一般作为 HSLA 的微合金化元素而加入到钢中，通过晶粒细化和沉淀强化影响钢的组织与性能。为有效发挥铌对抑制奥氏体再结晶的作用，应尽可能采用低的碳、氮含量，对耐大气腐蚀钢进行 Nb 微合金化后在较宽的温度范围内可获得铁素体超细组织[1]。钛可产生强烈的沉淀强化及中等程度的晶粒细化作用，TiN 可有效阻止奥氏体晶粒在加热过程中的长大，起到细化奥氏体晶粒的作用。

铌、钛作为常见的微合金强化元素，研究其在 CSP 工艺线上生产高强度耐候钢中的作用具有非常重要的意义。

2　试样制备

2.1　高强耐候钢的冶炼和成分

在北京科技大学的德国 Heraeus 的 10kg 真空感应炉上冶炼 7kg 左右的钢锭，其尺寸为 120mm×100mm×65mm。所冶炼耐候钢的化学成分见表 1，其中 No.1 试样是含 Ti 的 400MPa 级耐候钢，No.2 试样是 460MPa 级耐候钢，No.3 是不含 Ti 的 400MPa 级耐候钢。

●　原文发表于《特殊钢》2005 年第 1 期。

表 1 实验用耐候钢的化学成分和机械性能

Table 1 Chemical compositions and mechanical properties of tested weathering steel

炉号	化学成分/%										机械性能			
	C	Si	Mn	P	S	Cu	Cr	Ni	Ti	Nb	σ_s /MPa	σ_b /MPa	δ_5 /%	屈强比
No. 1	0.076	0.39	0.51	0.10	0.007	0.29	0.45	0.29	0.03	—	450	545	29.40	0.826
No. 2	0.060	0.31	1.29	0.030	0.007	0.25	0.56	0.30	0.02	0.03	550	615	23.84	0.894
No. 3	0.065	0.41	0.49	0.08	0.006	0.31	0.50	0.30	—	—	375	480	32.50	0.782

2.2 高强耐候钢的轧制

在北京科技大学的试验轧机上将该坯轧制成 6mm 厚的钢板，在现有设备能力下，尽量模拟 CSP 生产工艺，共轧制 7 道次，压下量（mm）分配 65→49→33→21→13.5→10→7.5→6；主要工艺过程：因考虑到该钢种含铜，故制定加热工艺时考虑避开铜的熔点 1083℃附近的裂纹敏感区[2]，采取高温快烧，在热处理炉中将坯加热到 950℃ 保温 30min，然后将坯放入炉温为 1200℃ 的加热炉中，加热到 1200℃，并保温 1h。采取再结晶区和未再结晶区两阶段控轧，终轧温度 850℃，冷却速度约控制在 25℃/s，终冷温度控制在 600～650℃。为了模拟 CSP 卷取后的冷却情况，在热处理炉中（600℃→400℃冷速 50℃/h）缓冷 4h。

3 试验结果和分析

3.1 高强耐候钢的组织和力学性能

根据 GB/T 228—2002，采用比例试样，标距 $L_0 = 50$mm，在北京科技大学力学测试中心的 CMT4105 微机电子万能试验机上进行了拉伸试验，试验结果见表 1。

3.2 轧制试样的金相组织

将线切割后的轧制试样经磨制、机械抛光后，用 4% 的硝酸酒精溶液浸蚀，在 LEI-CAMRX 金相显微镜下观察其组织（图 1）。

由图 1(a_1)、(b_1) 可以看出：400MPa 级耐候钢的金相组织主要为铁素体组织，珠光体数量较少，约占 8%。平均晶粒尺寸 8.5μm，晶粒尺寸由表层向中心方向逐渐粗大，主要原因：（1）成品表层冷却速度快，温降快，并且铸坯（原料）的表层晶粒本身就比中心的细小，因而在相同的变形程度下，表层的晶粒细小。（2）表层由于剪切形变的作用，表层的形变带多，位错密度比中心高，晶粒形核多发生在能量较高的形变带及奥氏体晶界处，形核位置增加，有利于铁素体晶粒细化。

由图 1(a_2)、(b_2) 可以看出，460MPa 级轧制试样不同部位的金相组织以粒状贝氏体为主，有一些多边形铁素体，其表层的粒状贝氏体的百分数比中心的百分数高，这是由于表层的冷却速度大于中心的冷却速度。

由图 1(a_3)、(b_3) 可以看出，不含 Ti 的 400MPa 级耐候钢的金相组织以铁素体+珠光

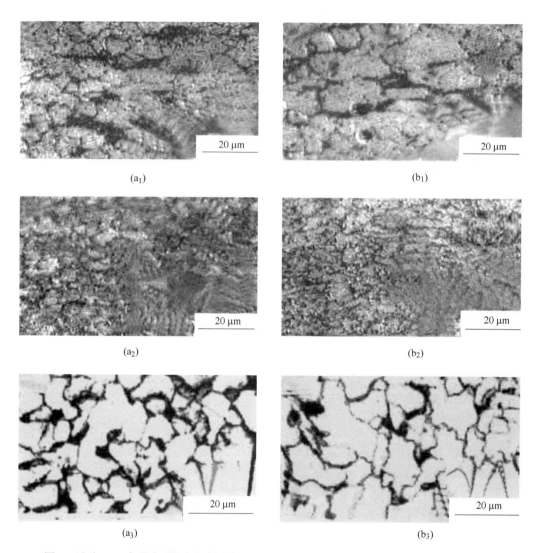

图 1 试验 6mm 高强度耐候钢板的金相组织：a_1，a_2，a_3—板表面；b_1，b_2，b_3—板中心；
(a_1，b_1）No. 1-0.03%Ti 耐候钢；（a_2，b_2）No. 2-0.03%Nb-0.02%Ti 耐候钢；
（a_3，b_3）No. 3-不含 Ti-Nb 耐候钢

Fig. 1 Structure of tested 6mm plate of high strength weathering steels：a_1，a_2 and a_3—surface layer
of plate，b_1，b_2 and b_3—cross section center of plate；（a_1，b_1）No. 1-0.03Ti weathering steel，
（a_2，b_2）No. 2-0.03Nb-0.02Ti weathering steel，（a_3，b_3）No. 3-no-contained Nb-Ti weathering steel

体为主，其平均晶粒尺寸是 9.6μm，则由于晶粒细化的原因可提高屈服强度 15MPa，而二者的屈服强度相差 65MPa。通过计算析出强化的作用是 36.8MPa。

综上所述，400MPa 级的高强耐候钢的显微组织以铁素体+珠光体为主，由于 Ti 的析出强化及细晶强化作用，其屈服强度可达到 450MPa，460MPa 级高强耐候钢的显微组织以粒状贝氏体和多边形铁素体为主，晶粒尺寸比 400MPa 的细小，其显微组织与化学成分和冷却速度有关。粒状贝氏体组织具有较高的屈服强度，达到 550MPa，并且塑性也不错，

延伸率达到 23.8%。

3.3 轧制试样的析出物

为了研究金属中的析出相，观察其大小、分布、形貌和结构，将切割后轧制试样碳膜萃取复型，在 H800 透射电镜下观察析出物的大小、形貌。

400MPa 级 No.1 耐候钢的析出物形貌见图 2。由图 2 可以看出，400MPa 级 No.1 含 Ti 耐候钢的析出物形貌以球形或椭球形和长方形或立方形为主，由图 2(a) 可以看出球形或椭球形的析出物的尺寸大约在 20~50nm 之间，经对其衍射斑标定分析，可知较大的析出物为 CuS_2。20nm 以下的可能为 ε-Cu，有一定的析出强化作用[3]。由图 2(b) 可以看出，方形或立方形形貌的析出物的尺寸大约在 80nm，经对该析出物衍射斑标定分析，确定该析出物是 TiN，有较好的析出强化作用，并且其作为第二相粒子，阻止奥氏体和铁素体晶粒长大，细化了晶粒尺寸，获得优良的综合力学性能。

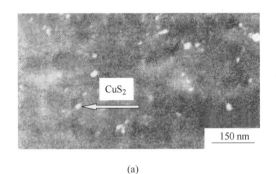
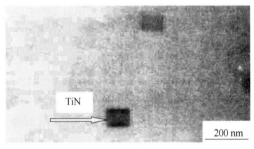

(a)   (b)

图 2　No.1 0.03%Ti 耐候钢析出物的形貌

(a) CuS_2；(b) TiN

Fig. 2　Morphology of precipitates of No. 1-0. 03Ti weathering steel

(a) CuS_2；(b) TiN

460MPa 级 No.2 含 Nb-Ti 耐候钢的析出物形貌见图 3。由图 3 可以看出，460MPa 级 No.2 NbTi 耐候钢的析出物形貌以长方形或方形为主，尺寸约在 30~60nm，经对该析出物

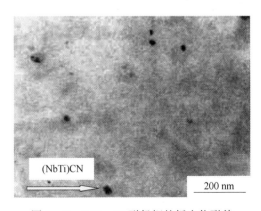

图 3　No.2 Nb、Ti 耐候钢的析出物形貌

Fig. 3　Morphology of precipitates of No. 2-0. 03Nb-0. 02Ti weathering steel

能谱分析，确定该析出物是复合析出物（NbTi）CN，有较好的析出强化作用。这可能由于
Nb 或 Ti 的碳化物、氮化物及碳氮化物的晶格类型，晶格常数相差不大，都是面心立方，晶
格常数在 4~4.5nm 之间，所以它们之间很容易相互溶解，形成 Nb 和 Ti 的复合碳氮化物[4]。

在 460MPa 级 No. 2 耐候钢的析出物中也观察到了如图 2(a) 中所示的析出物 CuS_2 和
ε-Cu，该析出物有一定的析出强化作用。

3.4 含铌钛高强度耐候钢的强化机制分析

按文献 [5] 中计算微合金元素固溶度积的公式，对于 400MPa 级的耐候钢，TiC、
TiN 在奥氏体完全固溶的温度分别为：1025℃、1638℃，对于 460MPa 级的耐候钢，TiC、
TiN、NbC、NbN 在奥氏体完全固溶的温度分别为：961℃、1580℃、1062℃、941℃，其稳
定性增强的依次顺序是：NbN、TiC、NbC、TiN。为了降低钢中固溶氮含量，加入微量钛，
使钢中的氮被钛固定，从而间接提高了铌的强化作用。由于加入微合金元素 Nb，阻止了
晶粒长大，细化了晶粒，并且提高了再结晶温度，采取了控轧控冷，保证其精轧阶段在未
再结晶区轧制，提高了产品力学性能。

460MPa 级 No. 2 耐候钢与含 Ti 的 400MPa 级 No. 1 耐候钢的化学成分相比较，除了含
有 Nb 外，仅 Mn 含量比 400MPa 级的高 0.78%，则由于 Mn 的增加可提高其屈服强度约
25MPa[6]，而实际屈服强度比含 Ti 400MPa 级的高 100MPa，除了锰的强化作用外，还有其
他的原因。

460MPa 级耐候钢析出物的尺寸及其金相组织的晶粒尺寸明显比 400MPa 的细小，这
是由于在高温加热阶段 TiN 的析出，阻止奥氏体晶粒的长大，使铸坯原始晶粒尺寸比较细
小，在轧制过程中，形变诱导析出，Nb(C，N) 在奥氏体晶界或位错、变形带等储存能较
高处析出，阻止晶粒粗化，具有较强的溶质拖曳作用，析出 Nb 延迟再结晶的作用要大于
Ti 的作用，使铁素体晶粒细化。Nb、Ti 的复合微合金化的强化机制，除了析出强化和细
晶强化，对该钢种应该还包括相变强化。在相变温度点，较低的 C 含量，奥氏体中有较高
的固溶 Nb，而固溶 Nb 对连续冷却过程中的 CCT 曲线与随后的相变有较大的影响，使相变
温度降低，尤其在高的冷速下，产生大量的中温转变产物。如粒状贝氏体，含 Nb 的奥氏
体分解转变产物一般具有较高的位错密度，这种位错密度较高的粒状贝氏体组织会提高产
品的强度[7]。当然在 460MPa 级耐候钢中之所以在较低的冷速下就可以产生粒状贝氏体组
织，也与该钢比 400MPa 级的含有较高的 Mn 有关，Nb、Mn 使该钢 C 曲线右移，提高了
奥氏体的稳定性，阻止其向铁素体转变。

4 结论

（1）模拟薄板坯连铸连轧生产工艺，试轧的 400MPa 和 460MPa 级含 Nb、Ti 的耐候钢，其
屈服强度 σ_s 分别达到 450MPa、550MPa，抗拉强度 σ_b 分别达到 545MPa、615MPa，延伸率
分别为 29.4%、23.8%，不含 Nb、Ti 的耐候钢其屈服强度仅 375MPa，抗拉强度仅 480MPa。

（2）400MPa 级耐候钢的金相组织以铁素体+珠光体为主，460MPa 级的以粒状贝氏体
为主，有少量的多边形铁素体。

（3）400MPa 级耐候钢的析出物主要是 CuS_2 和 TiN，CuS_2 的尺寸大约在 20~50nm，
TiN 的尺寸约 80nm；460MPa 级的析出物主要是 CuS_2 和（NbTi）CN，（NbTi）CN 的尺寸在

30~60nm，该尺寸的析出物产生了较大的强化作用。

（4）460MPa级耐候钢比400MPa级的屈服强度高近100MPa，除了由于Mn的增加可提高其屈服强度约25MPa，主要是由于Nb、Ti复合微合金化，产生了更大的强化作用，其主要强化机制是析出强化、细晶强化及相变强化。

国家自然科学基金资助项目（50334010）。

参 考 文 献

[1] Bepari M A, Whiteman J A. The effect of nitrogen on the precipitation behavior of Nb（C，N）in continuously-cooled low-carbon structural steel [J]. Journal of Materials Processing Technology, 1996, 56: 839.

[2] 周德光，傅杰，柳得橹，等. CSP薄板表面裂纹的形成机理与预防措施 [J]. 北京科技大学学报，2002, 24（4）: 405.

[3] Yuji Kimura, Setsuo Takaki. Phase transformation mechanism of Fe-Cu alloys [J]. ISIJ International, 1997, 37（3）: 290.

[4] 赵西成，于大全. 20MnVB钢碳氮化物析出相的研究 [J]. 金属热处理，1999（4）: 18.

[5] 王有铭，李曼云，韦光. 钢材的控制轧制和控制冷却 [M]. 北京: 冶金工业出版社，1995: 52.

[6] 俞德刚. 钢的强韧化理论与设计 [M]. 上海: 上海交通大学出版社，1990.

[7] Okaguchi S, Hashimoto T, Ohtani H. Effect of Nb, V and Ti on transformation behavior of HSLA steel in accelerated cooling [C]. Thermec Iron and Steel Institute of Japan, 1988: 330.

Effect of Nb-Ti on Structure and Properties of High Strength Weathering Steel

Chen Qingjun[1] Kang Yonglin[1] Gu Hairong[1] Su Shihuai[2]
Zhang Jianping[2] Luo Xiaogang[2] Ma Yuping[2]

（1. Materials Science and Engineering School, University of Science and Technology Beijing;
2. Technology Center, Ma'anshan Iron and Steel Co., Ltd. ）

Abstract: To simulate compact strip production（CSP）technology, the effect of Nb-Ti on structure and mechanical properties of 400MPa and 460MPa high strength weathering steel（%）0.060-0.076 C, 0.25-0.31 Cu, 0.45-0.56 Cr, 0.29-0.30 Ni has been studied by 10kg vacuum induction furnace melting and rolled into 6mm plate. The results showed that yield strength σ_s and tensile strength σ_b of steel contained 0.03% Ti were respectively 450MPa and 545MPa, σ_s snd σ_b of steel contained 0.03%Nb-0.02 %Ti were 550MPa and 615MPa, and σ_s and σ_b of steel no-contained Nb and Ti were only 375MPa and 480MPa. The structure of 400MPa weathering steels were ferrite+minor pearlite, and the main precipitates of steel contained Ti were CuS_2（20-25nm）and TiN（80nm）; the structure of 460MPa steel contained Nb-Ti was mainly granular bainite with precipitates CuS_2 and（NbTi）CN（30-60nm）therefore the strength of steel increased.

Key words: high strength weathering steel; Nb; Ti; microalloying

微合金高强度耐候钢的试验研究[❶]

陈庆军[1]　　康永林[1]　　苏世怀[2]　　张建平[2]　　骆小刚[2]

（1. 北京科技大学材料科学与工程学院；2. 马鞍山钢铁股份公司技术中心）

摘　要：在实验室试制了 400MPa、460MPa 级耐候钢，结果表明，试验钢屈服强度分别达到 450MPa、550MPa，抗拉强度分别达到 545MPa、615MPa；400MPa 级耐候钢的显微组织以铁素体为主，460MPa 级的以粒状贝氏体为主；400MPa 级的析出物主要是 CuS_2 和 TiN，主要强化机制是细晶强化、析出强化；460MPa 级的析出物主要是 CuS_2 和（NbTi）CN，其主要强化机制是细晶强化、析出强化及相变强化。采用电子背散射 EBSD 技术分析了其晶体学取向，其晶粒间取向主要是大角度晶界。

关键词：析出；金相组织；高强耐候钢；晶粒取向

1　引言

高强度耐候钢主要用在车辆、桥梁、房屋、集装箱等各种钢结构上，由于其在要求高的耐蚀性的同时还要求高的强度级别，因此对生产工艺水平要求高，本文进行了 400MPa 和 460MPa 级高强耐候钢的试制，系统分析了其组织性能特点及强化机制。

2　试验材料和方法

2.1　试验材料

在实验室真空感应炉上冶炼高强耐候钢试验用钢，钢坯尺寸为 120mm×100mm×65mm。化学成分见表 1，其中 1 号试样是 400MPa 级耐候钢，2 号试样是 460MPa 级耐候钢。

表 1　试验用钢的化学成分

Table 1　Chemical composition of test steel　　　　　　　　　　（%）

钢号	C	Si	Mn	P	S	Cu	Cr	Ni	[O]	[N]	Ti	Nb
1	0.076	0.39	0.51	0.100	0.0067	0.29	0.45	0.29	0.0034	0.0030	0.03	—
2	0.060	0.31	1.29	0.034	0.0070	0.25	0.56	0.30	0.0033	0.0025	0.02	0.026

2.2　试验方法

将高强耐候钢坯在实验室二辊试验轧机上轧制成 6mm 厚的钢板，共轧制 7 道次，压

❶　原文发表于《钢铁》2005 年第 7 期。
国家自然科学基金资助项目（50334010）。

下量分配 65mm→49mm→33mm→21mm→13.5mm→10mm→7.5mm→6mm；主要工艺过程：因考虑到该钢种含铜，故制定加热工艺时考虑避开铜的熔点附近的裂纹敏感区即 1083℃[1]，采取高温快烧，在热处理炉中将坯加热到 950℃保温 30min，然后将坯放入炉温为 1200℃的加热炉中，加热到 1200℃，并保温 1h。采取再结晶区和未再结晶区两阶段控轧，终轧温度是 850℃，冷却速度约控制在 25℃/s，终冷温度控制在 600~650℃。为了模拟卷取后的冷却情况，在热处理炉中（600~400℃冷速 50℃/h）缓冷 4h。

将线切割后的轧制试样经磨制、机械抛光后，用 4%的硝酸酒精溶液浸蚀，在扫描电镜下观察其组织并在其附件系统上进行背散射电子衍射试验（EBSD）。将轧制试样进行碳膜萃取复型，在透射电镜下观察析出物的大小、形貌。测试了试验钢的力学性能。

3 试验结果及讨论

3.1 试验钢的力学性能

试验钢的拉伸试验结果见表 2。

表 2 高强耐候钢的力学性能

Table 2 Mechanical properties of high strength weathering steel

钢号	R_{eL}/MPa	R_m/MPa	A/%
1	450	545	29.40
2	550	615	23.84

3.2 轧制试样的金相组织

由图 1（a）、（b）可以看出：400MPa 级耐候钢的金相组织主要为铁素体组织，珠光体数量较少，约占 8%，铁素体晶粒平均尺寸为 8.9μm，晶粒尺寸由表层向中心方向逐渐增大，表层与中心晶粒尺寸相差 1.8μm。

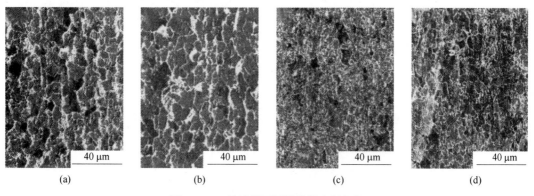

图 1 1、2 号试样不同部位的金相组织

（a）1 号试样表层；（b）1 号试样中心；（c）2 号试样表层；（d）2 号试样中心

Fig. 1 Microstructures at different positions of specimens 1 and 2

由图 1（c）、（d）可以看出，460MPa 级轧制试样不同部位的金相组织以粒状贝氏体为

主，同时有一些多边形铁素体，其表层的粒状贝氏体的质量分数比中心的质量分数高，这是由于表层的冷却速度大于中心的冷却速度。

综上所述，400MPa 级的高强耐候钢的金相显微组织以铁素体+珠光体为主，由于 Ti 的细晶强化及析出强化作用，其屈服强度可达到 450MPa，460MPa 级高强耐候钢的金相显微组织以粒状贝氏体和多边形铁素体为主，晶粒尺寸比 400MPa 的细小，其显微组织与化学成分和冷却速度有关。粒状贝氏体组织具有较高的屈服强度，达到 550MPa，并且塑性也不错，伸长率达到 23.8%。

3.3　轧制试样的析出物

3.3.1　400MPa 级耐候钢的析出物形貌

由图 2 可以看出，400MPa 级耐候钢（1 号试样）的析出物形貌以球形或椭球形和长方形或立方形为主，由图 2(a)、(b) 可以看出球形或椭球形的析出物的尺寸在 20~50nm 之间，经对其衍射花样标定分析，可知较大的析出物为 CuS_2。小于 20nm 以下的可能为 ε-Cu，有一定的析出强化作用[2]。由图 2(c)、(d) 可以看出，经对该析出物衍射花样标定分析，确定该析出物是 TiN，其尺寸大约在 80nm 左右，有一定的析出强化作用，并且其作为第二相粒子，阻止奥氏体和铁素体晶粒长大，细化了晶粒尺寸，获得优良的综合力学性能。

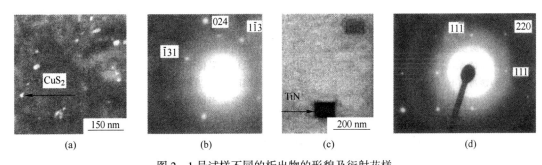

图 2　1 号试样不同的析出物的形貌及衍射花样

（a）CuS_2 形貌；（b）CuS_2 衍射花样；（c）TiN 形貌；（d）TiN 衍射花样

Fig. 2　Morphology and electron diffraction patterns of different precipitates of specimen 1

3.3.2　460MPa 级耐候钢的析出物形貌

由图 3 可以看出，460MPa 级耐候钢（2 号试样）的析出物形貌以长方形或方形为主，

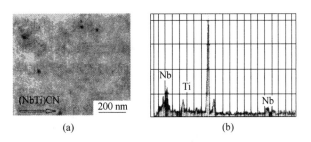

图 3　2 号试样的析出物形貌及能谱

（a）2 号试样的析出物形貌；（b）2 号试样的析出物能谱

Fig. 3　Morphology and energy spectrum diagram of precipitates of specimen 2

尺寸在 30~60nm，经对该析出物能谱分析，确定该析出物是复合析出物（NbTi）CN，有较好的析出强化作用。这可能由于 Nb 或 Ti 的碳化物、氮化物及碳氮化物的晶格类型，晶格常数相差不大，所以它们之间很容易相互溶解，形成 Nb 和 Ti 的复合碳氮化物[3]。

在 460MPa 级耐候钢 2 号试样的析出物中也观察到了图 2（a）所示的析出物 CuS_2 和 ε-Cu，该析出物有一定的析出强化作用。

3.3.3 含铌钛高强度耐候钢的强化机制分析

460MPa 级与 400MPa 级的化学成分相比较，除了含有 Nb 外，仅锰的质量分数比 400MPa 的高 0.78%，由于 Mn 的增加可提高其屈服强度约 25MPa[4]，而实际屈服强度比 400MPa 级的高 100MPa，除了锰的强化因素外，还有其他的因素。

460MPa 级耐候钢析出物的尺寸及其晶粒尺寸明显比 400MPa 的细小，这是由于微合金元素 Ti 的加入，在高温加热阶段 TiN 的析出，阻止奥氏体晶粒的长大，使铸坯原始晶粒尺寸比较细小，在轧制过程中，形变诱导析出，Nb（C，N）在奥氏体晶界或位错、变形带等储存能较高处析出，阻止晶粒粗化及再结晶形核，抑制再结晶，具有较强的溶质拖曳作用，析出 Nb 延迟再结晶的作用要大于 Ti 的作用，使铁素体晶粒细化。Nb、Ti 的复合微合金化主要强化机制，除了细晶强化和析出强化，对该钢种应该还包括相变强化，在相变温度点，较低的碳含量使奥氏体中有较高的固溶 Nb，而固溶 Nb 对连续冷却过程中的 CCT 曲线与随后的相变有较大的影响，使相变温度降低，尤其在高的冷速下，产生大量的中温转变产物，如粒状贝氏体，含 Nb 的奥氏体分解转变产物一般具有较高的位错密度，这种位错密度较高的粒状贝氏体组织会提高产品的强度[5]。当然在 460MPa 级耐候钢中之所以在较低的冷速下就可以产生粒状贝氏体组织，也与该钢比 400MPa 级的含有较高的 Mn 有关，Nb、Mn 使该钢 C 曲线右移，提高了奥氏体的稳定性，阻止其向铁素体转变。

3.4 轧制试样的 EBSD 微观组织分析

400MPa 级耐候钢的晶粒取向差分布图及晶粒取向的组织图见图 4（a）、（b），460MPa 级的见图 4（c）、（d）。

由图 4 可以看出，400MPa 和 460MPa 级耐候钢晶粒间的取向均以大角度晶界（>15°）为主，但由图 4（b）、（d）可以看出在晶粒内部存在一些亚晶，并且 400MPa 级的亚晶数量比 460MPa 级的多，但 460MPa 级的晶粒明显比 400MPa 级的晶粒尺寸细小，这也是其强度比 400MPa 级高的主要原因之一。由图 4（a）、（c）可以看出，400MPa 级的小角度晶界占的比例比 460MPa 级的高，并且两者的晶体取向差峰值在 40°~60°之间。铁素体一般在奥氏体晶界形核长大，并且和原始奥氏体之间的取向关系遵守 K-S 规则，即 $\{111\}_\gamma$//$\{011\}_\alpha$；$<011>_\gamma$//$<111>_\alpha$[6,7]。

4 结论

（1）实验室试制的 400MPa、460MPa 级耐候钢，其屈服强度分别达到 450MPa、550MPa，抗拉强度分别达到 545MPa、615MPa，伸长率分别为 29.40%、23.8%。

（2）400MPa 级耐候钢的金相组织以铁素体+珠光体为主，460MPa 级的以粒状贝氏体为主，有少量的多边形铁素体。

（3）400MPa 级耐候钢的析出物主要是 CuS_2 和 TiN，CuS_2 的尺寸在 20~50nm 之间，

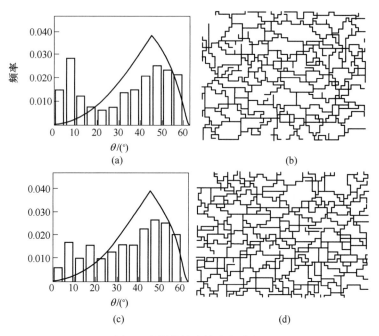

图 4　试样的铁素体取向分析

（a）1 号试样取向差分布图；（b）1 号试样晶粒取向差绘制的组织图；

（c）2 号试样取向差分布图；（d）2 号试样晶粒取向差绘制的组织图

Fig. 4　Orientation analysis on ferrite of specimens

TiN 的尺寸大约 80nm；460MPa 级的析出物主要是 CuS_2 和（NbTi）CN，（NbTi）CN 的尺寸在 30~60nm 之间，该尺寸的析出物产生了较大的强化作用。

（4）460MPa 级耐候钢比 400MPa 级的屈服强度高近 100MPa，除了由于 Mn 的增加可提高其屈服强度约 25MPa，主要是由于 Nb、Ti 复合微合金化，产生了更大的强化作用，其主要强化机制是细晶强化、析出强化及相变强化。

（5）400MPa 和 460MPa 级耐候钢晶粒间的取向差均以大角度晶界为主（>15°），其峰值在 40°~60° 之间。

参 考 文 献

[1]　周德光，傅杰，柳得橹，等. CSP 薄板表面裂纹的形成机理与预防措施［J］. 北京科技大学学报，2002，24（4）：405.

　　　Zhou Deguang, Fu Jie, Liu Delu, et al. Forming mechanism and preventive measures of the surface crack in thin strip produced by CSP［J］. Journal of University of Science and Technology Beijing, 2002, 24（4）: 405.

[2]　Yuuji Kimura, Setsuo Takaki. Phase transformation mechanism of Fe-Cu alloys［J］. ISIJ International, 1997, 37（3）: 290~295.

[3]　赵西成，于大全. 20MnVB 钢碳氮化物析出相的研究［J］. 金属热处理，1999（4）：18.

　　　Zhao Xicheng, Yu Daquan. Study on carbonitride precipitate phase of 20MnVB steel［J］. Heat Treatment of Metals, 1999（4）: 18.

[4]　俞德刚. 钢的强韧化理论与设计［M］. 上海：上海交通大学出版社，1990：81.

［5］ Okaguchi S, Hashimoto T, Obtani H. Effect of Nb, V and Ti on transformation behavior of HSLA steel in accelerated cooling ［C］. Thermec Iron and Steel Institute of Japan, 1988: 330~336.

［6］ Hurley P J, Hodgson P D. Formation of ultra-fine ferrite in hot rolled strip: potential mechanisms for grain refinement ［J］. Materials Science and Engineering, A302, 2001, 206~214.

［7］ Bevis Hutchiunson, Lena Ry de, Eva Lindth. Texture in hot rolled austenite and resulting transformation products ［J］. Materials Science and Engineering, A257, 1998 (9): 17.

Experimental Study on Microalloyed High Strength Weathering Steel

Chen Qingjun[1]   Kang Yonglin[1]   Su Shihuai[2]   Zhang Jianping[2]   Luo Xiaogang[2]

(1. School of Materials Science and Engineering, University of Science
and Technology Beijing;

2. Technology Center of Ma'anshan Iron and Steel Co., Ltd.)

Abstract: The 400MPa and 460MPa weathering steel were rolled by pilot mill. The yield strength and the tensile strength of the 400MPa steel reached to 450MPa and 545MPa, respectively, and those of 460MPa steel reached 550MPa and 615MPa. The microstructure of 400MPa steel mainly consists of ferrite, while that of the 460MPa steel consists of granular bainite. The morphology and size of precipitates in hot rolled specimens were observed by H-800 transmission electron microscopy. The precipitates of 400MPa steel are CuS_2 and TiN, while those of 460MPa are CuS_2 and ($NbTi$) CN. The key mechanisms for strengthening of 400MPa steel are precipitation and refinement strengthening; those of 460MPa steel are precipitation, refinement and transformation strengthening. The crystallographic orientation was analyzed and observedby EBSD. The orientations among neighboring grains are high angle grain boundaries.

Key words: precipitate; microstructure; high strength weathering steel; grain orientation

马钢 CSP 生产线热轧高附加值产品的开发[1]

朱昌逑　　苏世怀　　马玉平

(马鞍山钢铁股份有限公司)

摘　要：介绍了马钢 CSP 生产线的基本配置和目前马钢 CSP 生产线热轧高附加值产品的开发情况，重点给出了马钢 CSP 高耐候钢和 HSLA 的生产技术和产品开发结果。

关键词：CSP；产品开发；耐候钢

1　引言

随着薄板坯连铸连轧和控轧控冷 TMCP 的发展，越来越多的板、带、棒、线和结构钢采用微合金化加 TMCP 的方式生产。微合金化和 TMCP 相结合可以得到强度和韧性综合性能良好的钢材，它易于经济合理地实现客户需求。

对于采用微合金化加 TMCP，可以省去许多钢种的热处理工艺而得到所要求的性能，对于带钢来说它可以得到以前需冷轧才能生产的高质量产品。

微合金化提高钢的性能主要是通过晶粒细化、晶界钉扎细化晶粒、沉淀强化和析出强化来实现的。对于微合金化加 TMCP，除了上述强化之外，它通过轧制过程控轧控冷和大变形产生高密度的位错强化及轧后的控冷工艺从而得到强韧性综合性能良好的钢材。现在，几乎所有的微合金化产品均采用控轧控冷，通过优化的钢材显微组织、晶粒细化、沉淀强化、析出强化和大变形产生的位错强化，钢铁制造商可以采用经济合理的方式，快速生产客户化的产品。

近来，微合金化的研究主要聚焦在：（1）合适的微合金化元素加入量：研究 Nb、Ti、Mo、V 和 B 等元素的优化加入量，目的是了解它们细化晶粒、沉淀强化和与之相对应的相变后的显微组织改变而产生的强韧性提高效果；（2）产品显微组织的优化：它包括对给定的钢种成分，如何利用 TMCP 工艺获得所需的综合机械性能和如何采用综合的微合金化技术和 TMCP 技术获得强度和韧性综合性能都好的产品；（3）微合金化元素的析出和析出行为，析出物的形貌、分布和尺寸及其与钢的性能之间的关系，目的就是控制微合金化元素的析出行为，得到预先想要的组织，最终获得综合性能良好的产品。

薄板坯连铸连轧具有控轧控冷的良好手段和轧后冷却的良好控制手段，可以利用动态完全恢复再结晶、准动态完全恢复再结晶和静态恢复再结晶，控制热带钢轧机的轧制过程中显微组织形成和轧制后的奥氏体转变成铁素体的各种转变的相变形态，结合轧后冷却的优化，得到预先想要的显微组织结果，找到获得合适带钢性能的带钢生产参数，最终获得

---

❶　原文发表于薄板坯连铸连轧技术交流与开发协会第三次技术交流会论文集（2005 年）。

强韧性综合性能良好的热轧产品。

正是由于 CSP 生产线的控轧控冷、轧后冷却控制手段的灵活性和微合金化技术，近年来 CSP 厂家已大大地扩大了 CSP 的产品范围，特别是高附加值的产品生产。

本文介绍马钢 CSP 生产线的主要高附加值产品的开发和生产情况。

2 马钢 CSP 的配备和工艺流程

2.1 马钢 CSP 的装备配置

马钢 CSP 的装备配置见图 1。

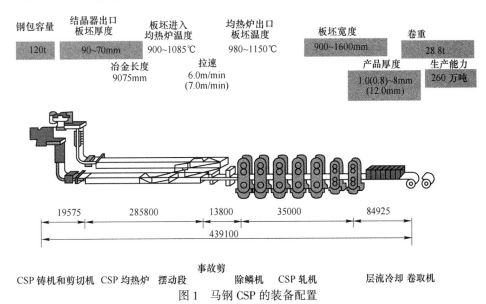

图 1 马钢 CSP 的装备配置

2.2 马钢 CSP 的配备和工艺流程

马钢 CSP 的配备和工艺流程如图 2 所示。

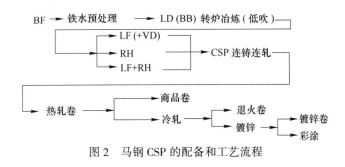

图 2 马钢 CSP 的配备和工艺流程

3 马钢 CSP 高附加值产品的开发

3.1 马钢 CSP 连铸连轧高耐候钢集装箱板的开发和生产

马钢 CSP 连铸连轧自主开发的高耐候钢集装箱板，到目前为止，生产 3 万吨，产品规格为 1.95~7.5mm×1125~1460mm，生产的高耐候钢，平均屈服强度为 406MPa，延伸率高，平均为 37.7%，平均抗拉强度 504MPa，完全达到了屈服强度 400MPa 级的要求。

开发的产品，克服了高耐候钢产品的边裂问题，生产中从未出现边裂问题。产品性能和实物质量完全满足标准和用户要求。

带卷外观质量（卷型、塔型和无边裂质量）和用户现场实地开卷检验和分切制材质量好于其他 CSP 耐候钢板卷，板卷实物质量与国内的传统的热轧生产线生产的耐候钢相当或好于他们，板卷实物质量与中集现场的 NIPPON 实物质量相当，用户非常满意。

用户反映马钢生产的高耐候钢板卷，从板形控制、尺寸公差、表面质量、力学性能和加工性能等方面，整体实物质量超过国内其他 CSP 水平，优于传统流程生产的耐候钢的实物质量。

3.1.1 马钢 CSP 连铸连轧高耐候钢集装箱板的开发和生产主要工艺措施

（1）精确的成分设计：马钢借鉴国内外高耐候钢的成功经验和失败教训，利用最新的理论研究成果，突破了国内 CSP 厂家的生产实际，采用与国内外成分设计都不相同的设计成分，成分设计主要采用合金组元提高 Cu 的熔点和其他合金组元提高淬透性，保证在 CSP 生产过程的温度范围内，不出现边裂，同时综合分析 P、Cu 析出强化和析出机理，保障设计性能目标屈服强度达到 400MPa 级，其他符合日标 JIS 要求，即：$R_{eL} = 400MPa$、$R_m = 490MPa$、$A \geqslant 22\%$（JIS 标准）（>6mm），15%（<6mm）；

连铸工艺和与其相配合的整个 CSP 温度制度的优化设计：主要是设计合理的铸坯入炉温度、连铸拉速和结晶器冷却及二冷冷却制度；

（2）CSP 热轧工艺的优化设计：轧制规程的优化设计，消除板材的带状组织和保证板材性能；

（3）轧制温度和冷却制度：加均热温度、开轧、终轧和卷取温度等温度制度和冷却制度的优化设计，避免裂纹的同时，保证板材性能；

（4）CSP 除鳞水压力和机架间水的优化：保证板卷表面质量。

3.1.2 马钢 CSP 高耐候钢热轧板卷开发和生产的主要结果

（1）性能：生产的 3 万吨产品性能，除试生产时个别卷初检抗拉强度低于 JIS 标准，复检合格外，其他性能优良。同规格产品性能稳定，冷弯全部合格，如表 1 所示。

表 1 马钢 CSP 生产的高耐候钢集装箱板的性能

项目	规格/mm	力学性能		
		R_{eL}/MPa	R_m/MPa	A/%
JIS G 3125	≤6	345	480	22
	>6	355	490	15
内控	≤6	345	480	22
	>6	355	490	15
平均		406	504.4	37.7
最大	1.95~7.5	435	535	46.5
最小		370	470	29

（2）组织：马钢高耐候钢集装箱板材沿厚度方向组织均匀，如图3和图4所示。

图3 板宽1/4处板材全厚度组织均匀性照片

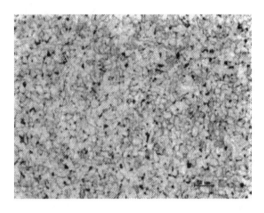

图4 马钢高耐候钢集装箱板材均匀的组织结构

（3）表面质量：表面质量良好，无边裂。生产实际表明马钢自主设计的独特的成分能够保证产品性能和无边裂。第一轮试生产的板卷性能和质量就达到设计要求。在第二轮试生产中，由于轧机生产主数据配置原因，铸坯在隧道炉内等待5小时后再轧制，在此情况下都未出现边裂，说明了成分设计完全可以保证高耐候钢板卷的边部质量要求，解决了高耐候钢生产的最大难题。

（4）板形和卷形：良好。

（5）实物质量：实物质量好于其他CSP厂家和与传统工艺生产的高耐候钢板卷，见同一用户现场拍摄的实物照片，见图5。

(a) 马钢高耐候钢产品　　　　　　　　　(b) 国内一家传统工艺生产的高耐候钢产品

(c) 国内一家 CSP 工艺生产的高耐候钢产品

图 5　马钢热轧板卷实物照片

3. 2　马钢 CSP 生产线微合金化屈服强度 460MPa 试制和 345MPa 的 HSLA 生产

3. 2. 1　马钢 CSP 生产线微合金化屈服强度 460MPa 的 HSLA 试制

马钢 CSP 生产线进行了微合金化屈服强度 460MPa 的 HSLA 的试制，规格为 7.5mm，成品卷重 600t，HSLA 屈服强度为 475~510MPa，抗拉强度为 580~610MPa，延伸率为 24%~27.5%。低温韧性良好，采用 5mm×10mm×10mm 试样，−60℃低温冲击功大于 50J。

3. 2. 1. 1　马钢 CSP 生产线微合金化屈服强度 460MPa 的 HSLA 主要工艺措施

（1）微合金化：采用复合微合金化，成分见表 2。

表 2　马钢 CSP 生产线微合金化屈服强度 460MPa 的 HSLA 化学成分

炉号	LF 终点成分/%							
	C	Si	Mn	P	S	Nb	V	Ti
4101722	0. 17	0. 22	1. 25	0. 016	0. 0072	0. 019	0. 043	0. 026
4301576	0. 19	0. 18	1. 28	0. 017	0. 0048	0. 020	0. 038	0. 022
4301577	0. 18	0. 20	1. 22	0. 014	0. 0051	0. 019	0. 045	0. 026
4201744	0. 17	0. 18	1. 24	0. 013	0. 0041	0. 020	0. 041	0. 022
4301578	0. 18	0. 18	1. 21	0. 014	0. 0066	0. 016	0. 037	0. 025

（2）控轧控冷。

3. 2. 1. 2　马钢 CSP 生产线微合金化屈服强度 460MPa 的 HSLA 主要结果

（1）性能：见表 3 和图 6。

（2）屈服强度 460MPa 级 HSLA 的组织：

屈服强度 460MPa 级 HSLA 组织为铁素体+珠光体+贝氏体，边部铁素体为细小等轴铁素体（图 7(a)、(b)），从边部到中心部位铁素体晶粒逐渐变得细长（图 7（c）、(d)），中心存在不同程度的带状组织（图 7(e)、(f)）。粒状贝氏体和珠光体的高倍形貌如图 8 所示。

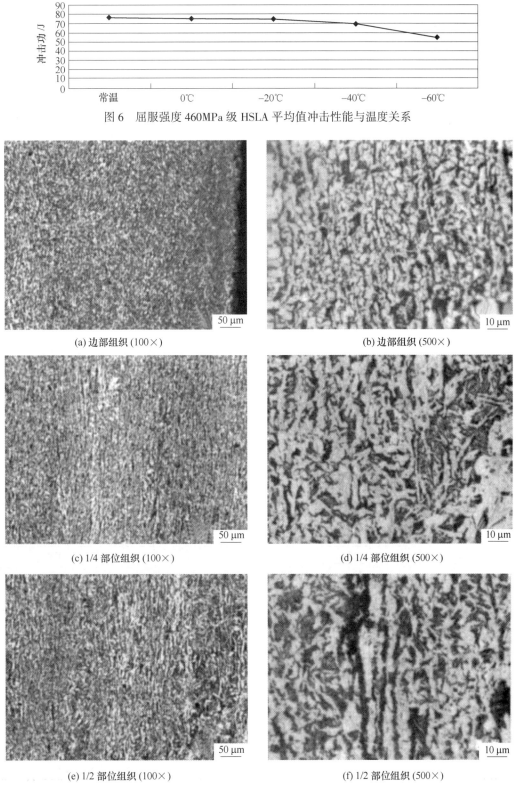

图 6 屈服强度 460MPa 级 HSLA 平均值冲击性能与温度关系

(a) 边部组织 (100×)

(b) 边部组织 (500×)

(c) 1/4 部位组织 (100×)

(d) 1/4 部位组织 (500×)

(e) 1/2 部位组织 (100×)

(f) 1/2 部位组织 (500×)

图 7 HSLA 组织照片

表 3　马钢 CSP 生产线微合金化屈服强度 460MPa 的 HSLA 机械性能

项目	厚度规格/mm	R_{eL}/MPa	R_m/MPa	δ_{10}/%	冲击功/J				
					常温	0℃	-20℃	-40℃	-60℃
平均值	7.5	490	600	25.6	77	75	59	69	55
最大值		510	610	27.5	81	79	62	75	57
最小值		475	580	24	69	72	55	60	52

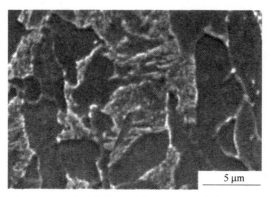

图 8　HSLA 中珠光体和粒状贝氏体的形貌（SEM）

3.2.2　马钢 CSP 生产线微合金化屈服强度 345MPa 级的 HSLA 生产

马钢 CSP 生产线 345MPa 级的 HSLA 生产，主要产品为 Q345D，形成了批量能力，到目前为止，产品产量达到 4 万多吨，主要是采用 V 微合金化和控轧控冷技术。试生产时出现过抗拉强度不足的问题，调整成分后，抗拉强度富余量有 10～20MPa，产品冲击检验结果显示，脆性转变温度在 -50～-60℃ 之间。详细情况这里不再叙述。

表 4　马钢 CSP 生产线微合金化屈服强度 345MPa 级的 HSLA 性能

规格/mm		R_{eL}/MPa	R_m/MPa	δ/%
<4.0	max	445	535	43.0
	min	385	470	31.0
	ave	415	499	37.8
4.0～4.75	max	480	560	33.5
	min	395	470	25
	ave	443	512	28.6
5.0～5.75	max	495	585	36.5
	min	355	480	24
	ave	441	521	27.9
7.5	max	435	525	30
	min	385	480	24
	ave	415	504	27.0

此外，马钢 CSP 生产线还试制了 Nb、V、Ti 复合微合金化 X60 管线钢，试制结果抗拉强度低于标准要求 10~15MPa，其他性能符合 X60 要求，低温冲击韧性很好，产品性能完全符合 X52 要求。

马钢 CSP 生产线因为后续配备冷轧生产线，所以，马钢 CSP 热轧产品重点解决和保证的是为冷轧提供基料。

4 实验室铌微合金化 Q345 和马钢 CSP 钒微合金化 Q345 比较研究

对比马钢 CSP 和实验室轧制的 Q345，二者温度体系、轧制工艺、性能和除 V 和 Nb 之外的化学成分都十分相近，但 Nb 0.026% 含 Nb 钢和含 V 0.05% 左右的含 V 钢，二者的微合金化合金成本，V 钢的吨钢成本增加要较 Nb 钢高约 4~5 倍。对比结果表明：同样的工艺，得到相近的产品性能，Nb 微合金化要较 V 微合金化经济。

表 5 板材的化学成分　　　　　　　　　　（%）

项目	试样编号	C	Si	Mn	P	S	Al$_t$	Al$_s$	V	T.O	[N]
马钢 CSP 钒微合金化	1-1	0.06	0.08	1.5	0.008	0.004	0.03	0.028	0.05	31.1	95.8
	1-4	0.05	0.08	1.46	0.007	0.006	0.023	0.019	0.05	19	103
	2-1	0.05	0.09	1.45	0.006	0.007	0.025	0.022	0.04	27.7	105.3
	2-4	0.05	0.09	1.44	0.006	0.006	0.03	0.027	0.04	14.3	94.3
实验室		0.05	0.16	1.33	0.008	0.006			Nb=0.026%		

表 6 板材的力学性能和系列冲击（冲击试样尺寸 5mm×10mm×55mm）

项目	试样编号	规格	R_{eL} /MPa	R_m /MPa	A /J	系列冲击 A_{KV}，纵向/J				
						常温	0℃	-20℃	-40℃	-60℃
马钢 CSP 钒微合金化	1-1	7.50	460	530	29.5	116	122	120	109	95
	1-4	7.50	450	525	32	117	126	120	108	80
	2-1	9.50	465	525	25	116	130	119	111	106
	2-4	9.50	440	505	27.5	120	133	126	113	107
实验室		10	445	510	34					

表 7 组织、晶粒度评级及晶粒尺寸

试样编号	规格/mm	显微组织	晶粒度评级	平均截距/μm
1-1	7.50	F+少量 P，中心组织不均匀，局部区域 P 呈条带状	12.10	4.83
1-4	7.50	F+少量 P，中心组织不均匀，局部区域 P 呈条带状	12.31	4.49
2-1	9.50	F+少量 P，中心组织不均匀，局部区域 P 呈条带状	11.92	5.14
2-4	9.50	F+少量 P，中心组织不均匀，局部区域 P 呈条带状	12.20	4.67
实验室		F+少量 P	12.78	3.82

5 结论

马钢 CSP 生产线，在保障冷轧提供基料的情况下，进行了高附加值产品的开发和生

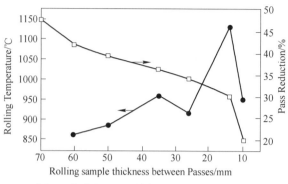

图 9　实验室 Q345 轧制温度和道次压下率

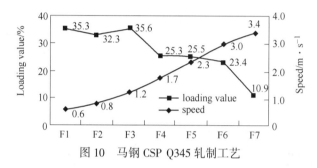

图 10　马钢 CSP Q345 轧制工艺

产，生产结果可以得出下列结论：

（1）马钢 CSP 采用自主设计的具有独特成分、采用独特的连铸工艺和温度制度和马钢自己设计的轧制规程、轧制温度制度和冷却制度，成功地生产出性能稳定的屈服强度 400MPa 级的高耐候钢产品；产品厚度规格目前可以覆盖 1.95～7.5mm，形成了具有马钢独立知识产权的高耐候钢生产工艺；成功解决了高耐候钢生产的边裂难题。

（2）马钢采用微合金化技术和 TMCP 技术，成功地在 CSP 生产线开发和试制屈服强度 460MPa 级的 HSLA 板卷。

（3）马钢采用 V 微合金化和 TMCP 技术，成功地在 CSP 生产线开发和批量生产屈服强度 345MPa 级的 Q345D HSLA 板卷。

（4）比较实验室研究和试制结果与马钢 CSP Q345D 的生产结果，在相同的工艺条件和其他成分完全相同的情况下，采用 Nb 微合金化和采用 V 微合金化都可以生产出满足标准要求、性能相同的产品，但是，采用 Nb 微合金化更为经济。

变形及冷却工艺对高强耐候钢组织与性能的影响❶

陈庆军[1] 康永林[1] 谷海容[1] 苏世怀[2] 张建平[2] 骆小刚[2] 马玉平[2]

(1. 北京科技大学材料科学与工程学院；2. 马鞍山钢铁股份有限公司技术中心)

摘 要：采用 Gleeble1500 热模拟试验机及 DT-1000 膨胀仪研究了 450MPa 和 550MPa 级高强耐候钢的连续冷却转变曲线，分析了不同变形及冷却工艺条件下高强度耐候钢的金相组织类型。结果表明：450MPa 级耐候钢的金相组织以铁素体为主，550MPa 级耐候钢的金相组织在一定的冷却速度下以粒状贝氏体为主，并且随着冷却速度的增加，晶粒细化，抗拉强度提高，其强化机制除了细晶强化、析出强化外，还包括相变强化。

关键词：高强耐候钢；冷却速度；连续冷却转变曲线；金相组织

1 引言

高强度耐候钢主要用在车辆、桥梁、房屋、集装箱等结构的制造中，由于高强度耐候钢在要求高耐蚀性的同时要求高的强度级别及较好的成型性能和焊接性能，因此，对生产工艺过程和设备控制水平要求很高[1]。该类钢目前国外只有少数国家能生产，而且是在传统的厚板坯连铸连轧生产线上进行的，在薄板坯连铸连轧生产线还没有生产先例。本文在试验室进行了该钢种的冶炼及热模拟试验，为将来在薄板坯连铸连轧生产线工业化生产提供依据。

2 试验方案及过程

2.1 高强耐候钢的成分设计

铜是提高碳钢耐大气腐蚀能力的必需元素。为了提高耐大气腐蚀性能，在低合金钢中的 Cu 含量一般在 0.2%~0.5%，加入 0.2%~0.3%的铜就能保证抗锈稳定性的提高[2]。磷是提高耐大气腐蚀性能最有效的合金元素之一，一般含量在 0.08%~0.15%时耐蚀性最佳。当 P 与 Cu 联合加入时，显示出更好的复合效应，在大气腐蚀条件下，能加速钢的均匀溶解和 Fe^{2+} 的氧化速率，有助于在钢表面形成均匀的 FeOOH 锈层[3]。铬能在钢表面形成致密的氧化膜，提高钢的钝化能力，耐候钢中 Cr 含量一般为 0.4%~1%[3]。铌、钛作为微合金化元素而加入到钢中，虽然在钢中的作用机理有所不同，但都是通过晶粒细化和沉淀硬化影响钢的组织与性能。铌能产生显著的晶粒细化及中等程度的沉淀强化作用，钛可产生强烈的沉淀强化及中等程度的晶粒细化作用。为了降低钢中固溶氮含量，通常采用微钛处

❶ 原文发表于《金属热处理》2005 年第 1 期。

理使钢中的氮被钛固定，从而间接提高了铌的强化作用；同时，TiN 可有效阻止奥氏体晶粒在加热过程中的长大，起到细化奥氏体晶粒的作用，并能改善焊接热影响区的韧性[4]。根据上述分析并结合薄板坯连铸连轧的生产工艺特点，450MPa 和 550MPa 高强度耐候钢的成分设计见表 1。

表 1　高强度耐候钢设计化学成分
Table 1　Chemical composition design of high strength weathering steel　　　　（%）

强度级别	C	Si	Mn	P	S	Cu	Cr	Ni	微合金元素
450MPa	0.045~0.07	0.30~0.50	0.30~0.45	0.070~0.10	≤0.010	0.25~0.40	0.40~0.60	0.10~0.40	0.015Ti
550MPa	0.045~0.07	0.30~0.50	1.00~1.35	0.020~0.04	≤0.006	0.20~0.40	0.40~0.70	0.20~0.40	0.015Ti, 0.03~0.04Nb

2.2　高强耐候钢的试验室冶炼

在 10kg 真空感应炉冶炼约 7kg 的试验钢锭，其尺寸为 120mm×100mm×65mm。实际冶炼钢锭的化学成分见表 2。

表 2　高强度耐候钢钢锭的化学成分
Table 2　Chemical composition of high strength weathering steel ingot　　　　（%）

强度级别	C	Si	Mn	P	S	Cu	Cr	Ni	$[O] \times 10^{-6}$	$[N] \times 10^{-6}$	微合金元素
450MPa	0.076	0.39	0.51	0.100	0.0067	0.29	0.45	0.29	34	30	0.030Ti
550MPa	0.060	0.31	1.29	0.034	0.0070	0.25	0.56	0.30	33	25	0.020Ti, 0.026Nb

2.3　试验方法

（1）变形条件下的热模拟试验。在 Gleeble1500 热模拟试验机上对试验钢进行二道次变形热模拟试验。第一道次模拟粗轧道次变形情况：将试样以 10℃/s 的速度加热到 1150℃，保温 10min，空冷至 1050℃变形 50%，应变速率 $5s^{-1}$；第二道次模拟精轧道次的变形情况：空冷至 850℃变形 20%，应变速率 $50s^{-1}$；然后再以不同的冷却速度（℃/s）：1、3、5、8、10、15、20、25、30 冷却至室温。变形参数的选定依据 CSP（紧凑式板带轧制）的现场工艺参数，记录冷却过程的热膨胀曲线，并进行动态 CCT 曲线的测定。热模拟试样尺寸为 $\phi 8mm \times 15mm$。

（2）未变形条件下的热模拟试验。在 DT-1000 膨胀仪上分别测定了不同冷却速度条件下温度与膨胀量的关系。热模拟试验工艺：将试样以 10℃/s 加热到 950℃，保温 15min，以不同的冷却速度（℃/s）：1、3、5、8、10、15、20、30、40、50 冷却至室温，记录冷却过程的热膨胀曲线，并进行静态 CCT 曲线的测定。热模拟试样尺寸为 $\phi 2mm \times 13mm$。

3　试验结果及分析

3.1　热模拟试验结果

图 1 为试验钢动态及静态 CCT 曲线。由图 1(a)、(b) 可见，450MPa 级的耐候钢在变形条件下的相变开始点的温度一般高于未变形条件下的相变开始点的温度，相变开始温度在 820~780℃之间，相变终了温度在 720~660℃之间，并且随着冷却速度的增加，其相变开始温度与终了温度逐渐降低；在未变形条件下，相变开始温度在 810~750℃之间，相变终了温度在 705~640℃之间。由图 1(c)、(d) 可见，550MPa 级的耐候钢在变形条件下，随着冷却速度的增加，相变开始温度及终了温度逐渐降低，当冷却速度<3℃/s 时，其金相组织是铁素体+珠光体；当冷却速度>3℃/s 时，开始出现粒状贝氏体，其相变开始温度在 750~650℃之间，相变终了温度在 640~460℃之间，比 450MPa 级的低约 100℃，从相变温度也可以看出，部分冷却速度的相变温度也在贝氏体转变温度区间内，从而验证了 550MPa 级耐候钢在连续冷却转变过程中，当冷却速度大于某一临界速度时，将发生部分贝氏体相变[5]。

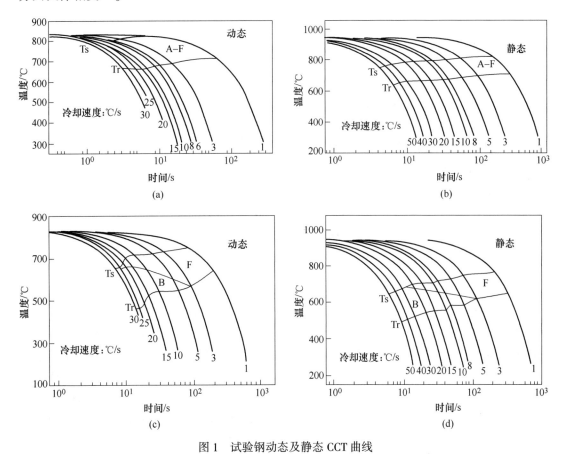

图 1　试验钢动态及静态 CCT 曲线

(a)、(b) 450MPa 级耐候钢；(c)、(d) 550MPa 级耐候钢

Fig. 1　CCT curves of test steel for dynamic and static states

(a)、(b) 450MPa weathering steel；(c)、(d) 550MPa weathering steel

3.2　在变形条件下的金相组织试验结果

将经过变形的热模拟试验试样用线切割沿中间热电偶孔切开，经磨制、机械抛光后，用4%的硝酸酒精溶液侵蚀，在 LEICA MRX 金相显微镜下观察其组织，图2为试验钢在不同的冷却速度下获得的金相组织。

由图2(a~f)可见，450MPa级耐候钢在一定变形工艺下，以不同的冷却速度冷却，其金相组织以铁素体为主，仅有少量的珠光体，并且随着冷却速度的提高，其组织逐渐细化，其晶粒尺寸由冷却速度1℃/s的12.5μm减小到冷却速度30℃/s的6.5μm，当冷却速度>20℃/s时，其晶粒细化趋势变缓，由于加入微合金元素Ti，其晶粒尺寸得到明显细化。由图2(a′~f′)可见，550MPa级耐候钢的金相组织在冷却速度<3℃/s时，以铁素体为主；当冷却速度>3℃/s时，其金相组织中开始出现粒状贝氏体，并且随着冷却速度的增加，粒状贝氏体的数量逐渐增多；当冷却速度>20℃/s时，其金相组织以粒状贝氏体为主，有部分多边形铁素体；当冷却速度达到30℃/s时，其组织仍以粒状贝氏体为主，但已出现极少量的板条贝氏体，其板条尺寸比较细小。这是由于在相变温度点C含量较低，奥氏体中有较高的固溶Nb，而固溶Nb对连续冷却过程中的CCT曲线与随后的相变有较大的影响，使相变温度降低，尤其在高的冷却速度下，产生大量的中温转变产物，如粒状贝氏体，其转变产物一般具有较高的位错密度，即通过改变产品的组织提高其强度[6]。当然在550MPa级耐候钢中之所以在较低的冷却速度下就可以产生粒状贝氏体组织，也与该钢含有较高的Mn以及含有增加淬透性的元素如Ni、Cr、Cu等有关，这些元素使该钢C曲线右移，增大了奥氏体的稳定性，在一定冷却速度下，阻止其向铁素体+珠光体转变，在随后的冷却过程中转变成粒状贝氏体[7]。由图2可以看出，在相同的工艺条件下，550MPa级耐候钢的晶粒尺寸明显比450MPa级的晶粒尺寸细小，这是由于550MPa级耐候钢Nb、Ti的复合微合金化，在高温加热阶段TiN的析出，阻止奥氏体晶粒的长大，使原始晶粒尺寸比较细小，在变形过程中，形变诱导析出，Nb(C,N)在奥氏体晶界或位错、变形带等储存能较高处析出，提高了形核率，阻止晶粒粗化，抑制再结晶，使再结晶温度提高，具有较强的溶质拖曳钉扎作用，析出Nb延迟再结晶的作用要大于Ti的作用，因而使铁素体晶粒细化[8]。

3.3　热模拟试样硬度试验

将动态热模拟试样的表面磨平后，在HR-150A洛氏硬度计上分别测试了其不同冷却速度冷却后的硬度，并且根据GB/T 1172—1999《黑色金属硬度与强度》的换算标准，将硬度值换算成了抗拉强度值。450MPa级及550MPa级耐候钢不同的冷却速度与抗拉强度的关系见图3。由图3可见，随着冷却速度的增加，二者的抗拉强度值均有较大的提高，450MPa级耐候钢的抗拉强度由1℃/s的532MPa增加到30℃/s的590MPa，550MPa级耐候钢的抗拉强度由1℃/s的615MPa增加到30℃/s的740MPa，并且在相同的冷却速度下，550MPa级耐候钢的抗拉强度比450MPa级高许多。且由图3中的550MPa级钢的曲线可看出，在冷却速度5℃/s时，曲线出现明显的拐点，显示550MPa级耐候钢的抗拉强度明显增加，这是由于在该冷却速度下其金相组织由低于该冷却速度时的单纯的铁素体组织变为粒状贝氏体组织，即发生了较大的相变强化。

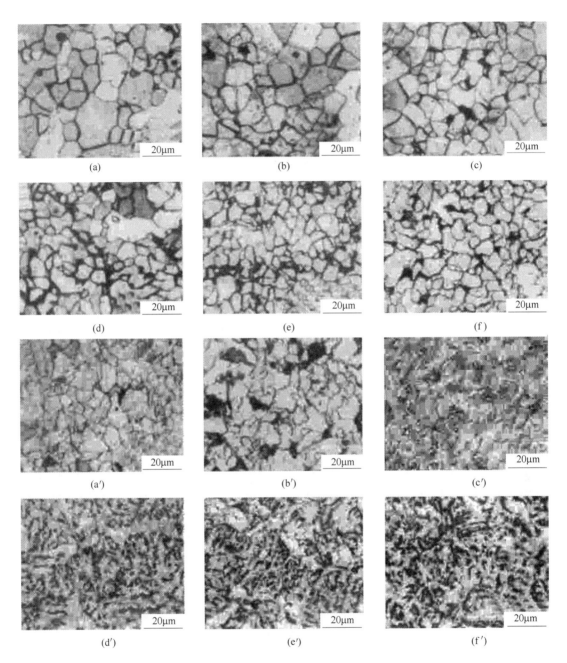

图 2 冷却速度对 450MPa（a~f）和 550MPa（a′~f′）级耐候钢显微组织的影响

Fig. 2 Microstructures of 450MPa（a~f）and 550MPa（a′~f′）weathering steel under different cooling rate（a, a′）1℃/s；（b, b′）3℃/s；（c, c′）5℃/s；（d, d′）15℃/s；（e, e′）20℃/s；（f, f′）30℃/s

4 结论

（1）450MPa 级及 550MPa 级耐候钢在变形条件下的相变开始点及终了的温度一般高于未变形条件下的相变开始点及终了的温度，并且随着冷却速度的增加，其相变开始温度

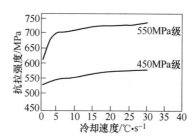

图3 试验钢在经不同冷却速度处理后的抗拉强度

Fig. 3 Tensile strength of test steel under different cooling rate

与终了温度逐渐降低。

（2）450MPa级耐候钢的金相组织为铁素体+珠光体，并且随着冷却速度的提高，其晶粒尺寸逐渐细化，在冷却速度超过20℃/s时，其晶粒细化趋势变缓。

（3）550MPa级耐候钢的金相组织在冷却速度<3℃/s时，以铁素体为主；当冷却速度>3℃/s，其金相组织中开始出现粒状贝氏体，并且随着冷却速度的增加，粒状贝氏体的数量逐渐增多，当冷却速度>20℃/s时，其金相组织以粒状贝氏体为主，有少量的多边形铁素体；当冷却速度达到30℃/s时，其组织仍以粒状贝氏体为主，但已出现极少量的板条贝氏体，其板条尺寸比较细小。

（4）550MPa级耐候钢加入Nb、Ti复合微合金化，在相同的工艺条件下，其晶粒尺寸明显比450MPa级的细小，其强化方式除了细晶强化、析出强化外，还有相变强化。

（5）高强度耐候钢的抗拉强度及硬度随着冷却速度的提高而增加。

参 考 文 献

［1］ Miki C, Homma K, Tominaga T. High strength and high performance steels and their use in bridge structure ［J］. Journal of Constructional Steel Research, 2002, 58: 3~20.

［2］ Tomonari Ohga, Toshinori Mizuguchi, Yashichi Oyagi. Influence of copper content of the base steel on the corrosion behavior of nickel-coated steel sheets ［J］. ISIJ International, 1997, 37 (8): 815~820.

［3］ 刘丽宏, 齐慧滨, 卢燕平, 等. 耐大气腐蚀钢的研究概况 ［J］. 腐蚀科学与防护技术, 2003, 15 (2): 86~89.

［4］ Abad R, Lopez B, Gutierrez I. Combined effect of Nb and Ti on the recrystallisation behavior of some HSLA steels ［J］. Materials Science Forum, 1998, 284~286: 167~174.

［5］ Cota A B, Modenesi P J, Barbosa R, Santos D B. Determination of CCT diagrams by thermal analysis of an HSLA bainitic steel submitted to thermomechanical treatment ［J］. Scripta Materials, 1999, 40 (2): 165~169.

［6］ Okaguchi S, Hashimoto T, Ohtani H. Effect of Nb, V and Ti on transformation behavior of HSLA steel in accelerated cooling ［R］. Thermec Iron and Steel Institute of Japan, 1988: 330~336.

［7］ 涂传江, 林晏民. CONSTEEL 电炉生产的螺纹钢屈服强度不确定性的研究 ［J］. 钢铁研究, 2002, 127 (4): 39~42.

［8］ Seung Chan Hong, Sung Hwan Lim, et al. Effects of Nb on strain induced ferrite transformation in C-Mn steel ［J］. Materials Science and Engineering, 2003, A355: 241~248.

Effect of Deformation and Cooling Process on the Microstructure and Property of High Strength Weathering Steel

Chen Qingjun[1]   Kang Yonglin[1]   Gu Hairong[1]

Su Shihuai[2]   Zhang Jianping[2]   Luo Xiaogang[2]   Ma Yuping[2]

(1. School of Materials Science and Engineering, University of Science and Technology Beijing;

2. Technology Center, Ma'anshan Iron and Steel Co., Ltd.)

Abstract: CCT curves of 450MPa and 550MPa high strength weathering steel were studied by gleeble 1500 hot simulator and DT-1000 dilatometer. Microstructures of high strength weathering steel were investigated under different deformation and cooling processes. The results show that the microstructure of 450MPa weathering steel is predominantly ferrite, while that of the 550MPa granular bainite under certain cooling rates. With cooling rate increasing, the grains refine and the tensile strength increases. The strengthening mechanism of the 550MPa steel is precipitation, refinement and transformation strengthening.

Key words: high strength weathering steel; cooling rate; CCT curve; microstructure

CSP 流程钒氮微合金化 X60 钢的强化机理❶

苏世怀[1]　　何宜柱[2]　　胡学文[1]　　刘学伟[2]　　翁宇庆[3]

（1. 马鞍山钢铁股份有限公司；2. 安徽工业大学；3. 中国金属学会）

摘　要：通过钒氮微合金化，在转炉 CSP 生产线上开发了超细晶、高韧性 API-X60 管线钢，通过实验研究了 X60 的组织、性能，探讨了 X60 的强化机制。结果表明，X60 的金相组织由多边形铁素体和微量珠光体组成，铁素体晶粒尺寸细化到了 5μm 以下。CSP 流程存在 V(C,N) 析出不充分的现象。X60 的主要强化机制为细晶强化，另外，V(C,N) 沉淀强化产生的强度增量约为 60MPa，纳米夹杂析出物产生的强度增量约为 40MPa。

关键词：CSP；V-N；超细晶；管线钢；强化机理

1　引言

CSP（Compact Strip Production）即紧凑式热带工艺，是由德国施勒曼-西马克公司开发的一种薄板坯连铸连轧工艺，与传统的厚板坯连铸连轧工艺相比，具有流程短、生产简便灵活、产品质量好、成本低等优点[1]。CSP 工艺与传统连铸连轧工艺最大的不同在于热历史的不同，从而导致了第二相粒子的析出行为不同，微合金元素在 CSP 热轧工艺开始前，在奥氏体中几乎完全固溶，不像传统工艺生产的板坯因冷却而析出，因而具有充分发挥微合金化的优势[2,3]。钢中加入微合金元素的主要目的是发挥其细晶强化和沉淀强化的作用，在提高强度的同时保证韧性。

随着石油和天然气输送管线钢需求量的不断增加、服役条件的日趋恶化，对管线钢的性能要求也越来越高[4]。虽然 V 和 Nb 都可作为生产管线钢的微合金元素，但 CSP 工艺应用 V(N) 微合金化的优势明显[5]。本次试验将 CSP 工艺与 V-N 微合金化相结合，在 CSP 线上开发了 API-X60 级别的管线钢，并对 X60 的强化机理进行了研究。

2　试验材料与方法

共选用了 3 种实验材料：马钢转炉—CSP 流程生产的 V-N 微合金钢 X60 板卷、马钢转炉—CSP 流程生产的低碳 SPHC 板卷及常规轧制工艺生产的 SPHC 板卷。选用两种不同轧制工艺生产的低碳钢是为了比较 CSP 工艺和常规轧制工艺强化机制的不同，在此基础上再研究 V、N 的加入对 X60 强度的贡献。

通过对 X60 管线钢生产数据进行统计分析，发现 CSP 生产的 X60 钢每炉的成分变动很小，而且性能比较稳定，所以随机选取了 3 个 X60 试样，其化学成分如表 1 所示。两种

❶ 原文发表于《钢铁》2006 年第 9 期。

不同轧制工艺生产的 SPHC 的成分及性能如表 2 所示，其中的成分、性能数据为所选的若干试样的平均值。

表 1 X60 的化学成分
Table 1 Chemical composition of X60 pipeline steel （%）

试样号	C	Si	Mn	P	S	Al$_t$	Al$_s$	V	N
1	0.06	0.08	1.5	0.008	0.004	0.03	0.028	0.05	0.00958
2	0.05	0.08	1.46	0.007	0.006	0.023	0.019	0.05	0.0103
3	0.05	0.09	1.45	0.006	0.007	0.025	0.022	0.04	0.01053

表 2 SPHC 的化学成分和力学性能
Table 2 Chemical composition and mechanical properties of SPHC steel

生产流程	质量分数/%					拉伸性能		
	C	Si	Mn	P	S	R_{eL}/MPa	R_m/MPa	A/%
CSP	0.044	0.027	0.19	0.008	0.006	305	370	37.4
常规热轧	0.051	0.014	0.21	0.017	0.014	270	362	51.0

对成品钢板取样，按照国家标准加工拉伸、夏比 V 形缺口冲击试验试样，冲击试样的截面为 10mm×5mm。在钢板上截取小块试样，将其磨制成金相试样，用 4% 的硝酸酒精腐蚀后进行金相组织观察，在 IBAS2000 图像分析系统上进行晶粒平均截距的测定。在 H800 型透射电镜下对薄膜试样进行观察。

3 试验结果与分析

3.1 力学性能

马钢 X60 钢的开发是按照 API-X60 的标准进行设计和生产的。根据 API 标准，X60 的屈服强度 R_{eL} 为 414~565MPa，抗拉强度 R_m 为 517~758MPa，A≥23%。表 3 为 X60 的拉伸力学性能和不同温度下的冲击功。可以看出，1、2、3 号试样的屈服强度分别为 460MPa、450MPa、465MPa，R_m 分别为 530MPa、525MPa、525MPa，A 分别为 29.5%、32.0%、25.0%。在不低于-40℃的情况下，冲击功平均达 109J 以上，即使在-60℃，冲击功平均也达 93J 以上。可见，X60 的各项性能均符合 API-X60 的要求，尤其低温冲击韧性很好，具有优良的综合力学性能。

表 3 X60 的力学性能
Table 3 Mechanical properties of X60 pipeline steel

试样编号	R_{eL}/MPa	R_m/MPa	A/%	纵向 A_{KV}/J				
				20℃	0℃	-20℃	-40℃	-60℃
1	460	530	29.5	116	122	120	109	95
2	450	525	32.0	117	126	120	108	80
3	465	525	25.0	116	130	119	111	106

3.2　显微组织

图 1 为 X60 管线钢的典型金相组织形貌。从图中可以看出，X60 管线钢的组织主要由多边形铁素体和珠光体组成。铁素体的形状很不规则，珠光体的含量比较少，少量分布在铁素体晶粒内部（图 1(a)），主要分布在晶界上（图 1(b)）。图 2 为 X60 中珠光体的 TEM 形貌，从图中可以很清楚地看到珠光体的片层状形貌（图 2(a)），并存在珠光体的退化现象（图 2(b)），有短棒状甚至球状的渗碳体。

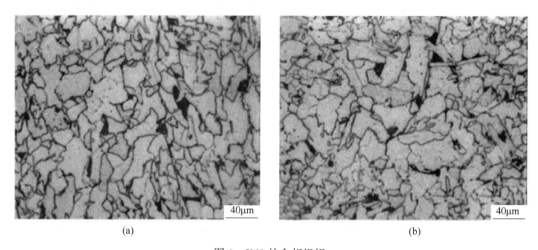

(a)　　　　　　　　　　　　　　　　　　(b)

图 1　X60 的金相组织

Fig. 1　Microstructure of X60

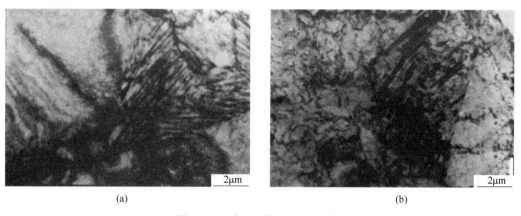

(a)　　　　　　　　　　　　　　　　　　(b)

图 2　X60 中珠光体的 TEM 形貌

Fig. 2　TEM image of pearlite in X60

晶粒尺寸的测定结果表明，1、2、3 号试样铁素体晶粒的平均截距分别为 4.8μm、4.5μm、5.1μm，平均值为 4.8μm。可见 CSP 生产的 X60 的平均晶粒尺寸已经达到了 5μm以下，实现了晶粒超细化，这是它具有优良的综合力学性能的一个重要原因。

图 3 为 X60 析出相的 TEM 照片。由于各试样的组织差别不大，因此选用了两张比较典型的照片。可以看出，图 3(a) 和图 3(b) 中都有非常细小的 V(C,N) 粒子析出，基体

上析出的 V(C,N) 粒子很少（图3(a)），大部分在位错线上析出（图3(b)），说明 V(C,N) 是优先在位错线上形核的。另外，析出量比较少，说明 CSP 工艺存在 V(C,N) 粒子析出不充分的现象。

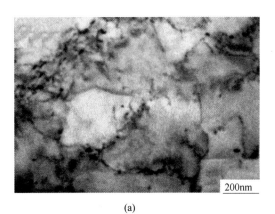
(a)

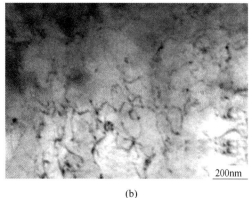
(b)

图 3　X60 析出相的 TEM 形貌

Fig. 3　TEM image of precipitates in X60

3.3　X60 的强化机理

3.3.1　CSP 工艺与常规热轧工艺 SPHC 的强化机制的差异

对于以固溶强化+细晶强化为强化机制的铁素体–珠光体钢，采用如下公式计算屈服强度[6]：

$$R_e = 63 + 23w(\text{Mn}) + 53w(\text{Si}) + 700w(\text{P}) + 5000w(\text{N}_f) + (15.4 - 60w(\text{C}) + \frac{6.094}{0.8 + w(\text{Mn})}) \times Fd^{-1/2} + (660 + 2600w(\text{C})^2)w(\text{C})(1 - F) \tag{1}$$

式中，d 为铁素体晶粒的平均截距，mm；$w(\text{Mn})$、$w(\text{Si})$、$w(\text{P})$、$w(\text{C})$、$w(\text{N}_f)$ 为钢中相应元素及自由 N 的质量分数,%；F 为铁素体的体积分数。截距法测得马钢 SPHC 晶粒尺寸的平均值为 13.3μm，常规轧制工艺 SPHC 晶粒尺寸的平均值为 11.1μm，结合表3的数据，由公式（1）计算出屈服强度，并与实验值进行比较，如表4所示。可见，常规热轧工艺的 SPHC 屈服强度的计算值为 280MPa，比实际值高了 10MPa，由于实验中总存在误差，10MPa 是在误差范围内的，所以可以认为常规热轧工艺的 SPHC 的计算值和实验值相当。但是，马钢 SPHC 屈服强度的计算值为 261MPa，比实际值低了 44MPa。可见，公式（1）适用于预测常规热轧工艺生产的低碳钢的屈服强度，而 CSP 生产的 SPHC 的屈服强度的计算值比实际值低，说明 CSP 工艺存在其他强化机制。

表 4　SPHC 屈服强度的计算值与实验值的比较

Table 4　Comparison of the calculated and measured YS values of SPHC steels

生产流程	实测值/MPa	计算值/MPa	差值/MPa
CSP	305	261	44
常规热轧	270	280	-10

透射电镜的观察发现，CSP 生产的低碳钢中有氧化物、硫化物、氮化物等纳米级析出相[1,7]，以下统称为纳米级夹杂。可以认为，计算值比实际值低出的部分是由纳米级夹杂的沉淀强化作用引起的，它产生的强度增量约为 40MPa。

3.3.2　X60 的强化机制

将 X60 的成分和晶粒尺寸代入式（1）计算出 1、2、3 号试样屈服强度的计算值分别为 353MPa、365MPa、350MPa，分别比实际的屈服强度低 107MPa、85MPa、115MPa。结合对 SPHC 强化机制所做的研究，可以认为计算值比实际值低出的部分是由两部分的强化因素造成的：纳米夹杂的沉淀强化和 V 的强化（由于 V 的固溶强化量很小，这里 V 的强化主要是指 V（C,N）的析出强化）。因此，在 X60 中，纳米夹杂产生的强度增量约为 40MPa，1、2、3 号试样中，V（C,N）沉淀强化产生的强度增量约为 67MPa、45MPa、75MPa，其平均值为 62MPa。

X60 以细晶强化为主，并且其中存在两种沉淀强化粒子：纳米夹杂和 V（C,N），前者产生的强度增量约为 40MPa，后者产生的强度增量约为 60MPa，二者产生的总的强度增量约为 100MPa。

V（C,N）的析出形式不同，其沉淀强化的效果也不同，在化学成分相同的前提下，V（C,N）粒子越细，强化效果越好，因此铁素体中析出的 V（C,N）的强化效果优于奥氏体中析出的 V（C,N）。对于采用常规轧制工艺的比较典型的含 V 钢，每增加 0.1% 的 V 屈服强度提高 100~150MPa。而通过优化轧制工艺，使 V（C,N）充分析出，V-N 微合金钢中沉淀强化的贡献可达 250~300MPa[7]。所研究的 X60 中，V 的质量分数为 0.04% ~ 0.05%，N 的质量分数为 0.0100% 左右，而强化效果仅为 45~75MPa，说明 CSP 工艺存在 V（C,N）析出不充分的现象，轧制工艺有待进一步优化。

4　讨论

V（C,N）既可以在铁素体中析出，也可以在奥氏体中析出，但从 X60 的透射电镜照片中只看到了很少的 V（C,N）析出粒子，说明这两种析出机制都进行得很不充分。分析其原因主要有以下两个方面：

（1）在奥氏体温度区间的停留时间短，V（C,N）在奥氏体中来不及析出。CSP 工艺是快速的短流程工艺过程，轧制过程非常快，整个轧制过程不到 30s。文献 [8] 认为，C 的质量分数为 0.06%、V 的质量分数为 0.11% 的钢，V（C,N）在奥氏体中析出的鼻点温度为 870℃，开始析出的时间为 140s。X60 钢的 V 的质量分数为只有 0.05% 左右，而且是连续冷却，时间仅不到 30s，V（C,N）来不及析出，因此可以认为采用 CSP 工艺，V（C,N）不能在奥氏体中动态析出。

（2）卷取后的冷速比较快，使 V（C,N）在铁素体中的析出也比较困难。V（C,N）在铁素体中的析出又分为铁素体/奥氏体相间析出和铁素体中弥散析出，相间析出发生在较高的温度范围（800~700℃），弥散析出发生在 700℃ 以下[9,10]。CSP 的卷取温度为 580~630℃，在此温度下 V（C,N）可以析出，但因卷取冷速比较快，使得 V（C,N）的析出时间不够充分，因此析出量也很少。

为了研究卷取温度对 V（C,N）析出的影响，选取了钒含量较高的 1 号试样进行盐浴时效热处理实验，选用的盐的成分为 20% NaCl + 30% BaCl$_2$ + 50% CaCl$_2$，其熔化温度为

435℃，正常使用温度在 480～780℃之间。试样的热处理工艺为分别在 580℃ 和 630℃ 保温 1h。

TEM 观察表明，经 580℃×1h 时效，V(C,N) 的析出量很少，与没经过热处理的析出量差不多，见图 4(a)；经 630℃×1h 时效，V(C,N) 的析出量有了明显的增多，见图 4(b)。可见，卷取制度对 V(C,N) 析出的影响是比较大的。因此，在 CSP 工艺中，适当增加 V 的含量，提高卷取温度到 630℃，降低卷取后的冷却速度，均可促进 V(C,N) 的析出，从而产生更好的沉淀强化作用。

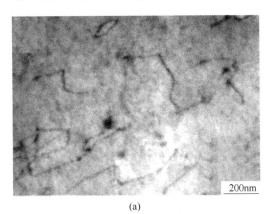
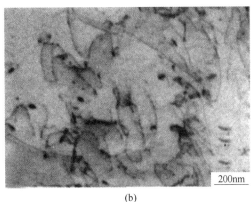

(a)   (b)

图 4   时效处理后 X60 的 TEM 形貌

(a) 580℃；(b) 630℃

Fig. 4   TEM micrograph of X60 after ageing

5   结论

（1）通过钒氮微合金化，在转炉 CSP 线上开发了高韧性 API-X60 级管线钢。

（2）X60 的金相组织由多边形铁素体和微量珠光体组成，铁素体晶粒尺寸细化至 5μm 以下。

（3）CSP 流程存在 V(C,N) 析出不充分的现象。

（4）X60 的主要强化机制为细晶强化，另外，V(C,N) 沉淀强化产生的强化增量约为 60MPa，纳米夹杂析出物产生的强化增量约为 40MPa。

参 考 文 献

［1］ 翁宇庆. 超细晶钢—钢的组织细化理论与控制技术 ［M］. 北京：冶金工业出版社，2003.
     Weng Yuqing. Ultrafine Grain Steel Theory and Controlled Technology of Steel Microstructure Refinement ［M］. Beijing：The Metallurgical Industry Press，2003.

［2］ Hao Yu，Kang Yonglin，Wang Kelu. Study of mechanism on microstructure refinement during compact strip production process ［J］. Materials Science and Engineering，2003，363A（1）：86～92.

［3］ Liu Delu，Huo Xiangdong，Wang Yuanli. Aspects of microstructure in low carbon steels produced by the CSP process ［J］. Journal of University of Science and Technology Beijing，2003，10（4）：1～6.

［4］ 战东平，姜周华，王文忠，等. 高洁净度管线钢中元素的作用与控制 ［J］. 钢铁，2001，36（6）：67～78.

Zhan Dongping, Jiang Zhouhua, Wang Wenzhong, et al. Effect and control of elements in high cleanliness pipeline steel [J]. Iron & Steel, 2001, 36 (6): 67~78.

[5] Li Y, Crowther D N, Mitchell P S, et al. The evolution of microstructure during thin slab direct rolling processing in vanadium microalloyed steels [J]. ISIJ International, 2002, 42 (6): 636~644.

[6] 朱涛, 苏世怀, 张建平, 等. RH 处理对 CSP 线 SPHC 冷轧镀 Zn 产品的影响 [J]. 钢铁, 2006, 41 (1): 71~73.
Zhu Tao, Su Shihuai, Zhang Jianping, et al. Effect of RH treatment on microstructures and mechanical properties of SPHC production by CSP galvanizing [J]. Iron & Steel, 2006, 41 (1): 71~73.

[7] Kang Yonglin, Hao Yu, Jie Fu, et al. Morphology and precipitation kinetics of AlN in hot strip of low carbon steel produced by compact strip production [J]. Materials Science and Engineering, 2003, 351A (1): 265~271.

[8] 龚维幂, 杨才福, 张永权, 等. 低碳钒氮微合金钢中 V(C,N) 在奥氏体中的析出动力学 [J]. 钢铁研究学报, 2004, 16 (6): 41~46.
Gong Weimi, Yang Caifu, Zhang Yongquan, et al. Precipitation kinetics of V(C,N) in austenite for low carbon steel microalloyed with vanadium and nitrogen [J]. Journal of Iron and Steel Research, 2004, 16 (6): 41~46.

[9] Zajac S, Siwiecki T, Hutchinson W B, et al. Strengthen mechanisms in vanadium microalloyed steel intended for long products [J]. ISIJ International, 1998, 38 (10): 1130~1139.

[10] Maugis P, Goune M. Kinetics of vanadium carbonnitride precipitation in steel: a computer model [J]. Acta Materialia, 2005, 53 (12): 3359~3367.

Strengthening Mechanism of V−N Microalloyed X60 Pipeline Steel Produced by Compact Strip Production Line

Su Shihuai[1]　　He Yizhu[2]　　Hu Xuewen[1]　　Liu Xuewei[2]　　Weng Yuqing[3]

(1. Ma'anshan Iron and Steel Co., Ltd.; 2. Anhui University of Technology;
3. The Chinese Society for Metals)

Abstract: The microstructure and mechanical properties of vanadium−nitrogen (V−N) microalloyed API−X60 pipeline steel (X60) with ultrafine grain and high toughness developed by converter steelmaking−compact strip production (CSP) line were studied to investigate the strengthening mechanism. The results show that the microstructure of the X60 is composed of polygonal ferrite and micro pearlite, the mean size of ferrite grains is less than $5\mu m$. It was observed that $V(C,N)$ could not precipitate sufficiently in CSP process. The main strengthening mechanism of X60 is grain refining strengthening. The yield strength (YS) increases due to precipitation strengthening of $V(C,N)$ and nono−sized inclusion by about 60MPa and 40MPa respectively.

Key words: CSP; V−N; untrafine grain; pipeline steel; strengthening mechanism

CSP 热轧低碳钢的强化机制研究[●]

苏世怀[1] 何宜柱[2] 朱 涛[1] 刘学伟[2] 翁宇庆[3]

(1. 马鞍山钢铁股份有限公司；2. 安徽工业大学冶金与材料学院；3. 中国金属学会)

摘 要：研究了 CSP 热轧低碳 SPHC 钢的微观组织、第二相粒子的析出及其对强度的影响，对马钢 CSP 生产的 SPHC 钢和常规热轧工艺的 SPHC 钢进行了屈服强度比较。结果表明，马钢 SPHC 钢的实测值比计算值高 42MPa，常规工艺生产的 SPHC 钢实测值与计算值比较接近。对马钢 SPHC 钢进行透射电镜观察，观察到其中存在纳米级的、亚微米级的和微米级的 3 种尺寸级别的第二相粒子，马钢 SPHC 钢沉淀强化的强度增量为 40MPa。

关键词：CSP；SPHC；强化机制；析出

1 引言

CSP 工艺与传统轧制工艺在以下方面存在显著差异：CSP 的结晶器和冷凝器具有很高的冷却速度，冷却过程中，在电磁搅拌和带液芯轻压下的作用下，减少了粗大的枝晶并使二次枝晶破碎，从而得到形状较规则、晶粒尺寸较细小的原始铸态组织[1]；加热制度不同。在传统的热轧过程中，坯料有一个冷却析出和加热再溶解的过程，而 CSP 线连铸坯的温度始终位于奥氏体区，使得第二相粒子在坯料中的析出及存在形式发生了变化[2]；对晶粒细化的影响不同。CSP 在高温精轧过程中道次压下量大，有利于奥氏体的动态和静态再结晶，反复再结晶的结果使得再结晶奥氏体晶粒细化；此外，晶界上及晶内一定尺寸的硫化物、氧化物、氮化物的析出可抑制再结晶奥氏体的长大。而且，一般 CSP 层流冷却系统长度短、冷却速度较快，从而细的原始再结晶奥氏体晶粒、轧后快冷导致高的铁素体形核率再加上第二相粒子的作用使得铁素体晶粒细化[3]。

在传统方法生产的普通低碳钢中，由于没有加入碳氮化物形成元素，一般认为没有沉淀强化作用。但在 CSP 工艺中，低碳钢中存在许多纳米级的氧化物和硫化物粒子，可阻碍晶粒长大，起到细晶强化和沉淀强化的作用[4]。本文通过马钢 CSP 生产的 SPHC 和常规热轧工艺的 SPHC 的强度比较，研究了 CSP 工艺与传统轧制工艺强化机制的不同。

2 实验材料和方法

选用了两种不同轧制工艺生产的 SPHC 试样。随机选取 59 卷 SPHC，其化学成分的平均值见表 1。马钢 CSP 线生产的和常规工艺生产的热轧态 SPHC，前者由厚度为 70mm 的连铸坯经 7 道次轧成厚度为 1.6~5.5mm 的薄板，后者由传统的厚度为 220mm 的铸坯先经

● 原文发表于《钢铁》2006 年第 5 期。

6 道粗轧再经 7 道精轧而成。对成品钢板取样并进行力学性能测定。金相试样取自拉伸实验拉断后的试样，沿轧件的横断面将小试样磨平、抛光，用 4% 的硝酸酒精腐蚀制成金相试样进行金相和扫描电镜观察，并进行晶粒平均截距的测定，沿轧件的纵断面将小试样磨平、抛光，进行夹杂物观察。对试样进行透射电镜组织观察。

表 1　SPHC 的化学成分
Table 1　Chemical composition of SPHC　　　　　　　　　　　　（%）

试验钢	C	Si	Mn	P	S	Cu	Al
CSP	0.044	0.027	0.19	0.008	0.006	0.02	0.034
常规工艺	0.051	0.014	0.21	0.017	0.014	—	0.026

3　实验结果

3.1　力学性能及其理论计算

3.1.1　马钢 CSP 生产的 SPHC 钢

随机选取 59 卷 SPHC，其拉伸性能的统计结果为：屈服强度 $R_{eL} = 285 \sim 330\text{MPa}$，平均值为 305MPa，抗拉强度 $R_m = 355 \sim 400\text{MPa}$，平均值为 370MPa，伸长率 $A = 32\% \sim 44\%$，平均值为 37.4%。将拉断后的试样制成金相试样，测得晶粒的平均截距为 $11 \sim 16\mu\text{m}$，其平均值为 $13.3\mu\text{m}$，图 1 为 SPHC 钢的晶粒尺寸与板厚的关系，从图 1 中可以看出，随着板厚的增加，晶粒尺寸的波动很小，且没有增大或减小的趋势，即晶粒尺寸与板厚无关。

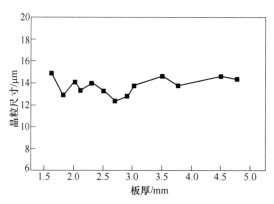

图 1　SPHC 的晶粒尺寸与板厚的关系
Fig. 1　Relationship of grain size and strip thickness of SPHC

计算屈服强度的扩展 Hall-Petch 公式[5]：

$$\sigma = 104.1 + 32.6\text{Mn} + 84.0\text{Si} + 17.5d^{-1/2} \tag{1}$$

式中，d 为铁素体晶粒的平均截距，mm；Mn、Si 为钢中相应元素的质量百分数。

将铁素体晶粒的平均截距 $13.3\mu\text{m}$ 和表 1 中各元素的质量分数代入式（1），计算得出 SPHC 屈服强度的计算值为 265MPa，比实际强度低了 40MPa。

另外，C-Mn 钢屈服强度可由式（2）求出：

$$\sigma = 63 + 23Mn + 53Si + 700P + 5000N_f + (15.4 - 30C + 6.094/(0.8 + Mn)Fd^{-1/2}) + (360 + 2600C^2)C(1 - F)$$

$$(2)$$

式中，d 为铁素体晶粒的平均截距，mm；Mn、Si、P、C 为钢中各元素质量百分数；N_f 为自由 N 的质量分数；F 为铁素体体积分数。

将铁素体晶粒的平均截距 13.3μm 和表 1 中各元素的质量分数代入式（2），计算得出 SPHC 屈服强度的计算值为 261MPa，比实际强度低了 44MPa。

3.1.2 常规工艺生产的 SPHC 钢

随机选取 5 个常规热轧工艺的 SPHC 试样，其化学成分的平均值如表 1 所示，屈服强度的平均值为 270MPa，抗拉强度的平均值为 362MPa，伸长率的平均值为 51%。对其进行晶粒度测定，5 个试样晶粒的平均截距分别为 9.0μm、11.2μm、11.0μm、12.0μm、12.3μm，平均值为 11.1μm。将铁素体晶粒的平均截距 11.1μm 和表 1 中各元素的质量分数代入式（1），得出屈服强度的计算值为 278MPa；将铁素体晶粒的平均截距 11.1μm 和表 1 中各元素的质量分数代入式（2），得出屈服强度的计算值为 280MPa。

3.1.3 二者力学性能比较

表 2 为两个公式计算出的 SPHC 屈服强度及其与实际值的比较。可以看出，对于马钢 CSP 生产的 SPHC 钢，实测值比计算值高 42MPa（平均值），对于常规工艺的 SPHC 钢，实测值比计算值低 9MPa，由于实验中总存在误差，9MPa 应在误差范围内，所以可以认为计算值和实际值相同。对于常规热轧工艺的 SPHC，计算值和实际值差不多，说明它没有其他强化机制，马钢 SPHC 计算值比实际值低的事实说明了它还有其他有效的强化机制在起作用。

表 2 SPHC 屈服强度实际值与计算值的比较

Table 2 Comparison between measured and calculated yield strength （MPa）

生产工艺	实测值	计算值		差值	
		式（1）	式（2）	式（1）	式（2）
CSP	305	265	261	40	44
常规工艺	270	278	280	-8	-10

3.2 SPHC 钢的组织

3.2.1 夹杂物形貌

CSP 工艺生产 SPHC 钢成品板夹杂物的形貌图及其 XEDS 谱见图 2，图 2(a)、(b) 为所观察到的夹杂物形貌图，从图 2 中可以看出，夹杂物的形貌大多为球状，较为细小且分布均匀，根据国家标准（GB 10561—89）对其进行评级，评定夹杂物级别为小于 1.5 级。图 2(c) 为扫描电镜观察到的硫化物（CaS）形貌图，图 2(e) 为其 XEDS 谱。图 2(d) 为扫描电镜观察到的氧化物和硫化物复合夹杂物的形貌图，该夹杂物为视场中所能观察到的最大夹杂物，其尺寸在 5μm 以下，图 2(f) 为其 XEDS 谱，图 2(d) 中的夹杂物为 CaS 和 Al_2O_3 的复合夹杂物。可见，SPHC 钢中的夹杂物基本上为氧化物和硫化物。

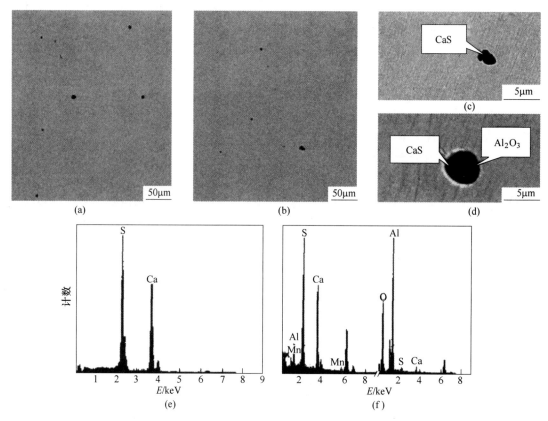

图2　SPHC成品板夹杂物的形貌及其XEDS谱（SEM）

（a），（b）夹杂物形貌；（c）硫化物（CaS）形貌；（d）氧化物和硫化物复合夹杂物的形貌；

（e）硫化物（CaS）XEDS谱；（f）氧化物和硫化物复合夹杂物XEDS谱

Fig. 2　Morphology and XEDS spectrum of inclusions in SPHC

3.2.2　组织形貌

　　SPHC钢成品钢板的金相组织形貌如图3（a）所示，其扫描电镜组织形貌如图3（b）所示。从图3中可以看出，SPHC的组织比较均匀，主要由多边形铁素体和少量珠光体组成。铁素体的形状很不规则。由于碳含量很低，珠光体含量很少，有些地方几乎看不到珠光体。

3.2.3　析出物形貌

　　对SPHC钢进行透射电镜观察，观察到其中存在3种尺寸级别的第二相粒子，它们分别为纳米级的、亚微米级的和微米级，如图4所示。图4（a）中的粒子尺寸在50nm以下，尺寸级别为纳米级，其中方形的是AlN粒子[6]，图4（b）中的粒子尺寸在800nm以下，尺寸级别为亚微米级，图4（c）中的粒子尺寸在1μm以上，尺寸级别为微米级，衍射分析表明为MnS。可见，SPHC钢中的第二相粒子基本上为氧化物、硫化物和氮化物粒子。

4　分析与讨论

　　从两种轧制工艺的SPHC钢成分对比来看，两者的成分相差不大，从两者晶粒度的测量结果来看，CSP工艺比常规热轧工艺晶粒的平均截距大2.5μm，因此从理论上说常规热轧工

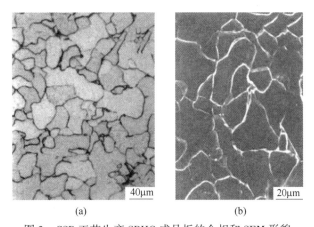

图 3　CSP 工艺生产 SPHC 成品板的金相和 SEM 形貌

（a）金相形貌　（b）SEM

Fig. 3　Microstructure of SPHC produced by CSP

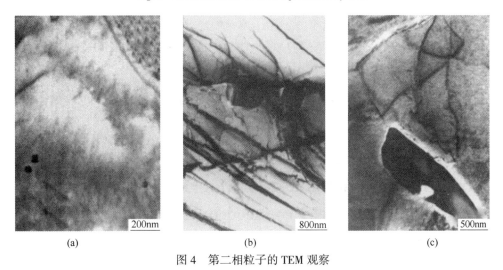

图 4　第二相粒子的 TEM 观察

Fig. 4　Morphology of dispersive precipitates，TEM

艺的屈服强度应该比 CSP 工艺高，但实际的测量结果却与此相反，这说明马钢 CSP 生产的 SPHC 必然存在其他强化方式。从马钢 CSP 的透射电镜照片中也可以看到纳米尺寸的第二相粒子，因此 CSP 工艺低碳钢中还存在纳米析出物的沉淀强化作用，它的强度增量约为 40MPa。

　　屈服强度计算式（1）、式（2）只适用于常规热轧工艺，不适用于 CSP。对于同样成分的钢种，由于 CSP 线生产的热轧板和传统工艺厚板坯生产的热轧板在组织状态、晶粒度大小和力学性能方面存在明显的差异，因此经验公式不适用于预测 CSP 生产的 SPHC 钢的屈服强度。由于 CSP 轧制工艺的特殊性，与常规热轧工艺的强化机制有很大的不同，常规热轧工艺生产的低碳钢的屈服强度只取决于钢的成分和晶粒大小，而 CSP 生产的低碳钢还存在纳米级第二相粒子的析出强化作用。

5　结论

　　（1）马钢 CSP 生产的 SPHC 钢的热轧板组织由多边形铁素体和珠光体组成，铁素体的平均晶粒尺寸为 13.3μm。

（2）用屈服强度的计算公式对 SPHC 钢进行理论屈服强度计算，马钢 CSP 生产的 SPHC 钢的实测值比计算值高 42MPa，常规工艺的 SPHC 钢热轧板实测值与计算值相近。

（3）马钢 SPHC 钢存在纳米级、亚微米级和微米级的 3 种尺寸级别的第二相粒子，其中纳米级的粒子尺寸在 50nm 以下。

（4）马钢 SPHC 沉淀强化的强度增量约为 40MPa。

参 考 文 献

[1] 柳得榉，王元立，霍向东，等. CSP 低碳钢的晶粒细化与强韧化 [J]. 金属学报，2002，38（6）：647~651.

　　Liu Delu，Wang Yuanli，Huo Xiangdong，et al. Grain refinement and strengthening of low carbon steel by CSP technology [J]. Acta Metallurgica Sinica，2002，38（6）：647~651.

[2] Zambrano P C，Guerrero M P，Colás R，et al. Microstructural analysis of hot-rolled，low-carbon steel strips [J]. Materials Characterization，2004，47：275~282.

[3] 翁宇庆. 超细晶钢—钢的组织细化理论与控制技术 [M]. 北京：冶金工业出版社，2003.

[4] Liu Delu，Fu Jie，Kang Yonglin. Oxide and sulfide dispersive precipitation and effects on microstructure and properties of low carbon steel [J]. J. Mater. Sci. Technol.，2002，18（1）：7~9.

[5] 雍歧龙，马鸣图，吴宝榕. 微合金钢—物理和力学冶金 [M]. 北京：机械工业出版社，1989.

[6] Kang Yonglin，Yu Hao，Fu Jie. Morphology and precipitation kinetics of AlN in hot strip of low carbon steel produced by compact strip production [J]. Materials Science and Engineering，2003，A351，265~271.

Strengthening Mechanism of Hot-Rolled Low Carbon Steel Produced by CSP

Su Shihuai[1]　　He Yizhu[2]　　Zhu Tao[1]　　Liu Xuewei[2]　　Weng Yuqing[3]

（1. Ma'anshan Iron and Steel Co.，Ltd.；2. School of Metallurgy and Materials，Anhui University of Technology；3. The Chinese Society for Metals）

Abstract：The effect of microstructure，precipitation of second phase on strength of SPHC produced by CSP（compact strip production）were investigated. The yield strength of SPHC produced both by CSP and by traditional technology were compared. The results show that the calculated yield strength of SPHC produced by CSP is 42 MPa lower than measured，but the measured and calculated yield strength of SPHC produced by traditional technology are the same. The TEM observation shows that there are three kinds of particles which sizes are nano-scale，submicro-scale，and micro-scale in the steel produced by CSP. Precipitating strengthening contributes 40 MPa to the yield strength of SPHC produced by CSP.

Key words：CSP；SPHC；strengthening mechanism；precipitation

RH 处理对 CSP 线 SPHC 冷轧镀 Zn 产品的影响[1]

朱 涛　苏世怀　张建平　董 梅　王 莹

(马鞍山钢铁股份有限公司技术中心)

摘　要：对比分析了在两种不同的精炼工艺（RH 和 LF）条件下，经 CSP 工艺生产的热轧和镀锌产品组织和性能的差异。研究表明：RH 处理后，热轧卷晶粒尺寸增加，屈服强度下降 20~30MPa；在采用相同的冷轧和热镀锌工艺条件下，RH 处理对试验钢 n 值有所改善，但 r 值和杯突值 EI 值变化不大。

关键词：RH 处理；CSP；冷轧基料；热镀锌；组织和性能

1　引言

对于一般冷轧基料，要求 $R_{P0.5} \leqslant 270MPa$，而 CSP 生产的冷轧基料 $R_{P0.5}$ 一般在 290~330MPa 左右。要进一步降低材料强度，提高加工性能，采用 RH 处理工艺，降低钢中 C、Si 及 N、O 等气体含量，是非常有意义的研究课题。

本文研究了利用 RH 工艺，在 CSP 线生产冷轧基料的特点。同时通过后续的冷轧和热镀锌，与正常工艺下生产的冷轧产品进行了对比研究。

2　试验材料和方法

在 CSP 生产线上，正常供冷轧基料的生产工艺为：转炉冶炼—LF 炉精炼—CSP 连铸—热轧。本研究通过工业试验的方法，利用 RH 工艺，将试验钢的生产工艺变更为：转炉冶炼—RH 处理—CSP 连铸—热轧。试验钢的成分见表 1 所示。

表 1　试验钢化学成分

Table 1　Chemical composition of test steels　　　　（%）

编号	生产工艺	C	Si	Mn	P	S	Al_t	Al_s	N	T. O
1 号钢	RH 处理	0.0026	0.00048	0.450	0.0140	0.0120	0.036	0.035	0.0034	0.0048
2 号钢	LF 处理	0.0490	0.02600	0.076	0.0083	0.0059	0.029	0.028	0.0062	0.0045

2 炉试验钢均经 CSP 连铸成 70mm 薄板坯，进入隧道式均热炉，保温 40min 后，采用相同的轧制工艺，通过 7 机架连轧轧成 4.5mm 热轧卷。热轧卷通过酸洗—4 机架冷轧轧成 1.5mm 冷硬卷，送入连续热镀锌机组生产。对热轧卷、镀锌卷取样，分别进行了拉伸、金相、冷弯、杯突、硬度检测等试验。

---

❶ 原文发表于《钢铁》2006 年第 1 期。

3 试验结果

3.1 热轧卷显微组织

1、2号试验钢的热轧卷组织均为铁素体+少量游离渗碳体+少量珠光体，典型显微组织和分析结果如图1和表2所示。

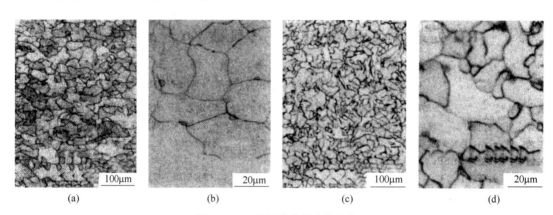

(a)　　　　　　　　(b)　　　　　　　　(c)　　　　　　　　(d)

图1　1、2号钢热轧卷金相组织

（a），（b）1号钢；（c），（d）2号钢

Fig. 1　Microstructure of No. 1 and No. 2 hot strips

表2　试验钢显微组织分析结果

Table 2　Microstructures and non-metallic inclusions of test steels

编号	晶粒度/级	$d/\mu m$	夹杂物级别（细系）/级			
			A	B	C	D
1号钢	7.84	21.14	0.5	3.0	0	1.0
2号钢	8.50	15.51	0.5	1.5	0	0.5

由表2和图1对比可知：经RH炉处理的SPHC钢与经LF炉处理的SPHC钢（实际晶粒度控制在8.5~9.5级）相比，热轧卷实际晶粒度较粗。由于晶粒较粗，导致强度下降。说明RH处理对降低冷轧基料强度、生产更高级别的冷轧产品有利。

3.2 热轧卷力学性能

在2组试验钢带卷宽度的1/4处取横向拉伸试样，拉伸试验结果见表3。

表3　试验钢力学性能

Table 3　Mechanical properties of test steels

编号	厚度/mm	R_{eL}/MPa	R_m/MPa	$A/\%$	冷弯
1号钢	4.5	260	330	38.0	$D=a$ 合格
2号钢	4.5	300	385	37.5	$D=a$ 合格

由表3可见：RH炉处理后，SPHC钢强度呈明显下降趋势，R_{eL}下降20~40MPa左右；

R_m 下降 40~60MPa 左右；而伸长率略有升高。

3.3 镀锌卷性能分析

对两炉试验钢生产的镀锌卷分别利用不同的试样（日标 5 号试样（A50）和国标 A80 试样）进行了拉伸试验，结果见表 4。

表 4　镀锌卷常规力学性能
Table 4　Mechanical properties of hot-galvanized sheets

试样类型	编号	取样方向	R_{eL}/MPa			R_m/MPa			A/%		
			最小	最大	平均	最小	最大	平均	最小	最大	平均
A50	JIS G3302 要求	轧制方向	—	—	—	270	—	—	34.0	—	—
	1 号钢		250	280	264	335	360	349.0	34.0	38.5	35.9
	2 号钢		275	290	282	355	380	365.0	35.0	39.0	36.1
A80	GB 2518	垂直于轧制方向	—	—	—	270	380	—	30.0	—	—
	1 号钢		265	295	282	335	355	347.5	28.0	33.0	31.0
	2 号钢		315	385	353	375	465	421.0	23.0	35.0	30.0

1 号钢 A50 的试验结果表明：其镀锌卷常规力学性能 100% 满足 JIS G3131 中 SG CD1 的要求；但与 GB 2518 中 SC 产品的要求相比，尚有个别试样伸长率达不到标准要求。

两炉试验钢热镀锌后连续退火时采用相同的退火工艺，分别对同为 1.5mm 的镀锌卷进行了杯突试验，结果见图 2。GB 13237—1991 中，对于厚度 1.5mm，拉延级别分别为 Z（超深拉延）、S（深拉延）、P（普通拉延）的杯突值要求为 11.5mm、11.2mm、11.0mm。

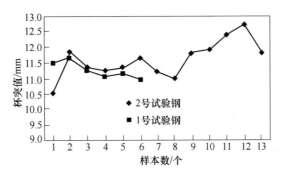

图 2　试验钢热镀锌后杯突值分布情况
Fig. 2　EI-value distribution of hot galvanized sheets

由图 2 可看出，两炉试验钢中，1 号试验钢满足 Z、S 级别要求的分别为 16.7% 和 50.0%，2 号试验钢满足 Z、S 级别要求的分别为 53.8% 和 84.6%，可以认为 RH 处理并未明显改善镀锌产品的杯突值。试验钢热镀锌后 n、r 值分布见表 5。

表 5　试验钢 n、r 值检测结果

Table 5　n-value and r-value of hot galvanized sheets

试验钢	$n_{0°}$	$n_{45°}$	$n_{90°}$	$\bar{n}$	$r_{0°}$	$r_{45°}$	$r_{90°}$	$\bar{r}$
1 号钢	0.213	0.202	0.208	0.206	1.39	0.83	1.81	1.215
2 号钢	0.207	0.196	0.202	0.200	1.36	1.02	1.86	1.315

由表 5 可看出：经 RH 处理的试验钢，n 值在各个方向上均好于通过 LF 处理的试验钢，而 1 号钢 r 值仅在轧制方向高于 2 号钢，其余方向和平均值和 2 号钢相比均有一定差距。另外，各方向中 45° 试样 n、r 值较低。

通过冷弯试验和球冲试验检验了试验钢热镀锌后锌层附着性能，$d = 0a$ 冷弯后，1 号和 2 号试验钢锌层均质量良好。高度 $h = 1000mm$（现场检验一般采用 $h = 700mm$）的球冲后，1 号试验钢锌层没有脱落，可以认为 1 号试验钢的表面锌层附着力较好；2 号试验钢在高度 $h = 700mm$ 球冲后锌层也无脱落现象，但在 $h = 1000mm$ 球冲时锌层有轻微破损。

4　讨论

4.1　化学成分对热轧卷组织和性能的影响

对于 CSP 工艺而言，钢中 C、Si、Mn 等合金元素对带钢屈服强度贡献可见式（1）：

$$YS = 63 + 23Mn + 53Si + 700P + 5000N_{free} + \left[15.4 - 30C + 6.094/(0.8 + Mn) \right] \times Fd_{\alpha}^{-0.5} + (360 + 2600C^2)(1 - F)$$

（1）

通过 RH 处理，钢的强度降低主要由于以下原因：首先钢中碳、硅含量大幅度下降，由此带来的 YS 下降约 $30 \sim 40MPa$；其次 $\sum [N]$ 降低了 $20 \sim 40ppm$，加之 Al_t 的质量分数提高了 $0.010\% \sim 0.020\%$ 左右，故降低了 N_{free}，从而带来了约 $10 \sim 15MPa$ 的强度下降。两种工艺条件下，T.O 基本在 $35 \sim 50ppm$ 范围内波动，没有明显区别，故对性能的影响差异不大。

但是，在相同化学成分的条件下，采用特殊的连铸和轧制工艺，CSP 热轧板卷与常规热轧板卷相比，强度仍高 $40 \sim 50MPa$ 左右。研究认为：这主要由于晶粒细化强化和纳米尺寸的第二相粒子带来的沉淀强化等因素共同作用的结果[1]。而对于 CSP 供冷轧基料而言，希望在热轧后得到较低屈服强度的产品，就必须通过工艺调整，尽量增大晶粒尺寸，并获得较大尺寸的第二相粒子，降低变形时其对位错运动的钉扎作用。另外，降低 N_{free} 同样可以减少 N 对强度的贡献，由公式（1）可知，如果 N_{free} 降低 10ppm，则可降低屈服强度 5MPa，所以可以考虑在钢中加入 B、Ti 等易于和 N 结合的微合金元素，尽量减少 N_{free} 对屈服强度的影响。

因此，钢水经 RH 处理后，由于 C、Si、N 等元素的降低和晶粒尺寸的增加，使 CSP 供冷轧基料性能降低了 $20 \sim 30MPa$ 左右。

4.2　RH 处理对镀锌加工性能的影响

从镀锌产品的性能来看，由于机组采用连续退火，其常规力学性能与基料性能呈十分

明显的对应关系，通过调整退火工艺对镀锌卷的性能影响不明显。在冲压性能方面，由于影响 IE 值的因素很多，如破裂点的确定、工具尺寸、板厚和试验设备、人员等[2]，故只能作为评价冲压性能的一个参考指标，不能准确反映冲压性能的好坏。

n 值和 r 值检验结果表明：RH 处理试验钢的 n 值提高，是由于热轧晶粒较粗大，冷轧和热镀锌后得到更大的晶粒所致；而 1 号试验钢 r 值不仅未提高，反而有所降低，分析认为主要由于 1 号试验钢热轧未采用高温卷取，并且热镀锌连续退火时未采用更高的退火温度（针对 DQ 级产品），所以没有得到有利于提高 r 值的织构，因此要提高 RH 处理钢的冲压性能，必须相应调整 CSP 连铸连轧、冷轧和热镀锌工艺。

5 结论

（1）RH 处理后，CSP 供冷轧基料屈服强度 R_{eL} 下降约 $20 \sim 30$MPa，抗拉强度 R_m 下降 $15 \sim 30$MPa 左右；而伸长率却略有升高。

（2）RH 处理可得到更大尺寸的铁素体晶粒，对提高镀锌产品 n 值有利；但要进一步提高 r 值，必须相应调整 CSP 连铸连轧、冷轧和热镀锌工艺。

（3）冷弯试验和球冲试验表明：RH 处理后，热镀锌产品可获得更良好的锌层附着力。

参 考 文 献

[1] 翁宇庆. 超细晶钢—钢的组织细化理论与控制技术 [M]，北京：冶金工业出版社，2003：262~266.

[2] 康永林. 现代汽车板的质量控制与成形性 [M]. 北京：冶金工业出版社，1999：227~251.

Effect of RH Treatment on Microstructures and Mechanical Properties of SPHC Production by CSP-galvanizing

Zhu Tao   Su Shihuai   Zhang Jianping   Dong Mei   Wang Ying

(Technical Center, Ma'anshan Iron and Steel Co., Ltd.)

Abstract：The difference of structure and performance of hot-galvanized products from strips of CSP process were investigated for molten steel refined by RH and LF. For RH treated steel, the grain size of hot strip is increased from 15μm to 21μm, the yield stress decreased by $20 \sim 30$MPa at the same time, and n value of hot-galvanized sheet is improved somewhat. The hot-galvanized sheet with better draw ability can be produced by CSP line with RH treatment for molten steel.

Key words：RH treatment；CSP；raw material of cold-rolling；hot-galvanizing；structure and performance

Development of High Quality Cold Rolled Sheet by BOF—CSP—Cold Rolling Route[1]

Su Shihuai

（Ma'anshan Iron and Steel Co., Ltd. ）

Abstract：Ma'anshan Iron and Steel Co., Ltd. （Masteel） is the first company in the world to build a BOF—CSP—cold rolling process in one collective project to produce cold - rolled and galvanized sheets. The technology research and product development based on the new route were introduced in the paper. More than 75% of CSP hot rolled coils was for cold-rolling and different product series such as electric steel sheets, automotive （home appliance） sheets and color coated sheets have been successfully developed. The properties and quality of the cold rolled sheets are as good as that of conventional route produced, but the production cost is more economy.

Key words：BOF；CSP—cold rolling process；cold rolled sheet；product development

1　Introduction

At the end of the 1980s in order to meet the thin strip market trend of "using hot rolled coils as cold rolled coils substitute", a new compact process of EAF, thin slab casting and rolling （CSP） was led by Nucor Steel in USA, and was developed quickly, then much BOF—thin slab casting and rolling （CSP） lines was built by Chinese iron and steel enterprise. Since the beginning of the new century, TKS of Germany and Nucor Steel of USA have started to take research of mass-producing hot rolled coils by CSP as cold rolling material, and as a result the ratio of cold rolling material produced by CSP at TKS and Nucor rose to approx. 45% and 15% respectively. Therefore, how to realize high-quality, high-efficiency and mass production of CSP HR coils for cold rolling has become a research subject in the international steel industry.

In 2003, Ma'anshan Iron and Steel Co., Ltd. （hereinafter referred to as "Masteel"） synchronously built a system of BOF—CSP—cold rolling-HDG-CCL with the second-generation CSP technology as the core, the first such system in the world. The CSP line and subsequent cold rolling line of the system were successively commissioned in Oct. 2003 and Feb. 2004. In less than three years since then, through independent innovation as well as cooperation with domestic institutes, universities and customers, Masteel has achieved the level of more than 75% of its CSP hot rolled coils being used as cold rolling material. Based on this formed technological platform of mass

---

　❶　原文发表于 2007 年中德冶金技术交流会。

production of cold rolled sheets and downstream products, Masteel has tried to develop ultra-low carbon steels on CSP and successfully batch produced DDQ-IF and non-oriented electric steels, the production capacity has reached 10,000t per month, with satisfactory result and more economical compared with conventional route.

This article is a summarization of the technological process for mass production of cold rolled products through BOF—CSP—cold rolling route at Masteel.

2 The status quotation and development trend of CSP technology

To date, 29 CSP lines have been completed in the world with a total capacity of about 45 million tons. In China there were seven lines and other two or three lines are in planning or under construction. Typical process flows of CSP in China and abroad and their product orientations are shown in Table 1.

Table 1 Typical process flows of CSP in China and abroad and their product orientations

Co.	Process route	Products
Nucor, USA	EAF+CSP	First in the world, 15% of its products supplied to cold rolling
TKS, Germany	BOF+CSP	35% electric steel, 8%~10% supplied to cold rolling
Zhugang, China	EAF+CSP	High-strength thin gage plates mainly for containers
Masteel, China	BOF+CSP+CR	72%-75% supplied to cold rolling, mass production of electric steel and automotive interior panel

It can be seen from Table 1 that CSP is mainly configured with EAF process in the Euro and USA and the product mix has been expanding to non-oriented electric steel, automotive exterior plate, high-strength sheet, ferrite stainless steel and other high-grade sheets and strips apart from common hot rolling structural steels.

3 The product orientation and technological analysis of Masteel's BOF—CSP—cold rolling process

3.1 The process flow and main equipment of Masteel's BOF—CSP—cold rolling system (Figs. 1 and 2)

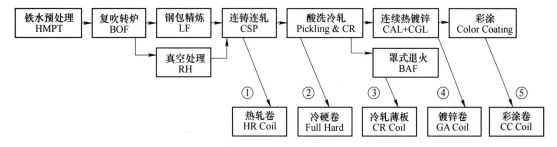

Fig. 1 The process flow of Masteel's BOF—CSP—cold rolling system

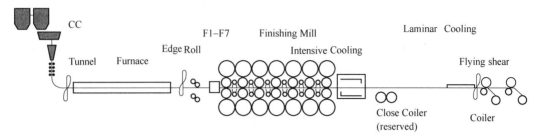

Fig. 2　Schematic layout of Masteel CSP

The main equipment of the whole process includes:

（1）Smelting and refining system: two hot – metal desulphurization stations, two 120t combined–blowing BOF, two ladle furnaces and a RH degasser;

（2）CSP system: two CSP thin slab CCs, two roller–hearth tunnel furnaces, seven–stand four–high CVC finishing train and two coilers;

（3）Cold rolling system: continuous pickling line, four–stand six–high UCM mill, batch annealing furnace, single–stand skin pass mill, two continuous hot–dip galvanizing lines, finishing line（one cutting line and one slitting line）and two color coating lines.

3. 2　The product orientation and technological features of Masteel's BOF—CSP—cold rolling process

The product orientations of Masteel's BOF—CSP—cold rolling process are as follow. The CSP produces 2 million tons of hot rolled coils annually. The cold rolling mill has a designed capacity of 1. 5 million t/a, of which are 800,000 tons of annealed coils（sheets）, 700,000 tons of galvanized, coils（sheets）, 300, 000 tons of color coated coils. Therefore, 70% – 80% of its production is oriented for cold rolling. According to the requirements on the thickness of hot rolled coils for cold rolling, Masteel CSP mainly produces thin gauge coils.

The technological features of Masteel's BOF—CSP—cold rolling process are as follows:

（1）Long process flow: from hot metal desulphurization to color coating, the system involves seven major processes, i. e. steelmaking, refining, continuous casting, hot rolling, cold rolling, galvanizing and color coating. With much separation between the processes, a normal production cycle generally needs about 10 days.

（2）Complicated production plan: as the process route is quite long, there is not much flexibility in the connection between the processes, making it difficult to draw up production plans and requiring high process supporting capacity. For example, there are several hundred different combinations of grades and specifications（thickness and width）in the CSP production each week.

3. 3　The major technical barriers in the BOF—CSP—cold rolling process at Masteel

Cold rolled sheet is required of excellent formability, good surface quality, high accurate dimension and good profile, homogeneous properties and good weldability. Compared with that of produced by conventional process route, the hot rolled coils by CSP have the characteristics of finer grain, higher strength and more difficulty to control surface quality. The technological and product characteristics of CSP are shown in Table 2. The major technical barriers in BOF—CSP—cold rolling process are as the following.

Table 2　Technology and product characteristics of CSP

Item	CSP	Conventional process
Slab thickness/mm	50-90	150-250
CC casting speed /m · min^{-1}	4. 0-6. 0	0. 9-1. 5
Quality requirements for liquid steel	(1) The Ceq of steel must avoid the peritectic range of 0. 08%-0. 15%; (2) S≤0. 01%	No special requirement for C content; P and S≤0. 030%
Slab quality	(1) Easy to occur Slag entrapment during CC; (2) High crack sensitivity; (3) Inclusions difficulty to float-up in mould	(1) Low crack sensitivity; (2) Inclusions can partially float-up in mould
Thermal history	Steel directly entering into rolling process after solidification	A reheating process and $\gamma \rightarrow \alpha$ phase transformation
Total deformation in hot rolling	Small	Big
Surface quality of hot rolled coils	(1) Fine and dense scale hard to remove; (2) Edge crack and other kind of cracks tend to occur	Scale easy to remove; Surface quality easy to control
Properties of hot rolled coils	Fine grain; high strength	Coarse grain; low strength

3. 3. 1　Strict requirement for chemical analysis

Material for cold rolling generally requires lower C, Si, P and S content, appropriate Mn and Al content and Al/Ca ratio. For example, DC01 grade steel for cold rolling requires C in the range of 0. 04% to 0. 075%, Si≤0. 03% and S≤0. 010%, while DC03 grade requires C ranging from 0. 01% to 0. 04%. For IF steels and non-oriented electrical steels, C≤50ppm is generally required. As the requirement for steel cleanliness is quite strict, non-ferrous inclusions and gas in steel must be lowered through rigorous management of raw materials and additives, and reasonable refining process.

3. 3. 2　Difficulty to attain good slab quality

CSP slabs are prone to have surface defects. The fluctuation of liquid steel in mold is easy to take place and slag entrapments frequently occur, which results in defects on slab due to high casting speed.

3. 3. 3　Big scatter of properties of hot rolled coils for cold rolling

Related studies have already found that due to nanometer precipitation, σ_s value of the hot rolled strips by EAF—CSP process is 80MPa higher than that of conventional process. According to Masteel statistics, this difference is about 50MPa and the properties of CSP material fluctuate much.

3. 3. 4　Profile control throughout the CSP-cold rolling process

Because of heredity of profile from slab to hot rolled coil, the targets for strip shape of cold rolling material must be higher than for common commercial hot rolled coils （e. g. convexity = 30−60μm and flatness ≤ 15*I*）; Aided by effective control of strip shape during cold rolling process, products with good profile can be hopefully obtained.

4　The technological research and product development of the BOF—CSP—cold rolling process at Masteel

4.1　High−efficiency production technology

4.1.1　High−efficiency smelting technique supporting the BOF−CSP caster configuration

Masteel successively introduced and developed the technology of combined−blowing converter and automatic steelmaking for converter. As a result, the hit ratio of targeted end−point chemical composition and temperature of the converter was increased, the smelting cycle of converter was reduced to within 32 min. from 38 min and non−turndown tapping was realized. Steel refining process was optimized to enhance quality of liquid steel and the casting sequence was increased to 12−13 heats. A RH vacuum degassing vessel, unique to such CSP processes in China, was used to produce ultra−low carbon steels. All these techniques have contributed to achieve the capacity of 2.6 million tons.

4.1.2　Information−based management system

In order to synchronize the material flow and information flow to improve the production and sales efficiency, from 2002 Masteel started to promote information−based management in the CSP−centered sheets production process. A comprehensive information−based management from L1 （basic automation level） to L4 （level of enterprise management） was realized. The overall structure of the management system is shown in Fig. 3.

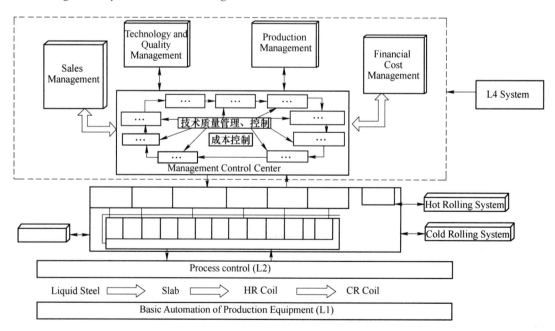

Fig. 3　The information−based management system of Masteel sheets production process

This information – based management system integrates major management modules for sales, production, quality, material flow and finance management, realizing the information – based management of sales orders→production plan based on orders→production planning→online integrative quality judgment→delivery.

4. 2 Development of QCT (Quality Control Technology) in BOF—CSP—cold rolled Route

4. 2. 1 Production technology for high grade liquid steel

Quality control for high grade liquid steel mainly refers to the combined controls on the composition, temperature and purity of the liquid steel. For the control of the chemical composition, Masteel conducted a lot of investigations in the technologies on RH rapid treatment, hot metal pretreatment and comprehensive desulphurization in LF furnace, the control on carbon pick–up and nitrogen pick–up and so on. Now the minimum C content in steel can be steadily controlled below 50ppm with Si ≤ 0. 03%, S ≤ 0. 005%, N ≤ 60ppm.

As for the control on the cleanliness of the liquid steel, the rational control technology for C, $a(O)$ at the end of converter, the influences of argon stirring in LF and Ca treatment on the control of the inclusions in steel. the effects of the raw materials on steel cleanliness as well as the influences of CSP protective casting and EMBR on the fluctuation in mould and slag entrapment during continuous casting etc. , were researched, the surface quality of the strips was, therefore, further improved.

4. 2. 2 Production technology for high quality thin slab

The controls on the high–quality thin slab consist of the efficient quality controls on both inner and surface of the strands. The CC nozzle clogging rate was decreased significantly own to the thorough investigation in the influence of CC process and liquid steel quality on it. Masteel also carried out the research on numerical simulation for the solidification process of CC and proposed the countermeasures to control the slag spot on the surface of hot–rolled coils. Based on the research on the influence of different powders on strand quality, A special powder for ultra–low carbon steel has been developed.

On the basis of the researches on the precipitation of the nitrides, oxides, the influence of thickness on the floating–up of inclusions and surface quality, the rate of defect hot–rolled coils can be controlled less than 1%.

4. 2. 3 Profile control

The studies on optimization of profile model, the grinding curve of CVC rolls, cold–rolled target shape curve and L2 control model for cold–rolling were carried out in order to get desirable profile of hot–rolled strips and cold–rolled sheets subsequently. As a result, the hot–rolled strip profile was improved while the roller consumption was reduced, and that of the cold–rolled products was also improved effectively.

4. 2. 4 Properties control

Reducing and stabilizing the strength of hot–rolled strips was a guarantee to obtain high–quality cold-rolled finished products. For this reason, Masteel studied the influences of the chemical compositions on the properties of the cold-rolled products, the influence of hot-rolling temperature schedule, reduction schedule and speed schedule on the strength of the strips, the effects of B micro-alloying on the quality of thin slab and the properties of the hot-/cold-rolled strips, as well as the effects of distribution of AlN and its precipitation on n-/r-values. Consequently, the properties of the coils for cold-rolling, cold-rolled and galvanized products become steady and can meet the requirements of various costumers.

4.2.5　Surface quality control

The main defects in CSP hot-rolled strip include edge crack, silver and pressed-in scale. For the edge crack, Masteel made a lot of studies on its influencing factors, e. g. N content, the ratio of Ca/Al, match of continuous casting speed with secondary-cooling intensity, tunnel furnace temperature and its atmosphere. The silver defect was controlled by improving the cleanliness of steel, optimizing the CC process. The influences of the scale structure, the atmosphere in the tunnel furnace, the descaling equipment and its process on the defect of pressed-in scale were also investigated systematically. The rejection ratio due to various defects has lowered from 15% in 2004 to less than 4.1% nowadays.

4.3　The major products developed

Except the hot-rolled commercial coils such as weathering steel for container SPA-H, auto beam strip M510L and checkered sheet, etc., more than 75% of the CSP hot-rolled coils in Masteel are used for cold-rolling as the foundational research work and the research on full-process technology further develops. Masteel has developed two series of cold-rolled products, one for JIS standards. the other for Euro standards. The cold rolled and annealed products include 220MPa BH steel sheets, DC01-DC04 and non grain oriented steels. The hot-galvanized steel grades are DX51D-DX54D, SGCC, SGCD1 and free-chrome hot-galvanized sheets. Color-coated steel sheets are high-quality color-coated constructional sheets, the free-chrome color-coated appliances (frig, DVD, etc.) sheets, hot-filmed color-coated sheets for household appliances

4.3.1　Non grain oriented electrical steels

On the base of the constant R&D and innovation, Masteel has produced three electrical steel grades (W540, W600 and W800) via CSP process successfully and supplied the non grain oriented semi-processed electrical steels MBDG by subsequent cold-rolling-batch annealing process to the market. The results from the users showed that they were better than the conventional products in magnetic properties and sheet profile. The magnetic induction B_{50} and core loss of this electrical steel MBDG are 1.68-1.73T and 3.3-4.3W/kg, respectively, their average value are 1.71T and 3.548W/kg, respectively. Most of the semi-processed electrical steels can meet the technical requirements on 50WB390 in CIS.

4.3.2　Automobile (household appliances) steel sheets

Large progresses were made recently in production of automobile sheets with CSP process. The IF,

BH steel sheets and other structural steel sheets with different grades are available in the market now. The output of DDQ-IF has reached 10,000t per month.

4.3.3 Color-coated steel sheets

Masteel has supplied more than 200,000 tons high-quality color-coated constructional sheets to the market up to now since the color-coated line (CCL) put into production in Oct. 2004, of which 4000 tons has been exported to European countries. Masteel has also continuously developed some high-end color-coated sheets, e.g. the free-chrome color-coated appliances (frig, DVD, etc.) sheet, hot-filmed color-coated sheets for household appliances and building decorations, which have put on the market in small quantities. The functional color-coated sheets, such as PVDF fluorocarbon color-coated high weathering sheet and self-cleaned color-coated sheets, are in the process of R&D.

The compositions and properties of the typical products produced by CSP-cold-rolling process in Masteel are listed in Table 3.

Table 3 Compositions and properties of the typical products produced by CSP-cold rolling process

Products	Grades	Chemical composition/%						Mechanical properties			
		C	Si	Mn	P	S	Al_s	$R_{p0.2}$/MPa	R_m/MPa	A/%	
Cold-rolled sheets	DDQ-IF	0.0023	0.079	0.085	0.0067	0.003	0.057	$R_{p0.2}$/MPa	A/%	n_{90}	r_{90}
								149	41.5	0.22	2.30
	MBDG	0.0021	0.66	0.33	0.067	0.0008	0.30	$P_{15/50}$/W·kg^{-1}		B_{50}/T	
								3.3-4.3		1.68-1.73	
Galvanized sheets	DDQ-IF	0.0035	0.067	0.12	0.012	0.001	0.04	$R_{p0.2}$/MPa	A/%	n_{90}	r_{90}
								180	41.0	0.21	2.23

The achievements above mentioned marked that Masteel can not only introduced the advanced technologies and experiences from abroad, but also has higher independent innovation ability in R&D on CSP products. Combined with the two aspects, the company has developed a series of steel grades.

5 Econo-technical indexes and marketing and products application

5.1 Econo-technical indexes

5.1.1 Productivity

Fig. 4 shows the output of the cold-rolled and galvanized products and the ratio of cold-rolled output from January, 2004 to July, 2006. Average thickness of hot-rolling and cold-rolled materials of Masteel's CSP is shown in Fig. 5.

As shown in Fig. 4 and 5, the hot-rolling output increased steadily after the commission of Masteel's CSP and its production capacity exceeded the design capability to approximately 26 million tons/a. The annually cold-rolling ratio have increased to 70% from 42% at the beginning of commissioning and reached 76.34% per month. The average thickness of hot-rolled strip is about

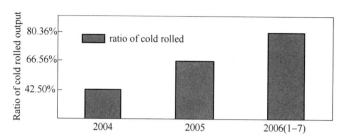

Fig. 4　Output and cold-rolling ratio of CSP-cold-rolling process in Masteel

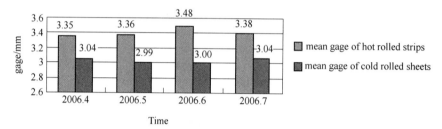

Fig. 5　Average thickness of CSP hot-rolling and cold-rolled material in Masteel

3. 4 mm and 3. 0 mm for cold-rolling materials. The ratio of the cold-rolling materials with thickness under 2. 1mm is 19. 11%.

5. 1. 2　Major econo-technical indexes

The major econo-technical indexes of CSP-cold-rolling process at Masteel are shown in Table 4.

Table 4　Major technical-economic indexes of CSP-cold-rolling process at Masteel

No.	Items	Indexes		
		2004	2005	2006
1	Yield of hot-rolled products/%	93. 39	92. 64	92. 99
2	Yield of cold-rolled products/%	89. 08	93. 52	93. 98
3	Yield of galvanized products/%	91. 13	93. 89	93. 54
4	Average continuous casting heats/heat	8. 72	11. 33	12. 45
5	CSP CC brake-out/%	0. 43	0. 33	0. 28
6	Proportion of down grade cold-rolled products	8. 46	7. 87	5. 19

It is shown in Table 4 that the major technical-economic indexes are much better than before with further improvements of the CSP-cold-rolling process management and the process technologies.

5. 2　Marketing and products application

The marketing and products application information of Masteel BOF—CSP—cold rolling process is showed in Table 5.

Table 5 Marketing and products application information

Type	Application	2006	
		Sales volume/t	Ratio/%
Hot-rolled	Commercial coils	529,969	65.87
	Coils for Cold-rolling	180,861	34.13
Cold-rolled	Coils for cold-rolling	672,748	83.19
	Household appliances sheet	100,000	12.36
	Automobiles sheet	36,000	4.45
	Total	808,748	100.00
Galvanized	Construction	49,200	20.00
	Household appliances sheets	191,880	78.00
	Automobiles sheets	2,460	1.00
	Others	2,460	1.00
	Total	246,000	100.00
Color-coated	Construction	101,000	100.00

It can be seen from Table 5, that the hot-rolled, cold-rolled, galvanized and color-coated products produced by Masteel's BOF—CSP—cold-rolling process have been widely used in the conventional industries (construction, hardware) and have been into the markets for household appliances and automobiles with full-scale. The target on production of high-quality products has been fulfilled satisfactorily.

6 Conclusions

(1) Masteel is the first steel company in the world which built the processes route of BOF—CSP—Cold-rolling synchronously. Within 3 years since commissioning, large-scale production of cold-rolling material by CSP has been realized through self-innovation and cooperation. The ratio of the hot-rolled coils for cold-rolling has increased to 75% of hot rolled coils and several quality cold rolled steel grades has been put into daily production, indicating BOF—CSP—cold-rolling, like conventional route, could make high-quality cold-rolled sheets.

(2) Masteel has successfully developed information-based management system and high-efficient production technologies for BOF—CSP—cold rolling has been realized. Based on the systematic investigations in the control technologies for high-quality liquid steel, high-grade thin slab, good profile, properties and surface quality of strip, the steady production of quality cold rolled sheets by BOF—CSP—cold rolling process has been established.

(3) Masteel have been successfully developed high quality cold-rolled, galvanized and color-coated products represented by electric steels and automobile (household appliances) steel sheets with BOF—CSP—cold-rolling process. The monthly capacity of the ultra-low carbon steel reaches 10,000t. The products are getting access to the markets for household appliances and automobiles.

References

［1］ Yin Ruiyu. Development and forecast on CC–DR of thin slab in China ［J］. Iron & Steel, 2006, 41 (Suppl. 1): 1~7.

［2］ Li Guangying, Liu Liu, He Congzhi, et al. Process, property and texture of deep–drawing cold–rolled sheet by CSP ［J］. Iron & Steel, 2006, 4l (Suppl. 1): 222~230.

［3］ Grunter Flemming, et al. Equipment technique of CSP and the suitability for production expansion ［J］. World Iron & Steel, 1994 (1): 71~78.

［4］ Grunter Flemming, et al. Current state and future of CSP products coverage ［J］. World Iron & Steel, 2000 (2): 44~48.

［5］ Zhang Xiaoping, Liang Aisheng. Net–shape Technology for Continuous Casting ［M］. Beijng: Metallurgical Industry Press, 2001.

［6］ Zhang Shaoxian. Overview on development of CC–DR process for thin slab ［J］. Steelmaking, 2000 (1): 51~55.

［7］ Tian Naiyuan, et al. Latest advance of CC–DR process for thin slab ［J］. Iron & Steel, 2001 (5) 69~72.

［8］ Zhu Yunlong. Overview on CC–DR process for thin slab of Masteel ［J］. Anhui Metallurgy, 2002 (1): 6~11.

［9］ Feng Qi. Progress in CC technology for thin slab ［J］. Anhui Metallurgy, 2002 (1): 1~5.

［10］ Dieter Rosenthal, Wolfgang Hennig. CSP——leading technology trend over 15 years ［J］, Iron & Steel, 2006, 41 (Suppl. 1): 8~15.

［11］ Technology Centre of Masteel. Collections of relevant documents about process technology for sheet (unpublished), 2003.

［12］ Yu Hao. Study on mechanism of structure refinement and strengthening of CSP hot–rolled low–carbon sheet ［D］. Beijing: Beijing University of Science and Technology, 2003.

［13］ Shi Xiongliang, Su Shihuai, Zhang Jianping, et al. Study on process technology for CSP cold–rolled material in Masteel ［C］. Paper Series in 3nd Technology Session of Exchange and Development Association of Thin Slab CC–DR Technology, 2005: 128~133.

How to Providing Cold Rolling Feeds in Force by Thin Slab Continuous Casting and Rolling Technology[❶]

Su Shihuai　Zhang Jianping　Zhu Tao

(Ma'anshan Iron and Steel Co., Ltd.)

Abstract: It is difficult to produce cold-rolling sheets by feeds of thin slab continuous casting and rolling (TSCR) process in force. The primary requirement of cold-rolling feeds, and the equipment design, production management and material flow of thin slab continuous casting and rolling, were investigated in the paper. If the percentage of cold-rolling feeds which producing on TSCR line is more than 60%, some suggestion and solution were given.

Key words: thin slab continuous casting and rolling; feeds of cold rolling; production management; quality of product

1　Introduction

The thin-slab continuous casting and rolling (TSCR) technology is one of strip producing in the world, and its products are used in a lot of fields, such as raw materials of next cold-rolling process. It's difficult to provide feeds for cold rolling in force because of characteristics of TSCR. For example, the percentage of cold rolling feeds only meet to 55% in TKS of Germany. In China, a lot of steel & iron company had built up or are building up the cold-rolling line after thin-slab continuous casting and rolling line. So, it's very significative to research how to provide feeds of cold rolling in force by TSCR line.

2　Main products, Technology and Quality Requirements of cold-Rolling Feeds

2.1　Products specialties in TSCR line

Comparing with traditional hot-strip process, because of some differences in hot-process, the products of TSCR line have some specialties as follows:

(1) More fine grain size, and high yield stress;

(2) Less performance differences in various directions of strip;

(3) Difficult to improving surface quality;

(4) Better dimension, shape and flatness.

---

❶　原文发表于 2006 International Symposium on Thin Slab Casting and Rolling。

So, if a TSCR line want to producing cold-rolling feeds, main problems are factors yield stress and surface quality.

2.2　Main steel-grade and specification of cold-rolling feeds

2.2.1　Main steel-grade of cold-rolling feeds

According to different usages and mechanical properties, cold-rolling products are divided into structural steel, soft-deep drawing steel, high-strength steel, HSLA steel, dual-phase (DP) steel and TRIP steel. The soft-deep drawing steel grades are divided into CQ, DQ, DDQ and EDDQ according to different deep-drawing properties. The primary requirements in point to producing cold-rolling feeds in force is how to producing CQ~DDQ hot-strip in TSCR line.

In normal EN and JIS standard, the chemical compositions and mechanical property requirements of CQ~DDQ steel grades are shown in Table 1. Although Table 1 given the normal requirements of cold-rolling feeds, in addition, for avoiding peritectoid range in thin-slab continuous casting, the carbon content of liquid steel less than 0.075%. The other hands, the sulfur content of liquid steel should be less than 0.010% because of safety in continuous casting.

Table 1　Chemical compositions and mechanical property requirements of CQ~DDQ steel grades

Steel grades	Chemical compositions/%					Mechanical property	
	C	Si	Mn	P	S	YS/MPa	TS/MPa
CQ	≤0.12	≤0.05	≤0.50	≤0.035	≤0.035	≤270	≥270
DQ	≤0.10	≤0.03	≤0.45	≤0.030	≤0.035	≤250	≥270
DDQ	≤0.080	≤0.03	≤0.40	≤0.025	≤0.030	≤210	≥270

In general, the mechanical properties of TSCR products have high strength because of differences in hot-process. For example, the yield stress of CQ is more than 30-50MPa in CSP line. If CSP line is able to producing feeds of cold-rolling in force, it's necessary to reducing the yield stress.

2.2.2　Main specification of cold-rolling feeds

The thickness of cold-strip is from 0.30 (0.25) to 2.0mm generally, so corresponding hot-strip thickness is about 1.4-4.5mm. The total cold-rolling reduction ratio of CQ steel-grade is 60%-75%, however, the reduction ratio of DQ and DDQ steel-grade should be increased for ensuring its deep-drawing property after cold-rolling and annealing. So the same cold-rolling thickness needs different hot-strip thickness according to different steel-grade.

2.3　Technology of cold-rolling feeds

The general producing routine of cold-rolling feeds is hot-melt pre-treatment, converter, second-refining and thin-slab continuous casting and rolling, for ensuring the pureness of liquid steel and final mechanical property of cold-strip.

For the sulfur content of liquid-steel in CSP line should less than 0.010%, it is suggest to hot-melt pre-treatment in 100% of percentage, the treatment aim of sulfur is less than 0.003%, and the pressure of de-sulfur will reduce in second-refining process. The steel-making process in converter first meets the requirement of second-refining process; the second point is control of over-oxidation degree, it is important to decreasing the inclusion and improving surface quality of strip.

On producing of cold-rolling feed, the second-refining process usually are ladle furnace (LF), aims of treatment are adjusting temperature of liquid steel and de-sulfuring moderately, and meet the need of thin-slab continuous casting. However, it's difficult to decreasing the carbon content to reasonable level by LF treatment, the RH treatment is necessary. The RH plus LF combining treatment is usually used in DQ and DDQ production, and the carbon content of DQ steel-grade should be less than 0.02%; DDQ should be less than 0.008%.

The keys of thin-slab continuous casting are controls of liquid-steel overheat and casting speed, the second-cooling curve of casting is another important factor. Other factors, such as protect-casting quality, usage of EMBR and so on, are prevented chemical composition change of liquid-steel (especially avoiding second-oxidation of liquid-steel and nitrogen increase) and slag immixture.

For sufficient dissolution of particle such as AlN, and ensure the reasonable temperature schedule of hot-rolling, reheating temperature should be more than 1100℃. The hot-rolling technology must select optimal combination of reduction schedule and temperature schedule, and the key of technology is heavy deformation in temperature range of recrystallization, and providing favourable grain growing-up conditions after rolling. Finishing temperature should be 30-50℃ above A_{r3} point, and cooling mode should be hinder-cooling ensure enough increasing time of grain, coiling temperature should select low-temperature or high-temperature coiling mode according to different cold-rolling routine (batch-annealing or hot-galvanizing), it is the most important to production of DQ and DDQ steel-grade.

2.4 Quality defects and resolving ways

The surface defect usually appears in production of cold-rolling feeds, and high yield stress is another influencing factor to mechanical property of cold-strip.

2.4.1 Surface defects

The main surface defects of cold-rolling feeds are edge-crack, silver defect and rolled-in scale. The nitrogen content of liquid-steel, ratio of Ca/Al, selection of casting speed and second-cooling are corresponding to appearance of edge-crack. The effects on silver defect are more complex, such as low pureness of liquid-steel, casting immixture slag because of unsuited casting equipments; technology and operation, sordid hearth-rolls of tunnel furnace were not changed in good time, lead to unwelcoming substances of hearth-rolls rolled-in surface of strip. The silver defect and primary rolled-in scale are easy to confusing because of similar appearance, but respective principle and resolution of two defects is different.

As for the characteristics of TSCR, the primary scale that brings by reheating in tunnel furnace is thinner and denser, and it's difficult to descale if the descaler pressure isn't enough. So the atmosphere control of tunnel furnace and ensure the descaling system in natural status are the essential to decreasing the rolled-in scale.

2.4.2 High yield stress

According to actual producing, the yield stress of cold-rolling feeds in TSCR is higher than that of traditional line, and aging behavior is obvious, which influence the next cold-rolling technology and products quality. The ways decreasing the yield stress and diminishing aging behavior are given as follows.

About chemical composition, at first the carbon, silicon and manganese content of steel should decrease to special level and is benefit to decrease of yield stress, however, the producing cost will increase and producing period will delay. The second, little boron may add up in liquid-steel of cold-rolling feeds properly according to test of some company, the yield stress will decrease because the boron willl combine with nitrogen firstly (usually the B/N ratio is about 0.5-0.8) and the quantity of fine AlN particles decrease. However, the steel with boron possess of more obvious trend to edge-crack defect and break-out of casting, and bring more advanced control level to continuous casting. By the way, if proper titanium was added in steel, it is effective to decrease aging behavior and the yield stress. Comparing with boron, titanium has the same effect.

The slab temperature control before tunnel furnace is the first parameter in TSCR technology, slab temperature before entering the tunnel furnace should be above $\gamma \rightarrow \alpha$ transmission point. The high reheating temperature is necessary to ensure high finishing temperature, and reduction and cooling schedule were discussed antecedently, there are benefit to decreasing the yield stress of strip.

3　Yield Balance and Producing Organization

3.1　Yield balance

In general, the designing production of a TSCR line with two casters is about 2,000,000t/a. If 75% production (1,450,000t/a) is cold-rolling feeds, the capacities of every working procedure from hot-melt treatment to TSCR were calculated as follows.

3.1.1 Hot-melt treatment

The cold-rolling feeds need 100% hot-melt treatment generally, the capacity of hot-melt treatment is, (iron/steel ratio is about 0.9)

$$1,450,000 \times 0.9 = 1,305,000(t/a)$$

If 100% hot-melt treatment in production of cold-rolling feeds and hot-melt bundle is 110t, two hot-melt treatment stations are needed.

3.1.2 LD

Steel-making period is about 38-45 minutes generally, average period is about 41 minutes; the capacity per hour was calculated as follows.

Producing conditions is two LD that engineering capability is 120t; and tapping capacity is 130t every time, then the each LD capacity per hour is:

$$60 \times 0.7/41 \times 130 = 133.2(t)$$

The capacity of two LD per hour is 266.4t.

3.1.3 Second-refining

Two 120t ladles furnaces (LF) were configured after two 120t LD, and treatment period of LF should be close to that of LD. The treatment period of one ladle furnace (LF) is about 35-40 minutes; and LF capacity should be about 147.5t per hour. A little high capacity of LF than that of LD may adjust production between steel making and casting.

The treatment period of RH equipment is about 30 minutes; and the capacity of RH per hour should be as follows:

Usually, DQ steel-grade and above need RH treatment, the main functions of RH are de-carbon and de-oxygen in RH plus LF routine. Because of single station, RH treatment period should be controlled in below 30 minutes and can be matched with period of LD and LF. RH treatment not only is benefit to product development and quality control, and effect on the yield of cold-rolling feeds, so RH capactity is the same as that of LF should be better.

3.1.4 Thin-slab continuous casting

If the width of thin-slab is 900-1600mm; Thickness is 50-90mm; Casting speed is 3.5-6.0m/min, the hour capacity of two caster were calculated as follows.

Slab thickness is 50mm, hour capacity $= (900-1600) \times 50 \times 7.8 \times (3.5-6.0) \times 60/10^6 \times 2$
$$= 147.42-449.28(t/h)$$

Slab thickness is 70mm, hour capacity $= (900-1600) \times 70 \times 7.8 \times (3.5-6.0) \times 60/10^6 \times 2$
$$= 206.39-628.99(t/h)$$

Slab thickness is 90mm, hour capacity $= (900-1600) \times 90 \times 7.8 \times (3.5-6.0) \times 60/10^6 \times 2$
$$= 265.36-808.7(t/h)$$

3.1.5 Hot rolling

If the strip thickness is 1.5-8.0mm; Strip width is 900-1600mm; Rolling speed is 6-12m/s, the hour capacity of 7-stands hot mill should be:
$$\text{Hour capacity} = (1.5-8.0) \times (900-1600) \times 7.8 \times (12-6m/s) \times 3600/10^6$$
$$= 454.9-2156.5(t/h)$$

In a word, the bottleneck of enlarging the yield of TSCR is LD and second-refining working procedure. So the ways of enlarging liquid steel supply are selecting LD above 200t and corresponding refining equipment, abbreviating period of steel making and refining by optimizing technology, decreasing the transporting time by optimizing layout of equipment and producing organization etc.

3.2 Some problems in producing organization

3.2.1 Production plan

Producing organization of TSCR and traditional hot – rolling is different. At first, TSCR production is a continuous process, and the liquid-steel chemical composition in the same casting sequence should be same or similar, the length of transitional thin-slab can be decreased. In producing process of cold-rolling feeds, the different materials were produced if the chemical composition and casting technology are same, but the hot-rolling technology is different. For example, when DQ steel-grade was produced in TSCR line, although chemical composition is same, but different temperature scheme were used because the next process technology was different (batch-annealing or hot - galvanizing). So the production plan should include producing different materials in the same casting sequence.

Usually, the width of thin-slab is same in one casting sequence (width adjusting on-line always less than 50mm), the method which slab width is changed from wide to narrow and change to wide again in traditional line, is unable to used in TSCR line. The advanced technology such as bending roll, CVC+ and so on are applied usually to ensure shape and flatness control. The different change period of work roll should be established according to different strip width and thickness, usually excessive thickness change is forbidden and super - thin thickness should be produced in middle of work roll using period.

3.2.2 Stream management

A lot of factors including in stream management of TSCR, the important factor is design and management of coils storeroom in production of cold-rolling feeds especially. When uncoiling before pickling, the coil temperature should be less than $60^{\circ}C$. The result of measurement indicates that $65-70$ hours is needed to cooling down the coils to less than $60^{\circ}C$, when the coiling temperature is $600^{\circ}C$ and surroundings temperature is $25^{\circ}C$. If the day capacity of a TSCR line is 5500t and 70% of yield is cold-rolling feeds (the consignment period of merchandise coils is 48 hours), the capacity of coils storeroom should be:

(1) Cold-rolling feeds:　　$5500 \times 70\% \times (65 - 70)/24 = 9625 - 11230(t)$

(2) Merchandise coils:　　$5500 \times 30\% \times 48/24 = 3300(t)$

(3) If using coefficient of coils storeroom is 0.8, then at least capacity of hot strip storeroom should be:

$$((9625-11230) + 3300)/0.8 = 16156-18162(t)$$

The second, the production plan of cold rolling should be considered in stock management and consignment management of coils storeroom. The aging effect will be decreased according to suggestible better principle of first enter and first exit. Anyway, it is suggestible that a integrated solution of stock management should be built up by enterprises information systems.

3.3　Application of information system in production of cold-rolling feed

Begin in 2002, Ma'anshan Iron and Steel Co., Ltd. (Masteel) actualize the management of information system in TSCR line and interrelated line, its purpose is meet to synchronization between stream and information; and increase the efficiency of production and sale. Until October, 2003, comprehensive information management was actualized form L1 (basal automatic level) to L4 (enterprise management level) in strip system of Masteel. The information systems not only solve the problem of strip compositive manufacture and sale, and provide better producing condition of cold-rolling feeds in force.

Now in producing process of cold-rolling feeds, begin with sales order of cold sheets or hot-galvanizing sheets, the way of materiel reversing was used according to customers requirements, and sales order transform into production play of every pertinent working procedure. The manufacture efficiency was improved evidently because the sales management, production schedule, technology control, materials enter/exit storeroom and quality integrated judgments were all executed in information system.

4   Producing Practice of Cold Rolling Feeds in Force by TSCR

According to above principles, Ma'anshan Iron and Steel Co., Ltd. (Masteel) organized itself technical resources and cooperated with Beijing Iron and Steel Research Institute (BISRI), the problems of cold-rolling feeds production were solved roundly by providing total steel-making and TSCR technology, and optimizing production organization and stream management.

From Jan, 2004 to May, 2005, the CSP line of Masteel had yielded about 1,253,100t of CQ and DQ steel-grade, the percentage of cold-rolling feeds accout for 69.60% of total yields of CSP, eligible quality percentage account for 99.74%. Fig. 1 to Fig. 3 shows the month yield from 2004 to May, 2005, percentage of CSP yield and eligible quality percentage DDQ steel-grade is developing now.

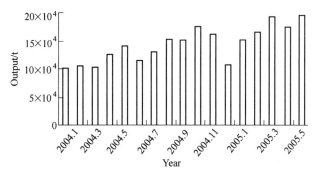

Fig. 1   Month yield of CQ steel-grade cold-rolling feeds

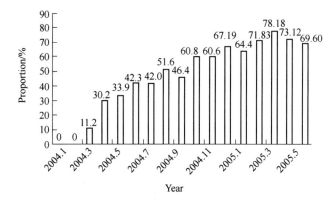

Fig. 2   Yield percentage of cold-rolling feeds in total CSP yield

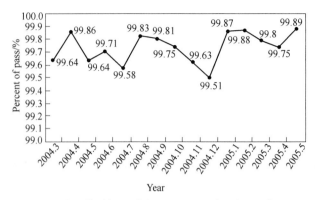

Fig. 3　Eligible quality percentage of each month

Table 2 shows the hot strip mechanical property of cold-rolling feed; Table 3 shows average cold strip mechanical property after cold rolling, batch-annealing and skin-passing; Table 4 shows average hot-galvanizing strip mechanical property. The CQ, DQ steel-grade of cold-rolling feeds producing in CSP line, its chemical composition, mechanical property, dimension and surface quality meet to requirements of cold rolling, and average percentage of month yields account for above 70%, supply a domestic gap in production of cold-rolling feeds and reach the highest level in China.

Table 2　Statistical mechanical property of cold-rolling feeds

Steel grade	Mechanical property				YS/TS	Grain level
	YS/MPa	TS/MPa	δ_5/%	Cool bending		
SPHC	304	378	38.3	OK	0.77	8.5
SPHD	282	346	40	OK	0.80	9.0

Table 3　Statistical mechanical property of CQ and DQ cold strip

Steel grade	Mechanical property						180° cool bending
	YS/MPa	TS/MPa	YS/TS	A_{50}/%	$n_{0°}$	$r_{0°}$	
CQ	215	324	0.66	35.8	—	—	OK
DQ	181	291	0.62	46.2	0.21	1.59	OK

Table 4　Statistical mechanical property of CQ and DQ hot-galvanizing strip

Steel grade	YS/MPa	TS/MPa	A_{50}/%	$n_{0°}$	$r_{0°}$
CQ	312	374	35.7	—	—
DQ	234	337	40.3	0.206	1.42

5　Conclusion

According to above analysis the conclusions are shown as follows:

(1) It is feasible to producing cold-rolling feeds of CQ~DDQ steel-grade in TSCR line, and

yield percentage can reach above 70% of total TSCR yields.

（2）Equipment configuration of production line must think about the production balance. And degassing equipment such as RH is necessary in development of DQ and above steel-grade.

（3）The primary problems are surface quality and high yield stress in producing cold-rolling feeds of TSCR line.

（4）Production organization and stream management should be investigated seriously, and it's better to use information system to improve producing efficiency.

References

［1］ Markus Reifferscheid, Michael Bruns. Plant-wide product quality system for thin slab casting in CSP ［C］. The meeting thesis in No. 33 MAKMAST iron & steelmaking conference.

综合技术

当前钢铁工业技术发展特点及趋势❶

苏世怀　　潘国平

（马鞍山钢铁股份有限公司）

摘　要：通过对世界钢铁工业技术现状的调研、分析，探讨了当前钢铁工业技术发展的特点和发展的动向。

关键词：钢铁；技术；特点

1　引言

　　近些年国外钢铁工业已经完成结构调整、专业分工、技术升级，正处于企业购并、资源整合阶段，规模扩张已从发达国家转向以亚洲为主的发展中国家。但欧、日、韩等国的大型钢铁企业通过加大科技投入，开发核心技术，实施知识产权战略，巩固其在国际竞争中的技术主导地位。并借助规模、资金、专有技术、服务网络等优势，通过出口装备向中国等发展中国家输出技术，获得高利润。

　　我国钢铁工业正进入规模扩张和结构调整并进为特征的时代，技术创新尚在起步之中。近几年，主要依靠对关键技术装备引进，已具有了当代世界最先进的工艺装备，目前正在致力于引进技术的消化吸收，以求发挥先进装备优势，开发具有竞争力的产品，进而开展二次技术创新，以形成具有我国自主知识产权的核心技术，向真正意义上的钢铁强国迈进。

　　通过对世界钢铁工业技术现状的研究，分析探讨当前钢铁工业技术发展的特点，可为马钢和国内新一轮钢铁工业的技术发展提供借鉴。

2　炼铁

2.1　炼铁技术发展的特点

2.1.1　技术特点[1]

　　目前炼铁生产仍以高炉为主，高炉炼铁技术朝着高效化、低成本、环保方向发展。

2.1.1.1　高效化

　　（1）设备的大型化。目前世界上最大的高炉是新日铁的 $4^{\#}$ 高炉，容量 $5151m^3$；我国

---

❶　原文发表于《安徽冶金科技职业学院学报》2004年第2期。

宝钢 3 座高炉全在 4000m³ 以上，总容量 12476m³。

（2）高炉长寿化。日本高炉平均寿命超 12 年，最高达 20 年，西欧高炉平均寿命达到 10 年，我国也有一批寿命 10 年以上的高炉。

（3）高利用系数。美国、芬兰的一些高炉利用系数超过 3.0t/（m³·d），最高达 4.0t/（m³·d），我国新兴铸管厂 350m³ 高炉系数 4.07t/（m³·d）。

2.1.1.2 低成本

高炉在实行了精料，高顶压，高风温和长寿后，高炉技术在喷煤、操作和控制上有了新发展，炼铁低成本运行是当前炼铁工艺技术发展的主体方向，国外先进国家炼铁成本比我国平均低 150 元/吨。

2.1.1.3 环保

日本等先进国家已实现：铁渣利用率 100%；工业水重复利用率 ≥97%，外排废水达标率 100%；已完成工业烟（粉）治理，厂区降尘 10t/（km²·月），废气达标率 100%。

2.1.2 采取的主要技术进步措施

（1）精料入炉。提高入炉品位（芬兰烧结矿品位 60.4%。球团 67.9%）、降低渣量（瑞典 SSAB 高炉渣量 150kg/t）；

（2）低焦比大喷煤技术（高炉喷煤量已向 300kg/t 铁、焦比 250kg/t 铁的方向迈进）；

（3）强化冶炼，富氧喷吹（富氧率最高 11%）；

（4）利用无料钟技术，使布料更精确。日本有 60% 以上的高炉采用了此项技术；

（5）延长高炉寿命（平均大于 12 年、最高达 20 年，一代炉龄产铁 9000t/m³ 以上）；

（6）追求低成本和良好环境下生产高质量（Si<0.4%，S≤0.020%）的铁水，满足炼钢品种质量要求。

2.2 我国炼铁技术进步

2.2.1 现状

（1）我国宝钢、武钢、马钢、鞍钢等大型高炉装备达到国际水平；

（2）高炉喷煤、高炉长寿、高风温、无钟炉顶、小球烧结、球团烧结等技术有了发展；

（3）高炉主要技术经济指标大有进步，缩小了与世界先进水平的差距（见表 1）。

表 1 我国与国际部分炼铁技术指标对比

目前水平	入炉焦比/kg·t⁻¹	喷煤比/kg	风温/℃	渣量/kg·t⁻¹	寿命/年
国际	240~300	250~300	1250~1300	150~300	>20
我国	425.27	119.85	1079	300~400	8~15
马钢	359.89	138.69	1086.40	~320	~10

2.2.2 差距

（1）装备水平相对落后（世界先进水平装备率只占 30%），大型化程度偏低（全国约 206 座高炉，平均容积 835m³，其中 300m³ 级 124 座，占产能 30%）；

（2）我国大多数高炉的炉缸炉底寿命勉强可达到 8 年，而炉身寿命只有 3~5 年；

（3）精料水平低（入炉品位 58.14%，焦炭灰分 12.43%）；

（4）与国外先进的技术经济指标比较有一定的差距（见表 1）；

（5）环境污染较严重。

2.2.3　炼铁技术进步目标与应开展的技术工作

2.2.3.1　目标

根据装备水平不同"十五"炼铁技术目标分两个层次。

表 2　"十五"炼铁技术目标

项目	焦比/kg·t^{-1}HM	煤比/kg·t^{-1}HM	燃料比 /kg·t^{-1}HM	利用系数 /t·(m^3·d)$^{-1}$	炉龄/年
第一层	≤300	≥200	≤500	2.0~2.5 2.5~3.0（少数）	≥15
第二层	≤400	≥150	≤550	2.0~2.3	≥12

2.2.3.2　应开展的技术工作

（1）从选矿、烧结、球团、炼焦各方面采取措施，提高高炉精料水平，特别是进一步提高入炉矿品位。

（2）坚持设备大型化，高炉长寿化，提高工艺装备水平。

（3）推广应用国际上成熟的先进技术：炼焦工序装煤预处理技术，干熄焦技术；烧结工序原料混匀技术，小球烧结和高效球团烧结技术；炼铁工序高炉炉顶煤气余压发电技术，热风炉烟气预热回收技术。

（4）开发高效节能炼铁技术新流程、新工艺，如熔融还原技术等。

3　炼钢

3.1　转炉炼钢技术发展特点[2]

全球转炉钢占总产量 70% 以上；炼钢装备技术已完成新的解析重组，形成了工序配套的铁水预处理—转炉冶炼—炉外精炼—连铸技术体系；炼钢技术的成就体现在转炉长寿高效、计算机全自动炼钢及高洁净钢系统技术、高效连铸和高品质铸坯生产技术以及综合节能、环保技术方面。

3.1.1　钢铁制造流程向连续化、短流程方向发展

连铸的发展促进了钢铁制造流程向连续化方向发展，并最终形成了炼钢短流程生产线。炼钢短流程生产线的基本特点是：围绕相对单一的产品形成配置最佳的生产线进行连续生产。主要生产设备采用单机匹配原则，即一一对应。主体生产单元间物流配合依靠辊道或管线输送。其优点是设备投资少，生产效率高，生产节奏快，生产周期短。但因在生产线上的缓冲能力小，必须依靠生产设备运行十分可靠，生产秩序稳定而有节奏。

3.1.2　形成高效化生产技术

为了降低生产成本，近 20 年国际钢铁企业一直在致力于高效生产工艺的研究开发和

推广工作。特别是最近 10 年，钢铁生产高效化技术突飞猛进，取得了重大的进展，炼钢工序高效化生产水平见表 3。

表 3 炼钢厂主要工序高效化生产的水平比较

技术指标	转炉		连铸（厚板坯）	
	国际先进	国内先进	国际先进	国内先进
冶炼强度①	5.0	4.5	3.5	1.6
冶炼周期/min	20	25	—	—
生产作业率/%	97	90	98	85
炉龄/炉	25000	30000	—	—

①冶炼强度对转炉为供氧强度，单位为 $m^3/(t \cdot min)$；对连铸为拉坯速度，单位为 m/min。

高效化生产，通常包括以下三方面的内容：

（1）提高冶炼强度，缩短生产周期。转炉冶炼周期可小于 25min，转炉利用系数超过 $100t/(t \cdot d)$。

（2）延长炉体寿命，提高设备作业率。溅渣护炉技术的开发与应用，使炉龄可以提高到 1 万~2 万炉以上，最高 3.7 万炉，提高了转炉作业率。

（3）加强设备维护，提高生产作业率。如国外高效连铸工艺，使连铸机作业率高达 98%，转炉的作业率达到 97%。

3.1.3 完善的洁净钢生产工艺技术

洁净钢生产工艺技术的目标是能大批量、廉价地生产高品质钢材，使洁净钢的生产成本能低于传统流程普通钢的生产成本。采用的主要技术如下：

（1）高炉铁水全量"三脱"预处理工艺。脱 S，铁水 [S] 最低可达 15ppm；脱硅，脱 [Si] 率可达 80% 以上；脱 P，可满足生产超低磷钢（P≤15ppm）的要求。实现全量铁水"三脱"预处理、铁水 [S]≤0.01%，[P]≤0.01% 后，才能大幅度降低洁净钢的生产成本。

（2）高效吹炼，低 [O] 冶炼。转炉的任务简化为脱碳升温，使炉渣量下降 50%，石灰、合金消耗减少 60%，氧气利用率提高 10%，铁损减少 30kg/t，缩短冶炼时间 40%，经济效益非常明显。

（3）采用出钢挡渣，使下渣量≤3kg/t；并采用出钢过程炉渣改质技术，使钢渣中（FeO%+MnO%）≤3%，出钢过程脱硫率可达到 30%~40%。有利于提高精炼效率和降低生产成本。

（4）广泛采用炉外精炼技术生产洁净钢。根据钢材洁净度的不同要求，选择或组合不同的炉外精炼工艺，实现超洁净钢生产。目前，经炉外精炼的钢水洁净度可达到：[S]≤5ppm，[P]≤20ppm，[N]≤25ppm，[H]≤2ppm，T.O≤6ppm，[C]≤3ppm。日本、欧美等先进的钢铁生产国，炉外精炼比超过 90%，其中真空精炼比超过 50%，有些钢铁厂已达到 100%。

3.1.4 无缺陷高效连铸[3]

为了改善钢材的表面质量，采用结晶器电磁搅拌制动技术，抑制涡流卷渣。采用立弯式连铸机促进夹杂物上浮，避免凝固过程中产生大型非金属夹杂，以改善钢材表面质量。

采用凝固末端连铸坯液芯轻压下工艺，消除凝固疏松与成分偏析，提高连铸坯的内部质量。高效连铸技术归结为提高拉速、提高作业率。国外最高铸机作业率达 97%；提高拉速，薄板坯连铸机拉速可达 8m/min。

3.1.5 炼钢节能

负能炼钢（炼钢工序能耗最低 -10.67kgce/t（宝钢））；降低铁钢比，最低 0.79；回收煤气（新日铁 141m³/t），回收蒸气。

3.1.6 实现无污染排放

吨钢 SO_2 排放量 0.4kg/t；吨钢烟尘排放量 0.7kg/t。

3.2 我国炼钢技术的发展

自 20 世纪 90 年代以来，我国钢铁工业技术的进步是迅猛的，提升了各项技术经济指标，大大缩短了与先进国家的差距，有些技术水平居世界领先位置。2003 年我国粗钢产量达 2.1 亿吨，占世界钢产量的 20% 以上，连续 8 年世界第一。

3.2.1 技术进步的特点

（1）淘汰了平炉，转炉钢产量约占钢产量的 88%。初步实现了炼钢设备的大型化（目前世界最大转炉德国蒂森 380t，宝钢转炉配置 300t×3、250t×2），达国际水平主装备率转炉 43.9%。

（2）转炉容量增大，平均炉容 55t/座，炉座产能提高，中小转炉利用系数居国际领先水平，（济源 15t 转炉最高达 98.85t/（t·d），作业率 92%）。已有一批大型转炉利用系数超过 50t/（t·d）。

（3）钢的精炼比增长，2003 年达 28%，加上 60% 以上的吹氩喂丝，形成了铁水预处理—转炉复吹—炉外精外的优化工艺路线，钢水质量明显提高。

（4）推广溅渣护炉技术，转炉炉龄迅速提高（武钢复吹下达 29942 炉，莱钢 37271 炉），奠定了转炉高效化基础（平均系数 36.54t/（t·d），作业率 80.78%、最高 92.7%）。

（5）全连铸技术被大多数企业选用，达国际水平主装备率连铸机 74.8%。连铸比迅速提高达 96.43%，超过世界平均水平；高效连铸技术取得成效，2003 年与上年相比作业率提高 10%，台时产量提高 30%；连铸工艺优化进一步深入；连铸钢的品种增加，质量提高。

（6）炼钢自动化水平有所提高，多数转炉有了静态模型，宝钢和武钢有了动态模型。

（7）消耗指标有所降低，部分企业实现负能炼钢。

3.2.2 差距

（1）炉外处理比率低。炉后精炼率不到 30%，严重阻碍了钢材质量（特别是钢纯净度）的提高；

（2）小容量转炉多，平均炉容偏小；大型转炉生产效率偏低，大型转炉作业率波动在 40%~65%，转炉利用系数在 20~35t/（m³·d）；

（3）高效连铸技术与国外仍有差距，铸坯的质量有待进一步提高。

3.3 炼钢技术发展的重点

（1）转炉长寿高效技术：转炉复吹下的溅渣护炉技术、转炉少渣快速吹炼技术、转炉功能分解、冶炼周期缩短，从而实现转炉"高效化"。

（2）计算机全自动炼钢技术。利用计算机和副枪监测、炉气分析、声呐噪音分析为工具，使冶炼过程预测优化和实测工艺过程控制，使转炉炼钢实现全过程自动控制，终点碳、温双命中率稳定保持在90%以上，同时能降低终点钢水氧含量。

（3）高洁净度钢生产技术。铁水预处理、炉外精炼技术，形成新的、能大规模廉价生产洁净钢的生产体系。

（4）高效连铸工艺。无缺陷铸坯的生产技术；铸轧一体化技术中连铸的高效率。包括：高效连铸技术的应用和开发；改善铸坯组织均匀化技术；无缺陷铸坯生产技术；连铸坯热送热装和连铸连轧技术；薄板坯连铸连轧技术的引进消化和再开发技术。

（5）钢铁生产过程系统模拟优化技术研究。

（6）炼钢—连铸生产工艺智能化控制检验技术。

（7）新型耐火材料、铁合金、功能渣系的开发研究。

4 轧钢

4.1 现代轧钢技术发展特点[4]

世界轧钢工业的技术进步主要集中在生产工艺流程的缩短和简化，工艺的短流程、近终型技术；轧材性能主品质化、品种规格的多样化；控制手段的智能化、生产过程的低污染和有利于环保。

4.2 特点

（1）工艺流程紧凑化、高效化。轧钢的连续化生产和控轧控冷技术是20世纪钢铁工业标志性的技术进步，它和氧气转炉炼钢、连铸并列为推动钢铁工业技术进步的三大技术、为紧凑式生产工艺流程奠定了基础。

（2）铸轧一体化。炼钢技术的进步提高了钢的纯净度，近终形连铸对凝固组织的优化控制，使保证钢材性能所需的最小压缩比发生了变化，轧钢所需压缩比由25~35下降至3~5。炼钢—连铸—轧钢三者技术进步的相互影响，将实现"极限近终形连铸"加"最小压缩比"轧制的低能耗、低成本的铸—轧一体化。

（3）突出了用户服务技术。即加强了钢材使用与应用技术的研究。

（4）钢铁企业结构优化、或生产线优化，追求合理规模经济和灵活化生产方向（多品种、高质量、少批量、小订货量、最短交货期、低成本）。轧材性能的高品质化和低成本使轧钢生产转向质量型和低成本的轨道上。

（5）计算机人工智能和虚拟轧制技术应用，如工艺—组织—性能—模型预报在线应用等。

（6）轧钢过程的清洁化生产—绿色工艺技术：热轧工序的节能与无氧化加热；冷加工原料的无酸除鳞；轧制过程产品性能的柔性化生产；延长钢材寿命，降低钢材消耗。

4.3 我国轧钢技术的发展[5,6]

我国已连续4年稳定地成为世界钢材产量第一的大国，世界上主要的先进轧制技术我国均已引进，并正在推广应用中。

4.2.1 技术发展特点

（1）钢材国内市场满足率达90%；

（2）钢材品种结构调整正在有效地加速进行，板管比已达42%；

（3）一些紧缺品种增产幅度较大，如管线钢、高级电工钢、汽车用钢板、高线硬线等；

（4）装备水平不断提高，一大批先进生产工艺如热连轧和冷轧板带厂迅速建设，棒、线材生产将基本实现半连续和连续化生产。

4.2.2 我国轧钢技术的差距

（1）轧材产品品种结构调整尚未完成，国民经济发展所需要的关键品种满足率不足，高附加值钢材比例低。每年进口钢材量超过全国钢材消费量的10%，2003年进口钢材中板材占90%以上。出口量不足。

（2）轧钢达国际水平的主要装备率不高（小型棒材轧机20%，中厚板轧机47.5%，薄板轧机71.9%），仍有一批落后的工艺技术装备有待淘汰。

（3）轧机作业率低，目前平均63.91%，比国际先进水平低20%左右。

4.2.3 技术进步与发展的重点

（1）坚持品种结构调整方针，树立精品意识，实施精品战略。努力开发钢材新品种，引导市场消费，与用户使用结合，联合开发。

（2）在提高质量同时，采用新技术、新工艺降低消耗，提高成材率，降低成本，提高钢材的市场竞争力。

（3）轧钢生产过程的技术优化，推行控轧控冷与高精度轧制技术。

（4）运用新工艺、新技术开发高效钢材，提高钢材的性价比。

（5）加强对引进技术的消化、吸收和创新。

5 结语

钢铁工业技术近期发展有如下特点应予以关注：

（1）钢铁产品的个性和特性更受到重视；用户与生产厂的联系应达到流通最佳化，制造业将成为对用户的服务业。

（2）为适应国际竞争激化而大力降低成本和开发高附加值产品。

（3）大力开发节能、降低环境负荷和资源循环利用技术，生产与环境和谐的钢铁产品。

（4）为应对即将到来的激烈国际竞争，必须充分利用现有市场环境，用技术创新提升企业核心竞争力。

参 考 文 献

[1] 张寿荣，银汉."九五"以来我国炼铁有技术进步及高炉结构调整（续）[J]. 中国冶金. 2003
（2）：6~9.

[2] 余志祥. 大型转炉炼钢技术系统开发创新与应用 [J]. 中国冶金. 2003, 64（3）：6~11.

[3] 殷瑞钰. 整体优化流程、形成自主创新特色, 发展炼钢—连铸技术 [J]. 炼钢. 2003, 19（1）：

1~9.

［4］殷瑞钰．绿色制造与钢铁工业—钢铁工业绿色问题［J］．科技与产业．2003（9）：25~31.

［5］张树堂，周积智．新世纪的轧钢创新工艺展望［J］．中国冶金．2003（1）：30~32.

［6］杨德泽，等．国外钢铁工业结构调整及其启示［J］．钢铁．2003，38（1）：64~70.

Features and Trend of Technical Developments of Iron and Steel Industry at Present

Su Shihuai   Pan Guoping

（Ma'anshan Iron and Steel Co., Ltd.）

Abstract：The features of technical developments of iron and steel industry at present are discussed through investigation and analysis on the current state of the technologies of the iron and steel industry worldwide.

Key words：iron and steel；technology；feature

马钢技术进步回顾与发展探讨[❶]

苏世怀

(马鞍山钢铁股份有限公司)

摘　要：回顾了马钢近几年来的技术进步工作，指出了存在的差距，探讨了马钢下一步的技术发展。

关键词：技术；发展；马钢

1　引言

当前是马钢发展的重要战略机遇期，抢抓机遇、争相发展，实施 1000 万吨配套技术改造，全面启动"十一五"发展规划，是马钢近期发展的方向和重点。

近几年，马钢虽然产能扩张较快，但仍处在产品结构调整阶段，技术升级正在起步中。当前马钢既面临着资源紧张、生产成本上升的压力，又面临着尽快发挥新线效益的重要课题。因此，加快马钢的技术进步，尽快形成牵引和支撑马钢发展战略的技术平台是非常必要的。

为持续高效发展，加速向现代大型钢铁联合企业迈进，必须密切跟踪世界钢铁工业的技术发展动态，及时分析马钢技术进步方面的差距，研究技术对策。本文通过对马钢近几年来的技术进步的回顾，探讨了马钢下一步技术发展需开展的工作。

2　马钢的技术进步

近年来，马钢经营形势好，发展势头强劲。钢产量从 1998 年的 300 多万吨、销售收入 70 亿元、临近亏损边缘，发展到 2003 年的钢突破 600 万吨、销售收入 160 多亿元以上的水平。五年间基本实现了产钢和销售收入翻番的目标。这些成绩的取得，除外部市场转好、内部改革和管理已见成效外，技术进步起到了巨大的作用。

2.1　通过结构调整、技术改造，优化了工艺流程，理顺了物流关系

"九五"以来，本着"逢修必改"的原则，淘汰了一批落后的工艺装备，改造了一批工艺装备：铁前关停了一批小高炉、小烧结，新建了竖窑球团；炼钢关停了二钢 5t 电炉，完成平炉改造，实现了全连铸；轧钢关停了三轧线材、小型轧机，改造了车轮轮箍生产线（连铸配热压线）、高线生产线，新建了具有当今世界先进水平的薄板生产线；公辅设施也进行了大量的配套技术改造。

通过技术改造，二厂区和三厂区工艺流程相对各自独立，铁前与各钢厂物流顺畅，各

───────────────

❶　原文发表于《安徽冶金》2004 年第 2 期。

钢厂内部初步实现炉机配套，在钢轧之间正在尽可能实现铸机和轧机的铸轧一体化，铁、钢、铸、轧之间的需求关系基本明朗。已有明确分工的先进的钢轧线是：

（1）一钢→圆坯连铸机→车轮热压机。

（2）一钢→板坯连铸机→中板轧机。

（3）一钢→CSP→冷轧→镀锌→彩涂线。

（4）二钢3#方坯连铸机→小高线轧机，4#方坯机→小棒材轧机。

（5）三钢异形坯铸机→H型钢轧机。

（6）三钢六流方坯机→棒材轧机。

（7）三钢新六流方坯→高线轧机。

2004年将实现产钢800万吨，到2005年可望产钢1000万吨，综合成材率94.8%以上，板带比40%。

2.2 通过技术攻关和技术开发，一批关键技术经济指标得到提升

这几年，围绕公司生产经营发展的难点，本着"技术先行"的原则，在工艺技术攻关、生产技术开发、新产品研制上进行了大量工作。这些工作有效地提升了技术经济指标，稳定了产品质量，优化了产品结构。

2.2.1 炼铁

马钢通过淘汰小高炉，新增大型高炉，调整炉料结构，增加球团矿使用比例，开展高风温、富氧、喷煤和高炉长寿技术攻关，效果明显。高炉操作水平位于国内先进水平，见表1。

表1 马钢与国内重点企业(61家)炼铁指标对比(2003年)

项目	入炉焦比 /kg·t^{-1}	系数 /t·(m^2·d)$^{-1}$	矿品位 /%	风温 /℃	喷煤比 /kg·t^{-1}	工序能耗 /kg·t^{-1}
先进值	285.56	4.152	61.48	1240.58	196.17	395.35
落后值	612.48	1.798	49.22	864	0	590.82
马钢综合	359.89	2.774	58.02	1086.4	138.69	445.59

2.2.2 炼钢

（1）转炉大型化有了起步。近几年，马钢新建了3座120t级的大转炉，使转炉平均炉容量由35t提高到57t，达到国内转炉平均容积。

（2）转炉溅渣护炉技术水平在国内领先，提升了转炉高效炼钢的成效。

炉龄大幅度提高，平均转炉炉龄达到1.9万炉以上；转炉的炉衬耐火材料消耗降低到吨钢1kg左右，转炉利用系数快速增长，平均利用系数48t/(t·d)以上，实现了成倍增长，其效果见表2。

表2 马钢与国内重点企业炼钢指标对比(2003年)

项目	转炉钢铁料 /kg·t^{-1}	利用系数 /t·(t·d)$^{-1}$	日历作业率 /%	冶炼时间 /min	炉衬寿命 /炉	连铸		
						合格坯收得率/%	日历作业率/%	台时产量/t·h^{-1}
先进值	1055.91	101.50	97.86	19.33	27785	99.98	97.93	342.20

续表 2

项目	转炉钢铁料/kg · t^{-1}	利用系数/t · (t · d)$^{-1}$	日历作业率/%	冶炼时间/min	炉衬寿命/炉	连铸		
						合格坯收得率/%	日历作业率/%	台时产量/t · h^{-1}
落后值	1144.01	20.226	46.80	39.98	1097	94.23	46.76	32.13
马钢综合	1086.80	48.00	87.60	32.46	18913	97.78	71.86	94.25

2.2.3 轧钢

（1）淘汰了一批落后设备，改造更新了高线、车轮轮箍生产线；已建成的二钢小高线和在建的棒材连铸连轧线体现了中小转炉连铸厂技术改造的方向和效果。

（2）H 型钢、中板生产线产能得到释放，已达 80 万吨/年以上的较高水平。

（3）薄板项目（CSP 热轧、冷轧、镀锌、彩涂）已陆续投产，CSP 生产线 2004 年元月产量达 10 万吨，单日产突破 5000t，班产达 22 炉钢。并进行多钢种、薄规格产品的试制、多种工艺规程的生产和功能考核，创下了同类设备热试期生产的领先成绩。

（4）轧钢技术进步体现在炼钢—连铸—轧钢技术进步的集合效应上。炼钢、轧钢的匹配、对应关系得到改善，生产流程的物流得到进一步优化，促进了马钢整体工艺结构的优化，技术经济指标显著改善，见表 3。

（5）优化产品结构、增加高附加值产品比例。以"线、型、板、轮"为特征的四大产品的产品结构进一步优化。随着两板项目、新车轮生产线建成投产，马钢钢材产品中板带比达 40%，双高产品比例达 40%。

表 3　马钢与国内重点企业（50 家）轧钢指标对比（2003 年）

项目	综合合格率/%	综合成材率/%	工序能耗/kg · t^{-1}	日历作业率/%
先进值	99.96	99.41	61.48	87.15
落后值	92.89	77.90	752.11	15.59
马钢综合	99.38	94.64	86.41	71.91

"十五"末，马钢轧材能力接近 1000 万吨，马钢轧钢装备具有国际先进水平的占 60%以上，为开发高精产品提供了条件。

2.2.4 节能降耗

马钢的节能主要是从调整工艺流程中的工序结构入手，如连铸取代模铸、连轧机取代横列式轧机、复二重轧机，一火成材取代多火成材，转炉取代平炉，连铸坯热送—热装取代铸坯冷装，以及余能、余热回收利用等。吨钢综合能耗由 1997 年的 1300kg 标煤降到 2003 年平均 767kg 标煤。

2.3　技术创新体系建设取得了显著效果

（1）整合了马钢技术创新资源，明确了技术中心在马钢技术创新中的核心地位，初步规范了马钢技术创新管理和运作机制，加强了对马钢自主知识产权的管理。

（2）加强了技术创新人才资源的建设和管理。推行了"专家负责制"，开展了"产、学、研"合作，马钢博士后工作站成立并有人进站工作。

（3）马钢技术中心已成为国家级技术中心，技术中心实验室获国家实验室认证。技术创新水平不断提高，科研项目级别水平大幅度提升。2002年国家级项目5项，省部级10项；2003年国家863项目2项，国际合作项目2项；取得了一批高水平、具有马钢自主知识产权的成果。

（4）发挥了技术支撑作用，提升了技改效益，在保证新建项目投产达效的同时，近3年来还累计开发各类新产品近50个品种、120多个规格，产量达150多万吨，许多新产品为国内首创，30%以上新产品用于出口。

3 马钢技术进步方面存在的差距

3.1 炼铁系统

（1）原料保障能力不足。主要问题是精料不足。马钢自产焦炭和含铁原料供应量不足，自供比例逐年下降，外购焦炭质量不稳定，部分自产矿S、P含量高，品位波动大；进口矿与沿海钢厂相比，运费和损耗增加了吨铁成本。

（2）炉料结构需进一步优化。球团矿比例需进一步提高，且质量与特大型高炉的要求尚有差距；高碱度、高强度烧结矿不足；高炉入炉品位偏低，平均58%（烧结矿平均57%左右，球团矿62%左右），约低于行业平均品位0.75个百分点。

（3）高炉的工艺技术有待完善。高炉平均容积偏小，单炉产量偏低。目前2#大高炉投产后平均炉容约700m^3，低于国内重点企业高炉平均容积（835m^3）。平均单炉产量低（52万吨/年），日本为200万吨/年，欧洲为150万吨/年；中型高炉装备水平有待进一步提升。风温平均低于宝钢约150℃。高炉长寿问题未完全解决。节能和环保尚有大量工作要做。

3.2 炼钢系统

（1）转炉炉容偏小，50t以下中小转炉7座，目前占产能的60%左右；转炉控制技术落后，仍处于经验或静态控制炼钢状态，作业率需进一步提高，转炉复合吹炼技术有待推广。

（2）铁水预处理率不高，炉外精炼比低，炉外处理装备有待进一步完善。钢质纯净度有待进一步提高。

（3）铸机作业率不高，连铸坯品种有待增加，其质量需进一步改进。

3.3 轧钢系统

（1）仍有一批落后设备需淘汰，中板轧机需技术改造。
（2）产品结构需进一步优化。双高产品量不足，精品名牌产品比率不高。
（3）钢材深加工的能力不足。
（4）用户服务技术亟待开发。
（5）CSP生产线、冷轧、彩涂板等新项目快速达产及产品市场系统技术急需开发和积累。

3.4 技术创新存在的问题

（1）技术创新氛围尚未全面形成。马钢目前仍处于结构调整、产能扩张并进的时期，传统管理方式与现代管理方式并存，老线与新线工艺技术装备水平的不同，技术水平的梯度大；部分职工还需要深化对技术创新规律的理解，对技术创新理念的认同。

（2）目前的技术创新模式尚不完全适应马钢的战略发展。马钢的发展已由自我改造型变革为引进创新型。因此贯彻"引进、消化、吸收、创新"的技术创新路线，是近阶段适应马钢战略发展要求的主体模式。从马钢技术创新现状看，技术创新的目标、体制、机制、资源建设等，都与马钢的战略发展要求有较大的差距，必须从战略高度重新认识，否则，引进的技术将会在今后 5~10 年内失去优势，与先进水平的差距将再度扩大，将会影响"将马钢建成具有国际竞争力现代企业"的战略目标的实现。

（3）马钢目前高层次技术人才数量不足，人才积聚和发展的环境需要继续改善。

（4）技术创新中间试验能力不足以支撑公司"十五"和"十一五"发展目标，技术创新资金投入与先进钢铁企业相比还显不足。

4 马钢技术发展的对策

4.1 马钢发展的战略及目标

做强钢铁主业，发展非钢产业，建立现代企业制度；实施低成本扩张，实现跨越式发展，把马钢建成具有国际竞争力的现代企业集团和中国建材钢精品基地，进入中国一流钢铁行业。

充分利用"十五"结构调整的基础。通过系统优化，在"十五"末实现 1000 万吨钢的生产能力。通过结构调整，推进精品战略，加速提升马钢的综合生产能力。

4.2 马钢技术进步的方向、目标

马钢在生产经营、市场竞争和持续发展中对技术进步的需求就是技术创新的方向。

马钢技术创新的目标是，调动一切技术创新资源，运用一切技术创新手段，开发具有马钢自主知识产权的核心技术，不断降低产品成本，增加产品附加值，增强核心竞争力，支撑马钢可持续发展。主要体现在以下四个方面：

（1）培养具有一流技术水平、技术层次和专业结构分布合理的马钢技术人才队伍。

（2）不断形成并丰富具有马钢自主知识产权的核心技术。

（3）优化技术经济指标。铁前的大部分指标达国内前三名；转炉、连铸、钢坯等质量主要指标达国内前四名；炼钢精炼比达 80%；成为国内钢铁企业环保综合利用先进。

（4）增强产品竞争力。以新建薄板等重点项目为中心，形成四条现代化的产品线，实现"板、型、线、轮"产品优化升级。H 型钢、车轮产品具有国际市场较强竞争力；建筑用薄板、优线、棒材在国内市场有较强竞争力。

4.3 马钢技术进步对策的探讨

4.3.1 技术改造与规划发展

（1）加快技术改造，提升装备水平，尽快形成 1000 万吨生产规模。新增球团矿 50 万吨、中型高炉改造增容；淘汰窄带钢轧机，中板轧机改造；加快二钢棒材连轧线、第二条H 型钢生产线建设；薄板项目快速达产。

（2）围绕"十一五"规划开展前期技术工作。充分进行市场调研，明确产品定位；

从技术上支撑高质量的铁、煤、焦原料基地的战略选择，超前进行配料的优化试验；对新区项目进行多方案技术比较论证，支持决策的科学性。

（3）技术部门全过程参与、跟踪技术引进，开展技术攻关，为引进技术装备的达产达效提供技术支撑。做好引进关键技术的消化、吸收和移植，搞好引进工艺装备技术的二次创新。

4.3.2 技术开发[1~4]

4.3.2.1 跟踪前沿技术

主要有：炼铁系统，直立炉连续炼焦技术、高炉喷吹煤粉实际极限的研究开发技术、煤基/气基直接还原技术、烧结及高炉过程数学模型及专家系统开发与优化技术；炼钢系统，薄带坯连铸技术的研究开发、电磁铸造技术的研究和开发；轧钢系统，薄带钢连铸—冷轧技术基础研究；虚拟技术在轧制中的应用；环保，矿山污染治理及生态恢复技术，冶金清洁技术研究。

4.3.2.2 有选择地引进和开发的共性技术

（1）钢铁制造流程高效化技术：设备大型化、流程连续化相关技术；提高生产强度、缩短生产周期的工艺技术，包括提高高炉利用系数、缩短转炉冶炼、精炼炉精炼周期，高效连铸、高效轧钢；延长炉体寿命，优化高炉长寿及溅渣护炉技术；加强设备维护、提高生产作业率的生产技术。

（2）信息技术：钢铁制造流程多维物流管制、生产一体化计算机管理技术；炼钢、轧制智能化技术，包括：转炉炼钢自动化控制技术；轧制工艺组织性能模型在线应用；轧制过程的数字模拟(仿真技术)的应用和研究。

（3）洁净钢生产技术：高炉铁水预处理工艺；转炉高效吹炼，低$[O]$冶炼工艺；炉外精炼实现超洁净钢生产；无缺陷高效连铸工艺。

（4）新一代钢铁材料的开发技术：超强钢、高强度高韧性钢、高强度深冲钢板、超细晶钢材、特殊用途专用钢材的研制与生产技术。

4.3.2.3 重点开发的工艺技术

（1）铁前：高效烧结技术集成配套(烧结机利用系数 $1.5 \sim 1.7 t/(m^2 \cdot h)$(精矿)、作业率 $\geq 90\% \sim 95\%$、工序能耗 $\leq 50 kgce/t$)；高效低耗高炉综合技术(高质量炉料、超高喷煤量配合高风温($1200 \sim 1250℃$))和高富氧、高炉实用专家系统、高炉长寿、长寿高风温热风炉技术。

（2）炼钢：高效转炉生产工艺技术(单炉年产炉数 $\geq 13000 \sim 15000$ 炉，终点高精度控制技术(一次命中率 $\geq 85\%$、$\Delta C \leq C \times 15\%$，$\Delta T \leq 12℃$))；炉外精炼技术(精炼时间 $\leq 25min$、控制夹杂物、精确控制钢成分、温度)；高效优质连铸工艺技术(铸机作业率 $\geq 80\%$，板坯拉速 $\geq 2m/min$、小方坯单流产量 15 万吨/年)。

（3）轧钢：高效轧钢技术；线、棒连铸连轧技术；薄板坯连铸连轧工艺技术(重点是半无头轧制、铁素体轧制技术)；薄规格热轧带钢技术；表面缺陷、板形检验技术；酸洗—冷轧系统工艺技术；镀锌、彩涂的质量控制技术。

4.3.3 产品开发

4.3.3.1 目标：创精品、树品牌[5,6]

（1）实施精品战略。从技术差异化策略出发，全面改进和提升产品质量，提高产品技术性能，努力塑造精品名牌形象，车轮、H 型钢产品创国际名牌，薄板、优线、螺纹、中板、中型材等产品成为国内名优产品。

（2）从低成本策略出发，按满意为标、适度为准的原则，开展技术攻关，优化提升技术经济指标。从技术管理、标准化作业入手，提高产品质量，最大限度地降低成本。

（3）围绕客户新需求，做好前瞻性产品技术研究。开发新需求产品，引导新用户，开辟新市场。

4.3.3.2　名牌精品开发技术

（1）车轮：开发货运重载车轮、客运高速车轮和城市轨道运输低噪音车轮精品系列，系统地做好技术基础工作(高质量圆坯连铸技术、压轧变形技术、车轮钢氢行为、断裂行为研究、用户使用技术研究)，优化工艺规程、操作要点、强化质量管理，建立标准化作业模式，稳定产品质量。

（2）H 型钢：开发耐火、抗震、耐候专用 H 型钢系列。开发优质异形坯生产技术，实行高效率、高尺寸精度和稳定轧制技术，积极采用 TMCP 技术。

（3）线、棒材：开发高强度、耐蚀、抗震钢筋系列和中碳低合金冷镦钢系列。

（4）板材：

中厚板：增加品种，稳定质量，提高性能。

热轧薄板：开发高强度耐候(集装箱、车辆用钢……)系列和高强度车辆结构用钢系列，提供合格冷轧原板。

冷轧薄板：重点在建筑用薄板、深冲系列薄板、涂镀产品开发。

4.3.3.3　产品加工技术

利用 H 型钢、中板、薄板开发钢结构产品；利用优质线材开发精丝、标准件产品。

4.3.4　节能环保

开展二次资源开发，搞好铁渣、钢渣、污泥、铁红等二次资源的综合利用；开展粉尘、废气综合利用工作；降低吨钢新水用量，增加水循环利用，减少废液排放和开展废液综合治理工作。

4.3.5　用户服务技术

超前研究用户使用钢材产品技术，帮助用户改进工艺，正确使用产品，提高用户产品性能价格比；研究铁路、交通、建筑、金属制品、汽车等用户技术标准，帮助用户购买产品；提高为用户服务技术保障能力和快速反应能力。

4.3.6　技术创新体系建设[7,8]

（1）制定"马钢技术创新规划"，从企业发展的战略高度进一步明确马钢技术创新的方向、目标、工作重点与工作措施。

（2）进一步完善技术创新运作机制：

1）技术创新立项机制。根据公司发展和经营的需要提出立项申请，经组织论证、审批后，全面实行招标。

2）技术创新运作机制。实行三个"三结合"。在技术中心内部，实施不同专业(工艺、检验、信息)人员三结合；在公司内部，实施"研、学、销"三结合；在公司外部，实施"产、学(研)、用户"三结合。

3）技术创新评价机制。课题实行技术专家指导下的课题长负责制；课题结束验收实行分级考评，逐级验收，促进成果转化。

（3）加快技术创新资源建设：

1）加快技术创新人才培养。制定人才需求规划，实施科学的人才培训机制，合理地使用人才，科学评价、激励、约束人才。

2）发挥信息功效。建立竞争情报体系，强化科技信息研究，跟踪钢铁前沿技术发展和创新，加强对竞争对手的分析研究，开展企业发展技术创新决策咨询研究，提高企业决策效率。

3）加快技术创新手段建设。根据公司"十五"和"十一五"发展目标，结合马钢工艺装备实际和技术工作需要，按"统筹规划，适度超前，先进实用，分步实施"的原则，逐步建立技术创新检测手段和工艺试验手段。

5 结语

技术进步决定着世界钢铁工业的发展，随着全球经济一体化进程加快，技术进步对钢铁工业、对马钢的发展必将起着越来越重要的作用。

当前马钢生产经营形势良好，发展势头强劲，既存在机遇也有风险。如何自觉运用技术创新手段，为提高马钢的效益，增强马钢市场竞争力，保持马钢稳定、可持续发展是每一位职工都应思考的问题。

参 考 文 献

[1] 张寿荣，银汉."九五"以来我国炼铁技术进步及高炉结构调整(续)[J].中国冶金，2003（2）：6~9.

[2] 殷瑞钰.整体优化流程、形成自主创新特色，发展炼钢—连铸技术[J].炼钢，2003，19（1）：1~9.

[3] 余志祥.大型转炉炼钢技术系统开发创新与应用[J].中国冶金，2003，64（3）：6~11.

[4] 殷瑞钰.绿色制造与钢铁工业—钢铁工业绿色问题[J].科技与产业，2003（9）：25~31.

[5] 张兴中，等.连铸技术的发展状态及高效连铸[J].中国冶金，2003，64（3）：17~18.

[6] 张树堂，周积智.新世纪的轧钢创新工艺展望[J].中国冶金，2003（1）：30~32.

[7] 杨德泽，等.国外钢铁工业结构调整及其启示[J].钢铁，2003，38（1）：64~70.

[8] 魏建新.武钢技术创新若干问题探讨[J].武钢技术.2003，41（2）：40~43.

Review of Technological Advancements and Discussion on Future Development of Masteel

Su Shihuai

（Ma'anshan Iron and Steel Co., Ltd.）

Abstract：The technological advancements of Masteel during last few years are reviewed. The existing deficiency is pointed out. The development of technology in the future is discussed.

Key words：technology；development；Masteel

冶金固体废弃物资源综合利用的技术开发研究❶

苏世怀¹　李辽沙²　陈广言¹　周　云²　李文翔¹　董元篪²

(1. 马鞍山钢铁股份公司技术中心；
2. 安徽工业大学冶金工程与资源综合利用重点实验室)

摘　要：针对重点发展我国钢铁企业的循环经济，本文提出了冶金固体废弃物的综合利用是关系冶金企业健康长足发展的"瓶颈问题"，综述了国内外冶金固体废弃物综合利用现状和发展趋势，结合马钢固体废弃物的特点，总结并探讨了马钢冶金固体废弃物资源综合利用的技术开发实绩和途径。

关键词：冶金；固体废弃物；综合利用

1　引言

冶金固体废弃物除金属矿山产生的尾矿外，主要有各工序产生的尘泥、氧化铁皮、高炉渣、钢渣和废旧耐火材料等。高炉渣约占钢产量的 30%、转炉渣约占钢产量的 12%、尘泥约 4%、氧化铁皮约 1.5%，这对我国钢产量目前 2.7 亿吨的钢铁大国而言，固体废弃物的排放量是巨大的。能否合理利用冶金固体废弃物将关系到我国冶金企业健康发展的"瓶颈问题"，也是冶金专家和社会关心的重点之一。冶金传统的生产模式为"资源—产品—污染排放"，这与现阶段倡导的"资源→产品→再生资源→再生产品"（"3R"原则）发展循环经济模式是相悖的。围绕上述固体废弃物的利用，虽然目前已有一定的研究，但仍没有解决冶金企业的根本性问题，冶金固体废弃物综合利用的特点是大宗量处理、低代价处理、清洁分离与综合利用处理、无污染、零排放。本文阐述了国内外冶金固体废弃物综合利用现状和发展趋势，结合马钢固体废弃物的特点，总结马钢冶金固体废弃物资源综合利用的技术开发模式，并探讨马钢进一步开展固体废弃物综合利用技术开发途径[1~4]。

2　国内外冶金固体废弃物综合利用技术的发展趋势

2.1　钢渣综合利用技术开发

钢渣综合利用有两个环节，包括钢渣处理和钢渣利用。其中，钢渣处理技术主要有冷弃法、闷渣法、热泼法、盘泼法、风碎粒化法、水淬法等。钢渣的利用方式可分为无害化处理和综合利用两大类。无害化处理对钢渣的利用率很低，其典型的利用方式为热泼渣将

---

❶　原文发表于 2005 中国钢铁年会论文集。

热态钢渣喷水，冷却后，磁选分离夹带的渣钢，残渣用于铺路或建筑回填；若对钢渣进行综合利用则利用率较高，一般是先回收渣中有价元素（如铁、钒、钛等），然后根据尾渣的粒度不同，用作烧结矿熔剂（CaO 含量较高的钢渣）、筑路材料或用作水泥、混凝土掺和料和建筑材料。

2.2 高炉渣综合利用技术

碱性系数在 0.96~1.08 之间，根据把液态渣处理成固态渣的方法不同，可分为：水淬渣、膨珠和重矿渣。处理工艺分为急冷、缓冷。急冷产品有水淬渣、膨珠；缓冷产品有重矿渣。

水渣主要用于水泥混合材、混凝土掺和料、矿渣砖、砌块材料、道路材料、地基加固材料；膨珠主要用于轻质混凝土骨料；重矿渣主要用于地基加固回填、水泥配料、矿渣棉原料等。

高炉渣除上述基本利用外，还有其他一些高附加值利用途径。如利用高炉渣生产微晶玻璃、农肥、水合二氧化硅（白炭黑）。

2.3 除尘灰（泥）综合利用技术

冶金尘泥一般富含铁，可直接通过返烧结用于冶金内部的循环，也有一些含有其他有价组分，如锌，可通过火法、湿法分离。典型的是高炉灰中可含碳、锌等有价组分。

在德国 ThyssenKrupp Stahl AG 通过竖炉（Hamborn OxiCup）的应用来达到综合利用，竖炉是通过向上流动的结块相来包裹含铁的灰尘和污泥。这个工艺在工业化规模的试验中做了两年多的测试。目前已经建成，从 2003 年开始运行。该工厂包括了分开的进料部分，配料部分和装料部分及最终的 OxiCup 竖炉，其进料部分有针对大块原料的，也有针对混合成块状原料的专用装置。

2.4 废旧耐火材料的综合利用技术

钢包内衬为镁、钙质耐火材料，可通过机械破碎装置，钢包砖破碎后经筛分分级处理，10mm 以下的通过风送加入到脱硫后的铁水液面上作为保温剂；10~30mm 的通过转炉散状料上料系统加入转炉作为造渣剂使用。

3 马钢固体废弃物综合利用技术的开发

3.1 马钢钢渣综合利用

针对转炉钢渣、LF 精炼渣、KR 脱硫渣等成分和性能的不同，马钢在钢渣处理阶段采用风碎粒化、滚筒水淬、机械破碎工艺进行处理。

3.1.1 钢渣风碎粒化

钢渣风碎粒化法处理工艺是马钢具有自主知识产权的技术，是大规模连续处理高温液态钢渣的一种先进工艺，并已先后在国内多家钢铁企业的 15t、30t、50t、100t、300t 转炉钢渣处理生产上得到应用。该工艺的主要优点是：安全、高效、节能、投资少、操作简单，产品平均粒度为 2mm，粒度均匀，性能稳定，活性高。在风碎处理过程中，能将固溶在液态钢渣中的不稳定相 CaO·FeO 和 MgO·FeO 相转化为稳定的并具有活性的 2CaO·Fe$_2$O$_3$ 相和 2MgO·Fe$_2$O$_3$。

1987 年 5 月，将风碎渣按一定比例配入混凝土中作细骨料应用于马鞍山湖南路的施工，18 年的道路工程应用试验结果表明：混凝土路面的抗压强度仍达到 60~95MPa，平均 85MPa，比同期黄沙混凝土路面的抗压强度高 21%，节约 525 级高标号水泥 147kg/m^3。这说明风碎粒化渣作高等级水泥路面混凝土细骨料使用是可行的，采用风碎处理工艺不仅解决了钢渣作建筑材料不稳定性的难题，也可作水泥混合材、钢渣矿渣复合微粉、磨料的优质原料使用，具有较高的利用价值。

风碎粒化工艺要求液态钢渣的流动性较好，风碎后的产品为钢珠和粒化渣。钢珠返回转炉使用，粒化渣外售作道路建材和水泥的优质原料使用等。

3.1.2　滚筒水渣处理

滚筒水渣处理工艺，是一种能连续处理流动性较差的钢渣资源化处理工艺。处理后的产品的性能稳定，渣中游离氧化钙<4%，产品的平均粒度为 12mm 左右，其中 50% 大于 5mm，通过再破碎与磁选装置，将产品分成钢粒和<5mm 的粒化渣两种产品。钢粒返回转炉使用，粒化渣按化学成分的不同，分别应用于不同途径。

3.1.3　机械破碎处理工艺

对于少量 KR 脱硫渣和散状固体渣，按化学成分，有不同用途，但该渣特点是 CaO 含量高，可达 75% 以上，考虑此将返回烧结系统作烧结溶剂使用，降低烧结配料石灰用量采用传统能耗较高的机械破碎处理工艺进行处理，产品的平均粒度小于 5mm，经过磁选，钢粒返回转炉使用。

3.2　马钢高炉渣的综合利用

马钢的高炉渣主要利用形式为水淬处理形成水渣产品。水渣长期用于水泥生产，作混合材使用，是水泥生产的主要原料之一；近几年来高炉水渣又是生产矿渣微粉的主要原料。马钢股份公司 30 万吨/年的矿渣微粉厂已经投产。高炉水渣全部外销，没有积压、堆放等问题，不存在利用困难。

3.3　马钢高炉瓦斯泥的综合利用

马钢高炉瓦斯泥是高炉经湿式除尘而产生的固体废弃物，主要是由矿粉、焦粉和熔剂组成，并含有少量的锌等有害元素。马钢对该类固体废弃物主要有两种方式：一是含锌等其他组分少的高炉瓦斯灰，直接返烧结；其余是含锌较高的瓦斯灰，为了更有效地利用，提高其利用价值，将高炉瓦斯泥经特定工艺进行分离、富集，得到含铁品位高的铁精矿、富含炭的炭精粉和用于替代制砖中使用的燃料——煤矸石的尾泥。经过工业试验，并取得了阶段性成果。

研究结果表明，瓦斯泥铁相中非磁性铁占到 61%，磁性铁仅占 39%，因此，它不适合用单一磁选的方法富集铁。对瓦斯泥的矿物性质进行了分析，对单一重选、浮选条件试验和连续重选、浮选条件试验、浮选—重选联合等流程进行了反复的小试和连续性试验研究。试验组对采集的一铁高炉瓦斯泥样品进行了分析，结果见表 1~表 3。

表1 连选瓦斯泥多元素分析结果

Table 1 Results of multi-elements in BF sludge （%）

元素	TFe	FeO	S	P	Zn	SiO₂	Al₂O₃	CaO	MgO	固定C
含量	24.2	4.07	0.9	0.05	4.80	8.94	4.54	2.98	1.12	38.14

表2 瓦斯泥铁相分析结果

Table 2 Results of containing-Fe phase in BF sludge （%）

铁相	全铁品位	磁性铁	非磁性铁
含量	24.28	9.47	14.81
铁分布率	100.00	39.00	61.00

表3 瓦斯泥不同流程连选试验结果对照表

Table 3 Contrast table of experimental results in different continual separation process

产品名称	连选流程	生产率/%	品位/%		回收率/%		备注
			TFe	固定C	TFe	固定C	
碳精矿	全浮	51.12	9.16	76.11	17.10	93.57	1. 瓦斯泥原浆性质波动大，全浮流程中反浮槽中铁矿浆易沉积堵塞，过程不易顺行；
	浮—重	45.59	14.74	78.06	24.52	85.59	
铁精矿	全浮	27.60	54.00	2.06	54.37	1.37	2. 浮—重联合流程易顺行，操作简便
	浮—重	30.56	54.38	1.98	60.63	1.45	
尾矿	全浮	21.28	36.75	9.89	28.53	5.06	
	浮—重	23.85	17.07	22.59	14.85	12.96	
原矿	共用	100.00	27.14	41.58	100.00	100.00	

浮—重联合流程易顺行，对瓦斯泥性质波动适应性强，操作简便；铁的富集回收效果好，即铁精矿质量和回收率较高，尾矿含铁量比前者低很多。另外，浮—重流程可以减少药剂品种，有利于降低生产成本。并且瓦斯泥原矿的连选产品多元素分析结果表明，原矿Zn为4.8%，铁精矿Zn只有1.5%，尾矿Zn达12.0%，锌在铁精矿中的回收率为9.67%，在尾矿中回收率为66.85%。可见采用该方案锌的脱除率较高，将该铁精矿返回高炉冶炼比瓦斯泥未经富集处置就循环返回利用好得多。

如若采用浮选—重选联合流程建年处理2万吨瓦斯泥生产线，可获得含铁大于52%的铁精矿6190t；含碳大于70%的碳精矿8400t；产生可替代煤矸石烧砖的尾泥5400t，按目前市场价初步计算，一年可为公司产生经济效益900多万元。同时也解决了此类二次资源的利用。

4 下一步发展设想

为配合马钢新区冶金固体二次资源综合利用方案的实施，以及为今后高价值利用固体二次资源，马钢技术中心在"十一五"技术迎新规划中，编制了综合利用科研项目开发计划，主要内容有：

（1）风碎渣作混凝土路面、沥青路面细骨料产品标准、施工标准制定（正与中冶集团建研总院合作进行）。该项目完成后，风碎渣可替代黄沙，增加钢渣附加值和使用量。

（2）钢渣全组分分离技术开发。本项目旨在将转炉渣进行全组分分离，得到渣钢、富石灰相和建筑微粉。渣钢含铁量>90%，直接用于炼钢，富石灰相中 CaO>80%，代替石灰石、白云石返回炼钢及烧结系统作熔剂，分离后的微粉性能与成分均接近高炉渣，可作混凝土外加剂及水泥掺和料出售，其经济效益、社会效益极为显著。

（3）转炉渣微粉作铁水"三脱"粉剂应用技术开发。利用钢渣微粉的高碱度特性，将其作为"三脱"粉剂的组分，对铁水进行预处理，实现钢渣作再生资源部分循环于企业生产的过程。

（4）各类含铁尘泥利用技术开发。利用马钢现有小高炉的装备特点，借鉴德国 OXICUP 竖窑的利用方式，将企业内部难处理的高炉、转炉尘泥等含铁原料单独造块，用 $300m^3$ 小高炉冶炼回收其中的铁，并将其他杂质转化为可利用的高炉渣。

5　结语

冶金固体废弃物的综合利用技术的开发，不仅是冶金企业自身的问题，也是社会的重要问题之一。要求企业决策人转变观念；政府和企业共同搞好规划，调整结构；健全法制，完善相关政策；同时大力依靠科技，搞好行业的示范工程，推动经济与环境的协调发展。

参 考 文 献

[1] 马凯. 贯彻和落实科学发展观，大力推进循环经济发展 [J]. 宏观经济管理，2004，10：4~9.
[2] 聂永丰. 三废处理工程技术手册 [M]. 北京：化学工业出版社，2000.
[3] 马钢股份"十一五"技术改造和结构调整冶金废弃物处理与综合利用总体规划. 内部资料.
[4] 徐匡迪，蒋国昌. 中国钢铁工业的现状和发展 [J]. 中国工程科学，2000，2（7）：1~9.

Study of Technological Exploitation on Metallurgical Solid Waste Recycling

Su Shihuai[1]　Li Liaosha[2]　Chen Guangyan[1]
Zhou Yun[2]　Li Wenxiang[1]　Dong Yuanchi[2]

（1. Technic Center of Ma'anshan Iron and Steel Co., Ltd.；2. Key Lab of Metallurgical Engineering and Resources Recycling of Anhui University of Technology）

Abstract：Aiming for circular economic of iron & steel industry, resources recycling of metallurgical solid waste was problem of bottle neck, which affect development metallurgical corporation. Nowadays condition and developing tendency of resources recycling on solid waste were introduced in the paper, integrating with feature of Masteel's solid waste, summarized and probed way of technological exploitation of solid waste recycling.

Key words：metallurgy；solid waste；resources recycling

钢渣预处理工艺对其矿物组成与资源化特性的影响[●]

李辽沙[1] 曾 晶[1] 苏世怀[2] 陈广言[2] 叶 平[2] 周 云[1] 董元篪[1]

（1. 安徽工业大学；2. 马鞍山钢铁股份有限公司技术中心）

摘 要：结合转炉钢渣的稳定化预处理工艺，分别研究了经风碎法、滚筒水淬法、热泼法预处理后转炉钢渣的矿物形貌、组成与结构特点，探讨了不同稳定化预处理方式对钢渣资源化特性的影响。结果表明：经不同的稳定化预处理，转炉钢渣的矿物组成和形貌及稳定性等理化特性差别很大。热泼法预处理钢渣中含大量不稳定的较大颗粒硅酸三钙相，易析出游离氧化钙，不宜直接资源化利用；滚筒水淬法预处理后的钢渣消化完全，结构稳定，以硅酸二钙和铁铝酸钙为主要矿物相，利于直接资源化利用；风碎法预处理后的钢渣结构稳定性较好，以硅酸二钙和铁酸钙为主要矿物，矿物粒度细小而均匀，对直接资源化利用也较有利。

关键词：转炉钢渣；稳定化处理；矿物相；资源化特性

1 引言

现行转炉吨钢排渣量为 85～130kg，我国重点冶金企业平均为 110kg。至 2004 年底，国内积存的钢渣已超亿吨，并仍以每年数百万吨的量递增[1]。钢渣成分杂、量大，除大量用于建筑回填外，大宗量、高效的利用技术至今无突破性进展。

转炉渣资源化过程一般包括稳定化预处理与后续利用两个步骤。自 20 世纪 80 年代后，国内外学者就一直在对钢渣的稳定化预处理进行广泛、深入的研究，成果不断用于生产实践。目前我国钢渣的稳定化预处理方法主要有冷弃法、热闷法、热泼法，盘泼水冷法、倾翻罐水淬法、滚筒水淬法、风碎粒化法等[2~8]。经不同方法预处理的钢渣，其物相组成、内部组织结构、矿物析出规律、组元分布、显微形貌等差异很大，与近于平衡状态（热力学意义上）下缓冷的钢渣的理化特性相去甚远，进而直接影响后续的利用方式。本研究通过对稳定化预处理后钢渣的化学成分、矿物相组成等进行分析，探讨 3 种典型的稳定化预处理工艺对钢渣特性的影响，旨在为寻求转炉渣的合理利用方式提供科学依据。

2 3 种典型的钢渣稳定化预处理工艺

钢渣稳定化预处理的目的是对高温钢渣进行速冷或喷水强行消化，使其物相稳定。热泼法、水淬法、风碎法是 3 种典型的钢渣稳定化预处理工艺。

（1）热泼法。该法是将渣罐中的熔融钢渣倾倒在有一定坡度的处理场上，渣层厚度一

● 原文发表于《金属矿山》2006 年第 12 期。

安徽省自然科学基金项目（050450105），科技部"973"项目（2005CCA05800）。

般控制在 30cm 以下。熔渣在空气中凝固、表面温度降至 350~400℃ 时，适量喷水加速其冷却，然后自然降温至 100℃ 以下，再进行后续的处理和利用。热泼法处理钢渣时炉渣冷却速度比自然冷却快 30~50 倍。

（2）水淬法。工艺特点是液态高温钢渣在流出、下降过程中，被压力水分割、击碎、速凝，在水幕中进行粒化。水淬工艺会因炼钢设备的配置和排渣特点不同而不同，有开孔渣罐水淬法、滚筒水淬法等。

滚筒水淬法是将液态钢渣自转炉倒入渣罐，经渣罐台车运至渣处理场；由吊车将渣罐内的钢渣经滚筒装置的进渣溜槽倒入滚筒；液态钢渣在滚筒内受离心力和喷淋水作用，同时完成冷却，固化，破碎及渣、钢分离。滚筒水淬法处理后钢渣颗粒大约有 98% 粒径在 15mm 以下[9]。该法适于处理流动性较好的大型转炉钢渣，对于高黏度渣不宜采用。

（3）风碎法。风碎法是将装有液态钢渣的渣罐运到风碎装置处，倾翻；熔渣经中间罐流出，被一种特殊喷嘴喷出的压缩空气吹散，破碎成细小颗粒；在罩式锅炉内回收高温空气和小颗粒所散发的热量并捕集渣粒。风碎渣颗粒粒径一般在 2~6mm 范围内，强度较高。风碎工艺要求钢渣有良好的流动性。

3　3 种典型稳定化预处理工艺下的钢渣特性

研究样品为马钢经热泼法处理的钢渣（简称热泼渣）、宝钢经滚筒水淬法处理的钢渣（简称滚筒水淬渣）和重钢经风碎法处理的钢渣（简称风碎渣）。各渣样的化学成分 X 射线分析结果见表 1。

表 1　各渣样的化学组成　　　　　　　　　　　（%）

样品名称	Al_2O_3	CaO	FeO	MgO	MnO
热泼渣	1.95	41.46	11.86	9.98	2.03
滚筒水淬渣	0.63	36.49	25.52	9.07	3.39
风碎渣	1.26	33.48	14.58	11.83	2.55
样品名称	P_2O_5	S	SiO_2	TFe	三元碱度
热泼渣	1.55	0.083	11.08	19.71	3.28
滚筒水淬渣	1.66	0.044	7.66	28.14	3.92
风碎渣	1.42	0.083	11.19	26.34	2.51

从表 1 中可以看出：各渣样的三元碱度（$(CaO)/(SiO_2)+(P_2O_5)$）各不相同，但均在 2.5 以上。根据文献 [10]，这种钢渣如果在接近热力学平衡的条件下缓冷，最终在渣中得到的矿物相都应该以 C_3S（硅酸三钙）、C_2S（硅酸二钙）和 RO 相为主，只不过这 3 种主体矿物的相对含量有差异，即渣样三元碱度越高，其中 C_3S（硅酸三钙）的相对含量也越高。但在实际的出渣条件下，熔融钢渣的冷却过程总是远离理想的热力学平衡状态，因此实际所得钢渣的矿物相构成与热力学平衡状态下所得钢渣的矿物相构成会有较大的差异。

表 1 中热泼渣、滚筒水淬渣和风碎渣的 FeO 含量分别为 11.86%、25.52%、14.58%，结合 TFe 含量，可计算出各渣样相应的 Fe_2O_3 含量分别为 15.98%、11.84%、21.43%。由

此可见：滚筒水淬法由于冷却速度快，处理过程供氧不足，因而熔渣氧化困难，处理后的渣样铁元素主要以 FeO 形式存在，其含量约为 Fe_2O_3 的 2 倍；风碎法由于以压缩空气冲击高温熔渣，提高了熔渣氧位，因而利于渣的氧化，处理后的渣样中 Fe_2O_3 含量比 FeO 高；热泼法则由于熔渣与空气自然接触，因而渣的氧化介于滚筒水淬法和风碎法之间，处理后的渣样中 Fe_2O_3 含量与 FeO 相近。总之，不同的稳定化预处理方式引起熔渣氧化过程的差异，这种差异最终将导致凝固后钢渣中矿物相种类的变化以及部分矿物相化学组成的不同。

3.1 滚筒水淬渣的特性

图 1 为滚筒水淬渣渣样的电镜照片。结合 EDS 能谱分析可知：A 和 B 均为方镁石相，但因镁含量不同，形貌有所差异；A 含镁较高，B 中 Fe_xO 等杂质较多；A 被 B 所包裹，A、B 间无明显相界面。C 是典型的硅酸二钙相，呈深灰色，被包裹于浅灰色的基体矿物铁铝酸钙 D 之中。另有部分 RO 相，其主要成分为 FeO、MgO 和 MnO 的固溶体，比例可在一定范围内波动。

对滚筒水淬渣样中硅酸二钙颗粒的粒径和面积分布进行统计分析，其结果列于表 2。

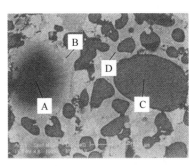

图 1 滚筒水淬渣的电镜照片

表 2 滚筒水淬渣样中硅酸二钙颗粒的粒径和面积分布

粒径/μm			面积分布	
最大	最小	平均	相面积/mm²	占总面积百分比/%
69.90	0.03	35.50	0.005	41.6

由表 2 可知：滚筒水淬渣中硅酸二钙矿物颗粒的平均粒径为 35.5μm，粒度较小。原因在于滚筒水淬法处理过程中钢渣的冷却速率快，析出的矿物相来不及充分结晶、长大。

滚筒水淬渣的三元碱度较高。按文献 [10]，这种钢渣如果在接近热力学平衡状态下自液态缓冷，最终得到的固态渣中主要物相应有 C_3S。但在实际的滚筒水淬渣样中没有发现 C_3S 相，大量出现的是 C_2S，其面积占到总面积的 41.6%。这说明熔融钢渣经滚筒水淬法预处理后消化比较完全，相应的处理环境阻碍了 C_3S 的生成。

以上分析表明：经滚筒水淬法处理后的钢渣在后续的资源化利用时，不会再因结构失稳而破坏。

3.2 热泼渣的特性

图 2 为热泼法处理后的钢渣经 5d 时效后的扫描电镜照片。经 EDS 分析可知：A 的成分接近硅酸二钙；B 为 RO 相；C 为覆盖于表面的黑色微小颗粒"浮霜"，成分为自由氧化钙；D 为铁铝酸钙固溶体；"浮霜"下为"条状"矿物 E，是硅酸二钙与硅酸三钙的混合体，"浮

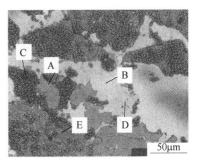

图 2 热泼渣的电镜照片

霜"多处以硅酸二钙为主，尚未"起霜"的部分以硅酸三钙为主，这说明"浮霜"——自由氧化钙是因硅酸三钙失稳而从中游离、析出，硅酸三钙也因此转变为硅酸二钙。由 SiO_2-CaO 二元相图[11]可知，硅酸三钙属高温稳定相，形成于熔渣冷凝的高温段，在常温下属于热力学亚稳相，所以易于失稳而出现结构转变。显然，由硅酸三钙析出游离氧化钙而得到的硅酸二钙的宏观结构和形貌与熔渣在冷凝过程中先期析出的硅酸二钙 A 不同：A 较致密、结构与成分相对均匀、稳定；而转化自硅酸三钙的硅酸二钙因氧化钙的游离析出，留下很多微孔或空隙，加之相转变的体积变化与应力作用，结构易产生破坏。

　　以上分析结果表明：热泼渣中的硅酸三钙很不稳定，随着时间的推移，不断有氧化钙从中慢慢析出。对钢渣进行稳定化预处理的目的之一是消除其中不稳定的硅酸三钙，减少游离氧化钙的量。而经热泼法处理的钢渣，其中仍含有较多的硅酸三钙，这必然造成钢渣结构的不稳定，不利于钢渣的后续直接资源化利用。

　　由于热泼法处理过程使熔渣有相对充足的冷凝与矿物析出时间，所以处理后的渣中出现 5 种不同矿物，物相组成相对另外 2 种处理方式更接近于平衡缓冷（热力学意义上的）处理的结果。由于相的数目多，按吉布斯相律，该渣系的自由度相对少，因此理论上反应活性相对低（除硅酸三钙外），这也是后续资源化利用的不利因素。

3.3　风碎渣的特性

　　图 3 是用扫描电子显微镜得到的风碎渣渣样的电镜照片。与热泼法和滚筒水淬法相比，风碎法处理过程中，熔渣的冷却速度非常快，熔渣组分在凝固过程中来不及进行充分的扩散传质，因而冷凝后钢渣的组元分布、晶粒大小等基本取决于风碎处理前熔渣的结构与特性。图 3 中 A 为硅酸二钙，B 是以铁酸钙为主的基体矿物，C 为方镁石，D 为 RO 相。

　　EDS 分析结果显示：以铁酸钙为主的矿物相中，全铁含量为 32.5%，并富集了渣中 85% 以上的铁氧化物，

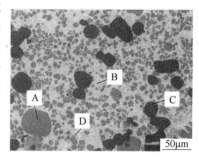

图 3　风碎渣的电镜照片

说明风碎渣中铁元素的氧化程度相对较高。这与前面对表 1 数据的分析结论是一致的。

　　风碎渣中的各矿物相比较稳定，矿物颗粒细小且比较均匀，因而适宜将风碎渣用于建材或相关领域。不足之处在于风碎渣中铁酸钙较多，这可能导致风碎渣作为水泥掺和料使用时，其反应和胶凝活性逊于水淬渣。

4　结论

　　（1）不同的钢渣稳定化预处理工艺会对钢渣的成分、稳定性、物相组成、矿相形貌及矿相颗粒大小等理化特性产生影响。

　　（2）热泼法处理后的钢渣含大量不稳定的较大颗粒硅酸三钙相，这些硅酸三钙易分解为硅酸二钙和游离氧化钙，因而不宜将热泼渣直接资源化利用。

　　（3）滚筒水淬法处理后的钢渣消化较完全，结构稳定，以硅酸二钙与铁铝酸钙为主要矿物，利于直接资源化利用。

　　（4）风碎法处理后的钢渣结构稳定性较好，以硅酸二钙和铁酸钙为主要矿物，矿物粒度细小而均匀，对直接资源化利用也较有利。

参 考 文 献

[1] 陈盛建，高宏亮. 钢渣综合利用技术及展望 [J]. 南方金属，2004 (5)：1~5.

[2] 黄晓燕，王芳群. 钢渣的湿法处理与综合利用述评 [J]. 中国锰业，2001，19 (3)：39~41.

[3] 李永治，李文翔. 钢渣风碎技术研究 [J]. 炼钢，1994，10 (5)：40~44.

[4] 李惠光. 宝钢钢渣加工技术与世界发展水平之比较 [J]. 钢铁，1994，29 (2)：70~74.

[5] 于功德，高怀峰. 安钢废钢厂的钢渣加工与综合利用 [J]. 河南冶金，1994，4 (13)：29~32.

[6] 陈伟. 转炉钢渣的处理和利用 [J]. 湖南有色金属，2000，16 (4)：36~38.

[7] 甄长胜，王继俊，高玉英. 唐钢转炉钢渣处理工艺与效果 [J]. 河北冶金，1994，79 (1)：55~56.

[8] Ortiz N, Pires M A F, Bressiani J C. Use of steel converter slag as nickel adsorber to waste water-tertreatment [J]. Waste Management, 2001, 21 (7)：631~635.

[9] 曹致栋，谢良德. 宝钢滚筒法液态钢渣处理装置及与生产实绩 [J]. 宝钢技术，2001 (3)：1~3.

[10] 聂永丰. 三废处理工程技术手册·固体废物卷 [M]. 北京：化学工业出版社，2003：504.

[11] 德国钢铁工程师协会. 渣图集 [M]. 北京：冶金工业出版社，1989：41.

Effect of Steel Slag Pretreatment on
Its Mineral Composition and Properties as Resource

Li Liaosha[1] Zeng Jing[1] Su Shihuai[2] Chen Guangyan[2]
Ye Ping[2] Zhou Yun[1] Dong Yuanchi[1]

(1. Anhui University of Technology；

2. Technology Center of Ma'anshan Iron and Steel Co., Ltd.)

Abstract：In combination with the pretreatment processes for stabilizing BOF slag, the mineral morphology, composition and structural characteristics of BOF slag after pretreated with wind crush, drum method, and hot splash method were studied and the effect of various kinds of stabilization pretreatment processes on the recycling of BOF slag as a resource was discussed. The results indicate that different stabilization pretreatment processes can lead to a great difference in the physico-chemical properties of treated slags, such as their mineral composition, morphology and stability. When pretreated by hot splash method, the slag will contain a great amount of instable large tricalcium silicate particles which are apt to release free calcium oxide, and is therefore unsuitable for direct utilization as a resource; when pretreated by drum method, it will be completely digested and will have a stable structure and dicalcium silicate and calcium aluminoferrite as the main mineral phases, which is beneficial to the direct utilization as a resource; and when by wind crush, it will mainly have fine and uniform calcium ferrite and dicalcium silicate minerals, which is also beneficial to the direct utilization.

Key words：BOF slag; stabilization treatment; mineral phase; properties as a resource

微波改性高炉瓦斯泥吸附特性研究^❶

高志芳[1]　高　蔷[1]　苏世怀[2]　吴晓华[3]　李辽沙[1]

(1. 安徽工业大学安徽省冶金工程与资源综合利用重点实验室;

2. 马鞍山钢铁股份有限公司;

3. 中国科学院科技政策与管理科学研究所)

摘　要:以马鞍山钢铁公司高炉瓦斯泥为对象,采用微波改性方法对高炉瓦斯泥的粒度分布、微观形貌及化学变化进行表征分析,揭示了微波作用对瓦斯泥吸附特性的影响。结果表明,高炉瓦斯泥的主要组分为含铁烧结矿和焦炭颗粒,经微波改性的瓦斯泥颗粒,在形貌上显示出粗糙度增大,孔隙结构明显,比表面积增大和活性点增多的特征。通过对亚甲基蓝的吸附测试,发现吸附量由微波改性前的 54.8mg/g 提高到改性后的 76.7mg/g。分析证明,瓦斯泥颗粒中的一些矿物在微波加热过程中发生解离、组分间发生化学反应生成新的物质,是微波改性促使瓦斯泥吸附性提高的主要原因。实验结果为改善瓦斯泥吸附性能提供了新的方法和理论依据,并为高炉瓦斯泥资源化利用开辟了新的途径。

关键词:高炉瓦斯泥;微波改性;粒度分布;微观形貌;吸附特性;作用机理

1　引言

　　近年来,微波技术因具有高效性、选择性、穿透性、非接触性、反应速率快、易实现自动化且不污染环境等优越性能而得到广泛应用[1,2]。微波技术在冶金行业的应用主要集中在磨矿、预处理、预还原性、干燥、焙烧、金属提取及烟尘等废料的处理和利用领域[3~5]。其中,对冶金固体废弃物高炉瓦斯泥的研究已有相关报道,主要包括碳热还原锌及脱除金属氧化物的研究[6~8],以及高炉瓦斯泥在微波场中的变化及升温特性研究[9,10]。根据以上研究,综合考察微波作用下高炉瓦斯泥的脱锌效果及成本发现,微波技术不适于大宗量利用。此外,直接利用瓦斯泥对废水进行处理的研究表明,其吸附效果不是很理想[11]。

　　基于此,本文提出利用微波作用提高瓦斯泥吸附性的设想,通过研究微波改性前后瓦斯泥颗粒发生的变化及其对吸附性的影响,探讨其变化的内在机制及吸附作用机理,旨在为深入研究如何提高瓦斯泥的吸附量提供理论依据,从而为探索高炉瓦斯泥资源化利用提供新的途径。

――――――――――

❶ 原文发表于《环境科学学报》2011 年第 9 期。

安徽省科技厅国际合作项目 (09080703019)。

2 实验

2.1 实验样品及仪器

实验用高炉瓦斯泥取自马鞍山钢铁股份有限公司（马钢）1#高炉。采用 ICP 发射光谱仪（美国 Thermo Elemental-IRIS intrepid）测定 CaO、MgO、Al$_2$O$_3$、SiO$_2$、P、Zn 的含量，采用碳硫测定仪（美国 Leco-CS600）测定 C、S 的含量，采用原子吸收光谱仪（美国 PE-5100）测定 Pb 的含量，利用重铬酸钾容量法测定总 Fe(TFe) 含量，采用 ASAP-2010 型自动吸附仪测定样品的比表面积，结合 XRD 衍射仪（Bruker D8 Advance）、扫描电镜（Hitachi S-3400N Ⅱ，附带 HORIBA EX-250 能谱仪）进行成分和形貌分析，具体测定结果见表 1。从表 1 可以看出，高炉瓦斯泥中主要化学成分为铁与碳（焦炭粉），其次为 SiO$_2$、Al$_2$O$_3$ 及碱土金属氧化物。

表 1 高炉瓦斯泥原矿的主要化学组成

Table 1 Chemical composition of blast furnace sludge （%）

总 Fe	CaO	MgO	Al$_2$O$_3$	SiO$_2$	S	P	C	Zn	Pb	其他
36.57	4.12	3.78	5.54	12.67	0.83	0.08	24.33	2.17	1.00	8.91

2.2 实验步骤

实验样品按国家标准（GB 474）制备：将高炉原瓦斯泥样空气干燥后研磨至 3mm 以下，然后拌匀，之后进行缩分，缩分后一部分原样品作粒度分析试验，一部分作试验分析用样，其余部分作为备用样。首先将制备好的原样进行工业分析和矿相分析；然后将样品放入微波炉中加热，频率为 2450MHz，加热条件为 700W，加热时间为 30min；随后对改性前后高炉瓦斯泥进行粒度分析、矿相分析、能谱分析和比表面积的测定；之后对两种样品进行吸附试验：称取 0.500g 样品加入 50mL 浓度分别为 100mg/L、200mg/L、500mg/L、1000mg/L、1500mg/L、2000mg/L、2500mg/L、3000mg/L 的亚甲基蓝溶液中，在 25℃下振荡 2h 离心分离，取上清液测定溶液的平衡浓度。高炉瓦斯泥和改性瓦斯泥的平衡浓度分别为 98mg/L、198mg/L、486mg/L、987mg/L、1489mg/L、997mg/L、2496mg/L、2993mg/L 和 97mg/L、197mg/L、492mg/L、982mg/L、1493mg/L、1982mg/L、2486mg/L、2984mg/L。水溶液中亚甲基蓝浓度采用分光光度法测量，波长为 665nm。吸附试验采用 77K 下液氮吸附法，比表面积由标准 BET 法测量，并结合电镜扫描法对试验样品的形貌进行定性分析。

3 结果

3.1 微波改性前后高炉瓦斯泥的粒度分布

表 2 为高炉瓦斯泥微波处理前后的特征粒径参数，图 1 为高炉瓦斯泥微波处理前后的激光粒度分布。由表 2 和图 1 可以看出，与原瓦斯泥相比，微波改性后瓦斯泥颗粒粒径显著减小，粒径分布变窄、颗粒大小均匀。高炉瓦斯泥经微波改性后，平均粒径由 17.93μm

减小到 12.72μm，比表面积由 19.56m²/g 增加到 36.79m²/g。结果表明，微波加热过程中
会产生较小的颗粒，且有助于增加颗粒的比表面积。

表2　微波改性前后高炉瓦斯泥的粒径及表面特征参数

Table 2　Particle size distribution and surface area of blast furnace sludge and

blast furnace sludge after microwave modification

样品	粒径/μm						SSA /m²·g⁻¹
	D_{10}	D_{25}	D_{50}	D_{75}	D_{90}	D_{av}	
瓦斯泥原样	6.75	10.71	15.80	22.71	32.39	17.93	19.56
改性瓦斯泥	3.49	5.78	9.99	16.38	26.14	12.72	36.79

注：D_{10}、D_{25}、D_{50}、D_{75}、D_{90} 和 D_{av} 分别表示累积粒度分布百分数达到10%、25%、50%、75%、90%时所对应的
　　粒径和平均粒径；SSA 表示比表面积。

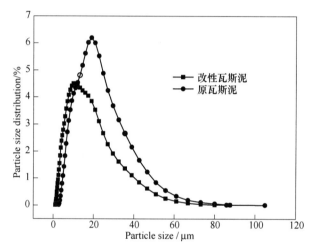

图1　微波改性前后高炉瓦斯泥的粒径分布

Fig.1　Diameter distribution of blast furnace sludge and

microwave-modified blast furnace sludge

3.2　高炉瓦斯泥的成分及矿相分析

为确定高炉瓦斯泥颗粒中的矿物组成及矿相嵌布形式，对瓦斯泥进行 XRD 衍射分析、
岩相分析、扫描电镜分析和 X 射线能谱分析，结果见图2。在矿相显微图片中（图2
(a)），标记1在反光显微镜下观察呈白色，且形状浑圆，为赤铁矿；标记2为灰白色，泛
有淡淡的蓝色，为磁铁矿；标记3为焦炭颗粒，标记4为铁酸钙，标记5为硅酸盐黏结
相。且从图中还可以看出，烧结矿中的含铁矿物与硅酸盐黏结，形成斑状结构。余者为次
要组分，其化学成分主要有 $2CaO \cdot SiO_2$、$CaCO_3$、SiO_2 等。镜像分析结合能谱分析表明，
瓦斯泥主要含有 3 种颗粒，以赤铁矿为主的烧结矿颗粒、焦炭粉颗粒及其他次要组分颗
粒。由图2(b) 的 XRD 分析结果可知，原瓦斯泥主要矿物组分为赤铁矿（$\alpha-Fe_2O_3$）、焦
炭（C）、磁铁矿（Fe_3O_4）、铁酸钙（$CaO \cdot 2Fe_2O_3$）和 $MgO \cdot SiO_2$ 等。

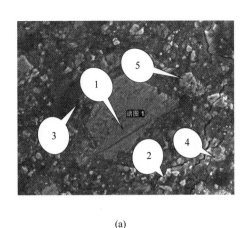
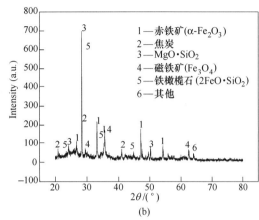

(a)   (b)

图 2   高炉瓦斯泥矿相照片（a）和 XRD（b）图
1—赤铁矿；2—磁铁矿；3—焦炭；4—铁酸钙；5—硅酸盐黏结相
Fig. 2   SEM micrograph（a）and XRD（b）analysis of blast furnace sludge
1—Hematite；2—Magnetite；3—Coke；4—Calcium ferrite；5—Silicate binder

3.3   微波改性前后高炉瓦斯泥的吸附性能

影响微波改性前后瓦斯泥的吸附特性的因素较多，如亚甲基蓝的浓度值、振荡时间、瓦斯泥的投加量和温度等。本文通过单因素试验对试样进行对比分析，所选用的吸附等温式是最常用的两种吸附等温式，即 Langmuir 吸附等温式和 Freundlich 吸附等温式[12,13]。

本文采用上述两种模型分别对实验数据进行拟合分析，结果发现，Langmuir 吸附等温式的拟合效果较 Freundlich 吸附等温式效果好，能够较好地代表该类吸附曲线的典型变化趋势。这是因为改性前后瓦斯泥中活性组分含量不同，改性后的活性组分含量增多，其吸附曲线更逼近 Langmuir 趋势，因此，用该模型拟合的效果更好。Langmuir 吸附等温式的线性形式为：

$$\frac{1}{q_e} = \frac{1}{Q^0} + \left(\frac{1}{bQ^0}\right)\left(\frac{1}{C_e}\right) \tag{1}$$

式中，q_e 为平衡吸附量，mg/g；C_e 为平衡浓度，mg/L；Q^0 为单分子层饱和吸附量，mg/g；b 为常数。根据实验得到的数据利用式（1）进行拟合，结果见表 3 和图 3。

表 3   微波改性前后高炉瓦斯泥的吸附量
Table 3   Adsorption capacity of modified blast furnace sludge

样品名称	相关参数		
	$Q^0/\text{mg} \cdot \text{g}^{-1}$	$b/10^{-3}\text{L} \cdot \text{mg}^{-1}$	R^2
原样	54.8	0.986	0.984
改性样	76.7	1.025	0.971

图 3 为微波改性前后瓦斯泥对亚甲基蓝的吸附等温线。从图 3 可以看出，改性后瓦斯泥较原样对亚甲基蓝的吸附性能明显提高。将两种样品的吸附等温线数据用 Langmuir 吸附

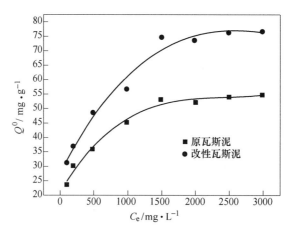

图 3　微波改性前后高炉瓦斯泥对亚甲基蓝等温吸附曲线

Fig. 3　Adsorption isotherms of methylene blue adsorption onto blast furnace sludge
and microwave-modified blast furnace sludge

等温式进行线性回归, 计算得到相关参数见表 3。由表 3 中的可决系数 (R^2) 可以看出, 两种样品对 Langmuir 等温式都有较好的回归结果。由 Langmuir 吸附等温式得到的改性前后瓦斯泥单分子层饱和吸附量 Q^0 分别为 54.8mg/g 和 76.73mg/g。由此可见, 经微波改性后瓦斯泥对亚甲基蓝的吸附量明显提高, 吸附结果与样品中活性组分的含量有关, 活性组分含量越高, 吸附效果就越明显, 具体吸附机理见 3.4 节。

3.4　微波改性对高炉瓦斯泥吸附性的作用机理

3.4.1　微波改性瓦斯泥形貌变化对吸附性的影响

对原瓦斯泥及改性后瓦斯泥进行电镜分析, 结合能谱分析对样品进行总体形貌分析及微观形貌分析。图 4 为原瓦斯泥及改性瓦斯泥微观形貌的 SEM 分析照片。由图可见, 未经改性瓦斯泥颗粒相对较为规则, 表面光滑而结构相对致密、坚实, 整体性好; 改性后瓦斯泥整体结构非常松散, 明显可见大量形状不规则的颗粒疏松的堆集, 颗粒表面由光滑逐渐变得粗糙, 呈楔状、锯齿状或波浪状等不规则形状, 且微波改性后的瓦斯泥颗粒表面具有较多的空隙, 凹凸区变化较为明显, 出现较多孔隙。结合 X 射线能谱分析可知, 颗粒凹区主要为暴露的磁铁矿和赤铁矿, 其表面活性点较多, 因此, 这些特征均对吸附性有直接影响。由此可见, 原瓦斯泥经过微波处理后, 形貌变化是比较明显的, 颗粒形貌的这种变化对颗粒的吸附性是有利的。

微波改性后瓦斯泥微观形貌发生变化的作用机理主要是由瓦斯泥颗粒的性质决定的。瓦斯泥颗粒是以富氏体 (FeO_x, $x \in (1 \sim 1.5)$) 为主的烧结矿, 且成分多元化, 其中主要成分赤铁矿 ($\alpha\text{-}Fe_2O_3$) 在微波加热初始时吸波能力较弱, 但它经微波辐照一段时间后, 表现出很快的升温特性, 且温度达到一定高度时颗粒内部发生化学反应。结合图 5 的 XRD 分析和矿相分析可知, 赤铁矿 ($\alpha\text{-}Fe_2O_3$) 转变为磁赤铁矿 ($\gamma\text{-}Fe_2O_3$), 而磁铁矿积聚能量升温速率更大, 且铁橄榄石 ($2FeO \cdot SiO_2$) 也属于对微波较为敏感的物质, 而周围伴生矿的升温速率较小, 有些成分对微波不敏感, 甚至有些成分对微波是透明的, 如 Al_2O_3、

TiO_2、ZnO、PbO 等[14~16]。因此，不同相界面上由于应力不同，从而导致裂解，使含铁矿相暴露出来，形成断续状的金属环边结构，最终致使颗粒形貌出现凹凸不平的不规则形态。

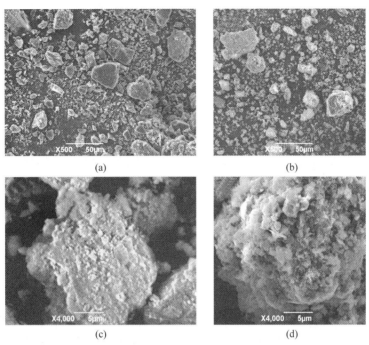

图4 高炉瓦斯泥微波改性前后的 SEM 分析照片

（a），（c）原瓦斯泥；（b），（d）改性瓦斯泥

Fig. 4 SEM analysis of raw blast furnace sludge and microwave-modified blast furnace sludge

（a），（c）raw blast furnace sludge；（b），（d）modified blast furnace sludge

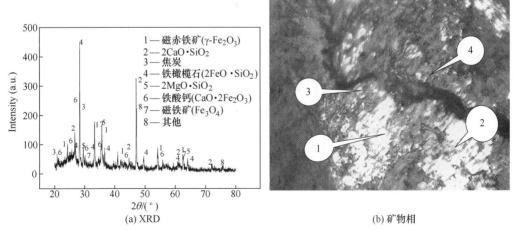

(a) XRD

1—磁赤铁矿（γ-Fe_2O_3）
2—$2CaO \cdot SiO_2$
3—焦炭
4—铁橄榄石（$2FeO \cdot SiO_2$）
5—$2MgO \cdot SiO_2$
6—铁酸钙（$CaO \cdot 2Fe_2O_3$）
7—磁铁矿（Fe_3O_4）
8—其他

(b) 矿物相

图5 微波改性高炉瓦斯泥的 XRD 图（a）和矿物相（b）照片（反光×400）

1—赤铁矿；2—磁铁矿；3—铁酸钙；4—硅酸盐黏结相断面

Fig. 5 XRD（a）analysis and micrograph（b）of microwave-modified blast furnace sludge（magnification ×400）

1—Hematite；2—Magnetite；3—Coke；4—Calcium ferrite；5—Silicate binder

3.4.2 微波改性瓦斯泥化学变化对吸附性的影响

瓦斯泥样对亚甲基蓝的吸附包括物理吸附和化学吸附。物理吸附由瓦斯泥样品与亚甲基蓝分子间通过分子间引力产生，受瓦斯泥的多孔性及比表面积决定。化学吸附主要是由于其表面具有大量 Si、Al、Fe 等活性点，且这些活性点所组成的 Si—O—Si 键、Al—O—Al 键能与具有一定极性的有害分子产生偶极—偶极键的吸附。研究表明，SiO_2 和 Al_2O_3 能与亚甲基蓝发生化学反应生成复盐[17]。瓦斯泥中活性组分（SiO_2+Al_2O_3）易于亚甲基蓝结合生成复盐附着于瓦斯泥颗粒上，从而提高吸附效果；除此之外，瓦斯泥中 CaO 的含量会影响溶液的 pH 值，从而影响瓦斯泥的吸附性能。实验结果表明，改性后瓦斯泥溶液 pH 值变小，也有利于提高样品的吸附性。因此，样品的粒度、比表面积和活性组分是影响其吸附性的主要因素。由于改性后的瓦斯泥粒度变小，比表面积增大，所暴露的活性组分含量增多，因此，改性后的高炉瓦斯泥吸附性能提高。产生上述情形的主要原因有以下几个方面。

对于瓦斯泥颗粒而言，其成分较为复杂，其中主要颗粒是烧结矿颗粒，此种颗粒受微波改性的影响较为显著，颗粒最后发生了物理和化学变化，致使此种颗粒表面复杂化，空隙增多，大量 Si、Al、Fe 活性点暴露，能提高颗粒的吸附能力。其他主要成分为焦炭（C）颗粒，对微波较为敏感，其升温速率 $\Delta T/\Delta t$ 较高，为 21.00K/s[18~20]。为研究其化学变化，通过在同一量化标准下对两种样品进行红外光谱分析，结果如图 6 所示。由图可知，羟基—OH 吸收光谱强度增强，说明官能团数量增加，表征五元杂环碳碳双键（C＝C）伸缩振动的 1561cm⁻¹ 吸收峰在改性后明显增强，而原焦炭中表征碳碳双键的峰并不明显。由此可见，随着微波强度的增加，焦炭被微波加热到较高的温度，晶体内部发生了变化，改性焦炭含有更多的活性基团，据此可以认为在高温改性中一些官能团经过重排发生了变化，并由此导致整体微观结构的重排，颗粒的有效反应面积增加，使得焦炭颗粒的形貌更为复杂，有利提高其吸附性。

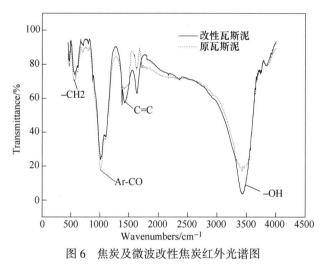

图 6 焦炭及微波改性焦炭红外光谱图

Fig. 6 Infrared spectrogram of coke and microwave-modified coke

根据上述分析结果可知，瓦斯泥颗粒属于多元多组分物质，其吸附特性受微波处理影响较为明显。改性前瓦斯泥表面结构趋于致密，这种结构不利于提高颗粒的吸附性，而微波改性后瓦斯泥整体结构非常松散，明显可见大量形状不规则的颗粒疏松地堆集，颗粒间空隙大，充填物少，颗粒表面由光滑逐渐变得粗糙，出现较大的比表面积和更明显的孔隙结构。此外，结合能谱及 FRID 分析可知，改性后瓦斯泥活性点增多，改性瓦斯泥颗粒表现出的这些特性恰好是影响瓦斯泥吸附量的主要因素。

4 结论

（1）微波改性技术可以显著提高高炉瓦斯泥的吸附特性。SEM 分析发现，原高炉瓦斯泥颗粒相对较为规则，表面光滑而致密，完整性好；微波改性后的瓦斯泥颗粒表面变得粗糙，表面空隙和凹凸区明显增多，比表面积增大，整体趋于松散。微波改性使得瓦斯泥对亚甲基蓝的吸附量由 54.8mg/g 提高到 76.7mg/g。

（2）对微波改性前后高炉瓦斯泥颗粒的形貌和化学分析表明，多元组分中的烧结矿颗粒受微波影响较大，其主要原因是：主要组分吸收微波发生化学反应，且不同矿物分离解体，导致微波加热后颗粒表面粗糙度增大，凹凸区和活性点增多，因此，其吸附能力得以改善。另外，微波改性使瓦斯泥中的焦炭组分的官能团发生变化、活性点增多，结构重组导致形貌发生改变、空隙增多，也是微波改性提高瓦斯泥吸附能力的原因之一。

参 考 文 献

[1] 古王胜，邓茂忠. 高炉瓦斯灰的无害化处理及综合利用 [J]. 粉煤灰综合利用，1997（3）：54~56.

[2] 江霞，蒋文举，朱晓，等. 微波辐照技术在活性炭脱硫中的应用 [J]. 环境科学学报，2004，24（6）：1098~1103.

[3] 李钒，张梅，王习东. 微波在冶金过程中应用的现状与前景 [J]. 过程工程学报，2007，7（1）：186~193.

[4] Heino J, Laitila L, Hiltunen A, et al. Optimisation of steel plant recycling in Finland dusts, scales and sludge [J]. Resources, Conservation and Recycling, 2002, 35（1）：77~84.

[5] 蔡卫权，李会泉，张懿. 微波技术在冶金中的应用 [J]. 过程工程学报，2005，5（2）：228~232.

[6] 刘秉国. 高炉瓦斯泥碳热还原脱锌试验研究 [D]. 昆明：昆明理工大学，2007：12~14.

[7] 彭开玉，周云，李辽沙，等. 微波场下冶金含锌尘泥的脱锌效果 [J]. 矿产综合利用，2005（6）：8~11.

[8] Standish N, Womer H. Microwave application in reduction of metal oxides with carbon [J]. Journal of Microwave Power and Electromagnetic Energy, 1990, 25（3）：177~180.

[9] Liang Y W, Chen G B, Gui B Q, et al. Numerical simulation of the temperature field of titania-bearing BF slag heated in a microwave oven [J]. Journal of University of Science and Technology Beijing, 2008, 15（4）：379~384.

[10] Das B, Prakash S, Reddy P S R. An overview of utilization of slag and sludge from steel industries [J]. Resources, Conservation and Recycling, 2007, 50（1）：40~57.

[11] 李善评，唐炳迎，李凤仙. 利用瓦斯灰处理印染废水的尝试 [J]. 水处理技术，1999，25（4）：243~245.

[12] Mahle J J. An adsorption equilibrium model for type 5 isotherms [J]. Carbon, 2002, 40：2753~2759.

[13] Campo M C, Lagorsse S, Magalhães F D, et al. Comparative study between a CMS membrane and a CMS adsorbent：Part Ⅱ. Water vapor adsorption and surface chemistry [J]. Journal of Membrane Science,

2010, 11: 26~36.

[14] Haque K E. Microwave energy for mineral treatment processes−a brief review [J]. International Journal of Mineral Processing, 1999, 57 (1): 1~24.

[15] Peng J H. Manufacturing of activated carbon with ZnCl₂ by microwave radiation [C]. The Second European Workshop on Microwave Processing. Karlsruhe, Germany: 1997: 186~191.

[16] 金钦汉, 戴树珊, 黄卡玛. 微波化学 [M]. 北京: 科学出版社, 2001: 11~20.

[17] 叶兰. 铝土矿浮选尾矿的改性及对溶液中离子吸附性能的研究 [D]. 长沙: 中南大学, 2007: 51~53.

[18] 杨伯伦, 贺拥军. 微波加热在化学反应中的应用进展 [J]. 现代化工, 2001, 21 (4): 8~12.

[19] Haque K E, Kondos P D, Macdonal R J C. Microwave activation of carbon [P]. Canada, CPC252/25, CA2008242.

[20] Thostenson E T, Chou T W. Microwave proceeding of fundamental and application composites Part A [J]. Applied Science and Manufacturing, 1999, 30 (9): 1055~1071.

Absorption Capacity of Microwave−modified Blast Furnace Sludge

Gao Zhifang[1]　　Gao Qiang[1]　　Su Shihuai[2]　　Wu Xiaohua[3]　　Li Liaosha[1]

(1. Anhui University of Technology, Anhui Provincial Key Lab of Metallurgy Engineering and Resources Recycling; 2. Ma'anshan Iron and Steel Co., Ltd.; 3. Institute of Policy and Management, Chinese Academy of Science)

Abstract: The effects of the microwave process on the absorption capacity of blast furnace sludge and its adsorption mechanism were studied. Particle size distributions, micro−morphology and chemical changes were analyzed using a laser particle size analyzer and scanning electron microscope (SEM). The results show that the morphological features of iron−bearing sinter and coke particles, which are the main constituents of blast furnace sludge, are changed by microwave heating. The surface roughness and porosity, specific surface area and activated points on the modified particle surface all increase after microwave treatment. The adsorption capacity (mg/g) for methylene blue increased from 54.8 mg/g to 76.7 mg/g after microwave modification. The increase of the absorption capacity for blast furnace sludge is mainly derived from decomposition of the mineral phase of the particles to form new materials, due to their different responses to microwave radiation. The work provides some theoretical reference for improving the absorption capacity of the blast furnace sludge. Furthermore, it is helpful for recovery of valuable constituents in blast furnace sludge.

Key words: blast furnace sludge; microwave modification; particle size distributions; micro−morphology; absorption capacity; mechanism

高炉瓦斯泥参与水煤浆制备及其成浆特性❶

高志芳[1] 李辽沙[1] 吴照金[1] 武杏荣[1] 苏世怀[2] 吴晓华[3]

(1. 安徽工业大学安徽省冶金工程与资源综合利用重点实验室，
冶金减排与资源综合利用教育部重点实验室；
2. 马鞍山钢铁股份有限公司；3. 中国科学院科技政策与管理科学研究所)

摘　要：将马鞍山钢铁股份公司高炉瓦斯泥配入东凯肥煤中制备水煤浆，分析了瓦斯泥和煤样的物理化学特性，采用回归方法研究了瓦斯泥与水煤浆表观黏度、定黏浓度（室温 25℃，表观黏度定为 1200mPa·s 时水煤浆的浓度）及发热量的关系。结果表明，加入高炉瓦斯泥能明显改善水煤浆的流变性，降低其表观黏度，但稳定性和发热量均有降低。主要原因是高炉瓦斯泥的主要组分改变了水煤浆溶液的酸碱度导致其成浆性发生改变，此外瓦斯泥中矿物表面带电及矿物含量也是影响成浆性的重要因素。添加 24% 瓦斯泥能制备较理想的水煤浆。

关键词：高炉瓦斯泥；水煤浆；成浆特性；流变性

1 引言

高炉瓦斯泥（Blast Furnace Sludge，BFS）是冶金工业固体废弃物之一，年产量约 1765 万吨[1,2]。随着资源短缺和环境污染问题日益严重，废弃物资源化利用成为当前研究的热点。目前国内冶金尘泥已逐步进入处理后再利用的新时期，主要是采用选矿手段回收铁精矿和碳精粉及降低锌等有害杂质含量，实现部分高炉尘泥循环利用，已取得了明显的经济和社会效益[3~6]。

国外对高炉瓦斯泥的研究主要集中在厂内循环利用和采用物理化学方法提取其中的有价元素，如 Fe、Zn、Ni、Cu 等[7~9]。瓦斯泥的再利用主要包括分离其中对循环利用有害的金属元素，如锌、铅和碱金属等及利用瓦斯泥制备吸附剂处理工业废水，主要是吸附废水中的有害重金属离子，如 Pb^{2+} 等[10~13]。上述研究取得了一定成果，但大多是重点利用高炉瓦斯泥的特定有价组分，其余多种组分均当作废弃物，而大量利用高炉瓦斯泥的研究主要是掺杂制备建筑及陶瓷材料[14~16]，但在大量利用的前提下寻找一种既能充分利用瓦斯泥多种组分又具较高经济价值的技术尤为重要。本研究选用东凯肥煤与马鞍山钢铁股份有限公司 1# 高炉瓦斯泥制备水煤浆，研究不同高炉瓦斯泥配比的水煤浆的成浆特性，探索高炉瓦斯泥中多元组分对水煤浆成浆性的作用机理。

❶ 原文发表于《过程工程学报》2012 年第 4 期。
安徽省自然科学基金项目（11040606M105）。

2　实验

2.1　材料及仪器

实验用高炉瓦斯泥取自马鞍山钢铁股份有限公司（马钢）1#高炉，煤样选用东凯肥煤。用 ICP 发射光谱仪（美国热电元素公司）测定 CaO、MgO、Al_2O_3、SiO_2、P、Zn 含量，Leco-CS600 碳硫测定仪（美国加联仪器公司）测定 C 和 S 含量，PE-5100 原子吸收光谱仪（美国 PE 公司）测定 Pb 含量，重铬酸钾容量法测定 TFe 含量；用 Bruker D8 Advance 粉末 X 射线衍射仪（XRD，德国布鲁克公司）、S-3400N Ⅱ 扫描电镜（日本 Hitachi 公司，附带 HORIBA EX-250 能谱仪）进行成分和形貌分析。磨样采用 $\phi20\times L23$ 型球磨机，用 Rise-2006 激光粒度分析仪（北京中美仪器科技有限公司）分析粒度分布，ASAP-2010 型自动吸附仪（美国麦克公司）测定比表面积，NXS-11A 旋转黏度仪（中国成都仪器厂有限公司）测量表观黏度及流变特性，TQHW-4E 智能量热仪（中国鹤壁天淇仪器仪表有限公司）测定发热量。

2.2　实验步骤

样品按国家标准（GB 474）制备，将瓦斯泥和煤在空气中干燥后研磨至 3mm 以下，拌匀并缩分，取部分样品做粒度、化学和矿相分析，其余为备用样。

根据水煤浆对煤粉粒度的要求，用破碎机将煤样破碎到 3mm 以下，粗磨、细磨得两种煤样，置于密闭塑料袋中备用。对其进行粒度分布、工业分析和元素分析。按两种配比将瓦斯泥加入煤粉中制浆，在室温下测定水煤浆的成浆性及发热量，静置两周后观察其稳定性[17]。高炉瓦斯泥及煤样的粒度和表面积见表 1。

表 1　高炉瓦斯泥及煤样的粒径及表面积

Table 1　Particle size and characteristic diameters of blast furnace sludge (BFS) and coals

Sample	Griding time /min	Particle size/μm						Specific surface area/$m^2 \cdot g^{-1}$
		D_{10}	D_{25}	D_{50}	D_{75}	D_{90}	D_{av}	
BFS	5	6.75	10.71	15.80	22.71	32.39	17.93	12.38
Coarse coal	40	25.39	36.94	49.87	64.36	80.12	51.01	9.67
Fine coal	120	19.34	28.25	38.64	53.64	75.23	26.31	18.99

Note：D_{10}，D_{25}，D_{50}，D_{75}，D_{90} are the cumulation reached 10%，25%，50%，75%，90% respectively，D_{av} is average diameter.

3　结果和讨论

3.1　高炉瓦斯泥的工业分析

由表 2 可以看出，高炉瓦斯泥的主要化学成分为铁与碳（焦炭粉），其次为 SiO_2、Al_2O_3 及碱土金属氧化物，经测定，其发热量为 7.31MJ/kg。

表 2 瓦斯泥原矿的主要化学组成

Table 2 Chemical composition of blast furnace sludge

Component	TFe	CaO	MgO	Al_2O_3	SiO_2	S	P	C	Zn	Pb	Others
Content/%	36.57	4.12	3.78	5.54	12.67	0.83	0.08	24.33	2.17	1.00	8.91

为确定瓦斯泥颗粒中矿物组成及矿相的嵌布形式，分别对瓦斯泥进行 XRD 分析、岩相分析、扫描电镜和 X 射线能谱分析，结果示于图 1。

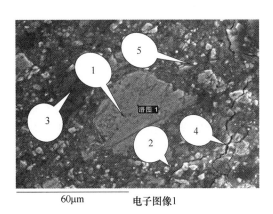 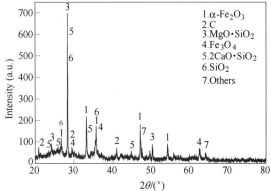

图 1 高炉瓦斯泥的矿相照片和 XRD 谱

Fig. 1 SEM image and XRD pattern of blast furnace sludge

1—Hematite；2—Magnetite；3—Coke；4—Calcium ferrite；5—Silicate binder

由 XRD 分析结果可知，瓦斯泥主要矿物组分为赤铁矿（$\alpha-Fe_2O_3$，矿相照片中 1，白色，形状浑圆）、焦炭（C，照片中 3）、磁铁矿（Fe_3O_4，照片中 2，灰白色，泛淡蓝色光）、铁酸钙（$CaO \cdot 2Fe_2O_3$）和 $MgO \cdot SiO_2$ 等。从图可以看出，烧结矿中的含铁矿物与硅酸盐黏结，形成斑状结构，余者为次要组分，主要化学成分有 $2CaO \cdot SiO_2$、$CaCO_3$、SiO_2 等。镜像分析结合能谱分析表明，瓦斯泥主要含以赤铁矿为主的烧结矿、焦炭粉及其他次要组分。

3.2 煤样分析

煤的性质和成分对水煤浆的成浆性有重要影响。所选煤样的工业分析（GB 212）、元素分析（GB 476）及灰分分析（GB 4632 最高内水、GB 214 全硫、GB 1574 灰成分）结果见表 3，表明所选煤样成浆性较好。

表 3 煤样的工业、元素和灰分分析结果

Table 3 Industrial，ultimate and ash analysis of coals （%）

Industrial analysis	M_t	A_{td}	S_{td}	V_{td}	V_{daf}	FC_{daf}	Caloric value/MJ · kg^{-1}
	8.77	7.48	1.67	33.19	36.03	58.94	31.56
Ultimate analysis	C_{daf}	H_{daf}	O_{daf}	N_{daf}	S_{td}	C/H	C/O
	85.58	3.88	5.34	1.46	0.37	21.19	14.72

Ash analysis	SiO$_2$	TiO$_2$	Al$_2$O$_3$	Fe$_2$O$_3$	MgO	CaO	K$_2$O	Na$_2$O	SO$_3$	Others
	42.27	0.84	25.34	11.43	1.13	5.88	0.38	0.705	7.89	1.20

Note：M$_t$，A，td，daf is denoted total moisture of coal, ash of coal, all and dry basis, respectively.

　　煤的粒度分布是制备高浓度水煤浆的关键，由于煤的可磨性指数（HGI）变化很大，要得到粒度分布完全相同的制浆煤样几乎是不可能的。本工作煤样的磨矿时间是根据前期大量实验[18]确定的，基本原则是各煤样的平均粒度接近 55μm，堆积效率在 70%±1%，比国内外类似研究[19]高得多。实验中选用粗细煤样的质量比例为 1∶1。

3.3　瓦斯泥对水煤浆表观黏度及稳定性的影响

　　水煤浆浓度为 60%，制浆温度为 25℃，不同瓦斯泥加入量时水煤浆的成浆特性见图 2。由图 2(a) 可见，未加入瓦斯泥的水煤浆黏度为 1010mPa·s，当瓦斯泥加入量为50% 时，相同浓度的水煤浆黏度降至 200mPa·s，当用纯瓦斯泥制备浆体时，其表观黏度仅为 180mPa·s，水煤浆的表观黏度随瓦斯泥加入量增加下降趋势较显著，说明瓦斯泥对水煤浆表观黏度的影响显著。对瓦斯泥加入量与相应水煤浆的表观黏度进行拟合，得关系式 $y = 1066.27 - 40.82x + 0.61x^2$，相关系数 $R^2 = 0.96$，说明二次相关性较显著。此外，所制水煤浆的稳定性随瓦斯泥加入量改变而变化，原煤所制水煤浆稳定性较好，主要因为原煤的表观黏度较高，浆体体系的黏稠系数大，屈服应力较大；随瓦斯泥加入，表观黏度呈下降趋势，体系的屈服应力减小，对浆体稳定不利；另外一个原因是，瓦斯泥中含多种矿物颗粒，密度较大，导致相同浓度下浆体的表观黏度下降，所以稳定性变差。

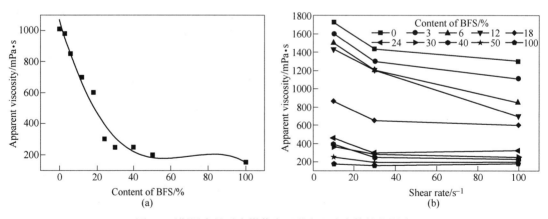

图 2　瓦斯泥含量对水煤浆表观黏度和流变特性的影响

Fig. 2　Effect of content of blast furnace sludge on apparent viscosity
and rheological behavior of coal water slurry

　　从图 2(b) 可以看出，加入瓦斯泥明显降低了水煤浆的表观黏度，相同煤浆浓度下，加入 3% 瓦斯泥可使浆体表观黏度值由无瓦斯泥时的 1010mPa·s 下降到 980mPa·s，当瓦斯泥加入量达 50% 时，浆体的表观黏度为 200mPa·s，而瓦斯泥本身的表观黏度只有180mPa·s。根据水煤浆流变模型，原煤浆体本身为假塑性流体，加入瓦斯泥后依然呈假塑性，并未改变浆体的流变性；但随瓦斯泥加入量增加，浆体呈近牛顿流体，黏度明显降低，黏稠系数变小，屈服应力减小，说明掺杂瓦斯泥的水煤浆的流变性变好，黏稠度降低。屈服应力反映的是浆体中复合煤粒间形成的三维结构化程度及浆体的触变性，其值越大，浆体的三维结构化程度高，触变性好。

3.4 瓦斯泥对水煤浆的定黏浓度、流变特性及发热量的影响

25℃时水煤浆的表观黏度定位为 1200mPa·s。瓦斯泥含量对水煤浆浓度及流变性的影响见图3。由图可见，瓦斯泥所制浆体浓度最高，为 77.68%，原煤所制浆体浓度最低，为 65.25%，可见随瓦斯泥含量增加，水煤浆浓度增加，但稳定性逐渐降低。对瓦斯泥含量与水煤浆浓度的关系进行拟合，得到关系式 $y = 64.92 + 0.29x - 0.0016x^2$，$R^2 = 0.99$，由此可见，瓦斯泥含量与定黏浓度（室温25℃、表观黏度定为1200mPa·s时水煤浆的浓度）的二次相关性较高。造成水煤浆浓度差异的因素很多，包括加入瓦斯泥、煤质、可磨性指数、粒度分布等。瓦斯泥中含较多矿物质，在水煤浆中起分散剂的作用，因此，随其加入量增加，表观黏度降低；碳含量高的煤易制备高浓度（>75%）水煤浆，瓦斯泥中含较高碳成分有利于提成浆；瓦斯泥中含大量不溶性物质，如烧结矿颗粒、黏土类矿物、石英、碳酸盐矿物等，这些组分表面结构较坚实，孔隙度较低，因此吸水性较差，可能有利于成浆。

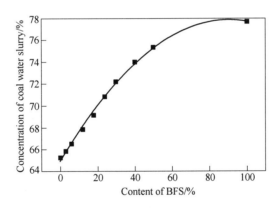

图3 瓦斯泥含量对水煤浆定黏浓度的影响

Fig. 3 Effect of content of blast furnace sludge on concentration of coal water slurry

图4为水煤浆表观黏度为1200mPa·s时，不同浓度水煤浆的流变性。浓度为77.68%的瓦斯泥浆体是假塑性流体，定黏浓度为65.25%的原煤水煤浆体为胀塑性流体，随瓦斯泥含量增加，定黏浓度逐渐增加，流体性质也发生转变。当瓦斯泥加入量超过40%时，浆体慢慢转化为假塑性流体。加入瓦斯泥使水煤浆的稳定性有所增加，产生软沉淀的时间由7d降低到4~3d。水煤浆流变性随瓦斯泥加入量增大而增大，黏稠系数变小，说明黏度降低，屈服应力减小，说明配入瓦斯泥后水煤浆的流变性变好。

图5为瓦斯泥含量对水煤浆发热量的影响，不加瓦斯泥的水煤浆发热量最高，为18.32MJ/kg，随瓦斯泥加入呈逐渐下降趋势，当瓦斯泥添加量为18%和24%时，水煤浆发热量基本相同，完全用瓦斯泥制备浆体时，发热量仅为5.22MJ/kg，不能满足工业要求。

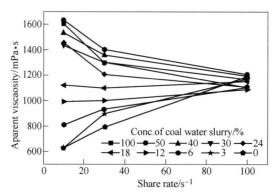

图 4　不同浓度水煤浆的流变特性

Fig. 4　Rheological behavior of coal water slurry with different concentrations

主要原因是瓦斯泥的发热量较低，但其可降低水煤浆的表观黏度从而提高定黏浓度。对瓦斯泥含量与水煤浆的发热量进行相关性拟合，得关系式 $y = 17.28 - 0.12x^2$，$R^2 = 0.99$，可见瓦斯泥含量与水煤浆的发热量线性相关，且影响较显著。考虑到工业上对水煤浆发热量的要求及最大化利用瓦斯泥的宗旨，因此瓦斯泥加入量 24% 为宜。

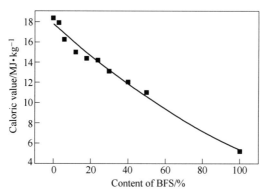

图 5　瓦斯泥含量对水煤发热量的影响

Fig. 5　Effect of content of blast furnace sludge on caloric value of coal water slurry

3.5　瓦斯泥对水煤浆成浆性的影响机理

瓦斯泥中矿物对水煤浆黏度的影响因素主要包括密度、矿物表面氧化后产生的可溶性离子和矿物表面的带电性质。在水煤浆体系中，无数吸附了表面活性剂的固体颗粒因吸附的水分子和自由水分子而彼此分离，可以认为水在其中起了润滑剂的作用。体系中水体积固定，颗粒越多，颗粒所占体积分数越大，水的润滑效果越不好，黏度越高；反之，颗粒越少，其所占体积分数越小，水的润滑效果越好，黏度越低。由于瓦斯泥密度大于煤度，相同质量下，矿物在浆体中所占体积小于煤所占体积，所以浆体的黏度因矿物的加入而降低。

影响煤表面电性的主要是高价金属离子，这些金属离子会显著降低煤颗粒表面 Zeta 电位的绝对值，还会与水煤浆中的阴离子表面活性剂发生相互作用而降低其分散效能。瓦斯泥在溶液中浸出的阳离子主要是 Ca^{2+}，也浸出一定量的 Fe^{3+}、Fe^{2+}、Al^{3+} 和 Mg^{2+}，它们对水煤浆及煤表面特性的影响是不可忽视的。瓦斯泥中矿物含量对水煤浆有一定影响，由于瓦斯泥中不溶性矿物的密度大于煤，在质量相同的条件下，矿物在浆体中所占体积小于煤所占体积，所以浆体的黏度因矿物的加入而降低。难溶性矿物的密度影响其在体系中的体积分数，进而影响水的润滑作用，最终降低体系的黏度；瓦斯泥中铝、镁等的含水硅酸盐具有吸水膨胀性，这些矿物水化膨胀受表面水化力、渗透水化力和毛细管作用制约，对水煤浆成浆不利。

4 结论

通过研究高炉瓦斯泥参与水煤浆制备及其成浆特性，考察瓦斯泥对水煤浆流变特性、定黏浓度、稳定性及发热量的影响，得到如下结论：

（1）水煤浆浓度为60%及25℃条件下，加入瓦斯泥明显降低了水煤浆的表观黏度，改变了浆体的流变性，加入3%瓦斯泥可使浆体表观黏度由原煤浆体的1010mPa·s下降到980mPa·s，加入50%时浆体的表观黏度低至200mPa·s，稳定性降低。

（2）表观黏度1200mPa·s及25℃条件下，瓦斯泥所制浆体浓度最高，为75.68%，原煤所制水煤浆浓度最低，为65.25%，且随瓦斯泥量增加，水煤浆的定黏浓度增加，相应的发热量显著降低。综合考虑水煤浆工业要求，瓦斯泥加入量为24%较理想。

（3）瓦斯泥对成浆性的影响因素较复杂，一方面瓦斯泥矿物水化膨胀和矿物表面带电，尤其是矿物表面氧化后产生的可溶性离子使水煤浆的流变性变差；另一方是瓦斯泥中矿物增加了固体颗粒的密度，从而在相同浓度下减少了煤在浆中所占比例；再者瓦斯泥的物理特性改善了水煤浆的浓度及稳定性。

参 考 文 献

[1] 王诚翔. 冶金固废综合利用产业化前景及发展模式研究 [J]. 冶金管理, 2010 (9): 44~49.

[2] 甘勤. 攀钢含铁尘泥的利用现状及发展方向 [J]. 金属矿山, 2003 (2): 62~64.

[3] 李辽沙, 李开元. 回收高炉尘泥中的铁与锌 [J]. 过程工程学报, 2009, 9 (3): 468~473.

[4] 郭玉华, 张春霞, 樊波, 等. 钢铁企业含锌尘泥资源化利用途径分析评价 [J]. 环境工程, 2010, 28 (4): 25~30.

[5] Das B, Prakash S, Reddy P S R. An overview of utilization of slag and sludge from steel industries [J]. Resour., Conserv. Recycl., 2007, 50: 40~57.

[6] 王东彦, 陈伟庆, 周荣章, 等. 含锌铅钢铁厂粉尘处理技术现状和发展趋势分析 [J]. 钢铁, 1998, 3 (1): 65~68.

[7] Trung Z H, Kukurugya F, Takacova Z, et al. Acidic leaching both of zinc and iron from basic oxygen furnace sludge [J]. J. Hazard. Mater., 2011, 192 (3): 1100~1107.

[8] Orhan G. Leaching and cement at ion of heavy metals from electric arc furnace dust in alkaline medium [J]. Hydrometallurgy, 2005, 78 (2): 236~243.

[9] Lopez-Delgado A. Sorption of heavy metals on blast furnace sludge [J]. Water Res., 1998, 32 (4): 989~996.

[10] Dimitrova S V. Metal sorption on blast-furnace slag [J]. Water Res., 1996, 30 (1): 28~32.

[11] Felix A, Lopez A, Perez C, et al. Manuel alonso adsorption of Pb^{2+} on blast furnace sludge [J]. J. Chem. Technol. Biotechnol., 1995, 62 (2): 200~206.

[12] Lopeze A, Perez C, Lopez-Delgado A. The adsorption of copper (Ⅱ) ions from aqueous solution on blast furnace sludge [J]. J. Mater. Sci. Lett. , 1996, 15 (15): 1310~1312.

[13] Kalmykova Y, Knutsson J, Strömvall A M, et al. Blast furnace sludge as sorbent material for multi-metal contaminated water [J]. Highway and Urban Environment, 2010, 17 (5): 307~317.

[14] Wang Z L. A research on ceramsite obtained from blast furnace slag and sewage sludge [J]. Afr. J. Biotechnol. , 2011, 60 (10): 12934~12942.

[15] 张元波, 韩桂洪, 黄艳芳, 等. 冶金尘泥的复合黏结剂成型及还原焙烧研究 [C]. 中国金属学会2008 年非高炉炼铁年会文集, 2008: 25~31.

[16] Kavouras P, Kehagias T, Tsilika I, et al. Glass-ceramic materials from electric arc furnace dust [J]. J. Hazard. Mater. , 2007, 139 (3): 424~429.

[17] 张荣曾. 水煤浆制备技术 [M]. 北京: 科学出版社, 1996: 30~55.

[18] 高志芳, 朱书全, 黄波, 等. 粒度分布对提质褐煤水煤浆性能的影响 [J]. 选煤技术, 2009 (1): 1~5.

[19] 胡岳华, 冯其明. 矿物资源加工技术与设备 [M]. 北京: 科学出版社, 2006: 23~45.

Preparation and Rheology of Coal Water Slurry Blended with Blast Furnace Sludge

Gao Zhifang[1]　　Li Liaosha[1]　　Wu Zhaojin[1]　　Wu Xingrong[1]
Su Shihuai[2]　　Wu Xiaohua[3]

(1. Anhui Provincial Key Lab. Metall. Eng. Resour. Recycl. , Key Lab. Metall. Reducing & Resour. Recycl. , Ministry of Education, Anhui University of Technology;
2. Ma'anshan Iron and Steel Co. , Ltd. ; 3. Institute of Policy and Management, Chinese Academy of Sciences)

Abstract: Blast furnace sludge (BFS) from Ma'anshan Iron and Steel Co. , Ltd. was added in Dongkai fat coal to prepare coal water slurry. Based on the analysis of physicochemical properties of BFS and fat coal, the apparent viscosity, concentration, caloric value of coal water slurry with addition of BFS were examined, and the efect of BFS was analyzed by regression method. The results show that the viscosity of coal water slurry is decreased and its slurrying ability enhanced with increase of the addition of BFS, whereas, the slurrying stability and caloric value are decreased. The main mechanism is that lots of alkaline oxides in BFS lead to soluble ion dissolution with changing of the pH value water slurry. The relative content of soluble minerals and insoluble minerals, which affect the density of coal, is also a key factor for slurrying ability. When the addition of BFS is 24%, the slurrying ability and caloric value of coal water slurry can meet industrial requirements.

Key words: blast furnace sludge; coal water slurry; slurrying ability; rheology

高炉瓦斯泥掺制水煤浆成浆性及燃烧特性的研究❶

高志芳　李辽沙　吴照金　武杏荣　吕辉鸿

（安徽工业大学，冶金工程与资源综合利用教育部重点实验室）

苏世怀　高　蔷

（马鞍山钢铁股份有限公司）

摘　要：将高炉瓦斯泥配入肥煤中制备瓦斯泥水煤浆，通过成浆实验和热重实验，分析了瓦斯泥、水煤浆的单一燃烧以及掺混不同比例瓦斯泥后混合浆的成浆性和燃烧特性。结果表明，掺入高炉瓦斯泥后水煤浆的表观黏度明显降低，流变性较好，但稳定性稍有降低，且在发热量满足实际应用的基础上和最大化利用瓦斯泥的前提下，提出瓦斯泥加入量为24%时，浓度为60%的混合浆体的表观黏度为526mPa·s，流变性及稳定性较好，浆体发热量为14.11MJ/kg。此外研究还发现，瓦斯泥中大量金属元素、碱性金属氧化物、铁氧化物、过渡金属氧化物和盐类均对混合浆体燃烧起到了催化剂作用，提高了混合浆体燃烧特性。研究结果为实现高炉瓦斯泥的多组分高附加值利用及煤炭能源高效利用提供技术及理论参考。

关键词：高炉瓦斯泥；水煤浆；成浆性；燃烧特性

1　引言

随着资源短缺和环境污染问题日益严重，废弃物资源化利用成为当前研究的热点。高炉瓦斯泥（Blast Furnace Sludge，BFS）是冶金工业固体废弃物之一，年产量约1765万吨[1]，且成分较为复杂，含有约20%的氧化铁、23%的碳、较多的$CaCO_3$、SiO_2、Al_2O_3，以及其他少量、微量过渡金属（如Zn、Mn、Ni、Mo、V、Cr等）的氧化物[2]。目前，高炉瓦斯泥最普遍的利用途径是返回钢铁生产以回收其中的Fe[3]，实践表明，这些利用方法存在ZnO、PbO、Na_2O、K_2O等有害杂质富集、能耗大、作业条件差等问题，不仅难以充分利用尘泥中的有价元素，还降低了烧结矿的质量，引起高炉结瘤等，使高炉尘泥的循环利用受到很大制约。近年来，在利用瓦斯泥作为吸附剂吸附废水中Pb^{2+}等有害重金属离子[4~7]，以及将高炉尘泥用于制备建筑陶瓷材料均取得较好的效果，在一定程度上为尘泥的多途径、大宗量利用提供了实验支撑[8,9]。但这种粗放型利用方式附加值较低，且尘泥中较多有价组分并未得到充分利用。由此可见，高附加值、大宗量利用高炉瓦斯泥的研究是目前亟需攻克的难点[8,10]。

---

❶ 原文发表于《环境科学学报》2013年第12期。

高炉瓦斯泥成分复杂，且含碳量较高，具有一定的燃烧热值，但无法单独稳定燃烧。若以高附加值大总量利用高炉瓦斯泥多组分为目的，将含高炉瓦斯泥直接掺制于水煤浆中，以代替其中的部分用煤，不仅节约了煤炭资源，充分发挥了瓦斯泥颗粒表面特性有助于提高成浆特性的特点，而且也在较大程度上利用了高炉瓦斯泥复杂组分中大量碱金属、碱土金属和过渡元素的氧化物及其盐类燃煤催化剂的优势。这对于冶金尘泥资源化、能源化利用及减轻冶金尘泥的环境压力具有重要意义。

基于此，为探求高炉瓦斯泥掺制水煤浆的燃烧特性，本文利用热重分析法对不同比例瓦斯泥掺制的水煤浆热失重过程进行试验分析，研究瓦斯泥掺混比例对混合燃料燃烧特性的影响，并探究燃烧反应过程及机理，旨在为高炉瓦斯泥掺制水煤浆实际应用的可行性提供理论参考。

2　实验

2.1　材料及仪器

实验用高炉瓦斯泥取自马鞍山钢铁股份有限公司（马钢）1#高炉，煤样选用东凯肥煤。用 ICP 发射光谱仪（美国热电元素公司）测定 CaO、MgO、Al_2O_3、SiO_2、P、Zn 含量，Leco-CS600 碳硫测定仪（美国加联仪器公司）测定 C 和 S 含量，PE-5100 原子吸收光谱仪（美国 PE 公司）测定 Pb 含量，重铬酸钾容量法测定 TFe 含量；用 Bruker D8 Advance 粉末 X 射线衍射仪（XRD，德国布鲁克公司）、S-3400N Ⅱ 扫描电镜（日本 Hitachi 公司，附带 HORIBA EX-250 能谱仪）进行成分和形貌分析。磨样采用 φ20×L23 型球磨机，用 Rise-2006 激光粒度分析仪（北京中美仪器科技有限公司）分析粒度分布，ASAP-2010 型自动吸附仪（美国麦克公司）测定比表面积，NXS-11B 旋转黏度仪（中国成都仪器厂有限公司）测量表观黏度及流变特性，TQHW-4E 智能量热仪（中国鹤壁天淇仪器仪表有限公司）测定发热量，WCT-2C 型热重分析仪（北京光学仪器厂）分析浆体热分解过程。

2.2　实验步骤

样品按国家标准（GB 474）制备，将瓦斯泥和煤在空气中干燥后研磨 0.3mm 以下，拌匀并缩分，取部分样品做粒度、比表面积、化学成分和矿相分析（见表 1~表 3），其余为备用样。按不同配比将瓦斯泥加入煤粉中制浆，瓦斯泥加入水煤浆的含量依次为 3%、6%、12%、18%、24%、30%、40%、50% 和 100%，水煤浆浓度为 60%。在室温下测定水煤浆的成浆性及发热量，静置两周后观察其稳定性。采用 WCT-2C 型热重分析仪，利用微量样品在程序控制的恒定升温速率下，进行 TGA 和 DTA 分析，并同时给出 DTG 热重微分曲线。为了尽量模拟实际炉内的燃烧状况，本文热重试验的参数选取如下：（1）升温速率：25℃/min；（2）工作气氛：空气气氛，气体流量 60mL/min；（3）样品重量：约 40mg；（4）加热温度：由 30℃ 到 1200℃，终温处保留时间 10min。

表1 高炉瓦斯泥及煤样的粒径及表面积

Table 1 Particle size and characteristic diameters of blast furnace sludge（BFS）and coals

Sample	Griding time /min	Particle size/mm						Specific surface area/m² · g⁻¹
		D_{10}	D_{25}	D_{50}	D_{75}	D_{90}	D_{av}	
BFS	5	6.75	10.71	15.80	22.71	32.39	17.93	12.38
Coarse coal	40	25.39	36.94	49.87	64.36	80.12	51.01	9.67
Fine coal	120	19.34	28.25	38.64	53.64	75.23	26.31	18.99

Note：D_{10}，D_{25}，D_{50}，D_{75}，D_{90} are the cumulation reached 10%，25%，50%，75%，90% respectively，D_{av} is average diameter.

表2 瓦斯泥原矿的主要化学组成

Table 2 Chemical composition of blast furnace sludge

Component	TFe	CaO	MgO	Al_2O_3	SiO_2	S	P	C	Zn	Pb	Others
Content/%	36.57	4.12	3.78	5.54	12.67	0.83	0.08	24.33	2.17	1.00	8.91

表3 煤样的工业、元素和灰分分析结果

Table 3 Industrial, ultimate and ash analysis of coals （%）

Industrial analysis	M_t	A_{td}	S_{td}	V_{td}	V_{daf}	FC_{daf}	Caloric value/MJ · kg⁻¹		
	8.77	7.48	1.67	33.19	36.03	58.94	31.56		
Ultimate analysis	C_{daf}	H_{daf}	O_{daf}	N_{daf}	S_{td}	C/H	C/O		
	85.58	3.88	5.34	1.46	0.37	21.19	14.72		
Ash analysis	SiO_2	TiO_2	Al_2O_3	Fe_2O_3	MgO	CaO	K_2O	Na_2O	SO_3	Others
	42.27	0.84	25.34	11.43	1.13	5.88	0.38	0.705	7.89	1.20

Note：M_t，A，td，daf is denoted total moisture of coal，ash of coal，all and dry basis，respectively.

3 结果

3.1 高炉瓦斯泥和煤样的工业分析

煤的粒度分布是制备高浓度水煤浆的关键，由于煤的可磨性指数（HGI）变化很大，要得到粒度分布完全相同的制浆煤样几乎是不可能的。本工作煤样的磨矿时间是根据前期大量实验确定的[11]，基本原则是粗细煤样的质量比例为1∶1，混匀后的平均粒度接近55μm，堆积效率在70%±1%。

由表1可知，高炉瓦斯泥平均粒径较小，只有17μm，而煤样平均粒度较大，利用这3种样品混合制浆时可以达到较高的堆积效率，从而提高混合浆体的浓度。

由表2可见，高炉瓦斯泥的主要化学成分为铁与碳（焦炭粉），其次为SiO_2、Al_2O_3及碱土金属氧化物，其发热量为7.31MJ/kg。煤样的工业分析（GB 212）、元素分析（GB 476）及灰分分析（GB 4632最高内水、GB 214全硫、GB 1574灰成分）结果见表3。从表3中煤炭的煤质分析和前期实验性制浆效果来看，所选煤样具有较好成浆特性。

3.2 瓦斯泥对混合水煤浆成浆特性的影响

水煤浆的表观黏度、流变特性及稳定性是评价水煤浆成浆特性的主要标准，表观黏度为剪切速率为100s⁻¹时测得的表观黏度值，流变特性可通过测试流体在不同剪切速率下的

剪切应力而可得，稳定性采用传统观察法。中国矿业大学张荣曾教授[12]提出对于服从幂定律流体的剪切速率按 $S = S_n + \tau_y \left[\dfrac{2R_1^2}{R_1^2 - R_2^2} \ln \left(\dfrac{R_1}{R_2} \right) - 1 \right] \Big/ \eta$ 修正（式中，R_1 为外筒半径，cm；R_2 为内筒半径，cm；S 为修正后的剪切速率，s^{-1}；S_n 为按牛顿体计算出的剪切速率，s^{-1}；n 为幂定律的模型参数；τ_y 为屈服应力，Pa；η 为刚度系数）表观黏度的计算公式为：$\mu = \dfrac{\tau}{S}$。

图 1 为所有浆体浓度均为 60% 时，瓦斯泥含量对浆体表观黏度的影响。由图可见，单一水煤浆表观黏度为 1010mPa·s，加入 24% 瓦斯泥可使浆体表观黏度下降到 526mPa·s，瓦斯泥的加入量为 50% 时，混合浆体表观黏度降为 200mPa·s，而高炉瓦斯泥制备的浆体其表观黏度仅为 180mPa·s。对瓦斯泥的加入量与相应水煤浆的表观黏度进行拟合，得到其相关式：$y = 1066.27 - 40.82x + 0.61x^2$，相关系数 $R^2 = 0.96$，拟合程度比较显著，可见，瓦斯泥对水煤浆表观黏度的影响是显著的。

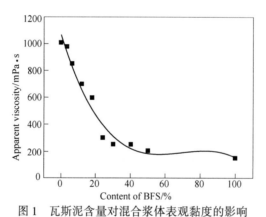

图 1　瓦斯泥含量对混合浆体表观黏度的影响

Fig. 1　Effect of blast furnace sludge on apparent viscosity of mixed slurries

图 2 为不同瓦斯泥含量下水煤浆的流变特性，从图上可以看出，瓦斯泥的加入明显降低了水煤浆（CWS）的表观黏度。相同煤浆浓度下，3% 瓦斯泥的加入量可使浆体表观黏

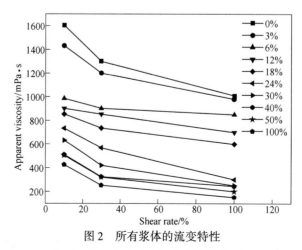

图 2　所有浆体的流变特性

Fig. 2　Rrheological behavior of all slurries

度值由 1010mPa·s 下降到 980mPa·s；随着瓦斯泥加入量的增加，CWS 的表观黏度呈现下降趋势，当瓦斯泥的加入量达到 50%时，浆体的表观黏度为 200mPa·s，而瓦斯泥浆体的表观黏度只有 180mPa·s。根据水煤浆流变模型，原煤的浆体本身虽然为假塑性流体，随着瓦斯泥的加入浆体依然呈现的是假塑性，也就是说并未改变浆体的流变性。但随着瓦斯泥的加入量的增加，浆体流变性 n 值开始接近 1，呈现流体接近牛顿流体，且黏稠系数变小，黏度明显降低。屈服应力反映的是浆体中复合煤粒间形成的三维结构化程度的大小，同时也反映出浆体的触变性的大小，其值越大，浆体的三维结构化程度高，触变性就好，混合浆体屈服应力 τ_y 减小，说明混合浆体流变性变好。

此外，所制备混合浆体的稳定性随着瓦斯泥的加入量发生改变，原煤 CWS 稳定性较好，随着瓦斯泥加入量增多而逐渐变差。一方面的原因是，原煤的表观黏度较高，浆体体系的黏稠系数变大，屈服应力较大，从而使水煤浆稳定性变好，随着瓦斯泥的加入，表观黏度呈下降趋势，体系的屈服应力减小，对浆体的稳定性不利。另外一个主要原因是可能是瓦斯泥成分较为复杂，在溶液中浸出较多的阳离子 Ca^{2+}，也浸出一定量的 Fe^{3+}、Fe^{2+}、Al^{3+} 和 Mg^{2+} 这些金属离子会影响煤表面电性，降低煤颗粒表面 Zeta 电位的绝对值，还会与水煤浆中的阴离子表面活性剂发生相互作用而降低其分散效能[13]。综合考虑高炉瓦斯泥混参制备的水煤浆表观黏度，流变性及稳定性，表明瓦斯泥加入量小于 24%时混合水煤浆满足工业要求。

3.3 单一试样燃烧特性分析

图 3 和图 4 为水煤浆与瓦斯泥浆（含 100%瓦斯泥）燃烧的热分析曲线。在 DTG 曲线上失重温区 100℃可观察到明显的水分析出峰，水煤浆的 DTA 曲线有两个明显的放热峰，其中 320~430℃温度段可以理解为挥发分析出的燃烧过程，而 430~630℃温度段对应固定碳的燃烧[14]。瓦斯泥浆 DTA 曲线上也有两个放热峰，第一次放热温度段为 460~620℃，第二次放热峰温度段为 630~810℃，明显可见两者的放热峰面积不同，且温度范围及燃尽时间均不同。根据测试结果，计算得到纯水煤浆的发热量为 18.32MJ/kg，瓦斯泥浆体发热量为 5.22MJ/kg，明显低于纯水煤浆。由图可见，瓦斯泥与水煤浆的单一燃烧表现出一定差异，这可能是由于：（1）瓦斯泥中灰分含量高达 70%，其自身碳含量仅 24.33%，因

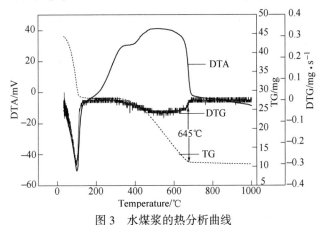

图 3 水煤浆的热分析曲线

Fig. 3 Pyrolysis characteristic curves of CWS

此，会导致燃点较高和热值较低；（2）实验时试样的粒度及装填不够均匀，使曲线清晰度降低[15]；（3）燃烧的过程是从颗粒表面逐渐到内部，而瓦斯泥中含有大量灰成分，矿相和成分比较复杂，阻碍了碳与氧气的接触[16]，导致浆体燃点提高。瓦斯泥热失重过程主要集中于高温区的焦炭燃烧，而焦炭燃烧过程出现两个失重峰可能是由焦炭中存在化学键能强弱不一致的成分所致[17]，这说明瓦斯泥在燃烧过程中，焦炭燃烧起主要作用，因此，出现燃尽时间和完全失重时间短于水煤浆的现象。

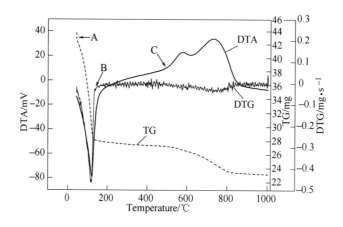

图 4　瓦斯泥浆体热分析曲线

（A、B、C 点分别为脱水温度、起始氧化温度、着火温度）

Fig. 4　Pyrolysis characteristic curves of BFS slurry

（A、B、C is dehydration temperature point, the initial oxidation temperature and ignition temperature, respectively）

3.4　混合浆样的燃烧特性分析

由图 5 可知，瓦斯泥的添加量对起始脱水温度的影响不大，均在 30℃左右，瓦斯泥的添加量对浆体脱水速度最大时温度的影响并不明显，浆体水分开始蒸发的温度均在 100℃左右。由于浆体中有大量的游离水存在，在其燃烧过程中，水分的蒸发消耗了热量，所以在差热曲线上表现出 100℃左右出现吸热峰。瓦斯泥对混合浆体起始氧化温度的影响较为明显，由图可见，随着瓦斯泥加入量的增加，起始氧化温度呈现逐渐升高的趋势，根据图 4 所示，由 100%瓦斯泥制备的浆体起始氧化温度最高，为 271℃，而由纯煤制备的水煤浆自身氧化温度只有 189℃。瓦斯泥对浆体挥发分的着火温度影响较为明显，随着瓦斯泥加入量的增加，挥发分着火温度呈现逐渐升高趋势，瓦斯泥制备的浆体起始着火温度最高，为 550℃，而水煤浆自身着火温度只有 340℃，这是由于低温阶段，浆体燃烧主要是固体成分热解，瓦斯泥中主要燃烧物质为焦炭，低温下不易热解，因此，出现浆体起始氧化温度升高。

瓦斯泥对固定碳的着火温度也存在较为明显的影响，煤粉中加入少量的瓦斯泥时，固定碳着火温度呈现降低趋势，原煤水煤浆固定碳的着火温度为 452℃，加入 3%的瓦斯泥后，着火温度为 415℃，降低了 38℃；当瓦斯泥加入量达到 30%时，固定碳的着火温度与原煤接近；随后随着瓦斯泥加入量的增多，着火温度开始呈现增大趋势，瓦斯泥自身着火

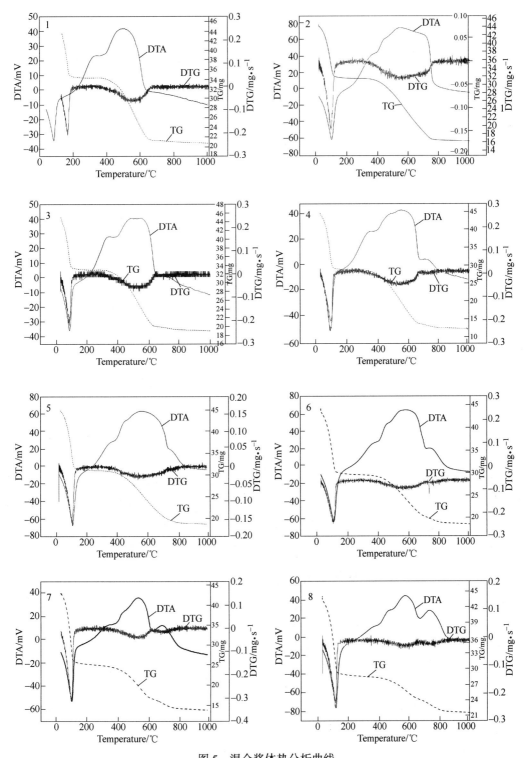

图 5 混合浆体热分析曲线

（1~8 分别代表瓦斯泥占总浆体的百分含量 3%、6%、12%、18%、24%、30%、40%、50%）

Fig. 5 Pyrolysis characteristic curves of coal water slurries with blast furnace sludge

（1-8 noted as BFS contents of 3%, 6%, 12%, 18%, 24%, 30%, 40%, 50%, respectively）

温度为701℃。出现这种显现的主要原因是瓦斯泥中含有较多 Fe、Na、Ca、Mg、Zn、Al 及其他一些微量金属元素（K、Cr、Ni、Co、Mn、Cu），这些金属元素均具有催化剂作用[18]。浆体受热后释放出的具有催化作用的金属离子，促进 C—O 键的形成和加强，削弱煤中 C—C 键使之易断裂，且 C—O 键作为电子给予体与具有未满 d 能带的过滤金属形成络合物 CO—M（M 为金属离子），该络合物担负着反应活性中心的作用。此外，瓦斯泥中大量的 Fe_2O_3 成分及少量 Al_2O_3，在燃烧过程中起着重要的载氧体作用，由于其反应活性较高，易于煤热解后释放的 CO 和 H_2 发生还原反应，促进燃烧[19,20]。当添加量较低时，前者起主导作用，使着火点下降较快；随着添加量进一步增加，前者减弱，后者渐强，从而使着火点下降缓慢甚至微升；当瓦斯泥加入超过一定量时，导致着火点在升高的一方面原因是瓦斯泥颗粒覆盖一部分碳表面，阻塞部分孔口，从而增加扩散阻力，阻碍了煤的燃烧。

瓦斯泥对浆体燃尽温度影响最为显著，从图 3 的 TG 和 DTG 曲线均可观察到，纯水煤浆自身燃尽温度为645℃，而混合浆体的燃尽温度随着瓦斯泥加入量的增加而提高，瓦斯泥浆加入量为50%时，燃尽温度为820℃，瓦斯泥浆体燃尽温度为832℃。这主要是因为高温段残余的是一些固定碳和低温段难于分解的有机物和矿物质，它们的燃烧和燃烧产物的析出都是在多相反应中进行的，受到了产物从固态物质向外扩散的限制，导致浆体燃烧相对缓慢，总体燃尽时间延长，燃尽温度升高的现象。根据热解曲线上燃烧峰面积的变化，计算可知水煤浆燃烧发热量为 18.32MJ/kg，随瓦斯泥加入呈逐渐下降趋势，当瓦斯泥添加量为24%时，混合浆体发热量为 14.11MJ/kg，基本满足工业要求，而瓦斯泥浆体的发热量仅为 5.22MJ/kg，不能满足工业要求。

4　结论

通过对高炉瓦斯泥混制水煤浆的成浆特性及燃烧特性的研究，对比分析了瓦斯泥对水煤浆流变特性、表观黏度、稳定性及燃烧特性的影响，得到如下结论：

（1）室温下，浆体浓度均为60%时，纯水煤浆的表观黏度为 1010mPa·s，加入24%瓦斯泥可使浆体表观黏度下降到 526mPa·s，改善了浆体的流变性，但稳定性稍有降低，可满足水煤浆的工业要求。

（2）瓦斯泥对成浆性的影响因素较复杂，一方面由瓦斯泥矿物水化膨胀和矿物表面带电，尤其是矿物表面氧化后产生的可溶性离子使水煤浆的流变性改变，且降低稳定性；另一方是瓦斯泥中矿物增加了混合浆体中固体颗粒的密度，从而在相同浓度下减少了煤在浆中所占比例，降低了混合浆体的表观黏度。

（3）所有浆体水分开始蒸发的温度均在100℃左右，瓦斯泥对浆体的起始氧化温度、挥发分的着火温度和燃尽温度的影响较为明显，均出现随着瓦斯泥加入量的增加而升高趋势。瓦斯泥对固定碳的着火温度的影响出现先降低后增高的现象，当瓦斯泥加入量为30%左右时最低，且接近原煤。混合浆体发热量随瓦斯泥加入呈逐渐下降趋势，当瓦斯泥添加量24%时，浆体发热量为 14.11MJ/kg，基本满足工业要求。

（4）多元复杂组分的瓦斯泥中多种金属元素及碱性金属氧化物、铁氧化物在参与浆体燃烧过程中，起到了一定的催化剂作用，促进燃烧。但瓦斯泥加入超过一定量时，瓦斯泥颗粒覆盖一部分碳表面，阻塞了部分孔口，从而增加了扩散阻力，阻碍了煤的燃烧，进而不利于浆体燃烧。因此，适量的瓦斯泥参与浆体燃烧，以及多种金属起主导催化作用，有助于提高浆体燃烧特性。

参 考 文 献

［1］ 刘军. 冶金固体废弃物资源化处理与综合利用 ［J］. 中国环保产业，2009（8）：35~40.

［2］ Vereš J, Jakabsky Š, Šepelák V. Chemical, physical, morphological and structural characterization of blast furnace sludge ［J］. Diffusion Fundamentals, 2010, 12：88~91.

［3］ 唐忠勇，何环宇，裴文博，等. 利用冶金尘泥直接还原的试验研究 ［J］. 烧结球团，2011, 36（6）：41~44.

［4］ Dimitrova S V. Metal sorption on blast-furnace slag ［J］. Water Rresearch, 1996, 30：28~32.

［5］ Felix A L, Carlos P, Enrique S, Manuel A. Adsorption of Pb^{2+} on blast furnace sludge ［J］. Journal of Chemical Technology and Biotechnology, 1995, 62（2）：200~206.

［6］ Lopez E A, Perez C, Lopez-delgado A. The adsorption of copper（Ⅱ）ions from aqueous solution on blast furnace sludge ［J］. Journal of Materials Science Letters, 1996（15）：1310~1312.

［7］ Yuliya K, Jesper K, Ann-Margret S, et al. Blast-furnace sludge as sorbent material for multi-metal contaminated water ［J］. Highway and Urban Environment, 2010（17）：307~317.

［8］ Das B, Prakash S, Reddy P S R. An overview of utilization of slag and sludge from steel industries ［J］. Resources, Conservation and Recycling, 2007, 50：40~57.

［9］ Wang Z L. A research on ceramsite obtained from blast furnace slag and sewage sludge ［J］. African Journal of Biotechnology, 2011, 60（16）：12934~12942.

［10］ Kostura B, Kulveitov'a H, Juraj L. Blast furnace slags as sorbents of phosphate from water solutions ［J］. Water Res., 2005, 39（9）：1795~1802.

［11］ 高志芳，朱书全，黄波，等. 粒度分布对提质褐煤水煤浆性能的影响 ［J］. 选煤技术，2009（1）：1~5.

［12］ 张荣曾. 水煤浆制备技术 ［M］. 北京：科学出版社，1996.

［13］ Dincer H. The effect of chemicals on the viscosity and stability of coal water slurries ［J］. Int. J. Miner. Process, 2003, 70：41~50.

［14］ Xie K C. Coal Structure and Its Reactivity ［M］. Beijing：Science Press, 2002：390~400.

［15］ 于伯龄，姜胶东. 实用热分析 ［M］. 北京：纺织工业出版社，1990.

［16］ Cui H, Ninomiya Y, Masui M, et al. Fundamental behavior in combustion of raw sewage sludge ［J］. Energy & Fuels, 2006, 20：77~83.

［17］ 奉华，张衍国，邱天，等. 城市污水污泥的热解特性 ［J］. 清华大学学报（自然科学版），2001, 41（10）：90~92.

［18］ 杨双平，丁学锁，郑英辉. 添加助燃剂对煤粉燃烧性能的影响 ［J］. 钢铁研究，2010, 38（1）：8~11.

［19］ He F, Wang H, Dai Y N. Application of Fe_2O_3/Al_2O_3 composite particles as oxygen cartier of chemical looping combustion ［J］. Natural Gas Chemistry, 2007, 16：155~161.

［20］ Qiu K, Anthony E J, Jia L. Oxidation of sulfided limestone under the conditions of pressurized fluidized bed combustion ［J］. Fuel, 2000, 80（4）：549~558.

Combustion Characteristics and Slurry Ability of Coal Water Slurry Prepared with Blast Furnace Sludge

Gao Zhifang　Li Liaosha　Wu Zhaojin　Wu Xingrong　Lv Huihong

(Key Laboratory of Metallurgical Emission Reducition & Resources
Recycling, Anhui University of Technology)

Su Shihuai　Gao Qiang

(Ma'anshan Iron and Steel Co., Ltd.)

Abstract: The combustion characteristics and of blast furnace sludge, coal water slurry (CWS), and CWS combined with blast furnace sludge at different ratios were studied by thermogravimetric analysis. The results indicate that the viscosity of coal water slurry decreases and slurrying ability enhances with increase of the addition of blast furnace sludge, and the combustion supporting agent such as Metal elements, alkali metal oxides, iron oxides, transition metal oxides and salts in blast furnace sludge improved the combustion characteristics of mixed slurries. In order to large amount utilization in industry, the blast furnace sludge mixing proportion is 24% when the concentration of all samples are 60 % wt, calorific value 14. 11 MJ/kg and apparent viscaosity 526mPa · s with good rheological behavior and combustion characteristics. The study provides a scientific basis for direct materialization and multiple valuable components of blast furnace sludge in effective fuel utilization.

Key words: blast furnace sludge; coal water slurry; slurry ability; combustion characteristics

转炉钢渣的弱磁选研究❶

曾　晶[1]　李辽沙[1]　苏世怀[2]　陈广言[2]　叶　平[2]　周　云[1]　董元篪[1]

(1. 安徽工业大学，安徽省冶金工程与资源综合利用重点实验室；

2. 马鞍山钢铁股份有限公司技术中心)

摘　要：研究了宝钢滚筒渣的矿物形貌、组成与结构特点，实验分析了试验用磁铁的磁场强度分布并研究了在不同磁场条件下滚筒渣的磁选效果。由结果可知，在低梯度弱磁场条件下，可对滚筒渣中铁粒、FeO、CaO 进行有效分选；F_2O_3、C_xAF、MgO 和 P、Mn、Al 等弱磁性组元矿物解离度偏小，或与强磁性矿物连生，难以分选；钢渣矿物相组成中，纯铁相、RO 相、铁方镁石相磁性较高，而铁酸钙相、方镁石相和硅酸二钙相为弱磁性。

关键词：转炉渣；磁选；综合利用

1　引言

自 20 世纪 80 年代我国开始进行钢渣的回收综合利用研究至今，运用磁选回收转炉钢渣中的废铁已是常用和比较成熟的工艺。根据分离后渣中含 TFe 的多少，不同品种的钢渣可以作不同的用途，TFe 高的钢渣可以作炼钢原料、炼铁原料，以及作烧结原料用，剩下的尾渣一般用于筑路、回填、制造钢渣水泥等[1,2]。多数磁选后尾渣中 TFe 含量仍较多，分离不完全，回收利用率不高。对转炉渣成分和矿物相进行综合分析，探讨不同磁场条件下磁选后钢渣的成分组成，旨在为改善转炉渣的磁选分离效果提供科学依据。

2　实验转炉渣化学成分及矿相形貌的研究

2.1　转炉渣化学成分研究

实验原料为宝钢滚筒渣，其化学成分分析结果见表 1。

表 1　转炉渣化学成分　　　　　　　　　　　　　　　　　（%）

Al_2O_3	CaO	FeO	MgO	MnO	P_2O_5	S	SiO_2	TFe
0.63	36.49	25.52	9.07	3.39	1.66	0.044	7.66	28.14

根据表 1 全铁及 FeO 含量换算出三价铁含量为 11.84%。滚筒渣中铁以 FeO 为主，磁性较强，含量是 Fe_2O_3 的 2 倍左右。

---

❶　原文发表于《中国资源综合利用》2006 年第 9 期。

2.2　转炉渣矿相形貌研究

利用扫描电镜对宝钢滚筒渣的矿物相形貌进行观察，并运用能谱分析各矿物相的主要元素组成。结果见表2。

表2　宝钢滚筒渣 EDS 能谱分析结果　　　　　　　　　　　（%）

元素		Mg	Al	Si	P	Ca	Mn	Fe	O
	A	—	—	14.75	3.55	33.14	.	—	49.11
物	B	15.08	—	—		3.21	5.11	31.83	44.77
相	C	40.09	—	—		0.99	2.34	13.55	26.60
	D	16.03	—	—		4.66	4.88	28.81	45.62
	E	—	1.37	1.63		26.78	—	19.44	49.69

可知：A 是转炉钢渣中常见的含磷的硅酸二钙相；另有部分 RO 相（B 相），一般被认为是由 FeO、MgO 和 MnO 构成的固溶体，三种主要构成氧化物的比例可在一定范围内波动，RO 相中含亚铁较多，应具有较强磁性；C 为方镁石相，为 D 所包裹，C、D 间无明显相界面，从 C 相内部到 D 相，Mg 含量逐渐减少，Fe 含量逐渐增加，D 相其金属原子与氧原子比例与 B 相相近，其中铁应多数以亚铁形式存在，所以 D 相为铁方镁石相，应具有稍高的磁性；E 为含有少量合金元素的铁酸钙相，其中铁以三价铁形式存在，磁性较弱。

3　钢渣在磁选工艺条件下的规律研究

3.1　磁场分布实验

在坐标纸（20cm×20cm）上，以左下角为原点（0，0），1cm 为单位，建立坐标平面。将磁铁（8cm×6cm×2.5cm）置于坐标纸中间位置，磁铁四角对应坐标分别为（8，7）、（8，15）、（14，7）、（14，15），将磁铁用塑料垫片分别垫高 2mm、6mm，用 SG-42 型数字特斯拉计分别测量坐标纸上每个坐标点的磁感应强度。测定结果见图1、图2。

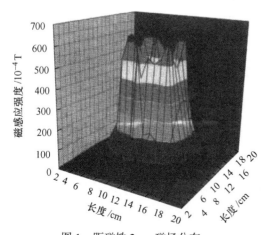

图1　距磁铁 2mm 磁场分布

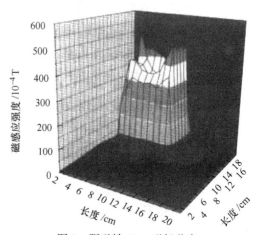

图2　距磁铁 6mm 磁场分布

由图1、图2可见，磁铁四个角附近磁感应强度最大；在磁铁8cm×6cm的截面以外磁感应强度非常小，可以忽略。取五个点A、B、C、D、E，对应坐标为（8，8）、（8，14）、（11，11）、（13，8）、（13，14），其中A、B、D、E四点处于磁铁四个角附近，C点在磁铁中心。将磁铁分别垫高0mm、2mm、4mm、6mm、8mm，测量这五点的磁感应强度。其各点磁感应强度的分布见表3。

表3 不同距离下相同坐标点上的磁感应强度表 （×10⁻⁴T）

距离/mm	A	B	C	D	E	$\bar{H}$
0	809	934	413	796	783	786
2	642	626	372	672	650	592
4	445	448	368	570	582	482
6	334	391	360	469	502	411
8	201	216	299	216	253	235

根据公式$\mu = B/H$，μ为磁导率，B为磁感应强度，H为磁场强度。可知$H = B/\mu$，空气的相对磁导率$\mu_x \approx 1$，故磁场强度与磁感应强度在数值上相等，即在空气介质中$1Oe = 1Gs = 10^{-4}T$[3]。故表3中所测磁感应强度即可代表磁场强度大小。根据表3中磁感应强度平均值$\bar{H}$可计算出磁场强度平均值$\bar{B}$，并作图3。

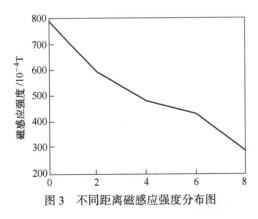

图3 不同距离磁感应强度分布图

由图3和矩形磁铁磁力线分布特点可知，0~2mm空间范围内为磁力线密集区，磁场强度约在800~600Oe；2~6mm间，为磁力线分布较集中而近似平行的磁场区域，磁场强度变化较缓，在600~400Oe之间；磁力线从6mm距离开始大面积扩散，磁场强度快速减小，到8mm时已降到近200Oe。

根据磁选机大致分类可知，试验所用磁铁所形成磁场为弱磁场，其磁场梯度为0.1T/cm左右，与高梯度磁选条件$2×10^2$T/cm相差甚远，属于低梯度磁场。

因此，试验磁铁模拟的条件为低梯度弱磁选机磁选条件，适用于$x > 3.8×10^{-5}m^3/kg$的强磁性矿物，如：磁铁矿、磁赤铁矿、钛磁铁矿、磁黄铁矿和锌铁尖晶石等[2,4]。

3.2 滚筒渣磁选实验

将一定量滚筒渣平铺于水平面上，将磁铁分别置于相对渣面一定高度的水平面上，磁选时在渣面上空范围内将磁铁反复水平移动，收集吸附出的强磁物。到无强磁物被吸附时，将仍平铺在水平面上的弱磁性钢渣搅拌并再次平铺，依上法再次磁选。多次反复直到无法磁选出强磁物为止。磁选效果见表4。

表4　不同磁场条件磁选效果表

高度/mm	$\bar{H}$/Oe	磁场梯度/$T \cdot cm^{-1}$	强磁物含量/%	TFe/%
0~2	800~600	0.10	42.04	30.64
2~6	600~400	0.05	30.86	35.21
6~8	400~200	0.10	21.71	41.78

磁场强度在400~200Oe时，只有钢渣中磁性最强的铁粒等矿物才易于被磁选出，磁选后强磁性物全铁达40%以上，而获得率只有20%。对表5中磁选所得的强磁性物与弱磁性物进行成分检验，结果见表5。

表5　滚筒渣磁选后两部分钢渣化学成分表　　　　　　　　　　（%）

$\bar{H}$/Oe	样名	Al_2O_3	CaO	FeO	MgO	MnO	P_2O_5	SiO_2	TFe
800~600	强磁物	0.48	33.69	29.32	8.24	3.11	1.62	7.18	31.64
	弱磁物	0.76	39.96	24.56	9.47	3.59	1.75	8.11	25.33
600~400	强磁物	0.45	32.14	35.52	8.91	3.13	1.57	7.03	35.21
	弱磁物	0.77	42.56	20.96	9.14	3.44	1.78	8.11	24.98
400~200	强磁物	0.47	22.98	44.61	8.54	3.17	1.58	6.85	41.78
	弱磁物	0.67	39.73	19.97	9.10	3.41	1.65	7.78	24.08

由表6可知，通过低梯度弱磁选，可以选出滚筒渣中的铁粒和与FeO结合的强磁性矿物。但弱磁物中仍含部分FeO，其TFe含量达20%以上，这说明磁性物质分离不完全。渣中FeO大部分存在于RO相中，具有较强磁性，但其颗粒微小解离度小，故难以充分分离。

根据表5数据中全铁及FeO含量可计算强磁物及弱磁物中3价铁含量，分别为：11.31%、12.22%；10.63%、12.40%；10.12%、12.16%。根据此计算结果，可以认为Fe_2O_3不易被磁选分离。

CaO和SiO_2在磁选后含量发生一定变化，弱磁物中的CaO明显比强磁物中高，弱磁物中SiO_2含量较高。由图1可知，CaO主要以硅酸二钙形式存在于钢渣中，其中还融入了钢渣中绝大部分P元素。因此可知钢渣中弱磁性的硅酸二钙相与强磁性的含铁相易于通过磁选分离，同时，P组元也较多存在于弱磁性物中。

氧化镁磁选后两部分含量基本一致，弱磁物中含量略高。磁性较高的铁方镁石和磁性较弱的方镁石形成无明显相界面的包裹颗粒，弱磁性矿物相与磁性矿物相形成了连生体，所以不易被磁选分离。

Mn元素存在于铁酸钙相、方镁石相和铁方镁石相多个磁性不一的矿物相中，磁选后两部分含量基本相同。

分析图1可知，Al元素主要存在于铁酸钙相中，铁酸钙相是无规则形状的矿物相基底，其他矿物相颗粒镶嵌在其中。因此铁酸钙解离度难以提高，且由于其磁性弱，故不易磁选分离，因而Al元素也难以通过磁选分离。

若以软纯铁的磁吸力为100.0，那么几种常见的强磁性矿，磁铁矿、锌铁尖晶石、钛铁矿、磁黄铁矿等亚铁磁性物质的磁吸力分别为40.2、35.4、2.7、6.7，而弱磁性矿物如菱铁矿、赤铁矿、褐铁矿的磁吸力只有1.8、1.3、0.8[4]。结合表1、表5的数据可知，钢渣中具有强磁性的物质应为Fe、FeO、Fe_2O_3和FeO_x的熔融物等，而CxAF、MgO、C_2S等磁性较弱；其矿物相组成中，纯铁相、RO相、铁方镁石相磁性较高，而铁酸钙相、方镁石相和硅酸二钙相为弱磁性。

4　结论

（1）实验所用磁铁形成磁场强度低于8000e、磁场梯度在0.1T/cm左右的磁场，可模拟弱磁场低梯度的磁选机条件进行实验。

（2）滚筒渣中颗粒状硅酸钙相和方镁石相被包裹在如铁酸钙相、RO等矿物相形成的基底中，其矿物相颗粒微小，粒径大多在$3.5\sim5\mu m$间。由于磁选对象为较大块钢渣，矿物解离度偏小，因此分离所得弱磁性物仍含较多强磁性物，分离不完全。

（3）钢渣中Fe、FeO、Fe_2O_3和FeO_x的熔融物等具有强磁性，而CxAF、MgO、C_2S等为弱磁性物。进行低梯度弱磁选后，全铁、FeO_2及CaO含量差别较大，Fe_2O_3和其他成分只略有差别；MgO、CxAF和P、Mn、Al、Si等弱磁性组元矿物解离度偏小，或与磁性矿物连生，难以分选。

（4）钢渣矿物相组成中，纯铁相、RO相、铁方镁石相磁性较高，而铁酸钙相、方镁石相和硅酸二钙相为弱磁性。

参 考 文 献

[1] 朱友益，王化军，张强. 钢渣综合利用试验研究［J］. 矿产综合利用，1997（1）：8~12.
[2] 丁明. 非金属矿物加工工程［M］. 北京：化学工业出版社，2003.
[3] 李建平，倪文，陈德平. 影响大掺量钢渣水泥强度的主要因素探讨［J］. 矿物岩石，2003（23）：105~109.
[4] Hennies L M, et al. Mechanisms involved in thermal cominution［C］. Proceedings of the ⅩⅤⅢ I. M. C. Vol. 1, 1995：203~208.
[5] Wasmuth H D. The new medium intensity drum type permanent magnetic separator PERMOS and its practical application for processing of industrional mineral processing conference. Amsterdam, 1995（2）：167~171.
[6] Mochev D, et al. Improving the efficiency of highly magnetic minerals separation by neans of influenced bibration［J］. International Journal of Mineral Processing, 1989（1）：21.
[7] 王淀佐，卢寿慈，陈清如，等. 矿物加工学［M］. 徐州：中国矿业大学出版社，2003.
[8] 《选矿手册》编辑委员会. 选矿手册：第三卷［M］. 北京：冶金工业出版社，1993.
[9] 毕琳，林海. 钢渣的综合利用［J］. 矿产保护与利用，1999（3）：51~52.
[10] 张国俊，白辉，胡红红. 炼钢钢渣含铁产品深加工试验分析［J］. 中国资源综合利用，2003（12）：33~34.

The Study on Magnetic Separation of LD Slag

Zeng Jing[1]　Li Liaosha[1]　Su Shihuai[2]　Chen Guangyan[2]
Ye Ping[2]　Zhou Yun[1]　Dong Yuanchi[1]

(1. Anhui Provincial Key Laboratory for Metallurgical Engineering & Resources
Recycling, Anhui University of Technology;

2. Technology Center, Ma'anshan Iron and Steel Co., Ltd.)

Abstract: This article mainly study about the mineral shape, composition, structure trait of the LD slag which is treat by the Rotary Cylinder, and analysis the magnetic intensity of the magnet used in this experiment. This article also study the LD slag's magnetic separation results on different magnetic field. From the result, we can see that the Fe grain, FeO, CaO can be easy separate from the slag on the condition of low magnetic intensity, but the Fe_2O_3、C_xAF、MgO and so on can not separate with the feeble magnetism materials such as the P、Mn、Al, or they can tie in the ferromagnetic mineral all these make them difficult to magnetic separation. The mineral phase in the LD slag, the Fe phase, RO phase and the periclase containing rich Fe phase have the ferromagnetism, and the periclase phase, the $(CaO)_x \cdot Fe_2O_3$ phase, the $(CaO)_2 \cdot SiO_2$ phase have the weak magnetism.

Key words: LD slag; magnetic separation; comprehensive utilization

技术管理

在改革中探索新路　在实践中寻求发展[1]

——攀钢技术中心运行一年回顾与展望

苏世怀

在国有重点骨干企业建立企业技术中心是国家经贸委、税务总局和海关总署为了促进我国企业更好地实现"两个根本性转变"，推动企业成为技术开发、技术投入的主体，提高企业市场竞争力和经济效益而进行科技体制改革的一项重要措施。企业技术中心应按照国家"一个中心，两个结合，三个提高"的要求，加强中心建设和发展。"一个中心"是指以增强企业技术开发能力和创新技术成果转化能力，提高企业经济效益和市场竞争力为中心；"两个结合"第一是指产、学、研的结合，第二是指自主开发与引进智力的结合；"三个提高"一是技术水平的提高，二是人才素质的提高，三是投入强度的提高。

攀钢技术中心是1994年11月国家第二批认定的国家级企业技术中心。如何按照国家的要求并结合企业自身情况办好企业技术中心，国内还没有现成的经验可以借鉴。为此，攀钢首先成立了以公司总工为首的筹备小组，经反复研究，攀钢（集团）公司决定攀钢技术中心的发展分两步完成。第一步，在规范（集团）公司技术开发体系和改组钢研院的基础上于1995年7月31日成立了攀钢技术中心并作为攀钢钢研院的二级单位，采用科研项目负责制，人员待遇从优并实行动态管理、人员精干、管理高效、钢研院对其优先提供条件保障等科研新体制。主要任务是承担攀钢中长远新产品、新工艺和新装备的技术开发。主要目的是探索科研新体制的运行经验。在取得经验的基础上第二步再将钢研院变成攀钢技术中心，以求在改革中探索新路，在实践中寻求发展。

一、攀钢技术中心的运行情况回顾

（一）攀钢技术中心运行一年所取得的主要进展

1. 科研工作取得显著进展

"高强耐磨全长热处理钢轨生产技术开发"项目，已按与国家经贸委签订合同要求的进度进行。1300MPa离线全长热处理钢轨经过研究已试制出来，组织性能符合国家合同要求的2100多吨钢轨在三个铁路局条件苛刻的线路上试铺，使用效果优异，已通过国家鉴定；钢液在线氢监测课题经过现场多次试验，已制定出引进氢仪的使用规范，现正总结上

---

[1]　原文发表于《攀钢经济管理》1997年第2期。

报（集团）公司鉴定。国际钒技术委员会课题"钒在重轨钢中的作用研究"已基本完成，通过国际钒技术委员会验收并获得好评。到目前为止，本项目关键技术已获得突破，相关技术研究已正在按国家合同确定计划进行。

"适合高速铁路用钢轨的生产技术开发"项目已完成钢轨钢、高精度矫直、激光在线平直度检测及相关技改的技术方案研究，将视条件逐步推向现场实施。

"冷轧深冲系列钢板生产技术开发"已完成前期方案调研工作，正在开展实验室研究，同时进行试制工作。

"攀枝花钒资源综合利用工程技术研究"在实验室研究已获得突破的基础上，正在建现场半工业试验线，拟扩大试验规模。

"攀钢高效板坯连铸技术"研究已完成前期技术方案研究，其技术研究所依托的技改工程建设正在进行中。

2. 科研条件建设已完成规划，进入全面建设的阶段

围绕攀钢现阶段的工艺、产品、资源和长远发展，并与技术中心科研项目相配套的科研条件建设已完成全面规划，进入全面起动建设阶段。今年将投资 500 多万元用于冷轧工艺实验室建设及相配套的冷轧产品检测仪器的购置。以后还将陆续进行钒钛综合利用、冶炼等工艺实验室建设和检测、信息及管理等硬件手段方面建设。

3. 科研新体制已开始发挥作用

为了使项目负责制等新型科研体制进入正常运行，技术中心成立后，即着手制订与新体制相配套的科研管理、人事管理等各类管理办法及各类人员的岗位责任制，从而切实保证了技术中心按新体制运行，并初步达到了人人有压力、大家集中精力干科研、人员精干、管理高效的目的。

（二）攀钢技术中心运行一年取得的主要经验

1. 围绕攀钢发展的中长远技术开发得到重视

技术中心首批入选的五大项目，都是与攀钢中长远发展紧密相关的，三年后才能发挥效益的项目，采用技术中心的项目机制，使这些与攀钢未来发展密切相关的中长远技术得到研究开发，有利于提高企业发展后劲。它解决了现行科研承包体制下只重视生产现场和企业当前效益，而对未来发展的关键技术重视不够的问题。

2. 待遇从优的激励政策稳定了一批技术骨干

承包制对人们的工作及成果的评价、奖励，主要着眼于已创造的直接经济效益。所以哪个课题有效益，人们就往哪里挤。课题组用尽可能少的人力、最少的工作量去完成，导致不同专业人员都争着去搞能体现直接经济效益的品种课题，而保证产品顺利生产的工艺、装备课题得不到应有的评价和重视，伤害了大家的积极性，日积月累，从事工艺、装备课题研究的人员少了，研究水平下降了。而技术中心的项目制，将工艺、装备、品种及检测方面的科研人员，一同组成项目组，同时制定了科学评价办法，根据工作水平，工作量大小、难度和贡献保证中等偏上的奖金待遇。从而激发了不同科研人员钻研技术、业务，专心干科研的积极性。而不用整天盘算着如何为了多拿奖金而找那些容易出成果、出效益的课题。从而有利于稳定和培养一批长期从事该领域科研工作的学科带头人、专业技

术骨干队伍。

3. 新的科研体制显示出优越性

项目负责制的项目内包含有几个技术相关的课题，根据项目研究内容，专业人员包括工艺、材料、设备、检测等各方面，现代科研工程需不同专业人员协同作战。从而使该项目技术能够配套开发，有利于发挥整体优势，同时也增加了转化的可靠性。

项目负责制确定了参加人员对课题负责人负责、课题负责人对项目负责人负责，明确了项目负责人、课题负责人和参加人员在项目中不同地位，分清了层次，从而为学科带头人、专业技术骨干的培养和成长提供了条件。

项目负责人不仅处在技术中心地位，同时对本项目组的人员管理负有一定的责任，对本项目组人员的评价、考核、奖惩、使用有一定的建议权。项目负责制根据科研工作需要进行人员动态管理，保证了人员的精干及管理的高效。

(三) 攀钢技术中心运行一年存在的主要问题

1. 中长远项目与近期项目脱节，人力资源不能共用

技术中心目前的研究项目，都是一些起步较高，着眼于攀钢未来发展的中长远项目，而同一领域当前或近期的项目在技术服务中心研究。中长远项目的研究目标要向同行业、有的甚至要向国际水平看齐，但是它的起步必须结合企业当前的实际，在现有的基础上不断地研究、改进、创新才能逐步达到目标。中长远项目和近期研究项目的脱节，造成人力资源不共用，不利于同一领域专业技术人才的成长和专业技术领域的滚动发展。

2. "待遇不均"问题

技术中心的科研项目起点高、难度大、周期长，为了提高科技人员从事这种科研工作的积极性，采用了待遇从优的激励政策。主要有项目负责人、课题负责人岗位工资系数比照厂矿正职和副职的岗位工资系数、综合奖系数，另加年人均3000元的主任奖励基金。这些激励政策有利于提高技术中心科研人员从事研究开发的积极性，但在目前的技术中心规模下还存在一些"待遇不均"的问题。因为技术中心项目除了需要技术中心人员努力工作外，还需要院其他单位科研人员高水平工作的配合，而其他单位科研人员，干同样工作，得到不同待遇，心里不平衡，影响钻研热情和责任心，反过来影响技术中心项目科研水平的提高。

3. 管理体制不顺的问题

攀钢技术中心作为钢研院的二级单位，必须是个开放系统。技术中心和院其他单位在体制上实行"一院两制"，就会造成不同体制在运行过程中发生摩擦和矛盾，影响新体制的正常运行和生长，制约了正常发展。

攀钢技术中心运行一年多的实践表明，技术中心采用项目负责制为核心的科研新体制与科研承包制相比具有明显的优越性。在（集团）公司、院正确领导和院内其他单位的支持下，这种新体制运行基本正常，技术中心工作取得显著的进展，取得了一定经验。当然也不可避免地出现了一些需要解决的问题。对技术中心运行一年实践的回顾和总结可为我们进一步深化科研体制改革提供非常宝贵的经验。

二、进一步完善和发展攀钢技术中心的思路

(一) 方针、策略

1. 方针——配套改革、整体推进

配套改革是手段，整体推进是目的。配套改革就是首先在钢研院科研系统的研究开发层次上推广技术中心的科研项目负责制，同时，在院的科研管理、人事管理、条件管理等各个方面按照适应技术中心项目负责制的新型科研体制要求进行配套改革，以达到整体推进的目的。

2. 策略——建立运行机制在前，调整组织机构在后

科研体制中，组织机构是形式，运行机制是内容。理想的情况当然是组织机构和运行机制同时变革，考虑到钢研院 1996 年刚刚为成立攀钢技术中心而改组，过频地进行组织机构变动会影响人员的稳定。因此，采用先建立科研运行机制，后调整组织机构更为稳妥。

建立运行机制在前，就是在钢研院整个科研系统推广完善技术中心的项目负责制（相关的检测和信息系统调整结构）。通过一段时间项目负责制的推广、运行和完善，反过来促进组织机构的逐步调整。

(二) 完善和发展攀钢技术中心的措施

1. 转变观念，树立创新意识，适应两个根本转变的要求

观念是人们的意识对客观事物的反映，新的观念可以推动事物的发展，旧的观念可以阻碍事物的发展。技术中心的完善和发展实际上是新体制形成的改革过程。因此摒弃旧观念，树立新观念是技术中心进一步完善和发展必须首先去解决的一个问题。

攀研院进入攀钢虽有 10 年多时间，但是由于没有经过断"皇粮"、直接面向市场、自我经营、自负盈亏、自主发展之痛，因此计划经济体制下事业单位那种"等、靠、要"的思想在相当部分职工中仍然存在，事业单位机关化的传统管理模式尚未根本改变，加上连续 9 年的科研承包，在工作上助长了一部分人的小生产观念。这些传统思想观念阻碍了技术中心新体制的进一步完善和发展，与实现两个根本转变不相适应。因此。转变观念、树立创新意识十分必要。

首先，应树立市场观念，增强效益意识、竞争意识，克服"等、靠、要"思想。我们的市场在攀钢，一切科研工作必须与攀钢的生存和发展紧密相联；科研工作要讲成本、讲效益、讲投入产出，科研成果要以能否在企业中应用，能否为企业提高市场竞争力，提高效益，增强发展后劲为评价依据。岗位要有竞争，待遇要靠贡献。

其次，应树立大科技观念，增强整体意识、长远意识，克服小生产观念给科研工作带来的那种"宁为鸡头，不为马尾"，只强调个人利益，小团体利益的倾向，改变科研工作短期行为和闭关自守、自我封闭状况。现代科研是个系统工程，需要多个单位、多个专业、许多科技人员协同工作，发挥整体优势才能完成；现代科技日新月异，需要不断开放、不断学习和借鉴他人智力才能更好地创新和发展。

第三，树立现代管理观念，增强创新意识，推行企业化管理。克服事业单位机关化，

改变管理环节多、层次不清、人员臃肿、办事效率不高的情况。根据科研新体制需要，调整职能、明确职责、加强制度建设，实行规范化管理；加强现代化管理硬件建设，提高效率，逐步实现科学、精干、高效的目的。

2. 调整课题结构，理顺各种关系，建立一个有利于创新的开放式科研运行机制

调整课题结构就是根据科研项目负责制的要求，按专业技术研究方向对课题进行归类和调整。对同一领域或方向的相关课题组成项目，方向不对，没有多少技术含量的课题不立或取消；一般性、零散性技术任务按临时任务管理；适合于厂矿承担的课题鼓励厂矿为主负责。在研究内容上，加强近期与中长远、工艺装备与材料品种的衔接；在课题组人员组成上，根据科研工作需要加强科研系统、检测系统、信息系统和现场方面技术人员的有机结合，还要根据工作量限制研究人员数量，形成研究开发、现场服务、内部待（下）岗三个层次的动态人员结构；在研究方式上，借助院校智力，加强自主开发与技术合作、技术引进的关系。

通过课题结构调整，理顺近期课题与中长远课题，工艺、装备课题与材料品种课题，开发与现场服务，科研与技改的关系。同时制订一个与项目负责制相适应、技术上以专家负责为核心、管理上以条件支持和协调服务为中心的配套的管理办法。打破课题组自我封闭，单位自我封闭的格局，使科研工作形成开放、流动、竞争、协作的局面。逐步形成一个充满活力和创新性的开放式科研机制。

3. 根据科研需要，优化人员结构，建立一个有利于人才成长的科学的人才培养、评价、激励和流动机制

根据科研需求，制定人才需求规划，以此调整存量、控制增量，优化科技队伍配置。

根据科研工作需要和人才成长规律，制定人才培训制度。以工作实践培养为主，针对人才成长的不同阶段或对不同层次人员分别辅之以强化现场实习、国内先进厂家培训、学历培养和出国考察等不同方式和内容的培训，在主要专业领域逐步培养出一批由学科带头人、专业技术骨干、课题负责人组成的"宝塔型"知识层次和人才结构。

根据各类人员的岗位职责和科研、条件、管理系统的工作特点，制定科学的人才考核评价制度。考核评价工作以工作量、工作难度、工作业绩为基础，建立定性和定量相结合，自我评价与群众、组织评价相结合的科学的考评方式。

以考评为基础，分开层次，调整分配政策，做到奖优罚劣，对多年考核评价业绩突出人员，在职称、住房等方面给予体现，形成新的人才激励机制。

通过建立合理的人才需求、培养、考核评价、激励机制，并使之规范化、制度化，形成一个有利于学科带头人、专业技术骨干成长的环境。按"稳住一头"的思路调整存量、控制增量，优化人才结构，开发人力资源，逐步在攀钢的主要产品、钒钛资源综合利用和重大工艺装备技术应用研究和开发方面形成一支科研、信息、检测、管理等专业配套、高素质的精干队伍，其余人员按能力和所长从事成果转化、现场服务工作，促进合理流动，实行开放的人才管理模式。

4. 加大科技投入，优化条件配置，改善科研条件

攀研院进入攀钢以来，科技投入逐年有所增加，技术中心成立后，院对科研条件进行了重新规划。为了适应市场和攀钢发展对科研的要求，仍需投入大量资金对科研条件进行更新、完善和新建。当前乃至今后相当长的一段时间内，攀钢资金比较紧张。我们一方面

要用科研促效益，力求攀钢多投入，另一方面，要利用科研余力，发挥技术、设备和人才的综合优势，开发出一些附加值高、批量小、市场急需的产品，填补攀钢大型企业产品结构的空缺，增加横向收入，以横补纵。我们希望在攀钢科技投入不断增加的基础上，同时利用院内部分横向积累，力争今后 5 年内基本完成科研条件建设。

在科研条件规划和建设时，根据科研需要的原则，针对攀钢的生产实际和未来的发展而配置。在信息手段建设方面，完善更新现有硬件，在信息的快速收集、查询、传递和加工方面逐步实现现代化。建立好攀枝花资源数据库和计算机信息管理网络系统。

在检测手段方面，在充分开发现有仪器设备功能，大力加强检测方法研究的基础上。完善、更新微量、痕量元素的检测设备，添置必要的板带产品的性能检测设备。

在工艺实验室建设方面，在建好冷轧实验室的同时，逐步建设钒钛综合利用实验室、冶炼实验室、CAD 和仿真实验室，完善配套设备诊断，在线检测实验室，逐步实现对攀枝花资源特色的关键工艺、装备和龙头产品开发的中间模拟研究条件。

5. 深化改革、调整政策，逐步建立一个有利于科研与经济紧密结合的技术进步政策导向机制

目前攀钢对钢研院仍采用包效益、包鉴定课题数、包计划完成率等"三包"为主的承包制。为了保证完成公司任务，院对院内二级单位，也采用了包鉴定课题数、包效益、包计划完成率及人头平均综合奖的政策。承包制有利于促进科研面向现场，在一定时期内发挥了积极作用。但是，它也带来了课题越来越小、急功近利等不利导向作用。加上一切以直接经济效益为主的课题评价机制，使得工艺、设备及中长远课题得不到重视，在科研院所已进入企业，攀研院与攀钢基本一体化的今天，完善这种科研体制，建立适应企业发展需要的新型科研体制已势在必行。

深化改革首先需要建立科学的科研成果和人才评价机制，对课题的评价强调直接经济效益的同时，还应注意其间接经济效益及简化工艺、节能降耗、提高产品质量、应用前景及市场竞争力方面的作用，对人的评价除了对企业经济效益的贡献外，还应考虑其工作质量、工作水平、知识产权贡献等综合素质的考评。

在建立科学的评价机制基础上，改革现有公司对院的承包制，保留其合理部分，完善、调整不合理部分。建立科学的技术进步责任制. 形成一个新的科技工作激励机制。

对公司责任制，保留其课题计划完成率和重大紧急需钢研院完成的临时性任务部分（综合计划奖）；完善成果奖励部分，在保留原成果、专利奖部分的基础上，分清知识产权的层次，突出对发明专利的奖励；增加科研论文部分，增加对中长远技术开发项目资助奖（可按 100 人规模，年人均 3000 元，使技术中心政策规范化）。

对院内技术进步责任制，取消人平综合奖，实行宏观、中观、微观奖励相结合的技术进步责任制。

三、攀钢技术中心的发展展望

（一）发展方向

面向攀钢和攀西资源，按照国家"一个中心，两个结合，三个提高"办好企业技术中心的宗旨和要求，通过转变观念、优化结构、创新体制、强化管理，把攀钢技术中心办成

适应攀钢发展需要的具有钒钛资源技术特色和自主创新能力的新型国家一流企业技术中心。

（二）发展目标

1. 在几个主要技术领域形成创新能力，拥有以成果、技术规程、专利、论文为表征的自主知识产权的主导技术和名牌产品

在铁道用钢方面，开发高质量钢轨钢质净化技术，高精度轧制技术，在线监测技术和钢轨微合金化技术，离线、在线热处理技术，形成不断适合铁路运输发展要求的以高速铁路用轨为龙头的热轧钢轨和在线热处理钢轨为龙头高强度钢轨系列。其系列技术在国内保持优势，在国际上具有自己特色，其产品具有国际市场竞争能力。

通过钢轨产品和技术的开发，推动其他大型钢材和中型优钢产品的生产技术水平上台阶。

汽车用钢方面，跟踪国际国内先进工艺装备水平，开发出具有自己资源和技术特色的具有国内市场竞争力的热轧汽车大梁板带品种、冷轧 IF 深冲系列板带产品。

通过高质量汽车用板带产品的开发，提高工艺、装备水平，推动石油管线用钢等板带系列产品的生产技术水平，提高市场竞争力。

在钒钛资源综合利用方面，开发出钒钛资源综合利用系列技术，钒钛系列产品具有国际市场竞争力。

通过钒钛资源综合利用技术开发，推动其他伴生矿资源综合利用工艺和水平的提高以及二次资源综合利用技术的开发。

在铁道用钢、汽车用钢、钛资源技术和产品开发的同时，大力加强工艺装备水平技术更新改造，重视二次创新，不断推动工艺、装备水平的现代化。

2. 培养一支专业配套、精干的技术开发队伍

按稳住一头的思路在上述几个主要技术领域形成一支 300 人左右的精干的技术开发队伍。培养出具有扎实的理论基础、实验方法，掌握本学科国内外技术发展动态，熟悉攀钢实际，能解决本学科或某一技术领域重大技术难题、提出重要技术建议，有一定组织能力，在攀钢、全国有一定知名度的学科带头人 50 名，专业技术骨干 100 名。

3. 建成与攀钢科研生产发展相适应的实验装备

建成控轧控冷、冷轧、钒钛资源综合利用、冶炼、计算机辅助设计、设备诊断、仿真、检测工艺实验室，实现攀钢关键工艺和主要龙头产品开发的中间模拟研究条件。

检测仪器设备在加强设备功能开发、方法研究的同时，进行必要的更新配套和添置，在主导产品的检测方法和钒、钛、钴、镓、铈、稀土等分析方法上形成自己的特色。

4. 科技信息开发现代化

围绕科研需要，加强信息硬件产品、资源数据库建设和软件开发，做到信息收集、查询自动化，信息管理网络化，提高信息加工、利用效率。

5. 建立高效、精干的管理系统

根据新型科研体制要求，转变职能，明确职责，提高水平，分清层次，加强制度建设。在实行规范化管理的基础上，精减机构和人员，使管理人员占职工总数的比例由现在

的 13% 下降到 10% 以下，同时培养 20 人左右的懂技术、善管理具有开拓创新意识的管理人才，在人力资源开发、科研、财务、条件、科技产业方面形成一支管理骨干队伍，力争在"九五"期间实现全院管理计算机网络化。

(三) 实施步骤

实现上述目标需要 10 年左右时间，分三步实施：

第一步，用 1~3 年的时间，在全院推广、完善和发展技术中心新的科研体制，建立一套适合于企业技术中心新科研体制的运行机制。在此基础上将攀钢钢研院整体改组为攀钢技术中心。

第二步，用 3 年左右的时间，在主要技术领域的研究开发，研究开发人才培养，手段、信息的建设和管理方面形成一流企业技术中心的雏形。

第三步，用 4 年左右的时间努力达到上述目标。

加快技术创新　促进攀钢发展❶

——攀钢技术创新的现状、问题与对策探讨

苏世怀

技术创新是以市场为导向，以提高企业国际竞争力为目标，从新产品或新工艺设想的产生，经过研究与开发、工程化、商业化生产到市场营销和服务整个过程一系列活动的总和。由此定义可知，技术创新与我们过去所说的研究与开发不完全一样，它在内涵上有所延伸，在外延上有所拓展，不仅具有研究与开发上的创造性、效益性和风险性，而且具有综合性、系统性和连续性，是科技与经济一体化的概念。当今经济与社会发展实践证明，技术创新是一个企业生存和发展的关键因素，是一个国家和民族参与世界竞争的重要条件。江泽民同志指出："创新是一个民族进步的灵魂，是一个国家兴旺发达的不竭动力""要把建立新机制作为建立社会主义市场经济体制的一个重要目标，特别是要把建立健全企业创新体系作为建立现代企业制度的重要内容和搞好国有大中型企业的关键环节"。江泽民同志在十五大报告中进一步指出："科学技术是第一生产力，科技进步是发展的决定性因素""支持和鼓励企业从事科研、开发和技术改造，使企业成为科研开发和投入的主体""要推进企业技术进步，鼓励、引导企业和社会的资金流向技术改造，形成面向市场的新产品开发和技术创新机制"。

回顾攀钢三十年的历程，我们不难看出，攀钢是依靠技术创新起家，在技术创新中逐渐发展壮大的。普通高炉冶炼钒钛磁铁矿技术的突破使攀钢建厂成为可能，钒生产技术、重轨、型钢生产技术的形成，打通和理顺了生产工艺流程使攀钢不断发展壮大。但是，我们同时应看到，这些技术创新活动的开展和创新成果的取得主要是在计划经济体制条件下靠政府的组织科技攻关形式开展的，政府起主导作用。随着改革开放的深入，社会主义计划经济体制向市场经济体制过渡，政府领导下的工厂制向市场为导向的现代企业制度为核心的公司制的过渡，技术创新、技术投入、逐渐由政府为主体转变为企业为主体。因此，在此转折时期，攀钢如何借鉴国内外钢铁行业和企业技术创新的经验，如何正视攀钢技术创新的现状和问题，如何采取对策加快攀钢技术创新的步伐，推动攀钢发展，这是攀钢技术创新在新形势下面临的一系列亟待回答的问题。本文对此进行一些探讨，供大家讨论和领导决策时参考。

一、国内外钢铁行业技术创新的启示

自 20 世纪 70 年代初世界性石油危机之后，欧洲和日本全面调整自己的钢铁工业发展

---

❶　原文发表于《攀钢调研》1997 年 9 月。

战略，运用现代科技对落后的工艺和设备进行了全面的技术改造的同时，大力开发新的工艺技术、高附加值产品和创新市场。取得一系列技术创新成果，降低了钢铁产品的成本，改进了质量，提高了钢铁工业竞争力。这方面以美国钢铁工业不同时期发展的正反两方面经验教训更具说服力。70 年代初期世界性能源危机时，美国依仗其丰富的资源和广阔的市场对钢铁工业采取保护主义的政策，从而使美国钢铁工业失去了技术创新的动力和市场竞争的压力。另一方面更激发了日本、欧洲钢铁行业、加快技术创新、降低钢铁产品成本、提高质量以打入美国钢铁市场的决心和信心。到 1983 年美国钢铁工业全行业亏损 67 亿美元，在此前后美国第一大钢铁公司——美国钢铁公司关闭 16 个钢厂，解雇 1.3 万工人，美国第二大钢铁公司伯利恒钢铁公司宣布倒闭。此外，钢铁工业技术创新能力降低，不仅使钢铁工业市场竞争能力下降，而且导致汽车、航空工业市场竞争力的下降，增强了竞争对手的实力。80 年代中后期开始，美国调整国家对钢铁工业的竞争政策，取消保护主义，在鼓励兼并、强化管理的同时，大力提倡企业技术创新，仅仅 5~6 年时间，美国用电子和计算机技术等对钢铁工业进行了大规模技术改造，90 年代美国钢铁工业重新焕发了生机，增强了市场竞争力，同时带动汽车、建筑、航空等支柱产业的走强。

钢铁行业技术创新比较典型的企业是新日铁公司和奥钢联。新日铁公司于 1991 年将分散在各地的制铁所集中，成立综合技术中心，下设产品研究所、工艺研究所、设备研究所、尖端技术和电子研究所。在生产领域不断减人的同时，研究人员不断增加，综合技术中心共有 2020 人（包括 9 个分部的 700 人）。采取综合一贯的科研体制，按方向里领域组成了项目组，综合各方面科研人员对新技术从研究开发、工程化到应用推广进行深入系统地一贯制开发，建立了高素质创新人才培训、评价，激励等一系列技术创新机制。同时充分保证了人力、资金、技术、信息等创新资源。科技投入 1993 年达 817 亿日元，占销售收入的 3.1%。另一个典型的技术创新企业是奥钢联工程技术公司。该公司将重大工艺技术组成项目，集中各方面专业人员进行研究、开发、工程化、市场服务一体化的综合一贯制开发。先后开发了 LD 转炉炼钢技术、直接还原技术、连铸及铸坯热送热装技术、薄板坯连铸连轧技术、轧钢厂现代化改造技术等。

我国的技术创新正处以政府为主体向以企业为主体的转折时期。1994 年以来，江泽民、李鹏、朱镕基等国家领导人对企业技术创新工作的重要性都做了大量重要指示。为了贯彻这些指示精神，1994 年，国家经贸委开始在我国特大型企业组建企业技术中心，1995 年开始进行《企业技术创新工程》工作试点，今年 9 月又将企业技术创新项目列为科技主体计划之一正式下达了管理办法。总的来讲，我国以企业为主体的技术创新工作刚进入起步阶段。在这期间一些转型较快、技术创新开展比较好的企业，如长虹、海尔、联想等则深得技术创新之惠，市场竞争力不断增强，企业不断发展壮大。

冶金行业的企业创新工作刚刚开始，目前被国家认定的企业技术中心 12 家，特钢有 6 家，普钢有 6 家。宝钢、武钢正在以各自的龙头产品申报国家“技术创新工程”项目试点。总的来看，冶金行业在企业自主技术创新方面以武钢和宝钢进行得较好。

武钢在原各分散的研究机构基础上组建技术中心，归武钢总工直接领导，下设 6 个研究所和 1 个中试工厂，赋予技术中心新产品开发、推广、销售和售后服务的职能。技术中心内部以电工钢、汽车用钢、工程结构用钢等优势产品为龙头组建项目组。宝钢将原钢研所、设备中心、自动化研究所、图书馆合并组建技术中心，并赋予技术中心以离线开发管理职能，以管线、汽车用钢等优势产品为龙头组建项目组进行综合研究与开发。目前体制尚未最终理顺，创新机制尚未形成。

综上可知，国际上市场化的国家企业技术创新工作已形成完善配套体系和机制。技术创新基本上采用是综合一贯的开发体制，技术创新的重点是用现代化科技改造落后工艺装备，大力开发新的先进工艺装备和大力开发低成本、高附加值产品系列以增强市场竞争力。

国内钢铁行业创新活动正处在以政府为主体到企业为主体的过渡（或转折）时期，以企业为主体的技术创新活动刚刚起步，其技术创新体制、机制和保证资源建设等正在探索前进中。

二、攀钢技术创新的现状与问题

攀钢现科技管理体制为事业部制，科技部下设两处一办，管理钢研院、设计院等实体单位。实际上基本仍按直线职能制运作。钢研院内有技术中心、服务中心、检测中心、信息中心和试验厂。技术中心按项目制开展工作，其他中心仍按原课题制开展科研工作。攀钢一些重大的跨单位综合项目由公司组成攻关队方式开展攻关。

攀钢现生产工艺按产品可分为四条流程线：一是以生产重轨、型钢、线材为主的流程；二是生产板带材的流程；三是钒产品流程；四是钛产品流程。

存在的主要问题是：

（1）认识上的不适应。

首先是对技术创新的形势变化认识不充分，没有认识到技术创新已由计划经济体制下政府推动为主逐渐向市场经济条件下以企业为主的形势变化，认识仍停留在计划经济形势下的研究开发。表现为对形势变化不敏感，相关的体制、机制的建设滞后于形势的发展需要。

其次是对技术创新概念和特点认识不全面，对技术创新与研究开发的区别理解不透彻。

再次是对技术创新对企业经济、市场竞争的战略意义和重要性认识不足。

（2）技术创新的体制不顺，机制不健全，保证体系不完善。

体制不顺是指与技术创新相应的组织制度、组织结构在有些方面还不适应技术创新的要求。我们与社会主义市场经济体制相适应的能够促进技术创新的现代企业制度还没有真正建立起来；攀钢技术中心作为钢研院的二级单位，其承担的任务与组织管理权限不相称，难以在公司层面上展开和协调；相关单位的职责不清，科研及管理体制还不能适应技术创新综合性、系统性、连续性的要求。

机制不健全是指与技术创新相适应的决策机制、投入机制、评价机制、激励机制还没有完全建立起来。表现在我们的决策民主化、科学化和高效化有待改进；投入、评价、考核制度需要进一步完善；激励力度和政策导向有待进一步强化。

保证体系不完善是指技术创新所需的人才、资金、技术、信息、保证资源不充分。主要体现在：人才的培养、使用、评价、激励制度不完善；资金的投入力度不够，不能满足日益激烈的市场竞争对技术创新投入的需求；技术资源的获取、开发、转化、知识产权重视不够；信息资源开发、加工、利用不够，管理不规范。

（3）技术经济方面的问题：

1）工艺装备方面。工艺装备方面问题是指攀钢的工艺装备水平不能满足生产低成本、多品种、高质量、高附加值产品的需要，主要体现在一期工程工艺装备水平比较落后、陈旧；二期工程工艺流程尚未完全顺畅，引进工艺装备有待进一步消化、吸收和二次创新；钛生产技术的开发尚处于起步阶段；

2）产品质量方面的问题是指我们的产品成本、性能质量不能满足市场需要，主要体现在：重轨等型线材内部质量不高，外观质量表现在表面尺寸精度还有问题；板带内部质量、外观规格尺寸及相关工艺技术方面还存在问题；钒产品的钒钛回收率不高，产品深加工、附加值有待进一步提高。

3）经济指标。能耗、设备利用系数、成材率、一级品率与先进企业相比还有很大差距。

三、加快攀钢技术创新的对策

（一）攀钢技术创新的指导思想

牢固树立科学技术是第一生产力的思想，切实贯彻"经济建设必须依靠科学技术，科学技术必须面向经济建设"的方针，认真落实"科教兴国"的战略，按照"科技、经济一体化"的思路，以效益为中心，以市场为导向，以产品为龙头，科技为基础，管理为保证，推动攀钢成为技术创新、技术投入的主体，加快攀钢自主技术创新体制、机制和保证体系的建设。在工艺装备改造、引进设备的二次创新、高附加产品的开发，资源综合利用等方面全面提高技术创新力度，提高市场竞争力，促进攀钢的发展。

（二）攀钢技术创新目标

攀钢技术创新的总体目标是：在3年内形成与社会主义市场经济体制和现代企业制度相适应的攀钢自主技术创新体系和运行机制，开发具有钒钛资源特色的自主知识产权的工艺技术，在市场具有较强竞争力的主导产品系列。与1997年比，300万吨钢创400万吨钢的效益，使技术创新成为攀钢发展的主要推动力（经济效益贡献率≥60%）。具体体现在如下几个方面：

（1）体制创新目标。建立与市场经济体制相适应和现代企业制度相配套的企业自主技术创新组织体系。

（2）市场创新目标。建立与现代企业制度相适应、有利于引导企业自主技术创新的营销体制。通过市场调研、市场预测、市场开拓、市场销售、市场服务工作的开展，提高攀钢产品市场应用层次，拓展市场空间，根据市场需求引导攀钢产品开发、生产经营的目的。

（3）产品创新目标。根据市场需要，结合攀钢资源和工艺装备实际，着力开发好重轨型线、板带、钒钛三大主导产品。

重轨型线产品的创新方向是面向国内外两个市场，在提高内部质量、表面质量、外观精度的基础上，实现品种系列化。国内销售35～40万吨，出口5～10万吨的目标。通过重轨型线产品的开发带动优钢质量的提高和品种的更新。

板带产品面向国内市场，大力改善内部质量，提高外观尺寸精度，开发汽车用钢、管线用钢、家电、包装行业用钢，提高国内市场竞争力。

钒钛产品面向国内外两个市场，在提高质量，增加品种及产品深加工方面取得技术突破。

（4）工艺装备创新目标：

首先，提高节能降耗水平，提高现有设备利用率；其次，结合攀钢资源和装备特点，开发出具有自主知识产权的工艺软件；再次，技术创新引导投资，大力加强技改方案研究，深入技改过程，为技术改造提供技术基础，使技术改造做到起点高、投资省、见效快。

（三）加快攀钢技术创新的措施

1. 提高认识，创新观念

提高认识就是在对技术创新概念及其特点深入理解的基础上，充分认识技术创新对攀钢生存和发展的重要性。

创新观念首先要树立市场经济体制下企业是技术创新主体的观念；其次，要树立技术创新是技术经济一体化的观念；第三，要树立技术创新是科技人员、转化人员、领导，管理者全员参与的观念。

2. 加快以攀钢技术中心为核心的技术创新组织体系建设

由技术创新的概念知，技术创新是个"创新设想的提出—技术开发—商业化生产—市场应用"多个环节构成的系统工程。在这个系统中，技术开发是中心环节，因此，根据技术创新的要求和攀钢的实际，加快攀钢技术创新组织体系建设就是要在加快攀钢技术中心建设的同时配套进行其他组织环节的建设。

（1）加快攀钢技术中心建设。根据国家和市场经济条件下技术创新对研究开发机构的要求，企业技术中心是隶属于企业集团的，非自负盈亏的、具有较高层次和较高水平的技术开发机构。它应当采取综合一贯的开发体制，根据市场需求，结合企业实际进行一些高于市场和企业当前水平的新产品、新工艺、新装备和新材料的技术开发，最终成为企业的新技术综合研究开发中心、企业技术咨询中心、产学研联合和对外合作交流中心、科技人才吸收、凝聚、培训中心和新技术的服务中心。根据企业技术中心这一性质、任务和目标的要求，加快攀钢技术中心建设当前主要抓好如下几个方面：

首先应当将钢研院整体改组为攀钢技术中心，使技术中心形成综合配套技术开发能力，同时根据技术创新的要求进行内部的组织结构、项目结构和人员结构的优化。下一步适当的时候在有利于提高效益、效率和工作水平前提下，对攀钢技术开发机构进行职能转变和结构优化，将矿山分院并入攀钢技术中心，成为采选研究所，设计院工艺设计部分（民用设计划归冶建公司）、自动化部自动化研究部分（现场维修部分划归电气公司）并入技术中心与技术中心内的设备研究力量合并组成工程技术研究所或工程技术公司。

在体制上，采用一院两制，研究开发和科技产业体制。对关系攀钢生存发展的战略产品和工艺装备采用综合一贯的项目（方向领域）制开发模式。利用成果转化和试验设备对攀钢二次资源（尾矿、高炉渣、转炉渣、污泥、铁鳞、废酸、粉煤灰）等进行开发和利用，科技咨询，进行科技产业化管理。

在政策上，对从事研究开发的实行稳住一头的政策，实行以知识产权、成果转化和市场应用效果为核心的技术创新综合目标制考核，对科技产业有选择地进行前期扶持、滚动发展、全成本核算、自负盈亏产业化经营。

（2）加快技术创新配套组织体系建设。技术创新配套组织体系是指决策层、管理层和执行层。

对于决策层建设，主要是按照决策民主化、科学化和高效化的要求，将原科技委员会完善为科技经济一体化的技术创新咨询委员会，主要职能是进行重大技术创新项目论证、评价、投资咨询等。办公室可将科协、总工办公室合并而兼有职能。分常设和非常设委员，常设委员由科技管理、科研、设计、自动化、信息、市场等部门负责人组成，非常设委员应占有一半以上数量比例，根据咨询内容临时推荐与此内容相关一些人员。委员不宜固定待遇，可根据咨询工作的数量和质量给予咨询费。

对于管理层建设，根据转变职能、规范、高效的要求和权责对称的原则，在职能定位、人员素质提高的前提下，精干机构、精减人员，实行一贯制管理。精干机构，考虑到一方面攀钢二期工程结束，工程管理量的减少，可将部分管理职能下放分、子公司；另一方面，考虑到国外技术开发实体包括研究开发和工程化方面力量及技术中心的机构进一步改革。因此，工程管理部门机构可适当精减，科技管理部门职能适当扩充。精减人员是根据一贯制管理（重轨型线、板带、综合利用）和职能定位、权责对称的要求，实行人员的精干和管理的规范高效。

关于执行层的建设，主要是对现单位职能的正确定位。生产单位的现场技术工作队应配合研究开发单位在现场的研究开发试验和新产品的首次商业化生产，负责新技术现场试验和新产品现场试验后的转化工作及首次商业化生产后的技术质量工作。营销部门应负责市场调研、市场开拓、市场销售、转产后的产品售后服务。工程化力量当前应加强与研究开发、生产现场联系，提高技术改造中创新分量。长远看，设计院和自动化部应将一部分民用设计和现场维修职能划归分、子公司，与技术中心合并组成工程技术研究所或直接组成面向市场的工程技术公司。

经过上述结构优化职能定位的改革后，技术创新在攀钢仍跨研究开发、工程化、生产、营销四个部门，当前除了明确职能外，在目前将需要跨这些部门进行重大、长远带战略性的技术创新活动以攻关队（攻关队本身的职能运作方式需要改进）形式组织创新力量是十分必要的。

3. 加快以管理创新为基础的技术创新机制的建立

技术创新机制是指企业在组织技术创新过程中，所有相关因素间相互联系，相互作用所形成的特定规划，运行方式和因果关系的总称。可见机制是运行着的体制，没有完善的机制，体制只能是无法发挥作用的框架，技术创新机制包括动力机制、决策机制、转化机制、评价机制和激励机制等。这些机制的建立就是要通过制定一系列工作制度、管理办法和政策来实现。

要建立符合技术创新要求的机制，管理必须首先创新。根据技术创新的要求，管理创新当前要研究解决如下三个方面问题：

（1）立项管理。立项是开发成功的关键。立项管理要解决如何根据市场的需求和攀钢的实际，由目前主要是生产和科研单位自下而上提出课题到多单位多部门（尤其是营销部门）上下结合地提出重大创新项目，如何选择研究方向、确定研究目标和内容；二是要解决好根据研究目标和内容的需要组织好创新资源的配备，尤其是对一些重大、带战略性创新项目，要在全公司甚至全国范围内组织开发力量，确保开发资金的投入。

（2）项目过程管理。一是要研究如何由课题到项目，即管理单元变大后的管理；二是要研究对一些重大需要进行深入、系统、长期研究的技术创新项目，部门如何由专业对口管理到一贯制管理；三是要研究对涉及多个部门和单位的重大创新项目如何将目前攻关队的管理模式完善成"矩阵式"或"工作小组"模式。

（3）考核评价。应认真总结承包制的经验教训，改进对技术开发单位的考核办法和政策导向。建议由目前的按效益和课题鉴定成果数为主的承包制改为科技进步（技术创新）综合目标考核制，基本内容包括基本技术开发任务、临时性任务和成果专利论文等知识产权奖励三个部分。

4. 加快以高素质人才培养为龙头的技术创新资源建设

技术创新资源体系包括人才资源、资金资源、技术资源和信息资源：

（1）人才资源。人才是技术创新第一资源。攀钢技术创新需要新产品开发、工艺装备、工程技术方面的科技专家，还需要商业化生产过程中推广应用，现场生产方面的工艺技术专家以及市场营销、管理专家和组织、领导企业技术创新的企业家。当前人才资源建设的关键是在人才预测和规划的基础上建立人才培养引进机制，人才考评机制和人才激励机制。

（2）资金资源。资金资源是技术创新第二资源，技术创新资金资源应包括研究开发、工程化（开发新产品、新技术的技术改造和工程）费用，首次商业化生产（试验费用）及市场调研，新产品开拓市场的费用。攀钢当前应确保销售收入1%用于技术创新资金投入的基础上，逐年提高销售收入比例以使最终能达到3%。应建立资金投入、监督使用及绩效评价机制，同时开辟新渠道利用对一些重大工艺技术难题在起步阶段，不惜以优惠条件从国内外引进开发资金投入重大技术创新项目的开发。

（3）技术资源。技术资源包括新产品技术、新工艺、新装备和新材料技术。技术资源可以通过自主开发、合作开发、引进三种途径获得。攀钢作为国家级企业集团和国家级企业技术中心，应当立足于自主开发为主，合作开发为辅，不排除引进技术方式。

在自主开发方面当前最重要的是理顺管理和建立激励政策，鼓励企业员工积极从事上述新产品、新工艺、新装备、新材料开发，强化对成果、专利、论文、著作权、技术诀窍等知识产权管理，建立企业技术资源的认定，评价和激励机制。

在合作开发方面，对暂时处于技术劣势又需要开发的技术进行合作开发、以缩短技术开发周期。

在引进技术方面，对那些攀钢长远发展有影响的战略性技术，例如像钛生产技术，在自己培养、扶持自己的技术人员进行跟踪性开发同时，在起步阶段应不惜以优厚条件引进技术。

（4）信息资源。信息资源是最基本的技术创新资源，它是技术创新决策和管理的基础。它包括外部市场信息、技术信息、政策信息和内部生产、质量、管理信息等。当前攀钢重要的是强化对信息资源管理，建立起信息的收集、加工、分析、传递和利用机制。

在信息的收集方面，在明确有关单位的信息收集职责的基础上，拓宽信息收集渠道，例如，市场信息的收集以国贸公司（国际）、销售公司（国内）为主，技术开发单位为辅；技术信息以技术开发单位为主。另外，充分利用驻外机构和人员、外出人员、外来讲学人员收集、传递信息的渠道，建立全员参与的信息收集网。

在信息的分析、加工、传递过程中，信息应统一归存，分析、加工提出研究利用报告、传递有关部门和领导决策使用。

在理顺信息收集、加工、传递渠道的基础上，建立起信息登记、评价、激励机制。

5. 加强对攀钢技术创新工作的领导

加强对攀钢技术创新工作的领导，首先是由技术创新概念及特点决定的；其次是由于技术创新的形势决定的，随着社会主义计划经济时代的逐渐结束和社会主义市场经济体制的逐渐确立，技术创新的主体由政府转变为企业；第三是由于企业当前的实际情况决定，企业当前的实际情况是企业员工对技术创新的认识有待提高，观念有待转变，企业的体制、机制、保证资源还不适应企业作为技术创新主体进行技术创新的要求，一个适应企业技术创新要求的新观念、新体制、新机制、新资源体系的建立，需要有事业心、预测性、创新性的企业领导来推动。

加强对技术创新工作的领导首先要加强对企业创新工作基本概念、基本思想和重要性的宣传，以统一认识，转变观念，推动全体员工从事技术创新工作的自觉性；其次是要抓好企业技术创新工作的规划，技术创新组织管理工作的落实；再次是要抓好深化改革，通过改革来加强技术创新体制、机制、资源体系的建设。

建议以体改处牵头相关单位参加组成一个班子，研究提出攀钢技术创新工作可操作实施方案，供公司决策实施。

四、结语

在社会主义计划经济体制向市场经济体制转变的今天，技术创新已由政府行为逐渐过渡企业行为。国内外技术创新已成为企业在市场经济条件下生存发展基本条件，也是我国搞好国有企业，提高市场竞争力的关键措施。

国外成熟企业已经建立起一套完善技术创新体系。我国的技术创新正处于转型起步阶段。攀钢技术创新工作在认识、体制、机制、资源体系等方面还存在诸多问题。

加快攀钢技术创新工作需要我们树立正确的指导思想，确立恰当的目标，采取一系列改革措施。在当前的条件下，领导的推动对于加快攀钢技术创新步伐将起决定性作用。

致谢： 本文撰写过程中得到钢研院和经研中心有关领导和同志的支持和帮助，特此致谢。

参 考 文 献

[1] 攀钢经研中心. 攀钢技术创新战略研究报告. 1996.

[2] 武钢钢研所. 日本钢铁工业研究与开发体制. 1995.

[3] 冶金部信息标准研究院. 世界主要产钢国冶金科研体制及科研机构. 1994.

[4] 冶金部考察小组. 赴日考察企业技术中心研究开发组织及运行机制汇报. 1995.

[5] 奥钢联工程技术公司简介.

[6] 冶金部第一届企业技术中心工作会交流材料. 1996.

[7]《科技日报》《经济日报》《光明日报》有关文章.

攀钢重轨未来五年发展战略探讨[1]

苏世怀

重轨是攀钢的拳头产品和形象产品。自攀钢轨梁厂 1975 年投产到现在已累计生产近 400 万吨，出口近 23 万吨（包括以出顶进）。轨型主要以 60kg/m 重轨为主，可以生产 37~75kg/m 钢轨。主要品种有：普通热轧钢轨、微合金钢轨和热处理钢轨，主要质量指标基本能满足 GB 2585—81 指标，经过努力可以按 UIC860 标准组织生产。经过 20 多年的发展，目前攀钢已经成为品种规格最齐全、出口轨数量最多的我国重要的重轨生产基地，为攀钢的生产经营发展做出了重要贡献。

随着市场经济体制的形成和铁路提速重载等运营条件的变化对重轨性能质量要求的提高，攀钢重轨的发展又面临着一系列新问题。市场的新变化给攀钢重轨带来什么新机遇，同行竞争给攀钢带来哪些挑战，攀钢重轨今后如何发展，攀钢采取什么措施促进和保证重轨的发展，这些都是攀钢重轨发展面临的重大战略问题。

一、攀钢重轨发展战略环境分析

（一）市场环境

1. 国际市场既有空间又有难度

国际市场的空间主要有：（1）从数量上看，国际市场重轨进出口数量较大，国际重轨年产销量 1200 万吨，年进出口量 160 万吨左右，其中 1993 年为 159 万吨，1994 年为 170 万吨。（2）从质量上看，国际钢轨需求的市场 70% 以上为发展中国家，这些国家对钢轨质量的要求（UIC860、AREA）是攀钢经过努力可以达到的。（3）从价格上看，国际市场普通钢轨价格一般在 550~600 美元之间，攀钢出口钢轨价格可以适当低于发达国家出口钢轨的价格，以保持价格上的优势。

国际市场主要难度有：（1）市场开拓难度大，目前国际上年产销钢轨 1200 万吨左右，年生产能力 1500 万吨左右，生产能力大于市场需求，已有市场基本上被工业发达国家钢轨生产厂所占领。因此，攀钢要挤占市场，必需首先开拓市场，从而存在一定难度。（2）国际市场钢轨包括第三世界国家所需钢轨，质量均是 UIC 系列标准或 AREA 系列标准，这些标准均高于 GB 2585—81 标准。攀钢重轨的生产工艺装备、人员操作水平难以全部满足生产出口轨质量的要求，出口钢轨的合格率不高，影响了出口轨的经济效益。（3）国际市场交货期要求严格，给生产组织带来一定难度。

2. 国内市场有机遇、也有挑战

国内市场的机遇主要体现在：（1）随着我国铁路提速、重载等运营条件的变化，对钢

---

❶　原文发表于《攀钢经济管理》1998 年第 2 期。

轨的性能质量要求越来越高，铁道部已向国家提交了适合铁路发展新的类似于 UIC-860 的钢轨推荐标准。按此标准，我国现有几家钢轨生产厂的工艺装备均不能生产满足新标准要求的高质量钢轨。因此，要适应市场新要求，必须加快技术开发、技术改造，在此过程中，哪个厂生产的钢轨品种质量更能适应市场需求，哪个厂市场份额将会在目前的基础上有所增加。因此，攀钢应抓住市场需求的新变化，加快技术改造，尽快向市场提供多品种、高质量、低成本的钢轨，增加市场份额。（2）国内重轨市场仍有发展空间，铁路作为国民经济的重要基础部门，随着国民经济的快速增长铁路将有很大发展。根据铁道部规划，我国铁路至少需要 15 万公里才能满足国民经济发展的需要。我国目前有铁路 6.26 万公里，到 2000 年计划发展到 6.8 万公里，2010 年发展到 10 万公里。2000 年前国家每年要新修铁路 1500 公里（其中新线 1000 公里，复线 500 公里），新线每年需增加钢轨 15～18万吨，同时地方铁路建设对钢轨每年有几万吨的需求，城市地铁建设对钢轨也有一定数量的需求。总之，2000 年以前重轨市场呈温和增加态势，每年需 50 千克/米及其以上重轨在 100～120 万吨之间。

攀钢重轨在国内市场面临的挑战有：（1）市场对重轨品种、质量、价格、售后服务的要求越来越高，如果攀钢不适应这种变化，不能满足需求，攀钢重轨的市场份额将有逐步下降的可能。（2）随着铁路管理体制和经营机制的变化，各地方铁路公司将依据安全、质量、效益的原则，逐渐打破现有的带一定计划经济色彩的市场分配区域化格局。而攀钢由于地处偏远，交通不便，存在诸多市场竞争的不利条件，这对攀钢又是一个挑战。

（二）竞争环境

1. 国际重轨生产厂优势明显，但也存在一定的制约因素

优势体现在：（1）重轨生产工艺装备先进。国际上现有 14 个国家 23 个重轨生产厂家，除俄罗斯、乌克兰、波兰等少数几个东欧国家外，其他工业化国家的重轨生产工艺装备经过 70 年代末 80 年代初的现代化改造，已具有先进水平。（2）产品品种质量全部可以按 UIC 标准生产，三分之一国家可以按 EN 标准生产高速铁路用钢轨。（3）产品交货时，服务比较周到，具有长久出口经验。

制约因素有：（1）重轨生产是高投入、有风险、利润低的传统产业，在西方国家总的呈收缩态势，不再有大的发展。（2）重轨生产作为钢铁工业的一部分，工艺流程长、专业化程度高、成本居高不下。

2. 国内重轨生产厂家情况分析

包钢原有重轨工艺装备、产品规格与攀钢相当，其优势是：（1）工艺装备的技术改造已领先于攀钢，包钢已将平炉改为转炉，已完成大方坯——炉后处理系统建设，重轨已实现复合矫直。下一步拟对轨梁厂加热炉、轧制系统进行改造，正在进行钢轨余热淬火技术开发。（2）包钢运输条件优越，有京包、包沈、包兰多条铁路向外延伸。（3）厂区开阔，有充分的发展余地。

鞍钢主要优势在：（1）老工业基地，管理及职工素质基础较好。（2）运输条件较好。劣势主要体现在：（1）轧机能力偏小，比较适合轧制 50kg/m 以下轨型的钢轨。（2）厂房厂地拥挤，限制了进一步发展。

武钢只能生产 43kg/m 以下的钢轨，对国内重型钢轨市场影响不大。

马钢大 H 型钢生产厂即将投产并且预留有重轨生产线。大 H 型万能轧机可以轧制高精度重轨，如果马钢投资上重轨精整线，其生产重轨的装备水平将是国内最好的。

（三）内部环境

从内部环境看，攀钢重轨未来五年发展有优势，也有劣势。优势是：（1）有一批具有较高素质的长期从事重轨技术开发、管理的现场人员，技术和管理基础较好。（2）品种规格较为齐全，特别是热处理钢轨的品种、质量仍是国内领先的。（3）具有一定出口经验、市场回旋余地相对较大。

劣势是：（1）工艺、装备水平比较落后，除热处理工序外，冶炼、轧钢系统工艺装备处于国际上的 60 年代水平，严重影响了攀钢重轨内部质量（纯度）和外观质量（精度）的提高，这是市场竞争力不高的主要原因。（2）攀钢资金紧张，由于攀钢二期是负债建设，致使攀钢负债率较高，利息负担较重，资金来源困难，影响了未来几年技改资金的筹集。（3）攀钢厂地狭小，厂房拥挤制约着重轨生产的发展。（4）攀钢地处偏远，远离市场，原燃料购进和产品输出只能靠成昆一条线，导致运输紧张、运费成本增加。

综上所述，未来几年由于我国铁路运输总体仍呈发展态势，国内外重轨市场仍有一定的发展空间，这给攀钢重轨发展提供一定的机遇，同时由于国际国内重轨生产能力大于市场需求，导致市场竞争十分激烈，表现在市场对品种、质量、价格、服务水平要求越来越高，虽然攀钢有暂时的人才、技术、品种、规格、出口经验的优势，但同时也有工艺装备、资金、厂地、运输条件方面的劣势。这些内外部条件决定着攀钢的下一步发展必须充分考虑外部环境和企业内部实际，抓住机遇，减少风险，发挥优势，弥补劣势，走品种、质量、效益型发展之路。

二、攀钢重轨未来五年发展战略

（一）发展思路

以效益为中心，以市场为导向，以产品为龙头，以创新为基础，以管理为保证，走多品种、高质量、低成本之路。

（二）发展目标

到 2002 年总的目标是：面向国际、国内两个市场，工艺装备国内领先，品种、质量、成本具有国际竞争力。

（1）数量上，年产量确保 40 万吨，力争 50 万吨。其中，国内市场确保年销售 35 万吨，力争 40 万吨；确保年出口 5 万吨以上，力争达到 10 万吨。

（2）品种上，在 PD_3 基础上，完善开发强韧性兼备、焊接性良好的攀钢主型钢轨；新开发一种适合隧道铁路、地铁及酸雨和潮湿气候条件下的耐蚀钢轨；高强热处理（在线、离线）钢轨形成年 15 万吨的生产能力。

（3）质量上，确保所有钢轨能按照 UIC-860 标准组织生产，质量满足国内用户提速、准高速的要求，经过努力，可以按 EN 标准生产少量高速铁路用钢轨。

（三）重点工作

1. 技术开发

（1）工艺技术开发

在现有工艺装备条件下，围绕提高钢轨质量、完善操作技术规程，进一步进行冶炼（复吹）工艺、脱氧工艺、铸锭工艺、计算机辅助孔型设计技术及轧制工艺等的开发。

围绕提高工艺装备水平所上的技术改造项目，开发炉后真空处理技术、大方坯连铸技术、步进式加热技术、高压水除鳞技术、高精度轧制和高精度矫直技术。

（2）品种技术开发

配套完善在线热处理生产线前后工序，形成年10万吨在线热处理钢轨生产能力；

在PD$_3$基础上进行完善，开发推广适应市场需求的攀钢主型钢轨；

新开发可适应铁路隧道、地铁、酸雨、潮湿气候环境用耐蚀钢轨。

（3）在线检测、控制技术开发

配合技术改造进行以基础自动化技术为重点的炼钢、钢坯加热、轧制精度、矫直平直度等关键工艺参数的在线检测和控制技术开发。

2. 技术改造

（1）进行大方坯连铸，炉后真空处理系统建设；

（2）进行步进式加热炉，高压水除鳞，轧制系统技术改造；

（3）进行矫直系统技术改造。

（四）实施步骤

总的分三步走。

第一步，1998～1999年。（1）在现有工艺装备条件下，围绕稳定钢轨质量、完善技术规程进行一些工艺技术开发。（2）围绕形成年10万吨在线热处理钢轨生产能力进行一些前后工序配套技术开发。（3）对重轨加热系统、高压水除鳞和矫直系统进行技术改造。

第二步，1999～2001年。（1）开发耐蚀钢轨。（2）进行高精度钢轨轧制系统的技术改造。（3）进行大方坯连铸、炉后真空处理系统建设。（4）围绕技术改造项目进行工艺技术（软件）开发。

第三步，2001～2002年。配合技术改造进行关键工序的基础自动化技术和关键工序的工艺参数的在线检测和在线控制技术开发。

三、攀钢实现未来五年重轨发展目标的战略措施

（一）企业领导予以高度重视

重轨是攀钢的主导产品，工艺流程长，质量要求高，风险大，一些重大的技术开发、技术改造，需要集中（集团）公司的人力、财力，有的甚至需要全国范围内的产、学、研合作开发。重大技术开发、技术改造需（集团）公司有关领导出面组织资源、协调问题、指导工作才能得以解决，因此需要公司给予高度重视。

（二）加快技术创新，进一步提高攀钢重轨市场竞争力

技术创新是从新产品或新工艺设想产生，经过研究开发，工程化、商业化生产到市场应用一系列技术经济活动的总和。技术创新是保证重轨产品创名牌，增加市场竞争力的重要措施。

根据技术创新的要求和提高重轨市场竞争力的需要，攀钢应当从总体上对现有科技工作完善体系、理顺体制、建立机制，同时还应采取以下具体措施：

（1）加强国内外两个重轨市场的信息调研、国内外重轨生产技术的信息调研，做到及时了解用户的要求和市场的变化及技术的发展趋势，巩固已有市场，开拓新市场。

（2）根据市场需要，选择好研究开发项目，确定研究目标，组织研究资源进行系统开发。

（3）加强技改方案研究，科技进步要引导投资，研究开发要深入到技术全过程，尽可能缩短工程转化为生产力的周期。结合攀钢实际使技术改造做到高标准、低投入、高产出。

（4）充分发挥现场工程技术人员的作用，现场技术人员要提前介入研究开发和技术改造工作中，从而使科技成果、新产品能够更快更平稳地转化为商业化生产。搞好技术创新不同阶段的衔接，缩短技术创新周期。

（5）加强新产品在市场的销售和推广，根据用户的要求搞好售前和售后服务。

（三）拓宽融资渠道，确保重轨发展的资金投入

要实现重轨未来五年战略目标，需投资 12 亿元左右的资金。

资金主要用于大方坯系统建设，轨梁加热炉、轧制系统、矫直系统的技术改造。融资渠道主要利用好设备折旧金，同时可以争取国家低息贷款和国外资金贷款。

（四）培养一批高素质人才

要实现重轨未来五年的战略目标，培养一批高素质人才是第一保证。

根据重轨技术创新、创名牌，增加市场竞争力的要求，未来五年攀钢要培养一批市场调研、推销、技术开发、工程化和现场技术质量管理方面的专业技术骨干，同时还要培养一批既懂技术又懂管理的复合型技术人才，即懂技术、生产，又懂市场的营销人才。

人才培养的主要途径是在工作实践中培养，在工作实践中学习、锻炼、总结和提高，同时给予一定的学习机会。另一方面，也要争取适当引进某些方面的专业技术人才。

加快技术创新　促进马钢发展^❶

苏世怀

技术创新是以市场为导向，以提高企业经济效益和市场竞争力为目标，从新产品或新工艺设想的产生，经过研究与开发、工程化、商业化生产到市场营销和服务整个过程一系列活动的总和。由此定义可知，技术创新与我们过去所说的研究与开发不完全一样，它在内涵上有所延伸，在外延上有所拓展，不仅具有研究与开发上的创造性、效益性和风险性，而且具有综合性、系统性和连续性，是科技与经济一体化的概念。国内外大量事实充分说明，技术创新是企业发展的主要推动力。江泽民同志指出"要把建立健全企业创新体系作为建立现代企业制度的重要内容和搞好国有大中型企业的关键环节"。

马钢是国家控股的特大型企业，1994 年以来马钢在建立现代企业制度、股份制运行方面成效显著。1996 年又成立了省级企业技术中心，在企业技术创新方面做了大量前期准备工作。但是已开展的工作与马钢的发展对技术创新的要求还有一定差距。因此，马钢如何借鉴国内外钢铁企业技术创新的经验，如何正视马钢技术创新的现状和问题，推动马钢发展，是马钢技术创新在新形势下面临的一系列亟待解决的问题。本文对此进行一些探讨，供大家讨论。

一、国内外钢铁企业技术创新的启示

国外钢铁行业技术创新比较典型的企业是新日铁公司和奥钢联。新日铁公司于 1991年将分散在各地的制铁所集中，成立综合技术中心，下设产品研究所、工艺研究所、设备研究所、尖端技术和电子研究所。在生产领域不断减人的同时，研究人员不断增加，综合技术中心共有 2020 人（包括 9 个分部的 700 人）。采取综合一贯的科研体制，按方向领域组成了项目组，综合各方面科研人员对新技术从研究开发、工程化到应用推广进行深入系统地一贯制开发，建立了高素质创新人才培训、评价、激励等一系列技术创新机制。同时充分保证了人力、资金、技术、信息等创新资源。科技投入 1993 年达 817 亿日元，占销售收入的 3.1%。另一个典型的技术创新企业是奥钢联工程技术公司。该公司将重大工艺技术组成项目，集中各方面专业人员进行研究、开发、工程化、市场服务一体化的综合一贯制开发。先后开发了 LD 转炉炼钢技术、直接还原技术、连铸及铸坯热送热装技术、薄板连铸连轧技术、轧钢厂现代化改造技术等。

我国冶金企业技术创新工作刚刚开始，目前被国家认定的企业技术中心 12 家，特钢 6家，普钢 6 家。宝钢、武钢正在以各自的龙头产品申报国家"技术创新工程"项目试点。

---

❶　原文发表于《马钢经济研究》1999 年第 4 期。

总的来看，冶金行业在企业自主技术创新方面以武钢和宝钢进行的比较好。

武钢在原各分散的研究机构的基础上组建技术中心，下设六个研究所和一个试验工厂，赋予技术中心新产品开发、推广、销售和售后服务的职能。技术中心内部以电工钢、汽车用钢、工程结构用钢等优势产品为龙头组建项目组。宝钢将原钢研所、设备中心、自动化研究所、图书馆合并组建技术中心，并赋予技术中心以离线开发管理职能，以管线、汽车用钢等优势产品为龙头组建项目组进行综合研究与开发。技术创新活动的开展有力地推动了这两个企业的技术指标的改善、高附加值产品和市场竞争力的增强。

国内外冶金企业技术创新经验对我们的启示是，技术创新工作需要理顺体制，建立科学的运行机制和必要的创新资源保障。技术创新基本上采用综合一贯的开发模式，技术创新的重点是用现代化科技改造落后工艺装备，开发新的先进工艺装备和大力开发低成本、高附加值产品系列以增强市场竞争力。

二、马钢技术创新的现状及问题

马钢现科技管理体制为总工程师领导下的事业部制，实际运作仍为直线职能式。科技部从事日常科技与质量管理工作，钢研所、设计院、自动化部为马钢股份公司二级单位，分别承担股份公司钢铁工艺、产品开发、理化检验、工艺设备改造设计和钢铁生产自动化方面技术工作。多年来形成了一定的人才、技术资源和实验装备手段，为马钢的技术进步作出了一定贡献。

马钢生产工艺按产品可分为四个代表性流程，即平炉—SKF—圆坯铸锭—车轮、轮箍及环件流程；转炉——一般炉后处理—异型坯—万能紧凑式 H 型钢连轧流程；转炉——一般炉后处理—连铸方坯、铸锭初轧坯—连续式轧制棒、线材流程，转炉——一般炉后处理—连铸板坯—轧制中板流程。工艺和产品具有明显的特色。

装备现状总的表现为先进装备与落后装备并存的局面，即大、中、小型高炉并存（小高炉于 1998 年 8 月停止生产），转炉与平炉并存，SKF 与简易炉后处理并存；连铸与模铸系统并存；现代化连轧机与复二重轧机并存。

存在的主要问题：

（1）认识上的不适应。首先是对技术创新对企业经济效益、市场竞争力的战略意义和重要性认识不足；其次是对技术创新概念和特点认识不够全面，对技术创新与研究开发的区别理解不透彻。

（2）技术创新体系不配套。技术创新体系不配套表现在体制不顺、机制不健全和保证资源不充分。

（3）技术经济方面的问题。首先是工艺装备方面，一是马钢现存落后的工艺装备如何高起点、低投入、快节奏地进行技术改造；二是对引进的先进工艺装备如何在消化、吸收移植基础上进行二次创新；其次是产品品种、质量方面，我们现有的产品大路货居多，市场需要的高档次、高附加值品种少。我们的现有产品在质量上波动较大；第三，我们的现有产品市场空间在缩小，新产品市场开发困难较大；第四，我们的经济技术指标在各大钢厂中总体水平不够理想，表现在我们设备利用率有待进一步提高，产品工序能耗还有进一步降低的空间，产品的成材率、一级品率还有进一步提高的空间。

三、马钢技术创新的对策

(一) 马钢技术创新的指导思想

大力宣传科学技术是第一生产力的思想,切实贯彻"经济建设必须依靠科学技术、科学技术必须面向经济建设"和"科技、经济一体化"的方针,认真落实"科教兴国"的战略,牢固树立依靠技术创新求生存、促发展的指导思想,将科技进步贯彻到企业降本增效的一切工作过程中。

(二) 马钢技术创新的目标

总体目标是:在 3~5 年内形成与社会主义市场经济体制和现代企业制度相适应的马钢技术创新体系和运行机制,在落后工艺装备的技术改造、引进工艺装备的二次创新,高附加值产品开发,冶金二次资源综合利用等方面初步形成具有马钢特色的自主知识产权的工艺技术和具有较强竞争力的主导产品系列。大幅度地提高马钢的经济效益,使技术创新成为马钢发展的主要推动力(经济效益贡献率≥60%)。在此总体目标下,还应具体制定管理创新、工艺装备创新、产品创新、市场创新的目标。

(三) 马钢技术创新的基本思路

(1) 坚持满足市场需求为技术创新方向,提高马钢经济效益和市场竞争力为根本目的,在市场创新、产品创新、工艺装备创新和管理创新方面整体推进,做到以效益为中心,以市场为导向,以产品为龙头,科技为基础,管理为保证,改革为动力推动马钢技术创新工作的全面开展。

(2) 坚持技术创新与管理创新相结合,通过管理创新建立马钢新型的技术创新体制和运行机制。

(3) 坚持技术创新和技术改造、技术引进相结合,通过加强技术改造前的方案研究,跟踪技术改造过程达到提高技术改造的起点,缩短技术改造工程发挥效益的周期。

(4) 坚持技术创新以自主创新为主,产学研合作,对外开放并举,形成自主、协作、开放的技术创新模式,缩短马钢技术创新的周期。

(5) 坚持技术创新以人为本的宗旨,提高全体职工素质为目的,培养高层次人才为重点。通过提高认识创新观念,以工作实践锻炼为主,培训为辅,培养一批马钢技术创新所需要的高素质队伍。

(四) 加快马钢技术创新的措施

(1) 提高认识,创新观念。

提高认识就是在对技术创新概念及其特点深入理解的基础上,充分认识技术创新对马钢生存和发展的重要性。

创新观念首先要树立市场经济体制下企业是技术创新主体的观念;其次,要树立技术创新是技术经济一体化的观念;第三,要树立技术创新是科技人员、领导、管理者全员参与的观念。

（2）加快马钢技术创新组织体系建设。

技术创新组织体系包括决策层、管理层和执行层。

对于决策层建设，主要是按照决策民主化、科学化和高效化的要求，建立或完善公司层技术创新决策咨询（智囊）机构。

对于管理层建设，根据转变职能，规范高效的要求和权责对称的原则，在正确的职能定位，人员素质提高的前提下，精干机构，精减人员，实行一贯制管理。

对于执行层建设，当前主要是做好两方面工作：一是对相关执行层单位的技术创新职责进行正确定位；二是尽快提高研究开发单位（技术中心）综合配套创新能力。

技术创新组织体系经过完善后，将会形成纵向三个层次（决策层、管理层、执行层）和横向执行层的四个环节（研究开发—工程化—首次商业化生产—市场应用）。为使技术创新工作在马钢纵横顺畅，除了正确的职能定位和建立科学的运行机制外，对一些关系马钢生死存亡，需要长期开发的跨部门的重大创新项目以攻关队的组织形式（国外称为工作小组或"团队"）组织创新力量是十分必要的。

（3）以管理创新推动技术创新机制的建立。

技术创新机制是指企业在组织技术创新工程中，所有相关因素间相互联系，相互作用所形成的特定规则、运行方式和因果关系的总称。可见机制是运行着的体制，没有完善的机制，体制只能是无法发挥作用的框架，技术创新机制包括动力机制、决策机制、转化机制、评价机制和激励机制等。这些机制的建立就是要通过制定一系列工作制度、管理办法和政策来实现。

（4）加快技术创新，保证资源建设。

技术创新资源体系包括人才资源、资金资源、技术资源和信息资源。

人才是技术创新第一资源。马钢技术创新需要新产品开发、工艺装备、工程技术方面的科技专家，以及生产营销、组织管理专家，领导企业技术创新的企业家。当前人才资源建设的关键是在人才预测和规划的基础上建立人才培养引进机制，人才考评机制和人才激励机制。

资金是技术创新第二资源，技术创新资金资源包括研究开发、工程化（开发新产品、新技术的技术改造和工程）费用，首次商业化生产（试验费用）及市场调研、新产品开拓市场的费用。马钢当前应确保销售收入1%用于技术创新资金投入的基础上，逐年提高比例以使最终能达到销售收入的3%。应建立资金的投入、监督、使用及绩效评价机制，同时开辟资金投入的新渠道，包括从国内外引进开发资金投入重大技术创新项目的开发。

技术资源包括新产品、新工艺、新装备和新材料技术。技术资源可以通过自主开发、合作开发、引进三种途径获得。马钢作为国家特大型企业，应当立足于自主开发为主，合作开发为辅，不排除引进技术方式。

信息资源是技术创新决策和管理的基础。它包括外部市场信息、技术信息、政策信息和内部生产、质量、管理信息等。当前马钢重要的是强化对信息资源管理，建立起信息的收集、加工、分析、传递和利用机制。

（5）加强对马钢技术创新工作的领导。

加强对马钢技术创新工作的领导，首先是由技术创新概念及特点决定的；其次是由于技术创新的形势决定的，随着社会主义计划经济时代的逐渐结束和社会主义市场经济体制的逐渐确立，技术创新的主体由政府转变为企业；第三是由于企业当前的实际情况决定，企业当前的实际情况是企业员工对技术创新的认识有待提高，观念有待转变，企业的体制、机制、保证资源还不适应企业作为技术创新主体进行技术创新的要求，一个适应企业技术创新要求的新观念、新体制、新机制的建立，需要企业领导来推动。

加强对技术创新工作的领导，首先要加强对企业创新工作基本观念、基本思想和重要性的宣传，以统一认识，转变观念，推动全体员工从事技术创新工作的自觉性；其次是要抓好企业技术创新工作的规划，技术创新组织管理工作的落实；再次是要抓好深化改革，通过改革来加强技术创新体制、机制、资源体系的建设。

四、结束语

技术创新已成为企业在市场经济条件生存和发展的基本条件，是我国搞好国有企业、提高市场竞争力的关键措施。

技术创新需要理顺体制，建立科学的运行机制和保证必要的创新资源。马钢在技术创新方面已开展了大量前期工作，具备技术创新的良好条件，但也存在诸多需要进一步解决的问题。

加快马钢技术创新工作需要我们提高认识、转变观念，树立正确的指导思想，确立恰当的目标和思路，采取一系列改革措施。在当前的条件下，领导的推动对于加快马钢技术创新步伐将起决定性作用。

对加快马钢新产品开发工作的思考[1]

苏世怀

所谓新产品是指根据市场需求，采用新工艺、新技术生产的较现有产品性能有所提高或规格有所变化或用途更广泛的产品。

马钢是国家控股的特大型企业，目前已初步形成铁、钢、材各 400 万吨能力，其综合工艺装备水平位于冶金行业的前例，具有"轮、线、板、型"四大特色产品系列。根据国际国内钢铁产品市场需求状态，在现有规模基础上，理顺工序关系，提高工艺装备水平和操作技能，提高产品质量，大力开发高附加值新产品，使 400 万吨钢，发挥 500 万吨，甚至 600 万吨钢的经济效益将是近年马钢的努力方向。

如何加快马钢的新产品开发，在此谈点个人思考，供大家讨论。

一、进一步提高新产品开发对马钢重要性的认识

首先，新产品开发可以不断增加马钢效益。因为采用新工艺、新技术生产的新产品较原有产品质量更高，性能更好，用途更广泛，因而可以较原产品卖到更好的价格，企业效益就会不断增加。

其次，新产品开发可以不断提高马钢的综合素质。产品是企业的形象，是企业管理水平和技术水平的标志。新产品是在原有产品基础上的完善和提高，因此开发新产品就要求企业的研究开发水平、工艺装备水平、工艺操作水平及其相应的管理水平不断地较原来有所提高。因此，新产品开发推动了企业综合素质的提高。

第三，新产品开发可以不断增强马钢的市场竞争力。企业的竞争表现为市场的竞争，市场竞争又是以产品作为载体，马钢不断推出新产品，做到人无我有，人有我优，人优我特就会不断地满足市场需求，甚至创造市场需求，从而使马钢在市场竞争中不断战胜竞争对手，永远立于不败之地。

二、进一步确立正确的新产品开发思路

在指导思想上，应统一马钢全体职工尤其是管理干部对新产品开发重要性的认识，树立新产品是企业效益之所在，是企业市场竞争的基础，是企业形象的观念，真正做到以市场为导向，以科技为基础，以管理为保证以及生产一代，开发一代，规划一代的新产品开发原则。

在开发目标上，应根据市场需求和国内外技术发展趋势，结合马钢的实际，提出科学的开发规划，确立正确的开发战略，做到目标明确、措施得力、计划周详、滚动开发。

---

[1]　原文发表于《马钢经济管理》1999 年。

在新产品开发思路上，应做到如下几条：

一是坚持市场需求是新产品开发的方向。根据市场需求和马钢产品结构的实际进行市场细分，做到围绕大用户需求开发新产品，围绕重点工程开发新产品，围绕替代进口产品开发新产品。

二是紧盯同行先进水平开发新产品。例如，车轮、H 型钢应紧盯国际先进水平开发新产品；棒、线、板、带材紧盯国内先进水平开发新产品。

三是在马钢内部要形成科学的新产品开发模式。概括地讲就是做到纵向（决策—管理—执行）通畅，横向（市场调研—研究开发—生产—营销及市场服务即产、销、研一条龙）协调的新产品开发体系。

四是搞好企业—研究设计单位—用户合作开发新产品。例如，车轮、轮箍新产品的开发应搞好与铁道部科学研究院、铁路车辆设计单位、各铁路机务部门的合作；H 型钢产品开发应搞好与研究设计、施工、使用单位的合作。

三、新产品开发当前应采取的主要措施

（一）加强新产品配套开发能力的建设

新产品配套开发能力主要是指市场开发能力、技术开发能力和现场试生产能力。提高新产品开发能力关键在于培养高素质的开发人员，完善信息、工艺研究手段和现场工艺装备手段。

培养高素质新产品开发人员就是要培养具有市场营销知识，同时懂一定技术、经济和法律知识的市场开发、营销和服务人员；培养既懂市场，又熟悉现场的、具有较强技术开发创新能力的科技人员；培养一批技术力量强，操作水平较高的现场技工队伍。完善信息研究手段就是对市场信息能够快速收集，快速分析，快速决策使用；完善工艺研究手段就是建立必要的中间实验室开发手段，做到提前开发，缩短新产品开发周期；完善现场工艺装备手段就是对影响新产品品种开发、性能质量的生产工艺和装备进行必要的技术改造。

（二）加强对新产品开发工作的组织领导

新产品开发是一个系统工程，对内需要组织技术开发、生产、营销等单位和部门共同工作，还涉及科技、质量、财务等部门的配合。对外需要搞好产、学、研的合作。因此，统一领导，加强组织是新产品开发的保证。

加强对新产品的组织领导，就是要将与新产品开发有关的单位和人员通过一定的组织形式（攻关队或团队）组织起来，制定规划（计划），明确目标、工作内容、计划进度、定期检查、严格考核奖惩等。

（三）加强对新产品开发工作的考核

新产品开发是在现有产品基础上，通过工艺技术创新使产品性能质量有所提高，这就要求我们的工作在现有的基础上更上一个台阶。因此，与新产品开发相关的单位必须任务明确、责任到人、严格考核、奖惩到位。

加强对新产品开发工作的考核，首先应当做好考核的基础工作——新产品的成本、效

益测算。目前较为规范合理、切实可行的是采用"比较成本、效益测算法"，即在现有正常生产的产品中，选择一个合适产品或产品系列，作为新产品成本和售价的比较依据，对新产品则只需测算成本和价格变动部分。即：

$$新产品效益 = （新产品售价 - 比较的产品售价）-（新产品成本 - 比较的产品成本）$$
$$= 价格差 - 成本差$$

根据新产品开发工作的系统性和创新性特点，对新产品开发工作的考核奖惩可分两个层次：第一个层次是将新产品开发任务纳入有关单位的正常经济责任制考核，以便引起全员的重视；第二个层次是对直接从事新产品开发的相关人员以攻关队的形式进行考核奖励。第二个层次的奖励可分为两个方面：在前期开发阶段奖励力度主要依据新产品开发的水平、难度，适当考虑实际效益；在新产品转产后一定时期内需要技术人员跟踪的，则可依据获得的效益进行适当奖励。

四、新产品开发当前应进行的重点工作

（一）加强信息调研工作

信息调研工作是新产品开发前期工作的重要内容，是制定新产品开发规划，确定新产品开发方向、开发目标、开发内容的基础。信息调研工作包括：市场信息调研（即市场对马钢同类产品的品种、规格、质量、数量的现在要求和未来需求进行预测）；技术信息调研（国内外同行生产工艺、装备、产品品种、性能现状及发展趋势）和马钢现工艺、装备、产品品种性能现状及问题等。在此基础上提出马钢新产品开发的规划报告，确定马钢新产品的市场定位，开发方向、目标、步骤及应采取的措施等。

（二）加强马钢新产品开发的前期技术基础工作

新产品开发的技术基础工作包括：现有产品质量问题分析，拟开发产品的前期试验，如成分设计、实验室试验、关键工艺性能的模拟试验等。当前关键的是将现有产品的质量现状分析清楚，同时尽快建设必要的中试手段。这样就使马钢新产品做到超前开发，缩短开发周期以更好地适应千变万化的市场。

（三）加强工艺装备技术改造方案研究

工艺装备水平是新产品开发的重要保证条件。加强工艺装备技术改造方案研究首先是要根据产品的品种、质量确定工艺装备技术改造的必要性。其次是要充分调研国内外同类工艺装备水平使用情况，确定其可行性，再次是跟踪技术从改造工艺装备的设计、制造、调试过程，以使技术人员和操作人员一直熟悉情况。

五、处理好新产品开发工作中几个关系

（1）在新产品开发力量组织上，根据新产品开发工作的系统性、连续性的要求，在新产品开发中心内部需要组织不同专业技术人员协同开发，在公司内部需要不同部门和单位系统工作；还需要和科研院所、用户合作开发。因此，在新产品开发中心内部要处理好不同专业的关系；在马钢内部，要处理好机关、开发单位及生产现场的关系，还要处理好马

钢与有关科研院所、用户的关系。

（2）处理好新产品与现有产品的关系。现有产品是新产品的基础，只有把现有产品生产好，质量搞上去，才能更好地开发新产品。

（3）处理好新产品与科研的关系。新产品开发与科研工作是相互联系相互促进的。科研是新产品开发的基础之一，科研工作搞好，可以促进新产品开发，缩短新产品开发周期，同时新产品开发工作中出现的诸多技术问题需要在科研中解决。

充分发挥技术中心在马钢技术创新体系中的核心作用[1]

苏世怀

一、市场经济条件下企业技术创新的重要性

技术创新是根据市场需求，通过研究开发、商业化生产和销售而获取效益的技术经济活动。市场经济条件下，企业技术创新的重要性已为国内外企业发展实践所证明。这对于领导、管理人员和技术人员本身来说已经不是问题。但在我们部分职工中对这个问题仍存在模糊认识。例如：1999 年调整岗位工资，驻厂化验工与本部化验工岗位工资差别的矛盾，2000 年科研新产品系统与理化检验系统奖金差距的矛盾等。我们认为，解决部分职工中存在的认识问题仍有一个过程，不仅需要从理论上，而且更多的需要有技术创新的具体实例来进行宣传和思想政治工作。

（一）从市场经济与计划经济的企业行为特征看企业技术创新的重要性

计划经济时代，全国是一个工厂，企业是一个车间，生产什么，怎么卖完全是国家指令性计划，生产上存在技术问题由国家提供技术，或国家组织行业科研院所、大专院校攻关。计划经济时代企业主要是抓好生产，技术创新和市场营销是不重要的，所以又叫生产导向型，企业形态上称之为橄榄型（中间大、两头小）。而市场经济则不同，国家主要通过投资、消费、税收、信息等政策性措施进行宏观导向与控制。对具体企业，生产什么，如何生产，怎么销售完全是企业自己的事。因此，企业在抓生产的同时必须研究市场，开发具有自主知识产权的核心技术，这一点正被广大企业所接受，特别是一些高新技术企业，技术开发人员和营销人员已多于生产人员，所以在企业形态上出现了两头大，中间小的哑铃型。

（二）从马钢技术创新的实践看技术创新对马钢的重要性

统计表明，国际上发达国家的经济增长 60%～80% 归功于技术创新的作用，而我国目前这个数字约为 20%～40%。从企业来讲，经济效益无非来自两个方面，一是降本增效，二是提高产品附加值增效，这两方面的增效都离不开技术进步和创新的作用。

在降本增效上，马钢这两年主要通过扩大规模和优化技术经济指标获得的，两者比例约为 2：1（从 2001 年前几个月股份公司经营情况的分析也是如此）。扩大规模主要是充分发挥现有装备能力，增加生产规模，降低固定费用而起到降本作用。但不是生产什么都

---

❶ 原文发表于马钢《调查研究》2001 年。

能卖出，只有生产市场需求的产品才能卖出去。对一些市场有需求，按现有生产工艺又生产不了的产品，就需要通过技术创新开发新工艺、新产品，例如 2000 年美标 H 型钢的开发，2001 年 BS460 螺纹钢筋的开发等。优化技术经济指标，可以通过严格管理，严格工艺技术规程来减少废品，提高成材率等来改善技术经济指标（通过管理来降本总是带有一定的弹性），但更重要的是通过技术改造、技术攻关来优化技术经济指标，优化工艺流程来获取效益，如平改转，优、焊线从模铸到连铸工艺的优化可吨钢降本 200 元左右等。技术进步的降本是跳跃式的、不可逆的。所以说在降本增效上主要是靠技术进步和创新取得的。

高附加值产品的生产是企业增效的主要途径。假如，在马钢目前的工艺装备条件下，通过技术创新使我们的棒材从生产 2000 多元一吨螺纹钢筋到生产 3000 多元一吨的齿轮钢、4000 多元一吨的轴承钢，线材从生产 2000 多元一吨的普线到生产近 3000 元左右一吨的标准件和近 4000 元一吨的钢绞线，中板多生产专用板，H 型钢多生产铁道、海洋石油等专用 H 型钢等，吨材售价平均增加 20%，效益增加 10% 是有可能的，如果这样的话，马钢 2000 年销售额就可以达到 100 亿元，效益在原有的基础上增加 1.5 亿~2.0 亿元。这里举两个技术创新生产高附加值产品增效的例子：一是提高 LG61 车轮探伤合格率攻关，1999 年首批生产时探伤合格率仅 40%，以这样低的探伤合格率所导致的产品成本是无法参与市场竞争的，但是不生产就会将国内这部分高附加值车轮市场让给乌克兰人，因此，公司组织了技术攻关，最终使探伤合格率提高到 95%，由此带来的效益是不言而喻的；二是海洋石油用 H 型钢，其售价高出普通 H 型钢近一倍，但其性能要求非常高，经过反复的实验室试验和六轮系统的现场工艺攻关，终于解决了性能问题，2000 年实现了 4000 多吨的销售，其效益是非常可观的。这两个例子说明通过技术创新生产高附加值产品，增加马钢效益的空间很大。

二、技术中心是技术创新体系的核心

技术创新体系是指企业根据技术创新特点而建立的决策、管理和实施三个层次。其中实施层包括市场调研人员、研究开发人员（技术中心）和现场技术推广人员。技术创新的成果应该说是技术创新体系共同发挥作用的结果。领导（决策）和管理部门（创造工作环境）的作用是肯定的。问题是在实施层中，对创新成果是以哪一部分科技人员为主取得的认识很不一致。例如宣传报道中说钢厂冶炼出某某新产品，轧钢厂轧出某某新产品，销售单位销售多少新产品，一般不会有多大非议，但一报道开发单位开发多少新产品，可能一些同志就会提出不少异议，它不仅涉及我们对技术创新特点和规律的认识，还涉及技术创新体系中各部门、单位职能定位等体制问题。因此，正确认识技术中心在马钢技术创新体系中的作用十分必要。

（一）从现代技术创新特点看技术中心在技术创新体系中的核心作用

现代技术创新具有系统性、集成性、开放性、快捷性。系统性就是任何一项技术创新都需前后工序、不同单位、不同专业的科技人员共同协作才能完成；所谓集成性是指现代技术创新是诸多技术如工艺、设备、自动化甚至环保配套开发才能完成；开放性是指现代技术创新需要内外合作才能完成；快捷性是指市场竞争需要快速反应，技术更新周期短，需要不断跟踪，不断开发才能保持同步，否则就会落在竞争对手后面，被市场所淘汰。

根据技术创新系统性集成性，就需要组织不同专业技术人员在某个领域进行系统一贯地开发。创新的开放性、快捷性，则要求随时跟踪和掌握国内外市场和技术信息，建立必要的工艺实验手段，在现场试验前进行实验室试验，以便缩短开发时间和降低开发风险。而技术中心具有信息手段、实验手段和不同专业人员协同开发的条件。

（二）从国内外企业技术创新体制及马钢技术创新实例看技术中心在技术创新体系中的核心作用

国际上，钢铁行业技术创新有代表性的企业有新日铁和奥钢联。新日铁在钢铁主业人员不断减少的情况下（从 8 万→6 万→4 万），负责全公司技术创新的综合技术中心开发人员却不断增加（900 人→1100 人→1300 人）。所以新日铁的钢铁技术一直保持国际领先，在世界市场上有很强的竞争力。奥钢联有一个包括设计、开发、推广服务为一体的 300 多人的工程技术公司，不仅不断开发本公司所需钢铁生产技术，使本公司扁平材（板带）和条钢（长钢轨）生产技术保持国际领先，而且开发出了具有自主知识产权的直接还原技术、LD 转炉技术、中厚板坯生产薄板技术、钢材在线性能预报和条钢在线余热处理技术等世界一流冶金技术。

国内冶金行业如宝钢、武钢、首钢、鞍钢等，在主生产线人员不断减员的条件下，研究开发单位力量不断加强，尤其是人才和实验手段建设不断得到重视。

2000 年，马钢技术中心在公司领导正确领导、相关部门的支持和现场单位配合下，开发了新产品 23 万吨，创效益 2580 万元，分别是 1999 年的八倍和七倍。其中，美标 H 型钢、铁道、海洋石油用 H 型钢、标准件、低碳易拉丝产品的开发，提高 LG61 车轮探伤合格率的攻关等充分说明技术中心在技术创新体系中核心作用。

三、发挥技术中心在马钢技术创新体系中的核心作用

（一）进一步加强技术中心自身建设

首先是加强人才队伍建设。人才是技术创新的第一资源。2000 年技术中心通过为科技人员创造更多的工作机会，制定稳定技术骨干的激励政策，增加科技人员待遇等一系列措施，取得了一定的效果，一支技术骨干队伍初步形成，以前外流的技术人员出现回流的较好局面。2001 年，我们将继续改善科技人员的工作环境，强化业务培训，完善激励政策，使科技人员专心致志于技术创新工作，力争经过 3~5 年的努力，为马钢培养一批较高水平的技术创新队伍。

其次，加强创新手段建设。主要根据马钢发展和技术创新的需要，逐步建立必要的工艺实验手段，同时完善信息手段，加强对创新信息的收集、加工和应用。

第三，继续强化管理、深化改革、加强企业文化建设。我们要根据技术创新的新形式、新趋势和新要求，不断强化管理创新，完善内部管理体制和运行机制，把技术中心建成学习型、服务型组织。

（二）不断完善技术创新的环境

首先在舆论环境方面，希望宣传系统在原有的基础上结合马钢未来发展和技术创新实

例，宣传技术创新的重要性、宣传技术创新的特点和内在规律以便统一大家对技术创新工作的认识，更好地发挥技术创新对马钢提升效益、增强市场竞争力和未来发展的促进作用。

其次，根据技术创新的特点和内在规律，进一步理顺技术创新体制，主要是明确不同单位在技术创新体系中的职能定位。进一步处理好管理与技术开发、技术开发与技术推广、近期开发与中长期开发、工艺开发和产品开发的关系。

第三，进一步完善技术创新运行机制，主要是立项机制、投入机制和激励机制。确保人才、资金、手段等技术创新资源的建设。

青年知识分子成长因素初探[1]

苏世怀

目前，攀钢存在两大"断层"：一个是大家看到的一期生产能力趋于饱和，主要设备已到使用周期，二期工程正在建设中而造成的生产经营上的"断层"。这个"断层"，将随着一期工程的技术改造，二期工程建成投产而逐渐弥合。另一个更为重要的，易为人们忽视的"断层"，就是科技、生产和经营管理人才上的"断层"。造成这个"断层"的主要原因，是"十年内乱"影响了人才的培养。现在，在公司科技、生产、管理等重要岗位上工作的，大都是"文化大革命"前毕业的、五十岁左右的中年知识分子。而青年知识分子，特别是一九八二年后毕业走上工作岗位的青年知识分子，虽然都在各自的岗位上发挥着作用，但就整体来讲，他们与公司生产建设发展的要求，还有很大差距。要弥合这个"断层"，唯一的办法就是加快青年知识分子成长，提高他们的实际工作能力，使之尽快成才，以适应攀钢生产发展的需要。那么，如何加快青年知识分子的成长步伐呢？现在，我就青年知识分子成长因素作点初步探讨，请大家指教。

一、青年知识分子成长的决定因素在于主观努力

毛泽东同志曾经说过，外因是变化的条件，内因是变化的根据，外因只有通过内因才能起作用。青年知识分子要想尽快成才，首先要靠自己主观努力。应当怎样努力呢？我觉得以下几点很重要。

第一，要有正确的理想和人生观。

理想，是我们今天追求的、为之奋斗的、希望实现的未来目标。人生观，是我们对人生的目的和意义的根本看法和态度。我们青年知识分子如果没有理想，就没有动力，就没有方向，怎么能成才呢？如果没有正确的人生观，连自己为什么活着、为啥工作，为谁服务都不清楚，又成什么才呢？所以，我们青年知识分子要想尽快成才，首先就要有正确的理想和人生观。

实际上，我们每个人都有自己的理想和人生观。问题在于我们的理想和人生观是否符合时代要求，是否正确。比如，有的人把"优美的环境、称心的工作、舒适的生活"当作自己的理想，把"吃、喝、玩、乐"当作人生的目的。当他的"理想"实现后，就沾沾自喜，安于现状，不再进取。如果他的"理想"一旦破灭，实现不了，就一蹶不振，悲观泄气，怨天尤人。有的为了实现自己的"理想"，达到吃喝玩乐的目的，不惜采用卑劣手段，损害国家和人民的利益，甚至走上违法犯罪道路。显然，这种"理想"和"人生观"是不符合时代要求的，是不可取的。我们青年知识分子的理想，从长远来说应该是：完成

---

[1] 原文发表于攀钢《工作与研究》1989 年。

无产阶级的历史使命，解放全人类，实现共产主义；从短期来讲应该是："实现四化，振兴中华"，建设有中国特色的社会主义。同时，我们应当明白"人生的意义不在于索取，而在于奉献"。我们有了这样的理想和人生观，就会在实现四化征途中，漫长的人生道路上充满活力，奋力拼搏，不断进取，开拓前进。

第二，要有竞争观念和进取精神。

当今世界正处在新的技术革命时期，科学技术在突飞猛进地发展。与此同时，我国随着改革的深入发展，过去那种认为上了大学就有了"铁饭碗"，有了"文凭"就可以舒舒服服地生活一辈子的情况已不复存在。现在，已经出现了一些大、中专毕业生就业难的情况。企业里随着内部改革的深化，引入了竞争机制，已开始打破工人与干部的界限，有些大、中专毕业生在优化劳动组合中被淘汰。这些情况表明，我们青年知识分子正面临着严峻的挑战和考验。在"凭本事竞争，凭能力工作，凭贡献吃饭"的新的情况下，我们青年知识分子只有增强竞争观念，努力学习，积极进取，不断更新自己的知识，提高自己的素质和实际工作能力，使自己尽快成才，才能跟上时代的步伐，经受住严峻的挑战和考验。

第三，要从基层干起，培养自己脚踏实地的工作作风和艰苦奋斗精神。

万丈高楼从地起，千里行程始足下。我们青年知识分子要想尽快成才，不仅要有远大理想、竞争观念和进取精神，而且还必须有从基层干起，脚踏实地的工作作风和艰苦奋斗精神。我们只有把远大理想与现实任务结合起来，与自己的本职工作结合起来，从基层干起，即搞管理的从班组干起，搞技术的从现场干起，才能了解和掌握生产动态、工艺流程、设备状况，才能提高发现和解决实际问题的能力，才能为今后担任更重要的工作打下坚实的基础。也只有从基层干起，才能更好地学习工人阶级的优秀品德和现场工人的实践经验，增长自己的才干，培养自己脚踏实地的工作作风和艰苦奋斗精神。这一点对我们青年知识分子来说尤为重要。因为我们青年知识分子，特别是近几年毕业的大、中专生，大都是"从家门到校门"，从学校到社会参加工作不久，缺乏对社会的了解，缺乏实践工作经验，缺乏艰苦环境的锻炼。因此，千万不要自以为有"知识"，脱离实际，夸夸其谈。只有立足基层，勤勤恳恳地学，老老实实地干，培养踏踏实实的工作作风和艰苦奋斗的精神，百折不挠，奋发进取，才能使自己成长进步，有所作为。

第四，要勤于学习，勇于实践，把自己培养成一个复合型人才。

大家知道，现代科技纵横交错，相互关联，十分复杂。就我们攀钢来讲，生产的时候，各种设备同时运转，各道工序相互衔接，各个工种协同工作。比如轨梁厂要生产出一种产品，不仅与轨梁厂的工艺、设备和各工种工人的操作水平有关，而且与炼钢厂、初轧厂的工艺、设备和工人的操作技能有关。由此可见，要领导和组织好生产，就要了解和掌握生产的全部过程，这就要求我们必须具有宽广的知识和多方面的技术。因此，我们只有勤奋学习，刻苦实践，把自己培养成一个既懂技术，又会管理，既会生产经营，又能管人、管思想的"复合型"人才，才能担负起领导和组织生产的重任。

第五，加强自己的思想品德修养，学会处理人际关系。

我们青年知识分子的思想品德如何，人际关系怎样，不仅关系到自己工作的顺利开展，而且关系到自己的健康成长。那么，如何加强自己思想品德的修养，怎么处理好人际关系呢？我觉得应该注意以下四点：

一是要正确对待"名"和"利"。现在有些青年知识分子比较注重名利问题，从学校毕业一走向社会就想成名得利。因此，他们易于表现自己，当自己做了一些工作、取得一些成绩时，就想急于得到别人（特别是领导）的承认，社会的报答（如奖励）。当他们的愿望没有得到满足时就满腹疑虑，东猜是别人抢了自己的"功"，西疑有人"整自己"。有的甚至对有名有利的工作抢着干，对不引人注目或有困难、有风险的事却不愿意做。这样下去，不仅难以处理好同志之间的关系，而且也难以搞好工作，势必影响自己的进步成长。所以，我们青年知识分子，只有把眼光盯在事业上，把心计用在工作上，少说多做，不计名利，才能有所作为，得到"名利"。

二是要正确对待自己和别人。有些青年知识分子自以为"有知识"高高在上，夸夸其谈，把自己看成"一朵花"，把别人看成"豆腐渣"，这怎么能进步成长呢？我们只有正确对待自己，严于解剖自己，多看自己的短处和缺点，严格要求自己；正确对待别人，尊重别人、理解别人，多看他人的长处和优点，虚心向他人学习，才能不断进步，有所作为。

三是要学会"超脱"自己。"超脱"自己，就是要"少管闲事"，不要身陷"是非之地"。要目光远大，心胸开阔。与同志之间的非原则问题或涉及自己的"名利"问题，要多讲风格，学会"忍让"；对事关国家利益和生产经营上的重大问题和原则分歧，要先开诚布公地找对方谈开，以求得相互理解，消除分歧，统一认识。如果意见仍不一致，切不可"争高低，论输赢"，可找领导或有关同志说明原委，阐明自己的看法，以求得问题的解决。

四是要为人正派，待人诚恳。不要热衷于"关系学"，尤其要防止沾染上社会生活中的一些不良风气。对人要忠厚诚实，秉公办事，切不可讲"哥们义气"，搞"团团伙伙"。对工作要严肃认真，勇于负责，切不可当着应付"差事"，"圆滑"了事。

二、青年知识分子的成长进步要有一定的客观条件

知识分子的成长进步，固然主观因素是主要的，但客观条件也是不可少的。影响青年知识分子成长的客观因素很多，我仅谈两点：

首先，要创造一个适合青年知识分子成长的客观环境。主要是改革传统的工作分配和用人制度。在工作分配和职务（职称）晋升方面，应给青年知识分子一个公正、平等的竞争机会，同时要疏通人员流通渠道。过去，大、中专生的工作分配，基本上是组织人事部门说了算，很少考虑个人的特长和兴趣爱好，甚至一次分配定终身，这就造成了实际上的不平等，影响了一些青年知识分子才能的充分发挥。为此建议，组织人事部门首先应尽量给大、中专毕业生提供了解和熟悉各种工作的机会，然后再根据工作需要和个人特长及其意愿分配工作。工作分配后要加强考核，应允许人员流动。对那些不适合或不愿意在现有岗位上工作的，可以调离现有岗位，另行安排工作。同时，对到现场和艰苦岗位上工作的人，在待遇上应优厚一些，以鼓励青年知识分子到现场、到艰苦工作岗位上去锻炼成长。

其次，社会各界要关心和扶持青年知识分子的成长。特别是各级领导干部和中老年知识分子应做好对青年知识分子的传、帮、带，做到在政治上理解、在业务上帮助、在工作上信任、在生活上关心。

政治上理解，就是要理解青年知识分子的思想状况，正确看待他们的优缺点。青年知识分子刚走向社会、参加工作不久，政治上比较单纯，说话坦率，其言行一般不考虑社会

关系和环境的制约。由于涉世不深，缺乏实践经验，看问题不够全面，容易偏激走极端等。对这些问题，领导和老同志不要轻易责怪他们"年幼无知"，伤害他们的自尊心，而要理解他们"还不成熟"，多和他们谈心交心，注意引导，进行帮助。应当相信他们随着时间的推移，社会实践活动的增加和主观上的努力，在政治上是会逐渐成熟的。

业务上帮助，就是要耐心地向他们传授自己的工作经验，指导他们把理论用于实践，在实践中学习，丰富知识，增长才干，不断提高业务水平和解决实际问题的能力。

工作上信任，就是要放手让他们工作，大胆使用青年知识分子，多给他们压担子，让他们在生产、科研和经营管理第一线担任工作，发挥作用，锻炼成长。

生活上关心，就是要引导他们正确对待和处理恋爱、婚姻、家庭等问题，帮助他们解决学习、工作和生活上的实际困难，尽可能地为他们创造一些方便条件，以解除他们的后顾之忧，使之集中精力搞好学习和工作。

总之，青年知识分子的成长进步的因素很多，但离不开主观努力和一定的客观条件。因此，从青年知识分子来讲，应强调自己的主观努力；从组织和领导来讲，则应积极创造条件，使青年知识分子能在一个宽松和谐的环境中学习、工作和生活，锻炼成长，尽快成才，以早日弥合攀钢人才的"断层"，推动攀钢生产建设的发展，进而弥合生产经营上的"断层"。

青年知识分子应在祖国最需要的地方锻炼成才[1]

苏世怀

各位领导、青年朋友们：

我 1982 年分配去攀钢工作，现是攀钢（集团）公司钢研院的一名科研工作者。十多年来，我在自己工作岗位上做了一些力所能及的工作。党和政府却给了我很多荣誉，先后被授予攀钢钢研院和攀钢（集团）公司标兵，"四川省第三届青年科技奖"，"四川省第三届十大杰出青年"，"冶金部科研院（所）首届优秀青年"，"冶金部杰出科技青年"，"全国劳动模范"等荣誉称号。这些荣誉的取得归功于各级领导和组织的培养，是大家共同奋斗的结果。这里，我想就自己工作中的一点体会，向各位领导做个汇报，与在座的各位青年朋友们做个交流。不当之处，请予指教。

体会之一：青年知识分子应当树立正确的理想和人生观，到祖国最需要的地方去工作。

我于 1978 年进入华东冶金学院就读。当时我们从校方得知，华冶的学生主要来源于华东地区，学生毕业后基本上面向华东地区分配。可是到分配的时候上级的要求是面向全国分配，由于当时是恢复高考制度后的第二届毕业生分配，各行各业对大学毕业生的需求量比较大，我们班的绝大部分同学分配在华东地区的大中城市及华东以外的省会城市。但是却有个引人注目的分配信息——我们班有三个名额要分配到攀枝花钢铁公司工作。这个信息之所以引人注目，是因为当时人们对攀枝花的印象是非常的艰苦，路是如何的远，山是怎么的高。当时在毕业分配座谈会上，很多同学都找各种各样理由希望能留在华东地区，甚至有的表示如果分配不理想的话，将自找单位。而我却表示愿意到那里闯一闯。接到分配通知，我毫不犹豫，没有回家度假，就毅然从学校直接到攀钢报到。

到了攀枝花，感到这里确实远离中心城市，交通不便，深山峡谷，很难找到一块修足球场的地方，气候炎热，一年大部分时间是干燥炎热的旱季。与山清水秀、四季分明的江南水乡的生活环境无法相比。但环境艰苦，对于我这个吃过各种苦头的农村知青来说并未感到什么可怕，更主要的是，攀枝花是毛泽东、邓小平等中央领导关心的地方，已经探明的近百亿吨钒钛磁铁矿资源迫切需要大量人才去开发，而且当时攀钢公司的各级领导对分配来的大学生比较重视，在各方面尽可能创造好的条件。报到后我立即投入了工作岗位。

到目前为止，当初与我们一起从全国各地来攀枝花工作的不少人都以各种理由离开了攀枝花。在这期间我也有两次机会可以离开，但最终还是坚持了下来。而且感到欣慰的是在这期间我没有彷徨，而是一直埋头于攀钢的科技事业。

今天，经过三十年的建设，攀枝花已经是个初具中等规模的城市，社会经济文化及生

---

❶ 原文发表为全国冶金系统跨世纪优秀人才培养工作座谈会交流材料（1996 年 5 月）。

活环境较以前也有了很大改观，但是各方面与我国沿海及东部地区相比仍存在相当大的差距。正是因为存在发展上的差距，党中央国务院确定在"九五"及21世纪要逐步加快中国中西部地区的发展。也正是这个差距，使我觉得中西部地区发展，人才是一个关键，需要更多的青年知识分子树立正确的理想和人生观，到祖国最需要的中西部地区工作。

体会之二：青年知识分子应当投身于经济建设的主战场，深入实际，在工作实践中锻炼成才。

攀钢是国有特大型企业，是祖国西南最大的钢铁基地，生产国民经济所需的重要钢铁、钒钛产品。钢轨是攀钢的一个主导产品。我到厂一年实习期满后，组织上便安排我从事高强度全长热处理钢轨的生产技术开发工作。中国是一个以铁路运输为主的国家，铁路运输任务之繁重，铁路运营条件之恶劣在世界上也是绝无仅有的。尤其是进入80年代以后，我国铁路年运量由60年代的5亿吨猛增到14亿吨，而作为铁路的重要部件——钢轨，其钢种、工艺却几十年不变，已远不能适应日益繁忙的铁路运输要求，成为制约铁路运输发展的主要因素之一。对钢轨进行全长热处理能够显著地提高钢轨的强度、延长钢轨的使用寿命。攀钢当时是全国唯一具有条件开发钢轨热处理技术的冶金企业，但是由于钢种及工艺问题，一直不能正常生产高质量的热处理钢轨。从1983年开始国家科委在几年内陆续组织了数次冶金、铁道有关方面专家论证我国发展高强度钢轨的技术路线。对究竟是以发展热处理钢轨为主还是以发展合金钢轨为主一直争论不下。当时攀钢也与日本有关厂家进行接触，拟花470万美元引进钢轨热处理技术，由于其他条件十分苛刻，攀钢最终放弃了引进。为了推动我国高强度钢轨生产技术的发展，国家科委于1986年将"高性能轮轨新材料新工艺研究"列入国家"七五"重点科技攻关项目。我作为一个青年科技人员，在科研前辈的指导和帮助下，负责了其中"50kg/m全长热处理钢轨研究""60kg/m全长热处理钢轨研究"两个课题的工作。要完成这两个课题的研究内容，达到攻关目标所要求的最终在我国生产出高质量的全长热处理钢轨，存在着诸多像如何选择钢种，如何选择适合工艺要求的冷却介质和冷却装置，以及如何严格控制钢轨在热处理过程中的金相组织转变和钢轨这种异形断面的钢材在热处理过程中的变形等一系列当时在国内是悬而未决，国外又予以层层封锁的技术难关。面对这些难关，在领导和组织上的大力支持下，我与课题组同志一道，首先深入实际，查阅了多年来攀钢进行钢轨全长热处理试验，试生产的原始记录、试验报告和试验总结，统计了大量的技术数据，从中分析总结出我们过去钢轨热处理试验中的问题。其次，我们广泛搜集有关国外期刊、专利报道，以便得到有参考价值的东西；再次，我们带着问题，刻苦钻研有关专业理论，向有关专家、老科技人员学习。经过深入实际、勤奋学习、刻苦钻研和反复讨论，提出了一个个解决技术难关的研究方案。这些方案经过几十次的实验室探索和现场试验，我们攻克了一个又一个技术难关，形成了成套技术。以此为基础，我们批量试制出高质量的新型全长热处理钢轨。为了检验攀钢试制的新型全长热处理钢轨的质量，铁路部门将攀钢的全长热处理钢轨与日本、奥地利、澳大利亚、前苏联及我国其他厂家生产的各种类型的钢轨都铺设在线路条件相同的石家庄—太原运煤干线苛刻地段，经过实地铺设对比试验，铁路部门得出了"攀钢研制的新型热处理钢轨的使用性能优于国内外热轧钢轨，较未热处理钢轨延长使用寿命至少一倍以上（实际延长至少两倍以——作者注），与日本同类钢轨使用性能相当"的结论。不仅在石太线是如此，从那时到现在，攀钢试制和生产这种离线50kg/m、60kg/m、75kg/m的全长热处理钢轨十几万吨铺设在铁道部的七个铁路局的大运量铁路线上都获得了令人满意的使用效果。为企业创造了数千万元的经济效益，为国家创造了数亿元的社会效益。攀钢 50kg/m、60kg/m 全长热处理钢轨研究先后通过了冶金部、铁道部组织的技术鉴定，分别获得 1990 年度冶金部科技进步一等奖和 1993 年度四川省科技进步二等奖，其核心技术分别获中、美发明专利，国家发明三等奖，圆满地完成了国家攻关任务，为我国铁路部门制定"我国高强度钢轨应以使用热处理钢轨为主"的技术政策和保持我国在钢轨热处理领域跟踪世界先进水平打下了基础。

"七五"科技攻关期间，我在繁忙的学习、试验和线路考察过程中，还注意了对自己的科研工作进行经常性、阶段性的技术总结，先后写出了 10 多篇学术论文在《钢铁》等期刊上发表，有的论文被国外学术刊物转载、收集，有的被国际学术会议所录用。这些论文为自己理清技术思路，在科研领域逐步形成带有理性的见解，指导下一步的科研工作起到了很好的作用。

为了不断创新，继续保持我国在高强度热处理钢轨技术领域跟踪世界先进水平，在"七五"攻关实质性技术工作基本完成之时，我们又及时提出进行技术水平更高、开发难度更大的"钢轨在线热处理技术研究"设想。为了使这项技术在我国能够尽快自主开发成功并在工业生产中实现，我们首先在实验室进行了基础研究，经过三年多深入探索，弄清了技术关键，并提出了在工业上实施的思路。1993 年，其基础研究课题通过了攀钢（集团）公司的技术鉴定。随后，经过充分准备，多次论证，这项旨在最终在工业规模上生产出新的高强度在线热处理钢轨的技术开发项目，于 1994 年被纳入国家重点钢材品种技术开发项目。根据我们对这项技术的进一步的研究结果，1995 年国家下决心不花 3600 万美元的巨资从国外引进同类技术。这项技术的开发成功，将使我国的高强度钢轨生产技术在生产能力、节约成本和技术水平上跃上一个新台阶，并从根本上扭转我国从国外大量进口高强度钢轨的历史。

总之，通过十多年的工作实践，不仅丰富了我的知识，而且使自己在各方面都得到了全面锻炼和提高。在这里需要指出的是，由于工作涉及面较广，自己这些年在工作上的进步除了各级组织和领导的培养和自身努力之外，还得到很多科研院所的专家、高等学校的教授以及兄弟企业和铁路系统的工程技术人员的帮助和指导，借此机会表示感谢。

体会之三：青年知识分子应当加强思想品德修养，发扬艰苦奋斗、团结协作的精神，正确对待名和利。

攀枝花是在先生产后生活的模式下建起的城市，艰苦奋斗、团结协助是攀枝花精神内涵之一。80 年代初去的时候，攀枝花各方面条件还是很差。当时做试验基本是步行下厂，成果在现场推广初期，一切都是我们自己动手安装、调试。为了做到在成果推广过程中科研人员送一程，我们在现场连续三班倒一干就是 6 个月。我们试制的全长热处理钢轨大部分铺设在条件比较苛刻的山区铁路线上，为了准确及时地考察钢轨的使用情况，每年都要进行线路考察，无论是盛夏，还是隆冬，我们试验组人员步行在前不着村、后不着店的深山荒岭，穿过了无数隧道，几个人分吃一个馒头，几个人喝一杯水是常有的事。当时我们工资并不高，几乎没有什么奖金，当时根本未考虑什么排名次，得什么奖，大家一个心思都在想着怎么完成工作任务。如果没有一种艰苦奋斗的精神就不能在当时的条件下完成我们的任务。

1990~1993 年我们在进行钢轨在线热处理工艺基础研究课题时，课题组 4~5 人，每年只有 100 多元的奖金。在北京科技大学脱产一年读硕士生期间，我不仅寒暑假照常上班，就是在校学习期间也是不讲任何报酬和条件地为公司出了几趟差。

1993 年底，攀钢召开科技大会，对"七五"以来在科技战线做出贡献的科技工作者进行了一次较大范围、较高档次的奖励，突出体现了攀钢对科技工作的重视。当时很多人认为我应该受到奖励，而实际上我却不在奖励范围之内。我正在为新立既有难度又有风险的高强度在线热处理钢轨这个大课题进行紧张的论证准备工作，对此，很多人不理解。面对别人的议论，我认为，奖励工作总体上是一个好事，至于哪个人是否应该得到奖励只是一个枝节问题，作为青年知识分子，应该有比个人名利更重要的东西。经过充分准备，多次论证，这个项目得到攀钢（集团）公司多位领导的一致肯定，现在已经纳入国家技术开发项目。实际上能用党和人民培养自己的知识为国家的发展做点贡献，这是一个知识分子的最大愿望。

在今天，随着经济的发展和社会的进步，攀枝花的条件比我们 80 年代来时好多了，但是仍无法跟沿海和东部地区相比。总体说在中西部地区工作付出了同样的代价，得到的报酬要比东部地区少。所以，在中西部地区工作的同志或准备到中西部地区工作的青年知识分子一定要有艰苦奋斗、无私奉献的精神。实际上，由于我们是一个发展中国家，即使在沿海经济发展较快的地区，社会经济发展水平也落后于发达国家，所以从这个意义上讲，当前在我们国家无论在哪里工作都需要发扬艰苦奋斗的精神，都应该正确对待个人的名利，做到个人利益服从国家利益。

青年朋友们，成绩只能说明过去，展望未来，我们任重道远。当前我国现代化建设已进入依靠科技进步的新时代。最近全国人大通过了"九五"计划和 2010 发展规划纲要。这是一个鼓舞人心的纲要，也给我们广大青年科技工作者提出了新的任务，我一定要把这次座谈会上其他青年朋友好的经验、领导的新要求带回去，在自己的工作岗位上做得更好。

开展系统攻关　提高钢的质量[1]

苏世怀

顾建国总经理代表公司在年初的职代会工作报告中指出："钢的质量是影响马钢产品竞争力的关键性因素，也是生产过程中各种因素的综合反映，提高钢的质量必须开展系统攻关。"

一、为什么说钢的质量是影响马钢产品竞争力的关键性因素

一是钢的质量是产品质量和增加产品附加值的基础。例如，马钢新投产的大棒材轧机，可以轧制 2000 多元一吨的建筑用螺纹钢筋，也可以轧制 4000 元左右一吨的优质齿轮钢、弹簧钢，还可以轧制 6000 元左右一吨的优质轴承钢。关键是钢的成分和质量。

二是钢的质量高低与能耗、物耗等经济指标密切相关。出钢温度太高，钢水过氧化不仅给脱氧等炉后处理、连铸过热度等连铸工艺控制带来困难，影响钢的内部质量和铸坯表面质量，而且会增加铁水、石灰、包衬等原辅材料的消耗，降低转炉、钢包、中包、结晶器的寿命，从而增加制造成本。

目前，马钢产品"大路货"居多，一半以上的产品是一般乡镇企业都能生产的建筑用普通线材、螺纹钢筋，产品附加值不高。生产成本，乡镇企业比我们低，严重影响了马钢的经济效益和产品竞争力的提高。

二、影响马钢钢质的综合性因素分析

（一）操作水平、责任心和管理方面

马钢现有的炼钢装备水平与全国大钢相比并不落后。在炉后除了吹氩、喂线一些基本的精炼设施外，还有 LF、VD 等专用精炼设备，用专用精炼设备冶炼车轮钢、优质硬线、成分、质量时有波动，说明我们存在操作粗放、责任心不强、管理不严等问题。

（二）工艺装备方面

从大的方面讲，炉前无铁水预处理设备，炉后精炼手段不齐全增加了转炉冶炼和连铸工艺控制的难度，影响了工艺顺行。从小的方面讲，必要的计量、检测手段落后，基础自动化设备不完善影响了操作的细化和控制的精确性。

（三）技术开发方面

表现在我们对钢质现状、影响因素分析调研不系统，往往就炼钢谈炼钢，就轧钢谈轧

---

[1]　原文发表于《马钢日报》1999 年。

钢；对解决问题的措施不系统，针对性、操作性不强。对技术规程的细化、充实及更新不够。

三、开展系统攻关，进一步提高马钢钢质水平

（一）开展系统攻关，首先要从基础工作抓起

从上面的分析可知，在马钢现有工艺装备条件下，不用大的投入，只要抓好一些基础工作，就可以确保钢的质量。做好基础工作，一是严格按技术规程操作，要将技术规程进一步细化成操作要点，分解到工序，落实到岗位。其次，确保铁合金、造渣料、脱氧、增碳、保温剂等原辅材料的进货质量，并分类保存、烘干。

抓好基础工作需要强化管理来保证。强化管理就是要严格按贯标的要求，严字当头，严格要求，严格检查，严格考核，一丝不苟。强化管理还要和改革用工、分配制度结合起来。通过机制来促进职工素质提高和增强责任心、危机感，确保岗位责任的落实。

（二）开展系统攻关，要充分发挥科技人员的核心作用

在攻关内容上，要紧紧围绕公司工艺结构的优化、新产品开发及技术经济指标的提高开展工作。当前尤其是要结合转炉冶炼优质高碳钢、连铸准沸腾钢、高性能 H 型钢等品种开发，开展好转炉冶炼终点（温度、成分、时间）、炉后挡渣钢、脱氧精炼、铸温、铸速控制和提高铸坯质量等方面技术攻关工作。在攻关力量的组织上，立足于公司内部，发挥科技人员在科技攻关中的核心作用。

（三）开展系统攻关，要进行必要的技术改造

在充分发挥现有工艺装备潜力做好基础工作前提下，可以针对公司品种开发的需要进行必要的技术改造工作。当前最主要的是完善一些计量、检测等必要的基础自动化设备；其次，根据工艺结构的调整和品种开发的需要，针对工艺流程中的薄弱环节进行像铁水预处理、炉后精炼设备的建设，以便为开发更高档次的产品提供装备基础。

对马钢新产品开发工作的思考❶

苏世怀

马钢是国家控股的特大型企业，其综合工艺装备水平位于冶金行业的前列，具有"轮、线、板、型"四大特色产品系列。根据国际国内钢铁产品市场需求状况，在现有规模基础上。根据市场需求，理顺工序关系，提高工艺装备水平和操作技能，提高产品质量，大力开发高附加值新产品，大力提升经济效益将是近年马钢的努力方向。在此，笔者就如何加快马钢的新产品开发，谈点个人思考。

一、进一步提高对新产品开发重要性的认识

首先，新产品开发可以不断增加马钢效益。因为采用新工艺、新技术生产的新产品较原有产品质量更高，性能更好，用途更广泛，具有更高的附加值，因而企业效益就会不断提高。

其次，新产品开发可以不断提高马钢的综合素质。产品是管理水平和技术水平的标志。新产品是在原有产品基础上的完善和提高，因此开发新产品就要求企业的研究开发水平、工艺装备水平、工艺操作水平及其相应的管理水平不断地较原来有所提高。所以，新产品开发推动了企业综合素质的提高。

第三，新产品开发可以不断增强马钢的市场竞争力。企业的竞争表现为市场的竞争，市场竞争又是以产品作为载体，马钢不断推出新产品，做到人无我有，人有我优，人优我特就会不断地满足市场需求，甚至创造市场需求，从而使马钢在市场竞争中不断战胜竞争对手，永远立于不败之地。

二、进一步确立正确的新产品开发思路

在指导思想上，应统一马钢全体职工尤其是管理干部对新产品开发重要性的认识。树立新产品是企业效益之所在，是企业市场竞争的基础，是企业形象的观念，真正做到以市场为导向，以科技为基础，以管理为保证以及生产一代，开发一代，规划一代的新产品开发原则。

在开发目标上，应根据市场需求和国内外技术发展趋势，结合马钢的实际，提出科学的马钢新产品开发规划，确立正确的马钢新产品开发战略，做到目标明确、措施得力、计划周详、滚动开发。

在此基础上，马钢的新产品开发工作要在以下几个方面下功夫。

一是坚持市场需求是新产品开发的方向。根据市场需求和马钢产品结构的实际进行市场细分，做到围绕大用户需求开发新产品，围绕重点工程开发新产品，围绕替代进口产品开发新产品。

---

❶ 原文发表于《马钢》2001 年第 1 期。

二是紧盯同行先进水平开发新产品。例如，车轮、H型钢应紧盯国际先进水平开发新产品，棒、线、板、带紧盯国内先进水平开发新产品。

三是在马钢内部要形成科学的新产品开发模式，概括地讲就是做到纵向（决策—管理—执行）通畅，横向（市场调研—研究开发—生产—营销及市场服务或称产、销、研一条龙）协调的新产品开发体系。

四是搞好企业研究设计单位—用户合作开发新产品。例如，车轮、轮箍新产品的开发应搞好与铁道部科学研究院、铁路车辆设计单位，各铁路机务部门的合作；H型钢产品开发应搞好与研究设计单位、施工、使用单位的合作。

三、新产品开发当前应采取的主要措施

（一）加强新产品配套开发能力建设

新产品配套开发能力主要是指市场开发能力、技术开发能力和现场试生产能力。提高新产品开发能力关键在于培养高素质的开发人员，完善信息、工艺研究手段和现场工艺装备手段。

培养高素质新产品开发人员就是要培养具有市场营销知识，同时懂一定技术、经济和法律知识的市场开发、营销和服务人员；培养既懂市场，又熟悉现场的，具有较强技术开发创新能力的科技人员；培养一批技术力量强、操作水平较高的现场技工队伍。完善信息研究手段就是对市场信息能够快速收集、快速分析、快速决策使用。完善工艺研究手段就是建立必要的中间实验室开发手段，做到提前开发，缩短新产品开发周期；完善现场工艺装备手段就是对影响新产品品种开发，性能质量的生产工艺和装备进行必要的技术改造。

（二）加强对新产品开发工作的组织领导

新产品开发是一个系统工程，对内需要组织技术开发、生产、营销等单位和部门共同工作，还涉及科技、质量、财务等部门的配合。对外需要搞好产、学、研的合作。因此，统一领导、加强组织是新产品开发的保证。

加强对新产品的组织领导，就是要将与新产品开发有关的单位和人员通过一定的组织形式（攻关队或团队）组织起来，制定规划（计划），明确目标、工作内容、计划进度、定期检查、严格考核奖惩等。

（三）加强对新产品开发工作考核

新产品开发是在现有产品基础上，通过工艺技术创新使产品性能质量有所提高，这就要求我们的工作在现有的基础上更上一个台阶。因此，与新产品开发相关的单位必须任务明确、责任到人、严格考核、奖惩到位。

加强对新产品开发工作的考核，首先应当做好考核的基础工作——新产品的成本、效益测算。目前较为规范合理、切实可行的是采用"比较成本、效益测算法"，即在现有正常生产的产品中，选择一个合适产品或产品系列，作为新产品成本和售价的比较依据，对新产品则只需测算成本和价格变动部分。即：

新产品效益＝（新产品售价–比较的产品售价）–（新产品成本–比较的产品成本）

＝价格差–成本差

根据新产品开发工作的系统性和创新性特点，对新产品开发工作的考核奖惩可分两个层次，第一个层次是将新产品开发任务纳入有关单位的正常经济责任制考核，以便引起全员的重视；第二个层次是对直接从事新产品开发的相关人员以攻关队的形式进行考核奖励。奖励可分两个方面，在前期开发阶段奖励力度主要是依据新产品开发的水平、难度，适当考虑实际效益，在新产品转产后一定时期内需要技术人员跟踪的，则可依据获得的效益进行适当奖励。

四、新产品开发当前应进行的重点工作

（一）加强信息调研工作

信息调研工作是新产品开发前期工作的重要内容，是制定新产品开发规划，确定新产品开发方向、开发目标、开发内容的基础。信息调研工作包括：市场信息调研（即市场对马钢同类产品的品种、规格、质量、数量的现在要求和未来需求进行预测），技术信息调研（国内外，同行生产工艺、装备、产品品种、性能现状及发展趋势）和马钢现工艺、装备、产品品种性能现状及问题等。在此基础上提出马钢新产品开发的规划报告，确定马钢新产品的市场定位，开发方向、目标、步骤及应采取的措施等。

（二）加强马钢新产品开发的前期技术基础工作

新产品开发的技术基础工作包括：现有产品质量问题分析，拟开发产品的前期试验，如成分设计、实验室试验、关键工艺性能的模拟试验等。当前关键的是将现有产品的质量现状分析清楚，同时尽快建设必要的中试手段。这样就使马钢新产品做到超前开发，缩短开发周期以更好地适应千变万化的市场。

（三）加强工艺装备技术改造方案研究

工艺装备水平是新产品开发的重要保证条件。加强工艺装备技术改造方案研究首先是要根据产品的品种、质量确定工艺装备技术改造的必要性；其次是要充分调研国内外同类工艺装备水平使用情况，确定其可行性；再次是跟踪技术从改造工艺装备的设计、制造、调试过程，以使技术人员和操作人员一直熟悉情况。

五、正确处理好新产品开发工作中的几个关系

一是在新产品开发力量组织上，根据新产品开发工作的系统性、连续性的要求，在新产品开发中心内部需要组织不同专业技术人员协同开发，在公司内部需要不同部门和单位系统工作，还需要和科研院所、用户合作开发。因此，在新产品开发中心内部要处理好不同专业的关系，在马钢内部，要处理好机关、开发单位及生产现场的关系，还要处理好马钢与有关科研院所、用户的关系。二是处理好新产品与现有产品的关系。现有产品是新产品的基础，只有把现有产品生产好，质量搞上去，才能更好地开发新产品。三是处理好新产品与科研的关系。新产品开发与科研工作是相互联系相互促进的。科研是新产品开发的基础之一，科研工作搞好，可以促进新产品开发，缩短新产品开发周期，同时新产品开发工作中出现的诸多技术问题需要在科研中解决。

团结攻关　创新增效[1]

——试论马钢科技精神的内涵形成及展示

苏世怀

以马钢技术中心（新产品开发中心）为代表的马钢科技人员、管理人员和操作人员在马钢生产经营和改革发展的进程中，攻克了一个个技术难关，开发了一个个新产品，为马钢取得许多技术成果，为国家创造了巨大的物质财富，涌现了无数感人肺腑的事迹，同时也逐渐培育了一种"团结攻关，创新增效"的科技精神。这种精神融汇了广大科技人员、管理人员、操作人员的共同理想、信念追求、思想情操、道德规范、价值标准、工作态度和行为取向，展示了马钢广大科技人员的成长之路和时代风貌，它是马钢精神的重要组成部分。

一、"团结攻关，创新增效"精神具有什么样的内涵

"团结攻关，创新增效"精神，即齐心协力的团结精神、顽强拼搏的攻关精神、开拓进取的创新精神、面向市场的增效精神。这四个方面团结攻关是前提、是手段，创新增效是结果、是目的，它们相互联系，相互依存，而以增效为核心组成一个有机整体，它有以下丰富内涵：

"团结"就是齐心协力，同心同德，心往一处想，劲往一处使，为了一个共同的理想、共同的目标，识大体顾大局，调动一切积极因素，依靠集体的智慧，发挥整体优势去完成任务。"攻关"就是向着目标脚踏实地，始终不渝，坚韧不拔，百折不挠地顽强拼搏，不达目的誓不罢休。现代生产技术与过去靠单枪匹马，孤军作战的小生产手工作坊时代完全不一样，它具有连续性、综合性和技术集成性，任何一个工艺技术和产品的开发都需要多专业、多学科科技人员相互协作，都需要与管理人员、现场操作人员相互结合才能完成。另外，马钢每一个工程的投产、达产、技术经济指标的提高、产品质量的改善和新产品开发，都受到诸多因素制约，都有一个个难关，都需要我们协同攻关。可以说任何一个工程建设竣工、投产、达产，任何一个新的工艺流程的打通，技术经济指标的提高，质量的改善和产品的开发史都是一个个团结协作、攻破难关的历史。例如标志着马钢 H 型钢最高水平的海洋石油平台用 H 型钢的开发，就是一个广大科技人员团结攻关的例子。海洋石油平台用 H 型钢要求高强度、高韧性和良好的焊接性，尤其是在马钢现有工艺装备条件下要达到−20℃、−40℃横向冲击韧性值大于 34 焦耳，一般认为是不可能的。这就是一个产品开发中不可回避的技术难关。为了攻破它，广大科技人员进行了大量的信息调研，查阅了国

---

[1]　原文发表于马钢《调查研究》2001 年。

外开发此类产品的大量文献资料，进行了充分的方案设计。在实验室 Gleeble-2000 型实验机上进行了反复模拟试验。在此基础上又与三钢厂、H 型钢厂、质检中心等单位科技人员、管理人员、现场操作人员一起在现场进行六轮工业性综合试验，不断优化成分设计、优化工艺设计、优化工艺操作和充分挖掘每一个工序的工艺装备潜力，使工艺、装备控制在最优状态，终于达到性能合格率百分之百，还有一定量的富余，达到了世界工业发达国家 H 型钢产品的先进水平。

另外，马钢"提高 LG61 轮箍探伤合格率攻关"也是"团结攻关"的一个很好例证。马钢 1999 年按铁道部要求生产的替代从乌克兰进口的轮箍，探伤综合合格率只有 40% 左右。这样的技术指标在经济上导致太高的成本是无法走向市场的。若放弃生产，等于放弃市场，而且马钢多年辛勤培育的国内市场有可能被外国人逐渐占领。为此，公司下达了"提高 LG61 轮箍综合合格率"攻关课题。新产品开发中心的科技人员会同一钢厂、车轮轮箍分公司广大科技人员进行了广泛调研分析，找出了问题所在，从冶炼工艺，尤其是脱氧工艺、脱氧剂、检测方法等多方面采取措施，经过精心设计、反复试验，精确检测，最终使综合探伤合格率稳定在 90% 以上。

今天，马钢生产经营中仍有许多技术经济指标需要进一步提高，许多产品质量需要进一步改善，许多双高产品需要进一步开发，这如同一道道难关需要我们团结攻关。未来马钢发展中仍有诸多像开发海洋石油平台用 H 型钢这样的难关需要我们团结攻关。

"创新增效"就是要根据市场经济的新要求和技术发展的新趋势，树立新观念和新思维，采用新思路、新方法去指导我们开发技术，从而开发出新工艺、新材料、新产品，达到提高技术经济指标、改善产品质量、优化产品结构的目的，最终在市场竞争中占领市场，增加效益。马钢"九五"期间开展了一系列思想解放大讨论活动，转变了职工观念，活跃了职工思维。技术中心 2000 年面向市场，模拟市场进行了一系列解放思想、转变观念工作，开展了岗位动态管理，定性定量相结合的考评机制，激励与约束相对称的分配机制（三个机制）为核心的改革工作，有力地促进了技术开发、技术创新、创效工作。开展新工艺、新技术攻关 32 项，开发新产品 25 万吨，其中按"三个单独"模式开发新产品 12 万吨，为马钢增创效益 2500 万元，新产品产量和效益分别是 1999 年的六倍和八倍。

二、"团结攻关，创新增效"精神从哪里来

马钢技术中心的前身马钢钢研所成立于 1959 年，到 2000 年已经走过了 41 年的历程。在这期间，伴随着马钢的成长、壮大，广大科技人员在马钢生产经营、工程建设的主战场艰苦奋斗、无私奉献、团结攻关，开发了数百项新工艺、新技术、新产品，创造了巨大的物质财富，同时也逐渐培育形成了马钢的科技精神。"团结攻关，创新增效"就是由广大科技人员伴随着改革开放，在马钢这块肥沃土地上不断耕耘，逐渐积累、浓缩，提炼出的马钢科技精神。

第一，"团结攻关，创新增效"精神来自于广大科技人员的工作实践。钢研所作为企业的研究开发机构，它的定位主要围绕着马钢的生产建设和经营发展开展工作。钢研所广大科技人员与现场科技人员一道，从自产矿烧结到进口配矿烧，从一般烧结到小球烧结工艺技术；从 $100m^3$ 小高炉达产攻关，到 $300m^3$ 中型高炉技术经济指标全面优化，再到 $2500m^3$ 高炉的投产、达产、稳产、高产；从一钢的 SKF 到二钢提钒炼钢，再到三钢异形

连铸工艺技术开发；从车轮、中板质量攻关，到高线、H 型钢走向市场，他们多专业配合，齐心协力，到处都留下科技人员团结奋斗、拼搏攻关的足迹。正是科技人员团结攻关，才能不断有技术经济指标的优化，产品质量的不断改善，新产品不断走向市场，所以马钢的成长发展史也是广大科技人员团结攻关，创新增效史。

第二，"团结攻关，创新增效"精神来自于马钢这块精神沃土的培育。马钢的生产经营、建设发展为广大科技人员团结攻关，创新增效提供了广阔的舞台。正是因为马钢的生产经营要求越来越高，客观上出现许多需要解决的工艺技术难题，科技人员才有了用武之地。正是由于马钢诸多工程项目的建设，才有了工程调试、投产达产，才给科技人员提供了大显身手的机会。正是有了车轮厂、中板厂、高线厂、H 型钢厂一个个新厂的先后建成，才有了新产品的开发。可以说马钢的发展为广大科技人员实现自身价值提供了广阔天地，可见"团结攻关，创新增效"精神的形成是马钢提供肥沃精神土壤和适宜气候的结果。

另外，"团结攻关，创新增效"精神的形成也是广大操作人员，广大管理人员积极参与、高度理解与支持的结果。任何一项试验工作的开展都需要现场操作人员的积极参与；任何一项试验工作的进行都需要创造一定的条件，都有许多问题需要协同解决；任何一项技术成果的认定，推广应用也都需要管理人员和现场操作人员的理解和接受。而新技术、新产品发挥效益，也还需要通过现场操作者之手实现。因此，"团结攻关，创新增效"精神的产生、形成、确立是科技人员与管理人员和操作人员相互结合的过程，也是广大科技人员、广大管理人员和广大操作人员共同培育、共同创造的过程。

第三，"团结攻关、创新增效"精神来自于时代的进步，改革的要求。在计划经济时代，广大科技人员将个人利益融于国家利益、人民利益之中，创出了艰苦奋斗，无私奉献的时代精神主旋律。但是也带来广大科技人员"等、靠、要"思想，工作等着领导安排，课题靠上面下达，干活不问结果，不管是否有推广应用价值，不管是否有效益，干活要条件、要待遇，工作积极性、主动性不高。随着计划经济向市场经济转换，国家利益地方化，地方利益企业化，企业利益个人化等利益的越来越具体化及市场经济讲求投入产出的成本、效益观念、市场竞争观念开始发挥作用。因此，团结攻关不能只是创新、出成果、出水平，而且要求成果与效益结合起来，创新是为了更好地增效。这就是时代的进步、改革的要求。

三、"团结攻关，创新增效"精神向我们展示了什么

第一，它向我们展示了广大科技人员成长的坚实之路。广大科技人员成长之路就是在党的领导下，在社会主义现代化建设的伟大实践中深入生产实际，不断的了解、发现问题、解决问题之路。就是一个走向实践、走向市场、不断学习、探索、总结、提高之路；就是一个与管理人员、现场操作人员相互结合团结攻关之路。在这条道路上，走出了老一辈科技人员代表，像程仁龄、卜庆元、汪家俊、谢锡庆等。近年来，在提高烧结矿质量，大高炉投产达产攻关中涌现出新一代代表，如苏允隆、耿涤、王富生；非材、能源综合攻关中涌现出的严解荣、陈广言；炼钢炉前精炼，连铸攻关中涌现出的张建平、孙维、马玉平、龚志祥等；在轧钢新产品开发中涌现出了张明如、吴结才、江波、于同仁、詹学义、蒲玉梅等；还有在理化检验岗位上涌现出如陈兵、刘玉华及其他许许多多管理和技工岗位

上的管理和技工骨干等。

第二，它向我们展示了集体的智慧，团结的力量。"团结攻关"是一种号召力，它把广大科技人员、管理人员、现场操作人员凝聚在一起，为优化技术经济指标、改善产品质量、开发新产品这一个个创新增效目标而讨论方案、优化设计、实验室实验、现场试验，攻克了一个个烧结难关、炼铁难关、炼钢难关、轧钢难关、性能难关，开发出了高速车轮，美标 H 型钢等新产品，为公司增加了效益。

第三，它向我们展示了时代的要求。"创新增效"这是改革的结果、时代的要求。现代科技进步迅猛，技术创新对经济增长贡献达 60%~80%，而我国平均仅 30%~40%。这主要源于计划经济时代科技进步独立于经济建设之外，与经济结合不紧密所致，科技进步利益抽象化，导致科技人员不关心经济建设，不考虑投入产出，不考虑推广应用和经济效益。市场经济是讲求投入产出的效益经济，广大科技人员首先要解放思想，转变观念，增强市场意识、竞争意识、效益意识，走向现场开发新工艺、新技术，面向市场开发新材料、新产品。只有创新，才能增效。

"团结攻关，创新增效"伴随我们从过去走到现在，必将激励我们更好地奔向未来。

关于提高马钢技术中心技术创新能力的若干思考[❶]

苏世怀

2000~2002 年是马钢快速发展的三年。在这三年里，钢产量年均增长率 17.2%，销售收入年均增长率 21.5%，利税年均增长率 27.8%。这三年也是马钢技术中心在改革中前进、在创新中发展的三年，广大职工的思想观念发生了显著变化，工作水平显著提高，创新成果不断涌现。在这三年里，马钢技术中心被认定为国家级技术中心，理化实验室通过了国家实验室认可，被国家人事部批准建立了博士后工作站。未来的 2003~2005 年市场竞争将更加激烈，马钢投资 140 多亿元的"十五"钢铁主业结构调整项目陆续建成投产，如何消化吸收掌握现有工艺技术，使已建成的生产线顺利投产、快速达产以及在此基础上进行二次创新，不断优化技术经济指标，开发出高附加值新产品，不仅是马钢面临的新挑战，更是马钢技术中心面临的新课题。因此，实事求是地总结过去，客观超前地展望未来能使我们更好地明确工作方向和目标，切实地制定工作措施，促使技术中心不断地为马钢当前生产经营和未来的发展做出新贡献。

一、过去三年的回顾

（一）背景与问题

马钢技术中心的前身是成立于 1958 年的马钢钢研所，经过 40 多年的发展，到 2000 年已经形成一支专业相对配套的技术开发队伍，拥有一批先进的大型理化检验仪器，为马钢新工艺、新技术、新材料、新产品开发和在线理化检测做了大量工作，并取得不少成绩。但总体来讲，仍不能满足公司当期生产经营和公司长远发展要求。除了一些如区域市场经济发展相对滞后，公司主要处于对现有生产线挖潜扩能，降低固定费用的规模增效阶段及技术创新氛围不浓等外部条件影响外，问题主要在于自身，体现在：

一是思想观念落后，危机意识不强。计划经济的平均主义、大锅饭思想、"等、靠、要"观念根深蒂固。上班等着领导安排工作，有了工作靠着领导创造条件；上班就得拿工资，干活就要有奖金；涨工资、发奖金时不比贡献比数量。

二是人员素质不高。在 1997~1999 年期间，由于多种原因导致当时钢研所工作机会相对较少，待遇偏低，技术人员积极性不高。这期间每年约有 10~15 名技术骨干流向沿海经济发达地区和城市，部分流向公司的管理部门和内外贸单位。

三是开发手段缺乏。大型仪器普遍老化，一些为科研服务的大型仪器长期不能正常开展工作，工艺实验手段落后，不配套，尤其是缺乏产品开发实验手段，无法进行系统的技

---

❶ 原文发表于马钢《调查研究》2003 年。

术、产品开发工作。

在这种内外环境下，技术开发水平不高，创新成果少。1997~1999 年平均每年科研课题不足 20 项，经费不足 200 万元，新产品开发量 1997 年 1.5 万吨，1998 年 2.1 万吨，1999 年 4.2 万吨，无法满足公司当前生产经营需要，中长远课题几乎为零。

（二）措施与效果

针对现状和问题，班子成员反复分析了面临的形势和任务，有利条件和不利条件，决心立足自身，从解放思想、转变观念，改革机制和人才培养等方面入手，彻底改变当时工作上的被动局面。

一是进一步解放思想，转变观念。在技术中心内部，大张旗鼓地进行宣传发动，例如自办了《创新》刊物，系统地刊载如"寻找加西亚将军的故事"、"谁动了我的奶酪"等解放思想、转变观念的典型文章和案例；有针对性地组织主要骨干和职工代表考察外资企业和民营企业，也请现在外企，民企打工的原钢研所职工回来给在职职工讲在外企、民企的工作体会，请民企老板、外企管理人员谈体会，与此同时还在内部广泛开展作为一个管理者"假如钢研所是民企、外企，我应如何管理钢研所，如何管理研究室，如何管理班组"，作为一个职工"假如钢研所是民企、外企，我应如何进行工作"的大讨论。通过宣传、发动、参观、考察，广大职工进一步解放了思想，转变了观念，提高了对改革必要性、紧迫性的认识。

二是稳步推进内部管理体制和机制的改革。虽然钢研所不是独立法人，没有用工权，但却有一定内部机构设置建议权、岗位设置调整权、工作安排权和岗位工资和奖金的分配权。在对广大职工宣传发动基础上，领导班子反复研究了改革方案及实施步骤。在内部管理体制改革方面，对职能重叠的管理部门和工作任务不饱满及人力资源不共用的二级单位进行归并，使管理科室由原来的 17 个调整到现在的 5 个，16 个基层研究室调整到 8 个研究室，精简了机构，简化了流程，共享了资源。在内部机制改革方面，主要进行了岗位动态管理机制、项目组织运作机制、考评激励机制等三项机制改革。首先在对现有岗位工作量进行评估的基础上，对岗位设置进行优化，推行一人多岗和一岗多能的大岗位，建立了岗位动态管理机制，形成了人人有工作，又能分工协助，扭转了有人活干不完，有人没活干的局面。其次，根据技术开发和产品开发的自身特点和规律进行组织运作机制改革。根据课题的工作内容、水平和涉及范围来确定项目人员组成。对技术中心内部预研项目，项目组成员在技术中心内部由信息调研、技术开发和理化检验人员组成不同专业一体化；对公司级项目，由开发单位、生产厂、销售人员组成研产销一体化；对公司级以上项目，在全国范围内，由马钢、高等院校、科研院所和用户组成产、学、研一体化，建立了以技术专家为核心的项目负责制。再次是进行考评机制改革。依据岗位工作量、岗位技术难度、岗位责任和实际业绩等因素对工资、基本奖和嘉奖分配原则进行了改革，建立了以业绩为主的工作任务和三类骨干考核评价机制。对技术开发任务，以改进工艺，技术经济指标为目标进行考评，对新产品开发任务，实施"成本单独核算、效益单独考核、奖金单独奖励"三个单独机制；对管理骨干、技术骨干和技工骨干在评选、考核的基础上实行动态津贴制；并对在技术开发、产品开发方面做出突出贡献的人员实行重奖的动态管理办法。

三是加快人力资源开发和建设。针对当时人员现状确立了立足现有人员为主，引进为辅，岗位锻炼成长为主，进修培训为辅的思路，树立人人都是人才的新观念。通过提供工作机会、创造工作条件，使一批青年技术人员在 H 型钢、车轮、线棒攻关实践中迅速成长起来。

经过努力，2001 年马钢技术中心被认定为国家企业技术中心，2002 年理化实验室通过国家实验室认可，2002 年技术中心被国家人事部批准为博士后科研工作站。一批与公司当前生产经营与长远发展密切相关，具有国内、国际先进水平的新工艺、新技术、新产品、新材料项目分别获得公司、省、国家、国际立项。2000 年以来，每年获得公司级重大技术创新项目立项 30~50 项，其中省级技术创新项目达到 12 项，国家技术创新项目 9 项。2003 年年初，1 项国家自然科学基金，3 项国家"863"高新技术项目和 2 项国际合作项目得到立项。2000 年以来，马钢投入的直接技术开发费数千万元，配套技改费数亿元。一批重大技术开发、新产品成果用于生产，促进技术经济指标不断提高。新产品由 1999 年4.1 万吨上升到 2000 年的 28 万吨，2001 年 54 万吨，2002 年的 75 万吨，有力提升了马钢车轮、H 型钢的市场品牌形象和在国内外市场上的竞争力，从技术上有力支撑了马钢当期生产经营和"十五"的发展。

同时，一批年轻的技术骨干、管理骨干和技工骨干在工作实践中锻炼成长，获得公司级以上劳模、十大杰出青年等荣誉称号，有的还当选为全国人大代表。

二、未来三年的展望

（一）形势与任务

未来三年国际钢铁市场总体仍呈供大于求的局面。发达国家的钢铁工业具有技术领先的优势，主要向发展中国家输出工艺技术、生产装备和高附加值钢材。发展中国家在普通材生产中具有成本上的优势，所生产的普通钢材品种主要供本国建设之用。

未来三年，中国国民经济的快速发展将为钢铁行业提供良好的市场机遇，钢铁行业将在调整中发展。民营企业将会在普通材市场竞争中占有成本优势。国有大中型企业具有品种、质量和规模上的优势。

未来三年是马钢对现有生产线进行挖潜，新建生产线陆续投产，新的发展规划开始实施的三年。技术创新的主要任务有三个方面：

一是对现有生产线优化工艺，开发品种，不断改善和提高技术经济指标，使其发挥最大效益。

二是对"十五"建成投产生产线进行的投产、达产攻关，在此基础上开发品种，优化指标。

三是为马钢"十一五"的进一步发展开展好前期技术调研和开发工作。

（二）发展方向和目标

马钢技术中心作为企业技术创新的核心，企业的需求就是技术创新的方向，具体地讲就是充分运用技术创新手段和资源为企业当前生产经营的效益最大化和长远的可持续发展提供技术支撑。

主要目标是：到 2005 年，技术中心要建成一流的国家级企业技术开发中心，技术创新能力要适应马钢发展需要，技术创新水平要达到全国冶金行业领先水平，部分专业技术水平与国际冶金技术的发展同步，理化检验设备、方法及水平全面与国际接轨。具体体现在：

（1）培养一流人才。要在主要工艺技术领域和产品开发领域培养层次结构合理的专业技术人才队伍，尤其是要在具有马钢特色的球团烧结、自动化炼钢、大圆坯、异形坯、板坯连铸等工艺技术领域，和在车轮、H型钢、冷镦钢、薄板这些具有马钢特色的产品技术领域上，造就国内一流专家队伍。

（2）建成一流的手段。一要充分利用计算机及信息技术，建成工艺模拟仿真与数据分析处理实验室；二要建成先进的理化检测分析实验室；三要结合马钢实际有针对性地建成具有马钢特色的工艺实验手段。

（3）实行一流管理。形成先进管理理念和思想，先进的管理方法和手段，精干的管理机构和高效的管理者队伍。

（4）创一流成果。主要体现在两个方面：一是企业的主要技术经济指标处于行业先进，主要产品具有市场竞争力，企业的经济效益和社会效益，可持续发展充分体现出技术进步的贡献。二是形成有发明专利、技术标准、工艺技术规程和技术诀窍系列组成的具有马钢自主知识产权的核心技术。

（三）主要措施

（1）进一步改进技术创新环境。创新是一个民族进步的灵魂，是企业核心竞争力的源泉。我们要通过加强对具体案例的宣传和自身的技术创新工作业绩进一步提高对技术创新工作重要性的认识，形成适应技术创新综合性、系统性和开放性的技术创新的观念，逐步建立以"团结攻关，创新增效"为核心的技术创新文化，从而在马钢广大职工中形成理解创新、支持创新和尊重创新的良好的技术创新环境。

（2）进一步强化技术创新人才的培养。人才是技术创新的第一资源，是企业持续发展的决定因素，是实现目标的第一保证。根据马钢当前生产经营和下一步发展的需要及对技术创新人才的要求进一步强化技术创新人才的培养。我们将以全面提高素质为目标，以培养高层次技术带头人、高级管理人员和优秀技工为重点。首先，制定好科学的人才需求计划。其次，建立全新的培训机制。坚持实践锻炼和学历培训相结合，思想素质和业务能力并重的方针，实行专业知识强化、高层次学历培训以及出国进修等多层次、多渠道、全方位的在职培训体系。通过建设好博士后工作站等引进高水平人才。坚持在培养中使用人才，在使用中培养人才。再次，配合公司优秀技术专家津贴政策的实施，进一步完善中心对技术骨干、管理骨干和技工骨干等奖励办法，突出技术和创新业绩作为生产要素参与分配，进一步改善技术开发人员工作条件和生活待遇。

（3）结合马钢实际和发展需要，有针对性地进行技术创新试验手段建设。中间试验手段建设对降低技术创新成本、加快技术创新节奏和提高技术创新水平起着重要支撑作用。对一些基础性和共性试验，我们将通过与高校、科研院所和相关企业建立"产学研"合作方式，充分利用高校科研院所已有的实验室开展试验工作；对一些具有马钢特色工艺、产品、资源综合利用、能源环保个性实验室，我们将本着先进实用、针对性强、适度超前、系统规划、总体设计和分步实施的原则，在充分调研论证的基础上进行建设。

（4）进一步深化改革，强化管理。市场需求在变化，同行竞争格局在变化，马钢自身生产经营形势在变化，这就需要我们不断通过改革和管理，适应形势的不断变化。改革目标是建立一套既适合技术创新特点和规律，又能满足马钢当前生产经营和长远发展需要的充满生机和活力的马钢技术创新制度体系。改革重点是在前三年基础上，进一步完善立项机制、运作机制和考核机制。在立项机制方面，项目来源要充分反映市场需求趋势，内部生产经营的重点和难点以及下一步发展的基础性和前导性的要求，形成不同层次，近、中、远期结合的立项制度。在运作机制上，要从技术专家的职责、权力及项目推进两方面来完善项目的技术负责制。在考评上，建立能客观真实反映技术创新贡献，有利于推进技术创新的考评机制。在强化管理上，建立有利于保障技术创新，具有先进管理理念，运用先进管理方法和手段，精干管理者队伍和高效的技术创新管理体系。

（5）进一步加强领导。技术中心要实现未来三年的发展，领导是关键，首先领导者要不断营造技术创新氛围，为技术开发人员创造技术创新条件，不断改善技术创新环境；其次，要抓好各项技术创新工作的设计与策划；再次要做好目标的分解与各项工作的落实，及时协调解决发展过程中的各种问题，确保各项工作的完成。

提高驾驭能力 降低发展风险[1]

——马钢实现可持续发展须关注的若干问题探讨

苏世怀

把握机遇，加快发展，已成为公司上下共识，为此公司通过系统挖潜，对原"十五"规划进行了修订，拟于 2005 年末形成 1000 万吨钢的生产能力。同时通过对公司内外形势的把握，正在进行"十五"后期和"十一五"前期新一轮的发展规划，并就产品定位、原料供应、工艺装备等一系列重要战略问题进行了策划和安排。但任何发展总是机遇与风险并存。我们在坚定不移地把握机遇、加快发展的同时，应事先尽可能多的深入思考发展可能存在的风险，提高驾驭发展的能力，这对更好地实现马钢的可持续发展是非常必要的。这里就进一步降低发展风险还须关注的若干问题，及如何不断提高驾驭发展的能力进行提要式探讨，供大家参考。

一、关于降低发展风险还应关注的三个问题

除了产品市场定位，原料供应及工艺装备等重要战略问题外，还应关注产业配套发展、物流和资金来源问题。

(一) 关于产业配套发展问题

近几年来，公司与钢铁相关的产业正呈全面发展态势，一批新项目（新体制、新机构）正在展开之中。但是与钢铁主业前后相连或直接相关，将来对钢铁产业有战略影响的产业应优先考虑。矿业是为炼铁提供资源的战略产业，"十五"及"十一五"规划已做了充分关注，并已进行了安排。另外两个对钢铁产业有战略影响的产业是产品深加工和资源综合利用。

就产品深加工而言，随着 2005 年以后钢铁行业能力的释放，一些地方和民营企业可以生产的普通钢铁产品将面临着激烈的市场竞争。进行产品深加工，不仅可以回避初级产品的直接竞争，而且可以实现产品增值，增加职工就业，带动相关产业发展。根据国外市场现状和国内市场发展趋势，结合马钢的实际，主要是做好钢结构产业（其次是高档线材制品）。钢结构产业在国外是成熟产业，在国内仍是发展中产业，马钢有原材料优势，有一定的市场基础和设计、加工、施工人才队伍，做好钢结构产业，不仅可以使 H 型钢、中板、薄板、初级产品通过深加工增值，而且可以促进产业重组，带动墙体材料等相关产业发展。

---

[1] 原文发表于马钢《调查研究》2003 年。

搞好资源综合利用对于支撑主业发展也是非常重要的。随着钢铁主业 1000 万吨、1500 万吨钢规模的逐渐形成，每年的尾矿、铁渣、钢渣、粉煤灰的排放量成倍增加。利用就是资源，不利用就是固体废弃物，造成环境污染。随着国民经济的发展，人民生活水平的提高，对环保要求越来越高，环保工作不仅影响企业的效益，而且会影响钢铁主业的生存。目前铁渣、污泥、铁鳞、铁红、粉煤灰等有的返回前道工序，有的作为建材添加剂已得到基本利用，而钢渣尚未得到很好的利用。

关注对钢铁主业有战略影响的配套产业的发展，当前应做好三方面工作：一是作好规划；二是集中精力有步骤地进行原料基地、产品深加工和冶金二次资源综合利用工作，包括引进技术和资金，进行股份制运作，三是对其他产业进行改制重组引进民营体制、机制和资金，放开搞活。

（二）关于"物流"问题

物流包括矿、煤、焦等原材料及冶金过程辅料的进厂和厂内铁、钢、材金属料和燃料、动力的运转和产品外运等。按平均吨铁矿比 1.6、煤比 0.175、焦比 0.35 及钢渣比 0.10 计算，1000 万吨、1500 万吨钢规模时，将会有 2000~3000 多万吨物流量。这样大量的物流进出和内部运转，由此而带来的采购、贮运工作量对组产的影响及资金占用对企业效益和市场竞争力将产生重要影响。应从企业生存和发展的战略高度给予关注。

关注物流问题，从现在起应开展两方面工作：（1）在进行公司"十五""十一五"规划同时，借助国外、国内冶金企业进行物流管理的经验教训，同步开展物流规划工作；（2）理顺管理体制，明确工作职责，培养物流管理和技术人才，运用计算机信息技术分步制定科学合理的物流管制方案。

（三）关于拓宽资金渠道问题

资金是企业的血液。完成公司"十五"规划，实施公司"十一五"规划需要巨量资金。资金来源渠道主要有企业资产折旧、经营利润、银行借贷、股市筹措和招商引资等。企业资产折旧比较稳定，但数量有限；企业盈利不仅数量有限且具有很多不确定因素；从银行借贷，必须还本付息，成本高、风险大；利用股市筹措资金和引进企业外资合资建设，可以有效降低发展风险，应该值得我们特别关注。

从股市筹资和招商引资，需要我们做好三件事：首先是切实搞好当期生产经营，确保一定的资产收益率，这是股市融资的前提；其次，要积极进行资本运营工作，对股份公司内亏损、盈利能力不强和市场竞争力差的产业进行改制，外卖或控股公司进行的必要的回购，以不断提高股份公司资产质量（股份公司的发展将为控投公司的发展提供机会），增强市场竞争力，增加招商引资吸引力；第三，密切关注国企改革及国有股减持的政策走向，时刻做好股市融资准备工作，同时加强从企业外招商引资的力度，争取企业外资金入股建设。

二、关于提高自身驾驭能力问题探讨

外部的产品市场、原料市场的风险对每个企业都是客观存在的，我们需要做的是充分认识，早作谋划，把握先机。将外部风险降低到最小程度，甚至还可以变风险为机遇。除此之外的最大风险就是我们自己。根据公司当前情况，提高驾驭能力的主要的途径是通过技术创新、管理创新和文化创新的实践来提高我们自身的综合素质。

（一）关于技术创新

技术创新就是通过运用先进知识、手段和资源提高指标、降低消耗，开发品种、稳定质量，在市场上实现产品价值的商业化活动。技术创新是现代企业提高效益、增强市场竞争力和实现可持续发展的主要推动力。

马钢在《2001~2010 年发展战略纲要》中，对技术创新的方向、目标、内容已做了全面描述，当前的关键是要采取切实措施在"十五""十一五"发展中贯彻落实。主要是：（1）优化技术创新氛围，一是要通过对国内外优势企业和马钢自身技术创新的正反案例，提高对技术创新重要性的认识；二是充分理解技术创新规律；三是树立"技术先行"的技术创新理念。（2）强化技术创新保障。要不断理顺技术创新体制，完善技术创新运作机制；保证必要的技术创新资金。（3）加快技术创新资源建设。在人才资源上，要建设一支层次结构合理的高素质技术创新队伍；在信息资源方面，加快技术信息体系建设，充分发挥信息功效；在实验手段方面，要根据公司"十五""十一五"发展，借鉴国内外先进冶金企业的经验，结合马钢的实际，按"统筹规划、适度超前、先进适用、分步实施"的原则，建设必要的检验分析手段和工艺实验手段。当前尤其是要加快建设计算机仿真与数据处理实验室，冶金原料实验室，薄板产品开发与表面处理实验室；能源资源综合利用和环保实验室。

（二）关于管理创新

企业管理是根据不断变化的内外部环境，充分利用各种资源对企业生产经营活动进行计划、组织、领导、激励和控制，以实现企业目标的一种活动。管理和技术被称为现代企业提高效益，快速发展的"两个轮子"，马钢从目前的 600 万吨钢的规模，发展到"十五"的 1000 万吨和"十一五"的 1500 万吨规模，绝不仅仅是规模的重复性放大，更重要的是有深刻的内涵变化。其主要特征体现在设备由小到大（大型化），流程由长到短（紧凑化），由手工操作到计算机控制（自动化），一条生产线生产的产品品种规格由多到少（专业化），技术由简单到复杂。因此，管理和技术一样要不断随着企业内外部环境变化进行创新，以适应企业持续发展的需要。

管理创新要开展的主要工作有（1）管理理念创新。要围绕流程管理，树立"工序服从"理念，"准时生产"理念，"精确操作"理念，"系统优化"理念。（2）管理方法创新。围绕流程管理，充分运用计算机技术在企业资源管理，集成制造，信息搜集，传递和处理中作用，以适应流程连续化、自动化、快速化的要求。（3）管理制度的创新。为了生产流程的连续，必须对生产过程进行准确控制，要求我们精确操作，做到标准化，要求管理精细，做到规范化。为适应生产的流程的专业化，还必须对人事、财务、生产、技术等专业管理制度相应地进行一系列的创新。

（三）关于文化创新

企业文化是企业员工在一定的社会文化背景下，长期生产经营实践中形成的企业形象、企业作风、企业精神的总称。企业文化是企业员工内在的思想观念，信念、价值观和外在的行为方式和物质形象的统一。企业文化所具有导向、激励、凝聚和控制功能，对企业生产经营发展起着非常巨大的作用。

马钢在几十年的生产经营中培育了灿烂企业文化。如"互助友爱"的行为准则，"敢为人先""终身学习""追求卓越"的精神等，这些优秀的企业文化对马钢的发展起着巨大的促进作用。但是，同技术和管理一样，企业文化也应该随着企业内外部环境变化在发展中继承和创新。企业文化创新重点应关注这样三个方面：（1）扬弃过去按厂"孤岛式"生产形成的"自我封闭，感觉良好"的思维惯性，培育对内"工序服从"的大局观念，对外"开放协作"精神及在"竞争中生存发展"的危机意识，以适应内部连续化流程生产、外部经济全球化、市场一体化的发展趋势。（2）扬弃过去不连续生产形成的"随意"的行为惯性，按"三精"方针培育"严谨细致"的工作作风。技术人员应按照精心设计的要求，脚踏实地、深入系统、专心致志的验证，实事求是的总结，以数据说话的严谨学风，以适应技术升级的要求；操作人员应按标准化操作的要求做到精确操作，以适应现代工艺流程准时生产的要求；管理人员应按照规范管理的要求做到精细管理。（3）继续弘扬奉献社会（税收贡献）的价值观，培育创新为"优质产品、优质服务、奉献社会"的价值观，以适应用户是企业生存父母，以顾客为关注焦点的理念，不断提高全体职工的工作质量和工作水平。

三、结语

加快发展已成为公司上下共识，公司在加快发展方面已开展了大量工作，取得了显著成效，这为下一步发展奠定了良好的基础。

发展的机遇与风险同在，我们在坚定不移的抓住机遇，加快发展的同时，充分思考并评估发展的风险，对马钢实现可持续发展是非常重要的。降低发展风险的关键在于自己，我们要努力学习，加快技术创新、管理创新和文化创新，在工作实践中不断提高我们驾驭发展的能力，实现马钢持续健康的发展。

强化技术支撑作用　　提升基建技改效益●

苏世怀

　　"九五"以来，马钢积极有效地实施了技术改造和结构调整，实现了跨越式发展。最近马钢明确了"十五"末期形成 1000 万吨钢的综合生产能力，"十一五"实现 1500 万吨钢产能的发展思路，目标是将马钢建成最具市场竞争力的现代钢铁联合企业之一。在马钢发展的关键时刻，系统地分析总结"九五"以来基建技改中技术创新，管理创新的经验，对于促进马钢技改项目尽快达产达效，在新一轮发展中如何更好地发挥技术创新的支撑作用是非常必要的。

一、充分做好前期技术调研、方案论证，提高基建技改决策的科学性

（一）做好前期技术调研，规范决策管理程序

　　马钢自"九五"以来所进行的基建技改重点是解决产品结构、工艺流程、物流配置等结构性矛盾，提升市场竞争力，加速马钢的发展。并于 1998 年在关停"五小"，淘汰落后设备的同时，以"平改转"项目为主体，展开新一轮基建技改。为优化技改的目标和方案，公司组织技术力量进行深入系统的技术调研、论证分析。

　　针对马钢产品结构不合理的问题，从市场需求和工艺技术上确定了新增产品主要为板材、H 型钢，并重点对 CSP、ISP 等薄板坯连铸连轧及其深加工技术进行了技术跟踪分析，先后形成包括产品定位、工艺流程、装备技术、项目施工建设、投产达产在内的中外技术资料 30 多专册，200 余万字。这些信息和资料，对于技术项目的前期决策和技术谈判起到了一定的作用。此外，还组织考察了国内先进企业的相关生产线，利用出国考察发达国家钢铁工业的机会，与国内外专家交流，有目的地收集与马钢技改有关的意见和建议，形成专项技术报告，为前期技改决策提供依据。公司合理地运用马钢技术创新体系，发挥马钢技术委员会和专家委员会对重大技术改造项目的决策作用，启动决策管理程序，从管理体制上保证了决策的科学性，减少盲目性，避免了重大失误。

（二）重视技术谈判，保证技改的高起点、低成本、先进适用

　　马钢在引进 CSP、冷轧、镀锌、彩涂、H 型钢等技术项目中，将与供应商的技术交流、技术洽谈放在重要位置，除集中公司内的专家对口谈判外，还通过咨询与马钢友好的国内外著名专家，以便多方案比较。同时与供应商采用多家分别交流，引入竞争，以便择优选用。例如在彩涂板项目技术谈判中，首先进行了彩涂板相关技术调研，并先后同冶金

　　● 原文发表于《马钢》2003 年。

钢铁研究总院、FATAHUNTER、新日铁等单位进行了交流和探讨，加深对彩涂板产品和彩涂板生产的全面了解，为项目技术谈判打下基础。谈判期间，与彩涂线原料专家、供应商进行技术交流，注意谈判涉及的资料收集，反复比较，以引进先进、成熟的技术。

（三）及时总结经验，用于新的技改项目

通过充分总结，将 1 号大高炉在设计和投产初期的经验和教训运用到 2 号大高炉的设计中。更注重整体技术的配套、可靠、实用，缩短了 2 号大高炉的建设周期。10 月份投产后，在不到 20 天时间里，高炉利用系数已达到 2.2，初步达到了"优质、低耗、高产"的目的，为 CSP 生产线投产提供了铁水保障。在开发 H 型钢产品和开拓 H 型钢市场中，注意及时收集有关 H 型钢产品市场紧缺的品种规格和整体需求，跟踪 H 型钢工艺技术的进步，为马钢第二条 H 型钢生产线的产品市场定位、技术装备配置提供了有力的技术支持。

（四）利用实验室技术，对重大技改项目进行前期技术研究

通过利用仿真技术对港务原料厂料场混匀工艺进行了仿真模拟，提出了在确保混匀效果的同时，可减少矿槽数量的建议，从而减少了该项技改的投资。利用实验室设备，为三铁厂、一烧转产球团技改作实验论证，促进了三铁、一烧的转产成功。在对 1 号大高炉破损冷却壁进行修复中，形成了优化冷却壁结构、延长高炉寿命的技术成果，后将这些成果应用到部分中型高炉和新 2 号大高炉的设计中。在车轮生产线技改前，为认识连铸圆坯生产车轮的可行性和可靠性，从成都无缝钢管厂购买 ϕ400mm 圆坯，用于压轧车轮试验，结果表明，试验车轮的宏观组织、力学性能完全满足要求，增加了技改项目决策的信心。

二、做好基建技改技术的消化吸收和生产技术的协调跟进工作

马钢在基建技改中，采取了统筹规划、突出重点、系统优化、滚动发展的方针，边生产、边技改、边投产。要求新产品开发、新工艺技术规范的制定、生产组织、顺产达产同时协调进展，不拖后腿。

（一）重视引进技术的消化吸收、市场调研

"两板"工程引进了当今世界上最先进的紧凑型薄板坯连铸连轧技术（CSP）和先进成熟的冷轧和镀锌技术，新增商品钢材将达 200～250 万吨/年，相当于近期新增产能 30%。当薄板工程正在紧张施工之际，马钢即着手研究引进的工艺技术消化、吸收，关注产品的市场需求、生产组织及产品开发的诸多技术问题。通过引进专业人才，加强对外技术合作，对"两板"工程引进的工艺技术、国内外类似生产厂的产品开发、工艺技术、标准执行及国内用户需求等，进行了系统调研，整理出了约 60 万字的"马钢薄板工艺技术调研""热轧薄板市场调研"等专题资料；还系统地收集整理了有关的产品标准。通过学习、消化引进技术，培训了一批技术人员，还为薄板生产工艺规范的制定和产品标准的选择、"两板"信息化建设提供了技术支持，并为基建技改项目的投产提供了技术准备。

（二）引入信息化技术，提升技改新线的资源优化管理水平

在薄板项目建设中，马钢提出了管理创新的新举措，推行两板和 H 型钢生产流程信息化工程，用技术创新与管理创新打造马钢薄板、H 型钢精品生产线。这是一项重要的"软件"技改，在公司的统一领导下，首先在公司内部完成了功能需求分析和基本方案设计。在方案清晰、目的明确的前提下，与多家供应商进行了艰苦、细致的技术交流和商务洽谈，进而采用无标底的招标方式，优选了供应商，并通过和供应商的精干、高效、坦诚的技术合作，使得这项 ERP 技术按要求与薄板项目同步建设。马钢薄板生产线在实现装备的大型化、工艺的连续化、自动化的同时将实现管理的信息化。

（三）加强炼钢工艺的技术改造，为技改项目配备最好的工艺技术软件

一钢转炉钢水质量和供应节奏是保证 CSP 产品质量和生产线正常运作的关键。转炉自动化炼钢技术和在溅渣护炉条件下采用顶底复吹技术是现代转炉高效率、高质量炼钢必须具备的技术。一钢厂转炉烟气分析自动化炼钢引进的是奥钢联技术，该技术采用快速分析转炉炉气成分的方法对转炉冶炼工艺实施动态控制，解决了马钢转炉因为无法上副枪而不能进行动态炼钢的难题，从根本上提高了马钢炼钢的整体技术水平和工艺操作水平。转炉顶底复吹与炉龄同步技术开发是马钢与钢研总院合作开发的项目。在马钢 CSP 试生产过程中，采用顶底复吹工艺将保证 CSP 低碳钢对转炉终点控制的工艺要求，为 CSP 生产提供了必要的前提保障。

三、加强工艺技术管理创新和技术产品开发，保证基建技改尽快达产

（一）认真履行管理职责，及时制定新建生产线的工艺技术规程、技术操作要点和发布产品执行标准等生产过程控制文件，做好技改项目热试阶段的工作

连铸圆坯上马后，在一个月内形成了工艺技术路线和多方面过程控制文件，保证了生产顺行。对 CSP 生产线，充分借鉴国内外先期投产的相关经验和该条生产线的操作手册，公司技术管理部门与生产厂精心研究、制定并发布了工艺技术规程、技术操作要点等生产过程技术控制文件。特别是炼钢工序，为制定相应的技术文件，进行了大量考察和现场试验工作。

（二）推进专家负责制，加快新技术开发和工艺攻关，使技改项目工艺顺畅

今年初，随着三钢厂新六机六流连铸机的稳定达产和新高线的上马，公司决定从低碳钢开发入手，推行技术项目专家负责制，该项攻关首先解决的是高酸熔铝的连铸可浇性问题。经过 8 个月的艰难攻关，解决了精炼连铸匹配问题，连铸机的连浇炉数稳定在 8~10 炉，达到国内先进水平。与此同时，结合圆坯、板坯顺产达产攻关，摸索出了适合一钢厂、三钢厂的精炼工艺，为保产和新产品开发打下了基础。

（三）发挥技改优势，开发新产品，打造马钢精品生产线

据统计，从 1998 年开始，马钢新产品量迅速增加，从 1998 年的 2.1 万吨，销售收入

不足 0.6 亿元，上升到 2002 年的 78 万吨，销售收入 14 亿元，创利 8500 万元。5 年来累计开发各类新产品达 40 个品种 120 多个规格，许多新产品为国内首创，30%以上新产品用于出口。

为发挥基建技改效益，近期新产品开发和研究的重点工作是：新高线着力于优质硬线、中高强度标准件、冷镦钢的开发研究；H 型钢重点在耐火、耐候 H 型钢的开发及 H 型钢生产过程的仿真技术的应用上；车轮轮箍重点是高洁净度车轮轮箍钢、贝氏体车轮钢的开发研究；中板重点是专用板包括 NSB、低合金高强度钢的开发；CSP 热轧产品将主要开发建筑用钢、耐候用钢、汽车车轮用钢、管线钢、焊瓶用钢；冷轧产品主要是建筑用钢、汽车车轮用钢和汽车用深冲板的产品开发；镀锌、彩涂产品开发主要是建筑用板。

为了有利于新产品的开发，还推行了"产、学、研"和"产、销、研"技术协作，启动了博士后工作站，并在 CSP 产品开发中正在进行 V 和 Nb 微合金化 HLSA 的两项国际技术合作项目。

（四）全力以赴保证新线生产稳定顺行

"平改转"工程的全面竣工和 CSP 项目的投产，以及明年上半年将陆续投产的冷轧、彩涂和第二条 H 型钢生产线，提高了马钢整体装备水平，优化了工艺流程、理顺了物流关系。

为使新线全流程工艺贯通，生产顺行，达产达效，生产出更多、更好的产品参与市场竞争，获得可靠的投资回报，完成马钢车轮技改最关键的攻坚战，向 1500 万吨产钢目标进军。当前，所要做的技术工作有：

（1）将新线顺产达效作为重要科研攻关项目，集中铁、钢、轧、检验等一批精干力量组成"两板保产组"，细化工作目标，采用专家负责制和课题长责任制，启动"产学研"和"产销研"两条技术创新程序，同时在理顺工艺、顺产达产、市场推介、产品开发、检验分析、信息化建设等方面全方位、高效地开展工作。

（2）加快相应的实验研究、中试基地和检验能力的建设，保证检化验能够准确及时；通过市场分析、用户研究，使新技术和新产品的开发能力满足市场竞争的需求。

（3）细化铁前系统的物料结构研究和物料平衡工作，做好消化上游原料价格上涨和因采购量增加产生的成本上升压力，保证优质低成本铁水的供应。

（4）按全流程工序环节细分技术经济指标，做好对标挖潜工作，提升技改项目的技术创新、管理创新能力，将规模降本、指标降本一起抓。

（5）开展"十一五"新增 500 万吨钢产能的项目选择、规划制定等前期技术调研和技术分析论证。

实践"三个代表" 推进马钢改革❶

——关于当前马钢改革若干问题的思考

苏世怀

当前,马钢生产经营形势良好,发展势头强劲,改革也在稳步推进。特别是在"新项目、新体制、新机制"及内部管理体制和分配机制等改革方面,公司开展了大量工作,取得了显著成效。但是已进行的改革与生产经营和发展的形势相比,与同行业兄弟企业改革进展情况相比,与建立现代企业制度的要求相比还存在着一定的差距,特别是在减员增效、主辅分离、建立母子公司体制方面还有大量工作要做。马钢的改革问题在哪里,改革的难点是什么,如何推进马钢的改革,公司7月18日干部大会要求我们居安思危,在搞好当前生产经营,"十五"技改工程投产达产的同时,还要思考下一步的改革和发展。现结合"三个代表"重要思想的学习,就马钢当前改革的若干问题,谈点个人思考,供大家参考。

一、关于马钢改革的若干认识问题

改革的任务重,问题也多。我觉得最主要的问题是如何按已有的思路继续推进的问题,而要推进改革,当前我们需要思考三个方面的认识问题:改革会不会损害职工利益、改革影响不影响当前的生产经营、发展能不能代替改革。

(一)改革会不会损害广大职工的利益

我们可以从正反两个方面来讨论这个问题。从正面来讲,改革的目的是解放和发展生产力,使有限的资源创造更多的财富回报社会,同时回报我们的职工。对马钢来讲,目前7万职工创造150个亿的销售收入,10个亿左右的利润,通过改革,优化资源配置、释放潜力,完全有可能用5万人,甚至3万人来实现这个销售额,从而获得更多的利润。另外,2万人或4万人从事新项目,再实现50个亿甚至100个亿的销售额,再多获得几个亿的利润,不仅对国家、社会贡献更大了,而且我们职工自身的待遇一定会更好。从公司角度来讲,市场竞争力增强了,抗风险能力增加了,从而确保马钢的持续发展,确保在职职工收入增加和确保职工退休后无后顾之忧。因此,改革不会损害广大职工的利益,而是为了保证广大职工现有利益和不断增加职工利益。相反,如果我们不居安思危,不坚持深化改革,将会被生产效益高的企业甩在后面,在市场竞争中处于劣势,企业生产经营将有可能会出现亏损,企业发展就会没有基础,甚至会发不出工资和奖金,影响到职工的切身利

---

❶ 原文发表于马钢《调查研究》2003年。

益。因此，改革不是职工下岗失业的代名词，相反它应该是保障职工利益的代名词。当然，改革是一个使资源优化高效配置的过程，最终结果是保证和提高职工整体利益，改革过程中不排除会有少数职工利益受到暂时的影响。

（二）改革会不会影响当前生产经营

应该讲，开展任何工作都会存在两种不同结果，改革也是如此。当前生产经营任务重、节奏快，"十五"技改工程继续投产，而改革涉及工作岗位的变动，组织结构的调整，工艺流程的整合，必须会引起职工思想的波动。搞得不好可能会影响工作，这种担心是存在的。但是只要进行充分的思想发动工作，精心设计科学的改革方案，慎重而稳妥地实施就一定能达到统一职工的思想认识，取得广大职工对改革的理解和支持，激发广大职工努力学习，奋发工作的热情，从而会促进公司的生产经营和改革发展。

（三）发展能不能代替改革

我们所讲的发展是企业为获得更好的效益，更具市场竞争力的发展。因此它是充分运用技术进步成果的发展。它要求我们采用新的体制、新的机制、新的管理去适应这种发展，它需要高素质的管理者、高素质的操作者去驾驭这种发展。而按照现有的组织结构、现有的管理模式、现有的思维方法去搞发展，将会使发展失去竞争力，从而会影响和阻碍发展。因此，发展不能代替改革。相反，只有对现有企业组织结构、管理制度、思维方式进行变革，才能促进发展并使发展达到应有的目的。

二、关于改革的几个难点问题

目前，国有企业都希望通过改革实现减员增效、主辅分离、辅业改制、建立规范的母子公司体制的现代企业制度，但到目前为止仍在实践探索之中，改革存在诸多难点问题。分析起来，难点有三，一是如何进行减员增效；二是如何进行职工身份置换；三是如何进行企业改制。要解决好这三个难点问题并达到改革目的，首先，需要明确职工在改革中地位和改革利益标准问题。所谓职工地位问题，即现马钢两公司各二级厂、矿的职工，在改革中具有平等的地位，都是改革的主体，又都是改革的对象（即都享有国有企业职工地位）。改革的利益标准问题，即改革的初始结果，应享有基本相等的利益机会，留在股份公司主体流程厂的职工，当前收入稳定，但工作压力大、负荷重。置换身份后，分离到改制企业的职工，风险大，但已得到相对合理的经济补偿，经过努力未来的前途不比股份公司差。退休（内退）职工基本自愿。在明确这样两个前提后，我们再来探讨解决三个难点的思路。

（1）关于减员增效。其主要目的是增加在岗职工的压力，提高效率和增加效益。其范围应包括两公司二级厂矿的所有职工。总体思路是选择类似业务流程的国外厂、国内厂（不论是民营、国企）的定员设置作为参照，结合马钢实际，按流程设厂，进行厂际优化，减少流程界面；优化厂内部组织结构和管理流程，管理高效精干；优化岗位设置，达到一专多能，一人多岗。同时按精干高效、管理规范的原则，配套进行两公司机关组织机构的优化和管理流程的简化。

对股份公司主流程厂的辅助工序（车间）与现股份公司辅助厂进行同业归并，成立模拟子公司运作的协力公司，同时进行减员增效。

减员增效后的结果，股份公司主流程厂、辅助厂、集团控股各子公司应是精干的，同时分离出多余人员。

（2）关于职工身份置换和辅业改制。其范围应包括股份公司辅助单位和（集团）控股子公司。职工身份置换基本保证职工基本自愿的前提下，增加职工身份置换的积极性。职工身份置换的补助来源，主要是争取国家 859 文件中"三类"资产，同时从企业当期经营效益中拿出一部分收入进行贴补。

（3）关于辅业改制。在职工身份置换的前提下，对辅助企业进行产权多元化改制，改制后的企业应是产权多元化、其股份来源，可以外资、职工股份和公司现有资产股份。马钢以出资额负有限责任。改制后企业按"四有"要求进行运作。置换身份职工进入改制企业可以将置换身份后资产补偿和现金补偿作为股份带入改制新企业。

从股份公司和集团子公司分流出来的职工有三种流向，退休（内退），置换身份后进入新项目（新体制、新机制）的企业，待岗培训。

由于改革是个错综复杂的工作。如何选择改革的时机和步骤还需要仔细研究。

三、关于改革的推进问题

（一）做好广泛深入的宣传发动工作

要结合广大职工和干部在当前形势下对改革的看法和认识，从实践"三个代表"重要思想的高度，用典型案例进行深入浅出的宣传，引导广大职工解放思想、转变观念、创新思维，统一广大职工对改革必要性的认识，增强广大职工改革的危机感、紧迫感，同时引导广大职工正确对待改革、理解改革、支持改革。

（二）科学地设计改革方案，稳妥地实施

方案的设计是改革成功的关键。要进行好方案的设计，首先要进行充分的调研，应理解国家改革的方针、政策，取得国家的支持，广泛借鉴国内外同行改革的经验教训，结合马钢的实际，取得广大干部职工的理解和认同。方案既要有高度，也要有力度，既要有重点，又要有配套性。

（三）领导在改革中的作用

改革是适应新生产力发展要求而对现有生产关系进行的调整，要推进改革，必须冲破妨碍发展的思想观念，改变束缚发展的做法和决定，革除影响发展的体制弊端。改革过程充满着各种矛盾，非常艰难，还存在一定的风险性。因此，改革需要领导者的胆略和决心，还要具备领导和组织改革的知识和能力，这就要求领导者从实践"三个代表"重要思想高度出发，把国家利益和职工的切身利益统一起来，坚持改革的方向和适时地选择改革的时机，组织制定科学的改革方案和稳妥的实施步骤，协调解决改革中出现的问题，使改革达到预定的目标。

技术为马钢腾飞插上翅膀❶

——2004 年公司科研开发和技术攻关工作答记者问

苏世怀

编者按：科学技术是第一生产力，技术创新是企业发展的不竭动力。3 月 24 日公司召开了生产经营分析会，发布了马钢股［2004］18 号等文件，正式启动了 2004 年公司科研开发和技术攻关项目。如何组织落实好 2004 年股份公司科研开发和技术攻关工作，使科研开发和技术攻关更好地为股份公司 2004 年实现 800 万吨钢产能和税后 16 亿利润做出贡献，就此记者采访了公司副总工程师、技术中心常务副主任苏世怀同志。

1. 请您简要评价一下 2003 年公司科研开发和技术攻关工作。

答：2003 年公司共计下达科研开发项目 42 项，实际完成投资 965.95 万元。总体来看，科研开发项目基本上达到了计划进度的要求，取得了显著成效，据初步统计实现经济效益 4870 万元。成效主要表现在两方面：一是为公司当前生产提供技术支撑。如"2500m³ 高炉烟无混喷煤种配比的研究"，提出了烟煤、无烟煤品种和配比的参数，为大高炉进行烟无混喷打下基础；"复吹转炉高效化生产工艺研究"，针对一钢复吹转炉与新投产的 CSP 生产节奏不匹配的现状，从复吹转炉高效化生产角度出发，提出炉-机匹配的工艺方案，确保了一钢 CSP 顺产，为转炉自动化炼钢提供了保证；"CSP 连铸连轧新工艺技术研究"，减少了热轧板坯的表面缺陷，改善了冷轧板深冲性能；冷镦钢系列 SWRCH8A、SWRCH18A、SWRCH35K 的开发量达到 8.8 万吨，形成了批量生产能力，实现经济效益 3520 万元。二是面向公司中长远发展，超前进行技术开发。如"在线软化处理高性能冷镦钢的研究开发""马钢薄板坯连铸系列保护渣的开发""铌微合金化在薄板产品生产中应用技术研究"等项目以快速、高效的开发态势，为公司新一轮的产品结构调整奠定坚实的技术基础，达到进一步增强马钢产品的市场竞争力的目的。

2003 年公司下达技术攻关项目 11 项。9 项按时达到攻关目标，2 项因客观原因延迟验收。攻关取得预期效果，如"提高炼铁产量攻关"，使中型高炉利用系数达到 3.2t/(m³·d) 以上，大高炉利用系数稳定在 2.4t/(m³·d)；"提高专用板质量及合同兑现率攻关"，使钢种命中率提高近 15 个百分点，轧后冶废下降从 60kg/t 下降到 20kg/t 以下，合同兑现率提高 10 个百分点。

2. 请介绍公司 2004 年科研开发和技术攻关的指导思想和特点。

答：公司科研和技术攻关立项总的指导思想是：紧密结合公司当前生产实际和长远规

划，对原有系统以提高指标稳定产品质量，降低工序成本为重点，对 CSP 系统以工艺顺行、规模增效、开发市场所需产品为重点，同时针对"十一五"需要，针对性进行前期调研和开发工作，通过研发攻关实现低成本战略和产品差异化，不断提高科研水平和创新能力。

基于以上指导思想，2004 年确定了首批 34 项科研开发项目和 7 项技术攻关项目。科研开发项目计划总投资 15199 万元，其中资本金 224 万元，制造费 1259.9 万元。

2004 年公司科研和攻关项目有三个特点：第一，项目针对性强。如"提高喷煤比攻关"，旨在实现以煤代焦，缓解焦炭短缺的紧张局面；"H 型钢产品腹板偏心控制"重点解决 H 型钢腹板偏心不稳定的问题。第二，项目系统性综合性强。项目针对整个工艺流程中的系统问题，如"车轮钢氢行为及断裂机理的研究"，促进车轮钢产品韧性研究"车轮产品使用性能研究"，从炼钢、压轧、热处理到上线使用全过程，系统性开展研究工作。第三，把握项目层次和创新性。2004 年研发项目中有 50% 属于产学研项目，国家级项目 5 项，国际合作项目 2 项。

3. 请介绍公司科研开发和技术攻关组织运行模式。

答：公司明确要求，科研项目以技术中心为主，生产厂给予支持和试验支撑；技术攻关侧重于科研成果转化和应用，主要以生产厂为主，公司给予指导和服务。公司科研开发和技术攻关基本实行项目负责制，设项目负责人和课题负责人，项目负责人负责项目的推进和协调，为项目开展提供条件；课题长负责项目技术方案的策划和落实，课题组成员按实际技术工作需要，一般在各单位内由不同专业人员组成，在公司范围内实行产、研、销结合，对外实行产、学、研结合。

4. 请您介绍公司科研开发和技术攻关项目管理和验收工作。

答：技术中心是公司科研开发和技术攻关工作归口管理单位，负责公司科研开发和技术攻关项目的申报、立项和审批工作，对立项项目的实施进行过程管理和合同管理，并负责项目的验收。科研开发和技术攻关的立项程序为：公司各单位申报—技术中心各专业工程师统计整理—技术中心初审—技术中心组织公司专家进行二审—报公司领导审批—公司下文确认。可以说，每个项目的立项都经历严格审核和层层把关，以充分反映公司生产经营中的重点和难点。为进一步细化和规范科研开发项目的管理，公司推出了一系列新举措。

第一，强化项目管理。为了确保项目按计划展开和如期完成，公司重新修订了《马钢股份有限公司科研开发项目管理细则》，制定了《马钢股份公司科技业务合同管理办法》和《马钢股份公司产业技术研究与开发资金管理办法》，加强了产、学、研合作项目的招投标以及合同管理。同时，按照招投标要求，做好前期调研方案策划和持续改进工作。

第二，细化和规范科研费用管理。根据上述三个管理办法，实行科技开发合同与设备委托合同分开执行科研开发费中资本金与制造费严格划分，设备由公司自行招标采购，杜绝过去一揽子合同模式。

第三，加强项目考核验收。项目承担单位在规定时间内完成项目后，向技术中心书面提出结题申请，技术中心组织公司有关专家对项目进行验收。验收方式为会议验收与现场验收相结合，课题长做主题陈述和问题答辩。验收小组以项目申报书技术协议和合同文本为基础，针对项目的进度、阶段目标和总体目标，以及资金使用情况进行专项审核。对因项目承担单位自身的原因没有按进度要求完成预期科研开发目标的项目，或项目质量达不到验收标准的项目，公司将予以考核，并将公司投入的科研资金列入承担单位成本，自行消化。

最后，苏总要求有关项目承担单位和部门高度重视 2004 年项目的组织和落实，强化过程管理；不承担项目单位要为项目实施提供条件，机关管理部门要为项目实施做好服务。

关于马钢技术中心发展的回顾与展望[1]

徐少民　苏允隆　苏世怀

2004 年是马钢发展取得重大突破的一年，钢产量可望再创 800 万吨历史新高，"十五"结构调整项目陆续建成投产，夯实了实现跨越式发展的基础。以新增产钢 500 万吨为目标的新区建设提前拉开了马钢"十一五"建设的序幕。

马钢的快速发展和宏伟目标给技术创新工作展现了新的平台，提出了新的要求，带来了新的挑战，如何为马钢的生产经营和未来发展提供技术支撑，是我们首要思考研究的战略命题。明确工作方向和任务，找准目标，理清思路，选择突破，是我们开拓创新、奋发有为最根本的出发点和落脚点。

一、过去的回顾

（一）开展的主要工作及成绩

在"十五"建设中，马钢技术中心取得了长足发展。1998 年在技术中心前身钢研所基础上挂牌组建的新产品开发中心，开始首次承担公司的新产品研发任务。同年又将十二个主线厂检化验工作划入，实行统一集中管理。2001 年又以此为主框架重组技术中心，技术研发和产品开发成为主旋律。2002 年技术中心再经整合，又担负起公司在线技术管理新的重要职能，在不断变化的工作格局中，经几年的改革发展实践，技术中心工作出现了新的起色。

（1）解放思想，转变观念，统一认识。统一改革发展步调，统一认识至关重要，解放思想、转变观念又是统一认识的基本前提。近几年中心自办《创新》《读书》等学习刊物，系统地刊载"寻找加西亚将军的故事""谁动了我的奶酪""细节决定成败""没有任何借口"等典型文章和案例，介绍企业理念、行为规范、工作创新等方面的新思维，有针对性的组织职工考察、参观外资企业、民营企业，引发思考，开展讨论，促进学习，同时，以"如何应对变化、如何适应改革、如何进行工作"等为题，并通过开展征文论事、座谈交流、专题报告、会议研讨等多种形式的活动，沟通思想，统一对改革的必要性、紧迫性的认识，有效地为职工主动置身和积极参与改革发展的实践提供了思想保证。

（2）内部管理体制和工作机制的改革有新进展。实施管理机制创新，首先着重强调树立起管理是整合之力的理念，在内容上则注重优化资源配置，讲求效率最大化，力求机构简练、人员精干、流程顺畅，管理部门由最先的 17 个部门调整为 7 个部门，16 个基层研究室车间调整为现在的 9 个单位。检验大调度、大岗位、模拟作业区等新的管理模式也都

---

[1]　原文发表于马钢《调查研究》2004 年。

在积极试行。

尝试工作机制创新成为改革发展的核心内容，中心首先从建立"岗位动态管理机制""先性定量考评机制""激励约束机制"入手，推行以岗位量化考评为基础，以岗位绩效激励为核心的新的岗位管理办法，并先后陆续实施以发挥专家作用为目的的"技术（项目）负责制"，以推进重要项目重点工作为要求的"工作目标责任制"，以提高技术含量和附加值推动新产品开发为目标的"三个单独（核算、考核、分配）机制"，以激励骨干人员主动性和积极性为导向的各类岗位"津贴制"。机制的创新不仅给工作注入了活力，也给职工增添了感召力，为发展提供了动力。

（3）专业配套的技术队伍业已形成。自 2000 年以来，中心以发展目标定向，以专业分类，以岗位定位，以水平层次建梯队，按需培养人，量才使用人，按绩激励人，着力打造既有不同方向的专业分工又能整体协调的技术人才队伍，目前在产品研发、工艺技术、理化检验、综合利用、信息技术、仪器维修等领域，已经形成发展方向明确、专业岗位清晰、工作角色明了，既有专业领军人物，又有一批骨干支撑的不同系统的专业纵队群体。在这支专业人才队伍中，由公司命名的专家有 9 人，由中心命名的专家有 21 人，技术主管、技术骨干、技术能手有 136 人。"为政之要，唯在得人"，充分发挥专业人才的作用，是实现科技是第一生产力的根本前提，是中心持续发展的根本保证，也是开展人才队伍建设的基点。

（4）研发水平检验能力明显增强。改革带来了变化，促进了发展，中心的技术研发水平有了新的提升，检验技术能力明显增强。从 2001 年到 2003 年，科研项目呈递增态势，项目数分别是 97 项、87 项、120 项。新产品开发吨位分别是 51.57 万吨、78 万吨、51 万吨。检验产值连年放量，产值分别达到 3640 万元、4340 万元、4600 万元。更为可喜的是，在量的攀升中，出现了质的飞跃，仅以 2003 年计，有 3 个科研项目首次被纳入国家"863"计划，有 2 个项目被列入国际合作项目。三年以来，中心先后被认定为国家级企业技术中心，通过了国家实验室认可，并与六大高校院所完成了"产学研"联合实验基地的共建，博士后科研工作站顺利启动运作。

（5）技术管理出现新局面。在线技术经过资源整合后，围绕着公司生产经营中的工艺顺行和降本增效，通过技术攻关、技术服务深入开展对标挖潜工作。2003 年公司各项技术经济指标都见提升，降本增效达 1.6 亿元以上，审定工艺规程 25 项，颁布企业标准、内控标准 22 项，申请专利 12 项，在线技术管理上了新台阶。

（二）存在问题

（1）要进一步解放思想、更新观念。上班就能拿工资，有活就得给奖金的大锅饭思想依然存在；分配只感到别人多，自己少的平均主义影响尚在；工作唯条件、计较待遇的无所作为现象时有出现，自觉、主动、创造性地把工作做好的自主意识不强。

（2）人员素质仍需亟待提高。提高人员素质加快人才队伍建设仍是今后面临的一项艰巨工程。当务之急首先是在工艺、产品开发、材料、检化验、综合利用、信息、仪器诊断维护、管理等诸多领域，培养、引进和造就较多数量的领军人物。

（3）实验手段建设要加大力度。大型仪器老化现象突出，故障频率高，功能开发效果甚微；工艺实验设备落后，也不配套，很难进行系统的实验研究；中间试验手段简陋、检测不匹配，无法满足半工业性实验的综合要求；产品研发的试验设备仪器更是匮乏，无法开展工业仿真实验。

（4）要积极推进企业文化建设。企业文化一个重要内容就是调动人的积极性。在开发"人力资本"的过程中，首要的是注重人的积极性开发，提高对企业文化建设的意识，要采用各种措施，通过各种经济的、政治的、文化的活动，把企业与员工紧密结合起来，使员工真正对企业产生情与系之，心向往之，力为使之。

二、未来展望

（一）形势与任务

未来几年国际钢铁市场总体仍将维持供大于求的局面。发达国家的钢铁工业以技术领先的优势，主要向发展中国家输出工艺技术、生产装备和高附加值钢材。发展中国家在普通材生产中仍拥有成本上的优势，产品主要供应于本国建设。

未来几年国内国民经济的快速发展和经济宏观调控将为钢铁行业提供有序的市场环境和良好的发展机遇。国有大中型企业仍具有品种、质量、技术和规模的优势，而民营企业将会在普通材市场竞争中占有成本优势。

未来几年在马钢面临着对现有生产线挖潜、确保新建生产线顺利投产，组织实施新的发展规划的形势下，技术创新的主要任务有四个方面：

（1）对现有生产线优化工艺、开发品种、不断改善和提高技术经济指标。对"十五"建成的生产线进行投产、达产攻关，进而开发品种、优化指标。

（2）为"十一五"规划组织实施技术调研和前期开发。

（3）实施以实验室配套为重点的技术创新支持条件建设。

（4）筹建马钢新区理化检测中心。

（二）发展方向和目标

技术中心作为企业技术创新的主体，企业的需求就是技术创新的方向，就是要通过运用技术创新手段和技术资源优化配置为企业生产经营的效益最大化和可持续发展提供支撑。

主要目标是：到"十一五"初，技术中心要成为一流的国家级企业技术开发中心，技术创新水平要达到国内冶金行业领先水平，部分专业技术水平与国际冶金发展同步，理化检验设备、方法及水平全面实现国际接轨。具体体现在：

（1）培养一流人才。要在工艺技术和产品开发领域培养方向明确、定位清晰、层次分明、结构合理的专业技术人才队伍。尤其要在具有马钢优势的球团烧结、高炉喷煤、自动化炼钢、大圆坯、异型坯、板坯连铸等工艺技术领域，以及在车轮、H型钢、冷镦钢等这些具有马钢特色的产品技术领域，造就国内一流专家队伍。

（2）建成一流手段。一要充分利用计算机和信息技术，建成工艺仿真与数据分析处理实验室；二要建成先进的理化检测分析实验室；三要建成以多功能轧钢实验室为标志的特点鲜明、专业配套、功能先进、有试验深度和广度的多专业实验室群体。

（3）实行一流管理。形成先进管理理念和思想，先进的管理方法、模式和手段，精干的管理机构和高效的管理者队伍。

（4）创一流成果。主要体现在两个方面：一是企业的主要技术经济指标处于行业先进，主要产品具有市场竞争力，为企业的经济效益、社会效益和可持续发展体现出技术进步的贡献；二是形成由发明专利、技术规程和技术诀窍系列组成的具有马钢自主知识产权的核心技术。

（三）主要措施

（1）进一步改进技术创新环境。创新是一个民族进步的灵魂，是企业核心竞争力的源泉。我们要通过加强对具体案例的宣传和自身的技术创新工作业绩，进一步提高对技术创新工作重要性的认识，形成适应技术创新综合性、系统性和开放性的技术创新的观念，逐步建立以"团结攻关、创新增效"为核心的技术创新文化。从而在马钢广大职工中形成理解创新、支持创新和尊重创新的良好的技术创新环境。

（2）进一步拓宽工作发展平台。抓住科研项目这一载体，构筑工作创新的高地和平台，重点抓好顶级项目、关键项目、中长远项目，继续完善和推行项目技术负责制，选好选准项目。科研项目水平的起点要高，项目立项论证要严格精细，项目的组织实施要高效，要讲求项目的经济效益和社会效益，要把开展项目的实践变成出成果的高地和出人才的摇篮。要重点抓好国家"863"项目，国家技术创新项目、国家新产品试产项目、努力使技术创新工作有新的突破，技术创新水平有新的飞跃。

（3）进一步强化技术创新人才的培养。人才是技术创新的第一资源，是企业持续发展的决定因素，是实现目标的第一保证。根据马钢当前生产经营和下一步发展的需要对技术创新人才的培养。我们将以全面提高素质为目标，以培养高层次技术带头人、高级管理人员和优秀技工为重点。首先，制定好科学的人才需求计划。其次建立全新的培训机制。坚持实践锻炼和学历培训相结合，思想素质和业务能力并重的方针，实行专业知识强化、高层次学历培训以及出国进修等多层次、多渠道、全方位的在职培训体系。通过建设好博士后工作站等引进高水平人才。坚持在培养中使用人才。再次，配合公司优秀技术专家津贴政策的实施，进一步完善中心对技术骨干、管理骨干和技工骨干等奖励办法，突出技术和创新业绩作为生产要素参与分配，进一步改善技术开发人员工作条件和生活待遇。

（4）有针对性地进行技术创新试验手段建设。中间试验手段建设对降低技术创新成本、加快技术创新节奏和提高技术创新水平起着重要支撑作用。对一些基础性和共性试验，我们将通过与高校、科研院所和相关企业建立"产学研"合作方式，充分利用高校科研院所已有的实验开展工作。对一些具有马钢特色工艺、产品、资源综合利用、能源环保的个性实验室，我们将本着先进实用、针对性强、适度超前、系统规划、总体设计和分步实施的原则，在充分调研论证的基础上进行建设。

（5）进一步深化改革，强化管理。市场需求在变化，同行竞争格局在变化，马钢自身生产经营形势在变化，这就需要我们不断通过改革和管理，适应形势的不断变化。改革目标是建立一套既适合技术创新特点和规律，又能满足马钢当前生产经营和长远发展需要的充满生机和活力的马钢技术创新制度体系。改革重点是在前三年基础上，进一步完善立项机制、运作机制和考核机制。在立项机制方面，项目来源要充分反映市场需求趋势，内部生产经营的重点和难点以及下一步发展的基础性和前导性的要求，形成不同层次，近、中、远期结合的立项制度。在运作机制上，要从技术专家的职责、权力及项目推进两方面来完善项目的技术负责制。在考评上，建立能客观真实反映技术创新贡献，有利于推进技术创新的考评机制。在强化管理上，建立有利于保障技术创新，具有先进管理理念，运用先进管理方法和手段，精干管理者队伍和高效的技术创新管理体系。

（6）进一步加强领导。技术中心要实现未来三年的发展，领导是关键。首先领导者要不断营造技术创新氛围，为技术开发人员创造技术创新条件，不断改善技术创新环境；其次，要抓好各项工作的落实，及时协调解决发展过程中的各种问题，确保各项工作的完成。

学习《钢铁产业发展政策》　推进马钢技术进步❶

今年上半年，钢铁行业内部条件和外部环境发生了较大的变化。在内部条件方面，由于近几年的过度投资，导致产能快速释放，仅上半年钢产量就增加了 3631 万吨，钢总产量达到 1.648 亿吨，较去年同期增长 28%。预计全年钢产量在 3.32 亿吨以上，有可能达到 3.4 亿吨，2007 年有可能达到 5 亿吨，超过国家有关部门预计的我国钢材市场需求量 3.5 亿吨左右的数字。我国早已是世界第一产钢大国，但在产品结构、工艺装备水平、能源环保方面存在一系列问题与不足，大而不强。在外部环境方面，由于钢铁工业产能过快增长，钢铁工业所需原材料全面大幅度涨价，并带动电力、运输全面紧张，从而导致钢铁行业制造成本大幅度上升。今年上半年，钢铁行业制造成本占总成本的比例已达到 90.64%。这种内、外部因素综合变化的结果，导致钢铁工业出现历史性变化——钢铁行业已进入供大于求的时代。

在上述背景下，从今年 3 月开始，国家开始从土地、金融、环保等多方面对钢铁工业进行宏观调控，出台了《钢铁产业发展政策》。这个政策的出台，为钢铁产业的下一步发展指明了方向，提出了明确要求。

马钢经过近几年的发展，生产经营和发展取得令人瞩目的成绩。但仍处在规模扩张、产品结构调整，技术指标升级的阶段。如何学好《钢铁产业发展政策》，正确理解其精神，结合马钢的实际进行贯彻落实，对马钢搞好当前生产经营，促进下一步健康发展具有非常现实意义和深入的历史意义。这里根据《钢铁产业发展政策》对企业技术进步的要求，结合钢铁行业技术进步的趋势和马钢技术进步的实际，就如何推进马钢技术进步工作，谈点个人学习体会与建议。

一、《钢铁产业发展政策》对企业技术进步的要求

《钢铁产业发展政策》共 9 章 40 条，通篇围绕如何使我国钢铁产业由大到强这个主线展开，提高企业技术创新能力，加快技术进步与创新是使钢铁工业由大到强的一条重要途径。与此相关的共有 3 章 17 条，分别是第一章"政策目标"中有四条，第四章"产业技术政策"有八条。第八章"钢材节约使用"中有五条。综合《钢铁产业发展政策》对技术进步的要求，可归结为如下两个方面：

（一）技术进步的目标

通过产品结构调整，2010 年，我国钢铁产品优良率大幅度提高，多数产品满足国民经济大部分行业发展需要；节能降耗，提高资源综合利用和环保水平，实现循环经济和可持续发展。2005 年，全行业吨钢综合能耗 0.76 吨标煤，吨钢耗水 12 吨以下；2010 年分别

---

❶ 原文发表于《马钢》2005 年。

降到 0.73 吨标煤、8 吨以下，2020 年分别降到 0.64 吨标煤、6 吨以下。2005 年底以前，所有钢铁企业排放污染物符合国家和地方标准。此外，500 万吨以上规模企业，要努力做到电力自给有余。

（二）技术进步的主要措施

一是加快工艺装备水平现代化。要求现有企业通过技术改造加快淘汰土烧结、土炼焦、化铁炼钢、热烧结矿、300 立方米以下高炉、20 吨以下转炉和电炉、落后轧机，使烧结机使用面积 180 平方米以上，焦炉炭化室高度 6 米以上，高炉有效容积 1000 立方米以上，转炉公称容量 120 吨以上，电炉公称容量 70 吨以上。同时对新建企业和新上项目设置较高技术准入条件。二是支持企业建立产品、技术开发机构。从项目、资金、政策上鼓励企业开发具有自主知识产权的工艺、装备和产品，尽快提高企业自主创新能力。三是加快进行提升技术经济指标，节能降耗工艺的技术研究，不断降低成本。四是提高钢材节约使用水平，钢铁产品结构调整的方向是淘汰落后的叠轧薄板、热轧硅钢板、质量低劣的建材，抑制窄带钢、螺纹钢和线材产能扩张，发展高端板材和高效钢材。

二、国内外钢铁行业先进企业技术进步的主要做法

国际上发达国家钢铁行业已完成产业的技术升级和产品结构调整，正在通过联合重组，提高产业集中度，集中人力、物力，开发核心技术、装备和高附加值产品，向中国等发展中国家出售技术和装备，以获取高额利润。考虑到中国钢铁工业的发展，全球竞争等因素，一些握有核心技术的企业已经停止向中国钢铁企业出售关键技术。

我国钢铁工业正处在以规模扩张为主，技术改造、产业升级、产品开发、联合重组并进的时期，总体是钢铁行业大而不强，表现在先进工艺装备与落后工艺装备并存，主要技术经济指标落后，与世界先进水平比，吨钢综合能耗高 15%~20%，吨钢耗水高 8~10 吨。普通产品过剩，而高附加值产品不能满足市场需求。但是在我国钢铁企业中仍有一些企业，如宝钢、鞍钢、武钢、攀钢，在扩大规模的同时，把企业的技术进步和创新放在重要地位，取得了良好的企业效益。今年上半年，钢协统计的 68 家大中型企业税后利润 492 亿元。其中，宝钢为 136 亿元、鞍钢 70 亿元、武钢 43 亿元，这三户企业的税后利润则占 50% 以上。表明我国钢铁行业的利润将向优势企业集中，而且这些企业未来的抗风险能力和市场竞争力会进一步增强。究其原因，除了这些企业自身人员素质较高、管理规范外，自主创新能力强是其主要原因。这些企业的主要做法是：

宝钢：1998 年提出要把"宝钢建成世界上最具竞争力的企业"的战略目标，并进行了大量的竞争情报调研，对欧洲的蒂森、阿塞洛，亚洲的新日铁、浦项、中钢进行综合对比分析，最终确定把浦项作为赶超标杆。宝钢认为与浦项的主要差距在于自主创新能力上。因此自 2000 年以来，一方面加快进行新工艺、新技术、新装备、新产品开发步伐，同时，加大自主创新能力建设。先后对技术创新体制、机制进行调整、完善，从国内外引进大量高素质人才，先后投资 10 多亿元进行中试手段建设。创新模式已逐渐从消化、吸收引进技术的基础上的二次创新转到自主创新。

鞍钢：近 10 年来，把一个各方面十分困难的企业变成国内优势企业，除了大刀阔斧地进行组织结构和用人制度改革外，在高效低成本地对工艺装备进行技术改造，促进产品

结构调整的过程中，注意新技术的综合集成，培养自主创新能力是其变强的重要原因。

武钢：坚持走质量效益型之路。其硅钢、工程机械用钢、桥梁用钢及生产技术全国领先，目前正在大力开发汽车用钢产品及生产技术。同时不断推进技术创新能力建设。

此外，值得一提的是攀钢，虽地处偏远，交通不便，远离市场，规模不大（今年仍为500万吨左右产能）且职工人数众多，但一直坚持走科技效益型之路。其技术创新理念先进，体制和运行机制完善，自主创新能力强，技术创新对生产经营和发展贡献显著，其钒钛、重轨、板带三大特色系列产品及生产技术具有较强的国内外市场竞争力，今年上半年取得税后利润近 10 亿元的好成绩。

三、推进马钢技术进步工作的思考

近些年马钢在技术改造提升工艺装备水平，扩大生产规模，改善技术经济指标，节能环保，产品结构调整及技术创新能力建设上取得了显著的进步。但是与《钢铁产业发展政策》要求相比，与把马钢建成具有国际竞争力企业的发展目标相比，我们在技术进步方面还存在很大差距，还有大量工作要做。今年初，公司根据马钢目前和未来一段时间生产经营和发展的内部条件和外部环境的新变化，已开始着手思考发展战略的完善及其从管理、技术、人才等诸方面对战略支撑条件的规划。目前公司有关部门经过调研和讨论，已向公司提交《马钢股份公司"十一五"技术创新规划纲要》。在这个规划纲要中对马钢"十一五"技术创新的方向、目标、原则、重点任务及保障措施进行了概要的阐述。这里结合学习贯彻《钢铁产业发展政策》，对马钢今后五年技术进步的主要任务从两个方面概述如下。

（一）马钢技术进步的重点工作

提高现有 1000 万吨规模的运行质量和效益。一是理顺工艺技术规程，完善技术操作要点，发挥现有工艺装备功能，最大限度地稳产、顺产。如铁前的稳定顺产，一钢轧总厂工艺流程的优化，2 号镀锌线的投产顺产、三钢轧小异形坯降废、小 H 型钢的规模生产、车轮轮箍公司的新压轧线顺产和指标的提升。二是提高质量和技术经济指标，降低成本。三是产品结构升级，高附加值专用钢材的开发。如螺纹钢筋产品升级，新高线线材品种开发，高性能专用 H 型钢产品开发，钢构及其配套产品开发等。四是节能环保技术开发。五是在新区投产、达产、顺产后，"十一五"后期根据《钢铁产业发展政策》要求和市场竞争力的需要，对现有老区落后工艺装备进行技术改造。

技术要支撑起新区投产、顺产、指标提升和产品开发工作。一是从现在开始就要跟踪学习新区引进的新工艺、新技术、新装备，开展实验室前期工作和市场用户前期调研工作。二是技术支撑新区的投产、达产、顺产和质量改进，指标提升，实现低成本和规模增效。三是充分发挥新工艺、新装备功能，开发市场需求的高附加值汽车、家电、管线、造船及工程机械用钢。

进行产业链延伸和用户使用技术开发。一是按《钢铁产业发展政策》要求对企业内废弃物进行综合利用，包括对现有已经综合利用的高炉渣、粉煤灰、污泥、铁鳞等进行增加附加值的技术开发工作。二是开发尚未得到合理有效利用的钢渣利用技术。对一些污水，废气（SO_2、CO、CO_2）综合利用的技术。三是开发产业链延伸技术，如钢构及其配套冷弯型钢，汽车零配件产品技术等。四是产品用户使用技术开发，如车轮、钢结构、薄板产品用户使用技术等。

（二）加强技术创新能力建设

技术创新能力是指企业自主开发具有自主知识产权的核心技术的能力。它是企业以人的素质为基础，管理、技术、文化三要素构成的综合软实力的重要组成部分。研究表明，企业产品利润一般由设计研发、制造加工过程及物流和营销三部分构成。研发利润占总利润的50%~60%，加工制造过程利润占10%~20%，营销过程的利润占20%~30%，可见自主创新能力对企业经营发展的重要性。企业技术创新能力建设包括：企业领导的高度重视并亲自抓落实，包括技术创新战略（可包含在企业发展战略中）、技术创新规划、技术创新计划及技术创新项目的制定和实施。科学的技术创新体制（组织结构、组织制度）和运行机制（立项、运作、考评、激励机制）的建立和不断完善。技术创新资源建设，包括高素质人才的培育，必要的实验室手段、资金和信息资源建设等。不断优化技术创新环境，主要是指企业有先进的技术创新理念，尊重技术创新规律等。

实施国际化并购　提升企业竞争力[1]

——马钢收购法国瓦顿公司的主要做法和体会

苏世怀

主编点评

我国高铁事业的快速发展已为世界所瞩目，并成为产业输出的"名片"，然而，截至目前，高铁车身的轮对、刹车片、转向架等一些关键部件仍需进口。瓦顿公司在高速轮轴、轮对等高端产品研发生产方面世界领先，并拥有核心技术及全球化的营销网络，马钢成功收购瓦顿的意义十分重大、并购重组的效果更为关键。

从马钢层面看，使马钢收获了瓦顿公司包括库存产品在内的数千万欧元的全部财产、资产，收获了世界上最先进的高速轮轴技术和工艺，收获了行业内响亮的品牌和专利技术，收获了敬业和技术精湛熟练的员工，收获了进入国内外高铁市场的"金钥匙"。从瓦顿层面看，通过马钢的资金注入，使因陷入财务困境的瓦顿公司的生产经营重新步入正轨。从双方整合看，通过管理优化、技术合作、产线衔接、文化融合，使"自主、自有"核心技术的高铁轮对产品进入中国高铁市场，并扩大世界高铁市场份额，充分融合双方的销售平台，使瓦顿生产经营可以快速步入正轨，加快推动马钢实现铁路产品系列化、产业化，并推动马钢转型发展。从国家层面看，契合和支撑了中国高铁全球化战略。

瓦顿公司是法国唯一一家专长于车轮、车轴及轮对系统生产的企业，曾被誉为法国"工业之花"，拥有百年历史。瓦顿在高铁车轮、车轴和轮对方面拥有核心技术，与日本新日铁住金、德国BVV、意大利卢奇尼并为全球拥有成熟高铁轮轴技术的4家著名企业。创造世界最高试验时速574.8km/h的法国高铁所用车轮，就是由瓦顿设计制造的。因陷入财务困境，于2013年10月11日进入破产保护程序，2014年3月31日转为破产重整程序。

2014年5月30日，马钢通过竞购方式在与其他5家国外公司竞购中胜出，以较低的价格成功收购世界高铁轮轴名企法国瓦顿公司，完整获得瓦顿国际先进水平的高铁车轮、车轴、轮对核心技术以及全球化的营销网络等全部有形和无形资产，为我国高铁产业的国际化创造了条件，加快了马钢紧随国家高铁"走出去"战略，打造全球一体化轮轴产业体系的进程。

---

[1] 原文发表于《冶金管理》2015年第7期。

一、主要做法

（一）收购目的

近年来，我国高铁产业跨越式快速发展，取得了举世瞩目的光辉成就。然而时至去年初，所有运行和制造中的高铁动车组所用车轮、车轴仍要全部依赖进口，导致中国高铁运行安全性和经济性受制于外国企业，严重影响我国高铁装备制造业全面崛起和长远发展，阻碍我国高铁产业更好、更快地"走出去"。

马钢收购瓦顿，彻底打破国外长期对中国高铁轮轴的技术封锁和产品垄断，通过快速掌控国际先进水平的高铁轮轴技术，将有助于提升我国高铁轮轴技术，加快高铁轮轴的国产化进程，降低我国高铁的制造、维修和使用成本，从根本上保障中国高铁的安全运行，实现自有轮轴产业对中国高铁未来发展的支撑，支持高铁"走出去"国家战略。

（二）收购方案

（1）收购方式：竞标方式，分阶段投标。

（2）收购标的：瓦顿全部有形资产和无形资产，细分为5大类。

（3）收购价格：基于前期的尽职调查结果，参考其他竞标方报价方案，保持一定的竞标弹性。

（4）实施主体：在法国设立全资子公司马钢瓦顿股份有限公司。收购成功后，公司注册资本由20万欧元增至4020万欧元。

（5）交易方式：按照最终提交的竞购报价，在法院判决前，当庭以银行本票向破产管理人一次性支付收购价款。

（6）投融资计划：采用"内保外贷"的方式筹集，除自有资金外，其余资金由国内银行给予优惠贷款。

二、认识和体会

（一）清晰明确的战略方向及对标的的深入了解和全面评估，是马钢成功收购瓦顿公司的重要前提。围绕收购瓦顿"掌控核心技术，提高核心竞争力，贯通轮轴产业链，实施国际化经营"的战略方向，根据尽职调查和实地考察的结果，马钢明确了收购的重点目标是取得瓦顿全部有形和无形资产，直接掌控瓦顿先进技术、国际品牌和销售渠道等资源，并保留和整合瓦顿，既要把技术和市场的价值发挥出来，产生替代、互补、开拓效益，又要通过组织保留和整合获得提升效益。收购后，马钢成功获得了瓦顿长期积累的6大宝贵资产：一是世界领先水平的高铁轮轴核心技术；二是瓦顿公司百年品牌及其在国际铁路联盟、国际铁路行业标准等国际组织中的地位；三是位于法国敦刻尔克和瓦朗西亚两大生产基地；四是遍布全球40多个国家和地区的销售网络；五是掌握核心技术的高素质人才和研发体系；六是高铁车轮、车轴、轮对研产销与维修服务一体化产业链。

（二）通过收购掌控高铁轮轴核心技术，是马钢提高整体核心竞争力的有力手段。高铁轮轴技术体系缜密，产品技术含量高、制造难度大。我国高铁现已掌握了9大关键技术和10项主要配套技术，但轮轴技术至今未获得外企转让。马钢收购瓦顿后直接掌控了国际先进水平的高铁轮轴核心技术，为在较短时间内高起点进入中国高铁轮轴市场，节约了大量的时间、成本和资源，有效保证了技术水平、创新能力和实际效果；通过对瓦顿先进生产工艺与技术的吸收、融合和再创新，将进一步提升马钢高速车轮工艺技术水平，不断提高马钢高铁轮轴自主集成制造能力，快速形成中国自有、国际先进的高铁轮轴核心技术，全面增强马钢在全球轨道交通装备制造领域的核心竞争力。

（三）整体收购瓦顿，是马钢打造全球一体化轮轴产业体系、加快"走出去"国际化发展的核心举措。瓦顿虽受行业周期下行等因素影响而破产，但实力依然很强，保有完整的核心技术、研发体系、品牌资源、销售网络和高素质专业技术人才队伍。马钢当下正在着力打造轨道交通装备制造业务板块。收购瓦顿，马钢增强了高铁轮轴产品的研发、设计和制造一体化能力，为形成完整的"轮、轴、对"全产业链，实现产品高端化、产业化和国际化发展创造了条件，将快速拉动轨道交通装备制造产业的整体发展和壮大。一方面，借助瓦顿的技术和品牌，在国内建设国际一流的高铁轮、轴、对生产加工基地，缩短马钢瓦顿轮轴产品进入我国高铁市场的进程，扩大马钢轮轴产品的全球影响力；另一方面，采取本土化发展策略，保持瓦顿组织上的相对独立，保留原有管理层及员工，维护其稳定与品牌形象，支持瓦顿在法国的进一步发展，努力把瓦顿建成马钢进军欧美乃至非洲、拉美的"桥头堡"，助推马钢"走出去"全球化布局和国际化经营。

（四）跨国并购优秀企业，是中国企业提升技术创新能力、实施全球化战略的有效途径。整体收购能快速获得和掌握外方拥有的技术与诀窍，避免取得的核心技术出现空心化，迅速获得外方的销售渠道和海外市场，借助获得的技术和品牌更好地服务与开发中国市场。通过先学做什么，再学怎么做，尽快将收购的技术和市场从拥有变为有用，对快速融汇并购双方的技术和市场，形成自主创新的核心技术，实现产品由"国产化"向"自主化"转变，就开拓国内国外两个市场而言，不失为一条捷径。

三、总结和反思

当前，一些国外优势企业受金融危机影响，因资金、债务等问题，正在或准备将资产与业务整体或部分剥离出售，这是中国企业实施跨国并购、加快"走出去"发展的一个难得契机，也是在后金融危机时代抢占国际先进技术制高点、拓展国际化营销渠道、提升自身品牌形象的一项战略抉择。通过整合取得双方在系统组织、经营思想、生产管理、营销策略诸方面协调一致，可以产生"1+1>2"的经济效益和并购效应。

综观中国企业跨国并购现状和马钢收购瓦顿实践，我们认为，为更好地实现并购目的，企业不仅要解决好目标选择、战略规划、组织实施等技术和管理层面问题，还要注重并购后的整合、管理与控制问题，特别要重点做好下面两项工作：

一是培养国际化经营人才，尤其是熟悉项目所在国政治经济和社会文化环境的管理、法律、财会、税务、语言等专业人才及国际贸易人才，为保证并购取得成功提供人才支撑。

二是关注文化的融合，双方经历一个磨合过程，才能在企业的各个层次上建立起彼此信任的关系，塑造企业共同的价值观。

专利文献

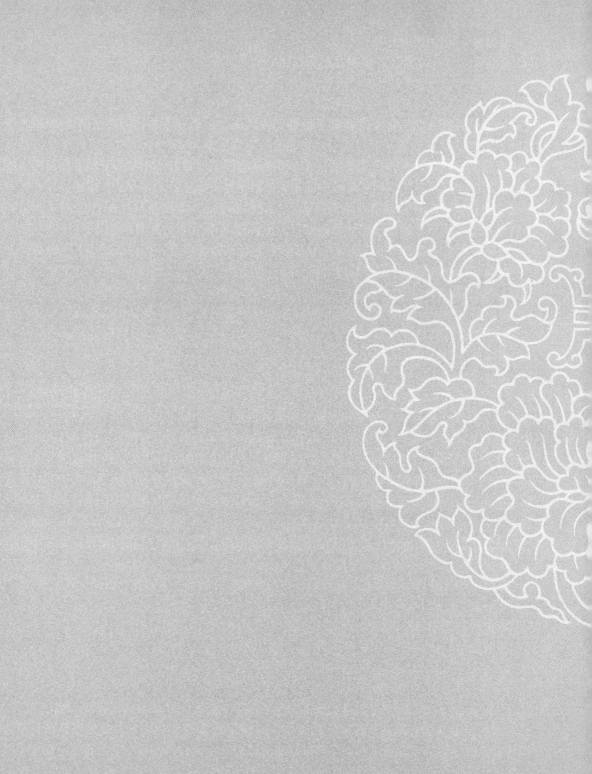

专 利 文 献

1. 专利名称： 生产高强度钢轨的热处理方法和装置

申请号： 88105864.5

主分类号： C21D 9/04

发明人： 俞梦文；苏世怀；郑体成；李守仁；邓建辉；陈耀忠；籍可镔；林健椿；张昆吾

申请人： 冶金工业部攀枝花钢铁公司

摘要： 生产高强度钢轨的热处理方法其步骤是：将一根轧制成型的钢轨进行预热，加热，空冷，压缩空气冷却，雾冷却和控制变形处理。从而在钢轨头部较深范围内得到高硬度的细珠光体组织，并且硬度从钢轨头部表面向里均匀下降。减小了其沿长度的拱曲。三维喷气装置的两侧喷头有一定夹角，很好地改善了钢轨头部强化的均匀性。

2. 专利名称： Process for manufacturing high strength railroad rails

申请号： US19890302907

主分类号： C21D9/04

发明人： Yu Meng w［CN］；Su Shihuai［CN］；Chen Yue z［CN］；Zheng Ticheng［CN］；Ji Kebin［CN］；Ling Shou r［CN］；Lin Jian c［CN］；Deng Jianhui［CN］；Zhang Kunwu［CN］

申请人： Panzhihua Iron & Steel Co.［CN］

摘要： Steel rails having reduced camber and improved wear resistance provided by enhanced rail head strength and hardness level decreasing uniformly from the rail head surface to a depth of 15 to 25 mm are produced by a method and apparatus in which the rail is preheated below the A_{c3} temperature, heated above the A_{c3}, cooled in air, cooled three dimensionally with compressed air directed on the top and at an angle of 1–10 degrees onto the sides of the rail head, and further cooled with liquid coolant.

3. 专利名称： 含钒合金钢轨的热处理方法

申请号： 96117731.4

主分类号： C21D 9/04

发明人： 邓建辉；俞梦文；颜东；张昆吾；苏世怀；张开华

申请人： 攀枝花钢铁（集团）公司钢铁研究院

摘要： 本发明公开的一种含钒合金钢轨的热处理方法是：将含钒合金钢轨保持在奥氏体区的高温范围内；先用压缩空气快速冷却轨头；再用压缩空气缓慢冷却轨头；最后用水

强冷轨头。将钢轨冷却过程控制为强、弱、强三段。采用本发明热处理后的含钒合金钢轨具有良好的塑韧性和高的强度；且缩短了热处理时间，提高了生产效率，同时具有工艺步骤简单，过程控制容易等优点。

4. 专利名称：利用轧制余热生产高强度钢轨的热处理方法及其装置

　　申请号：96117733.0

　　主分类号：C21D 9/04

　　发明人：苏世怀；马家源；战金龙；籍可镔；张辉宜；俞梦文；陈亚平；许世明；王江；陈勇；张昆吾；周炳沂；黄启宜；何竞忠；廖远绍

　　申请人：攀枝花钢铁（集团）公司

　　摘要：利用轧制余热生产高强度钢轨的热处理方法是：将热轧后保持在奥氏体区域的高温状态的钢轨连续送入设置有冷却装置的热处理机组中，通过设置在钢轨周围的喷嘴以一定的压力和流量向钢轨喷吹冷却介质，使钢轨得到均匀的加速冷却，在钢轨头部由表及里的较范围内获得硬度均匀降低的微细珠光体组织。所提供的装置具有自动控制系统，具有生产率高、热处理能力强、适应范围广等优点，生产得到和高强度热处理轨能满足铁路运输向高速、重载、大运量方向的发展要求。

5. 专利名称：一种改善车削加工性能的火车车轮热处理方法

　　申请号：02113182.1

　　主分类号：C21D 9/34

　　发明人：苏世怀；张建平；江波；陈刚；孔庆钢

　　申请人：马鞍山钢铁股份有限公司

　　摘要：本发明公开了一种铁路用辗钢整体车轮热处理的方法。制备一个保持在奥氏体区域的高温状态的车轮，在自然环境温度下采用喷水冷却的方式，使车轮踏面表面温度冷至 $550\sim600℃$ ，停止喷水，静置车轮至表面温度回升到 $650\sim720℃$ 之间时，或者采用强制风冷的方式，使车轮踏面表面温度冷却至 $650\sim720℃$ 时，再对踏面进行强制喷水冷却。本发明能显著改善车轮的车削加工性能，同时克服了现有技术制造的车轮的接触疲劳强度和耐磨性差，车轮中、后期使用寿命短的缺陷。

6. 专利名称：含微量铌控冷钢筋用钢及其生产方法

　　申请号：200510094835.9

　　主分类号：C22C 38/12

　　发明人：完卫国；王洋；孙成尧；左培贵；孙维；苏世怀

　　申请人：马鞍山钢铁股份有限公司

　　摘要：含微量铌的控冷钢筋用钢及其生产方法，属钢筋混凝土用热轧带肋钢筋，尤其是涉及含微量铌的钢筋及其生产方法。该钢筋按质量百分比由下列元素组成：C 0.15%～0.25%，Si 0.30%～0.80%，Mn 1.00%～1.60%，P、S≤0.045%，Nb 0.005%～0.02%，N≤0.0080%，其余为 Fe 和杂质元素。该钢筋的生产方法，由下列步骤组成：冶炼，按指定元素及含量，常规冶炼方法，在转炉或电炉上冶炼；棒材轧机轧制，钢坯加热温度范围

1050~1220℃，在950℃以上完成轧制；控制冷却，轧后轧件快速冷却，钢筋上冷床的温度控制在800~1050℃；自然冷却后，剪切、打捆、入库。钢筋铌含量降低性能良好，解决了铌微合金化钢筋存在的生产工艺和性能不稳定、钢坯加热温度过高、连铸坯裂纹等问题。

7. 专利名称：铌钛复合微合金化控冷钢筋用钢及其生产方法

申请号：200510094836.3

主分类号：C22C 38/14

发明人：完卫国；许健；华刚；陈开智；胡孝三；孙维；苏世怀

申请人：马鞍山钢铁股份有限公司

摘要：铌钛复合微合金化控冷钢筋用钢及其生产方法，属于钢筋混凝土用热轧钢筋，尤其涉及含微量铌钛的钢筋及其生产方法。该钢筋钢按质量百分比由下列元素组成：C 0.17%~0.25%，Si 0.30%~0.80%，Mn 1.00%~1.60%，P、S≤0.045%，Nb 0.02%~0.05%，Ti 0.006%~0.03%，N≤0.0080%，其余为Fe和杂质元素。该钢筋钢生产步骤：冶炼，按指定的元素及含量，常规冶炼方法，在转炉上冶炼；棒材轧机轧制，钢坯加热温度范围在1050~1250℃，在950℃以上完成轧制；控制冷却，轧后钢筋快速冷却，上冷床温度800~1050℃。冷却后剪切、打捆、入库。通过铌、钛复合微合金化和适当的控制冷却，钢筋性能好，解决了大规格铌微合金化400MPa级钢筋强度偏低和稳定生产的问题。

8. 专利名称：一种中碳钢在线球化轧制工艺

申请号：200610096204.5

主分类号：C21D 11/00

发明人：于同仁；惠卫军；胡孝三；张步海；孙维；华刚；苏世怀

申请人：马鞍山钢铁股份有限公司

摘要：本发明公开了一种中碳钢在线球化轧制工艺，在精轧工艺阶段采用控轧控冷低温轧制工艺，轧制温度控制在680~850℃，截面的变形量为累计减面率50%~80%，在低温轧制后控制冷却速度，使轧制件以3~15℃/s的冷却速度冷却至660~720℃，再经过等温过程，然后轧件自然冷却至室温。本发明采用上述技术方案，使轧件的金相组织中铁素体比例提高，珠光体所占比例减少，珠光体团小而分散，渗碳体呈粒状，降低了材料的强度和硬度，提高了塑性，且降低材料的冷加工硬化率，免去球化退火工序并使轧件具有良好的冷加工性能，节约能源，降低机械零件的制造成本，提高机械零件质量，减少环境污染。

9. 专利名称：一种基于CSP工艺的深冲级低碳铝镇静钢板生产方法

申请号：200610098396.3

主分类号：C22C 38/06

发明人：张建；刘永刚；沈昶；杨兴亮；苏世怀；施雄樑

申请人：马鞍山钢铁股份有限公司

摘要：本发明公开了一种基于CSP工艺的深冲级低碳铝镇静钢板生产方法，包括冶炼工序、薄板坯连铸连轧 CSP 工序、冷轧工序、罩式退火工序，其特征在于：所述的冶炼工序中所用低碳钢水成分为：$0.01\% \leq C \leq 0.03\%$；$0.03\% \leq Si \leq 0.05\%$；$0.10\% \leq Mn \leq 0.20\%$；$0.010\% \leq P \leq 0.015\%$；$S \leq 0.0045\%$；$0.04\% \leq Al_s \leq 0.06\%$；$N \leq 0.0045\%$；其余为 Fe 和杂质元素。本发明与现有技术相比，采用 CSP 薄板坯连铸连轧供冷轧原料可高效、低成本的生产 DDQ 级深冲低碳 AK 钢，并且性能超过相关标准要求，可应用于汽车等行业进行冲压成形。

10. 专利名称：中碳钢形变诱导铁素体超量析出生产方法

申请号：200710021167.6

主分类号：C21D 8/00

发明人：苏世怀；于同仁；惠卫军；胡孝三；孙维；华刚；张步海；黄社清

申请人：马鞍山钢铁股份有限公司

摘要：中碳钢形变诱导铁素体超量析出生产方法，属中碳钢生产方法，尤其涉及超细晶粒中碳钢控制轧制方法。将中碳钢坯加热至 $1190 \sim 1230℃$，接着在高速线材轧制线上进行 1 机架初轧、12 机架中轧和 4/8 机架预精轧，特点是精轧采用 4 机架低温控制连续轧制工艺；轧制温度控制在 $680 \sim 850℃$，累计减面率 $50\% \sim 80\%$，变形速率 $10 \sim 30s^{-1}$，轧件出最后机架对轧件进行控制冷却，轧制件以 $0.2 \sim 15℃/s$ 的冷却速度冷却至 $660 \sim 700℃$ 区间快速相变，随后进行等温过程或缓冷过程，自然冷却至常温。其优点是钢中铁素体超量析出，含量达 $60\% \sim 65\%$，珠光体中碳化物球化；可以免去深加工前的退火工序，节约能源，减少污染，还可避免因退火而导致表面脱碳。

11. 专利名称：一种 8.8 级高强度紧固件生产工艺方法

申请号：200710021168.0

主分类号：B23P 15/00

发明人：苏世怀；于同仁；胡孝三；张步海

申请人：马鞍山钢铁股份有限公司

摘要：一种 8.8 级高强度紧固件生产工艺方法属于无切削金属机械加工，尤其涉及紧固件加工方法。采用免退火中碳冷镦钢线材，先进行酸洗、磷化、挂灰；再进行一次拉拔工艺料、冷镦成型；然后淬火、回火；最后进行表面处理。与现有技术相比，优点是：采用免退火中碳冷镦钢线材，抗拉强度、硬度降低，塑性提高，冷镦前不需退火处理，便可直接打内六角、法兰螺栓和螺母，其模具损耗与退火材料相当，简化了工序、节省加工费用，还可避免因改制工艺料产生缺陷，产品质量稳定。

12. 专利名称：热轧 H 型钢轧后控制冷却装置

申请号：200910215303.4

主分类号：B21B 45/02

发明人：程鼎；孙维；耿承浩；吴结才；黄贞益；苏世怀；鲁怀敏；奚铁；严锋；吴正昌；汪开忠

申请人：马鞍山钢铁股份有限公司

摘要：本发明提供一种热轧 H 型钢轧后控制冷却装置，包括安装在上下喷管的上下喷嘴和安装在左右侧喷管的左右喷嘴，上下喷嘴分别对准热轧 H 型钢上下 R 部，左右喷嘴分别对准热轧 H 型钢左右侧翼缘中心，其特征在于，喷嘴背离热轧 H 型钢轧制方向倾斜一定的角度安装，以使喷嘴喷射的水流方向垂直于热轧 H 型钢表面。喷嘴背离热轧 H 型钢轧制方向倾斜一定的角度安装，可以使喷嘴喷射方向与 H 型钢移动方向合成后的水流最终方向垂直于 H 型钢表面，提高冷却效果，冷却速率为 75～150℃/s。通过该装置对成品轧件进行控制冷却，在不增加贵重合金的情况下，可提高了轧件的屈服强度 70MPa 以上，同时也提高了热轧 H 型钢的韧性。

13. 专利名称：热轧 H 型钢轧后控制冷却工艺

    申请号：200910251482.7

    主分类号：B21B 45/02

    发明人：苏世怀；赵宪明；程鼎；孙维；耿承浩；吴迪；吴结才；奚铁；汪开忠

    申请人：马鞍山钢铁股份有限公司

    摘要：本发明提供一种热轧 H 型钢轧后控制冷却工艺，热轧 H 型钢终轧后进入冷却装置，由上、下喷嘴分别对准热轧 H 型钢上下 R 部，左、右喷嘴分别对准热轧 H 型钢左右侧翼缘中心，进行喷水冷却，其特征在于，所述冷却水水压为 0.7～1.2MPa，水量 1200～2000m³/h，冷却速率为 75～150℃/s，冷却时间 3～5s，将热轧 H 型钢从 850～1000℃终轧后冷却至相应钢种马氏体相变点以上 20～30℃。采用本发明冷却工艺可使 H 型钢芯部铁素体实际晶粒度由 8～10 级细化至 10～12 级，并在热轧 H 型钢表层形成贝氏体+索氏体组织，从而显著提高热轧 H 型钢强度和韧性，屈服强度提高 70MPa 以上。

14. 专利名称：热轧 H 型钢轧后控制冷却装置

    申请号：200920351810.6

    主分类号：B21B 45/02

    发明人：程鼎；孙维；耿承浩；吴结才；黄贞益；苏世怀；鲁怀敏；奚铁；严锋；吴正昌；汪开忠

    申请人：马鞍山钢铁股份有限公司

    摘要：本实用新型提供一种热轧 H 型钢轧后控制冷却装置，包括安装在上下喷管的上下喷嘴和安装在左右侧喷管的左右喷嘴，上下喷嘴分别对准热轧 H 型钢上下 R 部，左右喷嘴分别对准热轧 H 型钢左右侧翼缘中心，其特征在于，喷嘴背离热轧 H 型钢轧制方向倾斜一定的角度安装，以使喷嘴喷射的水流方向垂直于热轧 H 型钢表面。喷嘴背离热轧 H 型钢轧制方向倾斜一定的角度安装，可以使喷嘴喷射方向与 H 型钢移动方向合成后的水流最终方向垂直于 H 型钢表面，提高冷却效果，冷却速率为 75～150℃/s。通过该装置对成品轧件进行控制冷却，在不增加贵重合金的情况下，可提高了轧件的屈服强度 70MPa 以上，同时也提高了热轧 H 型钢的韧性。

15. 专利名称：一种大型 H 型钢轧后超快速冷却装置

    申请号：201010108421.8

主分类号：B21B45/02（2006.01）I

发明（设计）人：赵宪明；程鼎；吴迪；苏世怀；王国栋；孙维；彭良贵；袁龙兵；高俊国；叶光平；郭飞；吴结才

申请人：东北大学；马鞍山钢铁股份有限公司

摘要：一种大型 H 型钢轧后超快速冷却装置，属于结构用高性能 H 型钢生产控制冷却技术领域。本发明提供一种可使 H 型钢具有良好的组织状态和力学性能的大型 H 型钢轧后超快速冷却装置。本发明包括上部固定有横移轨道的轨道支座，在横移轨道上设置具有冷却台架的冷却单元，在冷却台架的下方设置有横移滚轮；冷却单元包括侧喷嘴单元、上喷嘴单元和具有凹槽的侧挡板；侧挡板固定在冷却台架上，侧喷嘴箱体固定在侧挡板的外侧；上喷嘴单元设置在侧挡板内侧的上方，在输送辊道的电机底座上设置有下喷嘴单元，所述的喷嘴单元与供水管相连接；在供水管上分别设置有电磁流量计、压力传感器和气动开闭阀，在该超快速冷却装置的入口处和出口处分别设置有测温仪。

16. **专利名称**：一种低碳热轧小 H 型钢快速冷却方法

申请号：201010502446.6

主分类号：B21B37/74（2006.01）I

发明（设计）人：黄贞益；程鼎；鲁怀敏；孙维；苏世怀；章小峰

申请人：安徽工业大学

摘要：本发明提供一种低碳热轧小 H 型钢快速冷却方法，属于金属压力加工技术领域。本发明方法主要是通过对轧后冷却装置的改造，采用高压气雾冷却方式，分六段控冷，每段由四个控冷模块组成，按上、下、两侧由电磁阀独立控制、单独调节，分区域控冷，对所冷却部位采用不同的冷却方法，使得翼缘部位、R 部温降幅度较大，实现快速均匀冷却 H 型钢各处。通过对 Q235 和 Q345 应用本发明技术，使得 H 型钢产品组织晶粒细小、力学性能提高幅度较大，达 50MPa。本发明方法能够使 H 型钢各处性能更加均匀、产品冷却波浪弯减少，提高了产品成材率。

17. **专利名称**：一种含钒钛高速列车车轴的热处理工艺

申请号：201410532098.5

主分类号：C22C 38/54（2006.01）

发明人：杜松林；苏世怀；汪开忠；孙维；于文坛；许兴；谢世红

申请人：马钢（集团）控股有限公司；马鞍山钢铁股份有限公司

摘要：本发明提供一种含钒钛高速列车车轴的热处理工艺，所述含钒钛高速列车车轴的化学成分质量百分比为：C $0.25\% \sim 0.32\%$，Si $0.15\% \sim 0.40\%$，Mn $0.60\% \sim 0.90\%$，P $\leq 0.015\%$，S $\leq 0.010\%$，Cr $1.00\% \sim 1.20\%$，Mo $0.20\% \sim 0.35\%$，Ni $0.15\% \sim 0.30\%$，V $0.02\% \sim 0.06\%$，Ti $0.010\% \sim 0.030\%$，Cu $0.10\% \sim 0.30\%$，B $0.0008\% \sim 0.0050\%$，Al$_s$ $0.010\% \sim 0.050\%$；所述含钒钛高速列车车轴的热处理工艺为：（1）$880 \sim 930℃$ 正火；（2）$860 \sim 910℃$ 淬火；（3）$620 \sim 680℃$ 回火。

18. 专利名称： 含铌钛动车组车轴用钢热处理工艺

申请号：201610416929.1

主分类号：C21D 9/28(2006.01)

发明人：孙维；高海潮；苏世怀；杜松林；汪开忠；龚志翔；谢世红

申请人：马鞍山钢铁股份有限公司

摘要：本发明涉及含铌钛动车组车轴用钢热处理工艺，包括如下步骤：（1）正火：将含铌钛高速动车组车轴用钢加热至温度870~900℃，在该温度段加热保温时间按1.2~1.7min/mm计算，空冷；（2）淬火：将含钒高速动车组车轴用钢加热至温度860~890℃，在该温度段加热保温时间按1.5~2.0min/mm计算，随后进行水淬和油冷；（3）回火：将含铌钛高速动车组车轴用钢加热至温度620~680℃，在该温度段加热保温时间按2~2.5min/mm计算，随后空冷至室温；处理后钢材与现有技术相比具有强度高、抗疲劳性能优良的优点。

19. 专利名称： 一种含铌钛动车组车轴用钢及其热处理工艺

申请号：201610416941.2

主分类号：C22C38/02(2006.01)I

发明（设计）人：孙维；高海潮；苏世怀；杜松林；汪开忠；龚志翔；谢世红

申请人：马鞍山钢铁股份有限公司

摘要：本发明涉及一种含铌钛动车组车轴用钢及其热处理工艺，按照质量百分比含有：C 0.24%~0.30%，Si 0.20%~0.40%，Mn 0.70%~1.00%，Cr 0.90%~1.20%，Ni 0.70%~1.30%，Mo 0.20%~0.30%，Cu 0.10%~0.60%，Zr 0.01%~0.04%，Nb 0.020%~0.050%，Ti 0.015%~0.030%，Ca 0.001%~0.005%，P≤0.010%，S≤0.008%，T[O]≤0.0015%，Al$_s$ 0.015%~0.045%，余为Fe和其他不可避免的杂质；所述钢的组织为回火索氏体+少量下贝氏体，其中，车轴近表面回火索氏体含量为100%，车轴1/2半径处回火索氏体含量在80%~90%。热处理后塑性和韧性明显优于商业钢，其疲劳极限要显著高于商业钢，呈现出良好的强度韧性配合及优异的抗疲劳性能。

20. 专利名称： 含铌动车组车轴用钢及其热处理工艺

申请号：201610416945.0

主分类号：C22C38/02(2006.01)I

发明人：孙维；苏世怀；杜松林；高海潮；汪开忠；龚志翔；于文坛；谢世红

申请人：马鞍山钢铁股份有限公司

摘要：本发明涉及含铌动车组车轴用钢及其热处理工艺，按照质量百分比含有：C 0.24%~0.30%，Si 0.20%~0.40%，Mn 0.70%~1.00%，Cr 0.90%~1.20%，Ni 0.70%~1.30%，Mo 0.20%~0.30%，Cu 0.10%~0.60%，Zr 0.01%~0.04%，Nb 0.015%~0.050%，Ca 0.001%~0.005%，P≤0.010%，S≤0.008%，[N]0.0040%~0.0060%，T[O]≤0.0015%，Al$_s$ 0.015%~0.045%，其余为Fe和其他不可避免的杂质；所述钢的组织为回火索氏体+少量下贝氏体，其中，车轴近表面回火索氏体含量为100%，车轴1/2半径处回火索氏体含量在75%~85%。经过特殊热处理后其塑性和韧性明显优于商业钢，其疲劳极限要显著高于商业钢，呈现出良好的强度韧性配合及优异的抗疲劳性能。

21. 专利名称：一种含铌钛动车组车轴用钢热处理工艺

申请号：201610416962.4

主分类号：C22C38/02(2006.01)

发明人：孙维；高海潮；苏世怀；杜松林；汪开忠；龚志翔；谢世红

申请人：马鞍山钢铁股份有限公司

摘要：本发明涉及一种含铌钛动车组车轴用钢热处理工艺，包括如下步骤：（1）第一次淬火：将含铌钛高速动车组车轴用钢加热至温度870~900℃，在该温度段加热保温时间按1.5~2.0min/mm计算，随后进行水冷至室温；（2）第二次淬火：将含铌钛高速动车组车轴用钢加热至温度850~880℃，在该温度段加热保温时间按1.5~2.0min/mm计算，随后冷却；（3）回火：将含铌钛高速动车组车轴用钢加热至温度620~680℃，在该温度段加热保温时间按2~2.5min/mm计算，随后空冷至室温。处理后的钢材呈现出良好的强度韧性配合及优异的抗疲劳性能。

22. 专利名称：一种含铌动车组车轴用钢热处理工艺

申请号：201610416970.9

主分类号：C22C38/02(2006.01)I

发明（设计）人：孙维；苏世怀；杜松林；高海潮；汪开忠；龚志翔；于文坛；谢世红

申请人：马鞍山钢铁股份有限公司

摘要：本发明涉及一种含铌动车组车轴用钢热处理工艺，包括如下步骤：（1）第一次淬火：将含铌高速动车组车轴用钢加热至温度870~900℃，在该温度段加热保温时间按1.5~2.0min/mm计算，随后冷却；（2）第二次淬火：将含铌高速动车组车轴用钢加热至温度850~880℃，在该温度段加热保温时间按1.5~2.0min/mm计算，随后冷却；（3）回火：将含铌高速动车组车轴用钢加热至温度620~680℃，在该温度段加热保温时间按2~2.5min/mm计算，随后冷却；使车轴用钢在获得高强度的同时，获得优异的抗疲劳破坏性能和较低的成本。

23. 专利名称：一种含钒钛动车组车轴用钢热处理工艺

申请号：201610416978.5

主分类号：C21D1/18(2006.01)I

发明人：汪开忠；孙维；苏世怀；杜松林；高海潮；龚志翔；王民章；谢世红

申请人：马鞍山钢铁股份有限公司

摘要：本发明涉及一种含钒钛动车组车轴用钢热处理工艺，包括如下步骤：（1）第一次淬火：将含钒钛高速动车组车轴用钢加热至温度870~900℃，在该温度段加热保温时间按1.5~2.0min/mm计算，随后进行水冷至室温；（2）第二次淬火：将含钒钛高速动车组车轴用钢加热至温度850~880℃，在该温度段加热保温时间按1.5~2.0min/mm计算，随后冷却；（3）回火：将含钒钛高速动车组车轴用钢加热至温度620~680℃，在该温度段加热保温时间按2~2.5min/mm计算，随后空冷至室温。本发明与现有技术相比具有强度高、抗疲劳性能优良的优点。

24. 专利名称：一种含钒钛动车组车轴用钢热处理工艺

　　申请号：201610417002. X

　　主分类号：C21D9/28(2006.01)I

　　发明人：汪开忠；孙维；苏世怀；杜松林；高海潮；龚志翔；王民章；谢世红

　　申请人：马鞍山钢铁股份有限公司

　　摘要：本发明涉及一种含钒钛动车组车轴用钢热处理工艺，包括如下步骤：（1）正火：将含钒钛高速动车组车轴用钢加热至温度870~900℃，在该温度段加热保温时间按1.2~1.7min/mm计算，空冷；（2）淬火（水淬+油冷）：将含钒高速动车组车轴用钢加热至温度850~880℃，在该温度段加热保温时间按1.5~2.0min/mm计算，随后冷却；（3）回火：将含钒钛高速动车组车轴用钢加热至温度620~680℃，在该温度段加热保温时间按2~2.5min/mm计算，随后空冷至室温。本发明与现有技术相比，具有强度高、抗疲劳性能优良的优点。

25. 专利名称：一种含钒钛动车组车轴用钢及其热处理工艺

　　申请号：201610417008. 7

　　主分类号：C22C38/02(2006.01)

　　发明人：汪开忠；孙维；苏世怀；杜松林；高海潮；龚志翔；王民章；谢世红

　　申请人：马鞍山钢铁股份有限公司

　　摘要：本发明涉及一种含钒钛动车组车轴用钢及其热处理工艺，按质量百分比含有：C 0.24%~0.30%，Si 0.20%~0.40%，Mn 0.70%~1.00%，Cr 0.90%~1.20%，Ni 0.70%~1.30%，Mo 0.20%~0.30%，Cu 0.10%~0.60%，Zr 0.01%~0.04%，V 0.04%~0.08%，Ti 0.015%~0.030%，Ca 0.001%~0.005%，P≤0.010%，S≤0.008%，T[O]≤0.0015%，Al$_s$ 0.015%~0.045%，余为Fe和其他不可避免的杂质；所述钢的组织为回火索氏体+少量下贝氏体，其中，车轴近表面回火索氏体含量为100%，车轴1/2半径处回火索氏体含量在80%~90%。热处理后其塑性和韧性明显优于商业钢，其疲劳极限要显著高于商业钢，呈现出良好的强度韧性配合及优异的抗疲劳性能。

26. 专利名称：一种含铌动车组车轴用钢，其生产方法以及热处理工艺

　　申请号：201610417011. 9

　　主分类号：C22C38/02(2006.01)

　　发明人：孙维；苏世怀；杜松林；高海潮；汪开忠；龚志翔；于文坛；谢世红、

　　申请人：马鞍山钢铁股份有限公司

　　摘要：本发明涉及一种含铌动车组车轴用钢，其生产方法以及热处理工艺，按质量百分比组分包括：C 0.24%~0.30%，Si 0.20%~0.40%，Mn 0.70%~1.00%，Cr 0.90%~1.20%，Ni 0.70%~1.30%，Mo 0.20%~0.30%，Cu 0.10%~0.60%，Zr 0.01%~0.04%，Nb 0.015%~0.050%，Ca 0.001%~0.005%，P≤0.010%，S≤0.008%，N 0.0040%~0.0060%，T[O]≤0.0015%，Al$_s$ 0.015%~0.045%，余为Fe和其他不可避免的杂质；所述钢的组织为回火索氏体+少量下贝氏体，其中，车轴近表面回火索氏体含量为100%，车轴1/2半径处回火索氏体含量在80%~90%。其塑性和韧性明显优于商业钢，其疲劳极限

要显著高于商业钢，呈现出良好的强度韧性配合及优异的抗疲劳性能。

27. 专利名称： 一种含钒铌动车组车轴用钢热处理工艺

　　申请号： 201610417012.3

　　主分类号： C21D1/18（2006.01）I

　　发明（设计）人： 杜松林；孙维；苏世怀；高海潮；汪开忠；龚志翔；吴林

　　申请人： 马鞍山钢铁股份有限公司

　　摘要： 本发明涉及一种含钒铌动车组车轴用钢热处理工艺，包括如下步骤：（1）正火：将含钒铌高速动车组车轴用钢加热至温度 870~900℃，在该温度段加热保温时间按 1.2~1.7min/mm 计算，空冷；（2）淬火：将含钒高速动车组车轴用钢加热至温度 860~890℃，在该温度段加热保温时间按 1.5~2.0min/mm 计算，随后进行水淬和油冷；（3）回火：将含钒铌高速动车组车轴用钢加热至温度 620~680℃，在该温度段加热保温时间按 2~2.5min/mm 计算，随后空冷至室温。处理后钢材与现有技术相比具有强度高、抗疲劳性能优良的优点。

28. 专利名称： 一种含钒动车组车轴用钢及其热处理工艺

　　申请号： 201610417044.3

　　主分类号： C22C38/18（2006.01）I

　　发明人： 苏世怀；汪开忠；杜松林；孙维；高海潮；龚志翔；胡芳忠

　　申请人： 马鞍山钢铁股份有限公司

　　摘要： 本发明涉及一种含钒动车组车轴用钢及其热处理工艺，按照质量百分比含有：C 0.24%~0.30%，Si 0.20%~0.40%，Mn 0.70%~1.00%，Cr 0.90%~1.20%，Ni 0.70%~1.30%，Mo 0.20%~0.30%，Cu 0.10%~0.60%，Zr 0.01%~0.04%，V 0.05%~0.10%，Ca 0.001%~0.005%，P≤0.010%，S≤0.008%，[N] 0.0040%~0.0070%，T[O]≤0.0015%，Al_s 0.015%~0.045%，余为 Fe 和其他不可避免的杂质。经过特殊热处理后其塑性和韧性明显优于商业钢，其疲劳极限要显著高于商业钢，呈现出良好的强度韧性配合及优异的抗疲劳性能。

29. 专利名称： 一种含钒动车组车轴用钢，其生产方法以及热处理工艺

　　申请号： 201610417101.8

　　主分类号： C22C 38/02（2006.01）

　　发明人： 苏世怀；汪开忠；吴毅；杜松林；孙维；高海潮；龚志翔；胡芳忠

　　申请人： 马鞍山钢铁股份有限公司

　　摘要： 本发明涉及一种含钒动车组车轴用钢，其生产方法以及热处理工艺，按质量百分比组分包括：C 0.24%~0.30%，Si 0.20%~0.40%，Mn 0.70%~1.00%，Cr 0.90%~1.20%，Ni 0.70%~1.30%，Mo 0.20%~0.30%，Cu 0.10%~0.60%，Zr 0.01%~0.04%，V 0.05%~0.10%，Ca 0.001%~0.005%，P≤0.010%，S≤0.008%，N 0.0040%~0.0070%，T[O]≤0.0015%，Al_s 0.015%~0.045%，余为 Fe 和其他不可避免的杂质；所述钢的组织为回火索氏体+少量下贝氏体，其中，车轴近表面回火索氏体含量为 100%，车

轴 1/2 半径处回火索氏体含量在 80%~90%。其塑性和韧性明显优于商业钢，其疲劳极限要显著高于商业钢，呈现出良好的强度韧性配合及优异的抗疲劳性能。

30. 专利名称：一种含钒铌动车组车轴用钢及其热处理工艺

申请号：201610550341.5

主分类号：C22C38/18(2006.01)I

发明人：杜松林；孙维；苏世怀；高海潮；汪开忠；龚志翔；吴林

申请人：马鞍山钢铁股份有限公司

摘要：本发明涉及一种含钒铌动车组车轴用钢及其热处理工艺，按照质量百分比含有：C 0.24%~0.30%，Si 0.20%~0.40%，Mn 0.70%~1.00%，Cr 0.90%~1.20%，Ni 0.70%~1.30%，Mo 0.20%~0.30%，Cu 0.10%~0.60%，Zr 0.01%~0.04%，V 0.03%~0.06%，Nb 0.015%~0.040%，Ca 0.001%~0.005%，P≤0.010%，S≤0.008%，[N] 0.0040%~0.0060%，T[O]≤0.0015%，Al_s 0.015%~0.045%，余为 Fe 和其他不可避免的杂质；所述钢的组织为回火索氏体+少量下贝氏体，其中，车轴近表面回火索氏体含量为 100%，车轴 1/2 半径处回火索氏体含量在 80%~90%。热处理后塑性和韧性明显优于商业钢，其疲劳极限要显著高于商业钢，呈现出良好的强度韧性配合及优异的抗疲劳性能。